Educational Producer For Your Success

자동차전문가 정장만과 함께하는

자동차정비 기능사 필기

- '핵심이론 + 예상문제 + 기출문제'로 구성
- 학습방향을 제시한 핵심포인트
- 4도(컬러) 편집으로 가독성 극대화

에듀피디 동영상강의 www.edupd.com

에듀피디
EDUPD

자동차정비 기능사 필기

4판 인쇄 2025년 3월 10일
4판 발행 2025년 3월 17일

저 자 정장만
발행처 에듀피디
등 록 제300-2005-146
주 소 서울 종로구 대학로 45 임호빌딩 2층 (연건동)

전 화 1600-6690
팩 스 02)747-3113

※ 이 책은 저작권법에 따라 보호받는 저작물이므로 무단전재와 무단복제를 금지하며 책 내용의 전부 또는 일부를 이용하려면 반드시 저작권자와 에듀피디의 서면 동의를 받아야 합니다.

머리말

2025년 현재, 자동차 산업은 지속적인 발전을 이루고 있으며, 누적 생산량이 25,000,000대를 초과했습니다. 코로나19 팬데믹의 여파에도 불구하고, 친환경 자동차의 생산은 꾸준히 증가하고 있습니다. 하이브리드 자동차, 커먼레일 디젤 자동차, 전기 자동차, 수소연료전지자동차 등 다양한 친환경 자동차의 개발이 활발히 이루어지고 있습니다.

2025년 자동차 산업은 여러 가지 요인에 의해 다양한 변화를 겪을 것으로 예상됩니다.

2025년 글로벌 자동차 수요는 전년 대비 2~3% 증가하여 약 9,100만 대에 이를 것으로 보입니다. 이는 팬데믹 이전 수준을 회복하는 것입니다.

전기차, 하이브리드차, 수소연료전지차 등 친환경 자동차의 수요가 계속해서 증가할 것으로 예상됩니다. 특히 유럽에서는 전기차 보조금 지급 재개가 긍정적인 영향을 미칠 것입니다.

미국과 중국 시장은 비교적 양호한 성장을 보일 것으로 예상되지만, 유럽 시장은 유로 7 배출가스 규제 강화로 인해 차량 공급이 감소하고 가격이 상승할 가능성이 있습니다.

국내시장의 경우, 내수 시장은 다소 어려움을 겪을 것으로 보이며, 수출은 소폭 증가하거나 감소할 가능성이 있습니다. 정부의 경기 부양 정책과 세제 혜택 등이 중요한 역할을 할 것입니다. 2025년 전 세계 전기차 시장은 크게 성장할 것으로 예상되는데 가트너(Gartner)에 따르면, 2025년 말까지 전 세계적으로 약 8,500만 대의 전기차가 도로를 달릴 것으로 전망되며 이는 2024년의 약 6,400만 대에서 33% 증가한 수치입니다.

특히, 중국과 유럽이 전체 시장의 82%를 차지할 것으로 보이며, 배터리 전기차(BEV)가 전체 전기차의 73%를 차지할 것으로 예상되며, 유럽에서는 전기차 판매량이 전년 대비

43% 증가할 것으로 전망됩니다.

이러한 성장은 각국의 정책적 지원과 기술적 발전에 힘입은 것으로, 전기차가 내연기관차를 대체하는 중요한 전환점이 될 수 있을 것입니다. 이러한 변화에 발맞추어, 2025년 한국산업인력공단의 출제기준 변경에 따라 본 교재도 새롭게 개편되었습니다. 이 책은 '자동차정비기능사'를 처음 접하는 수험생들이 쉽게 이해할 수 있도록 구성되었으며, 자동차 구조 원리의 엔진, 전기, 섀시를 각각 파트별로 빠르게 습득하고 이해할 수 있도록 최적의 내용으로 편집되었습니다.

현재 우리나라는 글로벌 경제 불확실성과 저성장 기조 속에서 고용 위기를 겪고 있습니다. 정부는 일자리 창출을 위해 다양한 방안을 모색하고 있지만, 최저임금 상승과 근로시간 단축으로 인해 기업의 경영 부담이 커지고 있습니다. 이러한 상황에서 자격증 취득은 취업의 중요한 길잡이가 될 수 있습니다.

이 책은 기본 이론을 이해하고 암기한 후, 모의고사 문제풀이를 통해 예측 문제를 확인하고 오답을 점검하며 기본 이론을 재차 확인하는 방식으로 공부하는 것이 합격에 많은 도움이 될 것입니다. 수험생 여러분들이 이 책을 통해 합격의 영광을 누리기를 기원합니다.

끝으로, 이 책이 탄생할 수 있도록 도움을 주신 모든 분들께 감사드리며, 앞으로도 꾸준히 보완하여 더 나은 교재를 만들기 위해 노력하겠습니다.

저자 정장만

과목별 평균 출제 비율

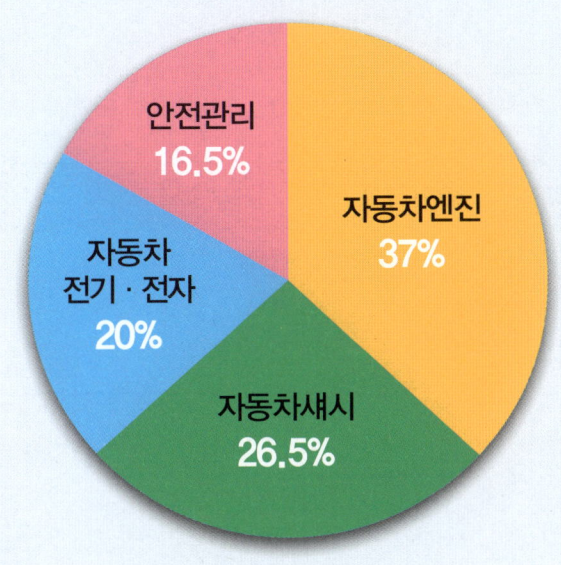

시험과목 및 평균 출제 문항 수

과목명	세부내용	평균 문항 수
자동차 엔진	기관의 기초사항과 기관본체의 구조와 작용	10문항
	냉각장치 및 윤활장치	2문항
	가솔린기관의 연료장치	3문항
	흡·배기장치 및 배출가스	3문항
	디젤기관의 연소실과 연료공급장치	3문항
	엔진 관련 안전기준	5문항
자동차 섀시	자동차섀시의 구성과 동력전달장치	10문항
	현가장치와 조향장치	2문항
	제동장치와 에어백 및 신기술	3문항
	섀시 관련 안전기준	2문항
전기·전자	전기기초이론 및 축전지	3문항
	시동장치, 점화장치, 충전장치 및 등화장치	2문항
	난·냉방장치 및 친환경자동차	4문항
안전관리	자동차작업시 안전관리	8문항

출제기준(필기)

필기과목명	문제수	주요항목	세부항목	세세항목
자동차 엔진, 섀시, 전기·전자장치정비 및 안전관리	60	1. 충전장치 정비	1. 충전장치 점검·진단	1. 충전장치 이해 2. 충전장치 점검 3. 충전장치 분석 4. 배터리 진단
			2. 충전장치 수리	1. 충전장치 회로점검 2. 충전장치 측정 3. 충전장치 판정 4. 충전장치 분해조립 5. 배터리 점검
			3. 충전장치 교환	1. 발전기 교환 2. 충전장치 단품 교환
			4. 충전장치 검사	1. 충전장치 성능 검사 2. 충전장치 측정·진단장비 활용
		2. 시동장치 정비	1. 시동장치 점검·진단	1. 시동장치 이해 2. 시동장치 점검 3. 시동장치 분석 4. 유무선 통신 시동장치
			2. 시동장치 수리	1. 시동장치 회로점검 2. 시동장치 측정 3. 시동장치 판정 4. 시동장치 분해조립
			3. 시동장치 교환	1. 시동전동기 교환 2. 시동장치 단품 교환
			4. 시동장치 검사	1. 시동장치 성능 검사 2. 시동장치 측정·진단장비 활용
		3. 편의장치 정비	1. 편의장치 점검·진단	1. 편의장치 이해 2. 편의장치 점검 3. 편의장치 분석 4. 통신네트워크 장치 이해

필기과목명	문제수	주요항목	세부항목	세세항목
			2. 편의장치 조정	1. 편의장치 입·출력신호 2. 편의장치 단품 상태 확인
			3. 편의장치 수리	1. 편의장치 회로점검 2. 편의장치 측정 3. 편의장치 판정 4. 편의장치 분해조립
			4. 편의장치 교환	1. 편의장치 부품교환 2. 편의장치 인식작업
			5. 편의장치 검사	1. 편의장치 성능 검사 2. 편의장치 측정·진단장비 활용 3. 자동차규칙
		4. 등화장치 정비	1. 등화장치 점검·진단	1. 등화장치 이해 2. 등화장치 점검 3. 등화장치 분석 4. BCM, IPM 장치 이해
			2. 등화장치 수리	1. 등화장치 회로점검 2. 등화장치 측정 3. 등화장치 판정 4. 등화장치 분해조립 5. 등화장치 관련 법규
			3. 등화장치 교환	1. 등화장치 부품 교환 2. 등화장치 진단 점검 장비사용 기술
			4. 등화장치 검사	1. 등화장치 측정기·육안 검사 2. 등화장치 측정·진단장비 활용
		5. 엔진 본체 정비	1. 엔진본체 점검·진단	1. 엔진본체 이해 2. 엔진본체 점검 3. 엔진본체 분석 4. 특수공구사용법
			2. 엔진본체 관련 부품 조정	1. 엔진본체 장치 조정 2. 진단장비 활용 엔진 조정
			3. 엔진본체 수리	1. 엔진본체 성능점검 2. 엔진본체 측정 3. 엔진본체 분해조립 4. 엔진본체 소모품의 교환 5. 산업안전 관련 정보

필기과목명	문제수	주요항목	세부항목	세세항목
			4. 엔진본체 관련부품 교환	1. 엔진본체 구성부품 이상유무 판정 2. 엔진 관련 부품 교환
			5. 엔진본체 검사	1. 엔진본체 작동상태 검사 2. 엔진본체 성능 검사 3. 엔진본체 측정 · 진단장비 활용
		6. 윤활 장치 정비	1. 윤활장치 점검 · 진단	1. 윤활장치 이해 2. 윤활장치 점검 3. 윤활장치 분석 4. 윤활유 이해
			2. 윤활장치 수리	1. 윤활장치 회로도 점검 2. 윤활장치 측정 3. 윤활장치 판정 4. 윤활장치 부품 수리
			3. 윤활장치 교환	1. 윤활장치 관련 부품 교환 2. 각종 윤활유 교환 3. 폐유 · 관련 부품 처리
			4. 윤활장치 검사	1. 윤활장치 성능 검사 2. 윤활장치 누유 검사
		7. 연료 장치 정비	1. 연료장치 점검 · 진단	1. 연료장치 이해 2. 연료장치 점검 3. 연료장치 분석 4. 각종 연료의 특성
			2. 연료장치 수리	1. 연료장치 회로점검 2. 연료장치 측정 3. 연료장치 판정 4. 연료장치 분해조립 5. 연료장치 부품수리
			3. 연료장치 교환	1. 연료장치 부품 교환 2. 진단장비 활용 부품 교환
			4. 연료장치 검사	1. 연료장치 성능 검사 2. 연료장치 누유 검사 3. 연료장치 측정 · 진단장비 활용

필기과목명	문제수	주요항목	세부항목	세세항목
		8. 흡·배기 장치 정비	1. 흡·배기장치 점검·진단	1. 흡·배기장치 이해 2. 흡·배기장치 점검 3. 흡·배기장치 분석 4. 배출가스 5. 증발가스 6. 대기환경보전법
			2. 흡·배기장치 수리	1. 흡·배기장치 회로점검 2. 흡·배기장치 측정 3. 흡·배기장치 판정 4. 흡·배기장치 분해조립
			3. 흡·배기장치 교환	1. 흡·배기장치 부품 교환 2. 배출가스 저감장치 3. 증발가스제어장치
			4. 흡·배기장치 검사	1. 흡·배기장치 측정·진단장비 활용 2. 흡·배기장치 누설 검사 3. 흡·배기장치 성능 검사
		9. 클러치수동 변속기정비	1. 클러치·수동변속기 점검·진단	1. 클러치·수동변속기 이해 2. 클러치·수동변속기 점검 3. 클러치·수동변속기 분석 4. 클러치·수동변속기 장비 활용 진단
			2. 클러치·수동변속기 조정	1. 클러치·수동변속기 조정 내용 파악 2. 클러치·수동변속기 관련 부품 조정
			3. 클러치·수동변속기 수리	1. 클러치·수동변속기 교환·수리 가능여부 2. 클러치·수동변속기 측정 3. 클러치·수동변속기 판정 4. 클러치·수동변속기 분해조립
			4. 클러치·수동변속기 교환	1. 클러치·수동변속기 교환 부품 확인 2. 클러치·수동변속기 탈부착

필기과목명	문제수	주요항목	세부항목	세세항목
			5. 클러치 · 수동변속기 검사	1. 클러치 · 수동변속기 단품 검사 2. 클러치 · 수동변속기 작동상태 검사
		10. 드라이브라인 정비	1. 드라이브라인 점검 · 진단	1. 드라이브라인 이해 2. 드라이브라인 점검 3. 드라이브라인 고장원인 분석
			2. 드라이브라인 조정	1. 차동장치 점검 2. 차동장치 고장원인 분석
			3. 드라이브라인 수리	1. 드라이브라인 측정 2. 드라이브라인 판정 3. 드라이브라인 분해조립
			4. 드라이브라인 교환	1. 드라이브라인 교환 부품 확인 2. 드라이브라인 특수공구 사용
			5. 드라이브라인 검사	1. 드라이브라인 작동 검사 2. 드라이브라인 성능 검사
		11. 휠 · 타이어 · 얼라인먼트 정비	1. 휠 · 타이어 · 얼라인먼트 점검 · 진단	1. 휠 · 타이어 · 얼라인먼트 이해 2. 휠 · 타이어 · 얼라인먼트 점검 3. 휠 · 타이어 · 얼라인먼트 분석
			2. 휠 · 타이어 · 얼라인먼트 조정	1. 타이어의 공기압 조정 2. 휠 · 타이어 평형상태 조정 3. 휠 얼라인먼트 측정장비 사용 4. 휠 얼라인먼트 조정
			3. 휠 · 타이어 · 얼라인먼트 수리	1. 교환 · 수리 가능여부 2. 휠 · 타이어 · 얼라인먼트 관련 부품 수리 3. 수리 후 이상 유무 확인
			4. 휠 · 타이어 · 얼라인먼트 교환	1. 휠 · 타이어 · 얼라인먼트 장비 선택 2. 휠 · 타이어 · 얼라인먼트의 부품 교환
			5. 휠 · 타이어 · 얼라인먼트 검사	1. 휠 · 타이어 · 얼라인먼트 검사 2. 휠 · 타이어 · 얼라인먼트 측정 · 진단장비 활용

필기과목명	문제수	주요항목	세부항목	세세항목
		12. 유압식 제동장치 정비	1. 유압식 제동장치 점검·진단	1. 유압식 제동장치 이해 2. 유압식 제동장치 점검 3. 유압식 제동장치 분석
			2. 유압식 제동장치 조정	1. 유압식 제동장치 유격 조정 2. 유격 조정 후 장비 활용 점검
			3. 유압식 제동장치 수리	1. 유압식 제동장치 측정 2. 유압식 제동장치 판정 3. 유압식 제동장치 분해조립
			4. 유압식 제동장치 교환	1. 유압식 제동장치 탈부착 2. 유압식 제동장치 부품교환 3. 유압식 제동장치 특수공구사용
			5. 유압식 제동장치 검사	1. 유압식 제동장치 작동상태 검사 2. 고장진단장비 사용 3. 제동력 검차장비 사용
		13. 엔진점화장치 정비	1. 엔진점화장치 점검·진단	1. 엔진점화장치 이해 2. 엔진점화장치 점검 3. 엔진점화장치 분석
			2. 엔진점화장치 조정	1. 점화장치 진단장비 사용 2. 점화장치 관련 부품 조정
			3. 엔진점화장치 수리	1. 엔진점화장치 회로점검 2. 엔진점화장치 측정 3. 엔진점화장치 판정 4. 엔진점화장치 수리
			4. 엔진점화장치 교환	1. 점화장치 부품 교환 2. 점화장치 교환 후 작동상태 점검
			5. 엔진점화장치 검사	1. 엔진점화장치 검사 2. 엔진점화장치 측정·진단장비 활용
		14. 유압식 현가장치 정비	1. 유압식 현가장치 점검·진단	1. 유압식 현가장치 이해 2. 유압식 현가장치 점검 3. 유압식 현가장치 분석
			2. 유압식 현가장치 교환	1. 유압식 현가장치 관련 부품 교환 2. 유압식 현가장치 작동상태 진단

필기과목명	문제수	주요항목	세부항목	세세항목
			3. 유압식 현가장치 검사	1. 유압식 현가장치 작동상태 검사 2. 유압식 현가장치 성능 검사
		15. 조향장치 정비	1. 조향장치 점검 · 진단	1. 조향장치 이해 2. 조향장치 점검 3. 조향장치 분석
			2. 조향장치 조정	1. 조향장치 관련부품 조정 2. 조향장치 관련장비 사용
			3. 조향장치 수리	1. 조향장치 측정 2. 조향장치 판정 3. 조향장치 분해조립
			4. 조향장치 교환	1. 조향장치 관련부품 교환 2. 조향장치 특수공구 사용
			5. 조향장치 검사	1. 조향장치 작동상태 검사 2. 조향장치 성능 검사 3. 조향장치 고장진단장비 활용
		16. 냉각장치 정비	1. 냉각장치 점검 · 진단	1. 냉각장치 이해 2. 냉각장치 점검 3. 냉각장치 분석
			2. 냉각장치 수리	1. 냉각장치 회로점검 2. 냉각장치 측정 3. 냉각장치 판정 4. 냉각장치 분해조립
			3. 냉각장치 교환	1. 냉각장치 관련부품 교환 2. 환경 폐기물처리규정
			4. 냉각장치 검사	1. 냉각장치 성능 검사 2. 냉각수 누수 검사

목차

PART 1 자동차 엔진

CHAPTER 01 기관의 기초사항　18
　01 열기관 ● 18
　02 기관의 분류 ● 18

CHAPTER 02 기관 본체의 구조와 작용　27
　01 실린더헤드와 헤드개스킷 ● 27
　02 실린더블록과 실린더 ● 29
　03 피스톤-커넥팅로드 어셈블리 ● 30
　04 크랭크축 ● 33
　05 플라이휠 ● 35
　06 크랭크축 베어링 ● 36
　07 밸브개폐 기구와 밸브 ● 38

CHAPTER 03 냉각장치　56
　01 냉각장치의 필요성 ● 56
　02 기관의 냉각방법 ● 56
　03 수랭식 기관의 주요구조와 그 기능 ● 57
　04 부동액 ● 60
　05 수랭식 기관의 과열원인 ● 62

CHAPTER 04 윤활장치　66
　01 기관 오일의 작용과 구비조건 ● 66
　02 기관 오일의 분류 ● 67
　03 기관 오일 공급방법 ● 69
　04 기관 오일 공급장치 ● 70

CHAPTER 05 가솔린기관의 연료장치　76
　01 가솔린기관의 연료와 연소 ● 76
　02 전자제어 연료분사 방식 ● 78

CHAPTER 06 LPG, LPI, CNG 연료장치　101
　01 LPG 기관 ● 102
　02 LPI 장치의 개요 ● 104
　03 CNG 연료장치 ● 108

CHAPTER 07 흡·배기장치 및 배출가스　118
　01 공기청정기 ● 118
　02 흡기다기관 ● 118
　03 가변 흡입장치 ● 119
　04 배기다기관 ● 120
　05 촉매장치 ● 120
　06 소음기 ● 121
　07 자동차 배출가스 ● 122
　08 과급장치 ● 126

CHAPTER 08 디젤기관의
　　　　　　연소실과 연료 공급장치　131
　01 디젤기관의 개요 ● 131
　02 디젤기관의 연료와 연소과정 ● 132
　03 디젤기관의 연소과정과 노크 ● 134
　04 디젤기관의 시동 보조기구 ● 136
　05 디젤기관의 연소실 ● 138
　06 디젤기관의 기계식 연료 공급장치 ● 141
　07 커먼레일방식의 연료장치 ● 152

PART 2 자동차 섀시

CHAPTER 01 자동차 섀시의 구성　170
- 01 프레임(frame) ● 170
- 02 자동차 섀시의 구성 ● 170
- 03 동력전달 방식 ● 172

CHAPTER 02 동력전달장치의 구성요소　175
- 01 클러치(clutch) ● 175
- 02 수동변속기 ● 189
- 03 자동변속기 ● 195
- 04 무단변속기 ● 206
- 05 무단변속기의 전자제어 ● 211
- 06 드라이브 라인, 뒷차축 어셈블리 및 바퀴 ● 213
- 07 4WD ● 226

CHAPTER 03 현가장치　234
- 01 현가장치의 개요 ● 234
- 02 현가장치용 스프링 ● 234
- 03 쇽업소버 ● 236
- 04 스테빌라이저 ● 238
- 05 현가방식 ● 239
- 06 독립 현가방식의 종류 ● 241
- 07 공기 현가장치 ● 243
- 08 자동차 진동 및 승차감각 ● 245
- 09 전자제어 현가장치 ● 247

CHAPTER 04 조향장치　258
- 01 조향장치의 원리 ● 258
- 02 조향장치의 구조와 작용 ● 259
- 03 동력 조향장치 ● 265
- 04 전자제어 동력 조향장치 ● 267
- 05 전동형 동력 조향장치 ● 268
- 06 4WS ● 271

CHAPTER 05 휠 얼라인먼트　274
- 01 휠 얼라인먼트의 개요 ● 274
- 02 휠 얼라인먼트 요소의 정의와 필요성 ● 274

CHAPTER 06 제동장치　282
- 01 제동장치의 개요 ● 282
- 02 유압 브레이크 ● 282
- 03 브레이크 슈와 드럼의 조합 ● 287
- 04 브레이크 오일 ● 288
- 05 디스크 브레이크(disc brake) ● 288
- 06 배력 브레이크 ● 290
- 07 공기 브레이크 ● 291
- 08 ABS ● 294
- 09 TCS ● 297
- 10 차체 자세제어장치 ● 299

CHAPTER 07 SRS 에어백　304
- 01 SRS 에어백의 개요 ● 304
- 02 SRSCM ● 305
- 03 에어백 ● 307

PART 3 자동차 전기·전자 장치

CHAPTER 01 전기 기초이론 316
- 01 전기의 성질 ● 316
- 02 전기 기초이론 ● 317
- 03 전기의 기본법칙 ● 320

CHAPTER 02 반도체 324
- 01 진성 반도체 ● 324
- 02 불순물 반도체 ● 325
- 03 다이오드 ● 326
- 04 트랜지스터 ● 329
- 05 사이리스터 ● 333
- 06 IC(집적회로 : integrated circuit) ● 334
- 07 컴퓨터의 논리회로 ● 334
- 08 반도체의 성질과 장·단점 ● 337

CHAPTER 03 축전지 341
- 01 축전지의 개요 ● 341
- 02 납산축전지의 구조와 작용 ● 342
- 03 납산축전지의 여러 가지 특성 ● 348
- 04 축전지의 자기방전 ● 349
- 05 납산축전지 충전 ● 350
- 06 MF축전지 ● 352
- 07 고전압 배터리 ● 353

CHAPTER 04 시동장치 362
- 01 시동장치의 개요 ● 362
- 02 기동전동기의 원리 ● 362
- 03 기동전동기의 종류와 특징 ● 363
- 04 기동전동기의 구조와 기능 ● 364

CHAPTER 05 점화장치 377
- 01 점화장치의 개요 ● 377
- 02 고압 발생원리 ● 378
- 03 컴퓨터 제어방식의 점화장치 ● 380

CHAPTER 06 충전장치 397
- 01 교류발전기의 특징 ● 397
- 02 발전기의 원리 ● 398
- 03 교류발전기의 구조 ● 400
- 04 교류발전기 조정기 ● 403
- 05 시동 발전기 ● 404

CHAPTER 07 등화장치 410
- 01 전선 ● 410
- 02 조명의 용어 ● 411
- 03 전조등 ● 411
- 04 방향지시등 ● 414
- 05 안개등 ● 415
- 06 미등 ● 416
- 07 번호등 ● 416
- 08 제동등 ● 416

CHAPTER 08 난·냉방장치 421
- 01 난·냉방장치의 개요 ● 421
- 02 난방장치 ● 421
- 03 에어컨 ● 422

CHAPTER 09 친환경자동차 436
- 01 하이브리드 전기자동차 ● 436
- 02 전기자동차 ● 443

PART 4 안전기준

CHAPTER 01 안전관리 및 산업재해조사 458
- 01 성능기준 ● 458
- 02 산업재해 ● 460
- 03 안전보건조치 ● 462

CHAPTER 02 기계 및 기구에 대한 안전 464
- 01 안전관리 ● 464

CHAPTER 03 산업안전일반 471
- 01 일반적인 주의사항 ● 471
- 02 유형별 안전수칙 ● 471
- 03 새로 바뀌는 자동차 제도 및 안전기준 ● 475

PART 5 자동차 및 자동차 부품의 성능과 기준에 관한 규칙

CHAPTER 01 총칙 478
CHAPTER 02 자동차안전기준 484

 **부록**

예상문제 518
최신기출문제 555

PART 01

자동차 엔진
Automotive Engine

01 기관의 기초사항
02 기관 본체의 구조와 작용
03 냉각장치
04 윤활장치
05 가솔린기관의 연료장치
06 LPG, LPI, CNG 연료장치
07 흡·배기장치 미 배출가스
08 디젤기관의 연소실과 연료 공급 장치

CHAPTER 01 기관의 기초사항

01 열기관

열에너지(연료의 연소)를 기계적 에너지(일)로 변환시키는 장치를 열기관(heat engine)이라 한다. 열기관에는 내연기관과 외연기관이 있다.

1 내연기관

내연기관은 연료를 실린더 내에서 연소·폭발시켜서 그 동력을 얻는 방식이며, 혼합가스 자체가 함유하고 있는 화학적 에너지를 전기점화, 압축착화, 연속점화 등에 의해 열에너지로 바꾸어 그 연소가스가 팽창할 때의 일(work)을 직접 이용하는 방식이다. 가솔린기관(gasoline engine), 디젤기관(diesel engine), LPG기관 등이 여기에 속한다.

2 외연기관

외연기관은 연료의 연소를 실린더 바깥쪽에 설치된 연소장치에서 연소시켜 얻은 열에너지를 실린더 내부로 유입하여 기계적 에너지를 얻는 형식이다. 증기터빈, 증기기관이 외연기관에 속한다.

02 기관의 분류

1 기계학적 사이클에 의한 분류

4행정 사이클 기관(4 stroke cycle engine)

4행정 사이클 기관은 크랭크축이 2회전하고, 피스톤은 흡입, 압축, 폭발, 배기의 4행정(4 stroke)을 하여 1사이클(1 cycle)을 완성하는 기관이다. 즉, 4행정 사이클 기관이 1사이클을 완료하면 크랭크축은 2회전하며, 캠축은 1회전하고, 각 실린더의 흡·배기밸브는 1번 개폐된다.

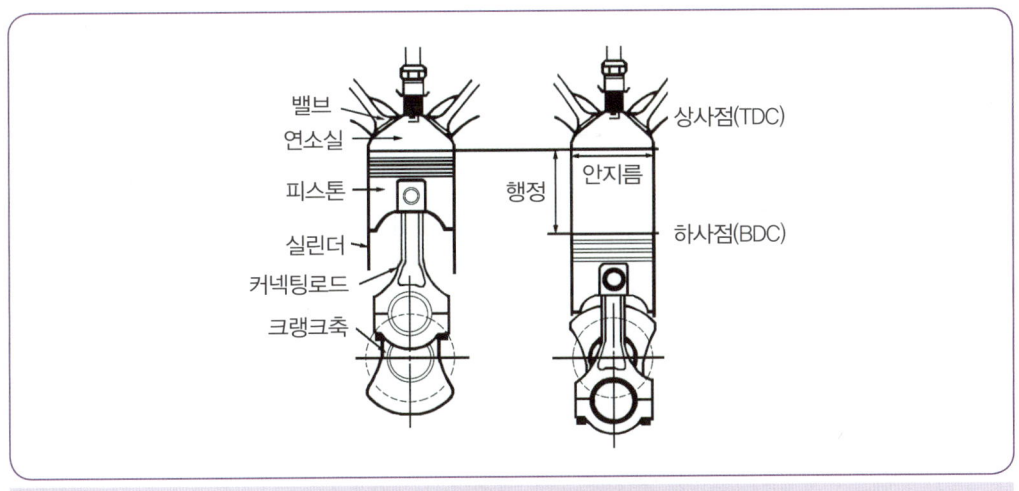

● 그림 1-1 4행정 사이클 기관의 구성

(1) 4행정 사이클 기관의 작동순서

1) 흡입행정(intake stroke)

흡입행정은 사이클의 맨 처음 행정으로 흡입밸브는 열리고 배기밸브는 닫혀 있으며, 피스톤은 상사점(TDC)에서 하사점(BDC)으로 내려간다. 가솔린기관은 혼합가스(공기+가솔린), 디젤기관은 공기가 실린더 내에는 부압(부분진공)발생으로 흡입되며, 이때 크랭크축은 180° 회전한다.

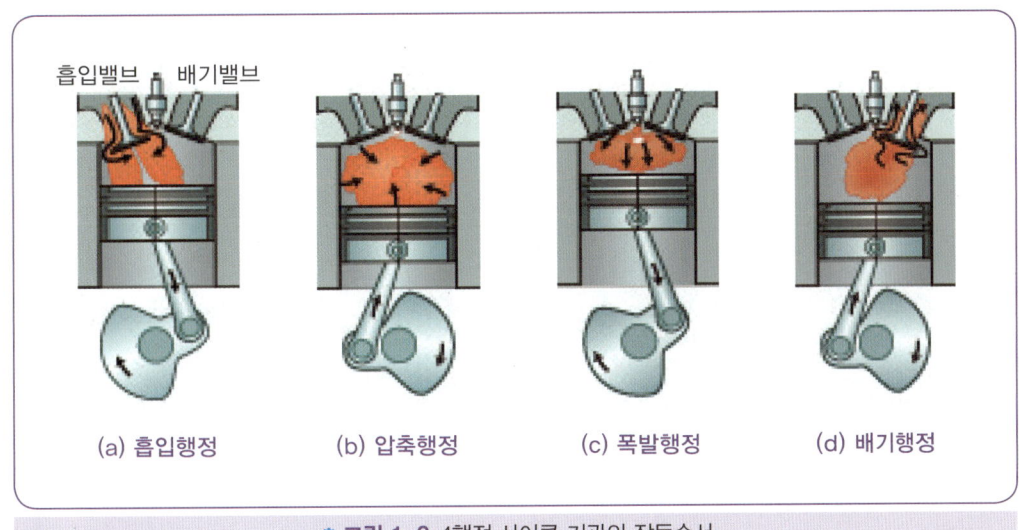

● 그림 1-2 4행정 사이클 기관의 작동순서

2) 압축행정(compression stroke)

압축행정은 피스톤이 하사점에서 상사점으로 올라가며, 이때 흡입과 배기밸브는 모두 닫혀 있다. 이에 따라 가솔린기관은 혼합가스를 디젤기관은 공기를 압축하며 크랭크축은 360° 회전한다.

3) 폭발(동력)행정(power stroke)

흡입과 배기밸브는 모두 닫혀 있으며 가솔린기관은 압축된 혼합가스에 점화플러그에서 전기불꽃 방전으로 점화하고, 디젤기관은 압축된 공기에 분사노즐에서 연료(경유)를 분사시켜 자기착화하여, 실린더 내의 압력을 상승시켜서 피스톤은 상사점에서 하사점으로 내려가고, 크랭크축은 540° 회전한다. 폭발압력은 가솔린기관이 35~45kgf/cm^2, 디젤기관은 55~65kgf/cm^2 정도이다.

4) 배기행정(exhaust stroke)

배기행정은 배기밸브가 열리면서 폭발행정에서 일을 한 연소가스를 실린더 밖으로 배출시키는 행정이다. 이때 피스톤은 하사점에서 상사점으로 올라가며 크랭크축은 720° 회전하여 1사이클을 완료한다.

(2) 4행정 사이클 기관의 밸브개폐 시기

4행정 사이클 기관의 흡·배기밸브는 행정 중 정확히 상사점이나 하사점에서 개폐되지 않고 상사점 전·후, 또는 하사점 전·후에서 개폐된다. 이것은 혼합가스나 공기가 관성을 지니고 있기 때문에 가스의 흐름관성을 유효하게 이용하기 위함이다. 밸브개폐 시기를 표시하는 그림을 밸브 개폐시기 선도(valve timing diagram)라 한다.

[그림 1-3]에 의하면 흡입밸브는 상사점 전 10°에서 열리고, 하사점 후 45°에서 닫히며, 배기밸브는 하사점 전 45°에서 열리고 상사점 후 10°에서 닫힌다. 또 상사점 부근에서는 흡·배기밸브가 동시에 열려 있게 되는데 이것을 밸브 오버랩(valve over lap)이라 부른다. 이 기관의 경우 밸브 오버랩은 10°+10°= 20°이다.

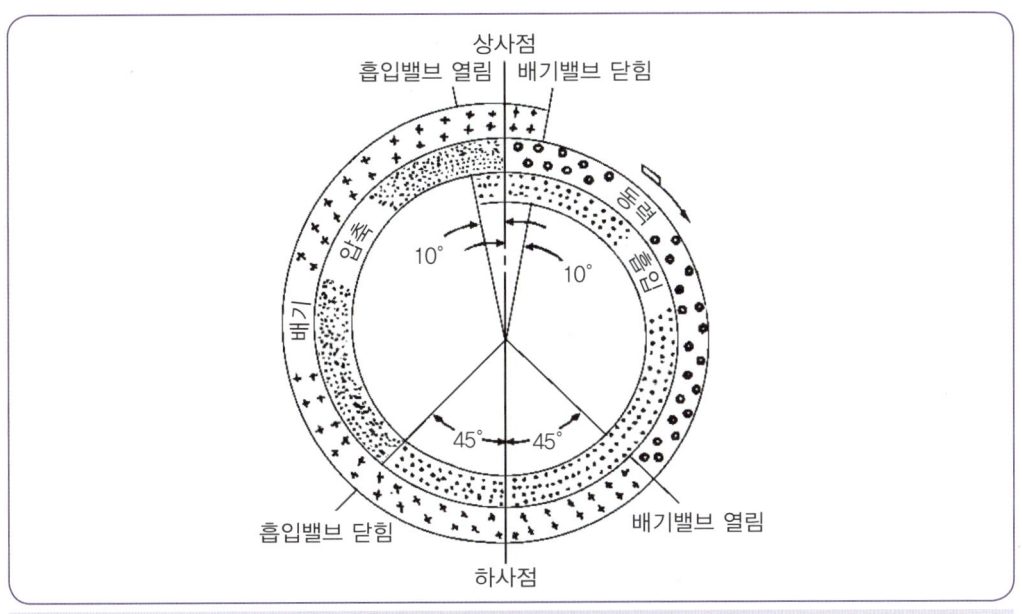

◆ 그림 1-3 4행정 사이클 기관의 밸브개폐 시기 선도

2행정 사이클 기관(2 stroke cycle engine)

2행정 사이클 기관의 작동은 크랭크축이 1회전할 때마다 1회의 폭발행정을 하게 되어 있으며, 구조가 간단해 경량화 할 수 있다. 이 형식의 소형기관에서는 포핏형(poppet type)의 흡·배기밸브가 없으며 실린더에 설치한 소기구멍과 배기구멍을 피스톤이 상하 왕복운동을 하면서 개폐하여 흡·배기를 하지만 흡입에서 압축·폭발 및 배기의 구별이 4행정 사이클 기관처럼 확실하지가 않다.

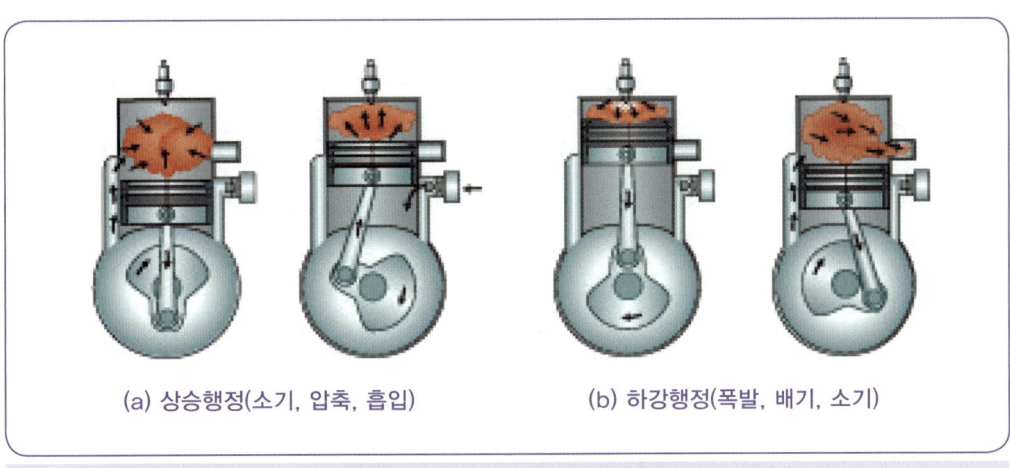

(a) 상승행정(소기, 압축, 흡입)   (b) 하강행정(폭발, 배기, 소기)

◆ 그림 1-4 2행정 사이클 기관의 작동순서

2 열역학적 사이클에 의한 분류

오토 사이클(정적 사이클)

가솔린기관의 기본 사이클이며, 일정한 체적하에서 연소가 이루어지기 때문에 정적 사이클이라고도 부른다.

$$\eta_o = 1 - \left(\frac{1}{\epsilon}\right)^{k-1}$$

η_o : 오토 사이클의 이론 열효율
ϵ : 압축비
k : 비열비(정압 비열/정적 비열)

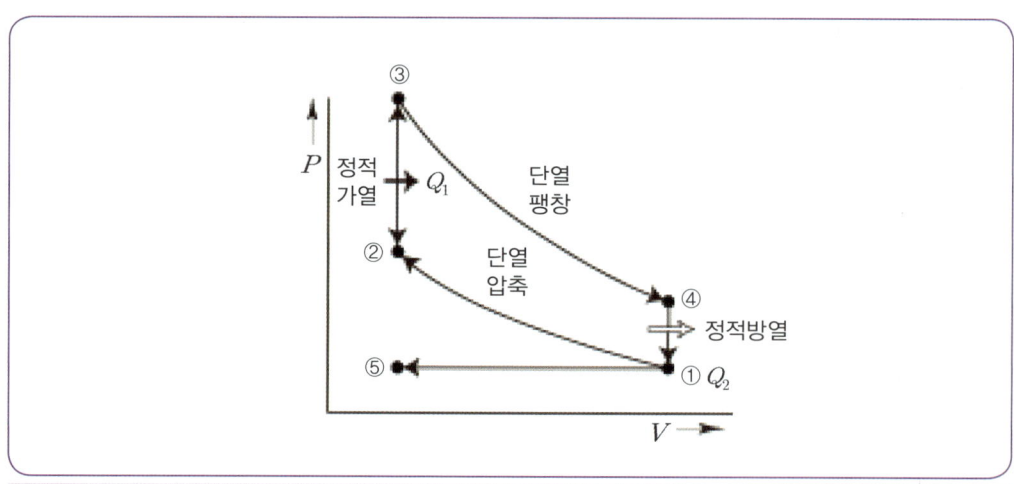

● 그림 1-5 오토 사이클의 특성선도

디젤 사이클(정압 사이클)

저·중속 디젤기관의 기본 사이클이며 일정한 압력하에서 연소가 이루어지므로 정압 사이클이라고도 부른다. 이 사이클의 이론 열효율은 다음과 같다.

$$\eta_d = 1 - \left(\frac{1}{\epsilon}\right)^{k-1} \frac{\rho^k - 1}{k(\rho - 1)}$$

ρ : 단절비(정압 팽창비)

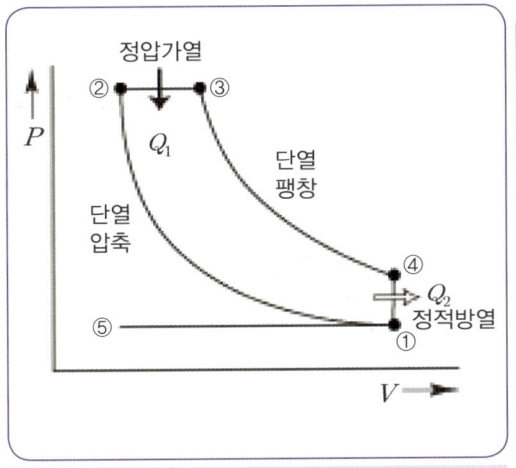
● 그림 1-6 디젤 사이클의 특성선도

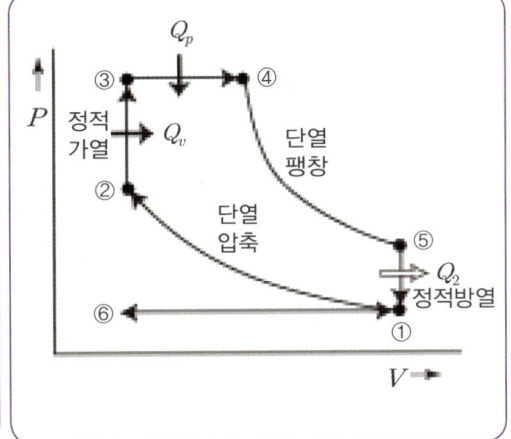
● 그림 1-7 사바테 사이클의 특성선도

사바테 사이클(복합 사이클)

고속 디젤기관의 기본 사이클이며, 열 공급은 정적과 정압하에서 나누어 받기 때문에 복합(혼합)사이클이라고도 부른다. 이 사이클의 이론 열효율은 다음과 같다.

$$\eta_s = 1 - \left(\frac{1}{\epsilon}\right)^{k-1} \frac{\alpha\rho^k - 1}{(\alpha-1) + k\alpha(\rho-1)}$$

α : 폭발비(압력비)

3 밸브배열에 의한 분류

밸브배열에 의한 분류에는 I-헤드형, L-헤드형, F-헤드형, T-헤드형 등이 있다. I-헤드형(I-head type)은 실린더헤드에 흡입과 배기밸브를 모두 설치한 형식이며, I-헤드형에는 캠축을 실린더헤드에 설치하고, 흡입밸브와 배기밸브를 캠이 직접 개폐하는 형식인 OHC(over head cam shaft)가 있다.

그리고 L-헤드형(L-head type)은 실린더블록에 흡입과 배기밸브를 일렬로 나란히 설치한 형식이고, F-헤드형(F-head type)은 실린더헤드에 흡입밸브를, 블록에 배기밸브를 설치한 형식이다. T-헤드형(T-head type)은 실린더블록에 실린더를 중심으로 양쪽에 흡·배기밸브를 설치한 형식이다.

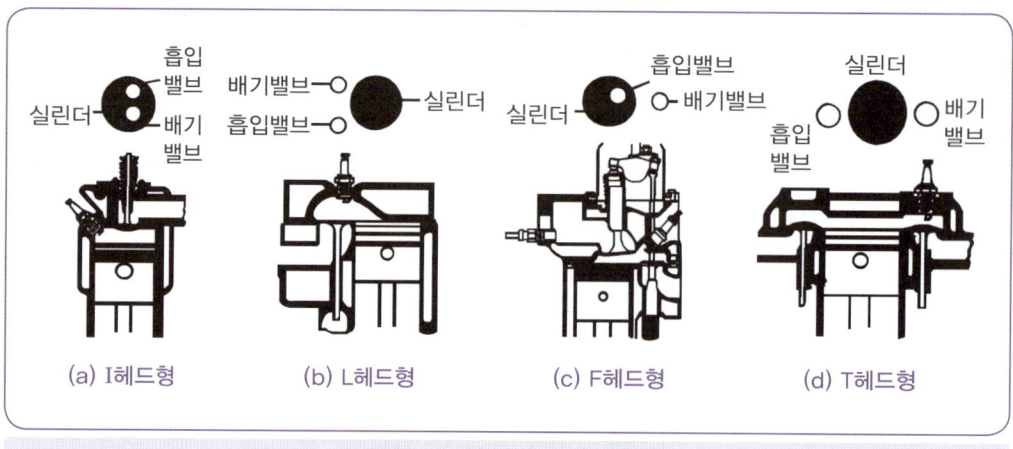

🔹 그림 1-8 밸브배열에 의한 분류

4 실린더 배열에 의한 분류

직렬형 기관

실린더가 일렬로 수직 배열한 형식이며, 실린더 수에 따라 다르지만 4실린더인 경우에는 크랭크축이 5개의 베어링에 의해 크랭크케이스에 지지되며 크랭크축의 위상각도는 180°이다.

V형 기관

직렬형 기관 2개조를 V형으로 설치한 것이며, V의 각도는 기관 설계에 따라 약간씩 다르지만 일반적으로 60~90°를 이루고 있다. V형 기관의 특징은 기관 전체 길이를 짧게 할 수 있으며, 중량이 감소하며 강성이 증가하는 장점이 있다.

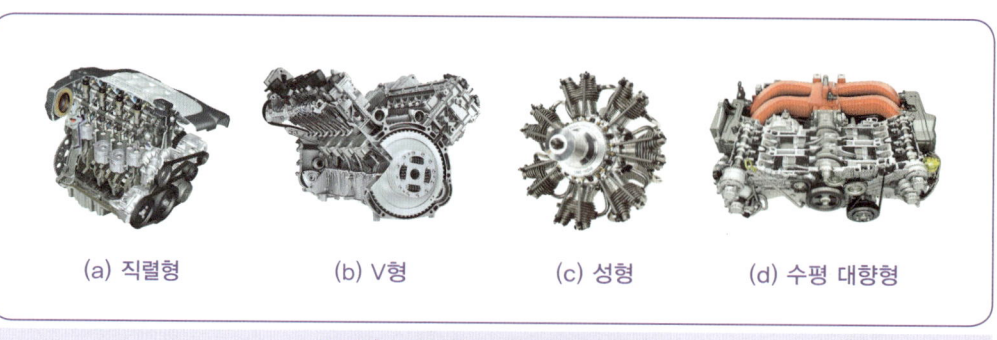

🔹 그림 1-9 실린더 배열에 의한 분류

성형(방사형)기관

실린더를 방사선 모양으로 배열한 것으로 크랭크 핀이 1개이며 주로 항공기용 기관으로 사용된다.

수평 대향형 기관

실린더가 수평으로 서로 마주보고 있는 배치로, 2, 4, 6, 8, 12기통 등 짝수가 된다.

5 실린더 안지름과 행정비율에 의한 분류

장행정 기관(under square engine)

장행정 기관은 실린더 안지름(D)보다 피스톤 행정(L)이 큰 형식이다. 즉, L/D > 1.0 이며 큰 회전력을 얻을 수 있으며, 측압을 감소시킬 수 있으며, 흡입 공기량이 많고 폭발력이 큰 장점이 있으나 회전속도가 비교적 낮으며, 기관의 높이가 높아지는 단점이 있다.

정방행정 기관(square engine)

정방행정 기관은 실린더 안지름(D)과 피스톤 행정(L)의 크기가 똑같은 형식이다. 즉, L/D = 1.0이다.

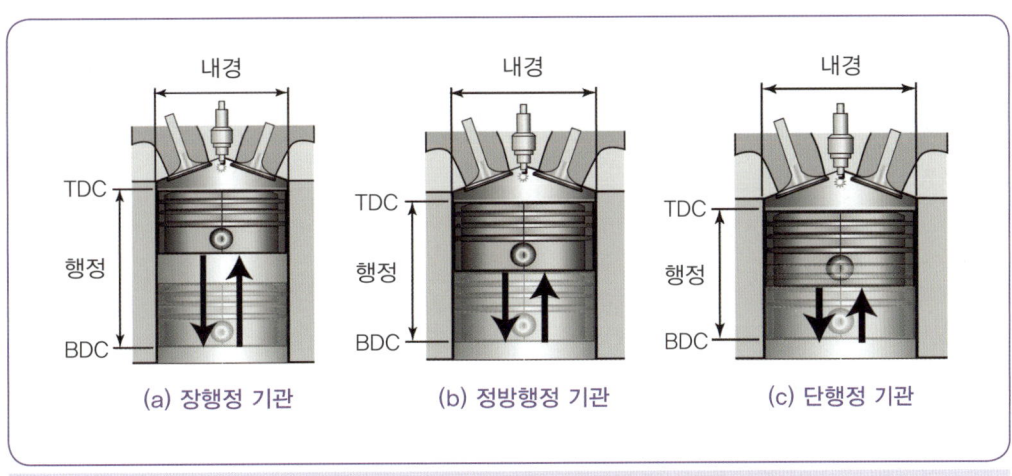

그림 1-10 실린더 안지름과 피스톤 행정 비율에 의한 분류

단행정 기관(over square engine)

단행정 기관은 실린더 안지름(D)이 피스톤 행정(L)보다 큰 형식이다. 즉, L/D 〈 1.0 이며 다음과 같은 특징이 있다.

① 피스톤 평균속도를 올리지 않고도 회전속도를 높일 수 있으므로 단위 실린더 체적당 출력을 크게 할 수 있다.
② 흡입과 배기밸브의 지름을 크게 할 수 있어 체적효율을 높일 수 있다.
③ 직렬형에서는 기관의 높이가 낮아지고, V형에서는 기관의 폭이 좁아진다.
④ 피스톤이 과열하기 쉽다.
⑤ 폭발압력이 커 크랭크축 베어링의 폭이 넓어야 한다.
⑥ 회전속도가 증가하면 관성력의 불평형으로 회전부분의 진동이 커진다.
⑦ 실린더 안지름이 커 기관의 길이가 길어진다.

기관 본체의 구조와 작용

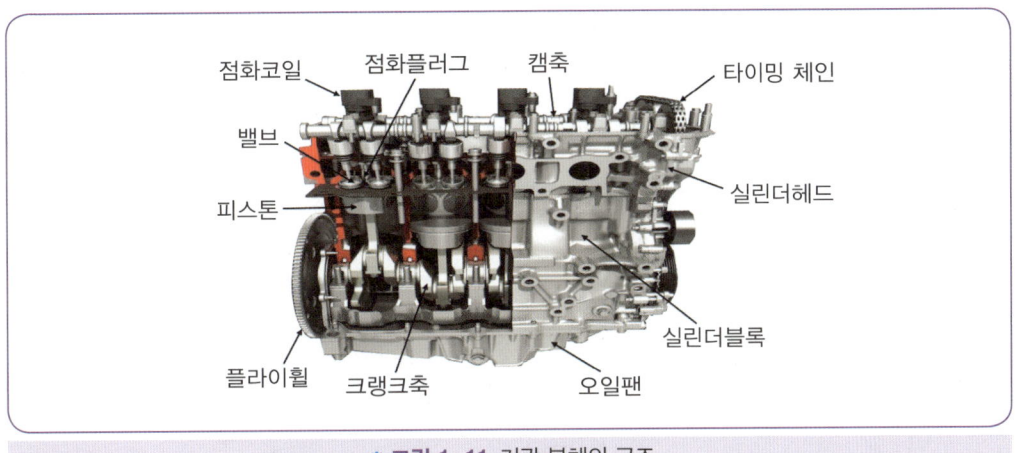

🔹 그림 1-11 기관 본체의 구조

01 실린더헤드(cylinder head)와 헤드개스킷

1 실린더헤드의 개요

실린더헤드는 헤드개스킷(head gasket)을 사이에 두고 실린더블록에 몇 개의 볼트로 설치된다. 실린더 위쪽에는 연소실이 있으며, 바깥쪽에는 흡·배기다기관, 점화플러그 및 밸브 개폐기구가 설치되어 있고 재질은 주철이나 알루미늄합금이다.

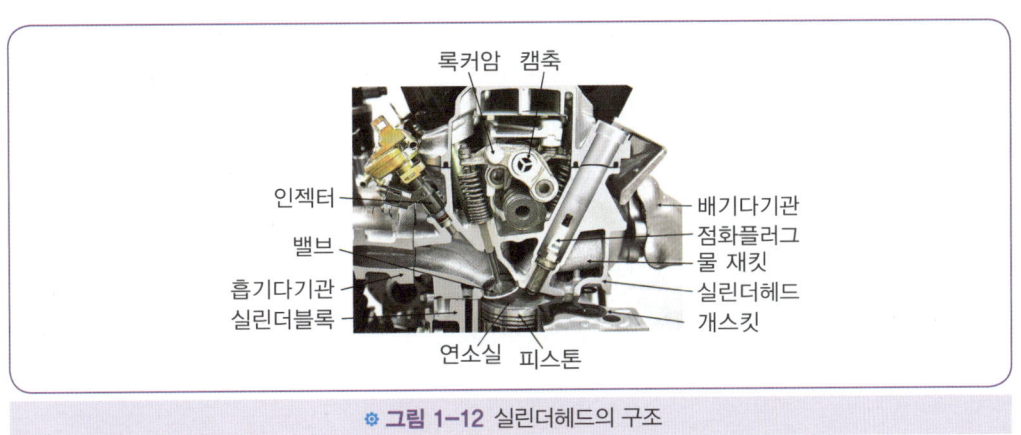

🔹 그림 1-12 실린더헤드의 구조

2 연소실(combustion chamber)

연소실은 실린더헤드에 의하여 형성되며, 이곳에서 혼합가스의 점화와 연소가스의 팽창이 시작된다. 연소실의 양부는 기관성능에 큰 영향을 미치므로 형상을 비롯하여 밸브 설치위치, 점화플러그의 설치위치 등 여러 가지 고려가 필요하고 연소실의 형상에는 반구형 · 지붕형 · 욕조형 · 쐐기형 등이 있다. 연소실의 구비 조건은 다음과 같다.
① 강한 와류를 형성할 것
② 가능하면 빠른 시간 내에 연소가 끝날 것
③ 열손실이 작을 것
④ 기계적 옥탄가가 높을 것
⑤ 연소실 표면적을 최소로 할 것

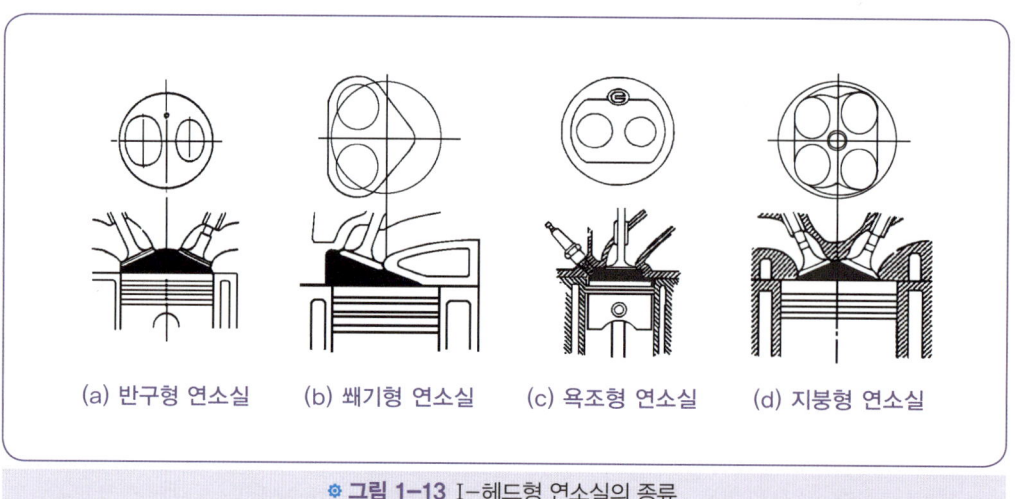

※ 그림 1-13 I-헤드형 연소실의 종류

3 헤드개스킷(head gasket)

헤드개스킷은 실린더헤드와 블록의 접합 면 사이에 끼워져 양면을 밀착시켜서 압축가스, 냉각수 및 기관오일이 누출되는 것을 방지하기 위하여 사용하는 석면계열의 물질이다. 고열, 고부하 및 고압축에 잘 견디는 스틸 베스토 개스킷(steel besto gasket) 그리고 강철판으로만 얇게 제작한 스틸 개스킷(steel gasket) 등이 사용되고 있다.

02 실린더블록과 실린더

1 실린더블록

실린더블록은 기관의 기초 구조물이며, 위쪽에는 실린더헤드가 설치되어 있고, 아래 중앙부분에는 평면 베어링을 사이에 두고 크랭크축이 설치된다. 실린더블록 내부에는 피스톤이 왕복운동을 하는 실린더(cylinder)가 마련되어 있으며, 실린더 냉각을 위한 물 재킷이 실린더를 둘러싸고 있다. 또 주위에는 밸브 개폐기구의 설치부분(I-헤드형의 경우에는 캠축, 밸브리프터, 푸시로드 등)과 실린더 아래쪽에는 개스킷을 사이에 두고 아래 크랭크케이스(오일팬)가 설치되어 기관오일이 담겨진다. 실린더블록 재질은 특수주철이나 알루미늄합금을 사용한다.

● 그림 1-14 실린더블록의 구조

2 실린더(cylinder : 기통)

실린더는 피스톤 행정의 약 2배 정도의 길이가 되는 진 원통형이며, 실린더는 기관이 작동될 때 약 1500℃ 정도의 연소열에 노출된다. 이를 위하여 실린더 주위에는 냉각장치가 마련되어 있다.

03 피스톤-커넥팅로드 어셈블리

1 피스톤(piston)

피스톤은 실린더 내에서 왕복 운동하는 기구이며, 폭발행정에서 고온·고압의 가스로부터 받은 압력으로 커넥팅로드를 거쳐 크랭크축에서 회전력이 발생하도록 한다. 피스톤의 구비조건은 다음과 같다.

① 피스톤은 실린더 내를 고속으로 왕복운동을 하므로 관성력에 의한 동력손실을 적게 하고 무게가 가벼울 것
② 고온·고압에 충분히 견딜 수 있을 것
③ 열전도율이 크고, 열팽창률이 적을 것
④ 피스톤은 실린더 내의 폭발압력을 유효하게 이용할 수 있고, 어떤 온도에서도 가스 블로바이가 없을 것
⑤ 피스톤 상호간의 무게차이가 적을 것(각 피스톤의 무게차이 2%(5g) 이내, 각 피스톤 커넥팅로드 조립체의 무게차이 2%(30g) 이내)
⑥ 실린더 벽과의 마찰이 적고, 기계적 손실이 최소가 되도록 윤활을 하기 위한 적당한 간극이 있을 것
⑦ 실린더 벽을 윤활하는 윤활유가 연소실에 들어가지 못하는 구조일 것

피스톤의 구조

피스톤은 피스톤 헤드(piston head), 링 지대(ring belt), 스커트(skirt section), 보스(boss section) 등으로 구성되어 있다.

링 지대에는 피스톤 링을 끼우기 위한 홈이 파져 있다. 링이 끼워지는 홈을 링 홈(ring groove), 홈과 홈 사이를 랜드(land)라고 부르며 위에서부터 차례로 제1번 랜드, 제2번 랜드 … 라 부른다. 그리고 어떤 형식에서는 제1번 랜드에 좁은 홈을 여러 개 파서 피스톤 헤드의 열이 스커트로 전달되는 것을 억제하고 있다. 이 홈을 히트 댐(head dam)이라 부른다. 피스톤 아랫부분이 되는 스커트는 피스톤이 왕복운동을 할 때 측압을 받는 일을 한다.

※ 그림 1-15 피스톤의 구조

피스톤의 재료

피스톤의 재료로는 특수주철과 알루미늄합금이 있으며 알루미늄합금을 대부분 사용한다. 주철은 알루미늄합금에 비해 강도가 크고, 열팽창률이 작아 피스톤 간극을 작게 할 수 있어 블로바이나 피스톤 슬랩을 감소시킬 수 있다. 그러나 무게가 무거워 운전 중의 관성이 증대되어 고속 기관용 피스톤으로는 부적합하다.

알루미늄합금 피스톤은 무게가 가볍고, 열전도성이 커 피스톤 헤드의 온도가 낮게 되므로 고속·높은 압축비 기관에 적합하여 출력을 증대시킬 수 있으나 열팽창계수가 크고, 강도가 약간 낮은 결점이 있다. 주로 사용되는 피스톤용 알루미늄합금에는 구리계열의 Y합금(Y-alloy)과 규소계열의 로엑스(Lo-ex : low expansion alloy)가 있다.

피스톤 간극(실린더 간극)

피스톤은 기관이 작동을 할 때 열팽창을 하므로 이를 위해 상온에서 실린더와의 사이에 어느 정도의 간극을 두게 되는데 이것을 피스톤 간극 또는 실린더 간극이라 한다. 피스톤 간극이 적으면 실린더와 피스톤 사이의 고착(소결)이 발생한다. 피스톤 간극이 크면 블로바이가 발생하여 압축압력 저하, 연소실에 윤활유가 침입, 윤활유가 연료로 희석, 피스톤 슬랩 발생, 기관의 출력 저하, 기관 시동이 어려워지므로 알루미늄합금 피스톤의 경우 일반적으로 실린더 안지름의 0.05% 정도로 한다.

2 피스톤 링(piston ring)

피스톤 링은 링 홈에 끼워져 피스톤과 함께 실린더 내에서 왕복운동을 하면서 실린더 벽에 밀착되어 실린더와 피스톤사이에서의 압축과 연소가스의 누출을 방지하는 기밀유지 작용 (밀봉작용), 실린더와 피스톤사이를 윤활하는 기관오일 중에서 여분의 오일을 긁어내려 연소실로 들어가는 것을 방지하는 오일 제어작용, 피스톤 헤드가 받은 열의 대부분을 실린더 벽으로 전달하는 열전도 작용(냉각작용) 등 3대 작용을 한다.

피스톤 링의 재질은 조직이 치밀한 특수주철이며, 원심 주조방법으로 제작한다. 피스톤 링을 피스톤에 조립할 때 링 이음부분의 위치는 서로 120~180° 방향으로 끼워야 한다.

3 피스톤 핀(piston pin)

피스톤 핀은 피스톤 보스부분에 끼워져 피스톤과 커넥팅로드 소단부를 연결해주는 핀이며, 피스톤이 받은 폭발력을 커넥팅로드로 전달한다. 피스톤 핀의 고정방법에는 고정식, 반부동식(요동식), 전부동식(부동식)이 있다.

4 커넥팅로드(connecting rod)

커넥팅로드는 피스톤 핀과 크랭크축을 연결하는 막대이며, 피스톤의 왕복운동을 크랭크축으로 전달하는 일을 한다. 소단부(small end)는 피스톤 핀에 연결되고, 대단부(big end)는 평면 베어링을 통하여 크랭크 핀에 결합되어 있다. 커넥팅로드의 재질은 니켈-크롬강, 크롬-몰리브덴강 등의 특수강을 단조(forging)하여 제작한다.

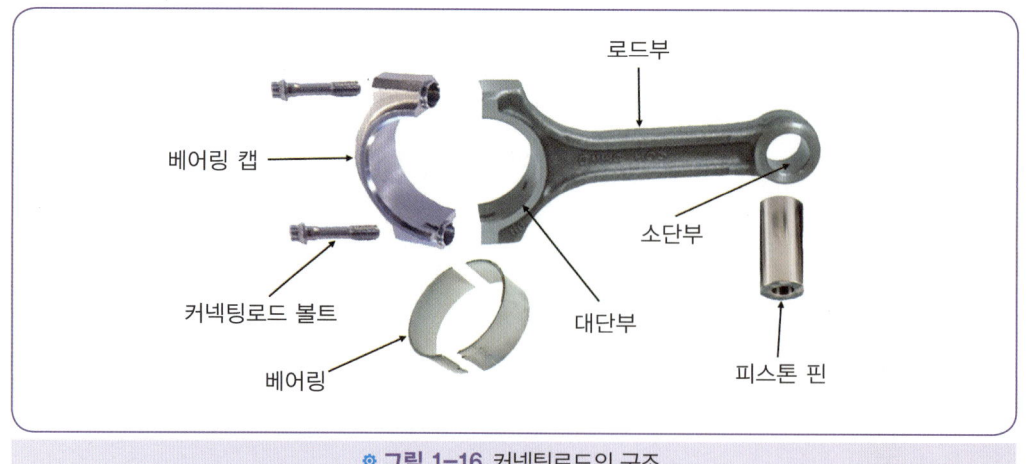

◎ 그림 1-16 커넥팅로드의 구조

04 크랭크축(crank shaft)

크랭크축의 회전중심을 형성하는 축 부분을 메인저널(main journal), 커넥팅로드 대단부와 결합되는 부분을 크랭크 핀(crank pin), 메인저널과 크랭크 핀을 연결하는 부분을 크랭크 암(crank arm) 그리고 회전평형을 유지하기 위해 크랭크 암에 둔 평형추(balance weight) 등의 주요부분으로 구성되어 있다. 또 크랭크 축 앞 끝에는 캠축 구동용의 타이밍기어 또는 타이밍벨트 구동용 스프로켓과 물 펌프 및 발전기 구동을 위한 크랭크축 풀리가 설치되며, 뒤쪽에는 플라이휠을 설치하기 위한 플랜지(flange)와 클러치 축 지지용 파일럿 베어링을 끼우는 구멍이 있다.

내부에는 커넥팅로드 베어링으로 기관오일을 공급하기 위한 오일구멍 및 통로가 있고, 크랭크축은 큰 하중을 받으면서 고속회전을 하기 때문에 이것에 견딜 수 있는 충분한 강도와 강성을 지녀야 한다. 따라서 현재 사용되는 크랭크축 재질은 고탄소강, 크롬-몰리브덴(Cr-Mo)강, 니켈-크롬(Ni-Cr)강 등으로 단조하여 제작한다.

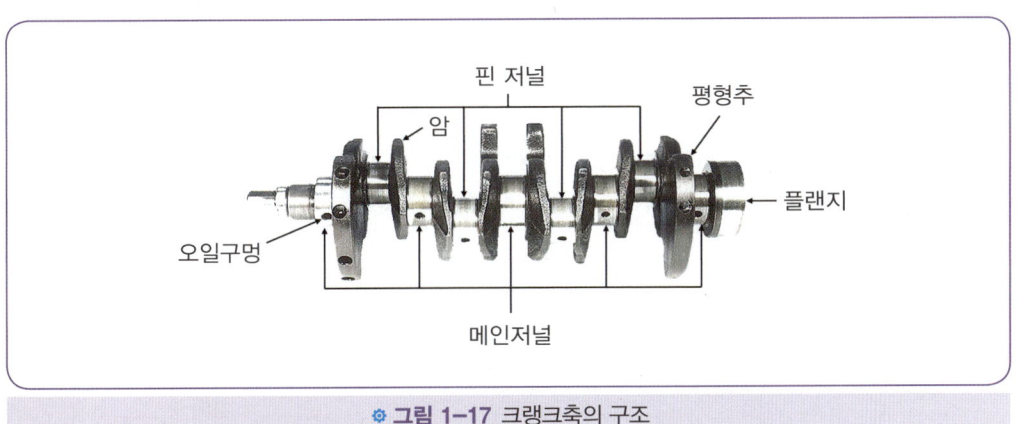

◎ 그림 1-17 크랭크축의 구조

1 점화순서를 결정할 때 고려하여야 할 사항

① 폭발행정이 같은 간격으로 발생하도록 한다.
② 크랭크축에 비틀림 진동이 발생하지 않도록 한다.
③ 인접한 실린더에 연이어서 폭발이 발생하지 않도록 한다.
④ 혼합가스가 각 실린더에 동일하게 분배되게 한다.

2 직렬 기관의 점화순서

4실린더 기관은 크랭크축이 매 180° 회전할 때마다 폭발행정이 발생하여 720°(180°×4이므로) 회전하는 동안에 각 실린더마다 폭발이 일어나야 하므로 4회의 폭발을 하면서 1사이클을 완성한다.

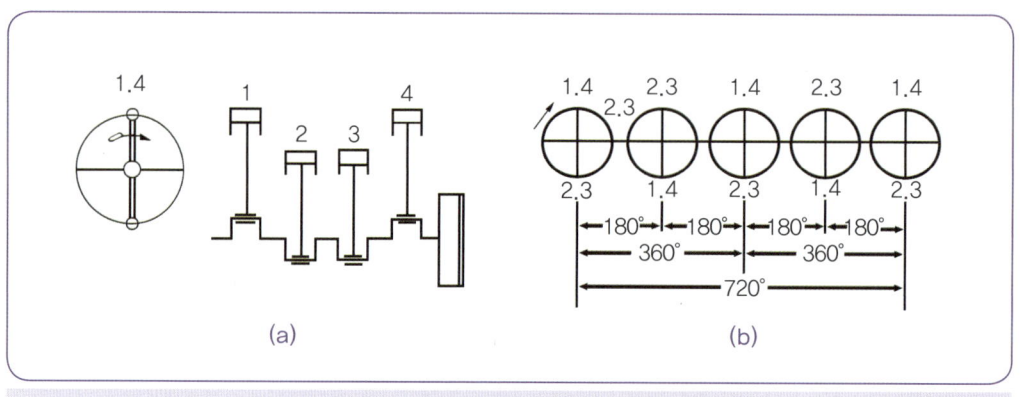

✿ 그림 1-18 4실린더 기관 크랭크 핀과 피스톤의 위치

✿ 표 1-1 점화순서가 1-3-4-2일 경우

크랭크 회전각 실린더번호	1회전		2회전	
	0~180°	180~360°	360~540°	540~720°
1	폭발	배기	흡입	압축
2	배기	흡입	압축	폭발
3	압축	폭발	배기	흡입
4	흡입	압축	폭발	배기

✿ 표 1-2 점화순서가 1-2-4-3일 경우

크랭크 회전각 실린더번호	1회전		2회전	
	0~180°	180~360°	360~540°	540~720°
1	폭발	배기	흡입	압축
2	압축	폭발	배기	흡입
3	배기	흡입	압축	폭발
4	흡입	압축	폭발	배기

※ 표 1-3 점화순서가 6실린더 우수식일 경우

크랭크 회전각 실린더번호	1회전				2회전			
	0~180°		180~360°		360~540°		540~720°	
	60°	120°	240°	300°	420°	480°	600°	660°
1	폭발		배기		흡입		압축	
2	흡입	압축		폭발		배기		흡입
3	배기		흡입		압축		폭발	압축
4	압축		폭발		배기		흡입	압축
5	폭발		압축		배기		압축	폭발
6		흡입		압축		폭발		배기

※ 표 1-4 점화순서가 6실린더 좌수식일 경우

크랭크 회전각 실린더번호	1회전				2회전			
	0~180°		180~360°		360~540°		540~720°	
	60°	120°	240°	300°	420°	480°	600°	660°
1	폭발		배기		흡입		압축	
2	배기		흡입		압축		폭발	배기
3	흡입	압축		폭발		배기		흡입
4	폭발	배기		흡입		압축		폭발
5	압축		폭발		배기		흡입	압축
6		흡입		압축		폭발		배기

05 플라이휠(fly wheel)

플라이휠은 폭발행정 중의 회전력을 저장하였다가 크랭크축의 회전속도를 원활히 하기 위하여 크랭크축 뒤끝에 볼트로 설치된다.

플라이휠은 운전 중 관성이 크고, 자체 무게는 가벼워야 하므로 중앙부분은 두께가 얇고 주위는 두껍게 한 원판(disc)으로 되어 있다. 재질은 주철이나 강철이며 뒷면은 클러치의 마찰 면으로 사용되고, 바깥둘레에는 기관을 시동할 때 기동전동기의 피니언과 물려 회전력을 받는 링 기어(ring gear)가 열 박음(가열 끼워 맞춤)으로 고정되어 있다. 또 디젤기관에서는 플라이휠에 피스톤 상사점이나 점화시기를 표시하는 점화시기 표지(timing mark)가 파져 있다. 플라이휠의 무게는 회전속도와 실린더 수에 관계한다.

06 크랭크축 베어링(crank shaft bearing)

크랭크축에서 사용하는 베어링은 평면 베어링(plain bearing)이다. 평면 베어링에는 분할형과 부시형(bushing)이 있다.

1 크랭크축 베어링 재료

크랭크축 베어링의 재료에는 구리(Cu), 납(Pb), 아연(Zn), 은(Ag), 카드뮴(Cd), 알루미늄(Al) 등의 합금인 배빗메탈, 켈밋합금, 알루미늄합금 등이 있으며, 어느 것이나 저널의 재질보다 융점이 낮고 연하므로 한계 윤활상태가 되면 자체가 소모되어 저널의 마멸을 방지한다.

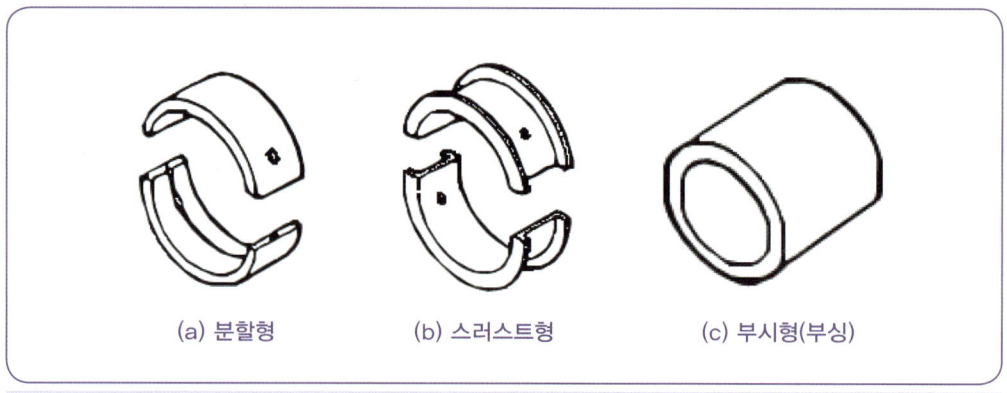

(a) 분할형　　(b) 스러스트형　　(c) 부시형(부싱)

◈ 그림 1-19 크랭크축 베어링

배빗메탈(babbit metal)

배빗메탈은 주석(Sn) 80~90%, 안티몬(Sb) 3~12%, 구리(Cu) 3~7%가 표준 조성이다. 특징은 취급이 쉽고, 매입성능, 길들임 성능, 부식에 견디는 성질 등은 크나 고온 강도가 낮으며, 피로 강도, 열전도 성능이 좋지 못하다. 현재는 주로 켈밋합금이나 트리 메탈의 코팅(coating)용으로 사용되고 있다.

켈밋합금(kelmet alloy)

켈밋합금은 구리(Cu) 60~70%, 납(Pb) 30~40%가 표준 조성이다. 특징은 열전도 성능이 양호하고, 녹아 붙지 않아 고속·고온 및 높은 하중에 잘 견디나 경도가 커 매입성능, 길들임 성능, 부식에 견디는 성질 등이 작다.

알루미늄합금(aluminium alloy)

알루미늄과 주석의 합금이며, 배빗메탈과 켈밋메탈이 지니는 각각의 장점을 구비한 베어링이다. 그러나 길들임 성능과 매입성능은 배빗메탈로 표면층을 만들어서 개선하고 있다.

2 크랭크축 베어링의 구조

베어링의 구조를 살펴보면 탄소강 또는 구리합금의 셀(back plate 또는 shell)에 베어링 금속을 코팅하여 사용하는데 베어링의 가운데에는 오일구멍(oil holes)이 있고 원둘레 방향으로는 오일 홈(oil grooves)이 파져 있다.

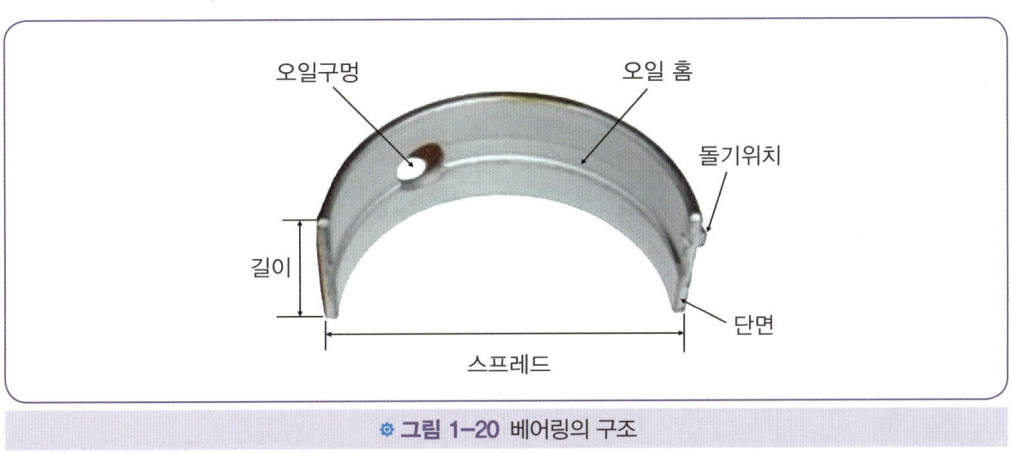

◎ 그림 1-20 베어링의 구조

베어링 크러시(bearing crush)

크러시는 베어링의 바깥둘레와 하우징 둘레와의 차이를 말하며 두는 이유는 다음과 같다.
① 베어링 바깥둘레를 하우징 둘레보다 조금 크게 하고, 볼트로 압착시켜 베어링 면의 열전도성을 높이기 위함이다.
② 크러시가 너무 크면 안쪽 면으로 찌그러져 저널에 긁힘을 일으키고, 작으면 기관 작동에 따른 온도변화로 인하여 베어링이 저널을 따라 움직이게 되는데 이를 방지하기 위함이다. 따라서 신품 베어링으로 교환할 때 베어링 캡이나 베어링을 연삭해서는 안 된다.

베어링 스프레드(bearing spread)

스프레드는 베어링 하우징의 지름과 베어링을 끼우지 않았을 때 베어링 바깥쪽 지름과의 차이를 말한다. 스프레드를 두는 이유는 다음과 같다.
① 조립할 때 베어링이 제자리에 밀착되게 하기 위함이다.
② 조립할 때 캡에 베어링이 끼워져 있어 작업이 편리하다.
③ 크러시가 압축됨에 따라 안쪽으로 찌그러지는 것을 방지한다.

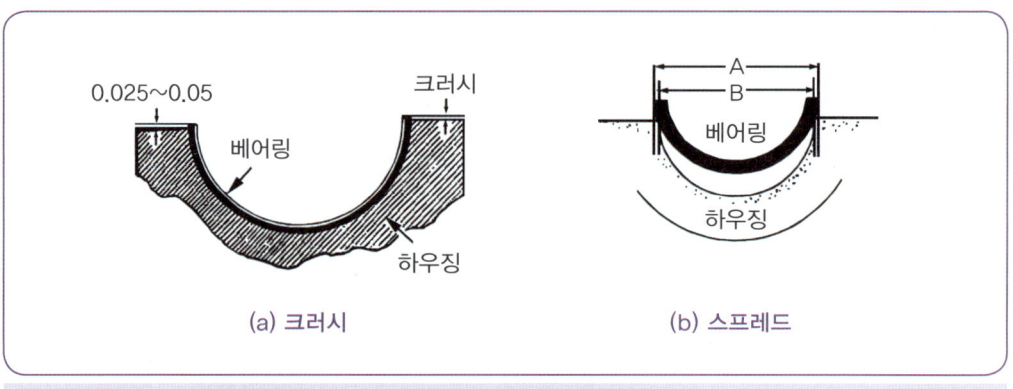

🔹 그림 1-21 크러시와 스프레드

07 밸브개폐 기구와 밸브(valve train & valve)

1 밸브개폐 기구의 개요

I-헤드형(OHV : over head valve)기관의 밸브개폐 기구

I-헤드형 기관의 밸브개폐 기구는 캠축, 밸브 리프터, 푸시로드, 로커암 축 어셈블리, 밸브로 구성되어 있으며 흡·배기밸브가 모두 실린더헤드에 설치되므로 밸브 리프터와 밸브사이에 푸시로드와 로커암 축 어셈블리의 두 부품이 더 설치되어 있다. 작동은 캠축이 회전운동을 하면 푸시로드가 밸브 리프터에 의하여 상하운동을 하여 로커암이 그 설치 축을 중심으로 움직인다. 이에 따라 로커암의 밸브 쪽 끝이 밸브 스템 끝을 눌러 열리게 하고, 닫힐 때에는 스프링의 장력으로 닫힌다.

OHC(over head cam shaft)형 기관의 밸브개폐 기구

OHC형 기관의 밸브개폐 기구는 캠축을 실린더 헤드 위에 설치하고 캠이 직접 로커암을 구동하는 형식이다. 이 형식은 캠축을 구동하는 타이밍체인이나 벨트장치와 실린더헤드의 구조는 복잡해지나 밸브개폐 기구의 왕복운동 부분의 관성력이 작아져 밸브 가속도가 커진다.

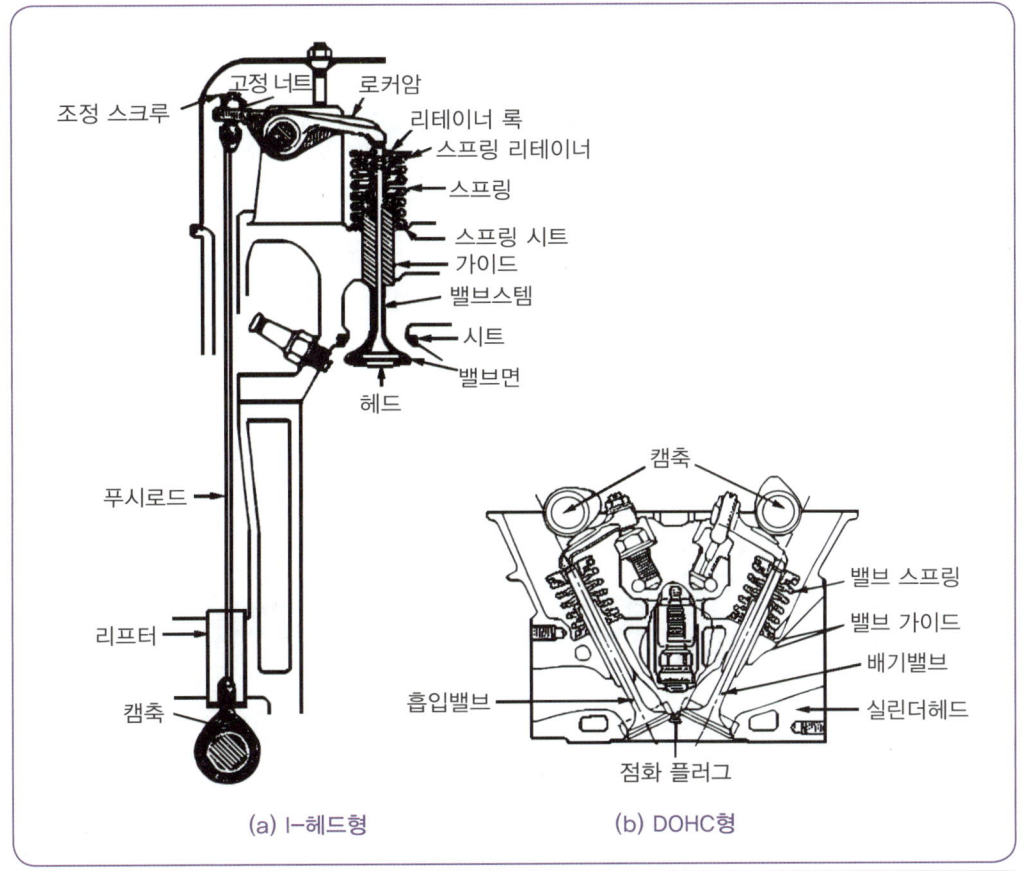

(a) I-헤드형   (b) DOHC형

◎ 그림 1-22 밸브개폐 기구의 구조

OHC형에는 1개의 캠축으로 모든 밸브를 개폐시키는 SOHC(single over head cam shaft)형과 2개의 캠축으로 각각의 흡·배기밸브를 구동하는 DOHC(double over head cam shaft)형이 있다.

(1) DOHC형의 특징

① 흡입효율을 향상시킬 수 있다.
② 허용 최고 회전속도를 높일 수 있다.
③ 연소 효율을 높일 수 있다.
④ 응답성이 향상된다.
⑤ 구조가 복잡하고, 제작비가 비싸다.

2 밸브개폐 기구의 구성부품과 그 기능

캠축과 캠(cam shaft & cam)

캠축의 주요기능은 흡·배기밸브 개폐이며, 재질은 특수주철, 저탄소강에 침탄시킨 것, 중탄소강에 화염경화나 고주파 경화시킨 것을 사용한다. 또 캠의 형상은 밸브개폐 상태, 열림 시간, 밸브 양정 등은 캠의 형상에 따라 결정되므로 기관에 따라 다양한 캠이 사용된다. 캠의 형상에는 접선 캠, 볼록 캠 및 오목 캠 등이 있다. 양정(lift)은 캠에서 기초원과 노즈(nose) 사이의 거리를 양정(lift)이라 한다.

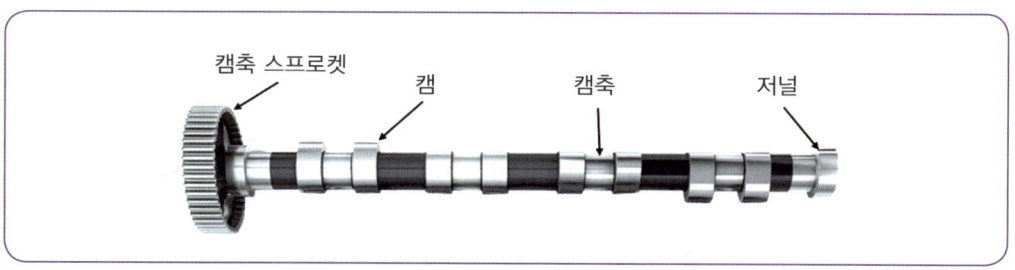

❁ 그림 1-23 캠축의 구조

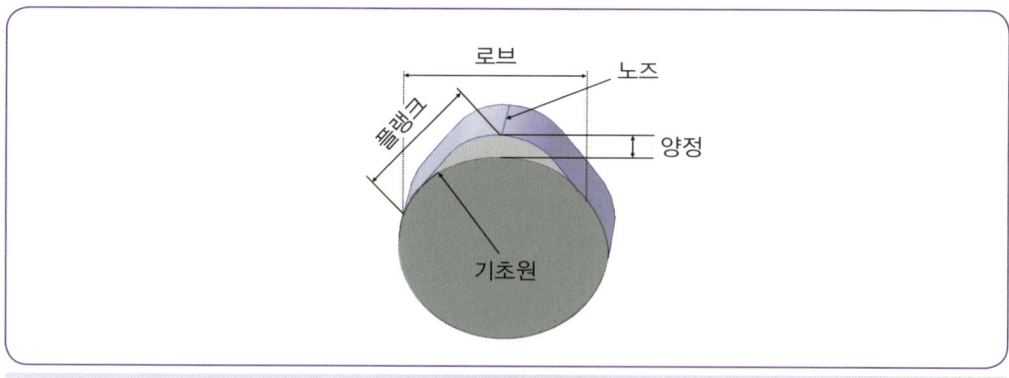

❁ 그림 1-24 캠의 구조

(1) 캠축의 구동방식

1) 기어 구동방식(gear drive type)

이 방식은 크랭크축 기어와 캠축 기어의 물림에 의한 방식이며, 4행정 사이클 기관에서는 크랭크 축 2회전에 캠축 1회전하는 구조로 되어 있다. 크랭크 축 기어의 재질은 저탄소 침탄강, 크롬강으로 표면을 경화하며 캠축 기어의 재질은 베이클라이트로 제작하여 소음감소 및 크랭크축 기어의 마멸을 감소시키고 있다.

(a) 기어 구동방식   (b) 체인 구동방식   (c) 벨트 구동방식

◎ 그림 1-25 캠축의 구동방식

2) 체인 구동방식(chain drive type)

이 방식은 타이밍 체인을 통하여 캠축을 구동하는 것이며 양쪽 체인의 스프로켓 비율은 4행정 사이클 기관의 경우 2 : 1이며, 스프로켓의 재질은 강철이다. 특징은 동력전달 효율이 높고, 소음이 감소되며, 캠축의 설치위치를 자유롭게 정할 수 있으나 체인이 늘어나 헐거워지면 밸브개폐 시기가 틀려지는 결점이 있다.
최근에는 체인의 헐거움을 자동적으로 조절하는 텐셔너(tensioner)와 체인의 진동을 방지하는 댐퍼(damper)를 두고 있다.

3) 벨트 구동방식(belt drive type)

이 방식은 타이밍벨트로 캠축을 구동하는 방식이며, 벨트에도 스프로켓 돌기 형상과 동일한 돌기가 파져 있다.

밸브 리프터(밸브 태핏 : valve lifter or valve tappet)

(1) 기계식 밸브 리프터

기계식 밸브 리프터는 I-헤드형 기관은 원통형이며, 그 내부에 푸시로드를 받는 오목 면이 있고, 리프터 밑면에는 편 마멸을 방지하기 위해 리프터 중심과 캠 중심을 오프셋(off-set)시키고 있다.

(2) 유압식 밸브 리프터

유압식 밸브 리프터는 오일의 비압축성과 윤활장치의 순환압력을 이용하여 작용케 한 것이며, 기관의 작동 온도변화에 관계없이 밸브 간극을 0으로 유지시키도록 한 방식이다. 유압식 밸브 리프터는 기관성능 향상, 연료 소비율 감소, 경량화와 더불어 진동 및 소음 감소 목적으로 제작된 것이다.

1) 유압식 밸브 리프터의 특징

① 밸브간극을 점검·조정하지 않아도 된다.
② 밸브개폐 시기가 정확하고 작동이 조용하다.
③ 오일이 완충작용을 하므로 밸브개폐 기구의 내구성이 향상된다.
④ 밸브개폐 기구의 구조가 복잡해지고 윤활장치가 고장이 나면 기관 작동이 정지된다.

흡·배기밸브

흡입밸브 및 배기밸브는 연소실에 설치된 흡·배기구멍을 각각 개폐하고 혼합가스(또는 공기)를 흡입하고, 연소가스를 내보내는 일을 한다. 압축과 폭발행정에서는 밸브 시트에 밀착되어 연소실 내의 가스가 누출되지 않도록 한다. 자동차용 기관의 흡·배기용 밸브는 포핏 밸브(poppet valve)를 사용한다.

(1) 흡·배기밸브의 구비조건

① 높은 온도에서 견딜 것(기관 작동 중 흡입밸브는 최고 450~500℃, 배기밸브는 700~800℃ 정도이다)

② 밸브헤드 부분의 열전도율이 클 것
③ 높은 온도에서의 장력과 충격에 대한 저항력이 클 것
④ 높은 온도의 가스에 부식되지 않을 것
⑤ 가열이 반복되어도 물리적 성질이 변화하지 않을 것
⑥ 관성력이 커지는 것을 방지하기 위하여 무게가 가볍고 내구성이 클 것
⑦ 흡·배기가스 통과에 대한 저항이 적은 통로를 만들 것

(2) 흡·배기밸브의 재질

밸브는 페라이트(ferrite)계열 또는 오스테나이트(austenite)계열의 내열강을 사용하며, 제작방법은 금속조직의 흐름이 끊어지지 않도록 업셋 단조(up-set forging)를 사용한다. 최근에는 밸브헤드는 오스테나이트 계열을, 스템은 페라이트 계열을 사용하여 전기용접하고 밸브 스템 끝 부분은 스텔라이트를 녹여 붙이기도 한다.

(3) 흡·배기밸브 주요부분의 기능

1) 밸브 헤드(valve head)

밸브 헤드는 고온·고압의 가스에 노출되므로 배기밸브에서는 열 부하가 매우 크다. 또 흡입효율을 증대시키기 위해 흡입밸브 헤드의 지름을 크게 한다. 밸브 헤드의 형상에는 플랫형(flat type), 튤립형(tulip type), 반 튤립형(semi-tulip type), 버섯형(mushroom type) 등이 있다.

2) 밸브 마진(valve margin)

마진의 두께가 얇으면 높은 온도에서 밸브가 작동될 때의 충격으로 밸브 시트와 접촉할 때 둘레에 걸쳐 위로 벌어져 충분한 기밀유지가 되지 못한다. 일반적으로 마진의 두께가 0.8mm 이하인 경우에는 재사용하지 못한다.

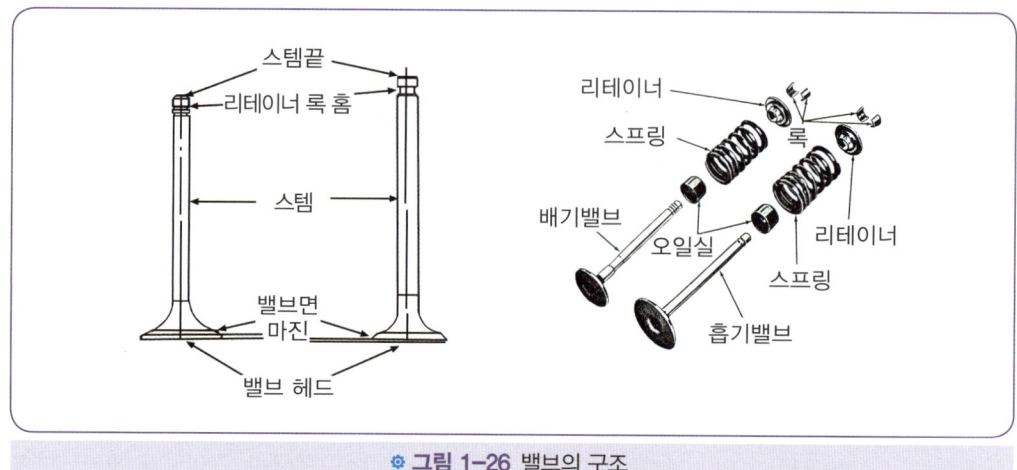

● 그림 1-26 밸브의 구조

3) 밸브 면(valve face)

밸브 면은 시트(seat)에 밀착되어 연소실 내의 기밀유지 작용을 한다. 이에 따라 밸브 면의 양부는 실린더 내의 압축압력과 밀접한 관계가 있으며 기관의 출력에 큰 영향을 미친다. 밸브 면은 기관 작동 중 고온·고압상태에서 밸브시트와 충격적으로 접촉하고 이 접촉에서 밸브 헤드의 열을 시트로 전달한다. 페이스 각도는 60°, 45°, 30°의 것이 있으며 주로 45°를 가장 많이 사용한다.

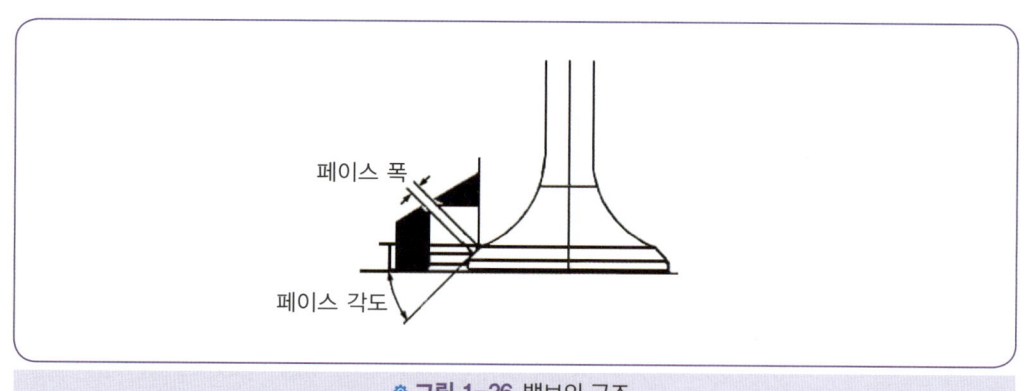

● 그림 1-26 밸브의 구조

4) 밸브 스템(valve stem)

밸브 스템은 그 일부가 밸브 가이드에 끼워져 밸브운동을 바르게 유지하고, 밸브 헤드의 열을 가이드를 통하여 실린더헤드로 전달한다.

5) 밸브스프링 리테이너 록 홈과 리테이너 록

밸브스프링은 실린더헤드와 리테이너사이에 끼워지고 리테이너 록에 의하여 밸브 스템에 고정된다.

6) 밸브 스템 끝(valve stem end)

밸브 스템 끝은 밸브에 캠의 운동을 전달하는 로커암과 충격적으로 접촉하는 부분이며, 기계식 리프터를 사용하는 기관에서는 스템 끝과 로커암 사이에 열팽창을 고려한 밸브간극이 설치된다. 그리고 밸브 스템 끝은 평면으로 다듬질 되어 있다.

밸브시트(valve seat)

밸브시트는 밸브 면과 밀착되어 연소실의 기밀유지 작용과 밸브 헤드의 냉각작용을 한다.

시트는 밸브 면과 연속적인 충격 접촉을 하므로 이에 손상되지 않을 정도의 경도가 있어야 한다. 시트의 각도는 60°, 45°, 30°가 있고 시트의 폭은 1.5~2.0mm이며, 폭이 넓으면 밸브의 냉각효과는 크지만 압력이 분산되어 기밀유지가 불량하다. 작동 중 열팽창을 고려하여 밸브 면과 시트 사이에 1/4~1° 정도의 간섭 각을 둔다.

밸브 가이드(valve guide)

밸브 가이드는 밸브의 상하운동 및 시트와 밀착을 바르게 유지하도록 밸브 스템을 안내해 주는 부분이다.

밸브 스프링(valve spring)

밸브 스프링은 압축과 폭발행정에서 밸브 면과 시트를 밀착시켜 기밀을 유지시키고 흡입과 배기행정에서는 캠의 형상에 따라서 밸브가 열리도록 작동시킨다. 밸브 스프링의 재질은 탄성이 큰 니켈강이나 규소-크롬(Si-Cr)강을 사용한다. 또 밸브 스프링의 장력이 너무 크면 밸브가 열릴 때 큰 힘이 필요하므로 기관의 출력이 손실되고, 닫힐 때 시트가 손상되기 쉽다.

반대로 스프링 장력이 작으면 밀착 불량으로 출력 감소, 가스 블로바이 발생, 고속으로 운전될 때 밸브스프링의 신축이 심하여 밸브스프링의 고유 진동수와 캠 회전속도 공명에 의하여 스프링이 튕기는 현상인 스프링 서징현상이 발생한다. 서징현상이 발생하면 2중 스프링, 부등 피치 스프링, 원뿔형 스프링 등을 사용한다.

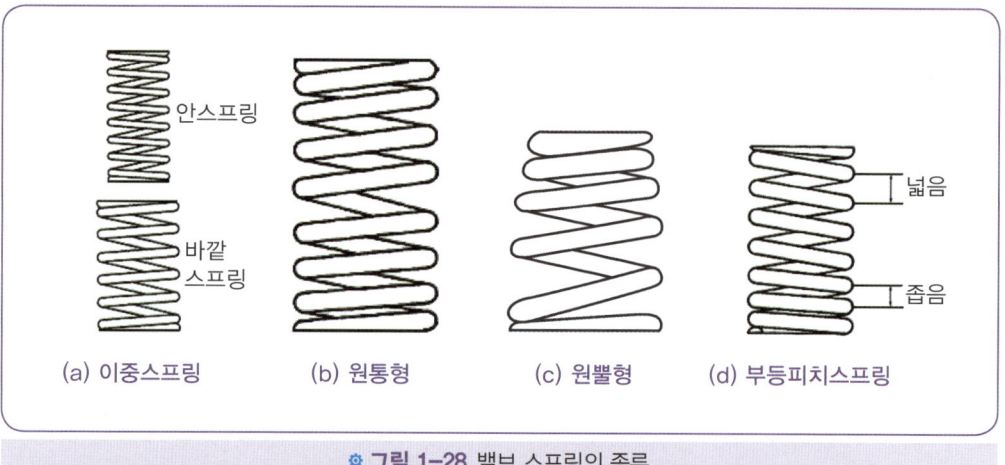

❈ 그림 1-28 밸브 스프링의 종류

밸브 회전기구 필요성

① 밸브 면과 시트사이, 스템과 가이드사이에 쌓이는 카본을 제거한다.
② 밸브 면과 시트, 스템과 가이드의 편 마멸을 방지한다.
③ 밸브 헤드 부분의 온도를 균일하게 할 수 있다.

밸브간극(valve clearance)

밸브간극은 기계식 리프터를 사용하는 기관에서 작동 중 열팽창을 고려하여 I-헤드형과 OHC형은 로커암과 밸브 스템 끝사이에 두고 있으며, 일반적으로 배기밸브 쪽의 간극을 더 크게 두고 있다. 이것은 배기밸브 쪽 온도가 높아 열팽창이 크기 때문이다. 밸브간극은 대략 흡입밸브가 0.2~0.35mm, 배기밸브가 0.3~0.4mm 정도이다. 또 기관이 냉간된 상태와 온간된 상태의 간극이 다르다.

CHAPTER 01·02 예상문제
기관의 기초사항 / 기관 본체의 구조의 작용

01. 기관 분해조립 시 기관의 급 유통로가 막혔을 때의 검사방법은?

① 유압계로 검사
② 압축공기로 검사
③ 긴 철사를 넣어 검사
④ 물감을 넣어 검사

풀이 급 유통로가 막혔을 시 압축공기로 검사를 하여야 가장 이상적인 검사방법이다.

02. 기관을 운반하기 위해 체인 블록을 사용할 때의 안전사항 중 가장 옳은 것은?

① 기관은 반드시 체인으로만 묶어야 한다.
② 노끈 및 밧줄은 무조건 굵은 것을 사용한다.
③ 가는 철선이나 체인으로 기관을 묶어도 좋다.
④ 체인 및 리프팅을 중심부에 튼튼히 매어야 한다.

풀이 무게중심에 맞게 체인블록의 위치를 고정하여 사용한다.

03. 자동차의 기본 구조의 설명으로 틀린 것은?

① 자동차는 크게 섀시와 보디 그리고 동력전달장치로 나눈다.
② 계기류, 등화장치, 방향지시기, 차폭등 등도 섀시를 이룬다.
③ 화물이나 승객을 보호하기 위한 장치는 차체이다.
④ 자동차는 섀시만 있어도 움직일 수 있다.

풀이 자동차는 섀시와 보디로 나눈다.

04. 자동차의 앞차축 중심에서 뒷차축 중심까지의 거리를 무엇이라고 하는가?

① 휠 베이스
② 오버행
③ 전고
④ 윤거

풀이 자동차의 앞바퀴 중심과 뒷바퀴 중심 사이의 거리로, 축거(軸距) 또는 휠 베이스라고도 한다.

05. 자동차의 제원 중 자동차의 성능과 관계가 먼 것은?

① 구배 능력
② 구동력
③ 최소 회전반경
④ 연료소비량

풀이 최소 회전반경은 자동차가 최소로 움직이는 범위에서 바퀴가 회전할 때, 앞바퀴의 바깥쪽이 그리는 원의 반지름을 말한다.

06. 자동차의 성능에서 견인력, 등판력, 경제성을 좌우하는 요소는 무엇인가?

① 연료소비율
② 변속비
③ 제로-백
④ torque

풀이 회전체를 회전시키려 하는 토크(torque), 또는 단순히 회전시키려고 하는 힘을 말하는 경우도 있다.

정답 01. ② 02. ④ 03. ① 04. ① 05. ③ 06. ④

07. 자동차의 제원에서 제원 표시에 해당하지 않는 것은?

① 생산연도　② 성능
③ 치수　　　④ 하중

> 풀이 제원에 표시되는 항목은 보기 이외에도 외관, 치수, 배기량, 최대출력, 최대토크, 가속 성능 등이 포함된다.

08. 자동차의 너비를 자동차의 중심 면과 직각으로 측정하였을 때 부속품을 포함한 최대 너비를 무엇이라 하는가?

① 전장　② 전폭
③ 축거　④ 전고

> 풀이 전폭(全幅, Overall Width) : 도어를 닫은 상태에서의 자동차의 전체 폭을 말하며 이때 양쪽의 사이드미러는 제외한다.

09. 다음 중 압축비가 동일한 경우 이론적으로 가장 열효율이 높은 사이클은 어느 것인가?

① 디젤 사이클
② 사바테 사이클
③ 오토 사이클
④ 모두 동일함

> 풀이 압축비가 동일한 경우 열효율이 가장 높은 사이클은 오토사이클이다.

10. 다음 중 연소상태에 영향을 주는 조건이 아닌 것은 어느 것인가?

① 기관의 온도　② 피스톤의 속도
③ 연소실의 형태　④ 총 배기량

> 풀이 총 배기량은 피스톤이 1행정 하는 동안에 배출되는 가스의 부피로 연소상태에 영향을 주지 않는다.

11. 디젤기관에서 행정의 길이가 300mm, 피스톤의 평균속도가 6m/s라면 크랭크축은 매 분당 몇 회전하는가?

① 500rpm　② 600rpm
③ 1,000rpm　④ 1,500rpm

> 풀이 피스톤 속도 – 6m/s = 360m/min
> 행정 – 300mm = 30cm = 0.3m
> 피스톤 1번 왕복한 거리 – 0.3×2 = 0.6m
> 360/0.6 = 600rpm이다.

12. 일정한 체적하에서 연소가 일어나는 가장 대표적인 사이클은 어느 것인가?

① 디젤 사이클
② 복합 사이클
③ 오토 사이클
④ 카르노 사이클

> 풀이 오토 사이클은 정적 사이클이라고 하며, 혼합 가스가 일정한 체적에서 연소하는 사이클로서 가솔린 엔진과 가스 기관, 고속 디젤 기관 등이 사이클을 기준으로 작동하는 기관이다.

정답　07. ①　08. ②　09. ③　10. ④　11. ②　12. ③

13. 기관을 동력계로 측정하였다. 3,500rpm에서 120마력이 발생하였다면, 이 기관의 지시마력은 얼마인가? (단, 기계효율은 80%이다.)

① 100마력 ② 150마력
③ 96마력 ④ 85마력

> **풀이** 지시마력은 실린더 내부에서 실제로 발생한 마력으로 실린더 내부의 압력을 측정하여 구한다.
> 기계효율 = BHP(제동마력) / IHP(지시마력) (×) 100
> 80 = 120/X(×)100, X = 150마력이다.

14. 차량 총중량이 몇 톤 이상인 화물자동차에 측면 보호대를 설치하여야 하는가?

① 3t ② 4t
③ 5t ④ 8t

> **풀이** 【자동차 안전기준에 관한 규칙】 제18조 3항 〈일부개정 1989.12.23 교통부령 제916호〉 차량 총중량이 8t 이상 또는 최대적재량이 5t 이상인 화물 자동차 및 특수 자동차는 포장 노면 위의 공차 상태에서 다음 각호의 기준에 적합한 측면 보호대 및 후부 안전판을 설치하여야 한다.

15. 실린더 지름 60mm, 피스톤 행정 60mm인 4실린더 기관의 총 배기량은?

① 678.24cc ② 778.24cc
③ 878.24cc ④ 978.24cc

> **풀이** $V = \pi/4 \times D^2 \times L \times N$
> V: 총배기량 D: 실린더 내경
> L: 피스톤 행정 N: 실린더 수
> $V = \pi/4 \times 6^2 \times 6 \times 4$

16. 가솔린기관의 연소실 체적이 행정체적의 10%이다. 이 기관의 압축비는?

① 9 : 1
② 10 : 1
③ 11 : 1
④ 12 : 1

> **풀이** 연소실 체적이 행정체적의 10%이므로 압축비는 10 + 100/10 = 11이다.

17. 연소실 체적이 50cc이고 압축비가 10 : 1인 기관의 행정체적은 얼마인가?

① 420cc
② 450cc
③ 500cc
④ 550cc

> **풀이** $50 \times (10 - 1) = 450cc$
> 압축비 = 연소실체적 + 행정체적 / 연소실체적

18. 실린더 헤드의 변형을 점검할 때 사용하는 공구는 어느 것인가?

① 다이얼게이지
② 버니어 캘리퍼스
③ 곧은 자와 틈새 게이지
④ 플라스틱 게이지

> **풀이** 실린더헤드와 실린더블록의 평면도 점검은 직각자(곧은 자)와 필러게이지 등을 사용한다.

정답 13. ② 14. ④ 15. ① 16. ③ 17. ② 18. ③

19. 실린더 헤드 탈거작업에서 헤드 볼트를 올바르게 푸는 방법은 어느 것인가?

① 반드시 스피드 핸들을 사용해야 한다.
② 토크렌치를 사용한다.
③ 대각선 방향으로 바깥쪽에서 안쪽으로 푼다.
④ 반시계방향으로 차례대로 푼다.

> 풀이 실린더 헤드 볼트 작업순서에서 풀 때는 실린더 헤드의 열 변형을 방지하기 위하여 대각선으로 바깥쪽에서 안쪽으로 푼다.

20. 일반적인 자동차구조에서 흡기밸브와 배기밸브의 사이즈는 어떤 밸브가 더 크게 만들어져 있는가?

① 흡기밸브
② 1번 4번 흡기밸브
③ 배기밸브
④ 밸브의 치수는 동일

> 풀이 엔진의 흡입효율을 높이기 위해서 기본적으로 흡기밸브 지름을 더 크게 제작하거나 DOHC 엔진을 사용하거나 전자제어 연료 분사장치를 사용하며 터보차저 또는 GDI 방식을 택한다.

21. 피스톤의 측압과 관계가 있는 부품은 어느 것인가?

① 피스톤 무게와 기통수
② 배기량과 실린더 직경
③ 혼합비와 연소실 크기
④ 커넥팅로드의 길이와 행정

> 풀이 피스톤 측압은 피스톤이 상사점에서 하사점으로 운동을 바꿀 때 실린더 벽에 충격을 주는 현상으로써 커넥팅 로드가 길이와 피스톤의 행정에 관계된다.

22. 피스톤에 오프셋을 두는 이유는 어느 것인가?

① 피스톤의 틈새를 크게 하려고
② 엔진의 폭발력을 높이기 위해
③ 피스톤의 측압을 적게 하려고
④ 피스톤의 마모를 적게 하려고

> 풀이 피스톤 오프셋은 피스톤의 핀의 위치를 약간 한쪽으로 중심에서 치우쳐(off-set) 제작하여 피스톤의 측압을 적게 하려고 제작한다.

23. OHV형 기관의 특징이 아닌 것은 어느 것인가?

① 왕복 운동기구의 공진에 의한 밸브 서징현상이 발생하기 쉽다.
② 엔진의 크기를 줄이고 높이를 낮출 수 있다.
③ 실린더 헤드에 캠축이 설치되어 있다.
④ 푸시로드와 밸브리프트의 구성으로 인한 소음이 증가한다.

> 풀이 OHC 기관은 실린더 헤드에 캠축이 설치되어 있다.

24. 기관 본체에서 밸브스프링의 점검과 관계가 없는 것은 어느 것인가?

① 밸브 스프링 장력   ② 코일의 수
③ 자유 높이   ④ 직각도

풀이
① **스프링 장력** : 규정 값의 15% 이상 감소되면 교환
② **자유 높이** : 규정 값의 3% 이상 감소되면 교환
③ **직각도** : 자유 높이 100mm에 대하여 3mm 이상 변형되면 교환
④ 코일의 수는 밸브스프링 테스터기로 측정하는 품목에 해당하지 않는다.

풀이
① 흡기행정기간 = 흡기밸브 열림 각 + 180도 + 흡기밸브 닫힘 각
    = 18+180+48 = 246
∴ 흡기행정기간 = 246도
② 밸브 오버랩 = 흡기밸브 열림 각 + 배기밸브 닫힘 각
    = 18 + 16 = 34
∴ 밸브 오버랩 기간 = 34도

25. 베어링이 하우징 내에서 움직이지 않게 하도록 베어링의 바깥 둘레를 하우징의 둘레보다 조금 크게 하여 차이를 두는 것을 무엇이라 하는가?

① 베어링 크러시
② 베어링 어셈블리
③ 베어링 스프레드
④ 베어링 갭

풀이 베어링 크러시(Bearing crush)를 두는 이유는 밀착성을 증대시키거나 열전도를 양호하게 하는 데 목적이 있다.

27. 일정한 체적하에서 연소가 일어나는 가장 대표적인 사이클은 어느 것인가?

① 디젤 사이클
② 복합사이클
③ 오토사이클
④ 카르노사이클

풀이 일정한 체적하에서 연소가 일어나는 사이클은 오토사이클은 정적 사이클이라 하며 가솔린기관, 가스기관의 기본 사이클이다.

26. 어느 4행정 사이클 기관의 밸브 개폐시기가 다음과 같다. 흡기행정기간과 밸브 오버랩은 각각 얼마인가?

- 흡기 밸브 열림 : 상사점 전 18도
- 흡기 밸브 닫힘 : 하사점 후 48도
- 배기 밸브 열림 : 하사점 전 52도
- 배기 밸브 닫힘 : 상사점 후 16도

① 흡기행정기간 246도, 밸브오버랩 70도
② 흡기행정기간 246도, 밸브오버랩 34도
③ 흡기행정기간 214도, 밸브오버랩 34도
④ 흡기행정기간 214도, 밸브오버랩 70도

28. 기관을 동력계로 측정하였다. 3500rpm에서 120마력이 발생하였다면, 이 기관의 지시마력은 얼마인가? (단, 기계효율은 80%이다.)

① 100마력
② 150마력
③ 96마력
④ 85마력

풀이 지시마력 = 제동마력/기계효율 = 120/0.8 = 150마력이다.

25. ① 26. ② 27. ③ 28. ②

29. 차량의 적재함 뒤로 나오는 긴 자재를 운반할 때 위험을 표시하는 방법으로 가장 적절한 것은 어느 것인가?

① 적재함에 회색으로 위험표시를 한다.
② 차량점멸등을 켜고 서행으로 운행한다.
③ 차체 밖으로 나오는 뒷부분에 적색 리본을 달고 운행한다.
④ 자재 끝 부분에 청색 깃발을 꽂고 운반한다.

> 풀이 화물의 적재허가를 받은 사람은 그 길이 또는 폭의 양 끝에 너비 30cm, 길이 50cm 이상의 빨간 헝겊으로 된 표지를 달아야 한다. 다만 밤에 운행하는 경우에는 반사체로 된 표지를 달아야 한다.

30. 자동차의 길이, 너비 및 높이는 다음과 같은 상태에서 측정하여야 한다. 올바르지 않은 것은 어느 것인가?

① 공차 상태
② 직진상태에서 수평면에 있는 상태
③ 적차 상태
④ 차체 외부에 부착하는 외부 돌출 부분은 이를 제거하거나 닫은 상태

> 풀이 자동차의 길이, 너비 및 높이 측정조건은 공차 상태이며 직진상태에서 수평면에 있는 상태, 차체 외부에 부착하는 외부 돌출 부분은 이를 제거하거나 닫은 상태를 말한다.

31. 차량 총중량이 몇 톤 이상인 화물자동차에 측면 보호대를 설치하여야 하는가?

① 3톤　② 4톤
③ 5톤　④ 8톤

> 풀이 차량 총중량이 8톤 이상 또는 최대 적재량이 5톤 이상인 화물자동차특수 자동차 및 연결 자동차는 측면 보호대를 설치해야 한다.

32. 크랭크축의 점검부위에 해당하지 않은 것은 어느 것인가?

① 크랭크축과 베어링 사이의 틈새
② 축의 축 방향 흔들림
③ 크랭크축의 굽힘
④ 크랭크축의 중량

> 풀이 베어링의 간극, 좌우 축 방향유격, 크랭크축의 균열, 굽힘을 육안검사 해야 한다.

33. 다음 중 크랭크축의 구조에 대한 명칭이 아닌 것은 어느 것인가?

① 핀 저널
② 크랭크 암
③ 커넥팅 로드
④ 메인 저널

> 풀이 피스톤이 연결되는 부분을 핀 저널이라 하며 크랭크축을 베어링으로 고정해주는 부분-메인 저널이다. 크랭크축과 크랭크 핀을 연결하는 마디-크랭크암 그리고 피스톤과 크랭크축을 연결하는 부분을 커넥팅 로드라 한다.

34. 다음 중 자동차의 보디에 해당하지 않는 것은?

① 도어　② 휀더
③ 루프　④ 섀시

정답 29. ③　30. ③　31. ④　32. ④　33. ③　34. ④

풀이 자동차는 섀시와 보디(차체)로 나눈다. 섀시는 보디를 제외한 나머지 부분인 엔진, 동력전달장치, 현가, 조향 브레이크, 프레임, 휠, 타이어 등을 포함한다.

풀이 자동차안전기준에 관한 규칙 제4조 : 차량 총중량 20톤(화물자동차 및 특수자동차는 40톤)이다.

35. 공차 상태의 자동차에서 접지 부분 이외의 부분은 지면과의 사이에 몇 cm 이상의 간격이 있어야 하는가?

① 10cm 이상 ② 12cm 이상
③ 14cm 이상 ④ 15cm 이상

풀이 【자동차 및 자동차부품의 성능과 기준에 관한 규칙】 제5조(최저지상고) 공차상태의 자동차에 있어서 접지부분외의 부분은 지면과의 사이에 10센티미터 이상의 간격이 있어야 한다. 〈개정 2018.12.31〉

36. 자동차에 비상구를 설치하여야 할 승차정원 기준으로 맞는 것은 어느 것인가?

① 12인승 이상 ② 15인승 이상
③ 16인승 이상 ④ 36인승 이상

풀이 승차정원 16인 이상의 자동차 차체의 좌측면 또는 뒤쪽에 비상구를 설치할 것을 의무화하였다.

37. 화물자동차 및 특수자동차의 차량 총중량은 몇 톤을 초과하면 안전기준에 어긋나는가?

① 30톤 ② 25톤
③ 40톤 ④ 50톤

38. 밸브 기구의 구성품과 거리가 먼 것은 어느 것인가?

① 로커암 ② 캠축
③ 실린더 헤드 ④ 푸시로드, 로커암

풀이 실린더블록의 상부에 위치하는 실린더 헤드는 실린더와 함께 연소실을 형성하고 흡입, 배기 통로를 개폐하는 밸브 기구가 설치되어 있는 공간이다.

39. 다음 피스톤에 대한 설명 중 틀린 것은 어느 것인가?

① 각 피스톤 중량에 차이가 거의 없어야 한다.
② 내구성 향상을 위한 알루미늄합금을 사용한다.
③ 무게가 무거워야 한다.
④ 동력 행정 시 얻은 동력을 커넥팅 로드를 통하여 크랭크축에 전달한다.

풀이 피스톤의 무게는 가벼워야 한다.

40. 실린더 헤드와 블록에 대한 설명 중 틀린 것은 어느 것인가?

① 실린더블록에 연소실이 설치된다.
② 실린더블록에 크랭크축이 설치된다.
③ 실린더는 헤드와 블록으로 구분된다.
④ 실린더 헤드의 재질은 알루미늄 합금으로 만든다.

정답 35. ① 36. ③ 37. ③ 38. ③ 39. ③ 40. ①

풀이 연소실은 실린더 헤드에 설치되며 실린더블록에 피스톤과 크랭크축 그리고 커넥팅로드가 장착된다.

풀이 가솔린기관의 노킹 발생원인
- 기관이 과열되었을 때
- 점화 시기가 너무 빠를 때
- 혼합비가 희박할 때
- 옥탄가가 낮을 때

41. 4 행정 6기통 자동차 기관에서 폭발순서가 1-5-3-6-2-4인 엔진의 2번 실린더가 흡기행정 중을 한다면 3번 실린더는 무슨 행정을 하고 있는가?

① 폭발행정 중
② 배기행정 초
③ 흡기행정 중
④ 압축행정 말

풀이 행정순서는 시계방향 점화순서는 각 행정의 초, 중, 말의 반시계방향이다.

44. 옥탄가를 측정하기 위하여 특별히 장치한 기관으로서 압축비를 임의로 변경시킬 수 있는 기관은 어느 것인가?

① C.F.R 기관
② 로터리 기관
③ 오토기관
④ LPI 기관

풀이 옥탄가를 측정하기 위한 기관은 C.F.R(Cooperative Fuel Research)이라 하며 연료의 옥탄가를 측정하기 위해 압축비를 가변할 수 있도록 만든 엔진이다.

42. 가솔린 연료의 구비조건으로 맞지 않은 것은?

① 연소 속도가 빠르고, 완전 연소할 것
② 연소 후 유해 화합물이 발생하지 않을 것
③ 단위 중량당 발열량이 클 것
④ 온도 변화에 따라 유동성이 좋을 것

풀이 가솔린 연료의 구비조건
- 온도변화에 관계없이 유동성이 좋을 것
- 내폭성이 크고, 가격이 저렴할 것
- 연소 상태가 안정될 것
- 부식성이 적을 것

45. 토크와 힘의 관계에 대한 설명은 어느 것인가?

① 토크와 힘을 나눈다.
② 토크와 힘을 곱한다.
③ 토크와 힘을 제곱한다.
④ 토크와 힘을 더한다.

풀이 토크와 힘을 곱한다.

43. 다음 중 가솔린 엔진의 노킹 발생 원인에 속하지 않는 것은 어느 것인가?

① 점화 시기가 빠르다.
② 엔진 온도가 높다.
③ 혼합비가 희박할 때
④ 기관 온도가 낮을 때

46. 자동차용 엔진의 밸브 구동 장치에 해당하지 않는 것은?

① 캠축(Camshaft)
② 타이밍 체인(Timing chain)
③ 커넥팅 로드(Connecting rod)
④ 로커 암(Roker arm)

정답 41. ④ 42. ④ 43. ④ 44. ① 45. ② 46. ③

> **풀이** 커넥팅 로드(Connecting rod)는 피스톤과 크랭크 샤프트를 연결하는 봉으로 피스톤의 왕복운동을 크랭크 샤프트를 회전운동으로 바꾸는 기능을 한다.

47. 자동차 엔진에서 피스톤 링의 구비조건에 해당하지 않는 것은?

① 열팽창률이 낮을 것
② 실린더 벽에 동일한 압력을 가할 것
③ 장시간 사용해도 피스톤 링과 실린더의 마멸이 적을 것
④ 열 전도성이 낮을 것

> **풀이** 기계적 강도가 커야 하며, 가볍고 마찰로 인한 기계적 손실을 방지하며, 가스 및 오일 누출을 방지하며 열 전도성이 높아야 한다.

48. 기관에서 흡기행정 시 하는 일은 어느 것인가?

① 연소 공기/가스가 유입된다.
② 연소 가스가 흐른다.
③ 배기가스가 배출된다.
④ 배기가스가 저장된다.

> **풀이** 배기행정이 끝난 후 피스톤이 하강 행정을 할 때의 행정으로 흡기밸브는 열리고 피스톤은 공기/연료의 혼합가스를 실린더 속으로 흡입한다.

47. ④ 48. ①   정답

CHAPTER 03 냉각장치

01 냉각장치의 필요성

냉각 장치는 작동 중인 기관의 폭발행정에서 발생되는 열을 냉각시켜 기관의 온도를 알맞게 유지시키는 장치이며, 기관의 정상적인 작동 온도는 75~95℃이고, 실린더헤드 물 재킷의 온도로 나타낸다. 실린더 속의 연소가스의 온도는 약 1500~2000℃ 정도이며, 이 열의 상당량이 실린더헤드, 실린더블록, 피스톤, 흡·배기밸브 등으로 전달된다.

기관이 과열하면 부품재료의 강도가 저하되고, 고장을 일으키거나 수명이 단축되고 연소상태도 불량하여 노크나 조기점화를 일으켜 기관의 출력이 저하한다. 반대로 기관이 과냉하면 연소에서 발생한 열량 가운데 냉각으로 손실되는 열량이 커지기 때문에 기관의 열효율이 낮아지고, 연료소비율이 증가하는 등의 문제를 초래한다. 수온계는 실린더헤드 물 재킷 내의 냉각수 온도(75~95℃)를 표시한다.

02 기관의 냉각방법

1 공랭식(air cooling type) 기관

공랭식은 기관을 대기와 직접 접촉시켜서 냉각시키는 방법으로 냉각수의 보충, 누출, 동결 등의 염려가 없고 구조가 간단하여 취급이 쉬운 장점이 있으나 기후, 운전상태 등에 따라 기관의 온도가 변화하기 쉽고 냉각이 균일하지 못한 단점이 있다. 공랭식에는 자연 통풍방식과 강제 통풍방식이 있다.

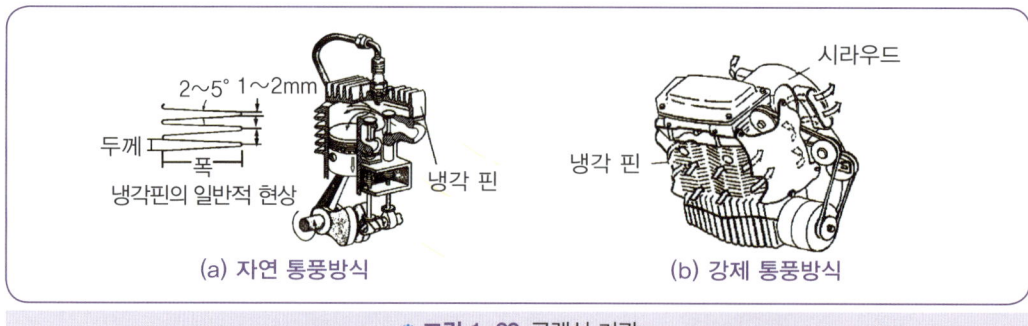

✿ 그림 1-29 공랭식 기관

2 수랭식(water cooling type) 기관

수랭식은 냉각수를 사용하여 기관을 냉각시키는 방식이며, 냉각수는 연수를 사용하여야 한다. 수랭식은 냉각수를 순환시키는 방식에 따라 자연 순환방식, 강제 순환방식, 압력 순환방식, 밀봉 압력방식 등이 있으나, 현재는 밀봉 압력방식만을 사용한다.

03 수랭식 기관의 주요구조와 그 기능

1 물 재킷(water jacket)

물 재킷은 실린더헤드 및 블록에 일체 구조로 된 냉각수가 순환하는 물 통로이다.

2 물 펌프(water pump)

물 펌프는 구동벨트를 통하여 크랭크축에 의해 구동되며, 실린더헤드 및 블록의 물 재킷 내로 냉각수를 순환시키는 원심력 펌프이다.

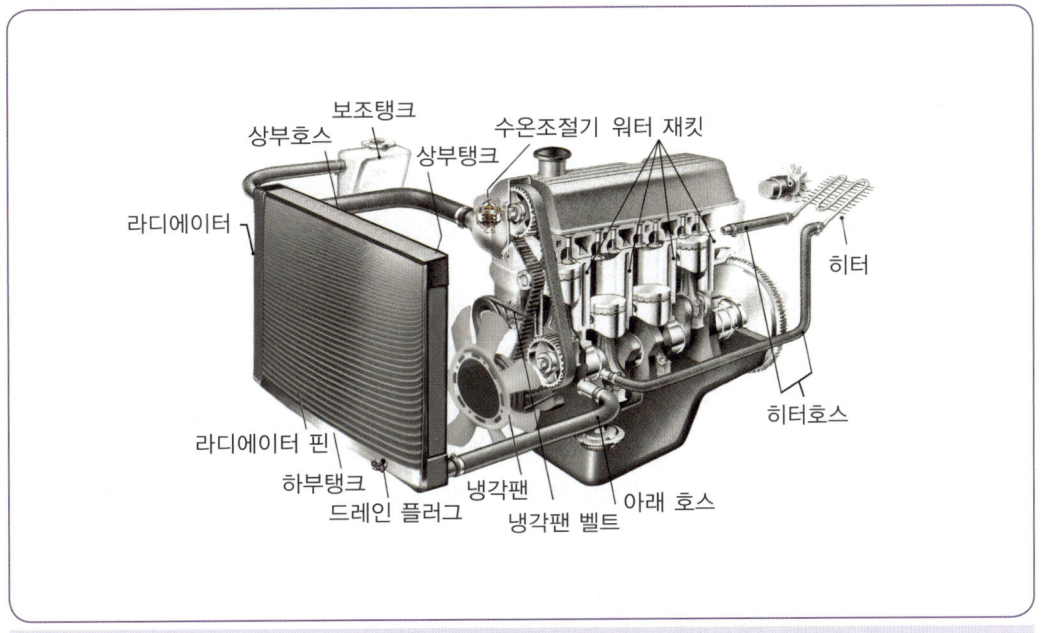

❖ 그림 1-30 수랭식 기관의 주요구조

3 냉각 팬(cooling fan)

냉각 팬은 물 펌프 축과 일체로 회전하며 라디에이터를 통하여 공기를 흡입하여 라디에이터 통풍을 도와준다.

4 구동벨트(팬벨트 : drive belt or fan belt)

구동벨트는 이음새가 없는 고무제 V-벨트를 사용하며 크랭크축 풀리, 발전기 풀리, 물 펌프 풀리 등을 연결 구동한다. 구동벨트의 장력점검은 발전기 풀리와 물 펌프 풀리 사이에서 점검하며 10kgf의 힘으로 눌렀을 때 13~20mm의 헐거움이면 양호하다. 그리고 장력조정은 발전기 브래킷의 고정 볼트를 풀고 발전기를 이동시키면 된다.

구동벨트 장력이 너무 크면 발전기 및 물 펌프 풀리의 베어링 마멸 촉진, 물 펌프의 고속회전으로 기관이 과냉할 염려가 있고 구동벨트 장력이 너무 작으면 물펌프 회전속도가 느려 기관이 과열, 발전기의 출력 저하, 소음발생, 구동벨트의 손상이 촉진된다.

5 라디에이터(방열기 : radiator)

라디에이터는 위쪽에 위탱크, 라디에이터 캡, 오버플로 파이프, 입구 파이프 등이 있고, 중간에는 코어(수관과 냉각 핀)가 있으며 아래쪽에는 출구 파이프와 냉각수 배출용 드레인 플러그(drain plug)가 설치되어 있다. 라디에이터 재질은 구리나 황동이고 최근에는 알루미늄 합금이 사용된다. 라디에이터 코어 막힘률은 20% 이상 되어서는 안된다.

$$\text{라디에이터 코어 막힘률} = \frac{\text{신품 용량} - \text{사용품 용량}}{\text{신품 용량}} \times 100(\%)$$

라디에이터는 실린더헤드 및 블록에서 뜨거워진 냉각수가 라디에이터 위 탱크로 들어오면 수관(튜브)를 통하여 아래 탱크로 흐르는 동안 자동차의 주행속도와 냉각 팬에 의하여 유입되는 대기와의 열교환이 냉각핀에서 이루어져 냉각된다. 라디에이터의 구비조건으로는 단위 면적당 방열량이 클 것, 가볍고 작으며 강도가 클 것, 냉각수 및 공기 흐름저항이 적어야 한다.

6 라디에이터 캡(radiator cap)

라디에이터 캡의 개요

라디에이터 캡은 냉각장치 내의 비등점(비점)을 높여 냉각 범위를 넓게 하기 위하여 압력식 캡을 사용한다. 압력식 캡의 압력은 게이지 압력으로 $0.2 \sim 0.9 kg/cm^2$ 정도이며 이때 냉각수 비등점은 112℃ 정도이다.

라디에이터 캡의 작용

(1) 압력이 낮을 때

압력이 낮을 때(냉각수가 냉각된 상태) 압력밸브와 진공(부압)밸브는 밸브스프링의 장력으로 각각 시트에 밀착되어 냉각장치의 기밀을 유지한다.

(2) 압력밸브의 작동

냉각장치 내의 압력이 규정 값 이상이 되면 압력밸브가 스프링장력을 이기고 열려 통로를 연다. 이에 따라 냉각장치 내의 과잉압력의 수증기가 오버플로 파이프(over flow pipe)를 거쳐 배출된다. 압력밸브의 주작용은 냉각수의 비등점을 상승시키는 것이므로 압력밸브 스프링이 파손되거나 장력이 약해지면 비등점이 낮아진다.

(3) 진공(부압)밸브의 작동

냉각수가 냉각되어 냉각장치 내의 압력이 부압으로 되면 대기압력으로 인하여 진공밸브가 그 스프링을 누르고 열려 보조 물탱크 내의 냉각수가 라디에이터로 유입된다.

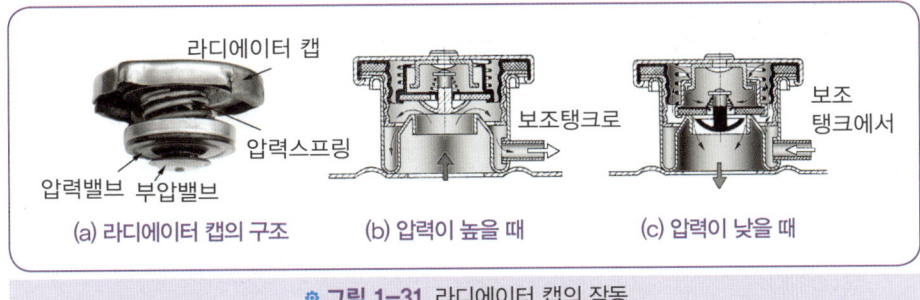

◈ 그림 1-31 라디에이터 캡의 작동

7 수온조절기(정온기 : thermostat)

수온조절기는 기관의 냉각수 출구에 수온을 일정하게 유지하는 출구제어방식과 기관 입구에 설치하는 입구제어방식이 있으며 냉각수 온도에 따라 냉각수 통로를 개폐하여 기관의 온도를 알맞게 유지하는 기구이다. 작동은 냉각수의 온도가 차가울 때는 수온 조절기가 닫혀서 라디에이터 쪽으로 냉각수가 흐르지 못하게 하고, 냉각수가 가열되면 점차 열리기 시작하여 정상온도(85℃)가 되면 완전히 열려서 냉각수가 라디에이터로 순환한다.

수온조절기의 종류에는 바이메탈형, 휘발성이 큰 에텔 에테르나 알코올을 봉입한 벨로즈형, 왁스와 합성고무를 이용한 펠릿형 등이 있으며, 현재는 펠릿형 이외에는 사용하지 않고 있다.

※ 그림 1-32 수온조절기

04 부동액

냉각수가 동결되는 것을 방지하기 위하여 냉각수와 혼합하여 사용하는 액체이며, 그 종류에는 에틸렌글리콜, 메탄올, 글리세린 등이 있으며 현재는 에틸렌글리콜이 주로 사용된다.

1 부동액의 특징

에틸렌글리콜의 특징

① 비등점이 197.2℃, 응고점이 최고 −50℃이다.
② 도료(페인트)를 침식하지 않는다.
③ 냄새가 없고 휘발하지 않으며, 불연성이다.
④ 기관 내부에 누출되면 교질상태의 침전물이 생긴다.
⑤ 금속 부식성이 있으며, 팽창계수가 크다.

메탄올의 특징

① 알코올이 주성분이며, 응고점이 −30℃이다.
② 가연성이며 도료를 침식시킨다.
③ 비등점이 80℃ 정도이므로 휘발성이 크다.

글리세린의 특징

① 비중이 커 혼합할 때 잘 저어야 한다.
② 금속 부식성이 있다.

2 부동액 다루기

부동액의 구비조건

① 물보다 비등점이 높아야 하며, 빙점(응고점)은 낮을 것
② 물과 혼합이 잘 될 것
③ 휘발성이 없고, 순환이 잘 될 것
④ 내 부식성이 크고, 팽창계수가 적을 것
⑤ 침전물이 없을 것

부동액의 혼합 비율

부동액의 혼합 비율은 그 지방 최저 온도보다 5~10℃ 더 낮은 기준으로 사용하며, 부동액의 세기(농도)는 비중계로 측정한다.

05 수랭식 기관의 과열원인

① 구동벨트의 장력이 적거나 파손되었다.
② 냉각 팬이 파손되었다.
③ 라디에이터 코어가 20% 이상 막혔다.
④ 라디에이터 코어가 파손되었거나 오손되었다.
⑤ 물 펌프의 작동이 불량하거나 라디에이터 호스가 파손되었다.
⑥ 수온조절기가 닫힌 채 고장이 났다.
⑦ 수온조절기의 열리는 온도가 너무 높다.
⑧ 물 재킷 내에 스케일이 많이 쌓여 있다.

냉각장치

CHAPTER 03 예상문제

01. 기관의 정상 가동 중 가장 적합한 냉각수의 온도는 어느 것인가?

① 100~130도   ② 70~95도
③ 50~70도   ④ 110~120도

풀이 가장 이상적인 엔진 냉각수의 온도는 75도에서 100도가 적당하다.

02. 기관이 과열되는 원인이 아닌 것은 어느 것인가?

① 온도조절기가 닫힌 상태로 고장이 났을 때
② 라디에타 용량이 클 때
③ 라디에타 코어가 막혔을 때
④ 벨트를 사용하는 형식에서 팬벨트 장력이 느슨할 때

풀이 라디에타 용량이 작으면 기관이 과열되는 원인이 된다.

03. 자동차에 사용하는 부동액의 사용에서 주의할 점이다. 틀린 것은 어느 것인가?

① 부동액은 원액으로 사용하지 않는다.
② 불량품의 부동액은 사용하지 않도록 한다.
③ 부동액을 차체 표면에 떨어지지 않도록 주의해야 한다.
④ 부동액은 입으로 맛을 보아 품질을 구별할 수 있다.

풀이 부동액의 종류는 에틸렌글리콜, 메탄올, 글리세린 등이 있으며 단맛에 강한 독성을 지녔기에 입으로 맛을 보면 생명에 위험을 초래한다.

04. 신품 라디에터의 냉각수 용량이 40ℓ이다. 냉각수를 넣으니 25ℓ밖에 들어가지 않는다. 이때 코어의 막힘율은 얼마인가?

① 40%
② 35%
③ 37.5%
④ 42.5%

풀이 코어 막힘율 = 신품용량 − 구품용량/신품용량 × (100)
40 − 25/40 × (100) = 37.5%

05. 냉각장치에서 비등점을 올리기 위한 장치는 어느 것인가?

① 진공 캡
② 냉각 팬
③ 물재킷
④ 압력식 캡

풀이 압력식 캡은 냉각수 압력을 가하여 비등점을 약 112도 높임으로써 열 발산 효과를 높여 냉각 효과를 극대화시킨다.

정답 01. ② 02. ② 03. ④ 04. ③ 05. ④

06. 엔진에 냉각수가 혼입되었을 때 윤활유의 색으로 가장 적합한 것은?

① 우유색   ② 검은색
③ 회색   ④ 붉은색

> **풀이** ① **우유색** : 냉각수 혼입
> ② **검은색** : 심한 오염
> ③ **회색** : 4 에틸 납 연소생성물 혼입
> ④ **붉은색** : 유연가솔린 유입

07. 자동차구조에서 냉각장치에 대한 설명 중 가장 관계가 먼 것은 어느 것인가?

① 공랭식과 수냉식이 현재 사용된다.
② 공랭식은 공기로 열전도 하여 냉각된다.
③ 공랭식은 구조가 간단하나 열 발산 능력이 떨어져서 고출력 차량에 부적합하다.
④ 수냉식은 냉각팬, 써모스텟, 라디에이터 등의 부품이 많이 필요하다.

> **풀이** 공기로 열전도가 되지 않는다.

08. 라디에이터의 구비조건이다. 다음 설명 중 관계없는 것은 어느 것인가?

① 단위 면적당 방열량이 클 것
② 공기의 흐름저항이 클 것
③ 냉각수의 유동이 용이할 것
④ 가볍고 적으며 강도가 클 것

> **풀이** 공기의 흐름저항이 작아야 공기가 통과하면서 냉각효과가 뛰어나다.

09. 수온조절기가 하는 역할이 아닌 것은?

① 라디에이터로 유입되는 물의 양을 조절한다.
② 65도 정도에서 열리기 시작하고 85도 정도에서는 완전히 열린다.
③ 펠릿형, 벨로즈형, 스프링형 등 3종류가 있다.
④ 기관의 온도를 적절히 조정하는 역할을 한다.

> **풀이** 펠릿형, 벨로즈형, 바이메탈형등 3가지 종류가 있다.

10. 벨로즈형 수온조절기 내부에 밀봉되어 있는 액체는?

① 왁스
② 에테르
③ 경유
④ 냉각수

> **풀이** 벨로즈형은 벨로즈 속에 휘발성이 큰 에테르나 알코올이 봉입되어 있다.

11. 왁스실에 왁스를 넣어 온도가 높아지면 팽창축을 올려 열리는 온도 조절기는?

① 벨로즈형
② 펠릿형
③ 바이패스 밸브형
④ 바이메탈형

> **풀이** 펠릿형은 왁스실에 왁스를 넣어 온도가 높아지면 팽창축을 올려 작동하는 온도 조절기이다.

정답 06. ① 07. ② 08. ② 09. ③ 10. ② 11. ②

12. 과열된 기관에 냉각수를 보충하려 한다. 다음 중 가장 적합한 방법은?

① 기관의 공전상태에서 잠시 후 캡을 열고 물을 보충한다.
② 기관을 가속시키면서 물을 보충한다.
③ 자동차를 서행하면서 물을 보충한다.
④ 기관 시동을 끄고 완전히 냉각시킨 후 물을 보충한다.

> 풀이 과열된 기관에 냉각수를 보충할 때에는 기관 시동을 끄고 완전히 냉각시킨 후 물을 보충한다.

13. 부동액으로 사용하지 않는 것은?

① 알콜
② 에틸렌글리콜
③ 메탄올
④ 글리세린

> 풀이 현재 부동액의 종류는 에틸렌글리콜, 메탄올, 글리세린등이 있으며 에틸렌글리콜이 가장 많이 사용되고 있다.

정답 12. ④ 13. ①

CHAPTER 04 윤활장치

윤활장치는 기관 내부의 각 미끄럼 운동부분에 기관오일을 공급하여 마찰열로 인한 베어링의 고착 등을 방지하기 위해 미끄럼운동 면 사이에 오일 막(oil film)을 형성하여, 마찰력이 매우 큰 고체마찰을 마찰력이 작은 액체마찰로 바꾸어 주는 작용을 말한다.

01 기관 오일의 작용과 구비조건

1 기관 오일의 작용

① 마찰감소 및 마멸방지작용
② 실린더 내의 가스 누출방지(밀봉)작용
③ 열전도작용
④ 세척(청정)작용
⑤ 완충(응력 분산)작용
⑥ 부식 방지(방청)작용

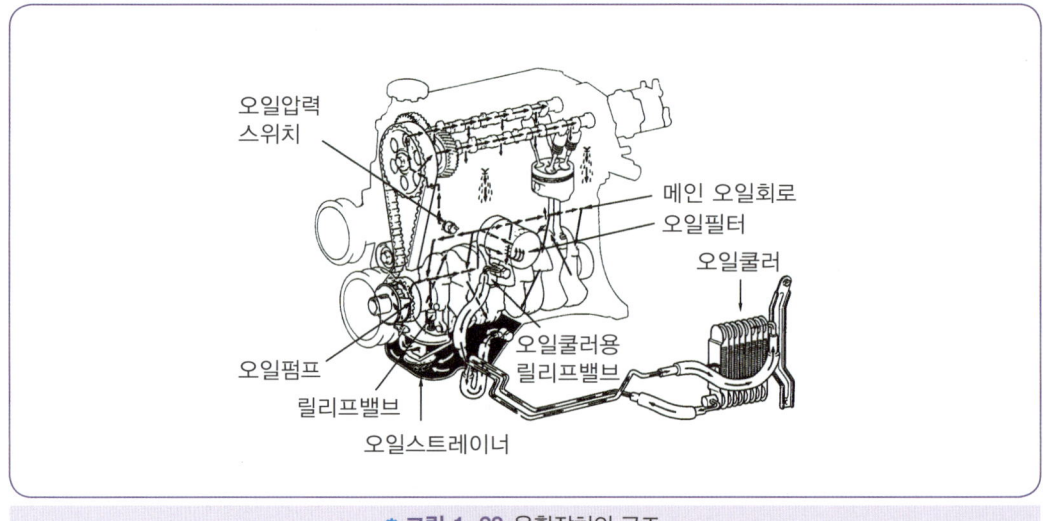

✿ 그림 1-33 윤활장치의 구조

2 기관 오일의 구비조건

① 점도가 적당할 것
② 점도지수가 커 온도와 점도와의 관계가 적당할 것
③ 인화점 및 자연 발화점이 높고, 응고점이 낮을 것
④ 강인한 오일 막을 형성할 것(유성이 좋을 것)
⑤ 기포 발생 및 카본 생성에 대한 저항력이 클 것
⑥ 비중이 적당할 것
⑦ 열과 산에 대하여 안정성이 있을 것

02 기관 오일의 분류

기관 오일의 분류에는 점도에 따른 분류인 SAE분류, 기관의 사용조건 및 온도에 따른 분류인 API분류와 SAE 신 분류가 있다.

1 SAE분류

SAE(society of automotive engineers : 미국자동차기술협회)에서 제정한 기관오일이다. SAE번호로 그 점도를 표시하며 번호가 클수록 점도가 높은 오일이며, 분류는 다음과 같다.

겨울철용 기관오일

겨울철에는 기온이 낮아서 오일의 유동성이 떨어지기 때문에 낮은 점도의 오일이 필요하다. 겨울철에는 SAE #5W, 10W, 20W, 10, 20 등을 사용한다.

봄·가을철용 기관오일

봄, 가을철용은 겨울철용보다는 점도가 높고, 여름철용보다는 점도가 낮은 기관 오일이며 SAE #30을 주로 사용한다.

여름철용 기관오일

여름철용은 기온이 높기 때문에 기관 오일의 점도가 높아야 하며 SAE #40, 50을 주로 사용한다.

범용 기관 오일

이 오일은 저온에서 기관이 시동될 수 있도록 점도가 낮고, 고온에서도 오일의 기능을 발휘할 수 있는 오일이다. 전 계절용 또는 다급기관 오일이라고도 부르며 SAE 5W-20, 10W-30, 20W-40 등이 있다.

2 API분류

이것은 API(american petroleum institute : 미국석유협회)에서 제정한 기관 오일이며, 가솔린기관용(ML, MM, MS)과 디젤기관용(DG, DM, DS)으로 구분되어 있다.

가솔린기관용

① **ML(motor light)** : 가장 좋은 조건(경 부하용)에서 사용하는 기관오일이다.
② **MM(motor moderate)** : ML과 MS 사이에 해당하는 중 부하용 기관오일이다.
③ **MS(motor severe)** : 고온·고부하로 인하여 기관오일의 온도가 높고, 산화가 격렬하게 일어나는 가혹한 조건에서 가솔린에 의해 희석이 많은 기관에서 사용한다.

디젤기관용

① **DG(diesel general)** : 황(S)분이 적은 경유를 사용하고, 알맞은 온도와 부하에서 사용되며 마멸이나 침전물에 문제가 없는 디젤기관에서 사용한다.
② **DM(diesel moderate)** : 침전물이나 마멸이 발생할 경향이 비교적 크며, 시판용 경유를 사용하고 중 부하 운전조건에서 사용된다.
③ **DS(diesel severe)** : 고온·고부하 및 출발, 정지, 장시간 연속운전 등의 가혹한 조건이며 황(S)분이 많은 저질 경유를 사용하거나 과급기가 부착된 디젤기관에서 사용한다.

3 SAE 신분류

이것은 SAE가 ASTM(american society of testing material : 미국 재료시험 협회), API 등과 협력하여 새로 제정한 기관오일이며 가솔린기관용은 S(service), 디젤기관용은 C(commercial)로 하여 다시 A, B, C, D …… 알파벳 순서로 그 등급을 정하고 있다.

03 기관 오일 공급방법

1 비산방식

이 방식은 오일펌프가 없으며 커넥팅로드 대단부에 부착한 주걱(오일 디퍼)으로 오일 팬 내의 오일을 크랭크축이 회전할 때의 원심력으로 퍼 올려 뿌려주는 방식이다.

2 압송방식(압력방식)

이 방식은 크랭크축이나 캠축으로 구동되는 오일펌프로 오일을 흡입하여 압력을 가한 다음 각 윤활부분으로 보내는 것이다. 순환하는 유압은 가솔린기관이 $2\sim3kgf/cm^2$, 디젤기관은 $3\sim4kgf/cm^2$ 정도이다.

3 비산 압송방식

이 방식은 비산방식과 압송방식을 조합한 형식이며, 크랭크축과 캠축 베어링, 밸브개폐 기구 등으로는 압송방식으로 공급하고, 실린더 벽, 피스톤 링과 핀 등에는 커넥팅로드 대단부에서 뿌려지는 오일로 윤활하는 방식이다. 현재 가장 많이 사용되고 있다.

04 기관 오일 공급 장치

1 오일 팬(oil pan)

오일 팬은 오일을 저장하는 역할을 하는 동시에 외부에 있는 공기와의 접촉을 통하여 어느 정도 냉각작용을 하고 있다.

구성은 본체, 기관이 기울어졌을 때에도 오일이 충분히 고여 있도록 하는 섬프(sump), 급제동을 할 때 오일유동으로 인해 오일이 비는 것을 방지하는 배플(baffle plate : 칸막이), 오일을 교환할 때 배출시키는 드레인 플러그(drain plug) 등으로 되어 있다. 재질은 주로 강철판을 사용하고 있으나 최근에는 알루미늄 합금의 오일 팬도 증가하고 있다.

2 오일 스트레이너(oil strainer)

오일 스트레이너는 오일 팬의 오일 속에 항상 잠겨 있으며 오일 팬에 있는 비교적 굵은 입자의 불순물을 여과하며 얇은 철망으로 되어 있다.

3 오일펌프(oil pump)

오일펌프는 스트레이너를 거쳐 기관 오일을 흡입한 후 압력을 가하여 각 윤활부분으로 압송하는 기구이며, 크랭크축이나 캠축으로 구동된다. 오일펌프의 능력은 송유량과 송유압력으로 표시하며 그 종류에는 기어펌프, 로터리펌프, 플런저펌프, 베인펌프 등이 있다.

4 오일필터(oil filter)

오일필터의 기능

오일필터는 기관 각 부의 마찰부분에서 발생한 금속분말이나 또는 연소에 의해 발생된 카본 및 기타 이물질을 여과하여 기관에 공급되는 오일을 항상 깨끗하게 유지하는 장치이다. 오일여과기는 케이스와 여과 엘리먼트로 되어 있으며 구조에 따라 엘리먼트만 교환하는 엘리먼트 교환식과 엘리먼트와 케이스가 일체로 되어 있는 카트리지식이 있다.

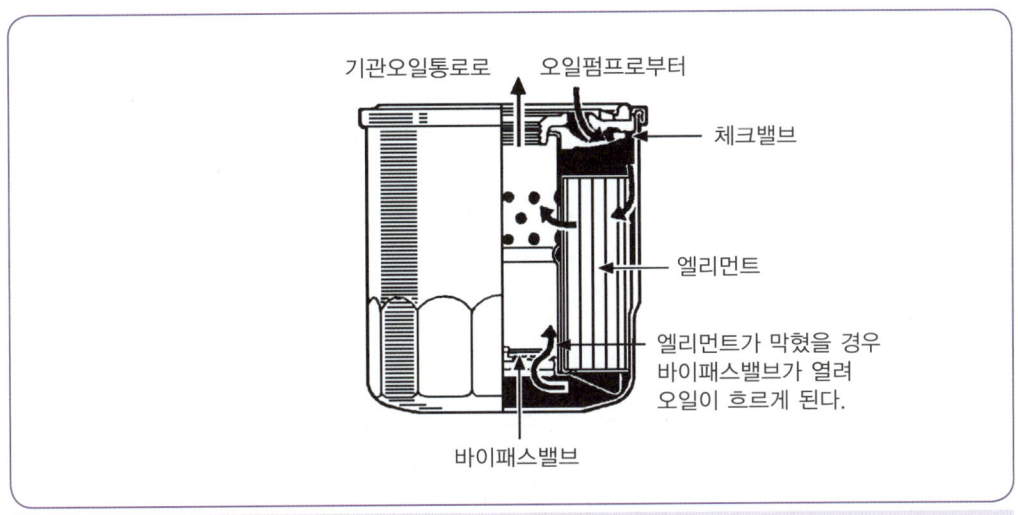

● 그림 1-34 오일여과기의 구조

오일 여과방식

(1) 전류식 오일여과기(full-flow filter)

전류식 오일여과기는 오일펌프에서 나온 오일 모두를 여과기를 거쳐서 여과된 후 윤활부분으로 가는 방식이다. 특징은 항상 여과된 오일을 윤활부분으로 보낼 수 있는 장점이 있으나, 여과 엘리먼트 등이 막히면 급유부족이 되기 쉽다. 이러한 경우에 대비하여 여과기에 바이패스밸브(by-pass valve)를 두고 있다.

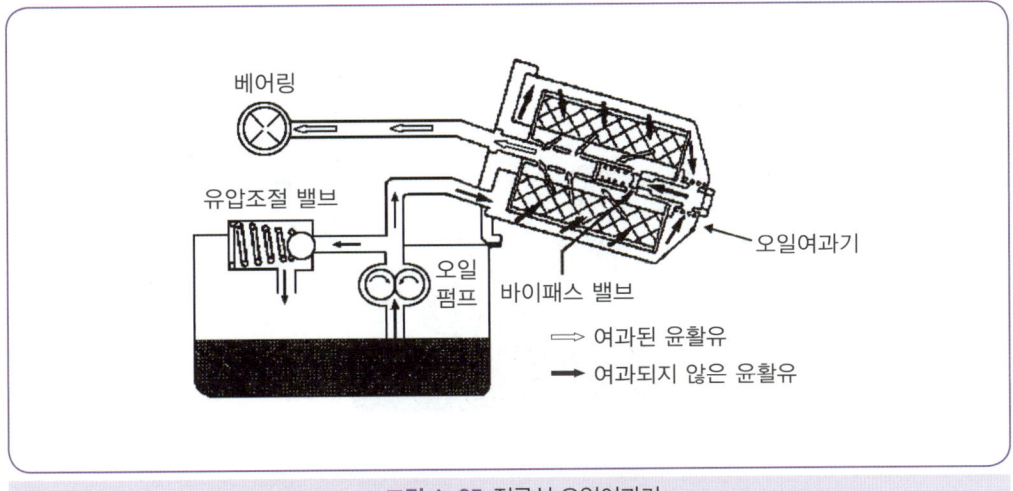

● 그림 1-35 전류식 오일여과기

분류식 오일여과기(by-pass filter)

분류식 오일여과기는 오일펌프에 나온 오일의 일부만 여과하여 오일 팬으로 보내고, 나머지는 그대로 윤활부분으로 보내는 방식이다. 이 방식은 여과기를 거치지 않은 오일이 윤활부분으로 공급되므로 베어링이 손상될 염려가 있다.

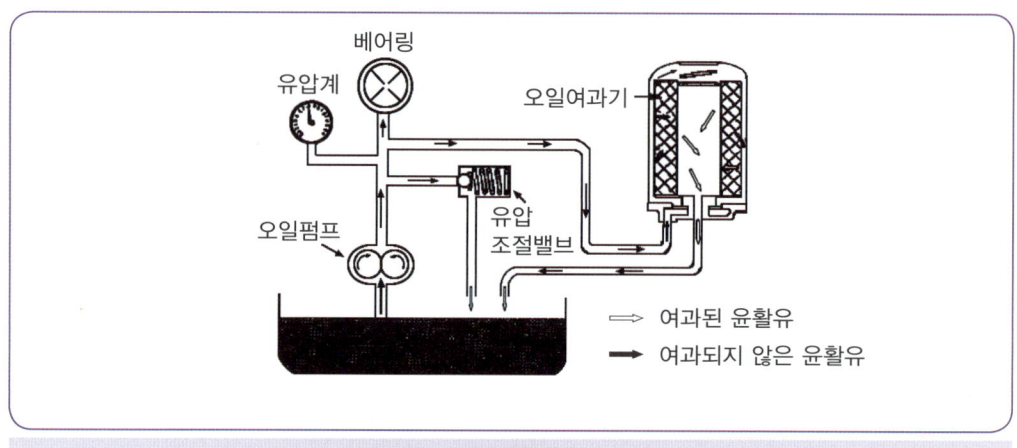

❋ 그림 1-36 분류식 오일여과기

샨트식 오일여과기(shunt flow filter)

샨트식 오일여과기는 오일펌프에서 나온 오일의 일부만 여과하게 한 방식이다. 그러나 이 방식은 여과된 오일이 오일 팬으로 되돌아오지 않고, 나머지 여과되지 않은 오일도 윤활부분에서 합쳐져 공급된다.

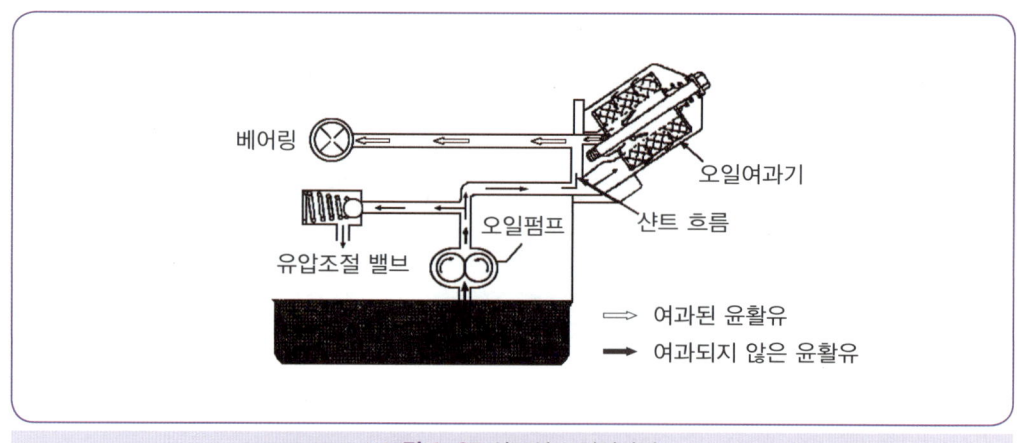

❋ 그림 1-37 샨트식 오일여과기

5 유압 조절밸브(oil pressure relief valve)

이 밸브는 윤활회로 내를 순환하는 유압이 과도하게 상승하는 것을 방지하여 유압이 일정하게 유지되도록 하는 작용을 한다.

6 유면 표시기(oil level gauge)

유면 표시기는 오일 팬 내의 기관오일 양을 점검할 때 사용하는 막대이며, 그 아래쪽에 F(full or MAX)와 L(low or MIN)표시 눈금이 표시되어 있다.

오일 양은 항상 "F"선 가까이 있어야 하며 "F"선보다 높으면 많은 양의 오일이 실린더 벽에 뿌려져 오일이 연소하고, "L"선보다 훨씬 낮으면 오일 공급량 부족으로 윤활이 불완전하게 된다. 기관오일 양 점검은 다음의 순서로 한다.

① 자동차를 평탄한 지면에 주차시킨다.
② 기관을 시동하여 정상 운전온도로 한 후 기관을 정지한다.
③ 유면 표시기를 빼서 묻은 오일을 깨끗이 닦은 후 다시 끼운다.
④ 다시 유면 표시기를 빼서 오일이 묻은 부분이 "F"와 "L"선의 중간 이상에 있으면 된다.
⑤ 오일 양을 점검할 때 점도도 함께 점검한다.

윤활장치

CHAPTER 04 예상문제

01. 기관 오일의 보충 또는 교환 시 가장 주의할 점으로 옳은 것은?

① 점도가 다른 것은 서로 섞어서 사용하지 않는다.
② 될 수 있는 한 많이 주유한다.
③ 소량의 물이 섞여도 무방하다.
④ 제조회사에 관계없이 보충한다.

> 풀이 기관 오일의 제조사 성분이 각각 틀리기 때문에 점도가 다른 용도의 기름은 섞어서 사용하지 않아야 한다.

02. 윤활유에서 점도를 표현한 것은 어느 것인가?

① 윤활유의 묽고 진한 상태를 수치로 나타내는 것
② 윤활유의 사용기한을 수치로 나타내는 것
③ 윤활유의 응력분산을 수치로 나타내는 것
④ 윤활유의 혼합성분을 수치로 나타내는 것

> 풀이 유체의 흐름에서 어려움의 크기를 나타내는 양. 즉 끈적거림의 정도를 표시하는 것으로서 유체가 유동하는 경우의 내부 저항이다.

03. 윤활유의 소비 증대의 원인으로 가장 적당한 것은 어느 것인가?

① 비산과 누설   ② 비산과 압력
③ 연소와 누설   ④ 희석과 혼합

> 풀이 엔진에서 가장 많이 소비가 증대되는 이유 중 대표적인 것은 기관 내에서 윤활유의 연소와 오일의 누설이다.

04. 기관의 오일펌프의 종류에 맞지 않는 것은 어느 것인가?

① 기어 펌프   ② 플런저 펌프
③ 퓨얼 펌프   ④ 로터리 펌프

> 풀이 퓨얼 펌프는 연료펌프의 다른 이름이다.

05. 기관 윤활 회로 내의 유압이 낮아지는 원인에 대한 설명으로 가장 옳지 않은 것은?

① 유압 조절 밸브 스프링 장력이 과다하다.
② 크랭크축 베어링의 과다 마멸로 오일 간극이 커졌다.
③ 오일펌프의 마멸 또는 윤활 회로에서 오일이 누출된다.
④ 오일 팬의 오일양이 부족하다.

> 풀이 유압이 높아지는 원인
> ① 엔진의 온도가 낮아 오일의 점도가 높다.
> ② 윤활 회로 내의 막힘
> ③ 유압 조절 밸브(릴리프밸브) 스프링의 장력이 과다하다.
> ④ 유압조절 밸브가 막힌 채로 고착
> ⑤ 각 마찰부의 베어링 간극이 적을 때

정답 01. ① 02. ① 03. ③ 04. ③ 05. ①

06. 기관 윤활장치에서 윤활유의 작용이 아닌 것은?

① 응력분산작용
② 마찰과 마멸감소
③ 밀봉세척작용
④ 냉각 부식작용

풀이 감마작용, 밀봉작용, 냉각작용, 세척작용, 방청작용, 응력분산작용이다.

07. 엔진 윤활유 급유방식의 종류가 아닌 것은 어느 것인가?

① 비산압력식 ② 전압송식
③ 자연 순환식 ④ 비산식

풀이 윤활유의 급유방법에는 압송식, 강제압송식, 비산압력식, 비산식 등이 있다.

08. 엔진의 온도에 따라 자동으로 팬의 회전수를 바꾸어 엔진의 바람을 조절하는 유체 커플링의 장점은 어느 것인가?

① 엔진의 출력손실이 커진다.
② 연료소비량이 절약된다.
③ 기관이 과열된다.
④ 엔진 워밍업시간이 지연된다.

풀이 장점은 출력손실이 작아지고 연료소비량이 절약되면서 기관의 과열과 과냉을 방지하며 엔진 워밍업 시간을 단축시킬 수 있다.

09. 윤활유의 인화점, 발화점이 낮을 때 발생할 수 있는 문제점은?

① 화재발생의 원인이 된다.
② 연소불량 원인이 된다.
③ 압력저하 요인이 발생한다.
④ 점성과 온도 관계가 양호하게 된다.

풀이 인화점은 외부로부터 불씨를 접촉하여 연소를 개시할 수 있는 최저온도로서 가연성증기를 발생할 수 있는 온도를 말한다. 즉, 인화가 일어나는 최저의 온도이다. 발화점은 자기 스스로 연소를 시작하는 최저온도로서, 공기 중에 놓여있는 연료가 가열되어 불씨를 접촉하지 않아도 연소를 개시할 수 있는 최저온도를 말한다. 따라서 인화점과 발화점이 낮으면 화재발생의 원인이 된다.

10. 기관이 회전 중에 유압 경고등 램프가 꺼지지 않은 원인이 아닌 것은?

① 기관 오일량의 부족
② 유압의 높음
③ 유압스위치 불량
④ 유압 스위치와 램프 사이 배선의 접지 단락

풀이 기관의 회전 중에 유압 경고등이 꺼지지 않은 이유는 유압이 낮기 때문이다.

정답 06. ④ 07. ③ 08. ① 09. ① 10. ②

CHAPTER 05 가솔린기관의 연료장치

01 가솔린기관의 연료와 연소

1 가솔린기관의 연료

가솔린은 석유계열 원유에서 정제한 탄소(C)와 수소(H)의 유기화합물의 혼합체이다.

가솔린의 물리적 성질

① **비중** : 0.74~0.76
② **저위 발열량** : 11,000Kcal/kgf
③ **옥탄가** : 90~95
④ **인화점** : -10~-15℃
⑤ **자연 발화점** : 대기압력 하에서 300~500℃

가솔린의 구비조건

① 체적 및 무게가 적고 발열량이 클 것
② 연소 후 유해 화합물을 남기지 말 것
③ 옥탄가가 높을 것
④ 온도에 관계없이 유동성이 좋을 것
⑤ 연소속도가 빠를 것

2 가솔린기관의 연소

가솔린기관의 노크(knocking)

가솔린기관의 노크란 실린더 내의 연소에서 화염 면이 미연소가스에 점화되어 연소가 진행되는 사이에 미연소의 말단(end)가스가 높은 온도와 높은 압력으로 되어 자연 발화하는 현상이다.

(1) 가솔린기관의 노크발생 원인
① 기관에 과부하가 걸렸을 때
② 기관이 과열되었을 때
③ 점화시기가 너무 빠를 때
④ 혼합비가 희박할 때
⑤ 낮은 옥탄가의 가솔린을 사용하였을 때

(2) 노크가 기관에 미치는 영향
① 기관 과열 및 출력저하
② 실린더와 피스톤의 손상 및 고착 발생
③ 흡입과 배기밸브 손상
④ 배기가스 온도 저하

(3) 가솔린기관의 노크방지 방법
① 높은 옥탄가의 가솔린(내폭성이 큰 가솔린)을 사용한다.
② 점화시기를 늦추어 준다.
③ 혼합비를 농후하게 한다.
④ 압축비, 혼합가스 및 냉각수 온도를 낮춘다.
⑤ 화염전파 속도를 빠르게 한다.
⑥ 혼합가스에 와류를 증대시킨다.
⑦ 연소실에 카본이 퇴적된 경우에는 카본을 제거한다.

옥탄가(octane number)

옥탄가란 가솔린의 앤티노크성(anti knocking property)을 표시하는 수치이다. 즉, 이소옥탄(iso-octane)을 옥탄가 100으로 하고 노멀헵탄(normal heptane)을 옥탄가 0으로 하여 이소옥탄의 함량 비율에 따라 결정된다.

예를 들어 옥탄가 80의 가솔린이란 이소옥탄 80%, 노멀헵탄 20%로 이루어진 앤티노크성(내폭성)을 지닌 것이란 뜻이다. 또 가솔린의 옥탄가는 CFR기관으로 측정한다. 옥탄가는 다음의 공식으로 산출한다.

$$옥탄가 = \frac{이소옥탄}{이소옥탄 + 노멀헵탄} \times 100$$

02 전자제어 연료분사 방식

전자제어 연료분사 방식이란 각종 센서(sensor)를 부착하고 이 센서에 보내준 정보를 받아서 기관의 작동상태에 따라 연료 분사량을 컴퓨터(ECU : electronic control unit)로 제어하여 인젝터(injector : 분사기구)를 통하여 흡기다기관에 분사하는 방식이다.

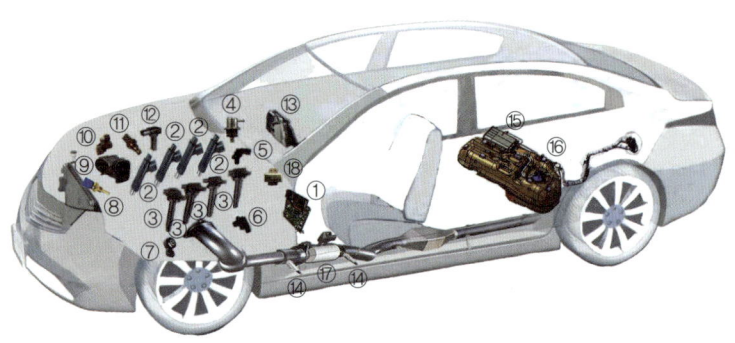

① ECU ② 인젝터 ③ 점화코일 ④ 연료압력조절기 ⑤ NO 1. TDC ⑥ CAS ⑦ 노크센서
⑧ WTS ⑨ 스로틀바디, TPS ⑩ ISA ⑪ ATS ⑫ AFS ⑬ 계기판(기관경고등) ⑭ O_2센서
⑮ 캐니스터 ⑯ 연료탱크, 연료펌프 ⑰ 삼원촉매 ⑱ 컨트롤릴레이

❋ 그림 1-38 전자제어 기관의 구성부품

특징

① 공기흐름에 따른 관성질량이 작아 응답성이 향상된다.
② 기관의 출력이 증대되고, 연료소비율이 감소한다.
③ 배출가스 감소로 인한 유해물질 배출감소 효과가 크다.
④ 연료의 베이퍼로크(vapor lock), 퍼컬레이션(percolation), 빙결 등의 고장이 적으므로 운전성능이 향상된다.
⑤ 이상적인 흡기다기관을 설계할 수 있어 기관의 효율이 향상된다.
⑥ 각 실린더에 동일한 양의 연료 공급이 가능하다.
⑦ 전자부품의 사용으로 구조가 복잡하고 값이 비싸다.
⑧ 흡입계통의 공기누설이 기관에 큰 영향을 준다.

1 전자제어 연료분사 방식의 분류

인젝터 설치 수에 따른 분류

(1) TBI(throttle body injection)방식

이 방식은 SPI(single point injection)라고도 부르며 스로틀밸브 위의 한 중심점에 위치한 인젝터(1~2를 둠)를 통하여 간헐적으로 연료를 분사하므로 기화기 방식과 비슷하게 흡기다기관을 통하여 실린더로 들어간다.

(2) MPI(multi point injection)방식

이 방식은 인젝터를 각 실린더마다 1개씩 설치하고, 흡입밸브 바로 앞에서 연료를 분사시킨다.

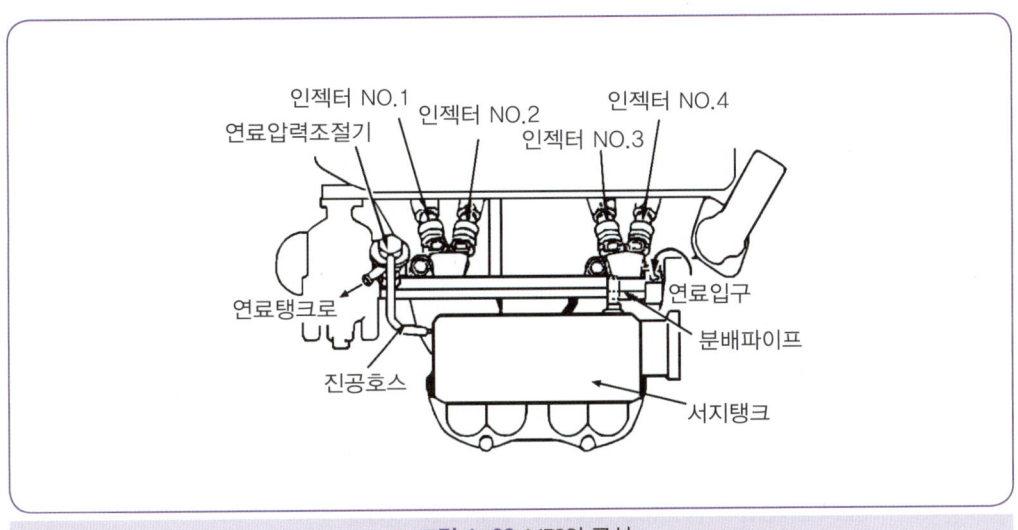

❖ 그림 1-39 MPI의 구성

1) MPI(multi point injection)의 특징

① 월 웨팅(wall wetting)에 따른 냉간 시동, 과도 특성의 효과가 크다.
② 저속 또는 고속에서 회전력 영역의 변경이 가능하다.
③ 온·냉간 상태에서도 최적의 성능을 보장한다.
④ 설계할 때 체적효율의 최적화에 집중하여 흡기다기관 설계가 가능하다.

(3) 실린더 내 가솔린 직접 분사방식

이 방식은 디젤기관과 같이 실린더 내에 가솔린을 직접 분사하는 것으로 약 35~40 : 1의 매우 희박한 공연비로도 연소가 가능하다. 연료 공급압력은 일반적인 전자제어 연료 분사방식의 경우 약 3~6kgf/cm^{2}인데 비해, 약 50~100kgf/cm^{2}으로 매우 높으며, 실린더 내의 유동을 제어하는 직립형 흡입포트, 연소를 제어하는 접시형 피스톤(bowl type piston), 고압 연료펌프, 와류 인젝터(swirl injector) 등이 사용된다.

제어방식에 의한 분류

(1) 기계 제어방식(mechanical control injection)

이 방식은 연료 분사량을 흡입계통에 설치된 센서 플레이트(sensor plate)에 의해 연료 분배기(fuel distributor) 내의 제어 플런저(control plunger)를 움직여 인젝터로 통하는 통로의 면적을 변화시켜 제어하는 것이며, 기계적으로 연속 분사하는 방식이다. bosch사의 K-jetronic이 여기에 속한다.

(2) 전자 제어방식(electronic control injection)

이 방식은 각 사이클마다 흡입되는 공기량을 컴퓨터(ECU)가 센서를 이용하여 분사량을 제어하는 방식이며, D-jetronic, L-jetronic 등이 여기에 속한다.

분사방식에 의한 분류

(1) 연속 분사방식(continuous injection type)

이 방식은 기관이 시동되면서부터 가동이 정지될 때까지 지속적으로 연료를 분사시키는 것이며, K-jetronic, KE-jetronic 등이 여기에 속한다.

(2) 간헐 분사방식(pulse timed injection type)

이 방식은 일정한 시간간격으로 연료를 분사하는 것이며, L-jetronic, D-jetronic 등이 여기에 속한다.

흡입 공기량 계측방식에 의한 분류

(1) 매스플로방식(mass flow type : 질량 유량방식)

이 방식은 공기유량 센서가 직접 흡입 공기량을 계측하고 이것을 전기적 신호로 변화시켜 컴퓨터로 보내 분사량을 결정하는 방식이다. 공기유량 센서의 종류에는 베인방식, 칼만 와류방식, 열선방식, 열막방식 등이 있다.

(2) 스피드 덴시티방식(speed density type : 속도 밀도방식)

이 방식은 흡기다기관 내의 절대압력(대기압력+진공압력), 스로틀밸브의 열림 정도, 기관의 회전속도로부터 흡입 공기량을 간접 계측하는 것이며, D-jetronic 이 여기에 속한다. 흡기다기관 내의 압력측정을 피에조(piezo : 압전소자) 반도체소자를 이용한 MAP센서를 사용한다.

2 전자제어 연료분사장치의 구조와 작용

흡입계통(air intake system)

전자제어 연료분사장치의 흡입계통은 공기청정기로 들어온 공기가 공기유량 센서(air flow sensor)로 들어와 흡입공기량이 계측되면, 스로틀보디의 스로틀밸브의 열림 정도에 따라 서지탱크(surge tank)로 유입된다. 서지탱크로 유입된 공기는 각 실린더의 흡기다기관으로 분배되어 인젝터에서 분사된 연료와 혼합되어 실린더로 들어간다.

(1) 공기유량 센서(air flow sensor)

공기유량 센서는 실린더로 들어가는 흡입 공기량을 검출하여 컴퓨터로 전달하는 일을 한다. 컴퓨터(ECU)는 이 센서에서 보내준 신호를 연산하여 연료 분사량을 결정하고, 분사신호를 인젝터에 보내어 연료를 분사시킨다.

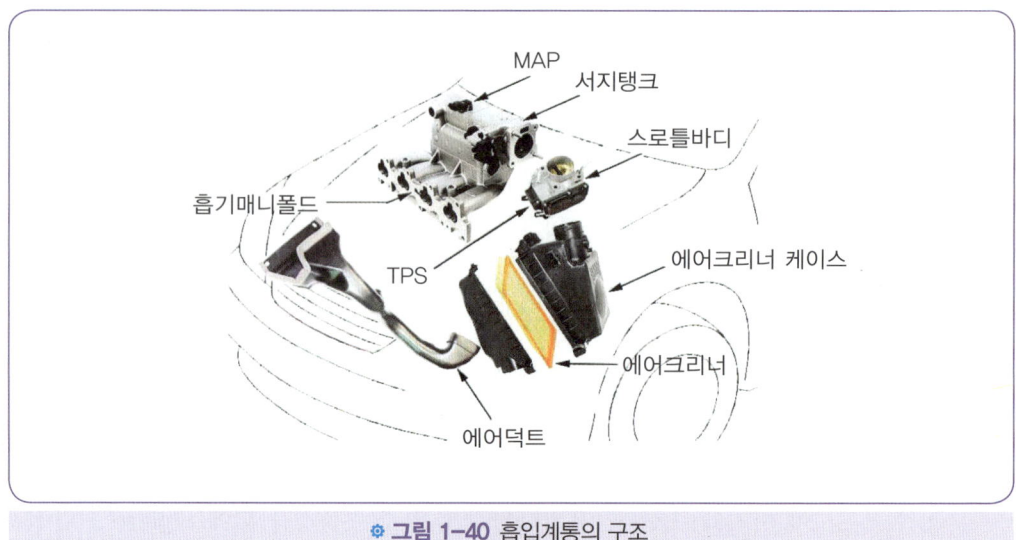

● 그림 1-40 흡입계통의 구조

공기유량 센서의 종류에는 흡입공기량 계측방식인 베인방식(에어플로미터 방식), 칼만와류방식, 열선방식(또는 열막방식) 등이 주로 사용되고 있다. 그리고 전자제어 기관에서 흡입하는 공기량을 추정하는 방법에는 스로틀밸브 열림 각도, 흡기다기관 부압, 기관 회전속도 등이다.

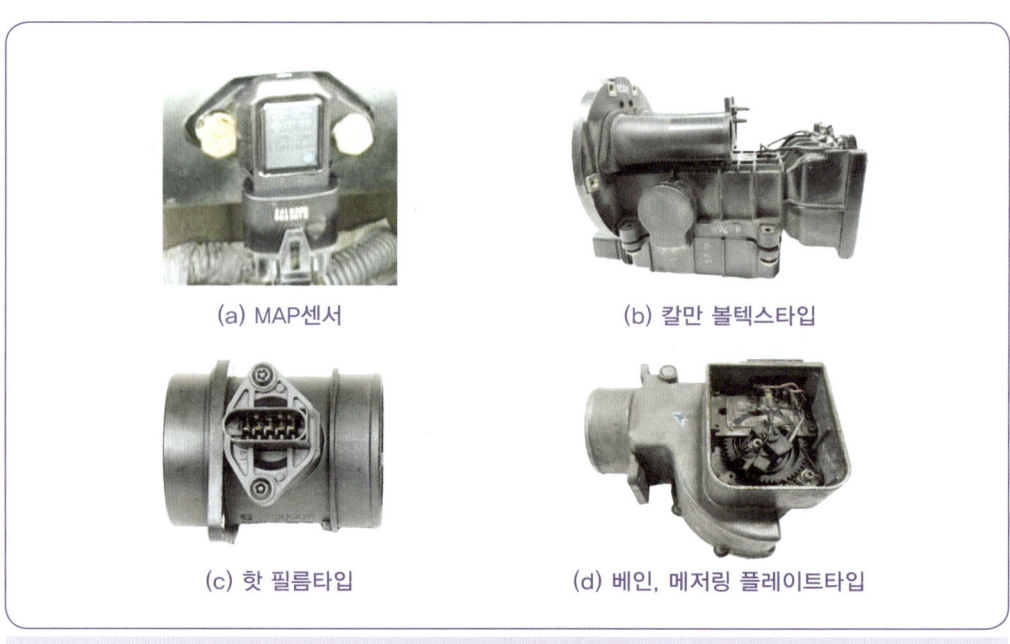

● 그림 1-41 흡입 공기량 센서

1) 베인방식(Vane type)

이 방식은 L-제트로닉 방식에서 흡입 공기량을 계측하여 컴퓨터로 보낸다. 작동은 메저링 플레이트(measuring plate, 베인)의 열림 정도를 포텐셔미터(potentiometer)에 의하여 전압비율로 검출하며, 기관의 작동이 정지된 경우에는 메저링 플레이트가 리턴스프링의 장력에 의해 닫혀 있다.

2) 칼만 와류(소용돌이)방식(karman vortex type)

이 방식은 공기청정기 내부에 설치되어 흡입공기량을 칼만 와류현상을 이용하여 측정한 후 흡입공기량을 디지털신호로 바꾸어 컴퓨터로 보내면 컴퓨터는 흡입공기량의 신호와 기관 회전속도 신호를 이용하여 기본 연료 분사시간을 계측하는 체적유량 검출방식이다.

3) 열막방식(hot film type)

이 방식은 센서 저항 필름과 온도센서 브리지 트리밍 저항 및 히팅저항을 0.25mm의 세라믹 기관에 층 저항으로 집적시켜 열막 센서를 형성하며, 공기청정기와 스로틀 보디 사이에 두고 있다. 열막 방식의 특징은 다음과 같다.
① 고도 보상이 필요 없고, 응답성이 좋다.
② 가동부분이 없으며 오염도가 적다.
③ 가볍고, 값이 싸다.

4) MAP센서(manifold pressure sensor : 흡기다기관 절대 압력 센서)

흡기다기관에서 스로틀밸브를 기준으로 하여 스로틀밸브의 앞쪽에는 대기압력이 작용하고, 스로틀밸브를 지나 실린더 쪽으로 가면 압력이 낮아져 부압 상태로 되며 스로틀밸브의 뒤쪽은 밸브의 열림 정도에 따라 변화한다. 이때 대기압력과 흡기다기관 절대압력과의 차이가 기관이 흡입한 공기량을 계측하는 척도로 사용된다. MAP센서는 피에조 저항형(piezo) 센서방식이다.

(2) 스로틀보디(throttle body)

스로틀보디는 에어클리너와 서지탱크사이에 설치되어 흡입공기 통로의 일부를 형성한다. 구조는 가속페달의 조작에 연동하여 흡입공기 통로의 단면적을 변화시켜 주는 스로틀밸브, 스로틀밸브 축 일부에는 스로틀밸브의 열림 정도를 검출하여 컴퓨터로 입력시키는 스로틀위치 센서가 있다.

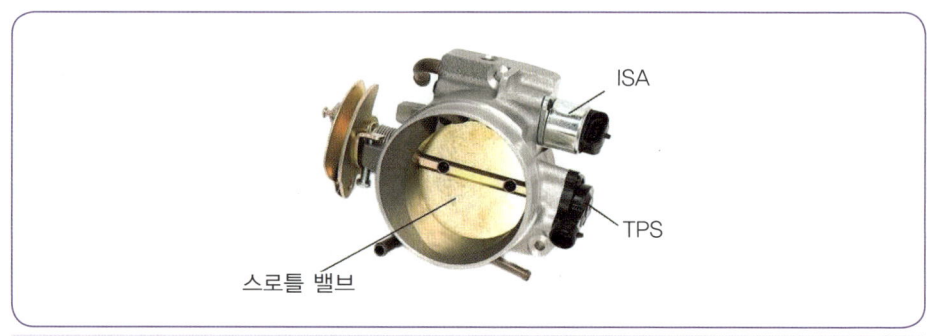

그림 1-42 스로틀보디의 구조

1) 스로틀 위치센서(throttle position sensor)

이 센서는 스로틀보디(throttle body)의 밸브 축과 함께 회전하는 가변저항기이며, 스로틀밸브의 열림 정도(개도량)와 열림 속도를 감지한다. 스로틀 위치센서는 가속페달에 의해 저항변화가 일어나는 것으로, 감지하는 상황은 공전, 가속, 감속 등이고 운전자가 가속페달을 얼마나 밟았는지 검출하며, 스로틀밸브의 열림 정도(회전량)에 따라 출력전압이 변화한다.

2) 공전속도 조절기구(idle speed controller)

공전속도 조절기구는 각종 센서들의 신호를 근거로 하여 기관 상태를 부하에 따라 안정된 공전속도를 유지시킨다. 기관이 공전할 때 회전속도 제어를 하기 위한 신호에는 수온센서 신호, 공전신호, 부하신호 등이다. 공전속도 조절기구에는 스텝 모터방식(step motor type), 공전 액추에이터(idle speed actuator : ISA)방식이 있다.

3) 액셀러레이터 포지션센서(APS : accelerator position sensor)

액셀러레이터 위치 센서는 가속페달의 밟힌 양을 감지하는 센서로 액셀러레이터와 일체로 구성되어 있다. 2개의 센서가 조합된 더블 포텐시오미터 형식으로 기관 ECU는 센서 1의 신호로 연료 분사량과 분사시기를 결정하는 주된 역할을 하며 센서 2의 신호는 센서 1의 이상 신호를 감지하는 역할을 한다.

엑셀 페달 위치 센서(APS : accelerator position sensor)는 엑셀 페달 모듈에 장착되어 있으며, 운전자의 가속의지를 ECU에 전달하여, 가속 요구량에 따른 연료량을 결정하게 하는 가장 중요한 센서이다. 페달 위치 센서는 신뢰도가 중요한 센서로, 주 신호인 센서 1과 센서 1을 감시하는 센서 2로 구성되어 있다. 센서 1과 2는 서로 독립된 전원과 접지로 구성되어 있으며, 센서 2는 센서 1 출력의 1/2 출력을 발생하여, 센서 1과 2의 전압 비율이 일정 이상 벗어날 경우 에러로 판정된다.

※ 그림 1-43 액셀러레이터 포지션센서

4) 전자제어 스로틀밸브(ETC : electronic throttle control)

기존의 가속페달과 스로틀밸브를 케이블에 의해 기계적으로 연결한 것과는 달리 스로틀밸브를 전자적으로 모터에 의해 제어하는 시스템이다. 액셀러레이터 센서 (APS : accelerator position sensor)의 신호를 2계통으로 ECU에 송부하고 전자제어 스로틀 역시 스로틀밸브를 구동하는 스로틀 모터(ETC 모터) 및 기어기구, 스로틀밸브와 스로틀 개도를 검출하는 2계통의 스로틀센서로 구성되어 있다.

보조 공기량은 모두 전자제어 스로틀로 실시해 아이들 회전수를 제어하기 때문에 아이들 회전수 제어시스템이 필요 없다. 기관 공회전 속도제어, TCS 제어, 정속주행 등의 여러 가지 기능을 하나의 모터로 제어한다.

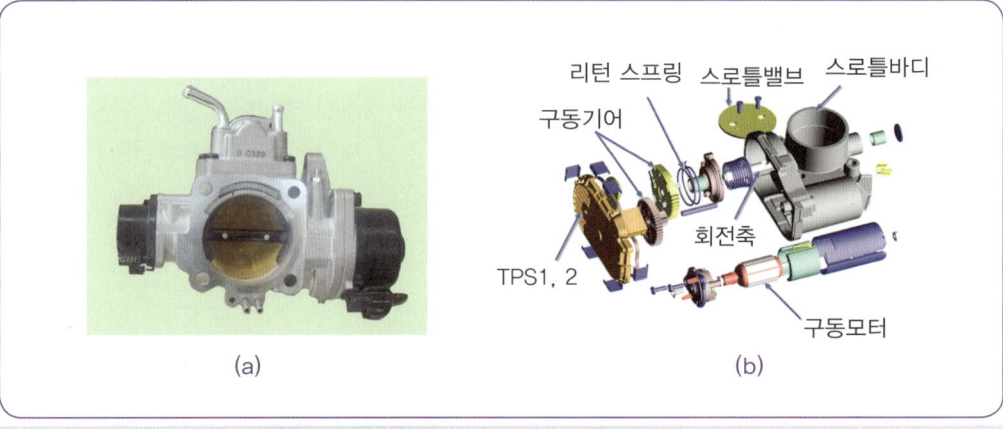

※ 그림 1-44 전자제어 스로틀밸브

연료계통(fuel system)

연료탱크의 연료는 연료펌프에 의하여 송출되며 연료필터, 연료 분배기로 공급된다. 연료 분배기에는 인젝터가 장착되고, 한 쪽 끝에는 연료압력 조절기가 장착된다. 연료압력 조절기는 연료압력을 흡기관 부압에 대하여 일정하게 유지시키는 작용을 하는 일종의 연료압력 조절밸브이다. 기관에 분사하는 연료량은 인젝터의 통전시간에 의하여 제어된다.

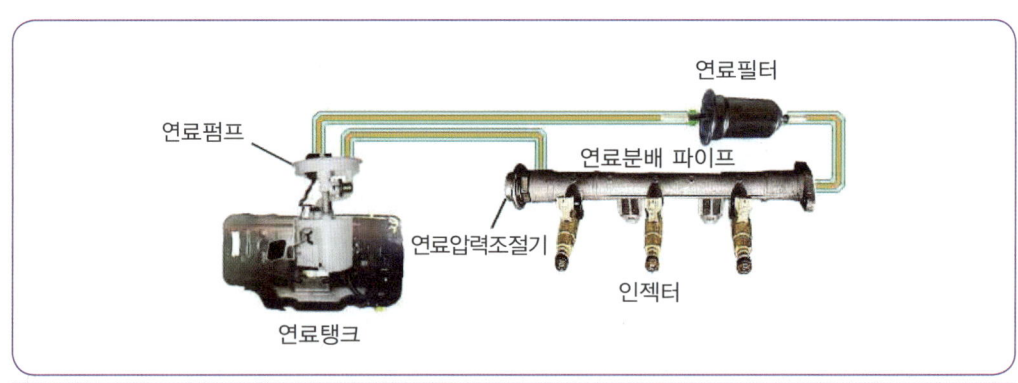

※ 그림 1-45 연료계통의 구성도

(1) 연료탱크(fuel tank)

연료탱크는 주행에 소요되는 연료를 저장하는 것이며, 주행 중 연료의 출렁거림을 방지하기 위하여 내부에는 칸막이가 있고 운전자에게 연료보유 상태를 알려주는 연료계 유닛이 있다. 연료탱크 내부의 부식을 방지하기 위해 아연으로 도금이 되어 있다.

(2) 연료 파이프(fuel pipe)

연료 파이프는 연료장치의 각 부품을 연결하는 통로이며, 안지름 5~8mm의 구리 또는 강철 파이프이다. 파이프 이음은 연료가 누출되지 않도록 원뿔모양이나 둥근 플레어(flare)로 하고 파이프가 끼워져 있는 피팅(fitting 또는 니플)으로 조이도록 되어 있다. 또 이 피팅은 반드시 오픈엔드 렌치(open end wrench)로 풀거나 조여야 한다.

(3) 연료펌프(fuel pump)

연료펌프는 전자력으로 구동되는 전동기를 사용하며, 연료탱크 내에 들어 있다. 연료의 공급량은 기관이 최대로 요구하는 양보다 더 많은 양의 연료를 계속 공급해 주어 연료계통 내의 압력을 일정한 수준으로 유지시켜서 어떤 운전조건에서도 연료의 공급 부족현상이 일어나지 않도록 한다. 그리고 연료펌프 내에는 펌프 내의 압력이 높을 때 작동하여 압력상승에 따른 연료의 누출 및 파손을 방지해주는 릴리프밸브(relief valve)와 연료펌프에서 연료의 압송이 정지되었을 때 곧바로 닫혀 연료계통 내의 잔압을 유지시켜 높은 온도에서 베이퍼로크(vapor lock)를 방지하고, 재 시동성을 높이기 위해 체크밸브(check valve)를 두고 있다.

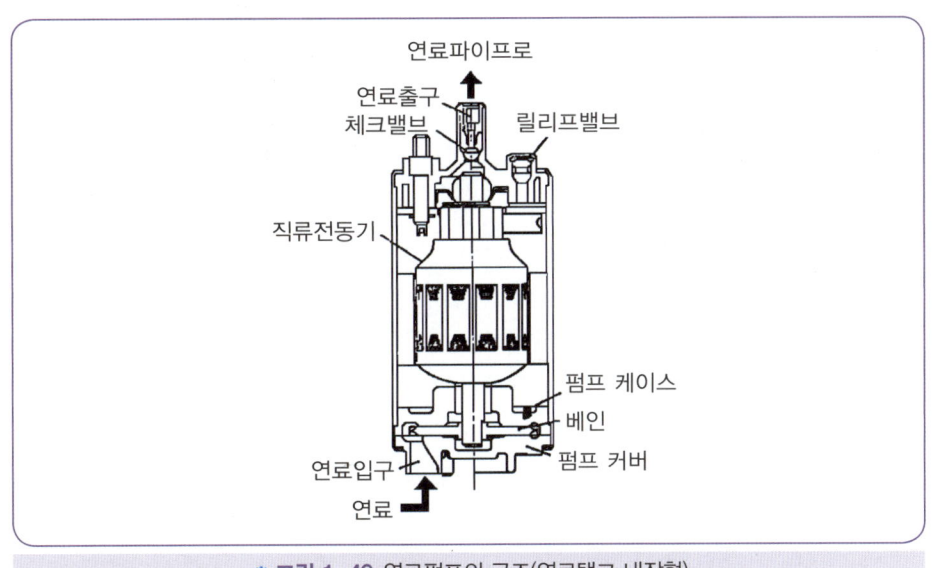

⚙ **그림 1-46** 연료펌프의 구조(연료탱크 내장형)

(4) 연료분배 파이프(delivery pipe)

이 파이프는 각 인젝터에 동일한 분사압력이 되도록 하며, 연료저장 기능을 지니고 있다. 분배 파이프의 체적은 인젝터에서 분사되는 연료 공급량에 비례하므로 분사에 따른 파이프 내부 압력변동이 없도록 한다. 그리고 이 파이프에 각 인젝터들이 연결되어 있어 각각의 인젝터에 동일한 분사압력이 되게 할 수 있으며, 인젝터 설치도 쉽도록 해 준다.

(5) 연료 압력조절기(fuel pressure regulator)

연료 압력조절기는 흡기다기관의 부압을 이용하여 연료계통 내의 압력을 조절해주는 것으로 분배파이프 앞 끝에 설치되어 있다. 즉 연료계통 내의 압력을 $2 \sim 3 kgf/cm^2$로 유지시켜 주는 다이어프램 조절의 오버플로(over flow)형식이다. 연료계통 내의 압력이 규정 값 이상되면 다이어프램에 의해 조절되는 밸브가 열려 연료 출구포트를 연다. 이에 따라 규정압력 이상의 연료는 밸브를 통하여 연료탱크로 되돌아간다.

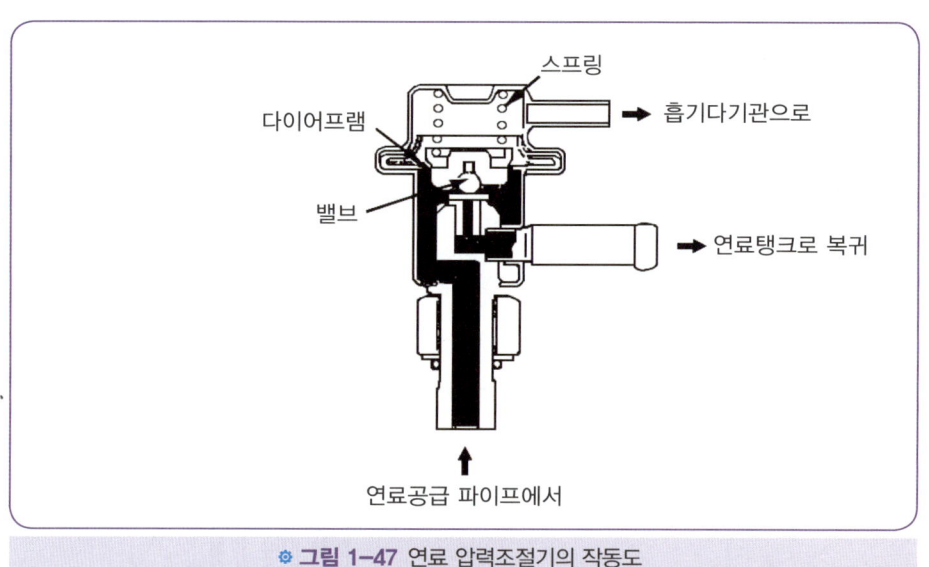

◎ 그림 1-47 연료 압력조절기의 작동도

(6) 인젝터(injector)

인젝터는 각 실린더의 흡입밸브 앞쪽(흡기다기관)에 1개씩 설치되어 각 실린더에 연료를 분사하는 솔레노이드밸브이다. 인젝터는 컴퓨터로부터의 전기적 신호에 의해 작동하며, 그 구조는 밸브보디와 플런저(plunger)가 설치된 니들밸브로 되어 있다.

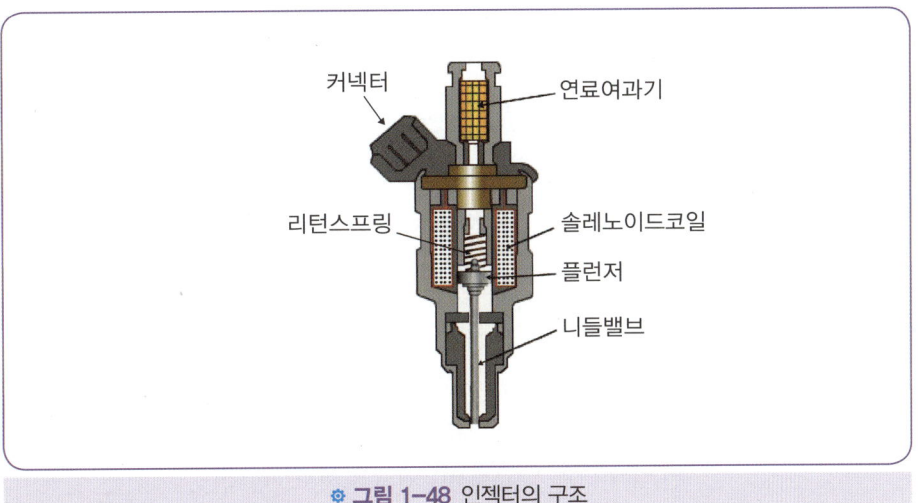

◈ 그림 1-48 인젝터의 구조

솔레노이드 코일에 전류가 흐르지 않을 경우 니들밸브는 스프링의 장력에 의해 밸브시트에 밀착되어 연료의 분사를 차단하고, 솔레노이드 코일에 전류가 흐르면 솔레노이드 코일이 니들밸브를 들어 올려 연료가 원통형의 분사구멍에서 분사된다. 인젝터의 분사각도는 10~40° 정도이며, 분사시간은 1~1.5ms(ms= 1/1,000sec), 분사압력은 2~3kgf/cm²이다.

제어계통(control system)

(1) 컴퓨터(ECU)의 구성

컴퓨터는 기억장치, 중앙처리장치, 입력 및 출력장치, A/D변환기, 연산부분으로 구성되어 있다.

1) 기억장치(memory)

① ROM(read only memory : **영구 기억장치**) : 읽기 전용의 기억장치이며, 전원을 차단하더라도 기억 내용이 지워지지 않는다.

② RAM(random access memory : 일시 기억장치) : 각종 센서들로부터 입력되는 데이터를 일시 저장하는 기억장치이며, 전원을 차단하면 기억되어 있던 데이터가 소멸된다.

2) 중앙처리장치(CPU)

이 장치는 연산장치, 주 기억장치, 제어장치 등의 3가지로 구성되어 있으며, 기억장치에서 읽어 들인 프로그램 및 각종 센서들로부터의 입력된 데이터를 일시 저장하며, 산술연산이나 논리연산 및 판정을 실행하는 부분이다.

3) 입력 및 출력장치

입력장치는 각종 센서들로부터 검출된 신호를 받아들이는 부분이며, 센서의 신호를 처리하여 컴퓨터로 입력시킨다. 그리고 출력장치는 산술 및 논리 연산된 데이터를 액추에이터(ISC-서보, 인젝터, 에어컨 릴레이 등)에 제어신호를 보낸다.

4) A/D변환기(analog & digital convertor)

아날로그 신호를 중앙처리장치에서 디지털신호로 변환시키는 부분이다.

5) 연산부분

중앙처리장치 내에서 연산이 되는 가장 중요한 부분이며, 컴퓨터의 연산은 출력이 되는 다른 것과 비교하여 결론을 내리는 방식이다. 즉 스위치의 ON-OFF를 0 또는 1로 나타내는 2진법과, 0에서 9까지의 수치로 나타내는 10진법으로 계산한다.

(2) 기관 컴퓨터(ECU)의 제어

컴퓨터에 의한 제어는 분사시기 제어와 분사량 제어로 나누어진다. 분사시기 제어는 점화코일의 점화신호(또는 크랭크각 센서의 신호)와 흡입공기량 신호를 자료로 기본분사 시간을 만들고 동시에 각 센서로부터의 신호를 자료로 분사시간을 보정하여 인젝터를 작동시키는 최종적인 분사시간을 결정한다.

1) 분사시기 제어

① **동기분사**(synchronized or sequential injection) : 동기분사는 점화순서에 따라 각 실린더의 흡입행정(배기행정 말)에 맞추어 연료를 분사하는 방식이다.
② **그룹분사**(group injection) : 그룹분사는 흡입행정이 서로 이웃하고 있는 실린더를 그룹별로 묶어서 연료를 분사하는 방식이다.
일반적으로 6실린더 기관에 적용하며 2실린더씩 묶어서 분사하면 3그룹 분사, 3실린더씩 묶어서 분사하면 2그룹 분사방식이 된다.
③ **동시분사**(simultaneous injection) : 동시분사는 전 실린더에 대하여 크랭크축 매회전마다 1회씩 일제히 분사하는 것을 말하며 시동 시나 급가속 시에 동시분사를 행한다.

2) 연료 분사량 제어

연료 분사량 제어는 크랭크 각 센서 또는 캠축센서의 신호를 기초로 회전속도 신호를 만들고, 이 신호와 흡입공기량 신호에 의해 기본 분사량 제어, 기관을 크랭킹할 때의 분사량 제어, 기관 시동 후 분사량 제어, 냉각수 온도에 따른 제어, 흡기온도에 따른 제어, 축전지 전압에 따른 제어, 가속할 때의 분사량 제어, 기관의 출력을 증가할 때의 분사량 제어, 감속할 때 연료분사 차단(대시 포트 제어)제어를 한다.

3) 피드백 제어(feed back control)

이 제어는 촉매컨버터가 가장 양호한 정화능력을 발휘하는데 필요한 혼합비인 이론 혼합비(14.7 : 1) 부근으로 정확히 유지하여야 한다. 이를 위해서 배기다기관에 설치한 산소센서로 배기가스 중의 산소농도를 검출하고 이것을 컴퓨터로 피드백(feed back)시켜 연료 분사량을 증감해 항상 이론 혼합비가 되도록 제어한다. 피드백 보정은 운전성능, 안전성능을 확보하기 위해 다음과 같은 경우에는 제어를 정지한다.
① 냉각수 온도가 낮을 때
② 기관을 시동할 때
③ 기관 시동 후 분사량을 증가시킬 때
④ 기관의 출력을 증가시킬 때
⑤ 연료공급을 일시 차단할 때(농후 신호가 길게 지속될 때)

4) 점화시기 제어

점화시기 제어는 파워 트랜지스터로 컴퓨터에서 공급되는 신호에 의해 점화코일 1차 전류를 ON-OFF시켜 제어한다.

5) 연료펌프 제어

점화스위치가 시동(St)위치에 놓이면 축전지 전류는 컨트롤 릴레이를 통하여 연료펌프로 흐른다. 기관 작동 중에는 컴퓨터가 연료펌프 제어 트랜지스터를 ON으로 유지하여 컨트롤 릴레이 코일을 여자시켜 축전지 전원이 연료펌프로 공급된다.

6) 공전속도 제어

공전속도 제어는 에어컨스위치가 ON이 되거나 자동변속기가 N레인지에서 D레인지로 변속될 때 등 부하에 따라 공전속도를 컴퓨터의 신호에 의해 공전속도 조절 기구를 확장위치로 회전시켜 규정 회전속도까지 증가시킨다.

7) 노크(knock) 제어장치

노크제어는 기관에서 발생하는 노크를 노크센서로 감지하여 점화시기를 늦추어 더 이상 노크가 일어나지 않도록 한다.

8) 자기진단 기능

컴퓨터는 기관의 여러 부분에 입·출력 신호를 보내게 되는데 비정상적인 신호가 처음 보내질 때부터 특정시간 이상이 지나면 컴퓨터는 비정상이 발생한 것으로 판단하고 고장코드를 기억한 후 신호를 자기진단 출력단자와 계기판의 기관 점검 등으로 보낸다.

기관 제어용 센서

기관의 기본적인 입력은 공기와 연료이며, 출력은 기계적 구동력과 배기가스의 배출이 된다. 센서는 기관에서 발생하는 물리변수를 측정하고, 그 값은 신호처리기를 통하여 제어기(ECU)에 전기적 신호로 보내진다.

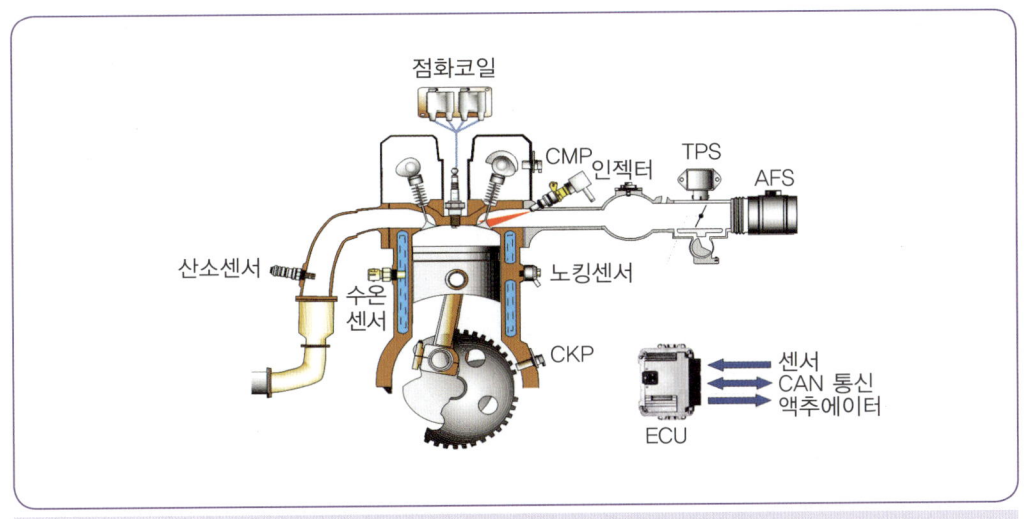

● 그림 1-49 전자제어 가솔린분사식 기관의 기본구성

(1) 온도 검출용 센서(temperature sensor)

① **흡입 공기온도센서(ATS : air temperature sensor)** : 기관에 흡입되는 공기의 질량은 온도에 따라 변하므로 흡기온도센서는 흡입되는 공기의 온도를 검출하는 것으로 부특성(NTC : negative temperature coefficient) 서미스터(thermister)로 되어 있다. 흡입공기 온도에 대한 분사량의 보정을 행한다.

② **냉각수온센서(WTS : water temperature sensor)** : 기관 냉각수온센서는 실린더블록 또는 서모스탯 입구의 냉각수 통로에 설치되며 냉각수의 온도를 검출하여 온도가 상승하면 저항 값이 작아지고, 온도가 내려가면 저항 값이 커지는 부특성 서미스터(NTC thermister)로 일종의 저항기이다. 기관의 냉각수온 변화에 따른 연료 분사량의 증감 및 점화시기를 보정하는데 사용한다.

(2) 압력 검출용 센서(pressure sensor)

① **대기 압력센서(BPS : barometric pressure sensor)** : 고도(高度)가 높아짐에 따라 공기밀도가 낮아지므로 피에조 압전효과(piezo electric effect)에 의해 스트레인 게이지(strain gauge)의 저항치가 압력에 비례해서 변화하므로 이 압력 변화를 출력전압으로 절대압력을 측정하여 고도 또는 기후에 따라 변화하는 공기의 밀도를 보정하는데 사용한다.

② **부스트 압력센서(BPS : boost pressure sensor)** : 부스트 압력센서는 인터쿨러 출력 파이프 상단에 장착되어 있으며, 터보차저에서 과급된 흡입공기의 압력을 측정하는 역할을 한다.

③ **연료탱크 압력센서(FTPS : fuel tank pressure sensor)** : 연료탱크 압력센서는 증발가스 제어시스템의 구성요소로서, 연료탱크, 연료펌프 또는 캐니스터 등에 장착되어 있으며, 퍼지 컨트롤 솔레노이드밸브(PCSV) 작동상태와 증발가스 제어시스템의 누기 여부를 점검하는 역할을 한다.

(3) 위치 및 회전각센서

① **스로틀 위치센서(TPS : throttle position sensor)** : 스로틀밸브의 열림 정도를 검출하여 공회전, 가감속 등의 기관 운전조건을 판정하여 분사량을 결정한다.

② **액셀러레이터 포지션센서(APS : accelerator position sensor)** : 액셀러레이터 위치 센서는 가속페달의 밟힌 양을 감지하는 센서로 액셀러레이터와 일체로 구성되어 있다. 2개의 센서가 조합된 더블 포텐시오미터 형식으로 기관 ECU는 센서 1의 신호로 연료 분사량과 분사시기를 결정하는 주된 역할을 하며 센서 2의 신호는 센서 1의 이상 신호를 감지하는 역할을 한다.

③ **크랭크각 센서(CAS : crank angle sensor)** : 기관의 점화시기를 제어하기 위해서는 피스톤의 위치를 알아야 하는데 크랭크각과 피스톤의 변위는 서로 상관관계가 있으므로 크랭크 각도를 검출하면 피스톤의 위치를 알 수 있다. 그리고 점화 시기는 적어도 크랭크 각 1° 단위의 정도를 요구한다. 일반적으로 CAS는 점화시기의 기준인 크랭크각과 함께 회전수의 검출도 병행하고 있다. 크랭크각 센서는 기관 회전속도 및 크랭크각의 위치를 감지하여 연료분사시기 및 연료 분사시간과 점화시기 등의 기준 신호를 제공한다.

④ **캠축 포지션센서(CMP : cam shaft position sensor & No. 1 TDC sensor)** : 1번 실린더의 압축행정 상사점을 감지하는 것으로 각 실린더를 판별하여 연료분사 및 점화순서를 결정하는데 사용한다.

(4) 산소센서(O_2 sensor, lambda sensor)

산소센서는 혼합비를 이론공연비(14.6~14.7) 부근으로 정밀제어(공연비 feed back control : closed loop)하기 위해 배기가스 중의 산소농도를 감지하여 출력전압을 ECU로 전송한다. 이를 공연비 피드백제어 또는 람다제어(λ - control)라 한다.

산소센서는 배기가스 중의 산소농도에 따라 전압이 발생하는 일종의 화학적 전압 발생 장치이다. 즉, 산소센서는 배기가스 중의 산소농도와 대기 중의 산소농도 차이에 따라 출력 전압이 급격히 변화하는 성질을 이용하여 피드백 기준신호를 컴퓨터로 공급해준다. 이때 출력전압은 혼합비가 희박할 때는 약 0.1V, 혼합비가 농후하면 약 0.9V의 전압을 발생시킨다.

특히 이와 같은 변화가 이론 공연비를 중심으로 급격하게 나타나므로 산소센서는 공연비 제어에 매우 유리한 점을 지니고 있다. 일반적으로 기관 제어장치에서 산소센서가 갖추어야 할 조건은 다음과 같다.

① 이론 공연비에서 전압의 급격한 변화가 있을 것
② 배기가스 내 산소 변화에 따른 신속한 출력전압 변화가 있을 것
③ 농후·희박 사이의 큰 차이가 있을 것
④ 배기가스의 온도변화에 대하여 안정된 전압을 유지할 것

산소센서가 정상적으로 작동하기 위해서는 센서 팁 부분의 온도가 일정온도(통상 370℃) 이상으로 유지되어야 하는데, 이를 위하여 센서 내부에는 듀티 제어형식의 히터가 내장되어 있다. 이는 배기가스 온도가 일정온도보다 낮을 경우, 센서가 정상적으로 작동하도록 센서 팁 부분의 온도를 일정온도 이상으로 가열하는 역할을 한다.

(5) 노크센서(knock sensor)

화염 면이 정상적으로 도달되기 전에 부분적으로 자기착화(self ignition)에 의해 급격하게 연소가 이루어지는 경우가 있다. 이 비정상적인 연소에 의해 발생하는 급격한 압력상승 때문에 실린더 내의 가스가 진동하여 충격적인 타음을 발생시키게 되며 이 현상을 노크 또는 노킹(knock or knocking)이라 한다.

노크센서(KS : knock sensor)는 실린더블록 측면에 장착되어 있으며, 노킹 발생시 진동을 감지하여 ECU로 전달하는 역할을 한다.

(6) 차속센서(speed sensor)

차속센서는 변속기 하우징이나 계기판 내에 장착되어 차속을 검출하는 센서로 컴퓨터에 입력하여 연료 분사량 조절 및 계기판에 알려주는 기능을 하며 차속센서에는 리드 스위치식 차속센서, 광전식 차속센서(전자미터 차량), 전자식 차속센서가 있다.

CHAPTER 05 예상문제 — 가솔린기관의 연료장치

01. MAP 센서의 기능은 어느 것인가?
① 에어클리너 내의 공기량을 직접 계측
② 대기압과 흡기 다기관의 압력차를 이용하여 측정
③ 에어클리너 내의 절대압력을 측정
④ 흡기 매니폴드의 공기 온도를 측정

> 풀이 | 공기와 연료의 혼합 가스는 흡기 매니폴드라는 관을 통해 실린더 내부에 공급된다. 흡기 매니폴드 내의 압력은 매니폴드 절대 압력(MAP)이라고 하며, 중요한 엔진 변수의 하나이다. 이를 측정하는 센서가 맵(MAP) 센서이다.

02. 전자제어 가솔린 엔진에서 릴리프 밸브의 역할은 어느 것인가?
① 증발가스의 발생을 억제한다.
② 저온 시동성을 양호하게 한다.
③ 연료압력을 올려준다.
④ 연료 라인 내의 압력이 규정압 이상으로 상승하는 것을 방지한다.

> 풀이 | 연료탱크 내에서의 압력을 분출하는 역할을 하는 밸브는 릴리프 밸브이다.

03. 전자제어 엔진은 연료펌프에서 체크밸브가 하는 역할은 어느 것인가?
① 연료 압력의 맥동을 감소시킨다.
② 연료가 막혔을 때 압력을 조절한다.
③ 베이퍼 록 현상을 방지한다.
④ 잔압유지와 고온 재시동을 용이하게 한다.

> 풀이 | 회로내에 남아서 유지되는 압력을 잔압이라 하며 잔압을 유지하고 고온 재시동을 향상하게 하는 밸브를 체크 밸브라고 한다.

04. 전자제어 기관 연료 분사 장치에서 흡기 다기관의 진공도가 높을 때 연료압력 조정기에 의해 조정되는 파이프라인의 연료 압력은?
① 균일하다.
② 기준 압력보다 낮아진다.
③ 기준 압력보다 높아진다.
④ 높다.

> 풀이 | 파이프라인의 압력은 기준압력보다 낮아진다.

05. 전자제어 연료 분사장치의 인젝터는 무엇에 의해서 연료를 분사하는가?
① 플런저의 상승
② 연료펌프의 송출압력
③ ECU의 분사 신호
④ 냉각수 수온 센서의 신호

> 풀이 | 전자제어 연료 분사장치에서 인젝터의 연료는 ECU의 통전 신호에 의하여 연료가 분사된다.

정답 01. ② 02. ④ 03. ③,④ 04. ② 05. ③

06. 인젝터의 저항을 측정하는데 가장 적합한 측정 장비는 다음 중 어느 것인가?

① 아날로그 멀티 테스터기
② 절연저항 테스터기
③ 테스터 램프
④ 디지털 멀티 테스터기

> 풀이 인젝터 솔레노이드 코일에 흐르는 전류를 일정하게 유지하는 역할을 한다. 엔진의 회전 속도가 빠를 경우 인젝터 코일에 흐르는 전류의 흐름 시간이 길어 저항 열이 발생함에 따라 전류가 적게 흐르게 된다. 회전 속도가 느리면 전류의 흐름 시간이 짧아 전류가 많이 흐르게 되어 인젝터의 성능이 떨어진다. 이러한 현상을 방지하기 위해 20℃에서 13~16Ω의 저항을 설치한다.

07. 전자제어 가솔린 연료 분사 장치의 장점이 아닌 것은?

① 연료 소비율이 낮다.
② 냉간 시동성이 좋다.
③ 베이퍼 록, 퍼컬레이션 등의 고장이 발생한다.
④ 적절한 혼합비 공급으로 유해 배출가스가 감소한다.

> 풀이 베이퍼 록 현상이나 퍼컬레이션 등의 고장이 전혀 발생하지 않는다.

08. SPI(Single Point Injection) 방식의 연료 분사 장치에서 인젝터가 설치되는 가장 적절한 곳은 어느 곳인가?

① 연소실 중앙
② 서지탱크
③ 스로틀 밸브 전
④ 흡입 밸브의 앞쪽

> 풀이 SPI-시스템에서는 기관의 모든 실린더가 스로틀 보디에 설치된 1개의 분사 밸브로부터 연료를 공급받는다.

09. 에어플로미터의 흡입 공기량 계측 방법에서 공기의 체적 검출 방식은 어느 것인가?

① 베인식
② 열선식
③ 열막식
④ 스피드덴시티방식

> 풀이 공기 유량의 체적 검출 방식은 베인식을 사용한다.

10. 칼만 와류식 에어플로우 센서의 설치 위치가 가장 적당한 곳은?

① 에어클리너 내
② 흡기 다기관 내
③ 서지탱크 안
④ 스로틀 밸브 전

> 풀이 칼만 와류식 에어플로우 센서의 위치는 에어클리너 내에 설치되어 있다.

11. 전자제어 연료 분사장치에서 운전자의 조작에 의한 신호를 컴퓨터로 보내주는 센서는?

① 공기유량 센서
② 산소 센서
③ 스로틀 포지션 센서
④ 냉각수 온 센서

> 풀이 엑셀 페달을 밟은 양을 컴퓨터로 보내주는 센서는 스로틀 포지션 센서이다.

정답 06. ④ 07. ③ 08. ③ 09. ① 10. ① 11. ③

12. 자동차용 센서 중 압전소자를 이용하는 것은 어느 것인가?

① 맵 센서
② 흡입 공기량 센서
③ 차 속 센서
④ 차고 센서

풀이) 흡입 메니홀드 내의 압력은 엔진 상태에 따라 변화하는데 Map 센서로 주로 사용하는 방식은 압전 소자를 사용한다. 압전 소자란 물리적인 힘을 전기적 신호로 바꿔 주는 반도체 소자이며 흡입 메니홀드의 압력에 따라 Map 센서에서 나오는 전압은 달라진다. 공전 시는 1.5V 정도의 기전력이 나오고 급가속 시는 5V의 기전력이 발생하며 ECU는 맵 센서로부터 발생되는 전압과 엔진 RPM을 연산하여 흡입 공기량을 간접적으로 읽어낼 수 있다.

13. 스로틀 보디에 설치된 대시포트의 기능으로 맞는 것은?

① 감속 시 스로틀 밸브가 급격히 닫히는 것을 방지한다.
② 가속 시 스로틀 밸브가 과도하게 닫히는 것을 방지한다.
③ 고속 주행 시 스로틀 밸브가 과도하게 열리는 것을 방지한다.
④ 공회전 시 스로틀 밸브가 완전하게 닫히는 것을 방지한다.

풀이) 급 감속 시 스로틀 밸브가 급격히 닫히는 것을 방지한다.

14. 흡입공기량의 계측방식에서 공기량을 직접 계측하는 센서의 종류가 아닌 것은?

① 핫 와이어
② 칼만 와류식
③ 핫 필름
④ 맵 센서식

풀이) 직접계측방식은 베인식, 칼만와류방식, 핫와이어식, 핫필름식으로 구성되어 있으며 간접계측방식은 맵 센서식으로 구성되어 있다.

15. 기관을 크랭킹 할 때 가장 기본적으로 작동되어야 하는 센서는?

① 대기압 센서
② 냉각수 온도 센서
③ 크랭크 각 센서
④ 산소 센서

풀이) 크랭크 각 센서의 역할(시동 시 가장 중요한 센서)은 연료 분사 시기와 점화 시기를 결정한다.

16. 전자제어 분사장치에서 기본 분사시간을 결정할 때 입력받는 신호는 어느 것인가?

① 스로틀 포지션 센서 신호 및 수온 센서 신호
② 흡입공기량 센서 신호 및 엔진 회전수
③ 엔진 회전수, 수온 센서 신호
④ 크랭크 각 센서 신호 및 냉각수 온도 센서 신호

풀이) 기관 가동 시 분사시간 결정요소는 흡입공기량 센서 신호와 엔진 회전수 신호이다.

정답 12. ① 13. ① 14. ④ 15. ③ 16. ②

17. 산소센서의 출력전압이 1V에 가깝게 나타나면 공연비는 어떤 상태인가?

① 농후하다.
② 희박하다.
③ 공연비가 이론공연비에 가깝다.
④ 희박하다 농후하다를 반복하고 있다.

> **풀이** 산소센서는 희박 시 0.2~0.6V, 농후 시 0.4~0.8V이다.

18. 전자제어 기관의 연료 분사 제어방식 중 점화순서에 따라 차례대로 분사되는 방식은?

① 독립 분사 방식
② 동시 분사 방식
③ 간헐 분사 방식
④ 그룹 분사 방식

> **풀이**
> ① **독립 분사** : 점화순서에 따라 인젝터가 차례대로 연료를 분사하는 것을 말한다.
> ② **동시 분사** : 모든 인젝터가 1회씩 동시에 분사(1 싸이클에 2회 분사)한다.
> ③ **간헐 분사** : 연료를 짧게 분출하며, 연료 송출은 인젝터가 열려 있는 시간에 의해 제어한다.
> ④ **그룹 분사** : 1번과 3번 그리고 2번과 4번 그룹으로 나누어 크랭크 1회전에 1회씩 분사한다.

19. 전자제어 연료 분사 기관에서 연료펌프 내의 체크밸브를 두는 이유가 아닌 것은?

① 베이퍼 록을 방지하기 위해서
② 연비를 좋게 하려고
③ 엔진의 재시동을 좋게 하기 위해서
④ 연료 내의 잔압(회로 내에 남아서 유지되는 압력을 말하며)을 유지하기 위해서

> **풀이** **체크밸브의 기능** : 연료라인의 잔압(회로 내에 남아서 유지되는 압력을 말하며)을 유지, 엔진의 재시동성 향상, 베이퍼 록을 방지한다.

20. 전자제어 기관에서 스로틀 바디의 주기능으로 가장 적당한 것은?

① 공연비 조절
② 오일량 조절
③ 혼합기 조절
④ 흡입공기량 조절

> **풀이** 스로틀 바디의 주 역할은 흡입공기량을 제어하는 장치이다.

21. 연료 1kg을 연소시키는데 드는 이론적 공기량과 실제로 드는 공기량의 비를 무엇이라고 하는가?

① 중량비
② 공기율
③ 중량도
④ 공기과잉률

> **풀이** 공연비는 엔진에 공급되는 공기와 연료의 질량비를 공연비라고 하며, 실제 운전에서 흡입된 공기량을 이론상으로 완전 연소에 필요한 공기량으로 나눈 값을 공기 과잉률이라고 한다.

22. 기관의 옥탄가 측정에서 이소옥탄 70%, 노말헵탄 30%일 때 옥탄가는 얼마인가?

① 40%
② 50%
③ 70%
④ 90%

> **풀이** 옥탄가 = 이소옥탄/(이소옥탄 + 노말헵탄) × 100
> = 70/(70 + 30) × 100 = 70%

정답 17. ① 18. ① 19. ② 20. ④ 21. ④ 22. ③

23. 전자제어 엔진에서 흡입하는 공기량을 측정하는 방법이 아닌 것은?

① 스로틀밸브 열림 각
② 피스톤 크기
③ 흡기다기관 부압
④ 엔진 회전속도

> 풀이 흡입공기량을 검출하는 방법에는 스로틀밸브의 열림각도, 흡기다기관 부압, 기관 회전속도 등이 존재한다.

> 풀이 크랭크 각 센서는 각 실린더의 크랭크위치를 감지하여 이를 펄스 신호로 바꾸어 ECU로 보내는 역할을 한다.

24. O₂센서 점검 관련 사항으로 적절하지 못한 것은?

① 기관은 워밍업한 후 점검한다.
② 출력전압을 쇼트시키지 않는다.
③ 출력전압 측정은 아날로그 시험기로 측정한다.
④ O₂센서의 출력전압이 규정을 벗어나면 조정계통에 점검이 필요하다.

> 풀이 산소센서를 측정할 때는 아날로그 멀티 테스트 사용시 파손의 위험이 있다.

25. 전자제어 연료분사 장치에 사용되는 크랭크 각 센서의 역할은?

① 엔진 회전수 및 크랭크축의 위치를 파악한다.
② 엔진 부하의 크기를 검출한다.
③ 캠 축의 위치를 검출한다.
④ 4번 실린더가 압축상사점에 있는 상태를 검출한다.

정답   23. ②   24. ③   25. ①

LPG, LPI, CNG 연료장치

LPG는 원유를 정제할 때 나오는 부산물 중의 하나이며, 주성분은 프로판이 47~50%, 부탄 36~42%, 오리핀이 8% 정도이며 저위발열량은 12,000kcal/kgf이다. LPG는 냉각이나 가압에 의해 쉽게 액화하고 반대로 가압이나 감압에 의해 기화하는 성질이 있다. 또 기화된 LPG는 공기의 약 1.5~2.0배 정도 무겁고 액체상태에서는 물보다 0.5배 가볍다. 순수한 LPG는 색깔과 냄새가 없으며 많은 양을 유입하면 마취되는 수가 있다. 자동차용 연료로 사용되는 LPG는 가스누출의 위험을 방지하기 위하여 착취제(유기황, 질소, 산소화합물 등)를 첨가하여 특이한 냄새가 나도록 하고 있다.

최근에 사용하는 LPG는 겨울철에는 기관의 시동성능을 향상시키기 위해 프로판 30%와 부탄 70%의 혼합가스를, 여름철에는 출력을 향상시키기 위하여 부탄 100%인 가스를 사용한다. LPG기관의 연료계통은 봄베(bombe : 연료탱크)에서 액체 LPG로 나와 여과기에서 여과된 후 솔레노이드밸브를 거쳐 베이퍼라이저(vaporizer)로 들어간다. 여기서 압력이 감소된 후 기체 LPG(liquefied petroleum gas)로 되어 가스믹서(mixer)에서 공기와 혼합되어 실린더 내로 들어간다.

LPI(liquid petroleum injection)장치는 LPG를 고압의 액체상태(5~15bar)로 유지하면서 기관 ECU(컴퓨터)에 의해 제어되는 인젝터를 통하여 각 실린더로 분사하는 방식이다. 즉, LPG가 각각의 실린더에 독립적으로 공급 제어되는 방식이다. 가스믹서 형식의 LPG 연료장치에 비하여 성능, 연료소비율, 저온 시동성능, 역화, 타르발생 등을 개선할 수 있으며, 매우 정밀한 LPG 공급량 제어로 유해 배기가스를 감소시킬 수 있다.

그리고 액체상태의 LPG를 분사하므로 가스믹서 형식의 구성부품인 베이퍼라이저나 믹서 등의 부품이 필요 없으며, 새롭게 사용되는 구성부품으로는 고압 인젝터, 봄베 내장형 연료펌프, 특수재질의 연료 파이프, LPI 전용 ECU, 연료압력 조절기(레귤레이터) 등이 필요하다.

01 LPG 기관

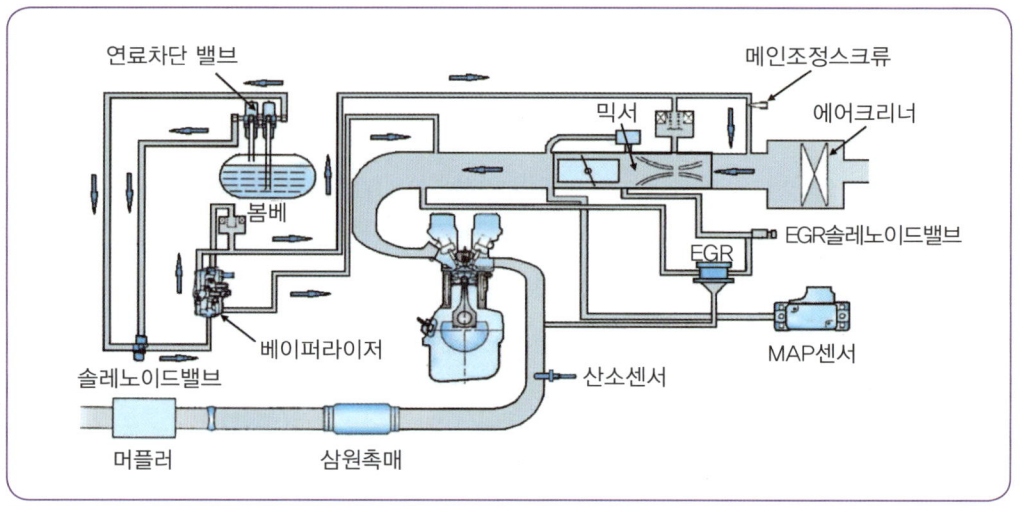

❋ 그림 1-50 LPG 기관의 계통도

1 LPG 기관의 장점 및 단점

LPG 기관의 장점

① 연소 효율이 좋으며, 기관이 정숙하다.
② 경제성이 좋다.
③ 기관 오일의 수명이 길다.
④ 대기 오염이 적고 위생적이다.
⑤ 퍼컬레이션이나 베이퍼 록 현상이 없다.
⑥ 연소실에 카본의 부착이 없어 점화 플러그의 수명이 길다.
⑦ 황 성분이 적어 연소 후 배기가스에 의한 금속의 부식 및 기관, 머플러의 손상이 적다.

LPG 기관의 단점

① 겨울철 기관의 시동이 어렵다.
② 베이퍼라이저 내의 타르나 고무와 같은 물질을 수시로 배출해야 한다.

③ 연료의 취급과 절차가 번거롭다.
④ 장기간 정차 후 기관 시동이 어렵다.

2 LPG 기관의 연료계통

LPG 봄베(LPG bombe)

LPG를 보관할 수 있는 고압용기이다. 봄베는 충전밸브(녹색), 기체 송출밸브(황색), 액체 송출밸브(적색) 등 3가지의 밸브와 충전량 지시 장치인 액면 표시계와 플로트 게이지가 있다. 충전량은 안전을 위하여 봄베 용량의 85%까지만 충전하도록 한다.

솔레노이드밸브(solenoid valve)

기관의 온도(15℃)에 따라서 액체나 기체상태의 연료를 공급 또는 차단하며, 전기적인 신호로 제어되는 일종의 전자석이다. LPG 여과기는 솔레노이드밸브 아래에 장착되어 연료내의 불순물을 제거한다.

베이퍼라이저(vaporizer)

액체를 기체로 변환하여 믹서로 공급하는 역할을 한다. 베이퍼라이저의 LPG는 액체에서 기체로 바뀔 때 주위에서 열을 빼앗아(증발 잠열) 온도가 낮아지기 때문에 베이퍼라이저의 밸브를 동결시켜 기관을 정지시킬 수 있다. 이를 방지하기 위해서 베이퍼라이저에는 냉각수 통로를 설치하여 냉각수의 순환으로 열을 공급시키고 봄베에 있는 높은 압력의 가스를 감압시켜 주도록 되어 있다.

(1) 1차실의 기능

고압의 LPG는 배출량이 커 공연비가 농후함으로 1차 압력 조정기구를 통해 $0.3kgf/cm^2$으로 압력을 낮추고 있다.

1차실에는 1차실의 압력을 $0.3kgf/cm^2$으로 일정하게 유지시키기 위한 밸런스 다이어프램과 밸런스 로드가 있으며 밸런스 다이어프램의 압력상승 시 밸런스 로드를 통해 1차 레버를 올려주면 1차 밸브는 닫히는 방향으로 작동하여 LPG 통로를 좁혀준다.

(2) 2차실의 기능

1차실에서 낮아진 LPG의 압력을 2차 밸브와 밸브시트사이에서 2차실로 유입시켜 대기압력으로 낮추는 작용을 하며, 기관 가동 시 진공에 의해 2차 다이어프램과 2차 밸브 레버가 상승하여 2차 밸브를 열어 LPG 가스가 유입된다.

LPG 믹서(Mixer)

공기와 가스를 혼합시켜 주는 장치로서 전기장치나 에어컨 등을 사용하여 기관부하가 증가하면 이를 보상해주는 장치도 같이 장착된다.

02 LPI 장치의 개요

1 LPI 장치의 장점

① 겨울철 시동성능이 향상된다.
② 정밀한 LPG 공급량의 제어로 이미션(emission)규제 대응에 유리하다.
③ 고압 액체상태로 연료가 인젝터에서 분사되므로 타르생성 및 역화발생의 문제점을 개선할 수 있다.
④ 가솔린기관과 같은 수준의 출력성능을 발휘한다.

❂ 그림 1-51 LPI 봄베

2 LPI 연료공급 장치의 구성과 작용

봄베(bombe)

① **봄베(연료탱크)** : LPG를 저장하는 탱크이며, 연료펌프를 내장하고 있다.
② **연료펌프 드라이버** : IFB의 신호를 받아 펌프를 구동하기 위한 모듈이다.
③ **멀티밸브** : 송출밸브, 수동밸브, 연료차단 솔레노이드밸브, 과류방지밸브 등으로 구성되어 있다.
④ **충전밸브** : LPG를 충전하기 위한 밸브이다.
⑤ **유량계** : 봄베 내의 LPG 보유량을 표시한다.

연료펌프

연료펌프는 봄베 내에 들어 있으며, 봄베 내의 액체상태의 LPG를 인젝터로 압송하는 작용을 한다. 연료펌프는 필터, 모터 및 양정형 펌프로 구성된 연료펌프 유닛과 연료차단 솔레노이드밸브, 수동밸브, 릴리프밸브, 리턴밸브 및 과류방지밸브로 구성된 멀티밸브 유닛으로 구성되어 있다.

연료펌프는 모터 부분과 양정형 펌프부분으로 구성되어 있으며, 체크밸브, 릴리프밸브 및 필터가 결합되어 있다. 그리고 봄베 내의 LPG에 잠겨져 있기 때문에 작동소음 및 베이퍼 로크를 억제할 수 있다.

● 그림 1-52 LPI 연료펌프

연료차단 솔레노이드밸브

연료차단 솔레노이드밸브(cut-off solenoid valve)는 멀티밸브에 설치되어 있으며, 기관 시동을 ON/OFF할 때 작동하는 ON/OFF방식이며, 시동을 OFF로 하면 봄베와 인젝터 사이의 연료라인을 차단하는 작용을 한다.

과류 방지밸브

과류 방지밸브는 자동차 사고 등으로 인하여 LPG 공급라인이 파손되었을 때 봄베로부터 LPG 송출을 차단하여 LPG 방출로 인한 위험을 방지하는 작용을 한다.

수동밸브(액체상태 LPG 송출밸브)

수동밸브(manual valve)는 장기간 동안 자동차를 운행하지 않을 경우 수동으로 LPG 공급라인을 차단할 수 있도록 한다.

릴리프밸브

릴리프밸브(relief valve)는 LPG 공급라인의 압력을 액체상태로 유지시켜, 열간 재시동 성능을 개선시키는 작용을 하며, 입구에 연결되는 판과 스프링장력에 의해 LPG 압력이 20±2bar에 도달하면 봄베로 LPG를 복귀시킨다.

인젝터(injector)와 아이싱 팁(icing tip)

(1) 인젝터(injector)

인젝터 니들밸브가 열리면 연료압력 조절기를 통하여 공급된 높은 압력의 LPG는 연료 파이프의 압력에 의해 분사된다. 이때 분사량 조절은 인젝터의 출구 면적이 일정하기 때문에 인젝터 통전시간 제어를 통하여 이루어지며, 이것은 LPG 공급 압력을 감지한 IFB(인터페이스 박스)에 의해 제어된다.

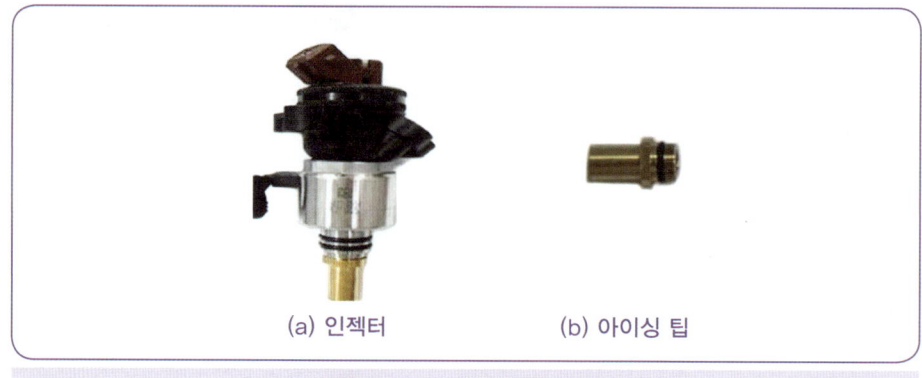

(a) 인젝터   (b) 아이싱 팁

그림 1-53 LPI 인젝터와 아이싱 팁

(2) 아이싱 팁(icing tip)

LPG 분사 후 발생하는 기화 잠열로 인하여 주위 수분이 빙결을 형성하는데 이로 인한 기관 성능저하를 방지하기 위해 아이싱 팁을 사용한다. 아이싱 팁은 열 전도성이 좋은 황동 재질을 사용한다. 재질의 차이를 이용하여 얼음의 결속력을 저하시켜 얼음의 생성을 방지하는 작용을 한다.

연료압력 조절기

봄베에서 송출된 높은 압력의 LPG를 다이어프램과 스프링의 균형을 이용하여 LPG 공급라인 내의 압력을 항상 5bar로 유지시키는 작용을 한다. 또 연료압력 조절기 이외에 분사량을 보상하기 위한 가스압력 측정센서, 가스온도 측정센서 및 연료차단 솔레노이드밸브를 내장하고 있어 LPG 공급라인의 공급 및 차단을 제어하는 작용을 한다.

(1) 연료압력 조절기의 구성부품

① **연료압력 조절기** : LPG 공급압력을 조절하며, 펌프 압력보다 항상 5bar 이상이 되도록 한다.
② **가스온도 센서** : 온도에 따른 LPG 공급량 보정신호로 사용되며, LPG 성분 비율을 판정할 수 있는 신호로도 사용된다.
③ **가스압력 센서** : LPG 공급압력 변화에 따른 LPG 공급량 보정 신호로 사용되며, 기관을 시동할 때 연료펌프 구동시간 제어에도 영향을 준다.

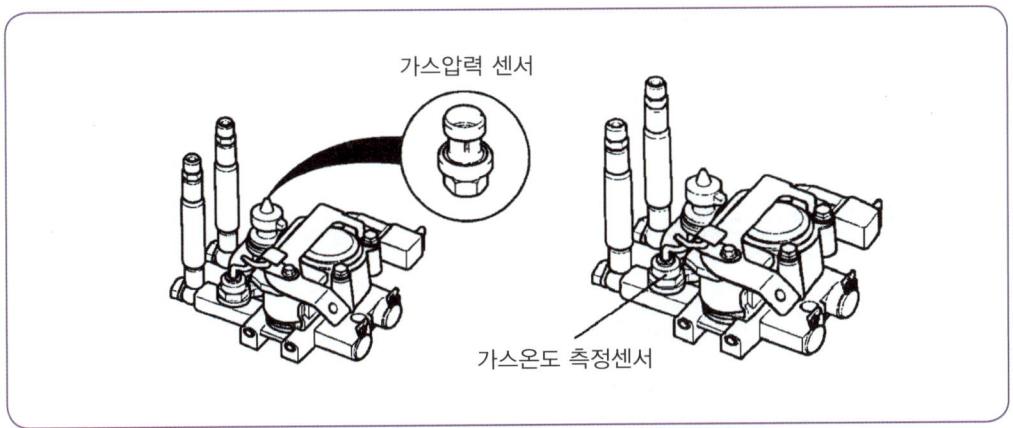

그림 1-54 가스압력 센서 및 가스온도 센서 설치위치

④ **연료차단 솔레노이드밸브** : LPG공급을 차단하기 위한 밸브이며, 점화스위치(key)를 OFF로 하면 LPG공급을 차단한다.

(2) 연료압력 조절기의 작동원리

연료압력 조절기는 봄베 내의 압력 변화에 대하여 분사량을 일정하게 유지하는 작용을 하며, 인젝터 내에 걸리는 LPG의 공급압력을 봄베의 압력보다 항상 5bar 정도 높도록 조정한다. 연료압력 조절기의 스프링 실(spring chamber)은 출구 쪽 압력과 연결되어 있어 항상 봄베의 압력이 형성되며, LPG 공급압력이 규정 값을 초과하면 다이어프램이 밀려 올라가게 되고, 이때 LPG는 리턴라인을 거쳐 봄베로 복귀한다.

연료필터

LPI 차량의 경우 LPG기관 시스템보다 흡기내 카본 슬러지가 많이 퇴적되며 인젝터의 오염도 상당히 심해지고 고장도 자주 발생되어 시동성 및 연비, 출력에 영향을 미치므로 연료중의 슬러지를 걸러 준다.

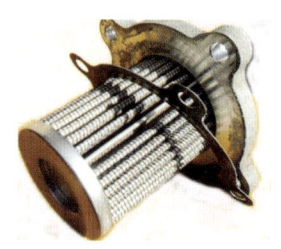

그림 1-55 LPI 연료필터

03 CNG 연료장치

(1) 가스충전밸브(가스 주입구)

가스를 충전시 사용하는 밸브로 충전밸브에는 체크밸브가 연결되어 고압가스 충전시 역류를 방지하는 기능을 한다.

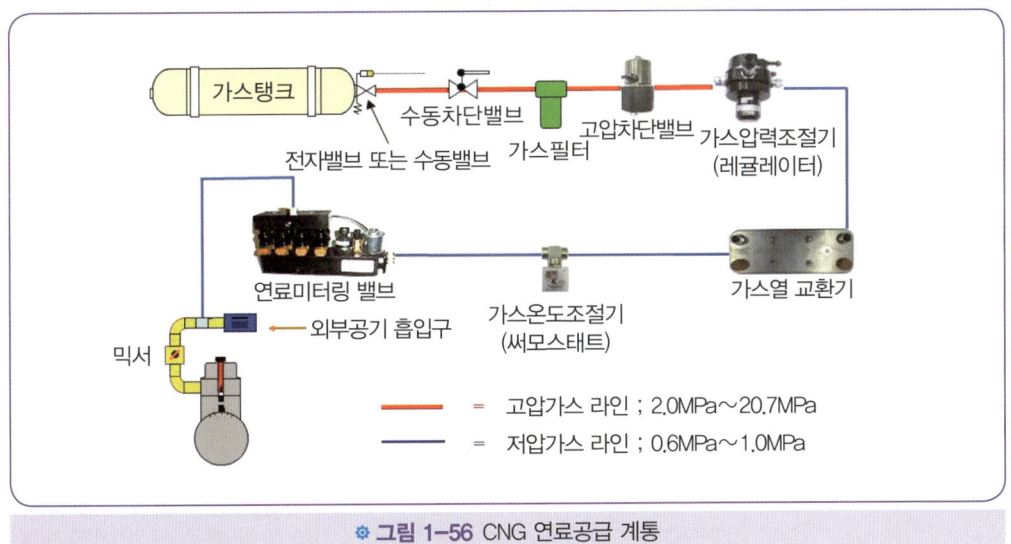

❁ 그림 1-56 CNG 연료공급 계통

(2) 가스 압력계

가스탱크내의 연료량을 압력으로 표시하며 탱크 잔류압력 1MPa 이하에서는 기관 출력부족 현상이 발생하며 3.0MPa 이하에서는 재충전을 실시하여야 한다. CNG가스탱크 완충 압력은 약 207bar(= 3,000psi = 201kgf/cm^2 = 20.7MPa) 이며 연료가 기체상태인 관계로 가스탱크의 온도에 따라 압력이 변화된다.

(3) 체크밸브

가스 충전밸브 연결부 뒤쪽에 설치되어 고압가스 충전시 역류를 방지한다.

(4) GFI 솔레노이드밸브(용기밸브)

시동 KEY ON/OFF 상태에 따라 가스용기에서 기관으로 공급되는 가스를 공급 및 차단하는 역할을 하며 시동 KEY "ON" 상태로 5초 내에 RPM신호가 ECU에 입력되지 않으면 자동으로 밸브가 닫힌다.

(5) 기계식 수동밸브(용기밸브)

가스용기에서 기관으로 공급되는 가스를 공급 및 차단하는 밸브로 각각의 용기에 설치되고, 수동으로 밸브를 열고 닫는다.

(6) PRD(pressure relief device)밸브

화재로 인해 용기의 파열이 발생할 우려가 있을 경우 PRD밸브의 가용전(연납)이 녹으면서 가스를 방출하여 용기의 파열을 예방한다.

(7) 수동 차단밸브

기관 정비시 기관 배관에 남아있는 가스를 제거할 때 사용한다. 수동 차단밸브를 잠그고 기관 시동을 걸어 기관 측 배관내의 잔류가스가 제거되면 기관은 자동으로 정지된다.

(8) 가스필터

수동 차단밸브의 파이프라인에 설치되며, 가스내의 불순물을 여과하여 불순물이 기관에 공급되는 것을 방지한다. 가스필터 점검 또는 교환 시에는 반드시 수동 차단밸브를 잠그고 기관이 정지된 후 작업해야 하며, 가스필터 관리 주기는 점검은 약 5,000km마다, 교환은 20,000km마다 한다.

(9) CNG탱크 온도센서(NGTTS : natural gas tank temperature sensor)

CNG탱크 온도센서는 부특성 서미스터로 탱크위에 설치되어 있으며 탱크 속의 연료 온도를 측정한다. 연료온도는 연료를 구동하기 위해 탱크내의 압력센서와 함께 사용된다.

(10) 고압 차단밸브(high pressure lock-off valve)

고압 차단밸브는 가스필터와 가스 압력조정기 사이에 설치되며 가스탱크에서 기관에 공급되는 압축 천연가스를 과다한 압력 및 누기 발생시 차량과 기관을 보호하기 위하여 고압 가스라인을 차단하는 안전밸브이다. 시동키 "ON/OFF"시 동시에 열리고 닫힌다(전원 공급시 플런저가 상향운동으로 밸브 개방 및 폐쇄). 밸브가 열리면 가스탱크로부터 고압의 가스가 연료라인을 따라 가스압력조절기로 공급된다. 연료공급압력은 3.0~20.7MPa로 매우 높은 압력이다.

(11) 가스압력 조정기(gas pressure regulator)

가스압력 조정기는 고압차단 밸브로부터 공급되는 고압의 가스를 0.62MPa로 감압시켜 감압시 압력팽창에 의한 온도저하 및 동파 방지를 위해서 기관의 냉각수가 유입된다. 가스압력 조정기 바디에 가스탱크 압력센서가 장착되어 있어 가스탱크의 가스압력 검출이 가능하며, 이 검출된 값이 계기판의 연료게이지에 표시된다. 가스압력 조정기의 가스 출구 측에는 과도압력 조절장치(PRD)가 장착되어 있어 가스출구압력이 1.1MPa 이상일 경우에는 가스를 대기로 방출시킨다. 또한 가스압력 조정기에는 흡기관 압력보상 장치가 있어 흡기압력에 따라 가스의 토출압력이 변하게 되어 있다.

(12) 가스열 교환기(heat exchanger)

가스열 교환기는 가스압력 조정기와 가스 온도조절기 사이 프레임 상단에 설치되어 가스탱크에 압축된 가스는 가스압력 조정기를 통과하면서 압력이 팽창하여 가스 온도저하 및 동파방지를 위하여 상대적으로 따뜻한 냉각수를 공급하여 가스의 온도를 상승시키는 역할을 한다. 정확한 연료량 제어를 위하여 적정한 가스 온도(-40~45℃)로 유지하는 기능을 한다. 가스의 온도가 과냉 또는 과열되면 연료 유동상태가 나빠진다.

(13) 가스온도 조절기(gas thermostat)

가스온도 조절기는 열 교환기에서 나온 가스는 플렉시블 호스를 통해 고압차단 밸브 우측에 설치된 온도 조절기로 공급된다. 기관 냉각수의 유입을 자동적으로 조절하여 가스의 과냉 및 과열을 방지한다.
최적의 작동 온도로 유지하기 위해 일정 온도에서 냉각수의 흐름을 제어한다. 개방온도는 10~16℃이고 시동시에는 완전히 개방이 되며 닫힘 온도는 40~49℃이다.

(14) 연료 미터링 밸브

연료 미터링 밸브(fuel metering valve)는 가스온도 조절기를 거친 가스는 플렉시블 호스를 통해 기관의 좌측면에 설치된 연료 미터링 밸브로 공급되며, 디젤기관 인젝션펌프와 유사하다.
8개의 인젝터가 개별적 또는 간헐적으로 유로를 개폐하여 연료의 압력을 조정해서 기관에 필요한 연료가스를 공급하며, 가속페달의 밟힘량 및 기관회전수신호 등을 ECU에서 펄스 신호로 제어하여 인젝터를 개방(인젝터의 개방시간으로 연료량을 제어)한다.

(15) 가스혼합기(gas mixer)

가스혼합기는 연료 미터링밸브에서 공급된 가스와 압축공기를 혼합시킨다.

(16) 스로틀밸브(throttle valve)

스로틀밸브는 기관 흡기 매니폴드 파이프에 장착되어 가스 혼합기를 통과한 혼합가스가 기관 실린더로 들어가는 양을 조절한다. 스로틀밸브는 ECU에 의해 구동되는 모터와 스로틀밸브의 위치를 파악하기 위한 스로틀밸브 위치 센서(TPS)가 일체로 구성되어 있다.

LPG, LPI, CNG 연료장치

01. LPG 충전 사업의 시설에서 저장탱크와 가스 충전 장소의 사이에 설치해야 되는 것은?

① 역화 방화 장치
② 역류 방지 장치
③ 방호벽
④ 경계표시 라인

풀이 가스의 폭발로 인하여 외부 충격이나 위험 물질을 막기 위하여 만든 벽을 방호벽이라 한다.

02. 다음 중 LPG 가스 용기 내의 압력을 일정하게 유지시켜 폭발 등의 위험을 방지하는 역할을 하는 것은 어느 것인가?

① 과류 방지 밸브
② 과충전 방지 밸브
③ 체크 밸브
④ 안전밸브

풀이 안전밸브는 기기나 배관의 압력이 일정한 압력을 넘었을 때 자동으로 작동하는 밸브이다.

03. LPG 연료 차량의 주요 구성장치가 아닌 것은?

① 베이퍼라이저
② 봄베
③ 연료펌프
④ 프리히터

풀이 연료펌프는 가솔린기관에서 주로 사용하는 밸브이다.

04. LPG 자동차의 믹서에 설치된 밸브는?

① 충전밸브
② 체크밸브
③ 듀티 솔레노이드 밸브
④ 액상밸브

풀이 듀티 솔레노이드는 솔레노이드로 흐르는 전류를 빠른 속도로 On-Off 하는데 On 시간과 Off 시간의 비율을 조정하여서 솔레노이드에 흐르는 전류의 평균값을 조정하는 밸브이며 따라서 솔레노이드 밸브의 자력이 조정되고 결과적으로 어떤 물체의 위치를 제어하는, 그런 전자석 원리를 이용하는 액츄에이터밸브를 표현하는 것이며 듀티라는 것은 On 시간과 Off 시간의 비율을 나타낸다.

05. 다음 중 LPI 연료장치의 구성부품이 아닌 것은?

① 봄베
② 연료펌프
③ 인젝터
④ 베이퍼라이저

풀이 자동차 LPI 엔진 시스템(Liquefied Petroleum Injection System)은 액상 연료 분사 장치라고도 하며 주로 LPG(액화석유가스, Liquefied Petroleum Gas)를 연료를 사용하며 기계식 LPG 연료 공급 방식과는 다르게 연료 저장탱크 내에 연료펌프를 설치하여 5~15bar의 고압 액상으로 송출되는 액상연료를 가지고 인젝터를 통해 각 실린더에 분사시키는 제어 장치이므로 베이퍼라이저가 불필요하다.

정답 01. ③ 02. ④ 03. ③ 04. ③ 05. ④

06. LPI 엔진에서 인젝터에 아이싱 팁(Icing tip)을 설치한 주된 목적으로 가장 적합한 것은?

① 저온 시동성 향상을 통한 배출가스 저감
② 원활한 급가속
③ 고속 시 출력 증대
④ 기화 잠열로 인한 수분 빙결 방지

> 풀이 LPI의 경우에는 고압의 액화 상태의 LPG가 기화되면서 생기는 기화 잠열로 인하여 인젝터 분공에 아이싱 현상이 생기는 것을 방지하기 위해 아이싱 팁(Icing tip)을 설치한다.

07. LPG 물리적 성질에 관한 설명 중 틀린 것은?

① 액화, 기화가 용이하다.
② 기체 상태의 LPG는 공기보다 가볍다.
③ 액체 상태의 LPG는 물보다 가볍다.
④ 기화할 때 다량의 열을 필요로 한다.

> 풀이 기체 상태에서는 부탄이나 프로판가스는 공기보다 비중이 무거워서 누출 시 바닥으로 깔린다.

08. CNG 기관의 분류에서 자동차에 연료를 저장하는 방법에 따른 분류가 아닌 것은?

① 압축천연가스 자동차
② 액화천연가스 자동차
③ 액화석유가스 자동차
④ 흡착천연가스 자동차

> 풀이 압축천연가스(CNG)는 액화 석유가스와는 다르게 천연적으로 직접 채취한 상태에서 바로 사용할 수 있는 화석연료로써 메탄이 주성분으로 액화 과정에서 분진, 황, 질소 등이 제거되어 연소 시 공해물질을 거의 발생하지 않는 무공해 청정 연료를 말한다.

09. CNG 기관의 장점에 속하지 않는 것은?

① 낮은 온도에서 시동성이 좋다.
② 매연이 감소한다.
③ 이산화탄소의 발생량이 증가한다.
④ 기관의 작동 소음을 줄일 수 있다.

> 풀이 휘발유 및 경유와 비교했을 때, 자동차기관 연료로서 압축천연가스의 장점은 다음과 같다.
> ① 연소 시 매연이나 미립자(PM : Particulate Matters)를 거의 생성하지 않는다.
> ② CO 배출량이 아주 적다(평균적으로 40~50% 정도).
> ③ 질소산화물이 적게 생성된다.
> ④ 오존을 생성하는 탄화수소에서의 점유율이 낮다.
> ⑤ 디젤기관에서보다는 소음이 적다.
> ⑥ 옥탄가가 높다(RON 135).
> ⑦ 천연가스로부터 직접 얻는다. 비용이 많이 드는 정제 과정을 필요로 하지 않는다. 따라서 생산공정에서도 CO_2를 적게 배출한다. → 온실가스 감소 효과
> ⑧ 공기보다 가벼워 누설 시 대기 중으로 쉽게 확산되므로 안전성이 높다.
> ⑨ 매장량이 풍부하다.

10. 자동차 연료로 사용하는 천연가스에 관한 설명으로 맞는 것은?

① 경유를 보조 연료로 사용하는 천연가스 자동차를 전소 기관이라 한다.
② 프로판의 비율이 높은 가스 상태의 연료를 사용하는 가스를 말한다.

③ 상온에서 높은 압력으로 가압하여도 기체 상태로 존재하는 가스를 말한다.
④ 높은 기압으로 압축시켜 액화한 상태로만 사용하는 가스이다.

> 풀이 압축천연가스의 주성분은 메탄(CH_4)이며 그 특성은 LPG와 큰 차이가 없다.

11. CNG 기관에서 사용하는 센서가 아닌 것은?
① 가스 압력 센서
② CNG 탱크 압력 센서
③ 가스 온도 센서
④ 베이퍼라이저 센서

> 풀이 액화 석유 가스를 가온하여 증발을 촉진시키는 장치로, 한랭지나 다량으로 가스를 소비하는 시설에 필요하다.

12. LPI 연료 시스템에 대한 설명 중 잘못된 것은?
① 고압의 액체 상태로 연료를 분사하기 때문에 인젝터가 필요하다.
② 믹서 방식의 LPG 엔진에 비해 유해가스의 배출이 적다.
③ LPG 연료 압은 약 5~15bar 정도이다.
④ 베이퍼라이저와 믹서 등의 부품이 필요하다.

> 풀이 베이퍼라이저와 믹서는 LPG 기관에서 사용하는 부품이다.

13. LPI 엔진에서 인젝터에 대한 설명 중 틀린 것은?
① 인젝터 내에 아이싱 팁이 설치되어 냉각 효과를 증대시킨다.
② 전류 구동방식이다.
③ 연료 분사 후 기화 잠열에 의한 수분의 빙결 현상을 방지하기 위해 아이싱 팁이 설치되어 있다.
④ 액체 상태로 연료 분사를 한다.

> 풀이 아이싱 방지를 위해 인젝터 끝단에 아이싱 팁을 적용하여 엔진 성능 및 배기가스에 미치는 연료 분사 시 기화 잠열로 인한 주위의 수분을 빙결시켜 엔진 성능 및 배기가스에 미치는 영향을 제거한다.

14. LPI 엔진의 장점이 아닌 것은?
① 겨울철 냉간 시동성이 향상된다.
② 정밀한 연료제어로 유해 배기가스의 배출이 적다.
③ 가솔린 엔진과 동등한 수준의 출력 성능을 발휘한다.
④ 타르의 발생 및 역화(불꽃이 돌발적으로 팁 안으로 역행하는 현상)가 있으며, 타르의 배출을 해주어야 한다.

> 풀이 타르의 발생과 역화(불꽃이 돌발적으로 팁 안으로 역행하는 현상)가 발생하지 않으며 액화가스를 직접 분사시켜 기화시킬 필요가 없어서 연료 라인에 기화 가스가 남아 있는 경우가 없다.

11. ④ 12. ④ 13. ① 14. ④   정답

15. 다음 중 천연가스에 대한 설명으로 틀린 것은?

① 상온에서 기체상태로 가압 저장한 것을 CNG라고 한다.
② 연료를 저장하는 방법에 따라 압축천연가스 자동차, 액화천연가스 자동차, 흡착천연가스 자동차 등으로 분류된다.
③ 천연가스의 주성분은 부탄과 프로판이다.
④ 천연으로 채취한 상태에서 바로 사용할 수 있는 가스 연료를 말한다.

풀이 천연가스의 주성분은 메탄가스이다.

16. 바이오에탄올에 대한 설명으로 틀린 것은?

① 옥탄가가 높아 가솔린의 대체 또는 혼합하여 가솔린기관의 연료로 사용할 수 있다.
② 가솔린에 10% 정도 혼합하는 경우에는 기존의 가솔린 기관에 그대로 사용할 수 있다.
③ 종류에는 전분질 계열(옥수수·사탕수수), 농산 폐기물 등을 발효시켜 만든다.
④ 수분을 흡수하여 상 화합물을 형성하는 특성이 있어 가솔린과 혼합하여 사용하면 매우 효율적이다.

풀이 바이오 에탄올은 사탕수수·밀·옥수수·감자·보리 등 주로 녹말작물을 발효시켜 차량 등의 연료 첨가제로 사용하는 바이오 연료로서 바이오디젤과 함께 가장 널리 사용된다.

17. LPI 엔진 전자제어 컨트롤 모듈의 일종으로 인젝터와 펌프 드라이버를 제어하는 장치는 무엇인가?

① IFB(interface Box)
② 펌프 모듈
③ ECU
④ 연료압력 레귤레이터

풀이 인젝터드라이브 박스라고 해서 이름이 약간 바뀌었지만 인터페이스모듈이나 인젝터 드라이브박스나 인젝터를 제어하는 모듈이다.

18. LPI 엔진에서 차량의 사고 등으로 인하여 배관 및 연결부에 파손이 되었을 경우 봄베로부터 연료의 송출을 차단하여 LPG의 방출로 인한 위험을 방지하는 역할을 하는 부품은 무엇인가?

① 과류 방지 밸브
② 연료 차단 솔레노이드 밸브
③ 리턴 밸브(return valve)
④ 릴리프 밸브(relief valve)

풀이 LPG의 방출로 인한 위험을 방지하는 부품은 과류 방지밸브이다.

정답 15. ③ 16. ④ 17. ① 18. ①

19. 다음 중 CNG 차량에 사용되는 연료의 주 성분은 어느 것인가?

① 메탄　　② 부탄
③ 프로판　④ 액화석유가스

풀이 천연가스의 주성분은 메탄(CH_4)이며 메탄 80%, 에탄 15%, 프로판 및 부탄 5% 정도의 혼합물이다.

20. 다음 중 LPG 연료의 장점이 아닌 것은?

① 공기와 혼합이 잘 되고 완전연소가 가능하다.
② 배기색이 깨끗하고 유해 배기가스가 비교적 적다.
③ 베이퍼라이저가 장착된 LPG 기관은 연료 펌프가 필요 없다.
④ 베이퍼라이저가 장착된 LPG 기관은 가스를 연료로 사용하므로 저온시동성이 좋다.

풀이 LPG는 한냉 시 시동이 곤란하다.

정답　19. ①　20. ④

흡·배기장치 및 배출가스

CHAPTER 07

기관이 작동을 하기 위해서는 실린더 안으로 혼합가스(가솔린기관, LPI기관)나 공기(디젤기관)를 흡입한 후 연소시켜 그 연소가스를 밖으로 배출시켜야 하는데 이 작용을 하는 것이 흡·배기장치이다.

01 공기청정기(air cleaner)

실린더 내로 흡입되는 공기와 함께 들어오는 먼지 등은 실린더 벽, 피스톤 링, 피스톤 및 흡·배기밸브 등에 마멸을 촉진시키며 또 기관오일에 유입되어 각 윤활부분의 마멸을 촉진시킨다. 공기청정기는 흡입공기의 먼지 등을 여과하는 작용 이외에 흡입공기의 소음을 감소시킨다.

공기청정기의 종류에는 건식·습식이 있으며 건식 공기청정기는 케이스와 여과 엘리먼트로 구성되며, 습식 공기청정기는 엘리먼트가 스틸 울(steel wool)이나 천(gauze)이며 기관오일이 케이스 속에 들어 있다.

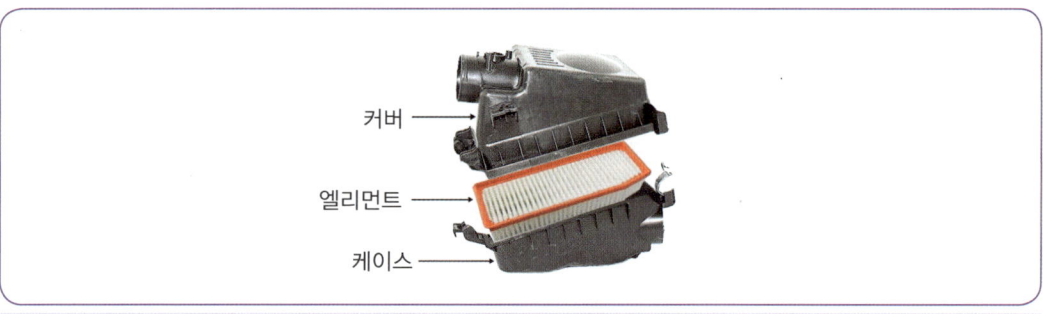

그림 1-57 건식 공기청정기의 구조

02 흡기다기관(intake manifold)

흡기다기관은 혼합가스를 실린더 내로 안내하는 통로이며, 실린더헤드 측면에 설치되어 있다. 흡기다기관은 각 실린더에 혼합가스가 균일하게 분배되도록 하여야 하며, 공기 충돌을 방지하여 흡입효율이 떨어지지 않도록 굴곡이 있어서는 안 되며 연소가 촉진되도록 혼합가스에 와류를 일으키도록 하여야 한다.

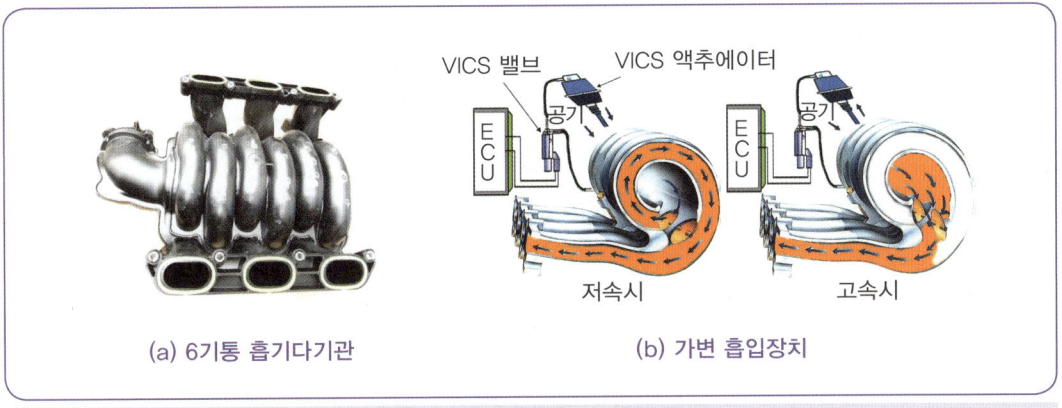

◎ 그림 1-58 흡기다기관

03 가변 흡입장치(VICS : variable induction control system)

가변 흡입장치는 기관의 광범위한 회전영역에서 흡입효율을 향상시키기 위해 저속에서는 흡기다기관의 길이가 긴 것이 체적효율이 높지만, 반대로 고속에서는 흡기다기관의 길이가 짧을수록 체적효율이 높아진다. 이에 따라 저속과 고속에서 동시에 체적효율을 향상시키기 위해서는 흡기다기관의 길이나 체적을 기관 운전조건에 따라 가변시키는 것이 필요하며, 이러한 목적으로 사용되는 것이 가변 흡입장치이다.

이 장치는 기관 회전속도에 따라서 최대 회전력이 되도록 흡입공기의 흐름을 자동으로 제어하여 저속에서는 흡기다기관의 길이를 길게 하고, 고속에서는 짧게 한다. 흡입 제어밸브의 구동은 직류전동기(DC motor) 또는 VICS 액추에이터로 하며, 컴퓨터(ECU)로 제어된다. 기관 회전속도에 따라 밸브의 목표위치를 미리 설정해두고 목표 값과 실제 값 사이의 차이가 발생하면 이 차이를 흡입밸브 위치센서에서 검출하고, 밸브구동을 작동시켜 목표 값과 실제 값이 일치하도록 제어한다.

밸브위치 센서는 밸브를 개폐할 때 밸브의 위치를 정확히 파악하기 위해 밸브 축에 설치하며 홀 센서(hall sensor)방식으로 되어 있다. 점화스위치를 ON으로 한 상태에서 컴퓨터는 밸브 구동 전동기를 작동하여 밸브가 충분히 닫히도록 하여 초기상태로 조정하고, 이후에는 펄스신호의 수에 따라 밸브 열림 정도를 계산하여 제어한다.

04 배기다기관(exhaust manifold)

배기다기관은 고온·고압가스가 끊임없이 통과하므로 내열성이 큰 주철 등을 사용하며, 실린더에서 배출되는 배기가스를 모아서 소음기로 보내는 것이다.

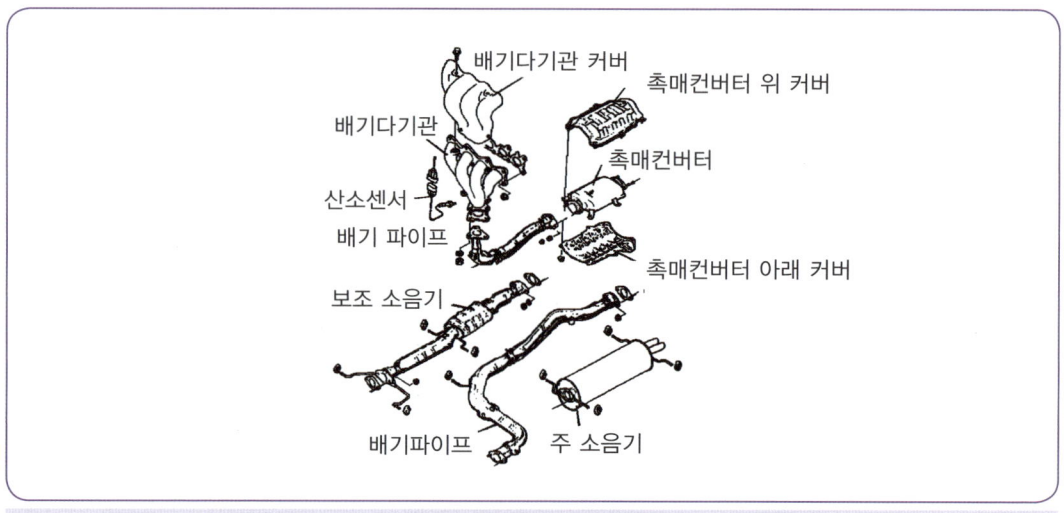

✿ 그림 1-59 배기장치의 구성

05 촉매장치(catalytic converter)

촉매장치는 연소 후에 발생되는 배기가스의 유해물질을 산화 또는 환원반응을 통해 유해물질을 무해물질로 변환하는 장치를 말한다. 3원 촉매장치는 모양에 따라 펠릿형과 벌집형이 있는데, 펠릿형의 경우 알루미나 담체(substrate) 표면에 백금, 팔라듐이 부착되어있고, 벌집형의 경우는 담체표면에 백금, 코지라이트가 부착되어 있다. 담체는 세라믹(Al_2O_3), 산화 실리콘(SiO_2), 산화마그네슘(MgO)을 주원료로 하여 합성한 것이며 그 단면은 cm^2당 60개 이상의 미세한 구멍으로 되어 있다.

촉매컨버터가 부착된 자동차의 주의사항은 다음과 같다.
① 반드시 무연 가솔린을 사용할 것
② 기관의 파워 밸런스(power balance)시험은 실린더 당 10초 이내로 할 것
③ 자동차를 밀거나 끌어서 기동하지 말 것
④ 잔디, 낙엽, 카페트 등 가연 물질 위에 주차시키지 말 것

현재 배기저항이 다소 낮은 벌집형 3원 촉매장치를 가장 많이 사용하고 있다. 3원 촉매장치의 작동온도는 약 250℃ 이상으로 가열되어야 촉매작용을 시작하게 되는데 이상적인 작동온도는 약 400~800℃ 사이의 범위이다.

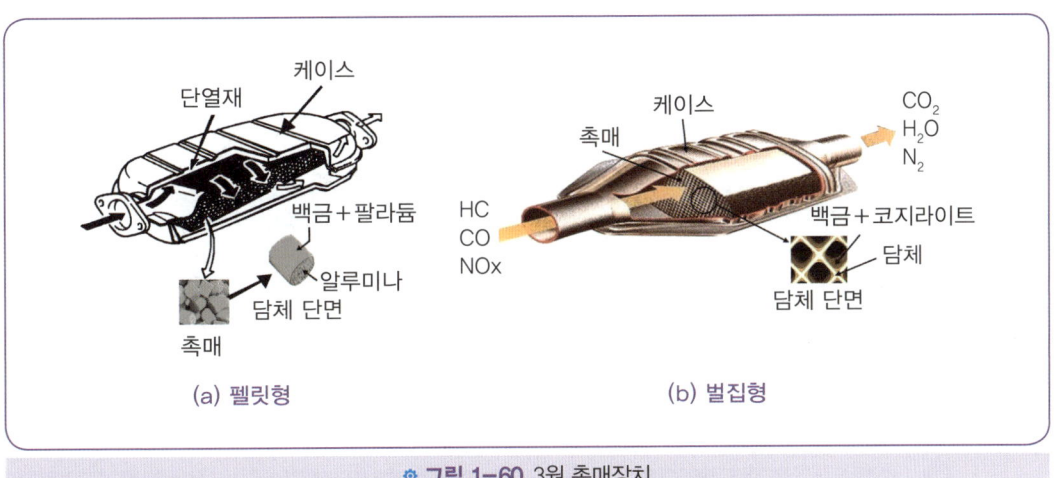

✿ 그림 1-60 3원 촉매장치

06 소음기(muffler)

배기가스는 매우 높은 온도(600~900℃)이고, 흐름속도가 거의 음속(340m/sec)에 달하므로 이것을 그대로 대기 중에 방출시키면 급격히 팽창하여 격렬한 폭음을 낸다. 이 폭음을 막아주는 장치가 소음기이며, 음압과 음파를 억제시키는 구조로 되어 있다.

내부구조는 몇 개의 방으로 구분되어 있고 배기가스가 이 방들을 지나갈 때마다 음파의 간섭, 압력변화의 감소, 배기온도 등을 점차로 낮추어 소음시킨다.

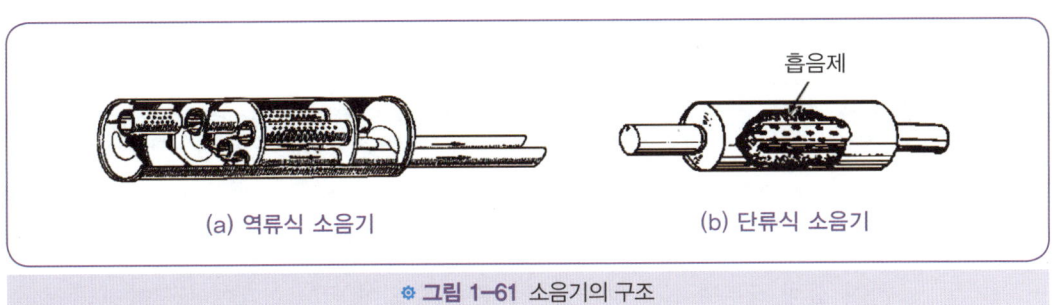

✿ 그림 1-61 소음기의 구조

07 자동차 배출가스

자동차에서 배출되는 가스에는 배기 파이프로부터의 배기가스, 기관 크랭크케이스(crank case)로부터의 블로바이가스 및 연료계통으로부터의 증발가스 등 3가지가 있다.

1 배출가스

배기가스(exhaust gas)

배기가스의 주성분은 수증기(H_2O)와 이산화탄소(CO_2)이며 그밖에 일산화탄소(CO), 탄화수소(HC), 질소산화물(NOx), 납 산화물, 탄소입자 등이 있으며 이 중에서 일산화탄소, 질소산화물, 탄화수소가 유해물질이다. 배기가스가 차지하는 비율은 60%이다.

블로바이가스(blow-by gas)

블로바이가스란 실린더와 피스톤 간극에서 크랭크 케이스로 빠져 나오는 가스를 말하며, 조성은 70~95% 정도가 미 연소가스인 탄화수소이고 나머지가 연소가스 및 부분 산화된 혼합가스이다. 블로바이가스가 크랭크 케이스 내에 머물면 기관의 부식, 오일 슬러지(oil sludge)발생 등을 촉진한다. 블로바이가스가 차지하는 비율은 25%이다.

연료 증발가스

연료 증발가스는 연료 공급계통에서 연료가 증발하여 대기 중으로 방출되는 가스이며, 주성분은 탄화수소이다. 증발가스가 차지하는 비율은 15%이다.

2 배기가스의 특성

일산화탄소(CO)

일산화탄소는 연료가 불완전 연소하였을 때 발생되는 무색, 무취의 가스이다. 일산화탄소를 인체에 흡입하면 혈액 속에서 산소를 운반하는 세포인 헤모글로빈과 결합하여 신체 각부에 산소의 공급이 부족하게 되어 어느 한계에 도달하면 중독 증상을 일으킨다.

일반적으로 0.15%의 일산화탄소가 함유된 공기 중에서 1시간 정도 있으면 생명이 위험하다. 배출되는 일산화탄소의 양은 공급되는 혼합가스(공연비)의 비율에 좌우하므로 일산화탄소 발생을 감소시키려면 희박한 혼합가스를 공급하여야 한다. 그러나 혼합가스가 희박하면 기관의 출력 저하 및 실화의 원인이 된다.

탄화수소(HC)

농도가 낮은 탄화수소는 호흡기계통에 자극을 줄 정도이지만 심하면 점막이나 눈을 자극하게 된다. 연소실 내에서 혼합가스가 연소할 때 연소실 안쪽 벽은 온도가 낮으므로 이 부분은 연소온도에 이르지 못하며, 불꽃은 안쪽 벽에 도달하기 전에 꺼지기 때문에 미 연소가스가 탄화수소로 배출된다.

질소산화물(NOx)

배기가스에 들어있는 질소화합물의 95%가 NO_2이고 NO는 3~4% 정도이다. 광화학 스모그(smog)는 대기 중에서 강한 태양광선(자외선)을 받아 광화학반응을 반복하여 일어나며, 눈이나 호흡기계통에 자극을 주는 물질이 2차적으로 형성되어 스모그가 된다. 광화학 반응으로 발생하는 물질은 오존, PAN(peroxyacyl nitrate), 알데히드(aldehyde) 등의 산화성 물질이며 이것을 총칭하여 옥시던트(oxidant)라 한다.

질소는 잘 산화(酸化)하지 않으나 고온·고압 및 전기 불꽃 등이 존재하는 곳에서는 산화하여 질소산화물을 발생시킨다. 특히 연소온도가 2,000℃ 이상인 연소에서는 급증한다. 또 질소산화물은 이론 혼합비 부근에서 최대 값을 나타내며, 이론 혼합비보다 농후해지거나 희박해지면 발생률이 낮아지며, 배기가스를 적당히 혼합가스에 혼합하여 연소 온도를 낮추는 등의 대책이 필요하다.

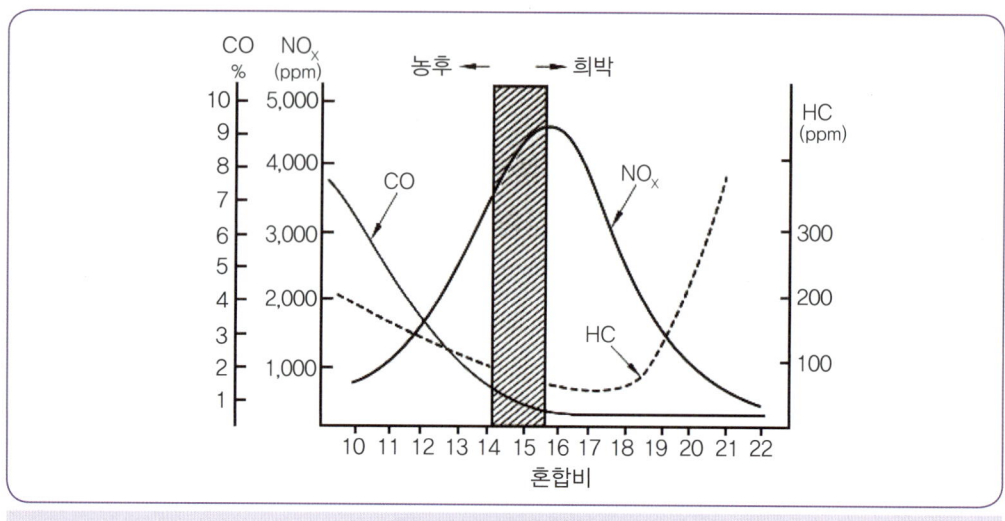

* 그림 1-62 혼합비와의 관계

입자상 물질(PM : particulate matter)

입자상 물질은 우리가 눈으로 볼 수 있는 입자성을 띠고 있다. 이들은 주로 불완전 연소시 발생하며 나쁜 연료와 윤활유도 원인이다. 입자상 물질의 입자는 75% 이상이 직경 $1\mu m$ 이하의 미세입자이기 때문에 기관지 등에 침투하여 장기간 잠재하며 특히 폐암의 원인으로 판명되고 있어 위해성에 대한 논란이 가중되고 있다.

3 배출가스 제어장치

블로바이가스 제어장치

① 경부하 및 중부하에서의 블로바이가스는 PCV밸브(positive crank case ventilation valve)의 열림 정도에 따라서 유량이 조절되어 서지탱크로 들어간다.
② 급가속 및 높은 부하운전에서는 흡기 부압이 감소하여 PCV밸브의 열림 정도가 작아지므로 블로바이가스는 흡기 부압을 이용하여 블리더 호스를 통하여 서지탱크로 들어간다.

연료증발가스 제어장치

연료계통에서 발생한 증발가스(탄화수소)를 캐니스터에 포집한 후 PCSV의 조절에 의하여 서지탱크를 통하여 연소실로 보내어 연소시킨다.

(1) 캐니스터(canister)

캐니스터는 기관이 작동하지 않을 때 연료탱크에서 발생한 증발가스를 캐니스터 내에 흡수 저장(포집)하였다가 기관이 작동되면 PCSV를 통하여 서지탱크로 유입한다.

(2) PCSV(purge control solenoid valve)

PCSV는 캐니스터에 포집된 연료증발 가스를 조절하는 장치이며, 컴퓨터에 의하여 작동된다.

배기가스 재순환장치(EGR : exhaust gas recirculation)

배기가스 재순환장치는 질소산화물의 배출을 저감시키기 위하여 흡기부압에 의하여 열려 배기가스 중의 일부(혼합가스의 약 15%)를 배기다기관에서 빼내어 흡기다기관으로 순환시켜 연소실로 다시 유입시킨다.

배기가스를 재순환시키면 새로운 혼합가스의 충전율은 낮아진다. 그리고 다시 공급된 배기가스는 질소에 비해 열용량이 큰 이산화탄소가 많이 함유되어 있다. 즉, 다시 공급된 배기가스는 더 이상 연소 작용을 할 수 없기 때문에 폭발행정에서 연소온도가 낮아져 온도의 함수인 질소산화물의 발생량이 약 60% 정도 감소한다.

기관에서 배기가스 재순환장치를 적용하면 질소산화물 발생률은 낮출 수 있으나 착화성 및 기관의 출력이 감소하며 일산화탄소 및 탄화수소 발생양은 증가하는 경향이 있다. 이에 따라 배기가스 재순환장치가 작동되는 것을 기관의 특정 운전구간(냉각수 온도가 65℃ 이상이고, 중속 이상)인 질소산화물이 다량 배출되는 운전영역에서만 작동하도록 하고 있다. 또 공전할 때, 난기운전을 할 때, 전부하 운전을 할 때, 농후한 혼합가스로 운전되어 출력을 증대시킬 경우에는 작용하지 않도록 한다. 그리고 EGR률은 다음과 같이 산출한다.

$$EGR률 = \frac{EGR\ 가스량}{EGR\ 가스량 + 흡입공기량} \times 100(\%)$$

08 과급장치(charger)

1 터보차저(turbo charger)

현재 기관의 출력으로 보다 높은 출력을 얻고자할 때 과급기를 설치한다. 그러므로 체적효율을 높이기 위해 많은 양의 공기를 연소실로 흡입할 필요성이 있다. 터보 과급기는 연소실에서 배출되는 배기가스를 이용하여 터빈 블레이드를 회전시켜 이를 거쳐 압축기를 회전시키게 된다. 따라서 흡입공기는 압축기에 의해 압축이 이루어지게 되고, 높은 밀도의 공기가 연소실로 흡입하게 되어 흡입공기의 밀도를 높여 충진율을 개선함에 따라 출력이 증가한다. 또한 소형 기관에 설치할 경우 동일 배기량의 기관에 비해 높은 출력을 얻을 수 있기 때문에 단위 출력당 기관의 중량을 가볍게 할 수 있다.

그러나 터빈 축은 약 10만~15만rpm으로 회전하기 때문에 내열성이 우수한 재질의 금속을 선택해야 되고, 부가적으로 냉각을 시키기 위한 윤활장치가 필요하게 된다.

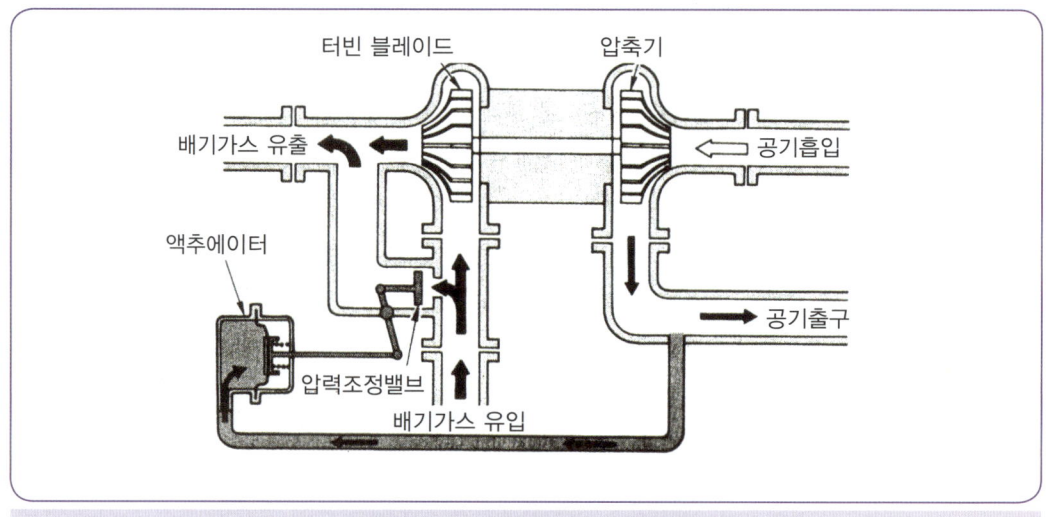

❀ 그림 1-63 터보 과급기의 작동원리

2 인터쿨러(inter cooler)

터보차저에서 공기를 압축하면 흡입공기의 온도가 상승하는데 일반적으로 100~150℃ 정도의 범위이다. 기관에서 흡입공기의 온도가 상승하면 밀도 저하로 인하여 흡입 효율이 저하됨과 동시에 혼합기의 온도가 상승하여 노크가 발생한다. 따라서 흡입 공기를 냉각시켜 흡입효율 향상과 노크를 감소시키기 위하여 인터쿨러를 설치한다.

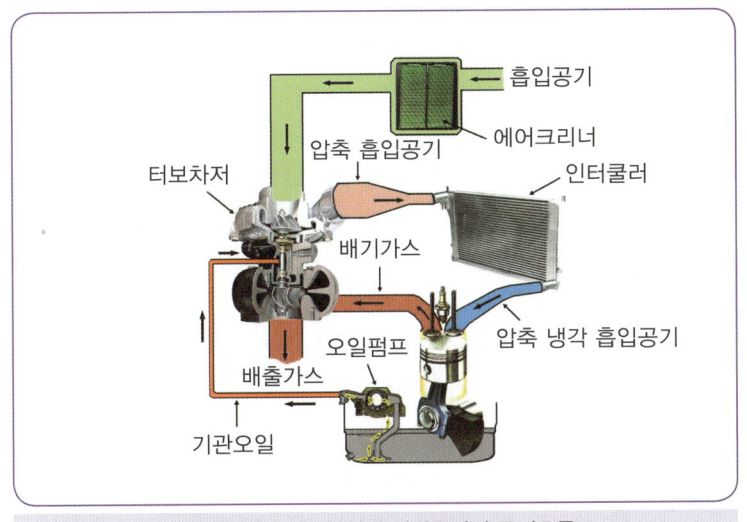

일반적으로 인터쿨러는 수냉식과 공랭식이 있으며, 수냉식 인터쿨러는 물 펌프, 냉각용 보조 라디에이터 등이 필요하며 냉각수와 주행 중 받는 바람으로 냉각된다. 공랭식 인터쿨러는 주행 중에 받는 바람이 직접 고온의 흡입공기를 냉각시키도록 바람을 쉽게 받을 수 있는 부분에 설치한다.

⬢ 그림 1-64 터보차저와 인터쿨러의 공기흐름도

3 슈퍼차저(super charger)

슈퍼차저는 터보차저와는 달리 크랭크축의 동력으로 벨트에 의해 구동된다. 운전방법은 에어컨 압축기와 마찬가지로 슈퍼차저 구동 풀리에 마그네틱 클러치를 장착하여 ECU가 제어하는 방법을 주로 사용한다. 이외에도 기관이 여분의 추가적인 출력을 요구하지 않을 경우 ECU가 바이패스밸브를 작동시켜 압축공기 일부를 슈퍼차저 입구로 되돌려 보내어 슈퍼차저의 부하를 경감시켜 주기도 한다.

이처럼 기관이 출력을 요구하는 시기와 정도에 따라 슈퍼차저를 정밀하게 제어하기 위해 슈퍼차저의 ON/OFF는 물론이고 연료량과 점화시기도 ECU가 제어한다. 이러한 방법은 기관의 부하상태와는 무관하게 항상 작동하는 상시 슈퍼차저(full time supercharger)에 비해서는 효율적이다.

⬢ 그림 1-65 슈퍼차저

흡·배기장치 및 배출가스

01. 공기 과잉률이란 무엇을 나타내는 표현인가?

① 이론적인 공기와 연료의 비율
② 실제로 흡입한 공기와 연료의 비율
③ 실제 공연비 ÷ 이론 공연비
④ 흡입 공기량 ÷ 연료 소비량

> **풀이** 엔진에 공급되는 공기와 연료의 질량비를 공연비(空燃比)라고 하며, 실제 운전에서 흡입된 공기량을 이론상 완전 연소에 필요한 공기량으로 나눈 값을 공기 과잉률이라 한다.

02. 다음 중 배기가스 색깔로 잘못 연결된 것은 어느 것인가?

① 무색 또는 담청색 : 정상연소
② 백색 : 윤활유 연소(엔진오일 연소실 유입)
③ 회색 : 농후한 혼합비이고 윤활유 연소
④ 흑색 : 희박한 혼합비

> **풀이** 배기가스 색깔이 흑색은 진한 혼합비이다.

03. 가솔린 기관의 배기관에서 연한 황색의 연기가 배출될 때 그 원인은 어느 것인가?

① 엔진오일 연소실 유입
② 혼합비 희박
③ 혼합비 농후
④ 완전연소

> **풀이** 배기관에서 연한 황색의 연기가 배출될 때 혼합비의 색깔은 희박하게 된다.

04. 가변흡기장치의 설치 목적으로 가장 적당한 것은?

① 최고속 영역에서 최대출력의 감소로 엔진 영역 운전확대
② 배기 효율증대
③ 엔진 회전수 증대
④ 저속과 고속에서 흡입효율 증대

> **풀이** 가변흡기장치는 엔진의 회전과 부하 상태에 따라 공기 흡입통로를 자동적으로 조절해, 저속에서 고속에 이르기까지 모든 운전 영역에서 엔진 출력을 높여 주는 장치이다.

05. 디젤기관의 인터쿨러 터보의 하는 역할은 무엇인가?

① 압축된 공기의 밀도를 증가시키는 역할
② 압축된 공기의 온도를 증가시키는 역할
③ 배기가스를 압축시키는 역할
④ 압축된 공기의 수분을 증가시키는 역할

> **풀이** 인터쿨러 터보는 터보 과급기와 같은 과급기로 흡입한 공기를 냉각하여 공기의 밀도를 증가시키는 역할을 한다.

정답 01. ③ 02. ④ 03. ② 04. ④ 05. ①

06. 자동차에서 배출되는 배기가스 중 탄화수소의 생성원인과 무관한 것은?

① 화염전파 후 연소실 내의 냉각작용으로 인하여 연소하고 난 후 혼합기
② 농후한 연료로 인한 불완전 연소
③ 배기 다기관의 불량
④ 희박한 혼합기에서 점화 실화로 인한 원인

> 풀이 배기 다기관은 각 실린더로부터 배출되는 배기가스를 유체역학적으로 유효적절하게 방출하는 역할을 한다. 최적 효율을 얻기 위해서는 실린더 수와 점화순서에 따라 개별 배기관 사이에 적절한 조화를 해야 한다.

07. 삼원 촉매장치에서 저감시키는 배출가스가 아닌 것은?

① CO
② NOx
③ HC
④ SO

> 풀이 황산물은 삼원 촉매장치에서 저감시키는 배출가스에 해당되지 않는다.

08. 실린더 파워 밸런스 시험을 할 때 가장 파손이 잘 되는 부품은 어느 것인가?

① 산소 센서
② 점화코일
③ 컨트롤 릴레이
④ 삼원 촉매장치

> 풀이 하나 또는 그룹 실린더의 점화 기능을 죽이고 엔진의 rpm 강하를 측정함으로써 전체 엔진 출력에 대한 출력 기여도를 판단하는 점검을 말한다. 이 점검은 각 실린더에 대해 점화, 연료 시스템 및 실린더 압축을 검사한다. 모든 실린더가 동등하게 일하고 있을 때 rpm 강하는 거의 같아진다.

09. 디젤 기관의 연료 발화 촉진제에 해당하지 않는 것은 어느 것인가?

① 아초산 에틸
② 초산에틸
③ 질산에틸
④ 과산화아밀

> 풀이 연료 발화 촉진제는 아초산 에틸, 초산에틸, 질산에틸 등이 있다.

10. 삼원 촉매 장치 설명 중 틀린 것은 어느 것인가?

① CO, HC, 환원 NOx는 산화한다.
② 온도가 높을수록 정화가 잘 된다.
③ 백금, 로듐, 팔라듐이 사용된다.
④ 유해 배기가스의 감소를 위하여 설치하며 주로 2차 공기 공급 장치와 함께 사용한다.

> 풀이 CO, HC, 산화 NOx는 환원한다.

11. 활성탄 캐니스터(charcoal canister)는 무엇을 제어하기 위해 설치하는가?

① 이산화탄소
② 탄화수소
③ 질소산화물
④ 일산화탄소

> 풀이 연료탱크에서 발생한 탄화수소를 포집한 장치가 차콜캐니스터이며 퍼지컨트롤솔레노이드밸브(pcsv)가 캐니스터에 포집된 HC가스를 연소실로 보내는 역할을 한다.

정답 06. ③ 07. ④ 08. ④ 09. ④ 10. ① 11. ②

12. 압축 및 폭발 행정시 피스톤과 실린더벽 사이로 탄화수소가 다량 포함된 미연소가스가 누출되는 현상을 무엇이라 하는가?

① 블로 바이 현상
② 블로 다운 현상
③ 블로 업 현상
④ 블로 백 현상

> **풀이** **블로 다운** : 배기행정 초기에 배기밸브가 열려 연소가스 자체의 압력에 의하여 배출되는 현상
> **블로 백** : 혼합 가스가 밸브와 밸브 시트 사이로 누출되는 현상
> **블로 업** : 일종의 좌굴현상으로 줄눈 또는 균열부에 이물질이 침투하여 슬래브(철근 콘크리트구조의 바닥)가 솟아오르는 현상

정답 12. ①

CHAPTER 08 디젤기관의 연소실과 연료 공급장치

01 디젤기관의 개요

디젤기관도 기관 본체부분과 냉각장치 및 윤활장치 등은 본질적으로 가솔린기관과 다른 점은 없다. 다만, 연료의 연소과정에서 공기만을 흡입한 후 높은 압축비(15~20 : 1)로 압축하여 그 온도를 500~600℃ 이상 되게 한 후 연료(경유)를 분사펌프로 압력을 가하여 분사노즐에서 실린더 내에 분사시켜 자기착화시키는 점이 다르다. 그리고 기본 사이클은 오토 사이클과 디젤 사이클을 복합한 사바테 사이클이다.

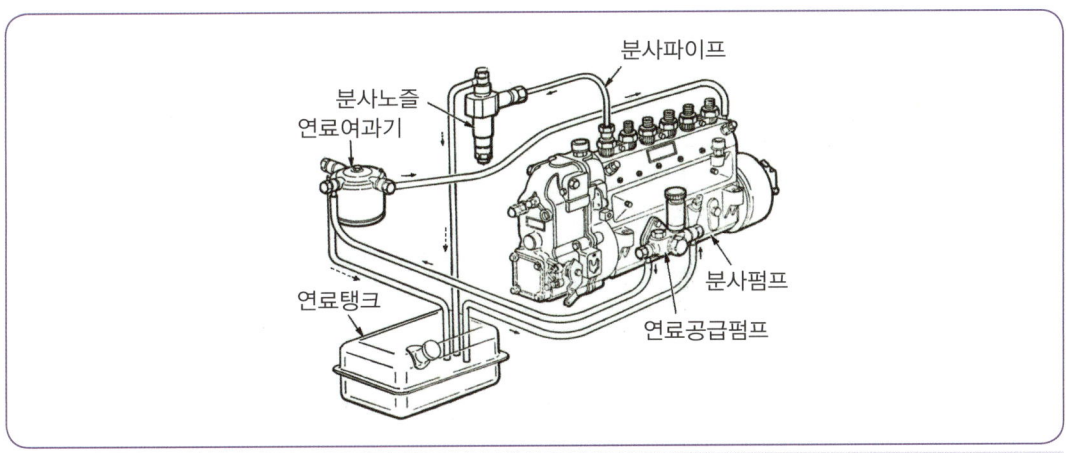

그림 1-66 디젤연료의 계통도

1 디젤기관의 장점

① 열효율이 높고, 연료 소비율이 적다.
② 인화점이 높은 경유를 연료로 사용하므로 그 취급이나 저장에 위험이 적다.
③ 대형 기관 제작이 가능하다.
④ 경부하에서의 효율이 그다지 나쁘지 않다(저속에서 큰 회전력이 발생한다).
⑤ 배기가스가 가솔린기관보다 덜 유독하다.
⑥ 점화장치가 없어 이에 따른 고장이 적다.
⑦ 2행정 사이클 기관이 비교적 유리하다.

2 디젤기관의 단점

① 폭발압력이 높아 기관 각 부분을 튼튼하게 하여야 한다.
② 기관의 출력 당 무게와 형체가 크다.
③ 운전 중 진동과 소음이 크다.
④ 연료 분사장치가 매우 정밀하고 복잡하며, 제작비가 비싸다.
⑤ 압축비가 높아 큰 출력의 기동전동기가 필요하다.

02 디젤기관의 연료와 연소과정

1 경유의 물리적 성질

① **색깔** : 흑갈색~담황색
② **비중** : 0.83~0.89
③ **인화점** : 40~90℃
④ **발열량** : 10,700Kcal/kgf
⑤ **자연 발화점** : 산소 속에서 245℃, 공기 속에서 358℃
⑥ 경유 1kgf을 완전히 연소시키는데 필요한 건조 공기량은 14.4kg(11.2m^3)

2 경유의 구비조건

① 자연 발화점이 낮을 것(착화성이 좋을 것)
② 황(S)의 함유량이 적을 것
③ 세탄가가 높고, 발열량이 클 것
④ 적당한 점도를 지니며, 온도 변화에 따른 점도 변화가 적을 것
⑤ 고형 미립물이나 유해 성분을 함유하지 않을 것

3 경유의 착화성

착화성은 연소실 내에 분사된 경유가 착화할 때까지의 시간으로 표시되며, 이 시간이 짧을수록 착화성이 좋다고 한다. 이 착화성을 정량적으로 표시하는 것으로 세탄가, 디젤지수, 임계 압축비 등이 있다. 또 연료가 분사되어 착화될 때까지의 시간을 착화지연 기간이라 한다.

착화지연은 연소실내에 분사된 미립상의 연료가 연료 주위의 높은 온도의 공기로부터의 열전달로 자연 발화온도에 도달되어 착화될 때까지의 경과 시간이며, 점도·비중·비등점 및 휘발성 등 연료 고유의 성질에 의해 지배된다. 디젤기관의 노크는 이 착화지연에 원인이 있는 것이므로 연료의 착화성은 디젤기관 노크방지 상 매우 중요하다.

세탄가(cetane number)

세탄가는 디젤기관 연료의 착화성을 표시하는 수치이다. 세탄가는 착화성이 우수한 세탄과 착화성이 불량한 α-메틸 나프탈린의 혼합액이며 세탄의 함량비율(%)로 표시한다.

예를 들어 세탄가 60의 경유란 세탄이 60%, α-메틸 나프탈린이 40%로 이루어진 혼합액과 같은 착화성을 가지는 것을 의미한다. 이 정의로부터 세탄의 세탄가는 100, α-메틸 나프탈린의 세탄가는 0이라는 것을 알 수 있다. 고속 디젤기관에서 요구되는 세탄가는 45~70이며, 시중에서 판매되는 경유의 세탄가는 일반적으로 60 정도이다.

$$세탄가 = \frac{세탄}{세탄 + \alpha - 메틸나프탈린} \times 100$$

디젤지수(diesel index)

디젤지수는 경유 중에 포함된 파라핀 계열의 탄화수소의 양으로 착화성을 표시하는 것이다.

임계 압축비

디젤기관은 압축비를 낮추면 노크를 일으키는 성질을 이용한 것으로, CFR(미국 연료 연구단체)기관에서 시험조건을 일정하게 하고 각종 경유에 대하여 노크를 일으키기 시작할 때의 최저 압축비를 구한 것이다. 이것을 임계 압축비라 한다. 이 임계 압축비는 연료의 착화온도와 거의 일치되며 착화온도가 높은 연료일수록 임계 압축비도 높다.

03 디젤기관의 연소과정과 노크

1 디젤기관의 연소과정

디젤기관의 연소과정은 착화 지연기간 → 화염 전파기간 → 직접 연소기간 → 후 연소기간의 4단계로 연소한다.

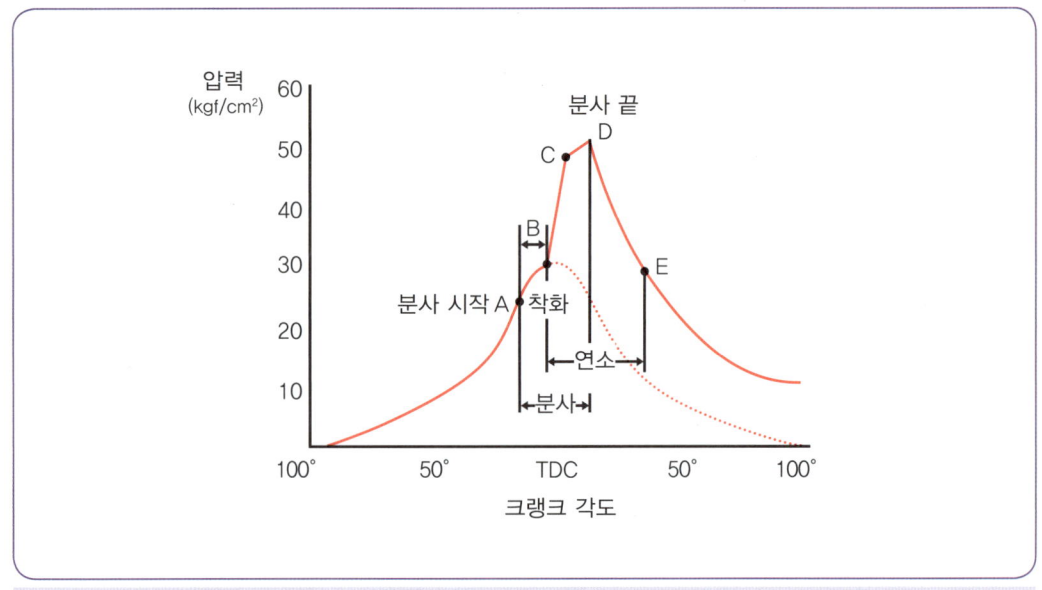

● 그림 1-67 디젤기관의 연소과정

착화 지연기간(A~B기간)

이 기간은 경유가 연소실 내에 분사된 후 착화될 때까지의 기간이며, 약 1/1,000~4/1,000초 정도 소요된다. 이 착화 지연기간이 길어지면 디젤기관에서 노크가 발생한다. 착화 지연기간은 일종의 미약 연소기간이라고도 할 수 있으며 이 기간은 연료 자체의 착화성, 실린더의 온도와 압력, 연료의 미립도, 분사상태 및 공기의 와류 등에 의하여 지배된다.

화염 전파기간(폭발 연소기간 : B~C기간)

이 기간은 경유가 착화되어 폭발적으로 연소를 일으키는 기간이며, 정적 연소과정이다. 즉 착화 지연기간을 지나 B점에 도달하면 착화된다. 착화되면 착화 지연기간에 분사된 연료가 거의 모두 동시에 연소하여 실린더내의 온도와 압력이 B에서 C점으로 급상승한다. 이 기간은 실린더 내에서의 공기의 와류, 연료의 성질, 혼합 상태 등에 의하여 지배된다. 즉 이들의 조건이 양호하면 그 만큼 화염전파가 빨라지고 압력상승도 빠르다.

직접 연소기간(제어 연소기간 : C~D기간)

이 기간은 분사된 경유가 화염 전파기간에서 발생한 화염으로 분사와 거의 동시에 연소하는 기간이며, 정압 연소과정이다. 직접 연소기간의 연소압력이 가장 크며, 연료분사량으로 어느 정도의 압력조정이 가능하다.

후 연소기간(D~E기간)

직접 연소기간 동안 연소하지 못한 경유가 연소·팽창하는 기간이며, 이 기간이 길면 배기가스 온도가 상승해 기관이 과열하며 열효율이 떨어진다.

2 디젤기관의 노크

디젤기관의 노크란 착화 지연기간 중에 분사된 많은 양의 연료가 화염 전파기간 중에 일시적으로 연소해 실린더 내의 압력이 급격히 상승하는데 원인하여 실린더 벽에 피스톤이 충격을 가하여 소음이 발생하는 현상이다. 디젤기관 노크 방지방법은 다음과 같다.
① 착화성이 좋은(세탄가가 높은) 경유를 사용한다.
② 압축비, 압축압력 및 압축온도를 높인다.
③ 기관의 온도와 회전속도를 낮춘다.
④ 분사 개시 때 분사량을 감소시켜 착화 지연을 짧게 한다.
⑤ 분사시기를 알맞게 조정한다.
⑥ 흡입 공기에 와류가 일어나도록 한다.

04 디젤기관의 시동 보조기구

디젤기관의 시동 보조기구에는 감압장치, 예열장치가 있으며 이외에 연소 촉진제 공급장치를 두기도 한다. 최근에는 예열장치 이외에는 거의 사용하지 않는다.

1 감압장치(de-compression device)

디젤기관은 압축압력이 높아 한랭한 상태에서 시동할 때 원활한 크랭킹(cranking)이 어렵다. 이런 점을 고려하여 크랭킹할 때 흡입밸브나 배기밸브를 캠축의 운동과는 관계없이 강제로 열어 실린더 내의 압축압력을 낮추어 기관의 시동을 도와주며, 디젤기관의 작동을 정지시킬 수도 있는 장치이다. 또 감압장치는 기관을 시동할 때 실린더 내의 압축압력을 감압시켜 기동전동기에 무리가 가는 것을 방지할 수 있으며, 기관의 고장을 발견하고자 할 때 크랭크축을 수동으로 가볍게 회전시킬 수 있도록 한다. 감압장치를 작용하였을 때 크랭크축의 회전저항은 압축행정에서 65% 정도이다.

2 예열장치

디젤기관은 압축착화 방식이므로 한랭한 상태에서는 연료(경유)가 잘 착화하지 못해 시동이 어렵다. 따라서 예열장치는 흡기다기관이나 연소실 내의 공기를 미리 가열하여 시동을 쉽도록 하는 장치이다. 그 종류에는 흡기 가열방식과 예열플러그 방식이 있다.

흡기 가열방식

흡기 가열방식은 직접분사실식 연소실에서 실린더 내로 흡입되는 공기를 흡기다기관에서 가열하는 방식이며, 흡기 히터와 히트 레인지가 있다.

● 그림 1-68 히트레인지

히트 레인지(heat range)는 흡기다기관에 전열(電熱)방식의 히터를 설치한 것이다. 이 히터의 용량은 400~600W이며, 축전지 전압이 가해지게 되어 있다.

예열플러그 방식(glow plug type)

예열플러그 방식은 연소실 내의 압축공기를 직접 예열하는 형식이며, 예열플러그, 예열플러그 파일럿, 예열플러그 저항기, 히트 릴레이 등으로 구성되어 있으며 주로 예연소실식 연소실과 와류실식 연소실에서 사용한다.

(1) 예열플러그(glow plug)

예열플러그의 종류에는 코일형과 실드형이 있다.

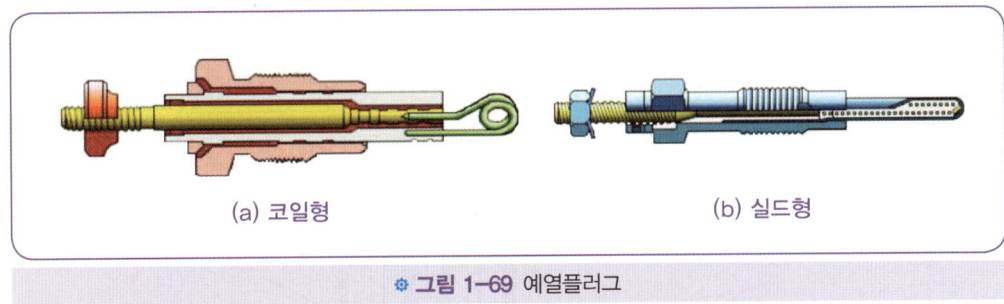

그림 1-69 예열플러그

1) 코일형(coil type)의 특징

① 히트코일이 노출되어 있어 적열 시간이 짧다.
② 전압 값이 작아 직렬로 결선되며, 예열플러그 저항기를 두어야 한다.
③ 히트코일이 연소가스에 노출되므로 기계적 강도 및 내부식성이 적다.

2) 실드형(shield type)의 특징

① 히트코일을 보호 금속튜브 속에 넣은 형식이다.
② 병렬로 결선되어 있으며, 전류가 흐르면 금속 튜브 전체가 적열된다.
③ 적열까지의 시간이 코일형에 비해 조금 길지만 1개 당의 발열량과 열용량이 크다.
④ 히트코일이 연소열의 영향을 적게 받으며, 병렬 결선이므로 어느 1개가 단선되어도 다른 것들은 계속 작용한다.

(2) 예열플러그 파일럿(glow plug pilot)

이것은 예열플러그의 적열상태를 운전석에서 점검할 수 있도록 하는 장치이며, 코일로 된 것은 예열플러그와 동시에 적열된다. 최근에는 표시등으로 된 것을 사용하며 이것은 예열플러그의 적열이 완료됨과 동시에 소등된다.

05 디젤기관의 연소실

1 직접 분사실식 연소실

직접 분사실식 연소실은 연소실이 실린더 헤드와 피스톤 헤드에 설치된 요철에 의하여 형성되며, 여기에 직접 연료를 분사하는 방식이다. 압축비는 13~16 : 1, 분사압력은 200~300kgf/cm², 분사노즐은 다공형을 사용한다.

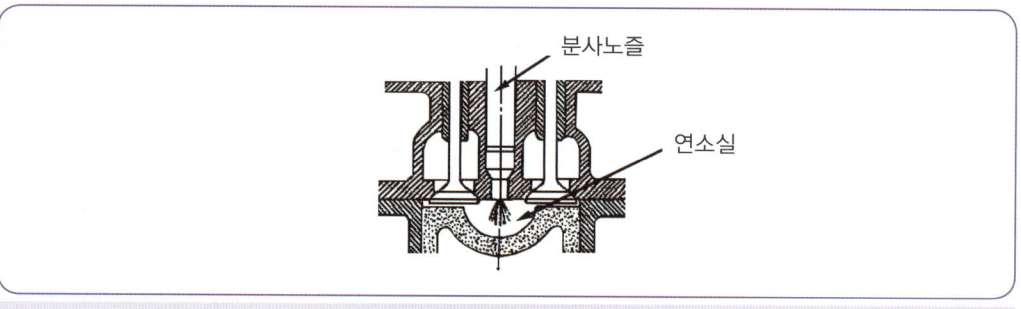

☼ 그림 1-70 직접 분사실식 연소실

직접 분사실식 연소실의 장점

① 실린더 헤드의 구조가 간단하므로 열효율이 높고, 연료 소비율이 작다.
② 연소실 체적에 대한 표면적 비율이 작아 냉각손실이 작다.
③ 기관의 시동이 쉽다.

직접 분사실식 연소실의 단점

① 분사압력이 가장 높으므로 분사펌프와 노즐의 수명이 짧다.
② 사용연료 변화에 매우 민감하다.

③ 노크발생이 쉽다.
④ 기관의 회전속도 및 부하의 변화에 민감하다.
⑤ 다공형 분사노즐을 사용하므로 값이 비싸다.
⑥ 분사상태가 조금만 달라져도 기관의 성능이 크게 변화한다.

2 예연소실식 연소실

예연소실식 연소실은 실린더 헤드와 피스톤 사이에 형성되는 주연소실 위쪽에 예연소실을 둔 것이며, 먼저 분사된 연료가 예연소실에서 착화하여 고온·고압의 가스를 발생시키며, 이것에 의해 나머지 연료가 주 연소실에 분출하여 공기와 잘 혼합하여 완전 연소한다. 예연소실의 체적은 전체 압축체적의 30~40%이며, 압축비는 15~20 : 1, 분사압력은 100~120kgf/cm^2, 분사노즐은 핀틀형이나 스로틀형을 사용한다.

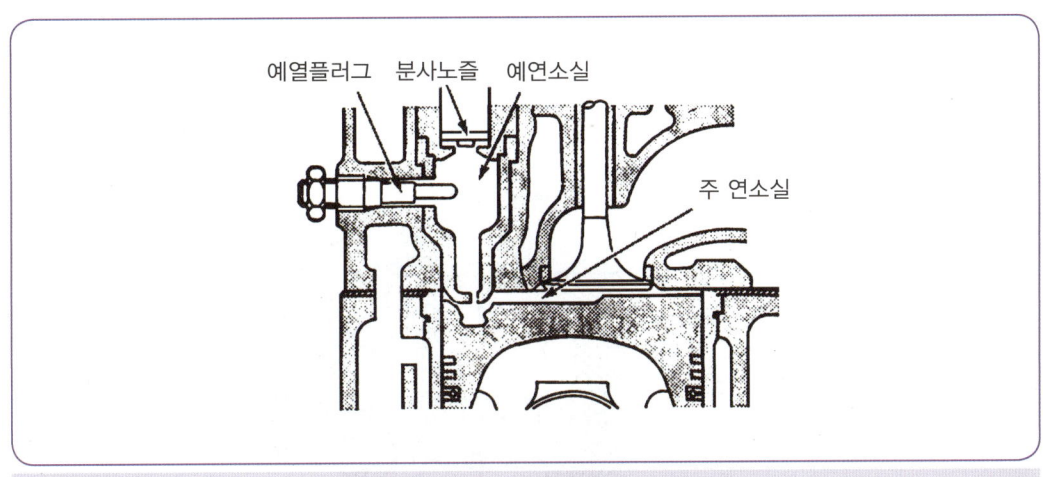

그림 1-71 예연소실식 연소실

예연소실식 연소실의 장점

① 분사압력이 낮아 연료장치의 고장이 적고, 수명이 길다.
② 사용 연료변화에 둔감하므로 연료의 선택범위가 넓다.
③ 운전상태가 조용하고, 노크발생이 적다.

예연소실식 연소실의 단점

① 연소실 표면적에 대한 체적비율이 크므로 냉각손실이 크다.
② 실린더헤드의 구조가 복잡하다.
③ 시동 보조장치인 예열플러그가 필요하다.
④ 압축비가 높아 큰 출력의 기동전동기가 필요하다.
⑤ 연료소비율이 비교적 크다.

3 와류실식 연소실

와류실식 연소실은 실린더나 실린더헤드에 와류실을 두고 압축행정 중에 이 와류실에서 강한 와류가 발생하도록 한 형식이며, 와류실에 연료를 분사한다. 와류실에 분사된 연료는 강한 선회 운동을 하고 있는 공기와 만나 빨리 혼합되어 착화 연소하면서 주 연소실로 분출되어 다시 여기서 연소되지 못한 연료가 새로운 공기와 만나면서 연소하는 형식이다. 와류실의 체적은 전체 압축체적의 50~60% 정도이다. 압축비는 15~17 : 1, 분사압력은 100~140kgf/cm^{2}이다.

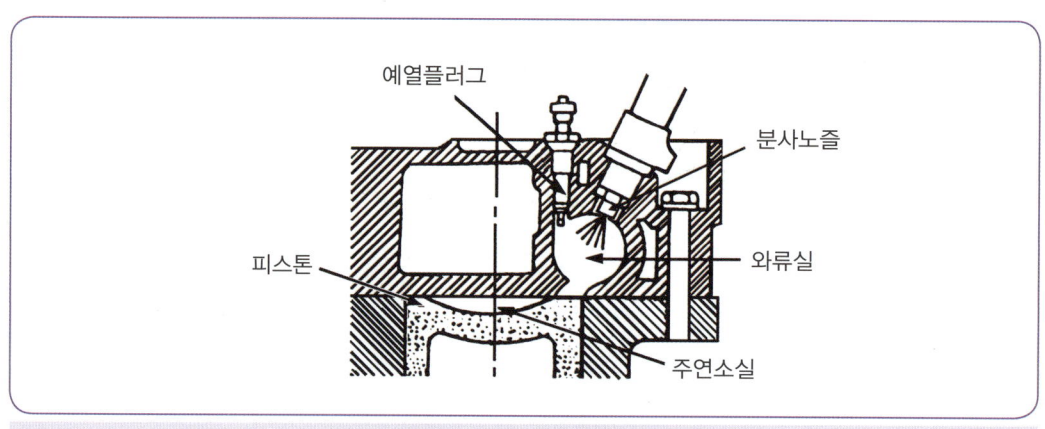

그림 1-72 와류실식 연소실

와류실식 연소실의 장점

① 압축행정에서 발생하는 강한 와류를 이용하므로 회전속도 및 평균 유효압력이 높다.
② 분사압력이 낮아도 된다.
③ 기관 회전속도 범위가 넓고, 운전이 원활하다.
④ 연료소비율이 비교적 적다.

와류실식 연소실의 단점

① 실린더헤드의 구조가 복잡하다.
② 연소실 표면적에 대한 체적비율이 커 열효율이 낮다.
③ 저속에서 노크 발생이 크다.
④ 기관을 시동할 때 예열플러그가 필요하다.

06 디젤기관의 기계식 연료 공급장치

연료탱크 내 연료를 분사펌프로 가압하여 분사노즐을 통해 실린더에 분사하는 장치며, 연료 공급계통은 다음과 같다.

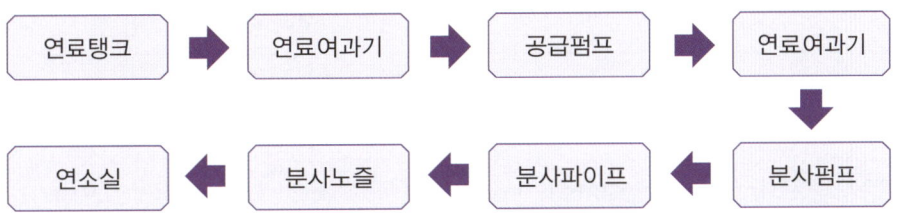

1 공급펌프(feed pump)

공급펌프는 연료탱크 내의 연료를 일정한 압력($2 \sim 3 \mathrm{kgf/cm^2}$)으로 압력을 가하여 분사펌프로 공급하는 장치이며, 분사펌프 옆에 설치되어 분사펌프 캠축에 의하여 구동된다. 공급펌프에는 연료 공급계통의 공기빼기작업 및 공급펌프를 수동으로 작동시켜 연료탱크 내의 연료를 분사펌프까지 공급하는 플라이밍펌프(priming pump)를 두고 있다.

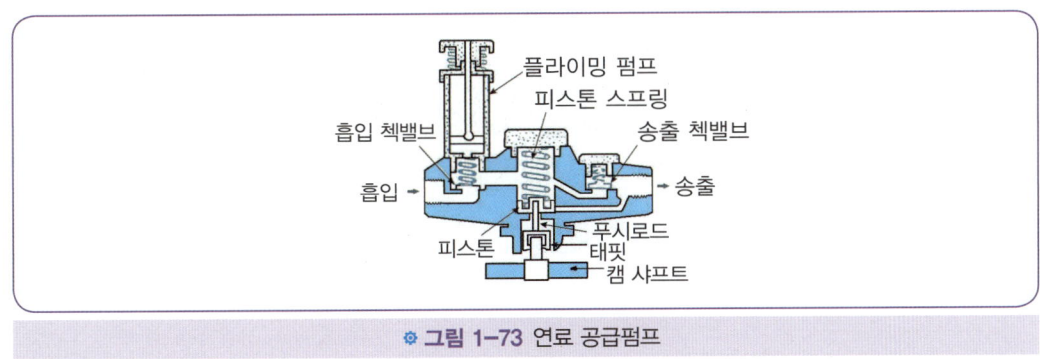

※ 그림 1-73 연료 공급펌프

2 연료여과기(fuel filter)

연료 속의 먼지나 수분을 제거, 분리하며 여과기내의 압력은 1.5kgf/cm²이다. 연료 여과기는 보디, 엘리먼트, 중심 파이프, 커버, 드레인 플러그 등으로 구성되며, 엘리먼트는 여과기식과 견포식이 있다.

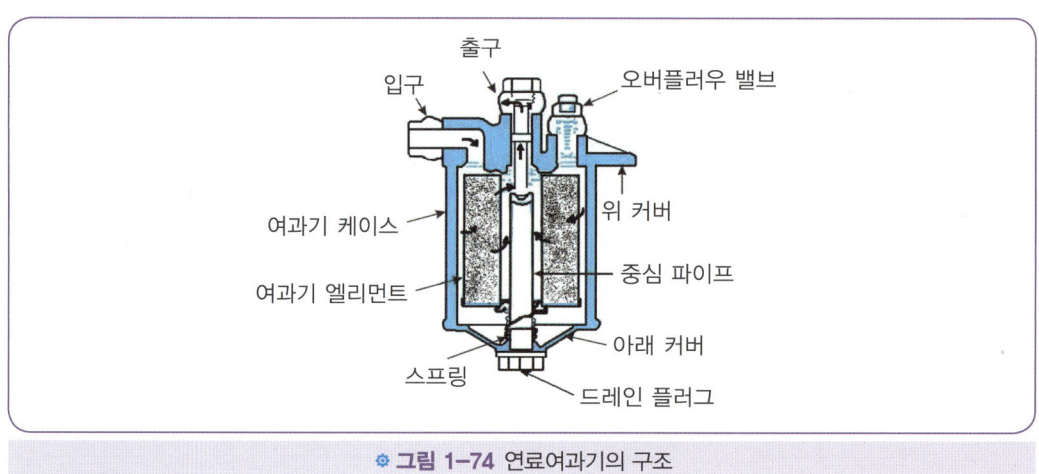

※ 그림 1-74 연료여과기의 구조

3 분사펌프(injection pump)

분사펌프는 공급펌프에서 보내 준 연료를 분사펌프 캠축으로 구동되는 플런저가 분사순서에 맞추어 고압으로 펌프질하여 분사노즐로 압송시켜 주는 장치이다.

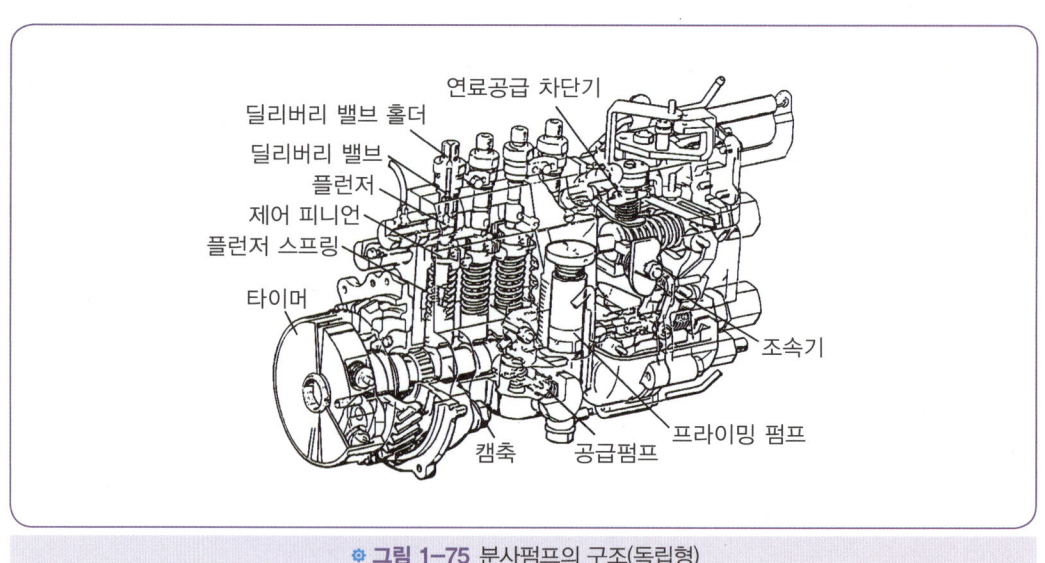

※ 그림 1-75 분사펌프의 구조(독립형)

독립형 분사펌프의 구조와 그 기능

(1) 펌프 하우징(pump housing)

펌프 하우징은 분사펌프의 주요 몸체부분이며, 위쪽에는 딜리버리밸브와 그 홀더가 설치되어 있고, 중앙부분에는 플런저 배럴, 플런저, 제어래크, 제어 피니언, 제어 슬리브, 스프링, 태핏 등이 아래쪽에는 캠축이 설치되어 있다.

(2) 캠축과 태핏

① **분사펌프의 캠축(cam shaft)** : 분사펌프 캠축은 크랭크축에 구동되며 4행정 사이클 기관은 크랭크축의 1/2로 회전하고, 2행정 사이클 기관은 크랭크축 회전속도와 같다. 캠축에는 태핏을 통해 플런저를 작용시키는 캠과 공급펌프 구동용 편심륜이 있고, 캠의 수는 실린더 수와 같고 구동부분에는 타이머가, 반대쪽에는 조속기가 설치되어 있다.

② **분사펌프의 태핏(tappet)** : 태핏은 펌프 하우징 태핏구멍에 설치되어 캠에 의해 상하운동을 하여 플런저를 작동시킨다.

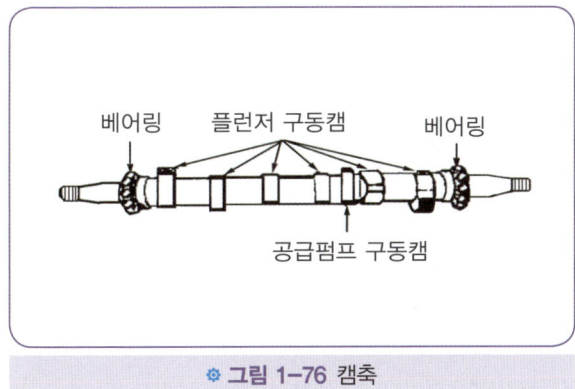

◈ 그림 1-76 캠축

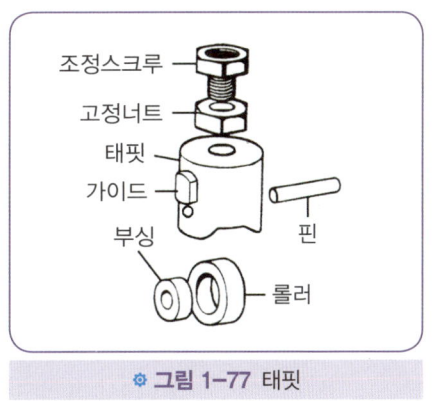

◈ 그림 1-77 태핏

(3) 플런저 배럴과 플런저

펌프 하우징에 고정된 플런저 배럴 속을 플런저가 상하 미끄럼 운동하여 고압의 연료를 형성하는 부분이다.

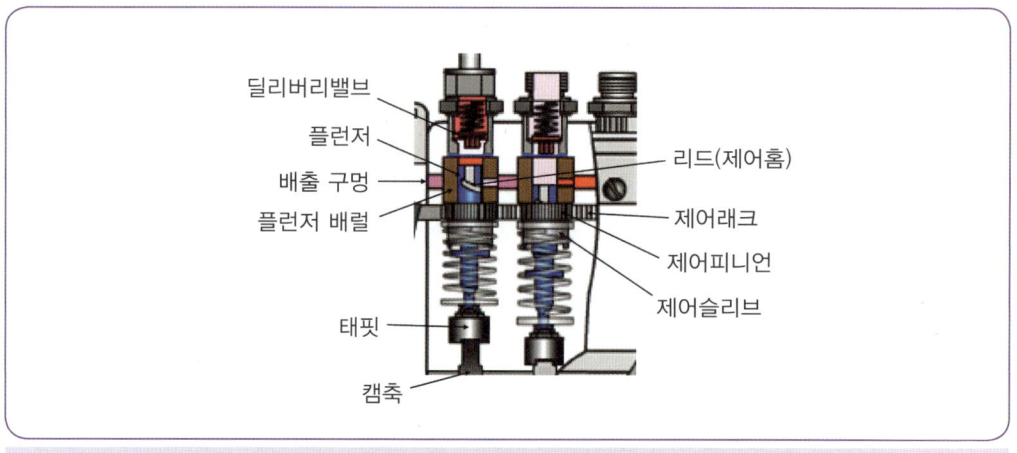

※ 그림 1-78 플런저 배럴과 플런저

1) 플런저(plunger)

플런저에는 분사량 조절을 위한 리드(제어 홈)와 이것과 통하는 배출구멍이 중심부분에 뚫어져 있다. 아래쪽에는 제어 슬리브(control sleeve)의 홈에 끼워지는 구동 플랜지와 플런저 아래 스프링 시트를 끼우기 위한 플랜지가 마련되어 있다.

2) 플런저의 작용

플런저 바깥 둘레는 비스듬한 리드와 구멍을 뚫어 내부의 통로와 연결되어 있다. 이 리드가 비스듬하게 되어 있으므로 플런저를 돌리면 분사 끝의 시기가 달라져 분사량이 조절된다. 플런저의 회전은 랙의 이동으로 하며, 기어작용으로 플런저의 플랜지를 슬리브가 돌린다.

플런저의 헤드가 흡입구로부터 아래의 위치에 있으며, 연료는 배럴에 흡입되어 상승해서 흡입구를 지나면 압축작용이 시작된다(분사 시작). 또 상승하여 플런저 리드가 흡입구에 오게 되면 배럴내의 연료는 플런저 내 통로를 역류 누출하여 압축압력은 없어진다(분사 끝). 그 후 상사점까지 흡입구는 누출구로 하여 작용한다(분사 리턴). 하강하여 흡입구를 열면 연료가 유입하여, 압축행정으로 들어간다.

① **플런저 예행정(plunger pre stroke)** : 플런저 예행정이란 플런저헤드가 하사점에서부터 상승하여 흡입구멍을 막을 때까지 플런저가 이동한 거리를 말한다.

② **플런저 유효행정(plunger available stroke)** : 플런저 유효행정이란 플런저헤드가 연료공급을 차단한 후부터 리드가 플런저 배럴의 흡입구멍에 도달할 때까지 플런저가 이동한 거리이다. 즉, 플런저가 연료를 압송하는 기간이다.

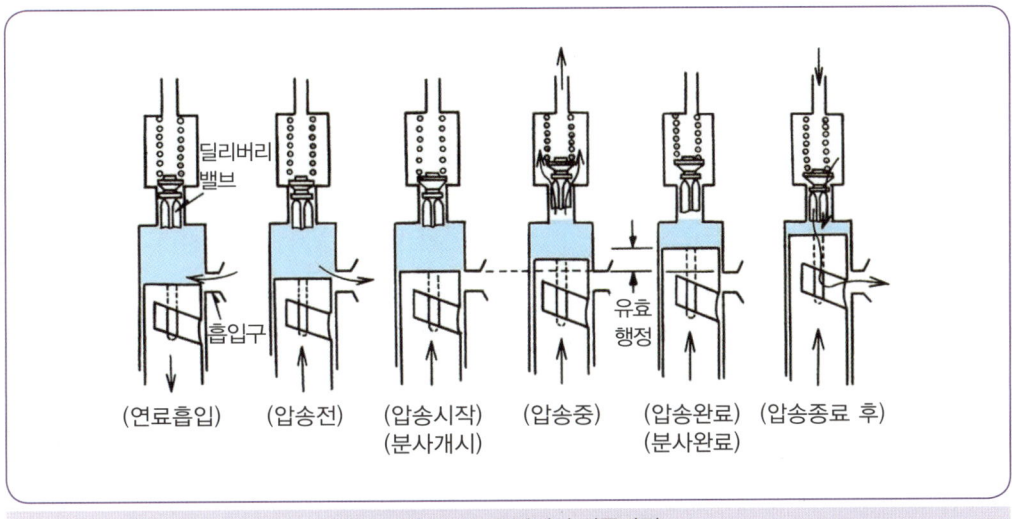

✿ 그림 1-79 플런저의 작동과정

연료의 분사량(토출량 또는 송출량)은 플런저의 유효행정으로 결정된다. 따라서 유효행정을 크게 하면 분사량이 증가한다.

3) 플런저의 리드 파는 방식과 분사시기와의 관계

① **정 리드형(normal lead type)** : 분사개시 때의 분사시기가 일정하고, 분사말기가 변화하는 리드이다.

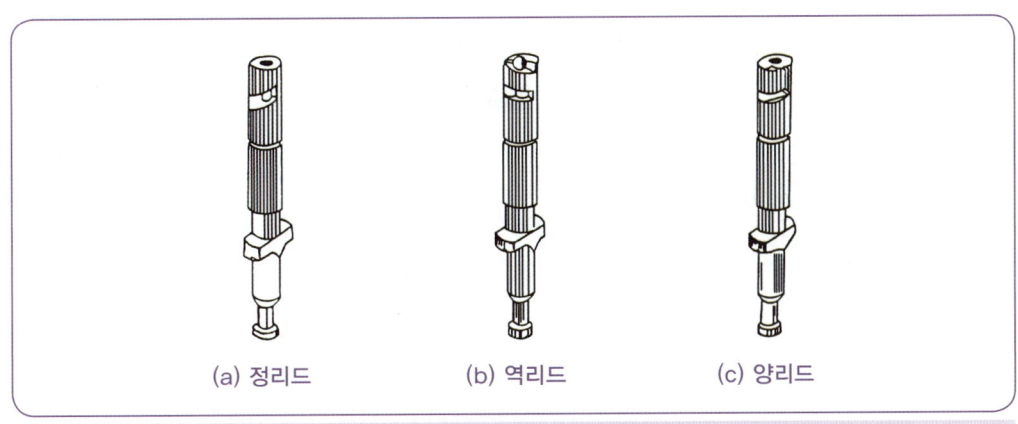

✿ 그림 1-80 플런저 리드의 형식

② **역 리드형**(revers lead type) : 리드가 플런저헤드에도 파져 있으며, 분사개시 때의 분사시기가 변화하고 분사말기가 일정한 리드이다.

③ **양 리드형**(combination lead type) : 상하로 리드를 파서 분사개시와 말기의 분사시기가 모두 변화하는 리드이다.

(4) 플런저 회전기구(분사량 조절기구)

플런저 회전기구는 분사량을 조절하는 가속페달이나 조속기의 움직임을 플런저로 전달하는 기구이며, 전달과정은 가속페달을 밟으면 제어래크 → 제어 피니언 → 제어 슬리브 → 플런저 회전(분사량 변화) 순서로 작동한다.

1) 제어래크(control rack)

제어래크는 슬리브에 끼워져 있는 피니언과 결합되어 있으며, 래크의 직선운동을 피니언의 회전운동으로 바꾸어 모든 플런저를 동시에 회전시키는 일을 한다. 제어래크의 한쪽 끝은 링크(link)나 핀(pin)으로 조속기에 연결되어 있어 가속페달의 조작은 모두 조속기를 거쳐 제어래크로 전달된다.

2) 제어피니언(control pinion)

제어피니언은 래크와 결합되어 래크의 직선운동을 회전운동으로 바꾸어 슬리브를 회전시켜주며, 슬리브에 클램프 스크루로 설치되어 있어 제어피니언과 슬리브의 관계위치를 변화시켜 각 플런저의 분사량을 조절할 수 있다.

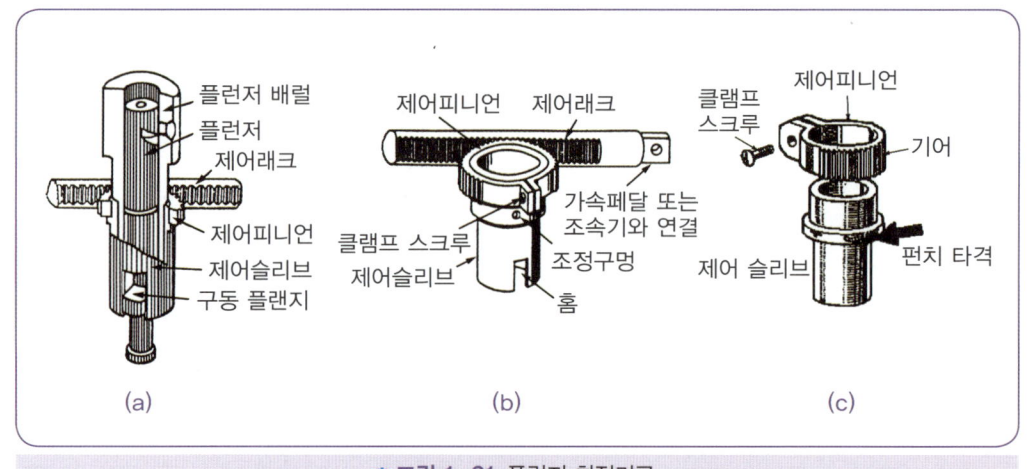

❖ 그림 1-81 플런저 회전기구

3) 제어 슬리브(control sleeve)

제어 슬리브는 아래 홈에 끼워진 플런저의 구동 플랜지를 통해 피니언의 회전운동을 플런저로 전달하여 플런저가 상하운동을 하면서 연료의 분사량을 증감할 수 있도록 한다.

(5) 딜리버리 밸브(delivery valve : 토출밸브)

딜리버리 밸브는 플런저의 상승행정으로 배럴 내의 압력이 규정 값(약 10kgf/cm^2)에 도달하면 이 밸브가 열려 연료를 분사파이프로 압송한다. 그리고 플런저의 유효행정이 완료되어 배럴 내의 연료압력이 급격히 낮아지면 스프링 장력에 의해 신속히 닫혀 연료의 역류(분사노즐에서 펌프로의 흐름)를 방지한다. 또 밸브 면이 시트에 밀착될 때까지 내려가므로 그 체적만큼 분사파이프 내의 연료압력을 낮춰 분사노즐의 후적을 방지하며, 분사파이프 내에 잔압을 유지시킨다.

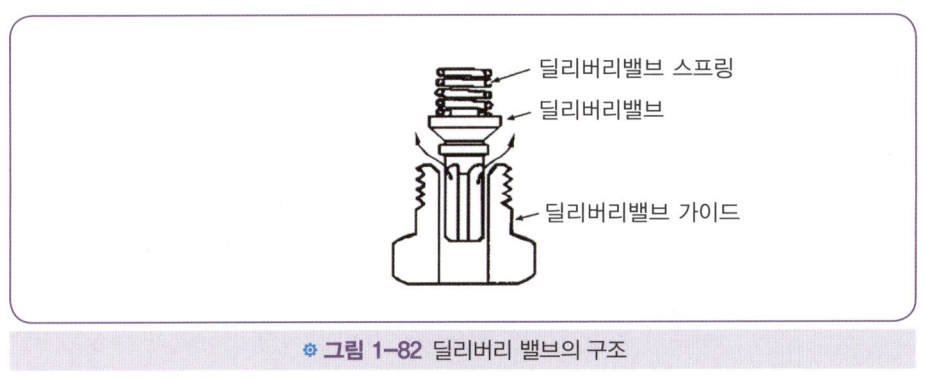

🔅 그림 1-82 딜리버리 밸브의 구조

(6) 조속기(governor)

조속기는 디젤기관의 연료 분사량 제어를 적절이 증감해서, 기관회전을 안정되게 하기 위한 장치이다. 그러나 이 관계가 민감하면 가속페달의 밟는 량이 조금이라도 변하면, 분사량이 변동하여 기관의 회전이 불안정하게 되기 쉽다. 특히 저속회전은 분사량도 적기 때문에 기관 정지의 염려가 있으며, 고회전에서는 분사량이 증가하여 오버런(과회전)을 일으킬 염려가 있다. 따라서 안정된 분사를 항시 할 수 있도록 거버너(조속기)를 설치하여, 기관회전 상승시에는 분사량을 감소하여 과회전을 방지하고, 가속페달을 놓더라도 자동적으로 분사량을 증가해서 공회전 상태를 유지하도록 하고 있다.

가속페달은 제어 레버, 거버너를 거쳐서 분사량을 제어한다. 흡입시의 유속 부압을 이용하는 공기식 거버너, 플라이 웨이트(원심추)의 원심력을 이용한 기계식 거버너, 이 양자를 조합시킨 복합식 거버너가 이용된다. 헌팅(hunting) 현상은 조속기 작용이 둔하여 공회전이 주기적으로 증감하는 진동으로서 회전수가 파상으로 변동하는 것이다.

(7) 앵글라이히장치

앵글라이히장치는 기관의 모든 회전속도 범위에서 공기와 연료의 비율을 알맞게 유지하는 작용을 한다.

(8) 타이머(timer) – 분사시기 조정장치

기관의 부하 및 회전속도에 따라 분사시기를 자동적으로 조정하며 수동식과 자동식이 있다. 수동식은 조정레버에 의해 스플라인 부시를 움직이면 플런저와 캠축 위치가 변화되어 진각하며, 자동식은 기관 회전속도가 증가되면 원심추의 작용으로 작동한다.

(9) 분사량 불균율

실린더 수가 많은 기관에서 각 실린더마다 분사량의 차이가 생기면 폭발압력의 차이가 발생하여 진동을 일으킨다. 불균율 허용범위는 전부하 운전에서는 ±3%, 무부하 운전에서는 10~15%이다. 분사량 불균율은 다음의 공식으로 산출한다.

$$(+)불균율 = \frac{최대\ 분사량 - 평균\ 분사량}{평균\ 분사량} \times 100$$

$$(-)불균율 = \frac{평균\ 분사량 - 최소\ 분사량}{평균\ 분사량} \times 100$$

분배형 분사펌프

분배형 분사펌프는 소형, 고속 디젤기관의 발달과 함께 개발된 것이며 연료를 하나의 펌프 엘리먼트로 각 실린더로 공급되도록 한 형식이며 다음과 같은 특징이 있다.

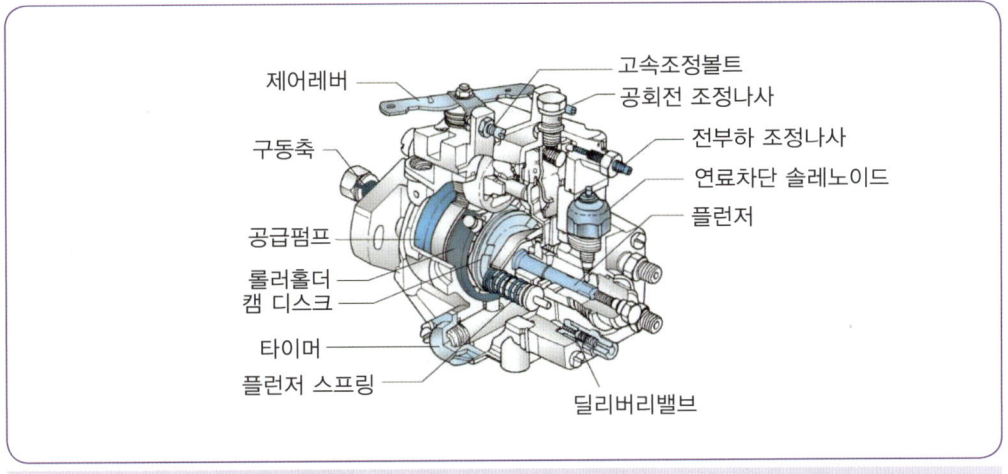

그림 1-83 분배형 분사펌프

① 소형·경량이며 부품수가 적다.
② 분사펌프 윤활을 위한 특별한 윤활유가 필요 없다.
③ 캠의 양정이 매우 작아 고속회전이 가능하다.
④ 플런저가 왕복운동과 함께 회전운동을 하므로 편 마멸이 적다.
⑤ 플런저 작동 횟수가 실린더 수에 비례하여 증가하므로 실린더 수 또는 최고 회전속도의 제한을 받는다.

분사파이프(fuel injection pipe)

분사파이프는 분사펌프의 각 펌프 출구와 분사노즐을 연결하는 고압파이프이며, 그 길이는 연료의 분사지연을 줄이기 위하여 가능한 한 짧은 것이 바람직하며 모든 실린더의 분사지연이 같아지도록 길이가 같다. 분사파이프의 양끝에는 높은 압력의 연료가 누출되지 않도록 하기 위해 유니언 피팅(union fitting)으로 확실하게 결합한다.

분사노즐(injection nozzle)

분사노즐은 분사펌프에서 보내온 높은 압력의 연료를 미세한 안개 모양으로 연소실 내에 분사하는 일을 하는 것이며, 분사노즐의 종류에는 개방형과 밀폐형(또는 폐지형) 노즐이 있으며, 밀폐형에는 구멍형, 핀틀형 및 스로틀형 노즐이 있다.
분사노즐의 구비조건은 다음과 같다.

① 연료를 미세한 안개 모양(무화)으로 하여 쉽게 착화하게 할 것
② 분무를 연소실 구석구석까지 뿌려지게 할 것
③ 연료의 분사 끝에서 완전히 차단하여 후적이 일어나지 않을 것
④ 고온·고압의 가혹한 조건에서 장시간 사용할 수 있을 것

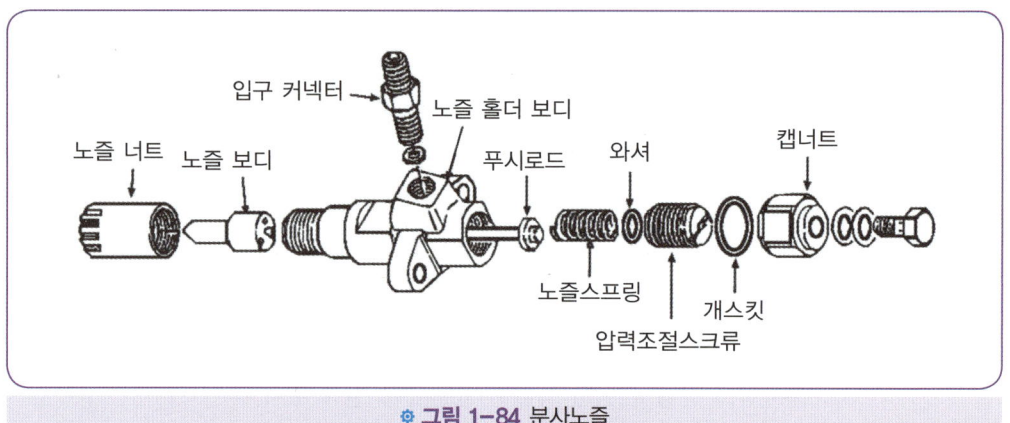

그림 1-84 분사노즐

분사노즐은 노즐 홀더 보디(nozzle holder body)를 중심으로 옆쪽에는 분사펌프에서 보내준 높은 압력의 연료가 들어오는 입구 커넥터가 설치되고, 위쪽으로는 분사압력 조정용 스크루, 니들밸브가 열릴 때 스프링을 밀어 올려 주는 푸시로드, 그리고 니들밸브(needle valve)를 시트에 밀착시키는 스프링이 있다.

분사노즐의 작동은 분사펌프에서 보내준 높은 압력의 연료가 입구 커넥터를 거쳐 노즐 홀더 보디 내로 들어오면 스프링에 의해 시트에 밀착되어 있던 니들밸브가 상승하여 연료가 연소실에 분사된다. 분사되는 동안 높은 압력의 연료 일부는 니들밸브와 노즐 보디 사이에서 니들밸브와 노즐보디를 윤활하고, 푸시로드와 노즐홀더 보디 사이를 거쳐 연료탱크로 복귀한다. 니들밸브와 노즐보디 사이의 간극은 0.001~0.0015mm 정도이다. 노즐 작동이 불량하면 연소불량, 노크현상, 회전이 고르지 못하고 출력감소와 카본 부착으로 배기의 매연이 증가한다.

(1) 구멍형(hole type) 분사노즐

구멍형 분사노즐은 니들밸브 앞 끝이 원뿔모양이며, 분사구멍은 볼록하게 된 노즐 보디의 앞 끝에 노즐 중심선에 대하여 대칭으로 어떤 각도를 두고 1~8개 뚫어져 있다.

분사구멍의 지름은 0.2~0.4mm이고, 분사개시 압력은 $200 \sim 300 kgf/cm^2$이며, 직접분사실식 연소실에서 사용한다. 이 형식은 분사구멍이 1개인 단공형과, 여러 개의 분사구멍이 있는 다공형이 있다. 다공형은 분무의 미립화와 분산성을 향상시킬 수 있다.

구멍형 분사노즐의 장점은 분사압력이 높아 안개화가 좋고 기관의 시동이 쉬우며, 연료가 완전 연소될 수 있어 연료 소비량이 적다. 단점은 분사구멍이 작아 가공이 어렵고 분사구멍이 막힐 염려가 있으며 분사압력이 높아 분사펌프, 노즐의 수명이 짧고 또 각 연결부분에서 연료가 누출되기 쉽다.

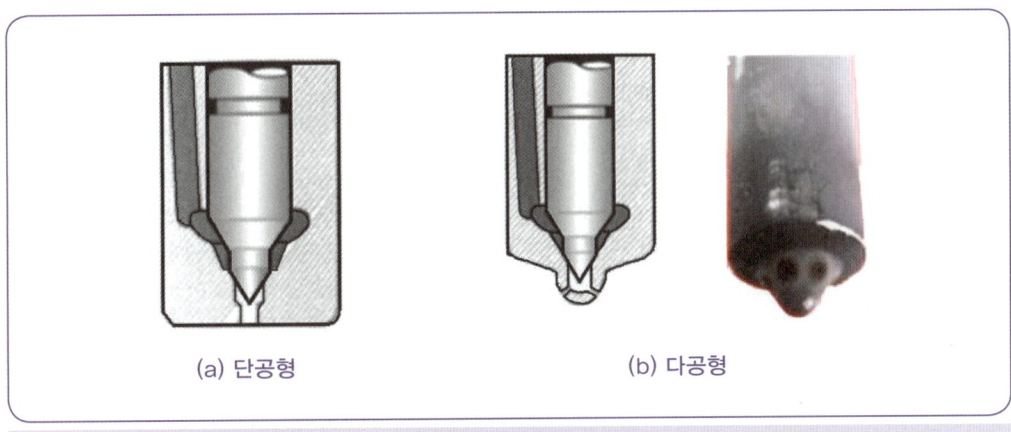

(a) 단공형　　　　　(b) 다공형

◎ 그림 1-85 구멍형 노즐

(2) 핀틀형(pintle type) 분사노즐

핀틀형 분사노즐은 원기둥 모양의 구멍과 구멍보다 조금 작은 원기둥 모양의 니들밸브 앞 끝 핀으로 구성되어 있으며, 고압의 연료에 의해 자동적으로 열려 4° 정도의 정각을 가지는 원뿔모양으로 분사한다.

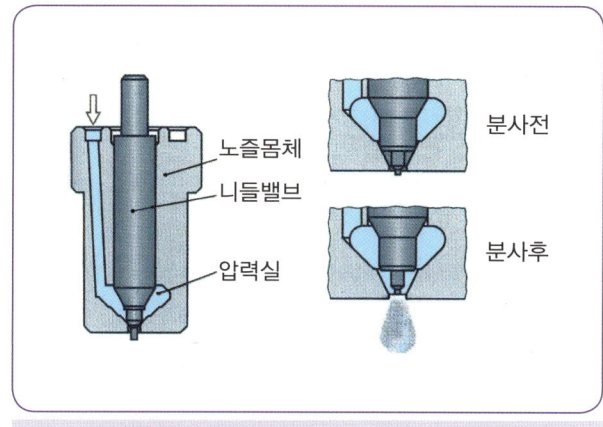

● 그림 1-86 핀틀형

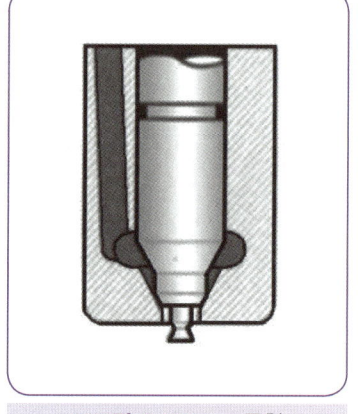

● 그림 1-87 스로틀형

(3) 스로틀형(throttle type) 분사노즐

스로틀형 분사노즐은 니들밸브의 앞 끝부분이 길고 나팔 모양으로 테이퍼 가공되어 있으며 노즐보디에서 조금 돌출되어 있다. 이 노즐은 핀틀형을 개량하여 분사개시 때 분사량을 적게 하고 잠시 후 많은 양의 연료를 분사시켜 디젤기관 노크를 방지할 수 있다.

(4) 연료 분무의 3대 요건

① 안개화(무화 : atomization)가 좋아야 한다.
② 관통력이 커야 한다.
③ 분포(분산)가 골고루 이루어져야 한다.

07 커먼레일방식의 연료장치

1 커먼레일방식의 개요

커먼레일방식의 주요 구성부품은 고압의 연료를 저장하는 어큐뮬레이터(accumulator : 축압기)인 커먼레일을 비롯하여 초고압 연료 공급장치, 인젝터(injector), 전기적인 입·출력요소, 컴퓨터(ECU) 등으로 되어 있다.

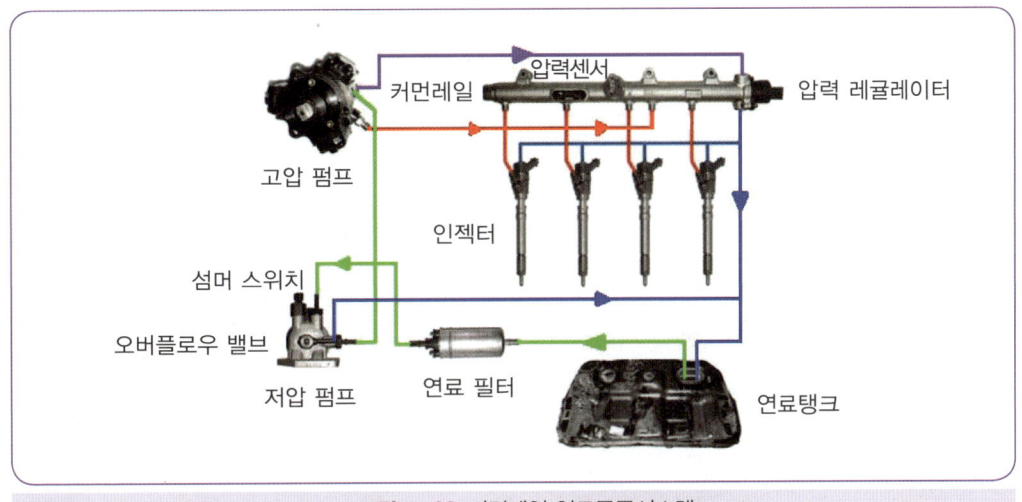

◈ 그림 1-88 커먼레일 연료공급시스템

장점

① 유해 배기가스의 배출을 감소시킬 수 있다.
② 연료 소비율을 향상시킬 수 있다.
③ 기관의 성능을 향상시킬 수 있다.
④ 운전성능을 향상시킬 수 있다.
⑤ 콤팩트(compact)한 설계와 경량화가 가능하다.

2 커먼레일방식의 연료분사장치

커먼레일방식의 개요

커먼레일 방식에서는 연료 분사압력 발생과정과 분사과정이 서로 분리되어 있다. 연료 분사 압력은 기관 회전속도와 분사된 연료량에 독립적으로 생성되고 각각의 분사과정에서 커먼레일에 저장된다. 분사개시와 연료 분사량은 컴퓨터에서 계측되고, 분사 유닛을 경유하여 인젝터를 통해 각 실린더에 공급된다.

연료장치의 전자제어 개요

① 컴퓨터는 센서로부터의 입력신호를 기준으로 운전자의 요구(가속페달 설정)를 계측하고 기관과 자동차의 순간적인 작동성능을 총괄 제어한다.

② 컴퓨터는 센서들의 신호를 데이터 라인을 통하여 입력받고 이 정보를 기초로 하여 공연비를 효율적으로 제어한다.

③ 기관 회전속도는 크랭크축위치센서에 의하여 측정되며, 캠축위치센서는 분사순서를 결정하고, 컴퓨터는 가속페달센서에서 가변저항의 변화로 발생한 전기적 신호를 받아 운전자가 가속페달을 밟은 양을 감지한다.

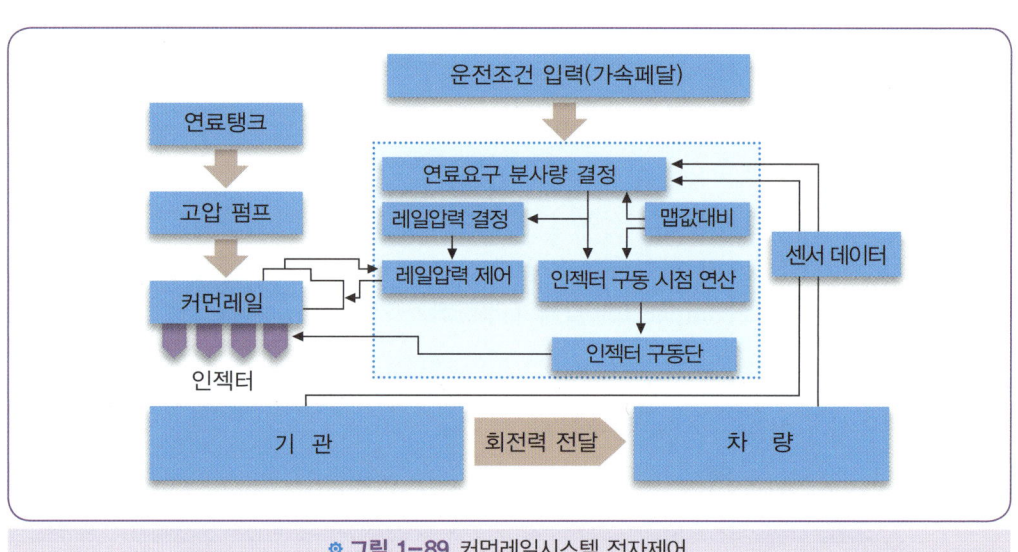

● 그림 1-89 커먼레일시스템 전자제어

④ 공기유량 센서(열막방식 사용)는 흡입공기량을 검출하여 컴퓨터로 입력한다. 컴퓨터는 공기유량 센서로부터 순간적인 공기 변화량을 감지하여 공연비를 제어하여 유해 배기가스 배출을 감소시킨다. 또 컴퓨터는 분사개시와 사후분사에 대한 설정값 및 다양한 작동과 변수에 대처하기 위해 냉각수온도와 흡기온도 센서의 신호를 입력받아 보정 신호로 사용한다.

3 연료장치의 단계별 구성

연료장치의 구성요소

연료장치의 구성 요소들은 높은 압력의 연료를 형성 분배할 수 있도록 되어 있으며, 컴퓨터에 의해 제어된다. 따라서 연료장치는 기존의 분사펌프에 의한 연료 공급방식과는 완전히 다르다.

커먼레일방식은 저압 연료라인, 고압 연료라인, 컴퓨터 등으로 구성되며, 연료 공급 과정은 저압 연료펌프 → 연료여과기 → 고압 연료펌프 → 커먼레일 → 인젝터이다.

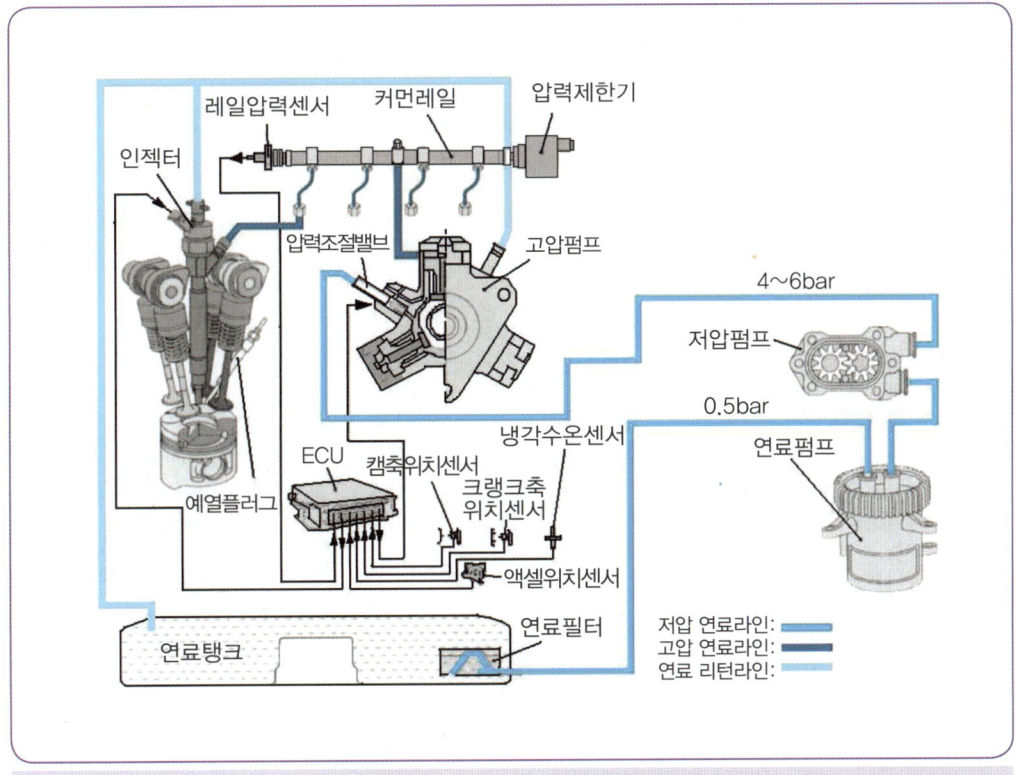

그림 1-90 시스템 구성도(보쉬형)

저압 연료라인

(1) 연료탱크(fuel tank)

연료탱크는 부식에 강한 재질을 사용하며, 허용압력은 작동 압력의 2배(최소 0.3bar 이상)이며, 과도한 압력발생을 방지하기 위하여 적당한 플러그와 안전밸브가 설치되어 있다.

(2) 저압 연료펌프

1) 전기식 저압 연료펌프

전기식 저압펌프는 ECU에 의해 구동되며 연료탱크의 연료를 강제로 미는 방식(강제 구동방식)으로 연료탱크에 내장된 타입과 연료탱크 밖에 장착된 타입이 있다. KEY ON시 연료펌프 릴레이가 작동되어 3~5초 동안 모터를 구동하여 고압펌프까지 라인 잔압을 형성한 다음 모터 구동을 정지시킨다. 기관 회전수가 50rpm 이상이 되면 정상적으로 연료모터를 구동한다.

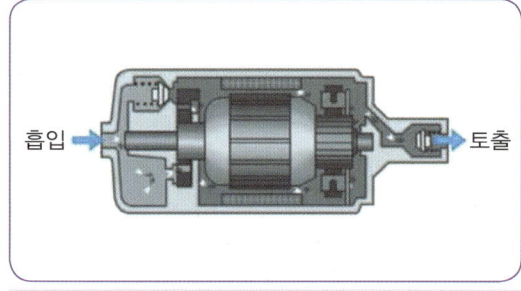

◈ 그림 1-91 전기식 저압 연료펌프

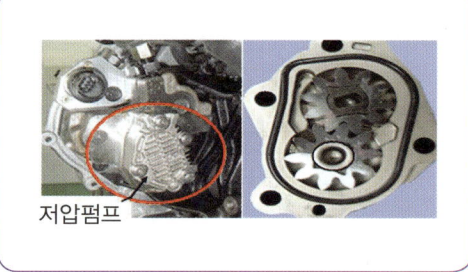

◈ 그림 1-92 기계식 저압 연료펌프

2) 기계식 저압 연료펌프

기계식 연료펌프는 기어타입으로 고압펌프와 일체로 구성되어있다. 기관 회전과 동시에 타이밍 체인 또는 벨트로 고압펌프와 연결되어있어 고압펌프가 회전하면 고압 펌프 내부의 구동 샤프트에 의해 저압 펌프도 작동을 하여 연료탱크내의 연료는 저압펌프에 의해 흡입되고 연료압력 조절밸브에 의해 고압펌프로 연료가 이송된다.

(3) 연료여과기

연료필터는 연료 속에 함유되어 있는 수분이나 이물질을 여과하여 고압펌프 및 인젝터의 손상을 방지하고 또한 연료 히팅은 냉간시 연료 속에 이물질 생성 및 응고가 되는 것을 방지하여 시동성이나 가속성 및 내구성을 향상시킨다.

※ 그림 1-93 연료필터

연료필터에 연료온도 스위치, 연료 히팅장치 및 수분 감지센서가 부착되어 있으며 연료온도 스위치는 바이메탈식으로 -3℃ 이하시 스위치가 작동(ON)되어 연료필터 내의 히터를 작동시켜 연료 속의 파라핀이 응고되는 것을 방지하여 시동성을 향상시킨다. 수분감지센서는 필터 내에 수분이 감지될 경우 수분 경고등을 점등시킨다. 저압연료 전기모터 구동방식은 플라이밍 펌프가 없고 저압연료 모터가 기계식인 경우는 플라이밍 펌프가 있다.

4 고압 연료라인의 구성

고압 연료펌프

고압 연료펌프는 연료를 약 1,350bar(1세대)~2,000bar(4세대)의 압력으로 가압시키고, 이 가압된 연료는 고압 연료라인을 통해 파이프 모양의 커먼레일로 이송한다.

(1) 고압 연료펌프의 역할

고압 연료펌프는 기관의 캠축에 의하여 구동되는 레이디얼형 펌프방식으로 저압 연료펌프에서 송출된 연료를 다시 고압으로 형성하여 커먼레일로 보낸다. 고압 연료펌프는 저압과 고압단계사이의 중간 영역에 있다. 고압 연료펌프는 커먼레일에서 필요한 연료압력을 지속적으로 발생시키기 때문에 기존의 분사펌프처럼 각각의 분사과정에 대해 연료를 압축하지 않아도 된다.

(2) 고압 연료펌프의 작동

고압 연료펌프 안쪽에는 서로 120°의 각도로 구성되어 있는 3개의 반지름 방향의 피스톤에 의해 연료가 압축된다. 매 회전마다 3번의 이송행정이 발생하기 때문에 펌프 구동장치에 응력이 일정하게 유지되도록 낮은 구동력이 발생한다. 펌프를 구동하기 위하여 요구되는 동력은 커먼레일에 설정된 압력과 펌프의 회전속도(이송량)에 비례하여 증가한다.

설정압력은 1,350bar(1세대)~2,000bar(4세대)이며 기관의 출력은 이를 바탕으로 한 인젝터 분사량으로 결정되기 때문에 연료의 누출 또는 압력 조절밸브에서 이상이 발생하면 기관 출력에 영향을 줄 수 있다.

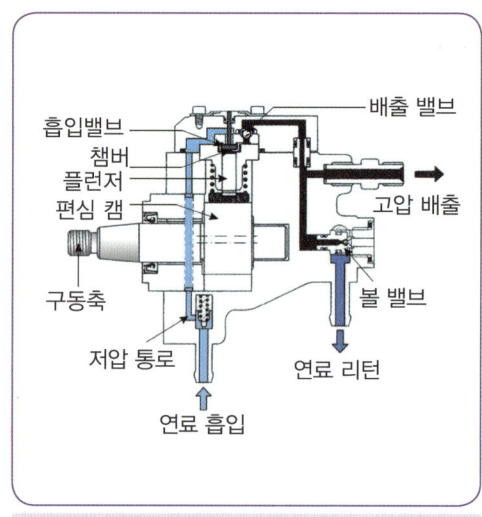

※ 그림 1-94 고압펌프

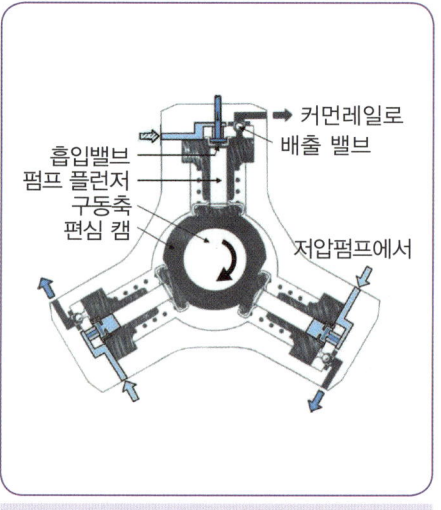

※ 그림 1-95 고압펌프 단면도

고압 연료펌프의 압력 조절밸브

압력 조절밸브는 컴퓨터가 듀티 제어하며, 커먼레일에 설치되어 고압 연료펌프의 압력을 제어한다. 압력 조절밸브는 기관 부하의 함수이며, 커먼레일에서 정확한 압력을 설정하고 레일압력이 과다하면 압력 조절밸브가 열려 연료의 일부분이 리턴라인을 통해 연료탱크로 되돌아간다. 또 커먼레일의 압력이 낮아지면 압력 조절밸브가 닫히며 저압 단계로부터 고압 단계로 라인을 형성한다.

 ### 커먼레일(고압 어큐뮬레이터)

(1) 커먼레일의 작동

커먼레일은 고압 연료펌프로부터 이송된 연료가 압축 저장되는 부분이며, 모든 실린더에 연료를 공급한다. 고압 연료펌프의 이송과 연료분사로 인하여 발생하는 압력 변화는 커먼레일의 체적에 의해 완충되며 연료가 많은 양으로 공급되더라도 커먼레일의 실제 압력은 일정하게 유지된다. 이 압력은 인젝터가 열리는 순간부터 일정하게 유지되고 커먼레일의 체적은 가압된 연료로 채워진다. 높은 압력에 의한 연료의 압축성은 어큐뮬레이터의 효과를 얻기 위해 이용된다. 즉, 분사를 위해 연료가 커먼레일을 통과하면 커먼레일에 있는 압력은 일정하게 유지된다.

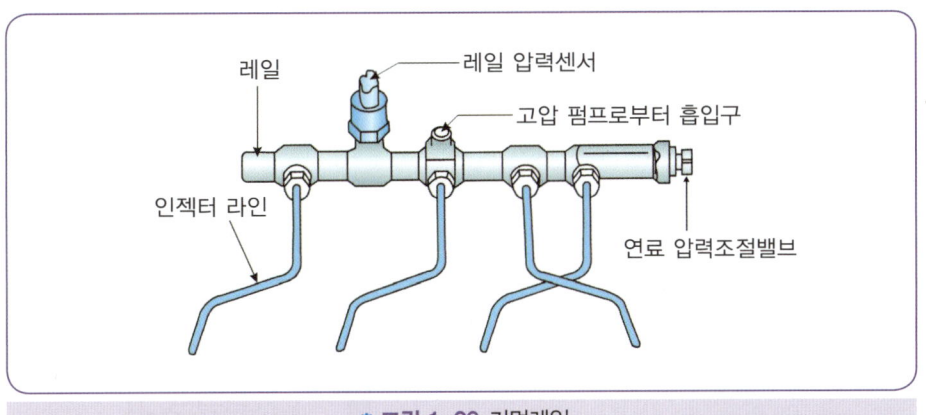

그림 1-96 커먼레일

(2) 레일 압력센서(rail pressure sensor)

규정압력에 대응하는 전압신호를 컴퓨터에 보내기 위해 커먼레일에서 순간적인 압력을 측정하여야 한다. 연료는 커먼레일에서 입구를 통하여 레일 압력센서로 들어간다. 센서의 끝 부분 센서 다이어프램으로 실-오프(seal-OFF)되어 있다. 압력이 가해진 연료는 블라인드 구멍(blind hole)을 통해 센서의 다이어프램에 도달한다. 압력을 전기 신호로 바꾸는 센서 요소는 이 다이어프램에 연결되어 있다. 센서에 의해 생성된 신호는 측정신호를 증폭시켜 컴퓨터로 보내는 평가회로에 입력된다.

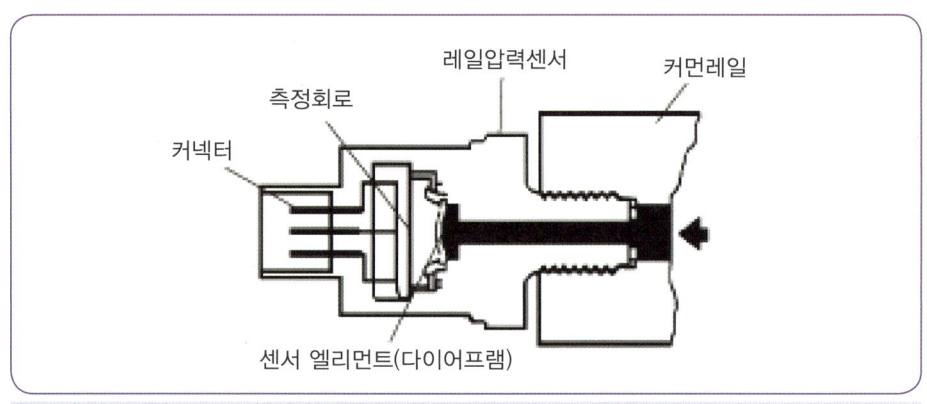

그림 1-97 레일 압력센서의 구조

(3) 압력 조절밸브

과도한 압력일 경우 압력 조절밸브는 비상 통로를 열어 커먼레일의 압력을 제한한다. 압력 조절밸브는 커먼레일 끝 부분에 설치되며, 정상압력 1,350bar(1세대)~2,000bar(4세대)에서는 스프링이 플런저를 시트 쪽으로 힘을 가하므로 커먼레일은 닫힌 상태를 유지한다. 압력이 한계 값 이상되면 플런저는 커먼레일 쪽의 압력을 받는다. 이에 따라 밸브가 열리며 연료는 연료탱크로 복귀되는 라인으로 유도되는 플런저의 내부로 흐른다.

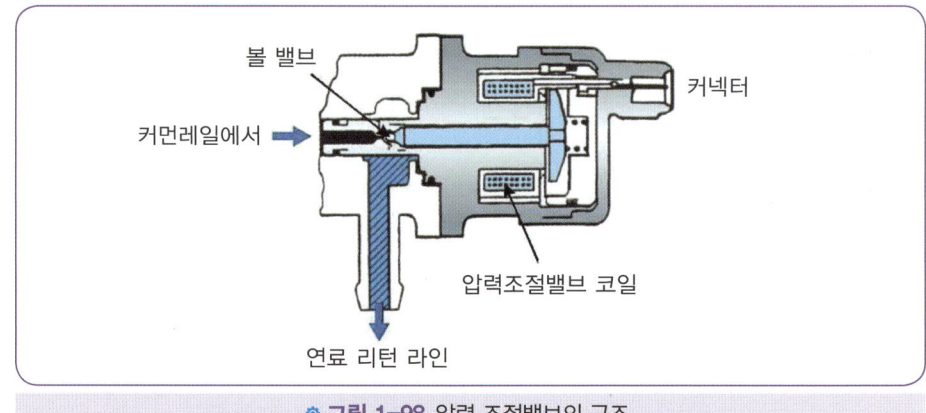

그림 1-98 압력 조절밸브의 구조

인젝터(Injector)

인젝터는 연료를 연소실에 분사하는 기구이며, 컴퓨터에 의해 제어되고 분사개시와 분사된 연료량은 전기적으로 작동되는 인젝터에 의해 조절된다.

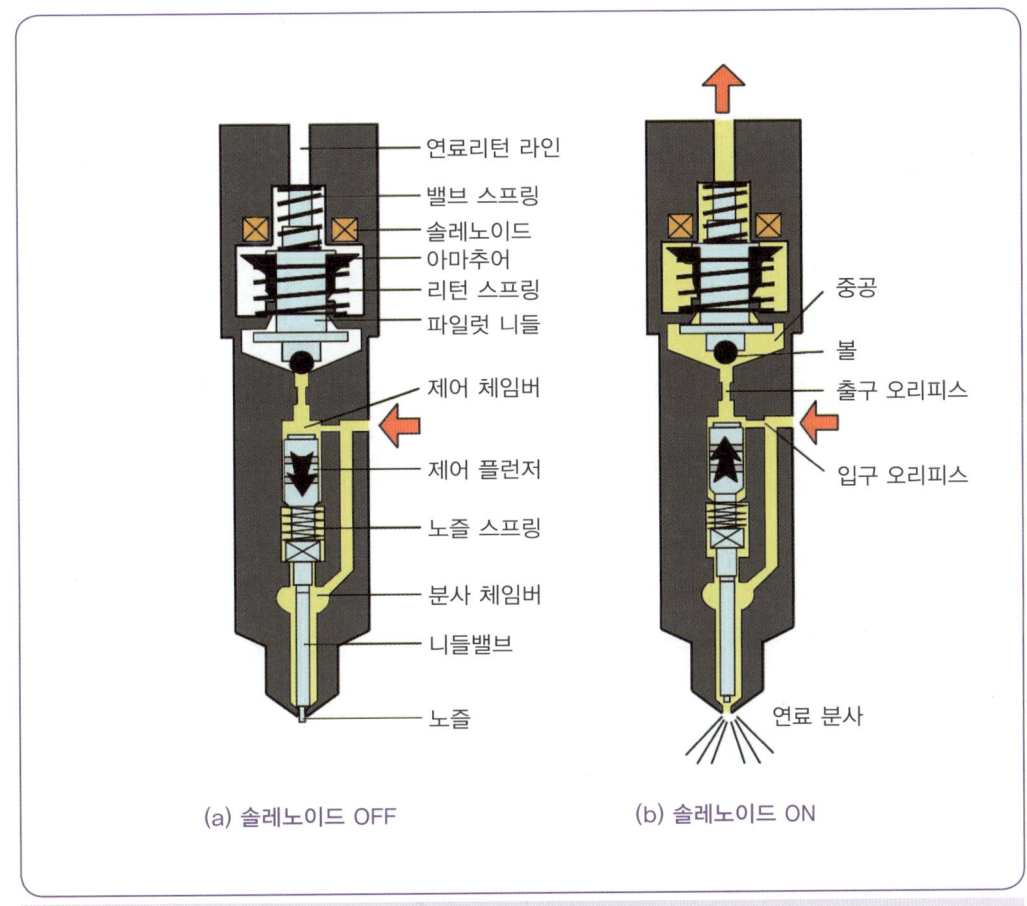

(a) 솔레노이드 OFF   (b) 솔레노이드 ON

◈ 그림 1-99 인젝터의 구조

인젝터는 실린더헤드에 설치되며 솔레노이드밸브와 노즐로 구성되어 있다. 연료는 고압통로를 통하여 인젝터로 공급되고, 오리피스(orifice)를 통해 제어 체임버(control chamber)에 공급된다. 인젝터에 전원이 공급되지 않으면 커먼레일에서 공급되는 고압의 연료압력은 제어 체임버와 분사 체임버에 동시에 작용하여 컨트롤 플런저는 움직이지 않으므로 니들밸브는 스프링의 힘에 의해 닫혀 연료가 분사되지 않는 분사 대기 상태이다.

인젝터의 솔레노이드밸브가 작동되면 볼밸브가 열리고 이에 따라 제어 체임버의 압력이 입구 오리피스에 의해 낮아지고 분사 체임버에 작용하는 유압이 높아진다. 연료압력이 니들밸브 압력에 작용하는 압력보다 플런저에 작용하는 압력이 낮아지므로 니들밸브가 열린다. 니들밸브를 열기 위해 요구되는 제어량은 실제로 분사되는 연료량에 추가된다. 또 연료는 니들밸브와 제어 플런저 가이드에서도 손실이 일어날 수 있다. 이러한 제어된 연료와 누출 연료는 리턴라인을 통해 연료탱크로 되돌아간다.

인젝터의 작동은 기관 시동과 함께 압력을 생성하는 고압 연료펌프와 더불어 4단계로 나눌 수 있다. ① 인젝터 닫힘(고압적용), ② 인젝터 열림(분사개시), ③ 인젝터 완전열림, ④ 인젝터 닫힘(분사완료) 이러한 작동 단계는 인젝터 구성성분에 작용하는 힘의 분배에 의해 결정되며 기관의 작동 정지와 커먼레일에 연료압력이 없는 상태에서는 노즐 스프링은 니들밸브를 밀어 인젝터가 닫힌 상태가 된다.

5 컴퓨터(ECU : electronic control unit)

컴퓨터의 기본 기능

컴퓨터의 기본적인 기능은 연료분사를 적정한 순간 알맞은 양과 정확한 분사압력으로 제어하는 것이며, 유해 배출가스 감소, 연료소비율 향상, 안전성, 승차감 그리고 편리성을 위한 보조기능이 적용된다.

분사특성

기존의 분사특징과 비교하여 이상적인 분사특징을 위해서는 상호간의 독립성, 분사된 연료량과 분사압력은 각각 그리고 모든 기관 작동조건에 적절히 대처하여야 하고, 이상적인 공기와 연료 혼합물의 형성을 위해 더 많은 부분의 센서 정보가 필요하다.

분사초기에는 연료 분사량이 가능한 적어야 하는데 커먼레일방식에서는 착화 분사(pilot injection), 주 분사(main injection) 방법 등으로 이것을 해결한다.

6 커먼레일방식의 출력계통

연료분사(fuel injection)

커먼레일방식에서는 3단계로 연료를 분사한다. 제1단계 : 착화분사(pilot injection), 제2단계 : 주 분사(main injection), 제3단계 : 사후분사(post injection)로 연료의 압력과 온도에 따라서 분사량과 분사시기가 보정된다.

(1) 착화분사(pilot injection)

착화분사라 함은 주 분사가 이루어지기 전에 적은 양의 연료를 분사하여 연소가 잘 이루어지도록 하기 위한 것이다. 착화분사 실시 여부에 따라 기관의 소음과 진동을 감소시키기 위한 목적을 두고 있다.

(2) 주 분사(main injection)

기관의 출력에 대한 에너지는 주 분사로부터 나온다. 주 분사는 착화분사가 실행 되었는지를 고려하여 연료량을 계측한다. 주 분사의 기본 값으로 사용되는 것은 기관 회전력(가속페달 위치센서의 값), 기관 회전속도, 냉각수 온도, 대기압력 등 이다.

(3) 사후분사(post injection)

사후분사는 연료(탄화수소)를 촉매컨버터에 공급하기 위한 것이며, 이것은 배기 가스에서 질소산화물을 감소시키기 위한 것이다. 사후분사의 계측은 20ms 간격 으로 동시에 실행되며, 최소 연료량과 작동시간을 계산한다.

배기가스 재순환장치

(1) EGR밸브

연소시 발생되는 질소 산화물(NOx)의 배출을 줄이기 위하여 자동차에 장착되며, 연소가스 즉, 배기가스의 일부를 기관내부로 공급하여 질소 산화물(NOx)의 발생 량을 저감시키는 역할을 한다.

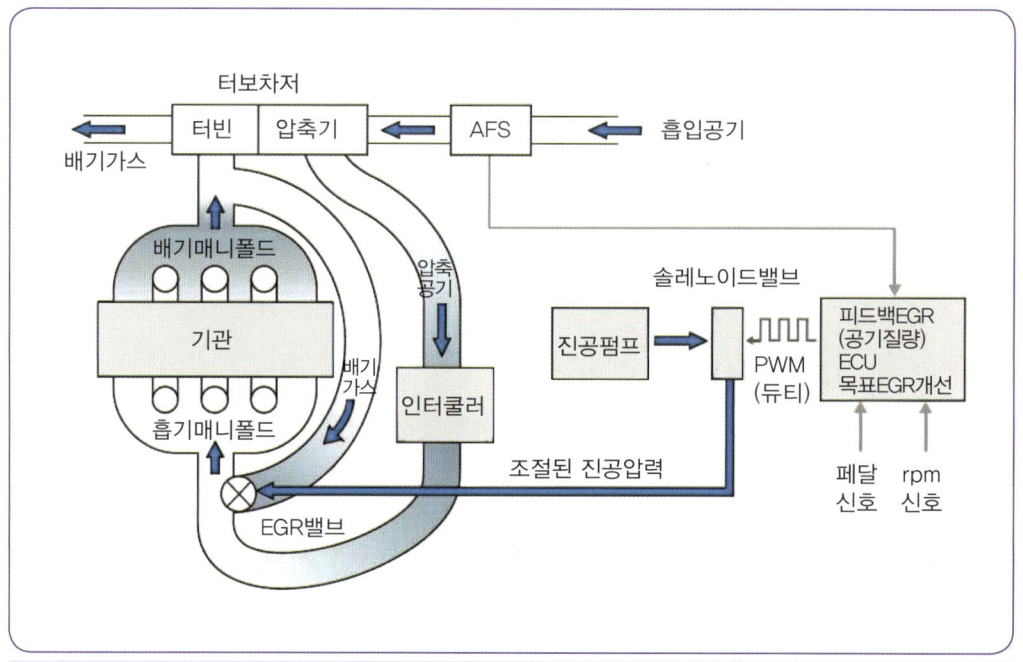

● 그림 1-100 배기가스 재순환장치의 다이어그램

(2) EGR 솔레노이드밸브

이 밸브는 컴퓨터에서 계산된 값을 PWM방식(듀티제어 방식)으로 솔레노이드를 제어하는데 제어 값에 따라 EGR밸브의 작동량이 결정되며 각종 센서에서 입력되는 값과 흡입공기량을 계산하여 실제 제어 값을 출력한다. 배기가스 재순환장치를 제어하는 동안 기타 보조장치(연료량 제어 등)의 경우 공기량의 실제 값이 추가로 계산된다. 또한 EGR 작동시간은 부하를 감소시키기 위해 회전속도를 제한한다.

(3) EGR밸브 작동 중지

① 공회전시(1000rpm 이하로 52초 이상)
② 공기 흐름센서(AFS) 고장시
③ EGR밸브 고장시
④ 냉각수 온도가 37℃ 이하 또는 100℃ 이상시
⑤ 기관 시동시

⑥ 배터리 전압이 8.99V 이하시
⑦ 대기압력이 기준값 이하시
⑧ 연료량이 42mm^2 이상 분사시(기관 회전수에 따라 다름)

예열장치

예열장치는 냉각수 온도와 기관 회전속도에 의해 제어되며, 예비예열(Pre-glow), 시동예열(start-glow), 사후예열(post-glow) 등이 있다.

(1) 예비예열(Pre-glow)

예비예열 단계는 컴퓨터 전원공급과 동시에 작동된다. 작동 중 기관의 회전속도 45rpm, 분사시간 480ms 이상을 초과하면 예비예열은 작동을 중지한다. 그리고 수온센서 값에 따라 예비예열 제어시간이 변화하고 수온센서가 고장일 경우에는 -24.9℃로 결정하여 활용한다.

(2) 시동예열(Start-glow)

시동예열은 60℃ 이하인 경우에는 매번 실시되며, 기관 회전속도 45rpm과 분사시간 480ms 이상을 초과하는 경우에 실시한다. 동시에 시동 예열상태와 관련된 분사시기 조정기가 작동한다. 수온센서가 고장일 경우에는 -24.9℃로 대처한다. 그리고 시동 예열은 다음의 경우에 종료된다.
① 시동 예열시간 15초 경과 후
② 냉각수 온도가 60℃ 이상일 때

(3) 사후예열(post-glow)

사후예열시간은 냉각수 온도에 따라 결정되며, 전원공급 후 단 1회만 실시하며, 수온센서가 고장일 경우에는 -24.9℃로 대처한다. 또한 사후예열은 다음의 경우 종료된다.
① 연료량이 75mm^{2}를 초과할 때
② 기관 회전속도가 3500rpm 이상일 때

프리히터(pre-Heater)

(1) 프리히터의 개요

프리히터란 냉각수 라인에 설치되어 있으며, 외부의 온도가 낮을 경우 일정시간 동안 작동시켜 기관에서 히터로 유입되는 냉각수 온도를 높여 히터의 난방성능을 향상시키는 장치이다.

(2) 가열플러그 방식의 프리히터

추운 날씨에 전류에 의한 발열로 기관의 냉각수를 가열하여 실내 히터의 열 교환기로 보내는 방식으로 냉각수 라인에 직접 설치되며 3개의 가열플러그가 냉각수와 닿게 되어 있다. 냉각수는 가열플러그를 지나서 히터 코어방향으로 흘러가며, 이때 냉각수 온도가 높아진다. 기관 컴퓨터에 의한 자동제어 방식이며 컴퓨터는 냉각수 온도가 65℃ 이상되면 프리 히터의 전원을 OFF시킨다.

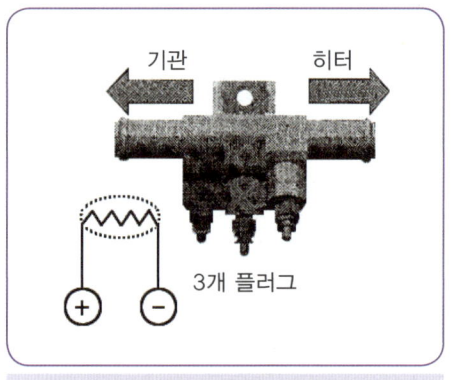

◈ 그림 1-101 가열플러그의 구조

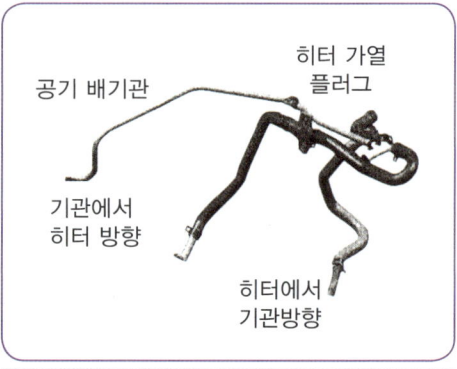

◈ 그림 1-102 가열플러그 라인

냉각 팬 제어(cooling pan control)

ECU는 수온센서(CTS), 차속센서, 에어컨 스위치 신호등의 신호를 받아 냉각팬의 속도를 2단계로 제어한다. 냉각팬 속도를 제어하는 센서가 고장시 ECU는 림프 홈(limp home) 모드로 진입한다.

CHAPTER 08 예상문제
디젤기관의 연소실과 연료 공급장치

01. 디젤 기관의 연소실 형식 중 연소실 표면적이 작아 냉각손실이 작은 특징이 있으며, 보조 가열 장치가 없는 경우 시동성이 좋은 연소실은 어느 것인가?

① 예연소실식 ② 직접분사실식
③ 공기실식   ④ 와류실식

> 풀이 연소실은 실린더 헤드와 피스톤 헤드에 설치된 요철에 의해 형성되며, 여기에 연료를 직접 분사하게 되어 있다.

02. 디젤 기관의 연소에 영향을 미치는 중요 요소와 가장 관계가 적은 것은 어느 것인가?

① 연료의 착화점 ② 분사 시기
③ 분무의 상태   ④ 옥탄가

> 풀이 옥탄가는 가솔린이 연소할 때 이상(異常) 폭발을 일으키지 않는 정도를 나타내는 수치를 말한다. 디젤 기관의 연소에 영향을 미치는 중요요소와 전혀 상관없다.

03. 전자제어 디젤엔진의 연료 분사 장치 중 커먼레일(Common rail)에 대한 설명으로 옳지 않은 것은 어느 것인가?

① 고압의 연료를 직접 분사하는 엔진이다.
② 저소음, 저공해 엔진이다.
③ 강화된 배기가스 규제에 적합한 엔진이다.
④ 분사 압력이 속도에 따라 증가하면 분사량도 증가한다.

> 풀이 커먼레일 방식은 연료 분사 펌프를 삭제하고, 1,000bar 이상의 압력 형성이 가능한 고압 연료 펌프를 추가하여 연료를 분사하는 방식이다. 기존의 연료 분사 펌프 대신에 밸브, 캠축에 의해 구동되는 연료 공급 펌프를 각 실린더에 장착하여 각 실린더의 연료 공급 펌프에 의해 고압으로 형성된 연료를 노즐을 통해 실린더로 분사한다. 분사 시에는 전기 모터를 이용하며, 초고압의 연료를 커먼레일로 내보낸다.

04. 커먼레일 엔진에서 파일럿 분사의 기능으로 맞게 설명한 것은 어느 것인가?

① 예비 시간을 통하여 주분사의 착화 지연시간을 짧게 한다.
② 주 분사 시간을 짧게 하여 착화 지연시간을 길게 한다.
③ 주 분사 시간을 통하여 착화 지연시간을 짧게 한다.
④ 주 분사 시간을 길게 하여 착화 지연시간을 짧게 한다.

> 풀이 파일럿 분사는 점화지연이 감소하며 연소 압력 상승의 감소와 연소 압력 그리고 많은 경우에 배기가스 감소를 시킨다.

05. 커먼레일 엔진에서 분사시간을 결정짓는 요소가 아닌 것은?

① 엔진 회전수
② 디젤 지수
③ 흡입 공기량과 흡기온도
④ 가속페달 센서 값

정답 01. ② 02. ④ 03. ④ 04. ① 05. ②

> 풀이 디젤 연료의 자기 발화성의 기능으로 하는 지수이다.

06. 커먼레일 엔진에서 파일럿 분사(예비분사)를 하는 이유는 어느 것인가?

① 매연과 소음을 줄이기 위해서
② 출력과 배압을 높이기 위해서
③ 소음과 진동을 줄이기 위해서
④ 질소산화물 발생 억제와 연비를 좋게 하기 위해서

> 풀이 예비 분사는 한꺼번에 많은 분사를 했을 경우, 압축공기와 완전 혼합이 안된 상황에서의 착화 지연으로 인한 비정상 폭발을 막기 위함이다.

07. 디젤 커먼레일 엔진의 구성부품이 아닌 것은?

① 인젝터   ② 커먼레일
③ 연료 압력 조절기   ④ 분사펌프

> 풀이 분사펌프는 디젤기관의 연료 분사용으로 사용되는 펌프이다. 커먼레일 엔진과는 무관하다.

08. 디젤기관에서 분사 시기가 빠를 때 일어나는 원인 중 틀린 것은 어느 것인가?

① 기관의 출력이 저하된다.
② 저속 회전이 잘 안 된다.
③ 배기가스의 색이 흑색이며, 그 양도 많아진다.
④ 노크가 일어나지 않는다.

> 풀이 분사 시기가 빠르면 디젤 노크가 일어난다.

09. 디젤 기관 연료의 구비 조건으로 부적당한 것은 어느 것인가?

① 온도변화에 따른 점도의 변화가 클 것
② 기화성이 작아야 한다.
③ 발열량이 커야 한다.
④ 점도가 적당해야 한다.

> 풀이 온도변화에 따른 점도의 변화가 작아야 한다.

10. 디젤기관의 인터쿨러 장치는 어떤 효과를 이용한 것인가?

① 압축된 공기의 밀도를 증가시키는 효과
② 압축된 공기의 온도를 증가시키는 효과
③ 압축된 공기의 수분을 증가시키는 효과
④ 배기가스를 압축시키는 효과

> 풀이 인터쿨러는 압축된 공기의 밀도를 냉각하여 출력을 회복시키는 역할을 한다.

11. 디젤기관에서 과급기의 사용 목적으로 틀린 것은 어느 것인가?

① 엔진의 출력이 증대된다.
② 체적효율이 작아진다.
③ 평균유효압력이 작아진다.
④ 회전력이 증가한다.

> 풀이 과급기의 체적효율이 작아지는 것이 아니라 커진다.

정답 06. ③ 07. ④ 08. ④ 09. ① 10. ① 11. ②

PART 02

자동차 섀시
Automotive Chassis

01 자동차 섀시의 구성
02 동력전달장치의 구성요소
03 현가장치
04 조향장치
05 휠 얼라인먼트
06 제동장치
07 SRS 에어백

자동차 섀시의 구성

자동차를 구성하고 있는 부분을 크게 나누면 차체(body)와 섀시(chassis)로 분리할 수 있다. 먼저 차체는 운전자나 승객 및 화물을 실을 수 있는 부분으로 차의 용도와 성능에 따라 다양한 디자인으로 설계가 이루어지고 있다.

섀시는 차량의 차체를 탑재하지 않은 상태로 섀시만으로도 주행은 가능하다. 구성 요소에는 동력발생장치, 동력전달장치, 현가장치, 제동장치, 조향장치 등으로 이루어진다.

01 프레임(frame)

프레임은 자동차의 골격으로 기관, 구동장치 및 그 밖의 부품을 부착하고 짐을 받치는 기본 틀로 그 하중을 현가장치에 전달하는 역할을 한다. 프레임의 종류로는 보디와 프레임이 일체화된 단일체 구조(monocoque body)로 된 것과 보디와 프레임이 나누어져 있는 프레임 분리 구조로 된 것이 있다.

02 자동차 섀시의 구성

섀시를 구성하는 각 장치는 자동차가 주행하는데 필요한 장치들로 이루어져 있고, 자동차의 성능을 좌우하는 주된 역할을 한다.

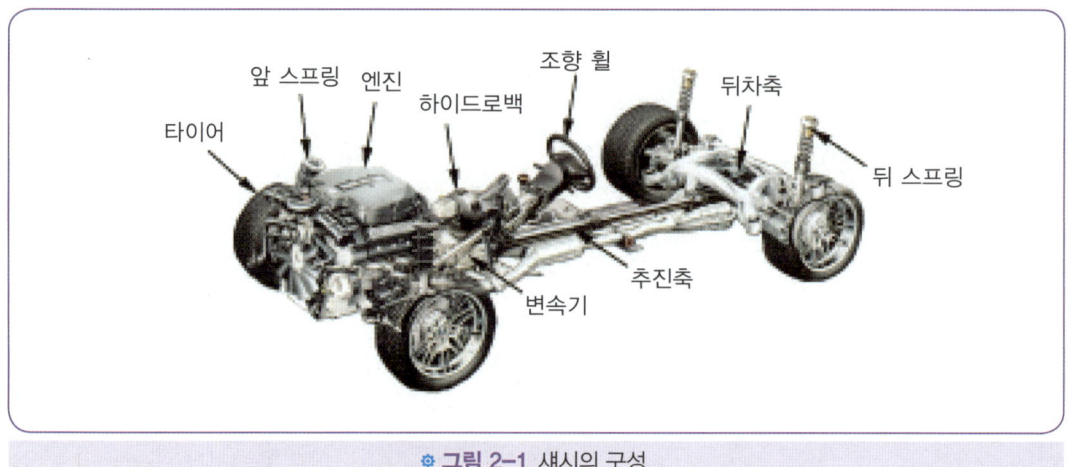

그림 2-1 섀시의 구성

1 동력발생장치(power unit)

동력발생장치(engine)는 자동차의 동력을 발생시키는 장치로서 기관주요부, 연료장치, 윤활장치, 냉각장치, 점화장치, 흡·배기장치 등으로 구성되어 있다.

2 동력전달장치(power train)

동력전달장치(power train)는 동력발생장치에서 발생한 동력을 주행상황에 맞게 적절한 상태로 변화를 주어 바퀴에 전달하는 장치이다.

3 휠과 타이어(wheel & tire)

휠은 타이어가 설치되는 부분이며 타이어는 노면과 직접 접촉되어 주행을 하는 부분이다. 타이어는 자동차의 하중부담, 완충 및 구동력과 제동력 등을 발휘하는 기초 부품이라 할 수 있기 때문에 주행시 발생하는 응력에 견딜 수 있어야 한다.

4 현가장치(suspension system)

현가장치는 주행 중 노면으로부터 발생하는 진동이나 충격을 완화하여 차체나 각 장치에 직접 전달되는 것을 방지하는 장치로 승차감을 좋게 하고, 자동차의 주행시 안전성을 향상시키는데 중요한 역할을 하고 있다.

5 조향장치(steering system)

조향장치는 운전자의 의지대로 자동차의 방향을 바꾸기 위한 장치이며 기관의 동력을 이용한 동력 조향장치(power steering)와 전기모터를 이용한 전동동력 조향장치 및 앞뒤바퀴를 모두 조향하는 4WS(4-wheel steering)도 있다.

6 제동장치(brake system)

제동장치는 주행 중의 자동차를 감속하거나 정지시키고, 정차시에 자동차가 스스로 굴러가지 않게 고정시키기 위하여 사용되는 장치이며, 모든 바퀴를 제동하는 풋 브레이크와 뒷바

퀴만을 고정하는 주차 브레이크가 있다. 또, 노면과 제동의 진행상태에 따라 자동으로 제어되는 전자제어식의 ABS(anti lock brake system)도 사용되고 있다.

03 동력전달 방식

1 앞 엔진 앞바퀴 구동식(FF구동식 : front engine front drive type)

기관, 클러치, 트랜스액슬(변속기+종감속기어 및 차동기어) 등이 앞쪽에 설치된 형식으로서, 앞바퀴가 구동 및 조향바퀴가 된다.

장점

① 추진축이 필요 없으므로 바닥이 편평하게 되어 거주성이 좋다.
② 동력전달거리가 단축된다.
③ 선회 및 미끄러운 노면에서 주행 안전성이 크다.
④ 적차시 앞뒤 차축의 하중분포가 비교적 균일하다.
⑤ 뒤차축이 간단하다.

단점

① 앞차축의 구조가 복잡하다.
② 기계식 조향일 경우 핸들의 조작에 큰 힘이 필요하다.
③ 브레이크 조작시 하중이 앞으로 쏠리므로 앞 타이어와 패드의 마모가 비교적 크다.
④ 고속 선회에서 언더 스티어링(U.S : under steering)현상이 발생된다.

2 앞 엔진 뒷바퀴 구동식(FR 구동식 : front engine rear drive type)

자동차의 앞쪽에 기관, 클러치, 변속기가 설치되고 뒤쪽에는 종감속기어 및 차동 기어장치, 차축, 구동바퀴를 두고 앞쪽과 뒤쪽사이에 드라이브라인으로 연결한 방식이다.

장점

① 앞차축의 구조가 간단하다.
② 적차 상태에 따라 전후 차축의 하중분포의 편차가 적다.
③ FF방식보다 앞 타이어와 패드의 마모가 적다.

단점

① 긴 추진축을 사용하므로 차실 내의 공간 이용도가 낮다.
② 공차상태에서 빙판길이나 등판 주행시 뒷바퀴가 미끄러지는 경향이 있다.
③ 긴 추진축을 사용하므로 진동 발생(휠링 : whirling)과 에너지 소비량이 FF방식에 비하여 많다.

3 뒤 엔진 뒷바퀴 구동식(RR구동식 : rear engine rear drive type)

기관과 동력전달장치가 뒤쪽에 설치된 형식으로서 뒷바퀴에 의해 구동된다.

장점

① 앞차축의 구조가 간단하며 동력전달 경로가 짧다.
② 언덕길 및 미끄러운 노면에서의 발진성이 용이하다.

단점

① 변속 제어기구의 길이가 길어진다.
② 기관 냉각이 불리하다.
③ 고속 선회시 오버 스티어링(over steering)이 발생된다.
④ 미끄러운 노면에서 가이드 포스(guide force)가 약하다.

4 뒤 엔진 앞 구동식(RF구동식 : rear engine front drive type)

자동차의 뒷부분에 기관을 장착하고 앞바퀴를 구동하는 방식으로 이 방식은 거의 채용하지 않는다.

5 전륜 구동방식(4WD : 4-wheel drive type)

자동차의 앞부분에 기관과 변속기를 장착하고 앞, 뒷바퀴를 구동시키는 방식으로 그 특징은 구동력이 커서 산악로, 진흙길, 험로 주행시 탁월한 효과를 발휘한다.

CHAPTER 02 동력전달장치의 구성요소

01 클러치(clutch)

1 클러치의 개요

클러치(clutch)는 기관 플라이휠과 변속기 입력축사이에 설치되며, 기관의 동력을 변속기에 전달하거나 차단하는 역할을 한다.

클러치의 필요성

① 기관을 시동할 때 무부하 상태로 한다.
② 변속기의 기어를 변속할 때 기관의 동력을 일시 차단한다.
③ 관성운전을 하기 위함이다.

클러치의 구비조건

① 회전관성이 적어야 한다.
② 동력을 전달할 때에는 미끄럼을 일으키면서 서서히 전달되고, 전달된 후에는 미끄러지지 않아야 한다.
③ 회전부분의 평형이 좋아야 한다.
④ 냉각이 잘 되어 과열하지 않아야 한다.
⑤ 구조가 간단하고, 다루기 쉬우며 고장이 적어야 한다.
⑥ 단속 작용이 확실하며, 조작이 쉬워야 한다.

2 클러치의 작동(단판 클러치의 경우)

클러치 페달을 밟지 않은 경우

클러치 페달을 놓으면 클러치 스프링(또는 다이어프램 스프링)의 장력에 의하여 압력판이 클러치판을 플라이휠에 압착시켜 플라이휠과 함께 회전한다. 클러치판은 변

속기 입력축의 스플라인에 설치되어 있으므로 클러치판이 회전하면 기관의 동력이 변속기로 전달된다.

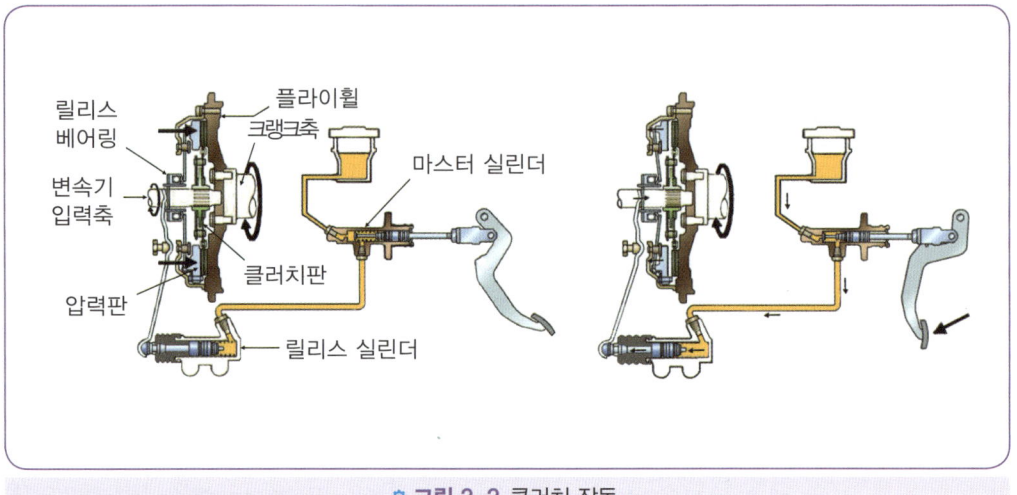

❖ 그림 2-2 클러치 작동

클러치 페달을 밟은 경우

클러치 페달을 밟으면 릴리스 베어링이 릴리스 레버(다이어프램 스프링)를 밀게 되므로 압력판이 뒤쪽으로 이동한다. 이에 따라 압착되어 있던 클러치판이 플라이휠과 압력판에서 분리되어 있으므로 기관의 동력이 변속기로 전달되지 않는다.

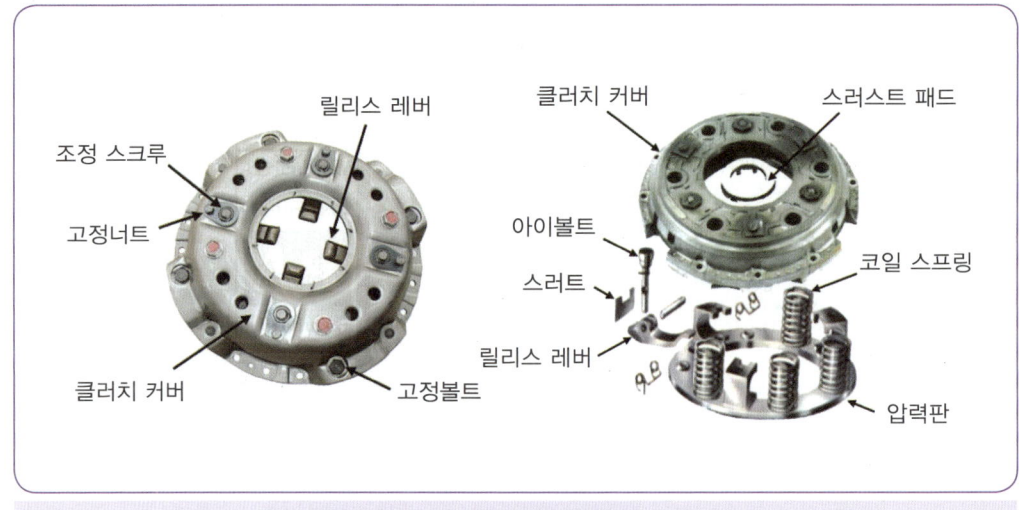

❖ 그림 2-3 코일 스프링 클러치의 구조

3 클러치의 종류 및 그 특징

코일 스프링 클러치(coil spring clutch)

이 클러치는 몇 개의 코일 스프링을 클러치 압력판과 커버 사이에 설치한 것이며, 스프링의 크기와 수는 클러치 용량이나 설계에 따라서 다르나 약 6~12개로 되어 있다.

다이어프램 스프링 클러치

다이어프램이 클러치 스프링의 작용과 릴리스 레버의 작용을 겸하는 방식이며, 다이어프램 스프링은 원둘레 방향으로 놓여진 피벗 링(pivot ring)에 의해 클러치 커버에 결합되어 있다. 따라서 다이어프램 스프링은 피벗 링을 지점으로 하여 스프링 둘레의 끝 부분으로 압력판을 누르고 있다. 작동은 클러치 페달을 밟으면 릴리스 베어링이 다이어프램 스프링의 플랜지 부분을 눌러 주기 때문에 피벗 링을 중심으로 스프링 둘레의 끝 부분과 결합되어 있는 압력판의 리트랙팅(retracting)스프링을 당겨서 클러치가 차단된다. 코일스프링에 비하여 다음과 같은 특징이 있다.

① 각 부품이 원형으로 되어 있어 회전평형이 좋고 압력판에 작용하는 압력이 균일하다.
② 고속에서 원심력에 의한 스프링의 감소가 적다.
③ 클러치판이 어느 정도 마모가 되어도 압력판을 미는 힘의 변화가 적다.
④ 클러치 페달을 밟는 힘이 적게 든다.

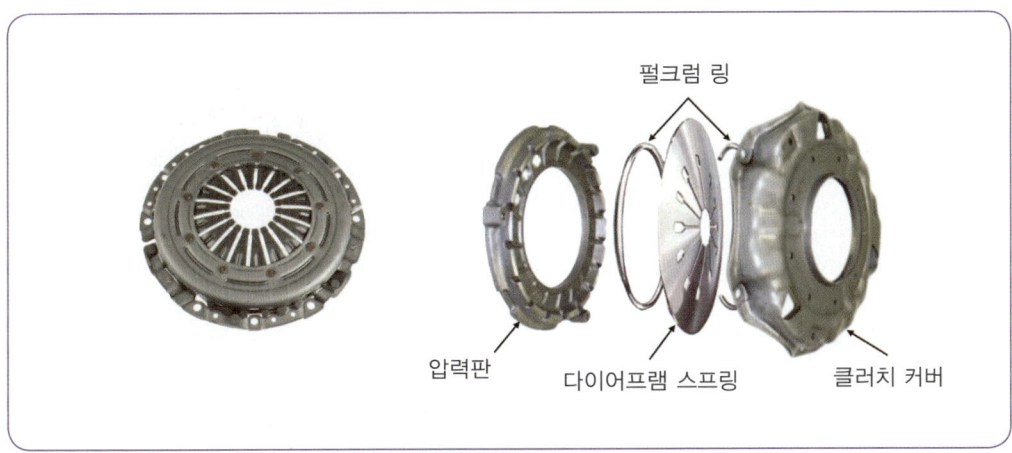

그림 2-4 다이어프램 스프링 클러치의 구조

4 클러치의 구조

클러치판(클러치 디스크 : clutch plate)

클러치판은 플라이휠과 압력판 사이에 끼워져 있으며 기관의 동력을 변속기 입력축을 통하여 변속기로 전달하는 마찰판이다. 그 구조는 원형 강철판의 가장자리에 마찰물질로 된 라이닝(페이싱)이 리벳으로 설치되어 있고, 중심부분에는 허브(hub)가 있으며 그 내부에 변속기 입력축을 끼우기 위한 스플라인(spline)이 파져 있다.

또 허브와 쿠션 스프링(cushion spring) 사이에는 비틀림 코일스프링(torsional vibration damper spring)이 설치되어 있다. 비틀림 코일스프링은 클러치판이 플라이휠에 접속될 때 회전충격을 흡수하는 일을 한다.

클러치 쿠션 스프링은 파도 모양의 스프링으로 클러치를 급속히 접속시켰을 때 스프링이 변형되어 클러치판의 편마모, 변형, 파손 등을 방지하는 역할을 한다. 라이닝은 대부분 석면을 주재료로 한 것을 사용하고 있으나 최근에는 금속제 라이닝을 사용하기도 한다. 라이닝의 마찰계수는 0.3~0.5 정도이다.

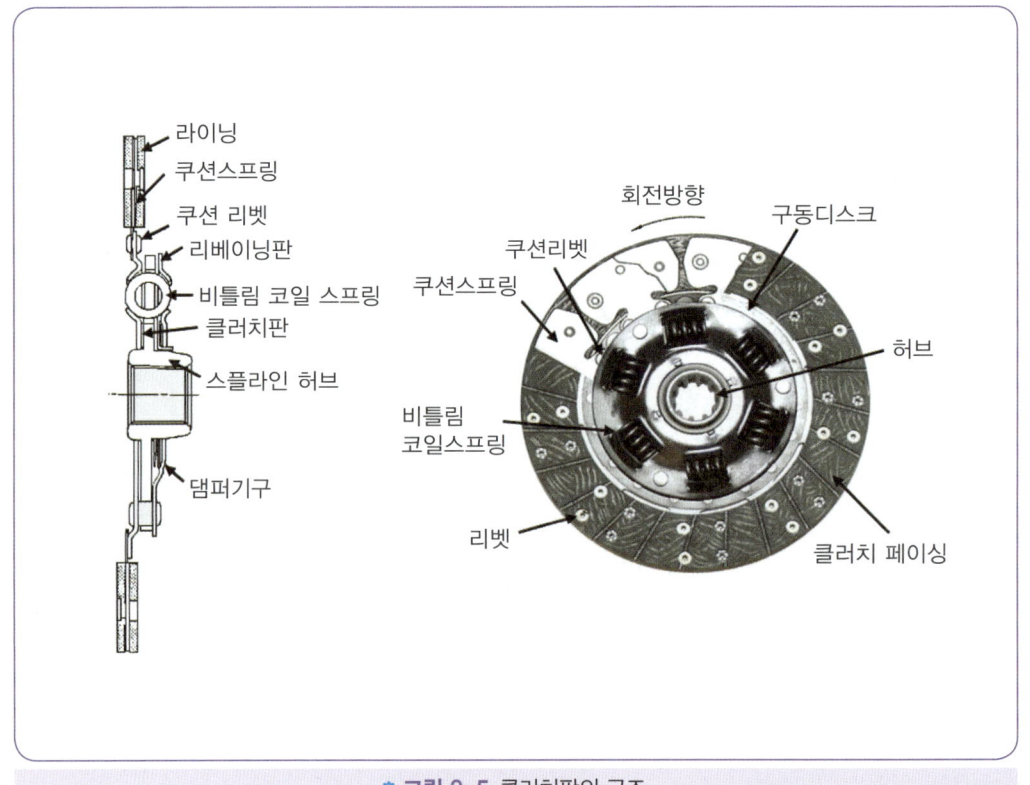

◈ 그림 2-5 클러치판의 구조

변속기 입력축(클러치 축)

변속기 입력축은 클러치판이 받은 기관의 동력을 변속기로 전달하며, 축의 스플라인 부분에 클러치판 허브의 스플라인이 끼워져 길이 방향으로 미끄럼운동을 한다. 앞 끝은 플라이 휠 중앙부분에 설치된 파일럿 베어링에 의해 지지되고, 뒤끝은 볼 베어링에 의해 변속기 케이스에 지지되어 있다.

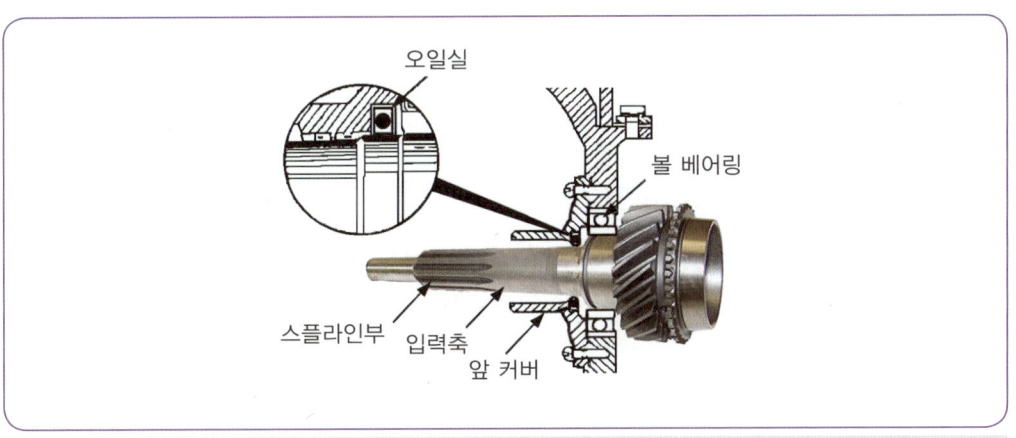

※ 그림 2-6 변속기 입력축의 구조

클러치 압력판

압력판은 다이어프램 스프링(또는 클러치 스프링)의 힘으로 클러치판을 플라이휠에 밀착시키는 작용을 한다. 클러치를 접촉할 때에는 클러치판과의 사이에 미끄럼이 발생하므로 내마모성, 내열성능이 좋고, 열전도성이 큰 특수주철을 사용한다.

클러치판과의 접촉면은 정밀한 평면으로 가공되어 있고, 뒷면 코일 스프링 클러치에는 스프링 시트와 릴리스 레버 설치부분이 마련되어 있다. 또 압력판과 플라이휠은 언제나 함께 회전하므로 동적으로 평형되어 있다.

릴리스 레버(release lever)

릴리스 레버는 코일 스프링형식에서 릴리스 베어링의 힘을 받아 압력판을 움직이는 작용을 한다.

클러치 스프링(clutch spring)

클러치 스프링은 클러치 커버와 압력판사이에 설치되어 있으며, 압력판에 압력을 발생시키는 작용을 한다.

클러치 커버(clutch cover)

클러치 커버는 압력판, 다이어프램 스프링(코일 스프링형식에서는 릴리스 레버, 클러치 스프링) 등이 조립되어 플라이휠에 함께 설치되는 부분이다.

5 클러치 조작기구

클러치 조작기구에는 클러치페달, 페달의 조작력을 릴리스 포크로 전달하는 부분, 릴리스 포크 및 릴리스 베어링 등으로 구성되어 있고, 페달 조작력 전달방법에는 기계식과 유압식이 있다.

클러치 페달(clutch pedal)

클러치 페달은 페달의 밟는 힘을 감소시키기 위해 지렛대 원리를 이용한다. 설치방법에 따라 펜던트형(pendant type)과 플로어형(floor type)이 있다. 페달을 밟은 후부터 릴리스 베어링이 릴리스레버에 닿을 때까지 페달이 이동한 거리를 자유간극(유격)이라 하며 클러치의 미끄러짐을 방지한다.

자유간극이 너무 적으면 클러치가 미끄러지며, 이 미끄럼으로 인하여 클러치판이 과열되어 손상된다. 반대로 자유간극이 너무 크면 클러치 차단이 불량하여 변속기 기어를 변속할 때 소음이 발생하고 기어가 손상된다. 따라서 페달의 자유간극은 기계식의 경우는 20~30mm이며, 유압식은 6~10mm 정도가 좋다.

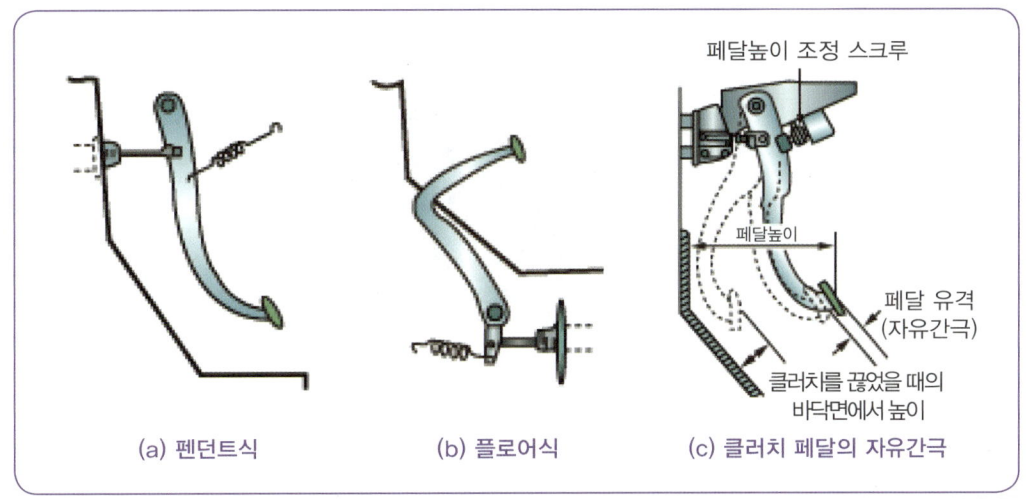

● 그림 2-7 클러치 페달의 종류와 자유간극

릴리스 포크(release fork)

릴리스 포크는 릴리스 베어링 칼라에 끼워져 릴리스 베어링에 페달의 조작력을 전달하는 작용을 한다.

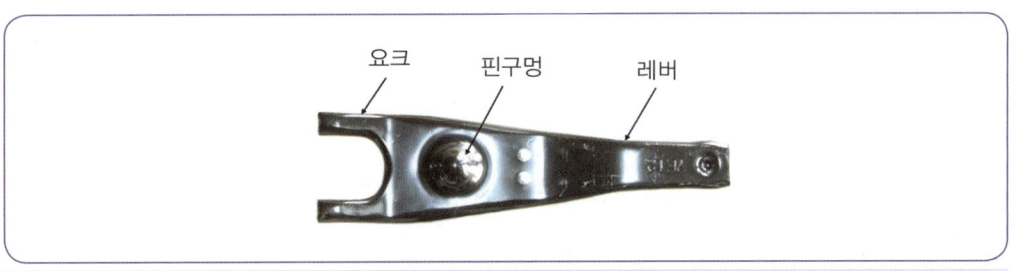

● 그림 2-8 릴리스 포크의 구조

릴리스 베어링(release bearing)

릴리스 베어링은 페달을 밟았을 때 릴리스 포크에 의하여 변속기 입력축 길이 방향으로 이동하여 회전 중인 릴리스 레버를 눌러 기관의 동력을 차단하는 일을 한다. 릴리스 베어링의 종류에는 앵귤러 접속형, 볼 베어링형, 카본형 등이 있으며 대개 영구 주유방식(oilless bearing)이므로 솔벤트 등의 세척제 속에 넣고 세척해서는 안 된다.

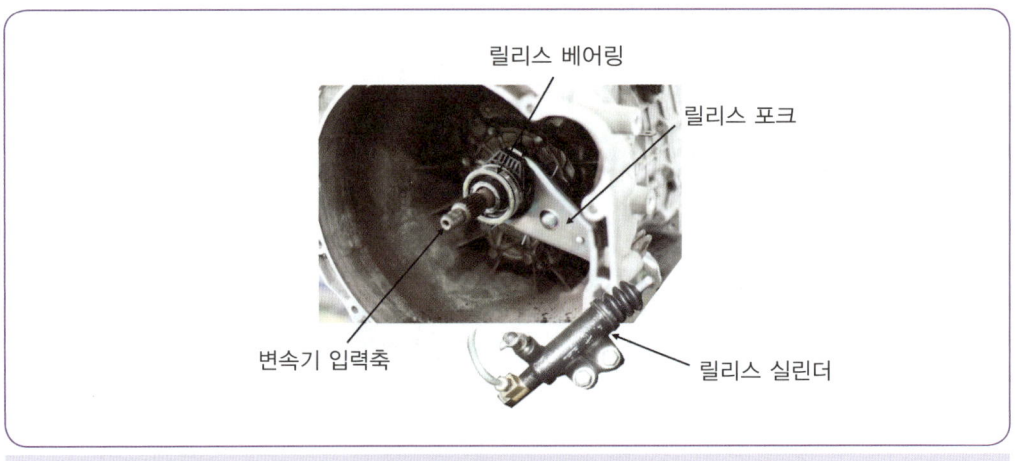

※ 그림 2-9 릴리스 베어링 설치상태

6 클러치 조작방식

기계식의 클러치

이 방식은 클러치 페달의 조작력을 케이블이나 로드를 통하여 릴리스 포크로 전달하여 릴리스 베어링을 작동시키는 것이며, 비교적 구조가 간단하지만 페달의 조작력이 커야 하기 때문에 최근에는 거의 사용하지 않는다.

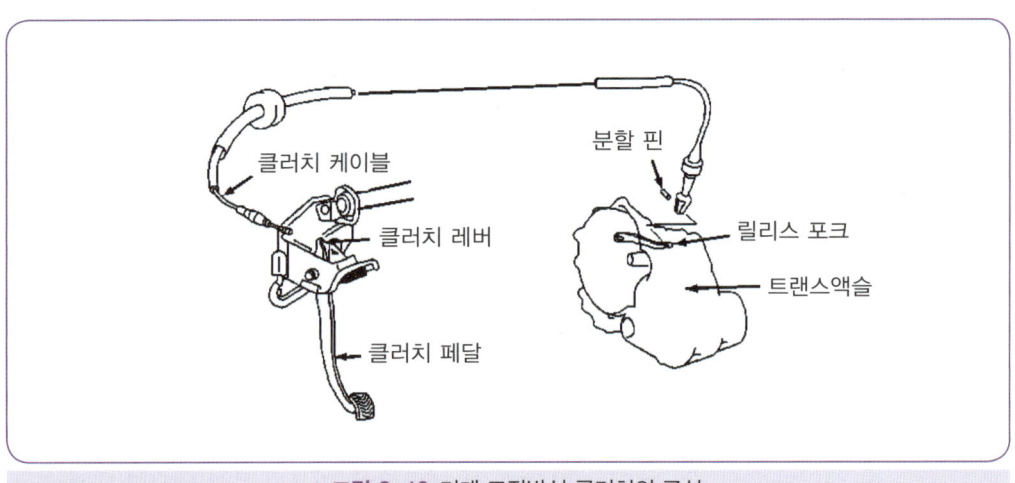

※ 그림 2-10 기계 조작방식 클러치의 구성

유압식 클러치

유압식 클러치 조작기구는 클러치 페달의 조작력을 가볍게 하기 위해 마스터실린더, 릴리스 실린더 및 연결 파이프로 구성되어 있다. 클러치 페달을 밟으면 마스터실린더에 유압이 발생하고 이 유압은 파이프를 통해 릴리스 실린더에 압송된다. 릴리스 실린더는 이 유압에 의해 릴리스 레버를 밀게 되어 클러치의 작동이 이루어진다.

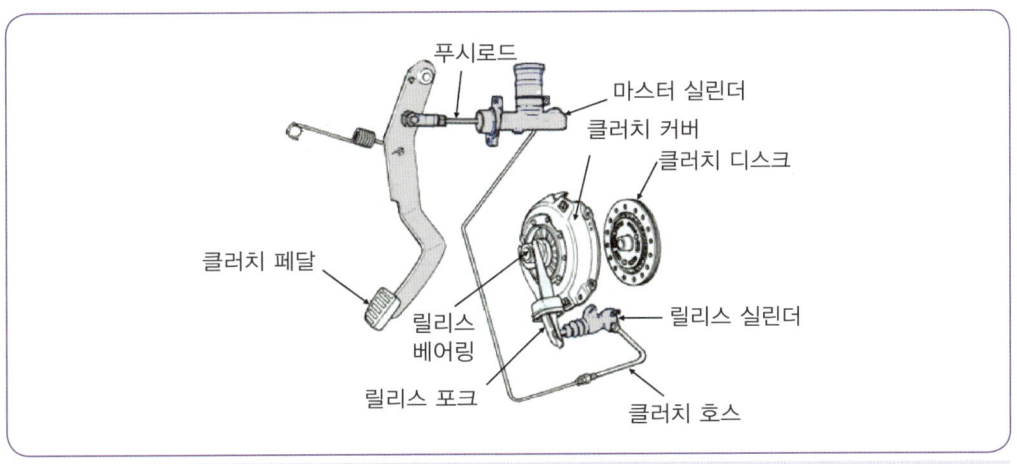

그림 2-11 유압 조작방식 클러치의 구성

(1) 마스터실린더(master cylinder)

마스터실린더의 실린더는 주철이나 알루미늄합금이며, 위쪽에는 오일탱크가 있고 그 내부에 피스톤, 피스톤 컵, 리턴스프링 등이 조립되어 있다. 작동은 클러치 페달을 밟으면 푸시로드가 피스톤을 밀어 유압을 발생시켜 릴리스 실린더로 보낸다.

그림 2-12 마스터실린더의 구조

반대로 페달을 놓으면 피스톤은 리턴스프링 장력으로 제자리로 복귀하고, 릴리스 실린더로 보내졌던 오일이 리턴구멍을 거쳐 오일탱크로 복귀한다.

(2) 릴리스 실린더(release cylinder : 슬레이브 실린더)

릴리스 실린더는 마스터실린더에서 보내 준 유압을 피스톤과 푸시로드에 작용하여 릴리스 포크를 미는 작용을 한다. 또 릴리스 실린더에는 유압 회로 내에 침입한 공기를 배출시키기 위한 공기빼기용 나사가 있다.

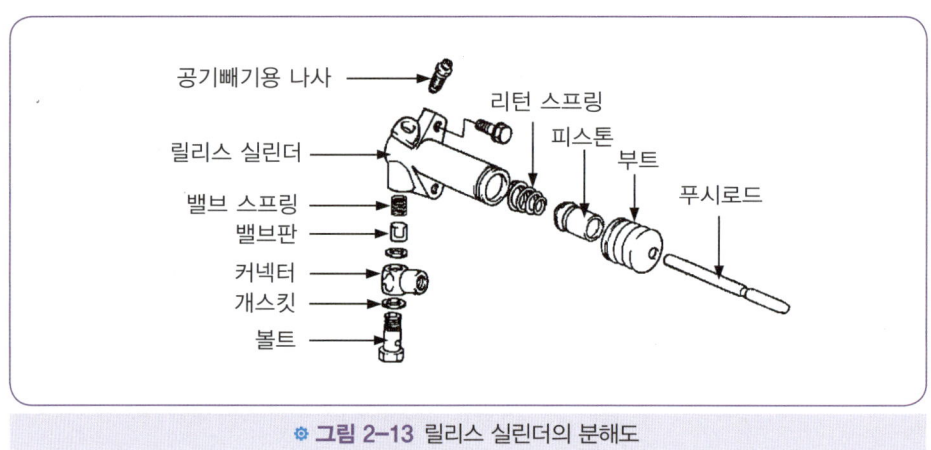

● 그림 2-13 릴리스 실린더의 분해도

7 클러치 용량과 미끄러지지 않을 조건

클러치 용량

클러치 용량이란 클러치가 전달할 수 있는 회전력의 크기이며, 일반적으로 사용 기관 회전력의 1.5~2.5배 정도이다. 클러치 용량이 너무 크면 클러치가 기관 플라이휠에 접속될 때 기관이 정지되기 쉬우며, 반대로 너무 작으면 클러치가 미끄러져 클러치판의 라이닝 마멸이 촉진된다.

클러치가 미끄러지지 않을 조건

$$P\mu r \geq T$$

P : 클러치 스프링 장력(kgf) μ : 클러치판과 압력판 사이의 마찰계수
r : 클러치판의 평균 반지름(m) T : 엔진 회전력(kgf·m)

8 듀얼 클러치 변속기(DCT : dual clutch transmission)

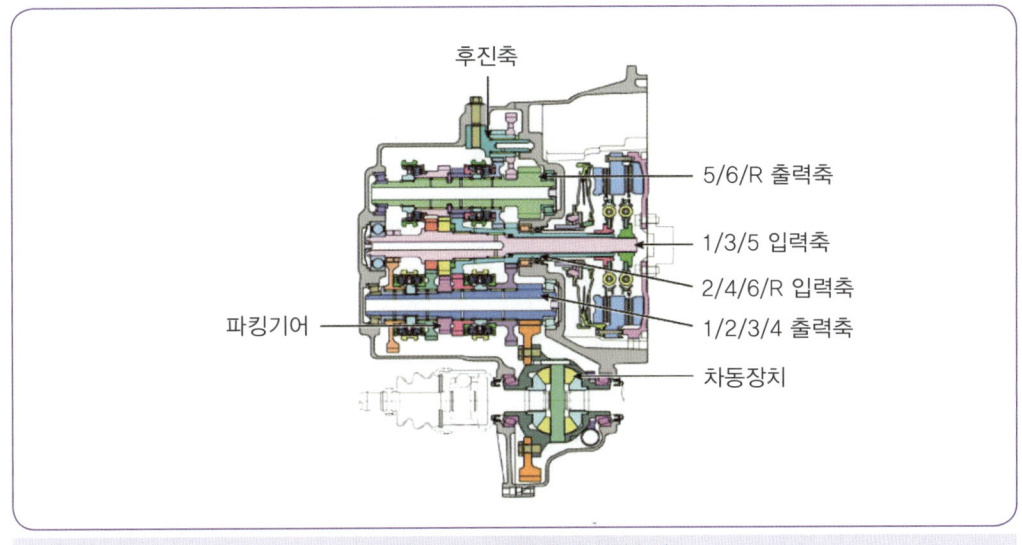

※ 그림 2-14 듀얼 클러치 변속기

듀얼 클러치의 개요

듀얼 클러치는 건식 듀얼 클러치와 습식 듀얼 클러치로 나눌 수 있다. 건식 DCT는 단판 클러치로 클러치가 작동할 때 오일이 개입하지 않는 방식으로 작고 무게가 가볍다. 반면 클러치가 마찰에 노출되기 때문에 열이 많이 발생하고 내구성이 취약하다. 따라서 높은 토크를 내는 기관에 사용하기 어렵고 변속충격이 강하여 승차감이 떨어진다.

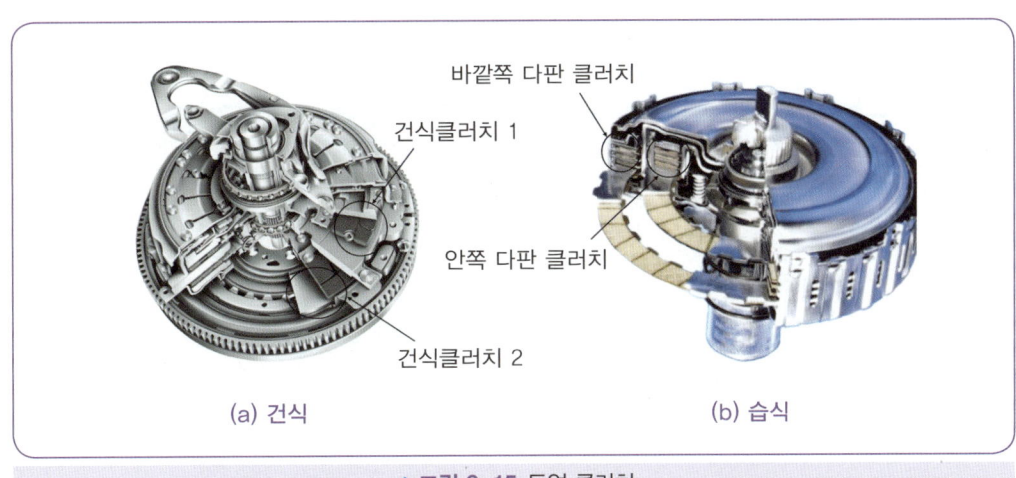

※ 그림 2-15 듀얼 클러치

습식 DCT는 클러치 작동에 있어 오일이 개입하는 방식으로 판이 여러 개인 다판 클러치 방식으로 부드러운 변속이 가능하다. 오일이 마찰면의 윤활제 역할을 하고 쿨러로 가열된 오일을 쿨링하는 방식으로 강한 내구성이 있어 높은 토크의 기관에도 사용할 수 있어 고출력 차량에 주로 사용된다. 오일이 많이 사용되므로 미션 오일을 자주 교환해 주어야 하고, 오일을 제어할 오일펌프 및 솔레노이드밸브, 쿨러 등의 추가 부품이 들어가기 때문에 연비도 떨어진다.

듀얼 클러치는 변속기 내부에 장착되어 있다. 듀얼 클러치는 홀수 클러치와 짝수 클러치로 구성된다. 홀수 클러치는 홀수단 변속시 기관의 동력을 변속기에 전달 및 차단 역할을 한다. 짝수 클러치는 짝수단 변속시 기관의 동력을 변속기에 전달 및 차단 역할을 한다.

DCT의 장·단점

(1) 장점
① 매우 빠르고 부드러운 변속
② 동력손실이 매우 적고 자동변속기 대비 6~10% 이상 연비가 좋다.
③ 일반 자동변속기와 같이 편리하다.

(2) 단점
① 구조상 공간이 협소하여 클러치의 마찰 면을 싱글 클러치만큼 크게 할 수가 없다.
② 허용 토크값이 낮다.
③ 미션이 차지하는 공간과 무게가 크다.

듀얼 클러치 변속기의 작동

운전자가 가속페달을 조작하면 컴퓨터가 최적의 변속시점을 판단하여 자동으로 변속된다. 듀얼 클러치 변속기는 클러치가 2개이고, 톱니바퀴가 배열된 회전축이 2개이다. 즉, 듀얼 클러치 변속기는 각 단을 2개의 축으로 구분하여 배열하고(1-3-5, 2-4-6), 2개의 축을 각각 담당하는 클러치를 2개를 둠으로써 다음 변속을 최대한 빠르게 한 변속기이다.

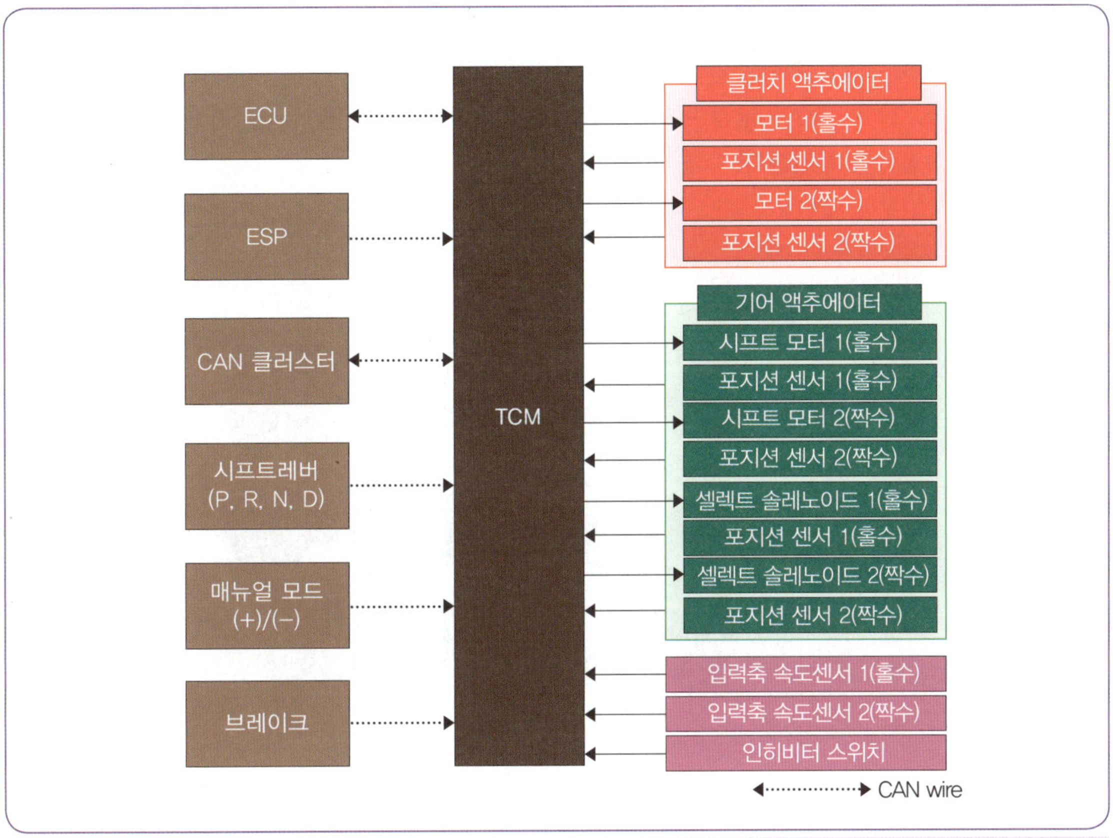

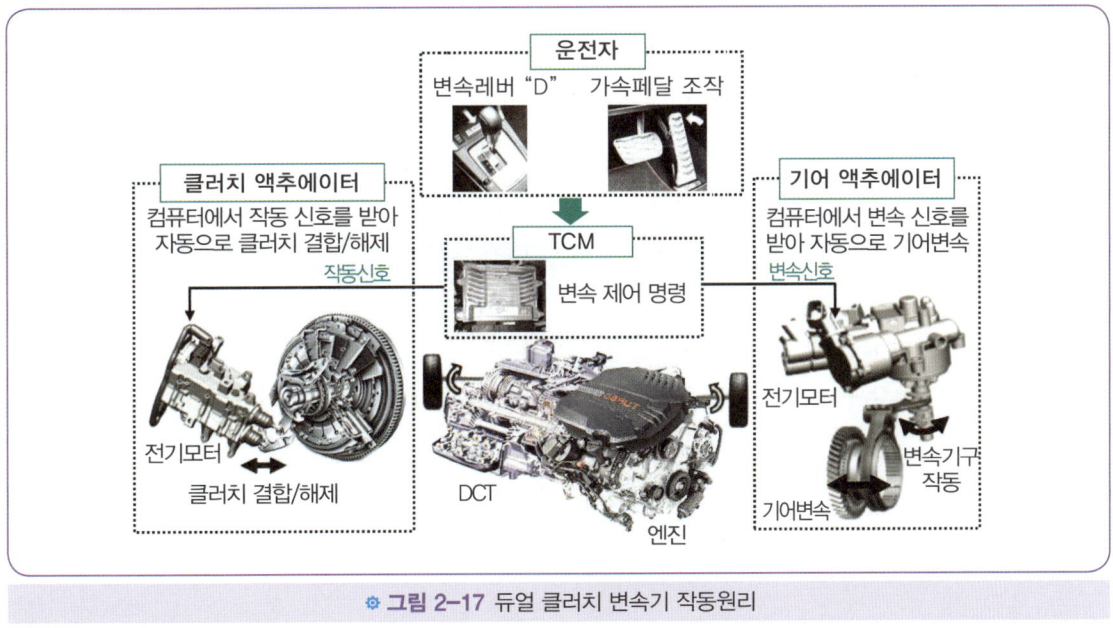

※ 그림 2-16 듀얼클러치 변속기 시스템 구성도

※ 그림 2-17 듀얼 클러치 변속기 작동원리

하나의 회전축은 1-3-5단을 담당하고 다른 회전축은 2-4-6단을 담당하되, 클러치와 연결된 회전축선은 하나이지만 안쪽과 바깥쪽으로 구분하여 회전축을 구동한다. 즉, 1-3-5단이 물릴 때는 안쪽 회전축이 회전하고, 2-4-6단이 물릴 때는 바깥쪽 회전축이 회전한다.

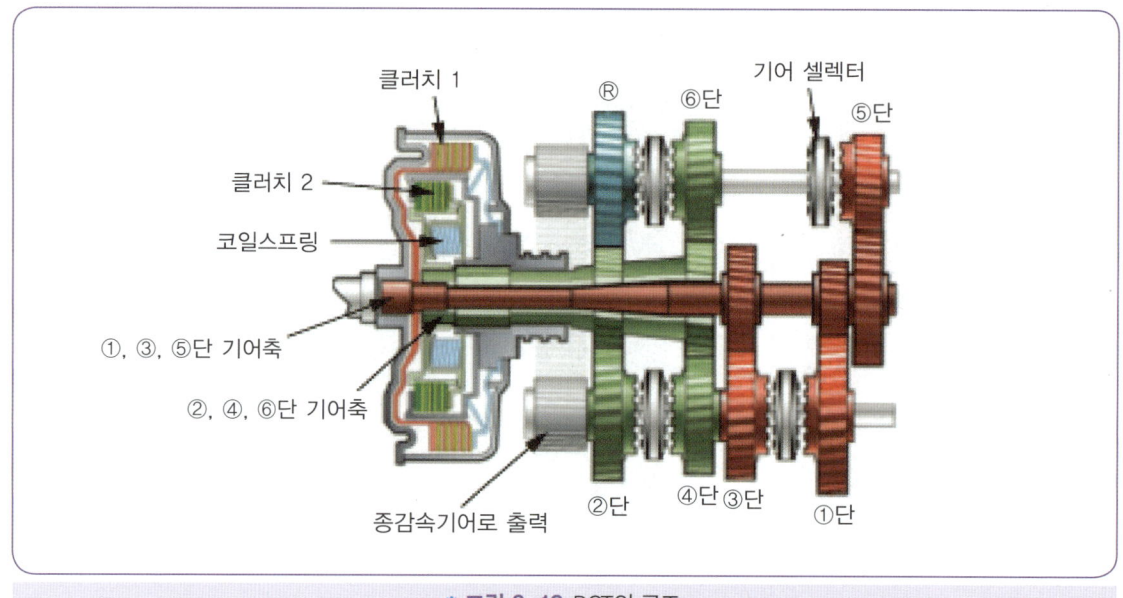

● 그림 2-18 DCT의 구조

클러치는 클러치박스 내에 2개의 클러치가 있어서 클러치 1은 1-3-5단 회전축과 물려있고, 클러치 2는 2-4-6단 회전축과 물려있다. 즉, 밀면 1번 클러치가 물리고 당기면 2번 클러치가 물리는 것이다. 기어 셀렉터 포크는 유압 또는 모터를 이용하여 작동한다.

주요 구성부품

(1) 클러치 액추에이터 어셈블리

클러치 액추에이터는 트랜스미션 컨트롤 모듈(TCM)으로부터 신호를 받아, 클러치를 결합 및 해제하는 역할을 한다.

(2) 기어 액추에이터 어셈블리

기어 액추에이터는 시프트 모터와 셀렉트 솔레노이드로 구성되어 있으며 TCM의 신호를 받아 시프트 모터와 셀렉트 솔레노이드를 제어한다.

(3) 입력축 속도센서 1, 2

입력축 속도센서는 변속기 입력축 회전수를 감지하여 TCM으로 전달하는 입력센서이며, 이 출력센서는 전자제어에 있어 중요한 입력 정보로 피드백 제어, 변속단 설정 제어 기타 센서 고장 판정기준 등 모든 작동 범위에서 필요한 정보이다.

02 수동변속기(MT : manual transmission)

기관의 회전력은 회전속도의 변화에 관계없이 항상 일정하지만 그 출력은 회전속도에 따라서 크게 변화하는 특징이 있다. 자동차가 필요로 하는 구동력은 도로의 상태, 주행속도, 적재 하중 등에 따라 변화하므로 변속기는 이에 대응하기 위해 기관과 추진축 사이에 설치되어 기관의 출력을 자동차의 주행속도에 알맞게 회전력과 속도로 바꾸어서 구동바퀴로 전달하는 장치이다. 수동변속기는 선택 기어방식 변속기라고도 하는데 그 종류에는 앞 기관 뒷바퀴 구동(FR) 자동차에 사용되는 변속기(transmission)와 앞 기관 앞바퀴 구동(FF) 자동차에 사용되는 트랜스액슬(transaxle)로 대별할 수 있다.

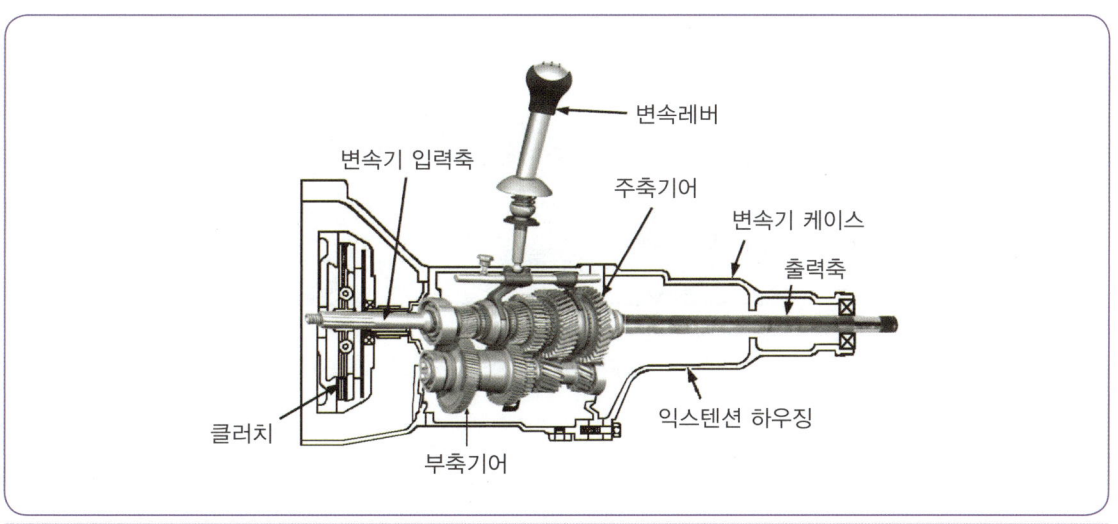

❖ 그림 2-19 수동(FR)변속기의 단면도

1 변속기의 필요성과 구비조건

변속기의 필요성

① 기관과 차축사이에서 회전력을 증대시킨다.
② 기관을 시동할 때 기관을 무부하 상태로 한다(변속레버 중립위치에서).
③ 자동차를 후진시키기 위하여 필요하다.

변속기의 구비조건

① 소형·경량이고, 고장이 없으며 다루기 쉬워야 한다.
② 조작이 쉽고, 신속, 확실, 정숙하게 작동되어야 한다.
③ 단계가 없이 연속적으로 변속이 되어야 한다.
④ 전달효율이 좋아야 한다.

자동차 구동력(tractive force)

① 자동차의 구동력은 구동바퀴가 자동차를 미는 힘이며, 다음 공식으로 나타낸다.

$$F = \frac{T}{R}$$

F : 자동차의 구동력(kgf), T : 축의 회전력(kgf·m), R : 구동바퀴의 반지름(m)

※ 그림 2-20 구동력과 축 회전력과의 관계

2 변속기의 분류

점진기어 형식 변속기

이 변속기는 운전 중 제1속에서 직접 톱 기어(top gear)로 또는 톱 기어에서 제1속으로 변속이 불가능한 형식이다.

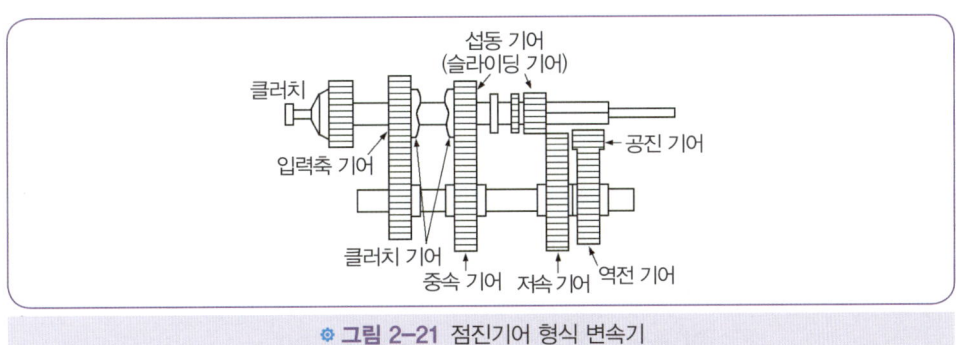

그림 2-21 점진기어 형식 변속기

선택기어 형식 변속기

(1) 활동(섭동)기어 형식(sliding gear type)

이 변속기는 주축과 부축이 평행하며 주축에 설치된 각 기어는 스플라인에 끼워져 축 방향으로 미끄럼운동을 할 수 있다. 변속을 할 때에는 변속레버의 조작으로 주축에 설치된 기어 중에서 1개를 선택하여 미끄럼운동을 시켜서 부축기어에 물려 동력을 전달한다. 이 형식은 구조는 간단하지만 기어를 미끄럼운동을 시켜서 직접 물리기 때문에 변속조작 거리가 멀고, 가속성능이 저하되며, 기어와 주축의 회전속도 차이를 맞추기 어려워 기어가 파손되기 쉽다.

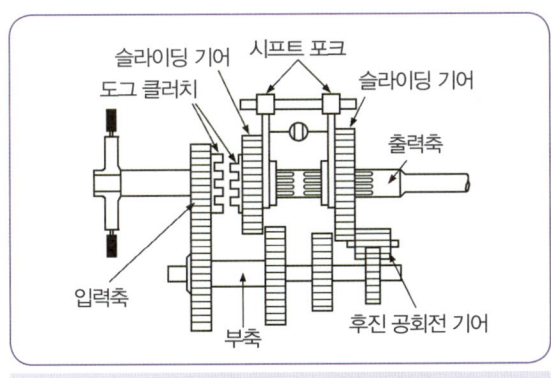

그림 2-22 섭동 기어형식 변속기

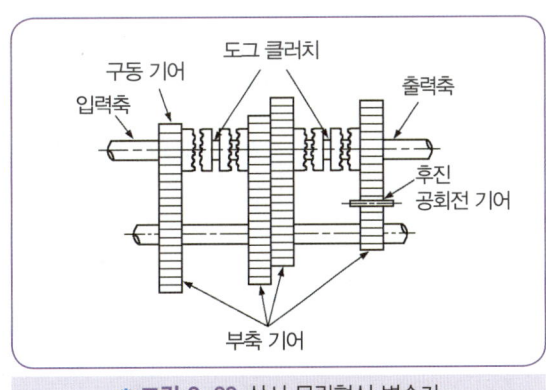

그림 2-23 상시 물림형식 변속기

(2) 상시 물림형식(constant mesh type)

이 변속기는 주축기어와 부축기어가 항상 물려 있는 상태로 작동하며, 주축에 설치된 모든 기어는 공전을 한다. 변속을 할 때에는 주축의 스플라인에 설치된 도그 클러치(dog clutch or clutch gear)가 변속레버에 의하여 이동해 공전하고 있는 주축기어 안쪽의 도그 클러치에 끼워져 주축과 기어에 동력을 전달한다.

상시 물림형식은 기어를 파손시키는 일이 적고, 도그 클러치의 물림 폭이 좁아 변속레버의 조작 각도가 작으므로 변속조작이 쉽고 구조도 비교적 간단하다.

(3) 동기 물림형식(synchro mesh type)

상시 물림형식에서는 기어가 물릴 때 기어의 속도가 일치되지 않은 상태에서 물리게 되면 소음발생과 파손의 원인이 되었다. 이러한 문제를 해결하기 위한 기구가 동기 물림장치(싱크로메시 기구)이며, 이는 기어의 원주속도를 신속하게 일치시켜 기어의 물림을 원활하게 하기 위한 장치이다.

◈ 그림 2-24 동기 물림장치의 구성

동기 물림형식은 주축 위를 항상 공전하고 있는 변속기어와 주축 및 스플라인에 의해 결합된 허브기어 사이에 원추형의 마찰 면을 가진 싱크로나이저 링(클러치)과 슬리브를 이용한 것이다. 변속할 때 변속레버로 슬리브를 움직이면 싱크로나이저 링이 작용하고, 이 링의 마찰력에 의해 주축과 변속되는 기어가 부드럽게 물리게 되므로 조용하게 변속을 시킬 수 있다. 동기 물림장치는 싱크로나이저 허브, 슬리브, 링, 키 및 스프링으로 구성된다.

3 변속기 조작기구

직접 조작방식 변속기

직접 조작방식(floor shift type)은 변속레버는 변속기의 뒷부분에 부착되어 변속레버에 의해 시프트 포크(shift fork)가 선택되고, 각 시프트 포크는 시프트 레일(shift rail)과 함께 앞뒤로 작동하며, 시프트 레일에 고정된 시프트 포크가 싱크로나이저 슬리브 홈에 들어가서 슬리브를 작동시킨다. 또 슬리브는 각 기어의 클러치 기어와 싱크로나이저로 허브를 연결하게 되어 변속이 이루어진다.

원격 조작방식 변속기

(1) 컬럼형(column type) 원격 조작방식

이 방식은 로드(rod)를 이용한 것이며, 변속레버를 움직이면 로드가 이동하여 시프트 포크가 작동하여 변속이 이루어진다.

(2) 플로어형(floor type) 원격 조작방식

이 방식은 운전석 옆에 있는 변속레버의 동작에 따라 시프트 케이블(shift cable)과 셀렉터 케이블(selector cable)이 움직이고, 2개의 케이블은 시프트 레버와 셀렉터 레버를 움직여 변속이 이루어진다.

4 인터록 플런저와 포핏 스프링(록킹볼)

(1) 인터록 플런저(inter-lock plunger)

기어가 변속될 경우, 동시에 2중으로 변속이 이루어지지 않도록 2중 물림방지를 한다.

(2) 포핏 스프링(록킹볼)

포핏 스프링은 볼을 일정한 힘으로 밀어 시프트 레일의 헐거운 움직임을 제한하는 역할을 한다.

5 변속비와 주행속도

변속비(또는 기어비)는 기관의 회전수(또는 입력축 구동 기어의 회전수)와 추진축(또는 변속기 주축)의 회전수와의 비를 말한다.

$$기어비 = \frac{카운터\ 기어(부축기어)\ 잇수}{입력축\ 기어\ 잇수} \times \frac{변속단\ 출력축\ 기어\ 잇수}{변속단\ 카운터\ 기어\ 잇수}$$

자동차의 주행속도는 주행 저항을 계산에 넣지 않는다면 엔진의 회전수, 변속비, 종감속비 및 바퀴 크기에 따라 정해진다.

$$V_1 = \pi D \frac{N}{r_t r_f}(m/\min) = \pi D \times \frac{N}{r_t r_f} \times \frac{60}{1,000}(km/h)$$

N : 엔진회전수(rpm)　　rt : 변속기의 기어비
rf : 종감속비　　D : 바퀴직경(m)

6 수동 트랜스액슬(trans axle)

트랜스액슬은 앞 기관 앞바퀴 구동방식(FF) 자동차에서 종감속 기어와 차동장치를 일체로 제작한 것이다. 조작방법, 구조 및 작동은 뒷바퀴 구동방식과 거의 같으며 특징은 다음과 같다.
① 실내 유효공간이 넓다.
② 자동차의 경량화로 인해 연료 소비율이 감소한다.
③ 가로방향에서 받는 바람에 대한 안전성 및 직진 성능이 좋다.
④ 방향 안전성이 우수하며, 험한 도로를 주행할 때 안전성이 좋다.
⑤ 제동할 때 안전성이 우수하다.

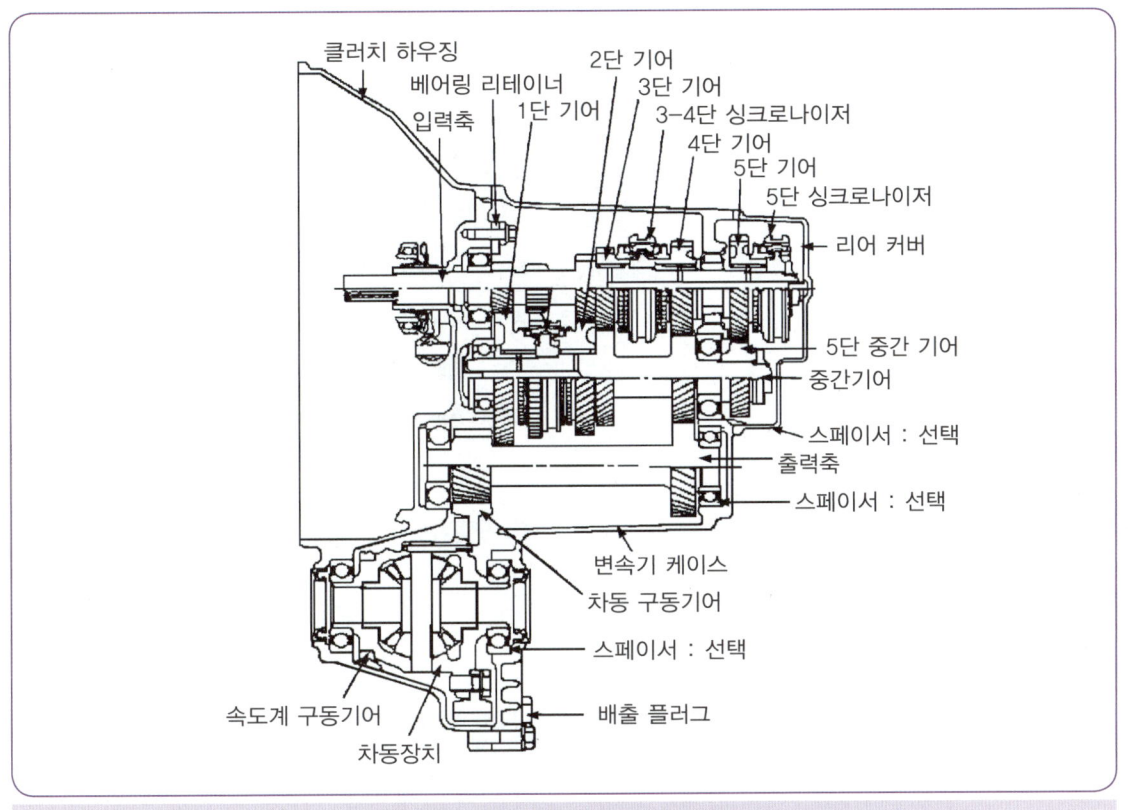

◎ 그림 2-25 트랜스액슬의 단면도

 03 자동변속기(AT : automatic transmission)

1 자동변속기의 개요

자동변속기는 클러치와 변속기의 작동이 자동차의 주행속도나 부하에 따라 자동적으로 이루어지는 장치이다. 자동변속기에는 변속조작 방법에 따라 여러 가지 형식이 있으나 주로 토크컨버터와 유성기어 변속기에 유압 조절장치를 두며, 최근에는 컴퓨터로 조절하는 전자제어 자동변속기가 사용된다.

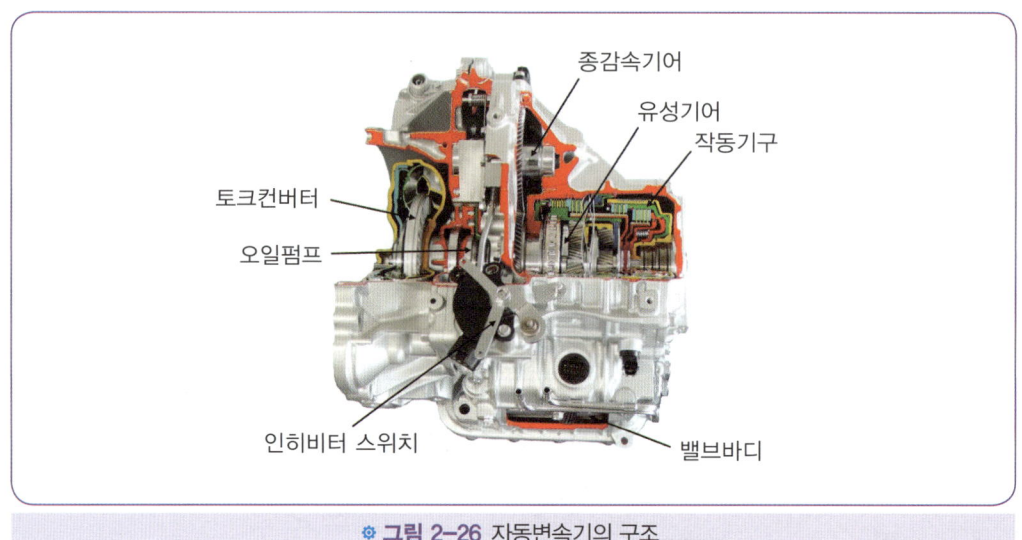

❋ 그림 2-26 자동변속기의 구조

2 유체클러치(fluids clutch)

유체클러치의 작동원리

유체클러치는 2개의 날개차 사이에 오일을 가득 채운 후 한쪽의 날개차를 회전시키면 오일은 원심력에 의해 상대편 날개차를 회전시킬 수 있다. 이 원리를 이용하여 기관의 동력을 오일의 운동에너지로 바꾸고, 이 에너지를 다시 회전력으로 바꾸어 변속기로 전달하는 장치이다.

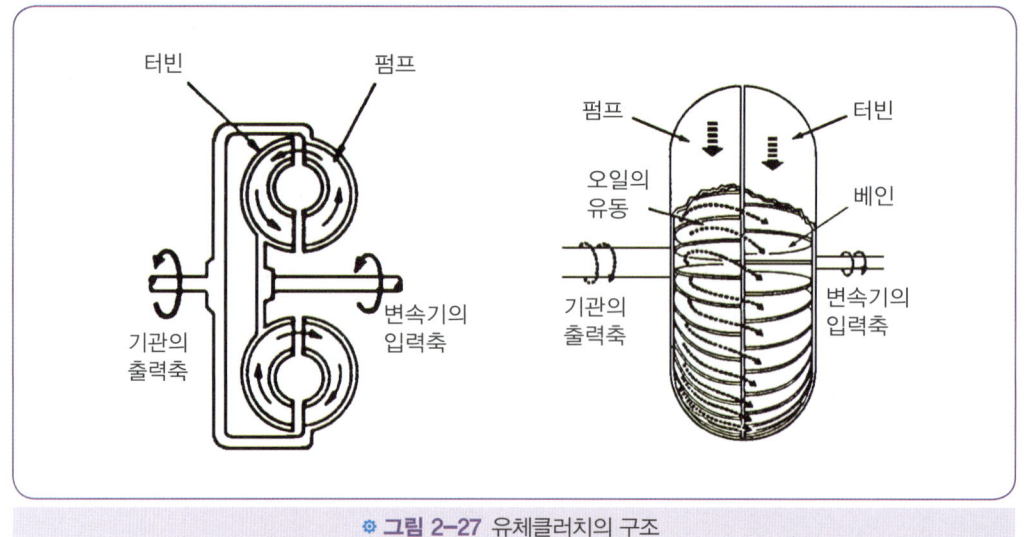

❋ 그림 2-27 유체클러치의 구조

유체클러치의 구조

유체클러치는 기관 크랭크축에 펌프를, 변속기 입력축에 터빈을 설치하고, 오일의 맴돌이 흐름(와류)을 방지하기 위한 가이드 링을 두고 있다.

유체클러치 오일의 구비조건

① 점도가 낮을 것
② 비중이 클 것
③ 착화점이 높을 것
④ 내산성이 클 것
⑤ 유성이 좋을 것
⑥ 비등점이 높을 것
⑦ 응고점이 낮을 것
⑧ 윤활성능이 클 것

3 토크컨버터(torque converter)

토크컨버터의 개요

토크컨버터는 그 내부에 오일이 가득 채워져 있고 자동차의 주행저항에 따라 자동적, 연속적으로 구동력을 변환시킬 수 있으며 그 기능은 다음과 같다.
① 기관의 회전력을 변속기에 원활하게 전달하는 기능
② 회전력을 변환시키는 기능
③ 회전력을 전달할 때 충격 및 크랭크축의 비틀림 완화 등의 기능을 한다.

토크컨버터의 터빈과 펌프와의 회전속도 비율[$\frac{터빈의\ 회전속도}{펌프의\ 회전속도}$]에 대하여 그 회전력 변환비율[$\frac{터빈의\ 회전력}{펌프의\ 회전력}$] 및 동력 전달효율[회전속도 비율×회전력 변환비율]을 표시한다. 회전력은 회전속도 비율 0에서 최대가 되며, 이 점을 스톨 포인트(stall point)라 한다. 또 회전력 변환비율은 회전속도 비율이 높아짐에 따라 감소하며 어떤 회전속도 비율에서는 회전력 변환비율이 1이 된다. 이 점을 클러치 점(clutch point)이라 한다. 그 이상의 회전속도 비율에서는 회전력 변환비율이 1 이하가 된다.

동력 전달효율은 스톨 포인트에서는 0이 되고 회전속도 비율이 높아짐에 따라 증가하는데 일반적으로 클러치 점보다 낮은 회전속도 비율에서 최대가 되고 이후에는 급격히 낮아진다. 그 이상에서는 토크컨버터의 일반적인 특성으로 회전력 변환비율 1의 클러치 점에서는 유체클러치로 변환한다.

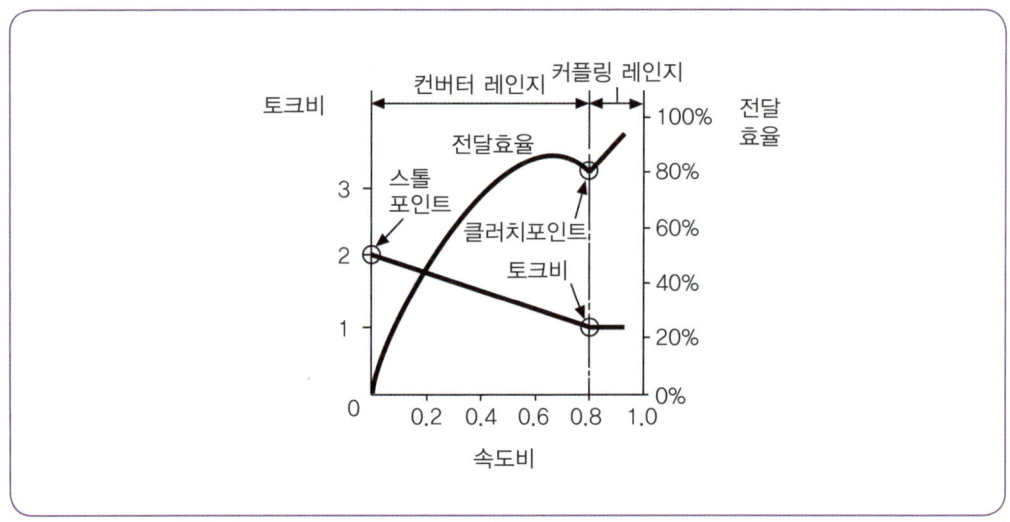

● 그림 2-28 토크컨버터의 성능곡선

따라서 스테이터와 프레임사이에 원웨이 클러치(one way clutch, 일방향 클러치)를 설치하고 있는데 이 원웨이 클러치에 의하여 클러치 점에 도달하면 지금까지 작동을 멈추고 있던 스테이터 날개의 뒷면에 오일이 작용하기 때문에 스테이터가 회전하기 시작하여 유체클러치와 같은 작용(동력만 전달)을 한다. 그리고 유체클러치는 토크 변환율이 1 : 1이지만 토크컨버터 토크 변환율은 약 2~3 : 1 정도이다.

토크컨버터의 구조

① **펌프** : 기관의 기계적 에너지를 유체의 유동에너지로 바꾼다.
② **터빈** : 유체의 유동에너지를 기계적 에너지로 바꾼다.
③ **스테이터** : 유체의 유동방향을 변환시켜 터빈 출력토크를 증대시키며, 유체의 유동방향 변환시에는 토크 컨버터 영역이고 스테이터가 회전을 하면 유체커플링 영역이다.
④ **토크컨버터 베인 형상** : 유체 운동에너지를 이용하여 토크로 변환하며 3요소(펌프, 터빈, 스테이터) 1단(터빈의 수) 2상형(토크컨버터 영역, 유체 커플링 영역)이다.

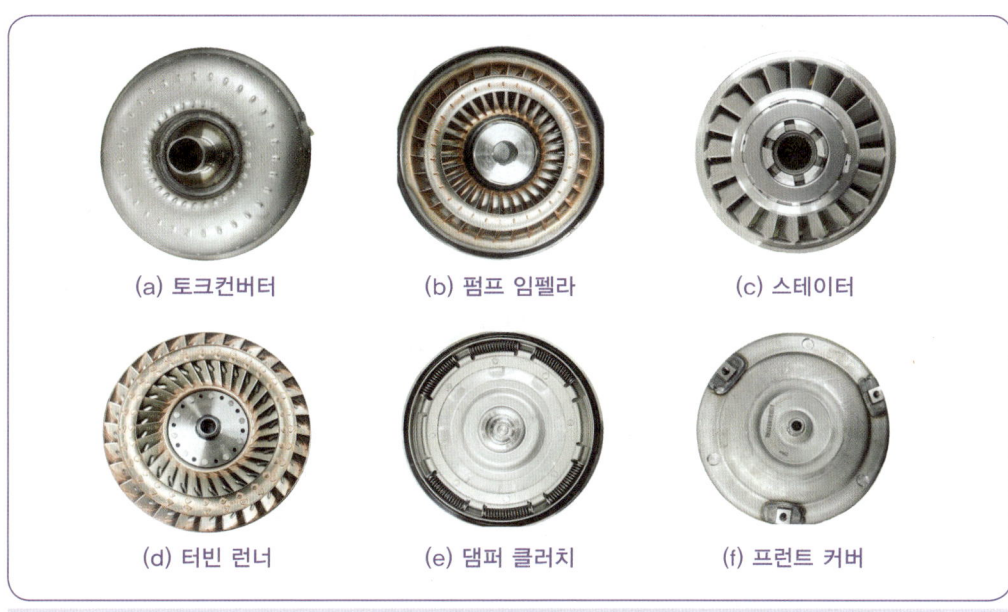

● 그림 2-29 토크컨버터의 구성부품

4 유성기어 장치

유성기어 장치 종류

(1) 심프슨 방식(simpson type)

이 방식은 2세트의 단일 유성기어의 각각에 선기어를 결합하고 다시 한쪽의 링기어와 다른 한쪽의 유성캐리어를 결합한 기어 트레인이다. 특징은 링기어 입력으로 인하여 강도상 유리하고 동력순환이 없으며 구성요소의 회전속도는 낮고 효율이 좋다.

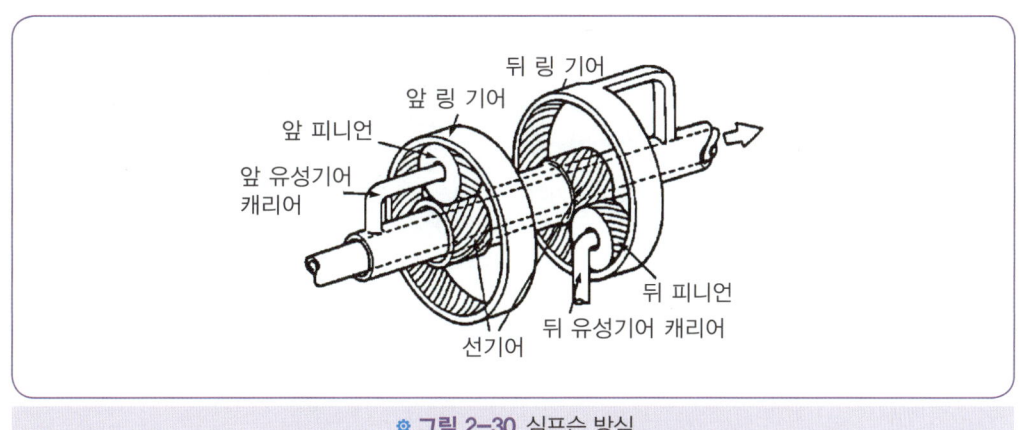

● 그림 2-30 심프슨 방식

(2) 라비뉴 방식(ravigneaux type)

이 방식은 1세트의 단일 유성기어와 다른 한 세트의 더블 유성기어 세트를 조합한 기어 트레인이다. 특징은 구성요소가 적고 축 방향의 치수가 짧고 구성요소의 회전속도가 낮다.

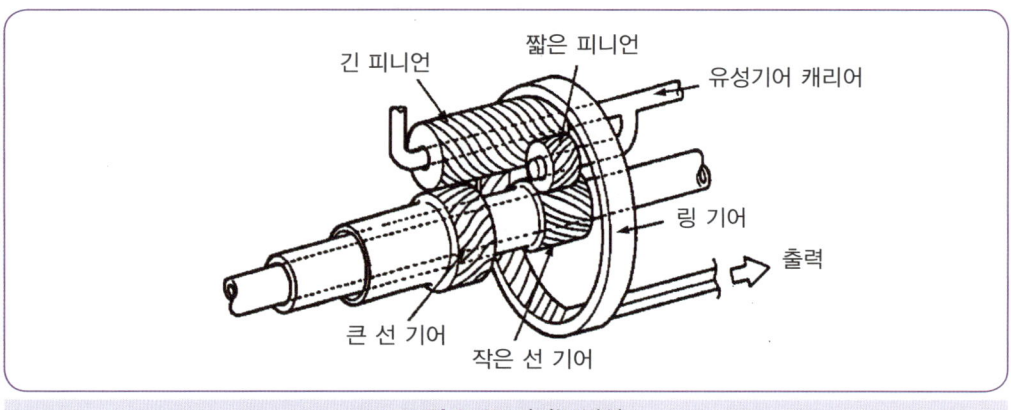

◈ 그림 2-31 라비뉴 방식

유성기어장치의 구성

유성 기어장치의 구성요소는 선 기어(sun gear), 링 기어(ring gear), 유성기어(또는 유성 피니언 : planetary gear or planetary pinion), 유성기어 캐리어(planetary gear carrier)로 되어 있으며 입력 및 출력요소로 선 기어, 링 기어, 유성기어 캐리어를 이용한다. 유성 기어장치는 3요소 중 2요소가 작동하면 일체로 작동된다.

◈ 그림 2-32 유성기어의 구성

① **포워드 선 기어(forward sun gear)** : 전진용 선 기어이며, 리어 클러치 허브를 통하여 구동력이 전달되면 포워드 선 기어는 숏 피니언을 구동한다.

② **리버스 선 기어(reverse sun gear)** : 후진용 선 기어이며, 프론트 클러치 리테이너에 설치되어 프론트 클러치가 작동할 때 킥다운 드럼의 중계로 구동력이 리버스 선 기어에 전달되어 롱 피니언을 구동한다.

③ **유성 캐리어(planetary carrier)** : 유성 캐리어는 로 & 리버스 브레이크 허브 및 원웨이 클러치 아웃 레이스와 일체로 되어 있으며, 4단 자동변속기에서 엔드 클러치 축의 중계로 엔드 클러치와 연결되어 있으며, 엔드 클러치가 작동될 때 구동력을 링 기어로 전달한다.

④ **링 기어(ring gear or annulus gear)** : 출력 플랜지와 연결되어 있으며, 출력 플랜지에 설치된 트랜스퍼 구동 기어로 구동력을 전달한다.

유성기어 변속장치의 작용

유성기어 변속장치는 유압에 따라 변속 제어장치에 의하여 자동차의 주행속도에 따라 자동 변속이 이루어진다. 이것에 의하여 토크 컨버터의 회전력 변환능력 부족분량을 보충하여 자동차의 구동력을 증대시키고 또 후진할 때 회전방향을 변환하여 자동변속기의 기능이 충분히 발휘되도록 한다. 유성 기어장치의 작동은 다음과 같다.

(1) 증속시킬 경우

① 링기어를 증속시키고자 할 경우에는 선기어를 고정시키고, 유성 캐리어를 구동하면 증속되며, 링기어의 증속은 다음 공식으로 산출된다.

$$N = \frac{A + D}{D} \times n$$

N : 링 기어의 회전   A : 선 기어 잇수
D : 링 기어 잇수   n : 유성 캐리어의 회전수

② 선기어를 증속시키고자 할 경우에는 링기어를 고정시키고, 유성 캐리어를 구동하면 증속된다.

(2) 감속시킬 경우

① 선기어를 고정시키고 링기어를 구동하면 유성 캐리어가 감속한다.
② 링기어를 고정시키고 선기어를 구동하면 유성 캐리어가 감속한다.

(3) 후진(역회전)시키고자 할 경우

① 유성 캐리어를 고정하고 선기어를 회전시키면 링기어가 역전 감속한다.
② 유성 캐리어를 고정하고 링기어를 회전시키면 선기어가 역전 증속한다.

(4) 직결시킬 경우

선기어, 유성 캐리어, 링기어의 3요소 중에서 2요소를 고정하면 동력은 직결(top gear)된다. 또, 유성기어를 자동변속기의 보조 변속기로 사용하는 이유는 다음과 같다.

① 유성기어 트레인의 각 기어는 항상 물려 있기 때문에 동력전달 중에도 기어의 변속이 가능하다.
② 1세트의 유성기어 트레인도 2가지의 변속비율 얻을 수 있다. 가령 2세트의 유성기어세트인 경우 전진 3단, 후진 1단의 변속비율을 얻을 수 있다.
③ 수동변속기에 비해 소형화할 수 있다.

5 유압 제어장치

자동변속기는 유압 제어장치에 의해 자동차의 주행속도에 따라 자동적으로 유성 기어장치의 브레이크 밴드와 클러치를 결합시키기도 하고 해제하기도 한다.

유압 제어장치의 구조와 작동

유압 제어장치는 오일펌프, 거버너밸브, 밸브보디 등으로 구성되어 있다.

(1) 오일펌프(oil pump)

오일펌프는 유압 제어장치의 유압 발생원으로 적당한 유압과 유량을 공급한다. 오일펌프는 내접기어형이며, 구동기어와 피동기어로 되어 있고, 초승달 모양의 크레센트(crescent)를 사이에 두고 서로 맞물려 있으며 기관 시동과 동시에 유압을 발생한다.

(2) 거버너 밸브(governor valve)

이 밸브는 유성 기어장치의 변속이 그 때의 주행속도에 적응되도록 한다. 작동은 오일펌프에서 유압을 받아 이를 주행속도에 비례하는 유압(이것을 거버너 압력이라 함)으로 조정하여 최종적으로 이 유압을 밸브보디 내의 시프트밸브(shift valve)의 끝 부분에 작용시킨다.

이 유압에 의해 시프트 밸브가 이동하여 오일회로가 열리면서 주 라인압력이 클러치, 브레이크 밴드로 송출되어 클러치 또는 브레이크 밴드가 작용하여 유성 기어장치가 변속된다. 즉 거버너 밸브에 의하여 시프트 업(shift up)이나 시프트 다운(shift down)이 자동적으로 이루어진다.

(3) 밸브바디(valve body)

밸브바디는 변속기 내부에 장착되어 있고, 밸브바디는 자동변속기 제어의 중추적인 구성품으로 오일펌프에서 공급되는 유체를 제어하는 각종 밸브가 내장되어 있다. 압력을 조절하는 레귤레이터 밸브, 오일의 방향을 바꿔주는 변환 밸브, 변속을 실행하는 시프트 밸브, 변속레버와 연결된 매뉴얼 밸브 등이 있다. 밸브 바디 몸체에는 전자 솔레노이드 밸브가 장착되어 있어 최상의 변속감을 실행시킨다.

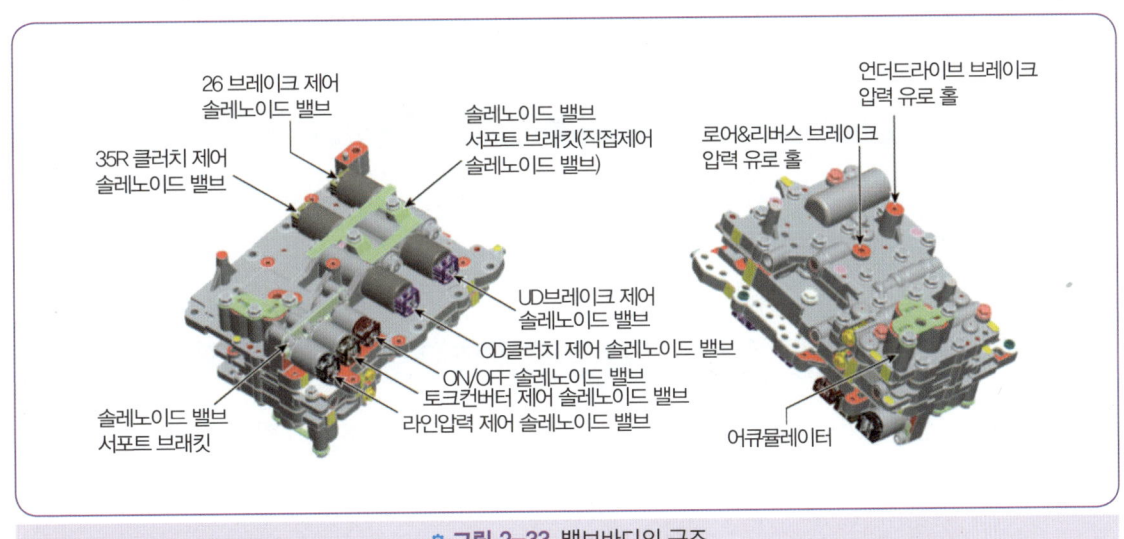

◈ 그림 2-33 밸브바디의 구조

6 댐퍼 클러치(록업 클러치, damper clutch or lock up clutch)

댐퍼 클러치의 기능

수동 변속기에 비해 자동변속기가 연료 소비율이 높았던 것은 동력전달 손실이 큰 것이 그 원인이며, 회전력 변환비율이 1에 가까운 구간에서는 마찰클러치와 같은 직결상태로 하여 동력전달 손실을 최소화하는 것이 댐퍼 클러치이다.

댐퍼 클러치가 작동하지 않는 범위

① 제1속 및 후진할 때
② 기관 브레이크가 작동할 때
③ 변속할 때
④ 브레이크 스위치가 ON 상태일 때
⑤ 기관이 공전할 때
⑥ 냉각수 온도 50℃, 오일온도 60℃ 이하시

7 전자제어 자동변속기용 센서

스로틀 위치 센서(TPS)

기관 전자제어장치와 공용이며 스로틀밸브 열림 정도에 따른 저항 값의 변화 즉, 출력전압의 변화를 이용한다. 이 센서는 단선 또는 단락되면 페일 세이프(fail safe)가 되지 않는다. 이에 따라 출력이 불량할 경우에는 변속점이 변화하며 출력이 80% 정도밖에 나오지 않으면 변속 선도 상의 킥 다운 구간이 없어지기 쉽다.

수온센서(WTS)

기관 냉각수 온도가 50℃ 미만에서는 OFF되고, 그 이상에서는 ON으로 되어 컴퓨터(TCU)로 입력시킨다.

오일온도(유온)센서

자동변속기 오일(ATF)의 온도에 따라 점도 특성 변화를 참조하기 위해 설치한다.

펄스 제너레이터 A&B(pulse generator A&B)

펄스 제너레이터 A는 킥다운 드럼의 회전속도를, 펄스 제너레이터 B는 트랜스퍼 피동 기어의 회전속도를 검출하여 Na/Nb를 컴퓨터에서 연산하여 자동적으로 변속 단수를 결정한다.

가속페달 스위치(accelerator pedal S/W)

가속페달을 밟으면 OFF, 놓으면 ON으로 되어 이 신호를 컴퓨터로 보내며 주행속도 7km/h 이하, 스로틀밸브가 완전히 닫혔을 때 크리프(creep)량이 적은 제2단으로 유도하기 위한 검출기구이다. 또 스로틀밸브가 완전히 닫힌 상태에서는 ON이나 조정 불량 등으로 OFF가 되면 복잡한 작동을 하게 된다.

차속센서

변속기 속도계 구동기어의 회전속도(주행속도)를 펄스 신호로 검출하여 펄스 제너레이터 B에 이상이 있을 때 페일 세이프 기능을 갖도록 한다.

컴퓨터(TCU : transmission control unit)

컴퓨터는 각종 센서에서 보내 온 신호를 받아서 댐퍼클러치 제어 솔레노이드밸브(DCCSV), 변속제어 솔레노이드밸브(SCSV), 압력제어 솔레노이드밸브(PCSV) 등을 구동하여 댐퍼 클러치의 작동과 변속 조절을 한다.

인히비터 스위치(inhibitor S/W)

변속레버를 P(주차) 또는 N(중립) 레인지 위치에서만 기관 시동이 가능하도록 하고, 그 외의 위치에서는 시동이 불가능하게 하며 R(후진)레인지에서는 후퇴등(back up lamp)이 점등되게 한다.

04 무단변속기(CVT : continuously variable transmission)

1 무단변속기의 개요

무단변속기란 연속적으로 가변시키는 장치이다. 무단변속기의 최대 장점은 무단으로 변속을 실행하므로 변속기에서 발생할 수 있는 변속 충격방지 및 연료 소비율 향상과 가속성능이 우수한 점이다. 무단변속기는 기관을 항상 최적 운전상태로 유지할 수 있어 효율이 10~20% 정도 높아진다. 무단변속기의 특징은 다음과 같다.

① 가속성능이 향상된다.
② 연료 소비율이 향상된다.
③ 변속 충격이 감소한다.
④ 무게가 감소한다.

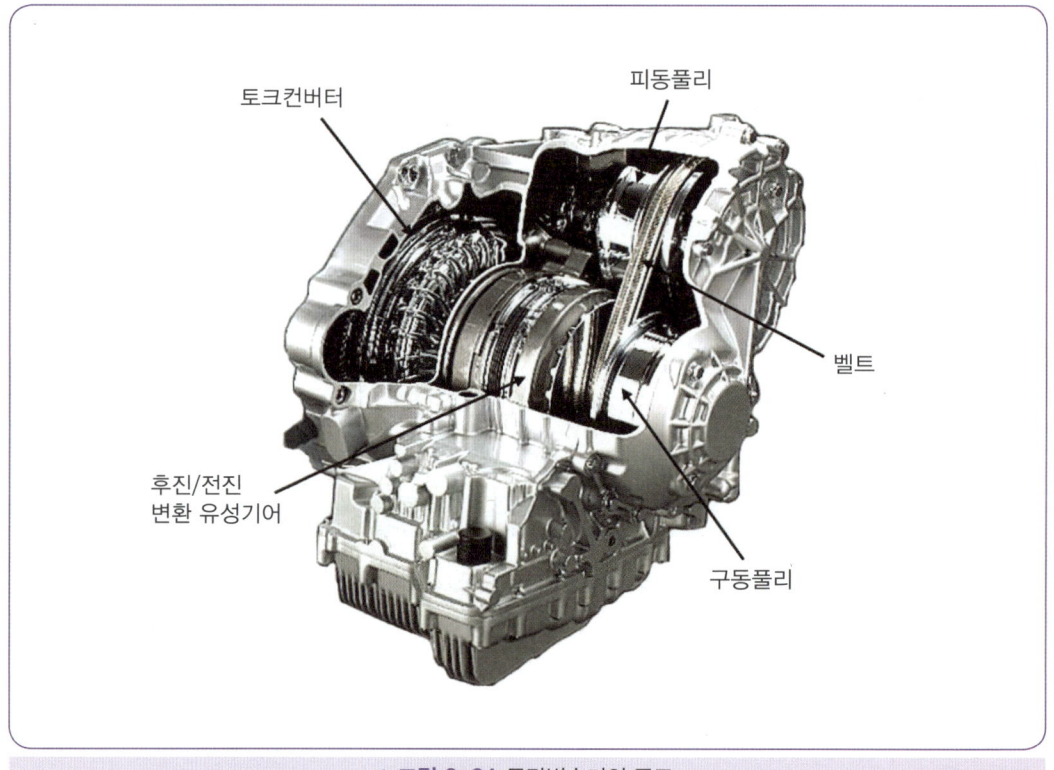

※ 그림 2-34 무단변속기의 구조

2 무단변속기의 구성별 분류

기본형식에 의한 분류

(1) 벨트 구동방식

1) 고무벨트 방식

고무벨트는 알루미늄합금 블록의 측면 즉, 변속기 풀리와의 접촉면이 내열수지로 성형되어 있다. 이렇게 제작된 고무벨트는 높은 마찰계수를 유지하는 효과를 얻을 수 있고 벨트를 누르는 힘(grip force)을 작게 할 수 있다. 이 고무벨트 방식은 주로 2바퀴 차량 등과 같은 배기량이 작은 차량에서 주로 사용된다.

2) 금속벨트 방식

금속벨트 방식은 두께 0.2mm의 금속밴드를 12장씩 겹친 밴드사이에 끼워 넣은 상태의 금속 V-벨트이며 특이한 점은 고무벨트는 인장력으로 동력을 전달하지만 금속벨트 방식은 금속블록사이의 압축력에 의해서도 동력을 전달한다.

(2) 트랙션(traction) 구동방식

트랙션 구동 전용으로 개발된 전단 저항이 큰 오일에 의해 금속 면 사이에 오일막을 형성시켜 동력을 전달하는 방식이다. 변속 응답성이 좋고, 출발용 클러치가 필요 없는 장점이 있으나, 접촉 압력이 높아 접촉면의 금속 피로방지와 전단 저항이 큰 오일의 개발이 과제이다.

(3) 유압모터 · 펌프의 조합방식

유압펌프와 유압모터로 이루어져 있으며 펌프에서 만들어진 동력은 기계적인 동력으로 바꾸어지는 유압식 변속기 구조로서 내구성, 유연한 변속 등의 장점에도 불구하고 부피가 크고 무거워서 승용차에 적용하는데 어려움이 있어 농기계나 상업 장비에 이용된다.

동력 전달방식에 의한 분류

(1) 토크컨버터 방식

토크컨버터 방식에서 사용하는 무단변속기의 토크컨버터는 자동변속기에서 사용하는 토크컨버터와 같다. 그러나 무단변속기 특성상 록 업(lock up) 구간(댐퍼 클러치 제어 영역)을 자동변속기에 비해 작동영역을 크게 할 수 있어 연료 소비율 개선에 큰 효과를 볼 수 있다.

(2) 전자 클러치방식(전자 분말방식)

전자 클러치방식(electronic clutch type)은 구동판(drive plate)에 볼트로 고정되어 있으며, 변속기 입력 축과 연결된 로터(rotor), 구동판과 연결된 클러치 하우징의 요크(yoke) 및 코일(coil) 등으로 구성되어 있다.

컨트롤러(controller)에서 브러시(brush)에 전류를 공급하면 슬립 링(slip ring)을 통해 코일이 자화되어 요크와 로터사이에 있는 자석 성분의 분말이 연속적으로 연결된다. 이 결합력에 의해 요크와 변속기 입력축과 연결된 로터가 연결되어 동력을 전달한다. 이 결합력은 전류의 세기에 비례하며 컨트롤러에서 전류를 차단하면 분말의 연결 상태가 해제되어 클러치가 분리되므로 동력이 차단된다.

3 무단변속기의 구성요소와 작동

토크컨버터(torque converter)

토크컨버터는 기관의 동력을 변속기로 전달해 주는 유체 동력학적 동력 전달장치이며, 현재 거의 모든 자동변속기에 사용되고 있는 매우 중요한 장치이다. 특히, 무단변속기용 토크컨버터는 자동변속기의 주요 구성부품을 공용화하고 있으며 록업(lock up) 클러치의 강성화와 정숙성 확보, 록업 영역의 확대로 낮은 연료 소비율 실현 및 출발 성능 등이 향상되었다.

오일펌프(oil pump)

오일펌프는 토크컨버터의 바로 뒷부분이나 또는 변속기 케이스의 맨 뒤쪽에 설치되며, 어떤 경우에는 밸브보디 내에 설치하기도 한다. 오일펌프는 항상 기관에 의해 구동되는데 토크컨버터의 뒤쪽에 설치될 경우 토크컨버터의 펌프커버 허브에 의해 구동되며, 변속기 케이스 뒤쪽이나 밸브보디 내에 설치될 경우에는 토크컨버터 커버와 연결된 별도의 오일펌프 구동축에 의해 구동된다.

전·후진장치

무단변속기의 변속은 가변 풀리에 의하므로 별도의 변속장치가 필요 없다. 그러나 무단변속기를 설치한 차량도 후진을 하여야 한다. 이를 위해 전·후진장치를 두고 있다. 전·후진장치의 작동은 유성 기어장치를 사용하며, 유성 기어장치의 구성은 링기어 유성 캐리어, 선기어, 더블 피니언(double pinion) 등이다. 이것은 전진에서 후진으로의 동력 전달방향을 변환할 때 회전방향을 바꾸기 위한 기구이다.

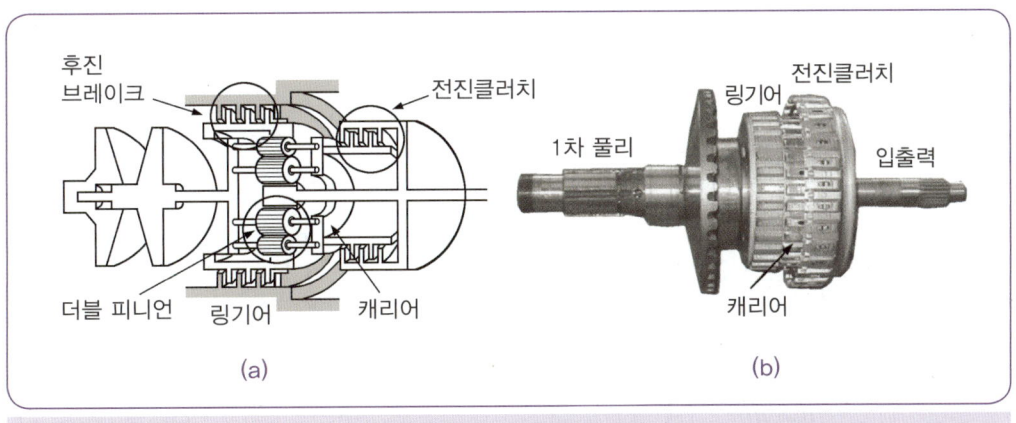

● 그림 2-35 전·후진장치의 구성

그리고 유성 기어장치를 제어하기 위한 클러치 및 브레이크가 있으며, 전진할 때 유성 캐리어를 직접 구동하기 위한 전진 클러치 1세트와 후진에서 링기어를 케이스에 고정하기 위한 후진 브레이크 1세트가 마련되어 있다.

가변 풀리

무단변속기에서 변속비율이 제어되는 곳이 가변 풀리이다. 즉 지름이 다른 풀리 2개가 벨트를 통하여 연결되어 있으며, 각 풀리는 벨트가 설치되어 지름을 변경할 수 있도록 되어 있다. 풀리의 지름 변경은 1차 풀리 피스톤과 2차 풀리 피스톤에 의한다. 각 풀리

장치 즉, 구동과 피동 풀리는 고정 및 이동 시브(sheave)로 구성되어 있다. 고정 시브와 이동 시브 사이에는 볼 스플라인(ball spline)을 사용하여 축 방향 이동은 자유스럽지만 회전운동은 제한을 받는다.

이렇게 이동 시브가 축 방향으로 이동함에 따라 벨트의 접촉 반지름이 바뀌게 되어 풀리 비율이 변화한다. 벨트의 접촉력을 발생시키는 유압실은 피스톤, 이동 풀리 및 풀리 커버로 구성되어 있다.

(1) 1차 풀리

1차 풀리 즉, 구동 풀리는 더블 피스톤을 사용한다. 이것은 1차 풀리의 역할이 구동 중 변속비율 제어와 관련이 있음을 의미한다. 저속 단계로 운행 중인 자동차를 고속 단계로 변속을 하기 위해서는 1차 풀리의 유압 실에 유압을 가하게 되는데 이때 벨트는 가장 안쪽에 위치하고 있다가 바깥쪽으로 이동을 한다. 이때 벨트가 위치해 있는 풀리의 지름 비율이 곧 변속 비율이 된다.

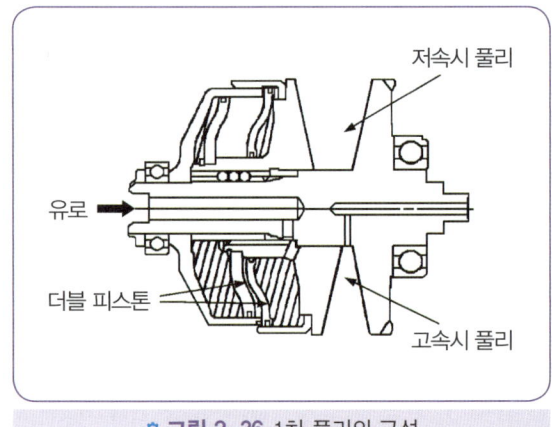

◆ 그림 2-36 1차 풀리의 구성

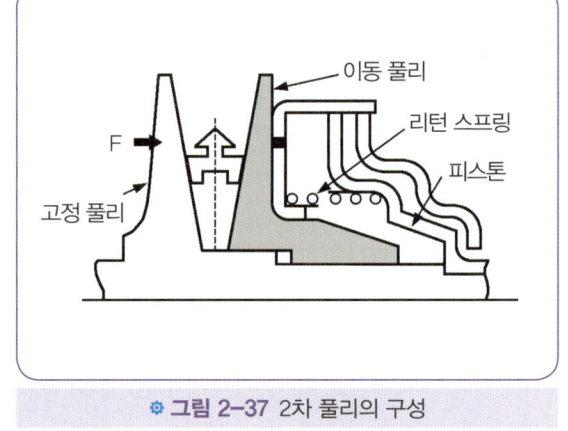

◆ 그림 2-37 2차 풀리의 구성

(2) 2차 풀리

2차 풀리의 내부구조 및 원리는 1차 풀리와 거의 비슷하다. 그러나 역할이 다르므로 일부 구조는 차이가 있다. 1차 풀리가 변속비율 제어가 주 역할이었다면 2차 풀리는 벨트의 장력 제어가 주 역할이다.

05 무단변속기의 전자제어

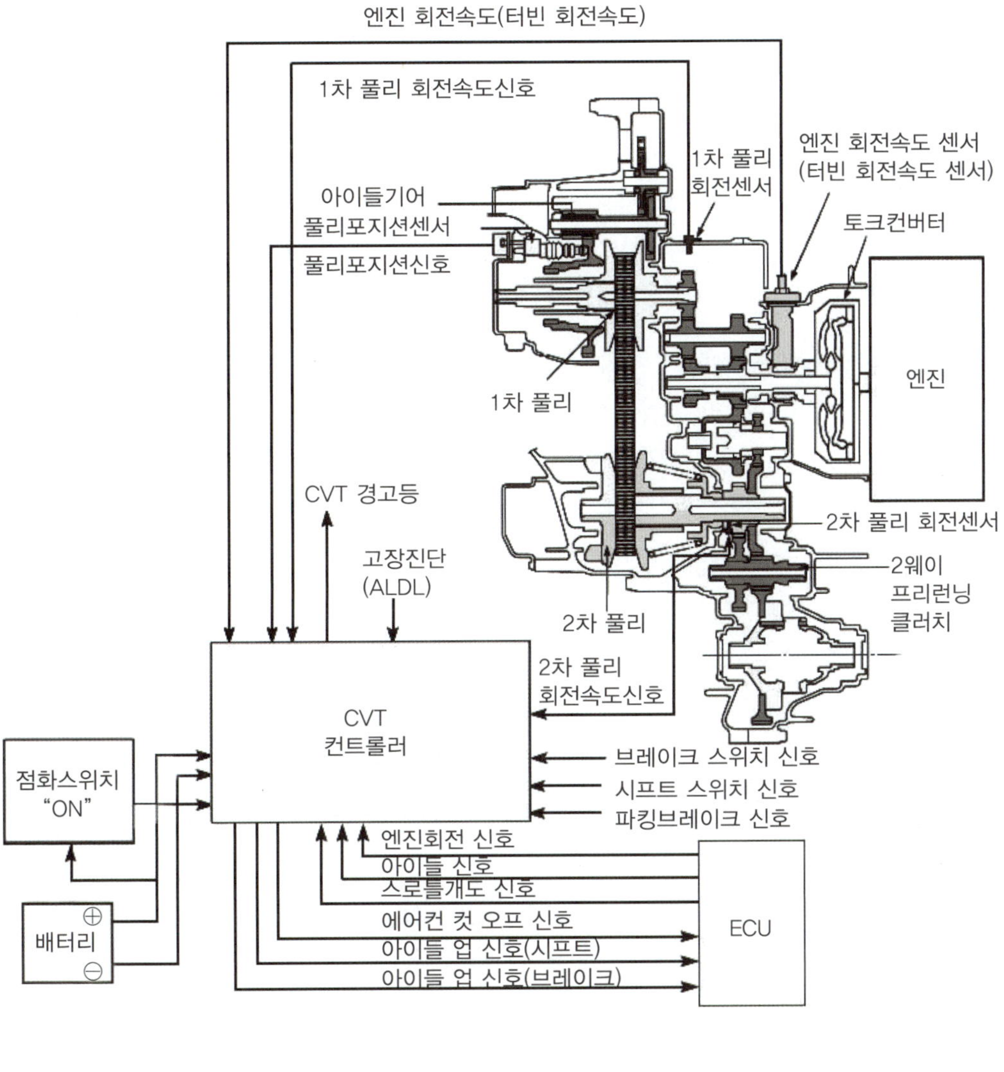

🔹 **그림 2-38** 전자제어 구성도

각종 액추에이터와 센서의 구성 및 작동원리

(1) 솔레노이드밸브

솔레노이드밸브는 컴퓨터의 작동신호를 받아 작동하며 그 종류에는 댐퍼클러치 컨트롤 솔레노이드밸브, 클러치 압력 컨트롤 솔레노이드밸브, 라인압력 컨트롤 솔레노이드밸브, 시프트 컨트롤 솔레노이드밸브 등이 있다.

(2) 오일온도(유온) 센서

변속기 오일의 온도를 서미스터로 검출하여 댐퍼 클러치 작동 및 미 작동영역을 검출하고 변속할 때 유압제어 정보 등으로 사용한다.

(3) 유압센서

무단변속기의 유압센서는 라인압력 또는 1차 풀리쪽 압력 검출용과 2차 풀리쪽 압력 검출용 2개가 설치된다. 유압센서는 물리량인 압력을 전기량인 전압 또는 전류로 변화하는 것을 이용한 것이며, 검출압력의 범위는 0~80kgf/cm^{2}이고, 입력 범위는 0.5~4.5V이다.

(4) 회전속도 센서

회전속도 센서의 종류에는 터빈 회전속도 센서, 1차 풀리 회전속도 센서, 2차 풀리 회전속도 등 3가지가 있으며, 1, 2차 풀리 회전속도 센서는 공용화가 가능하다. 회전속도 센서는 홀 센서(hall sensor)형식이다.

(5) 풀리 포지션 센서

풀리 포지션 센서는 1차 풀리의 가동 풀리 측면에 설치되어 있으며 가동 풀리의 이동량을 감지하여 신호를 CVT 컨트롤러로 전송한다. CVT 컨트롤러에서 DC모터를 제어함에 따라 액추에이터 기어가 구동하면 가동 풀리가 축 방향으로 이동되며, 이 이동값은 풀리포지션 센서 내부의 로드가 움직임으로서 변화된 저항값을 CVT 컨트롤러로 전송되어 변속비를 검출한다.

유압 제어장치

유압 제어장치는 유압을 발생시키는 오일펌프, 컴퓨터(CVT 컨트롤 유닛)의 전기신호를 받아 유압을 조절하는 솔레노이드밸브, 솔레노이드밸브에서의 제어압력을 기초로 작동하는 컨트롤밸브 및 라인압력을 일정한 압력으로 조정하는 레귤레이터밸브 그리고 이들을 구성하는 밸브 보디 등으로 구성되어 있다.

컴퓨터는 각 센서 정보에서 신호를 받아 4개의 솔레노이드밸브를 구동하고 주행 조건에 대한 제어를 실행한다. 유압 제어에는 라인압력 제어, 변속비율 제어, 출발 제어, 클러치 압력 제어 등이 있다.

06 드라이브 라인, 뒷차축 어셈블리 및 바퀴

1 드라이브 라인(drive line)

드라이브 라인은 앞 기관 뒷바퀴 구동(FR)차량에서 변속기의 출력을 종감속 기어로 전달하는 부분이며 슬립이음, 자재이음 및 추진축 등으로 구성되어 있다.

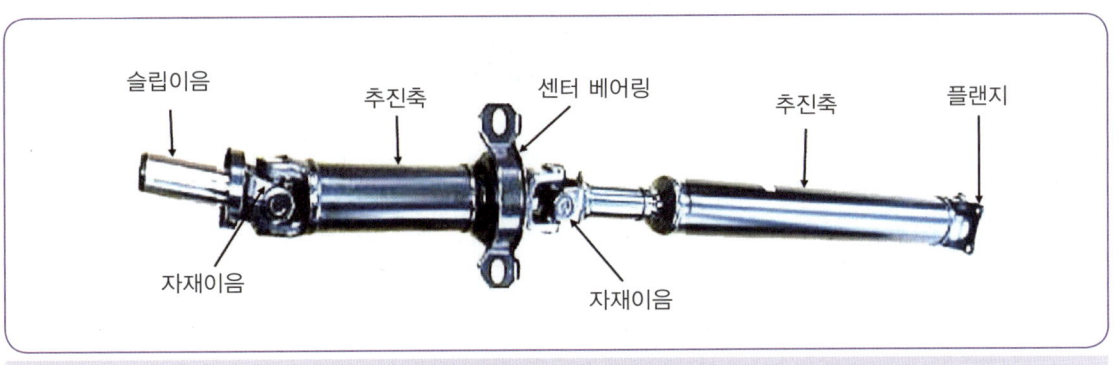

◈ 그림 2-39 드라이브 라인의 구성

슬립이음(slip joint)

슬립이음은 변속기 주축 뒤끝에 스플라인을 통하여 설치되며, 뒷차축의 상하운동에 따라 변속기와 종감속 기어사이에서 길이 변화를 수반하게 되는데 이때 추진축의 길이 변화를 가능하도록 하기 위해 두고 있다.

자재이음(universal joint)

자재이음은 변속기와 종감속 기어 사이의 구동각도 변화를 주는 장치이며, 종류에는 십자형 자재이음, 플렉시블 이음, 볼엔드 트러니언 자재이음, 등속도 자재이음 등이 있다.

(1) 십자형 자재이음(훅 조인트)

이 형식은 중심부분의 십자 축과 2개의 요크(yoke)로 구성되어 있으며 십자 축과 요크는 니들 롤러베어링을 사이에 두고 연결되어 있다. 그리고 십자형 자재이음은 변속기 주축이 1회전하면 추진축도 1회전하지만 그 요크의 각속도는 변속기 주축이 등속도 회전하여도 추진축은 90°마다 변동하여 진동을 일으킨다. 이 진동을 감소시키려면 각도를 12~18° 이하로 하여야 하며 추진축의 앞뒤에 자재이음을 두어 회전속도 변화를 상쇄시켜야 한다.

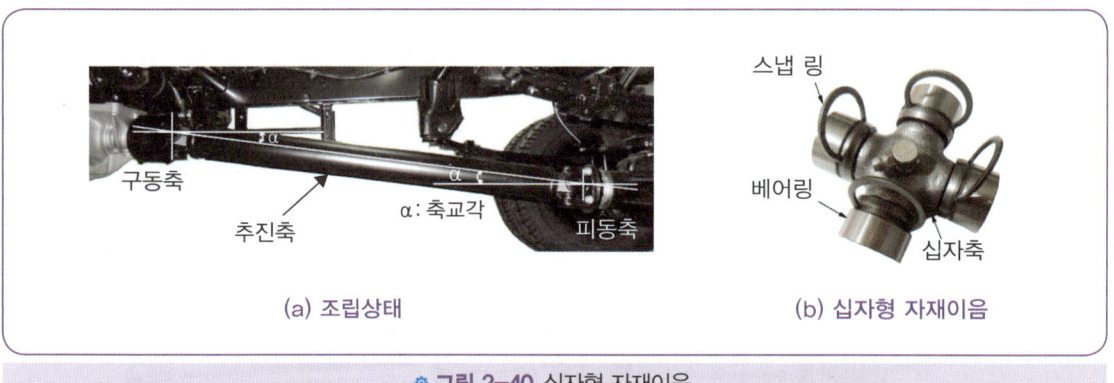

그림 2-40 십자형 자재이음

(2) 플렉시블 이음(flexible joint)

이 형식은 3가닥의 요크사이에 가죽이나 경질 고무로 만든 커플링(coupling)을 끼우고 볼트로 조인 것이다. 이 형식은 마찰부분이 없어 주유가 필요 없으며 회전이 조용하다. 그러나 구동축과 피동축의 경사각이 3~5° 이상 되면 진동을 일으키기 쉬워 동력 전달 효율이 저하한다.

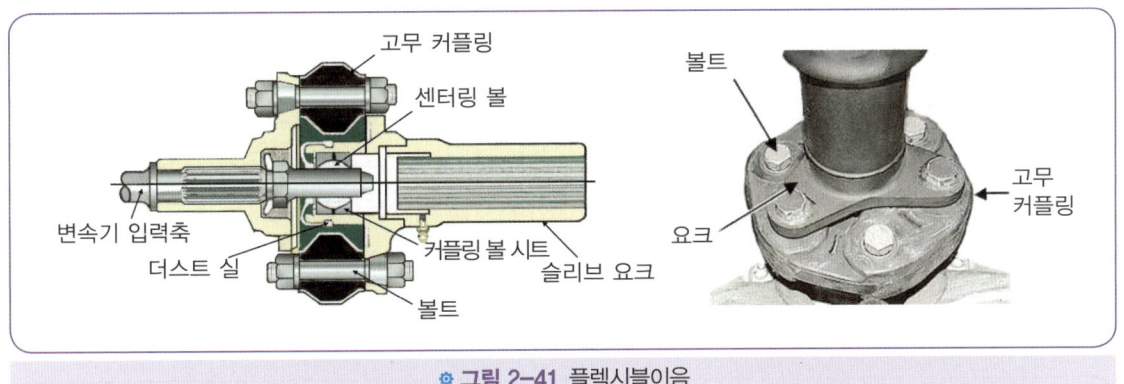

● 그림 2-41 플렉시블이음

(3) 등속도(CV) 자재이음

일반적인 자재이음에서는 동력전달 각도 때문에 추진축의 회전 각속도가 일정하지 않아 진동을 수반하는데 이 진동을 방지하기 위해 개발된 것이다. 드라이브 라인의 각도 변화가 큰 경우에는 동력전달 효율이 높으나 구조가 복잡하다. 등속도 자재이음은 주로 앞바퀴 구동방식(FF) 차량의 차축에서 사용된다.

종류에는 트랙터형, 벤딕스 와이스형, 제파형, 파르빌레형, 이중 십자이음 등이 있다. 이 중에서 파르빌레 형(parville type)은 구조가 간단하고 용량이 커 앞바퀴 구동 차량에서 주로 사용하며, 변속기 쪽에 있는 것을 더블 오프셋 이음(double off-set joint), 바퀴 쪽에 있는 것을 버필드 이음(birfield joint)라 부른다.

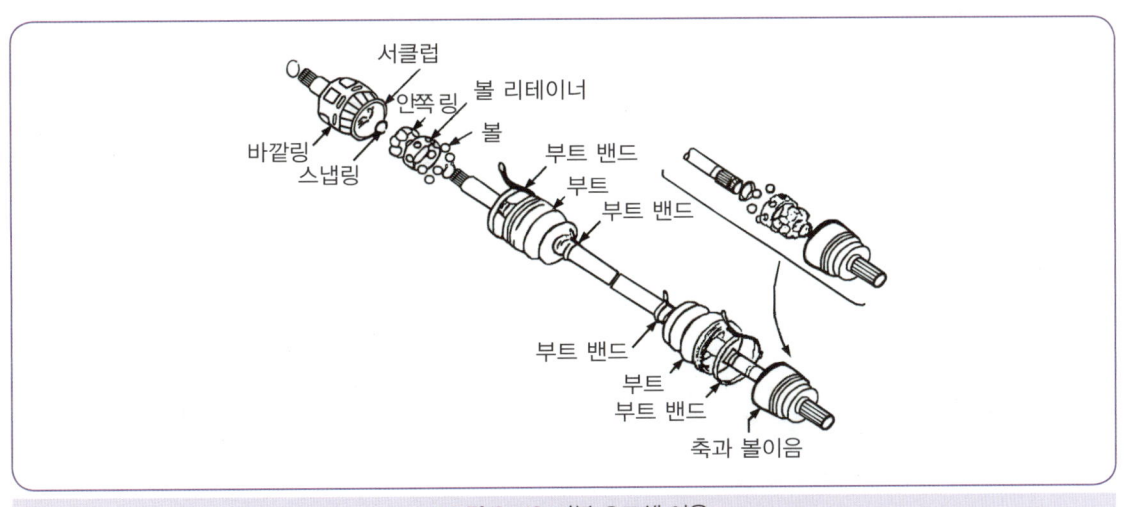

● 그림 2-42 더블 오프셋 이음

추진축(propeller shaft)

추진축은 강한 비틀림을 받으면서 고속 회전하므로 이에 견딜 수 있도록 속이 빈 강관(steel pipe)을 사용한다. 회전평형을 유지하기 위해 평형추가 부착되어 있으며, 그 양쪽에는 자재이음의 요크가 있다. 축간거리가 긴 자동차에서는 추진축을 2~3개로 분할하고, 각 축의 뒷부분을 센터 베어링으로 프레임에 지지하고, 대형 자동차의 추진축에는 비틀림 진동을 방지하기 위한 토션 댐퍼(torsional damper)를 두고 있다.

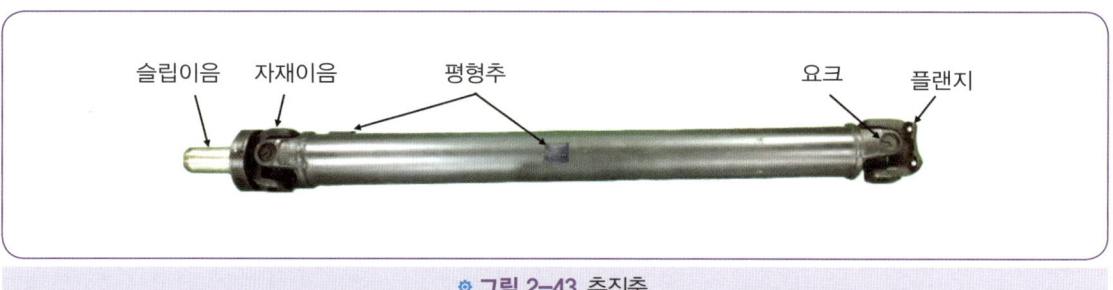

그림 2-43 추진축

2 종감속 기어와 차동장치

종감속 기어(final reduction gear)

이 기어는 추진축의 회전력을 직각으로 전달하며 기관의 회전력을 최종적으로 감속시켜 구동력을 증가시킨다. 구조는 구동 피니언과 링기어로 되어 있으며, 종류에는 웜과 웜 기어, 베벨 기어, 하이포이드 기어가 있으며 현재는 주로 하이포이드 기어를 사용한다. 하이포이드 기어(hypoid gear)는 링기어의 중심보다 구동 피니언의 중심이 10~20% 정도 낮게 설치된 스파이럴 베벨기어의 전위(off-set) 기어이며 그 장·단점은 다음과 같다.

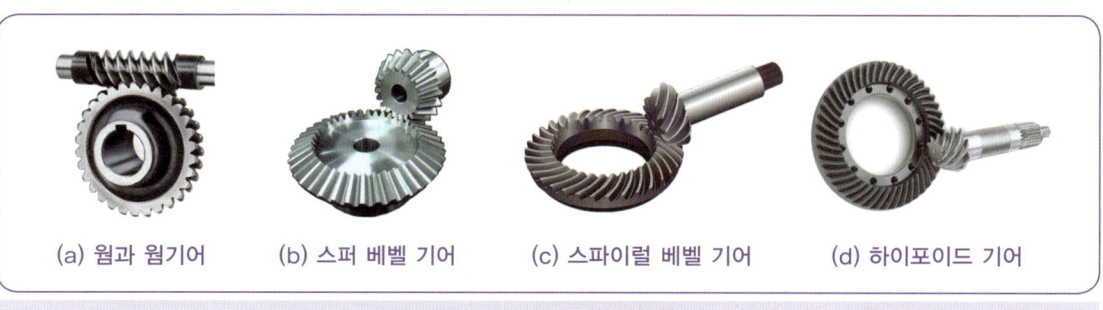

그림 2-44 종감속 기어의 종류

(1) 하이포이드 기어의 장점

① 구동 피니언의 오프셋에 의해 추진축 높이를 낮출 수 있어 자동차의 중심이 낮아져 안전성이 증대된다.
② 동일 감속비, 동일 치수의 링 기어인 경우에 스파이럴 베벨기어에 비해 구동 피니언을 크게 할 수 있어 강도가 증대된다.
③ 기어 물림률이 커 회전이 정숙하다.

(2) 하이포이드 기어의 단점

① 기어 이의 폭 방향으로 미끄럼 접촉을 하므로 압력이 커 극압 윤활유를 사용하여야 한다.
② 제작이 조금 어렵다.

또 링 기어의 잇수와 구동 피니언의 잇수 비율을 종감속비라 한다.

$$종감속비 = \frac{링\ 기어의\ 잇수}{구동\ 피니언의\ 잇수}$$

종감속비는 나누어서 떨어지지 않는 값으로 하는데 그 이유는 특정의 이가 항상 물리는 것을 방지하여 편마멸을 방지하기 위함이다. 또 종감속비는 기관의 출력, 차량중량, 가속성능, 등판능력 등에 따라 정해지며, 종감속비를 크게 하면 가속성능과 등판능력은 향상되나 고속성능이 저하한다. 그리고 변속비×종감속비를 총 감속비라 한다. 이에 따라 변속기어가 톱기어이면 기관의 감속은 종감속 기어에서만 이루어진다.

차동장치(differential)

(1) 차동장치의 개요

차동장치는 자동차가 선회할 때 양쪽 바퀴가 미끄러지지 않고 원활하게 선회하려면 바깥쪽 바퀴가 안쪽바퀴보다 더 많이 회전하여야 하며, 또 울퉁불퉁한 노면을 주행할 때에도 양쪽바퀴의 회전속도가 달라져야 한다. 즉, 차동장치는 노면의 저항을 적게 받는 구동바퀴 쪽으로 동력이 더 많이 전달될 수 있도록 하며 차동 사이드 기어, 차동 피니언, 피니언축 및 케이스로 구성되어 있다.

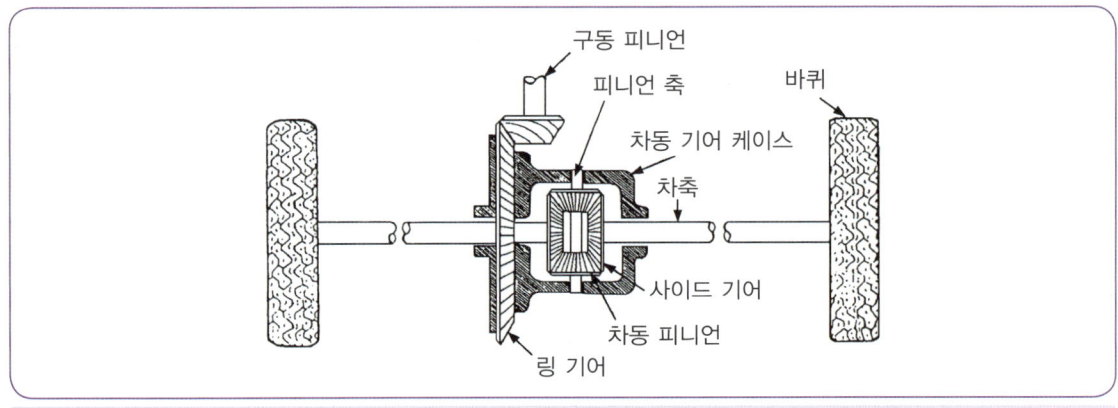

* 그림 2-45 차동장치의 구성도

(2) 차동장치의 작용

자동차가 평탄한 도로를 직진할 때에는 좌우 구동바퀴의 회전저항이 같기 때문에 좌우 사이드 기어는 동일한 회전속도로 차동 피니언의 공전에 따라 전체가 1개의 덩어리가 되어 회전한다.

그러나 차동 작용은 좌우 구동바퀴의 회전 저항 차이에 의해 발생하고, 바퀴를 통과하는 노면의 길이에 따라 회전하므로 커브 길을 선회할 때 안쪽 바퀴는 바깥쪽 바퀴보다 저항이 증대되어 회전수가 감소하며 그 분량만큼의 바깥쪽 바퀴를 가속시킨다. 그리고 한쪽 사이드 기어가 고정되면(가령, 오른쪽 바퀴가 진흙탕에 빠진 경우) 이때는 차동 피니언이 공전하려면 고정된 사이드 기어(왼쪽) 위를 굴러가지 않으면 안 되므로 자전을 시작하여 저항이 적은 오른쪽 사이드 기어만을 구동시킨다.

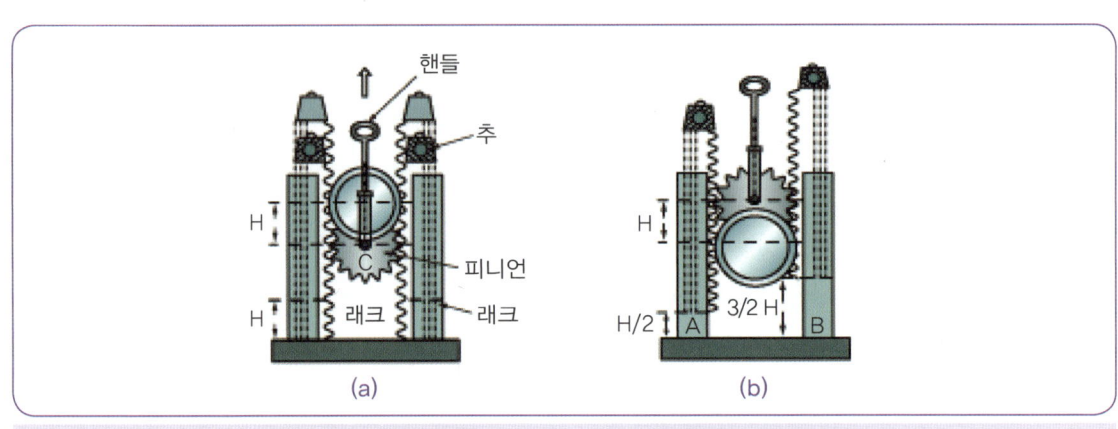

* 그림 2-46 차동 기어장치의 원리

자동 제한 차동장치(LSD : limited slip differential)

일반적인 차동장치는 도로 면이 양호한 곳을 주행할 때에는 좌우 바퀴에 동일한 크기의 동력이 분배되지만, 커브 길을 선회하거나 미끄럼이 생기기 쉬운 도로에서는 노면의 저항이 작은쪽 바퀴가 공전하여 구동력이 감소되고, 반대쪽 구동 바퀴는 저항이 증가되어 회전을 하지 못한다.

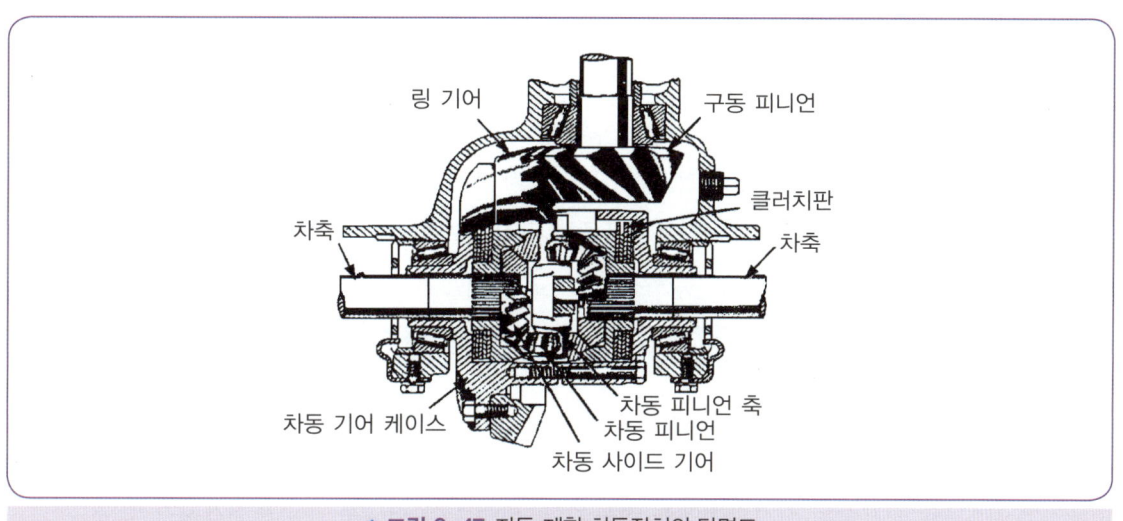

● 그림 2-47 자동 제한 차동장치의 단면도

이것을 방지하기 위해 미끄럼으로 공전하고 있는 바퀴의 구동력을 감소시키고 반대쪽 저항이 큰 구동바퀴에 공전하고 있는 바퀴의 감소된 분량만큼의 동력을 더 전달시킴으로서 미끄럼에 따른 공전 없이 주행할 수 있도록 하는 장치이다. 이 장치의 장점은 다음과 같다.

① 미끄러운 노면에서 출발이 쉽다.
② 미끄럼이 방지되어 타이어 수명을 연장할 수 있다.
③ 고속 직진주행을 할 때 안전성이 좋다.
④ 울퉁불퉁한 노면을 주행을 할 때 뒷부분의 흔들림을 방지할 수 있다.

3 차축(axle shaft) 어셈블리

차축은 바퀴를 통하여 차량의 중량을 지지하는 축이며, 구동축과 유동축이 있다. 구동축은 종감속 기어에서 전달된 동력을 바퀴로 전달하고 노면에서 받는 힘을 지지하는 작용을 하지만 유동축은 차량의 중량만 지지하므로 구조가 간단하다. 여기에서는 구동축에 대해서만 설명하기로 한다.

앞바퀴 구동(FF)방식의 앞차축 지지방식

등속도(CV)자재이음을 설치한 구동축과 조향 너클, 차축 허브, 허브 베어링 등으로 구성되어 있다.

동력의 전달은 앞바퀴 구동방식은 트랜스 액슬에서 직접 앞 차축으로 보내지며, 4바퀴 구동방식에서는 트랜스퍼 케이스 → 앞 추진축 → 앞 종감속 기어를 통하여 양끝에 등속도 자재이음이 설치된 앞차축과 차축 허브를 거쳐 앞바퀴로 보내진다. 차량의 하중은 바퀴에서 차축 허브를 거쳐 허브 베어링에 전달된 반력 조향 너클과 현가 스프링을 통하여 차체에 전달되므로서 지지된다.

뒷바퀴 구동(FR)방식의 뒷차축 지지방식

이 방식은 차동장치를 거쳐 전달된 동력을 뒷바퀴로 전달하며 뒷차축의 끝 부분은 스플라인을 통하여 차동 사이드 기어에 끼워지고, 바깥쪽 끝에는 구동바퀴가 설치된다. 뒷차축의 지지방식에는 전부동식, 반부동식, 3/4부동식 등 3가지가 있다.

차축 하우징(axle housing)

차축 하우징은 종감속 기어, 차동장치 및 뒷차축을 포함하는 튜브모양의 고정축이며 중간에는 종감속 기어와 차동장치의 지지를 위해 둥글게 되어 있고, 양끝에는 플랜지 판이나 현가스프링 지지부분이 마련되어 있다. 차축하우징의 종류에는 벤조형, 분할형, 빌드업형 등 3가지가 있다.

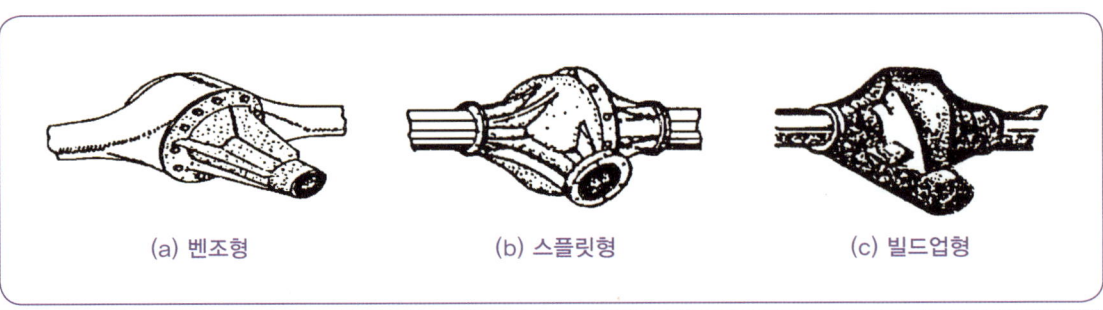

(a) 벤조형　　　(b) 스플릿형　　　(c) 빌드업형

🌣 그림 2-48 차축 하우징의 종류

4 바퀴

바퀴는 휠(wheel)과 타이어(tire)로 구성되어 있다. 바퀴는 차량의 하중을 지지하고, 제동 및 주행할 때의 회전력, 노면에서의 충격, 선회할 때의 원심력, 차량이 경사졌을 때의 옆방향 작용을 지지한다. 휠은 타이어를 지지하는 림(rim)과 휠을 허브에 지지하는 디스크(disc)로 되어 있으며 타이어는 림 베이스(rim base)에 끼워진다.

그림 2-49 휠(wheel)과 타이어(tire)

휠의 종류

휠의 종류에는 연한 강철판을 프레스 성형한 디스크를 림과 리벳이나 용접으로 접합한 디스크 휠(disc wheel), 림과 허브를 강철 선의 스포크로 연결한 스포크 휠(spoke wheel) 및 방사선 상의 림 지지대를 둔 스파이더 휠(spider wheel)이 있다.

타이어(tire)

(1) 타이어의 분류

① 타이어는 사용 공기압력에 따라 고압타이어, 저압타이어, 초저압 타이어 등이 있다.

② 튜브(tube)유무에 따라 튜브 타이어와 튜브리스 타이어가 있다. 튜브리스 타이어의 특징은 다음과 같다.

㉮ 튜브가 없어 조금 가벼우며, 못 등이 박혀도 공기누출이 적다.
㉯ 펑크수리가 간단하고, 고속주행을 할 때에도 발열이 적다.

㉰ 림이 변형되어 타이어와의 밀착이 불량하면 공기가 새기 쉽다.

㉱ 유리조각 등에 의해 손상되면 수리가 어렵다.

③ 형상에 따른 분류에는 바이어스(보통) 타이어, 레이디얼 타이어, 스노 타이어, 편평 타이어 등이 있으며 그 특징은 다음과 같다.

1) 바이어스 타이어

이 타이어는 카커스 코드(carcass cord)를 빗금방향으로 하고, 브레이커(breaker)를 원둘레 방향으로 넣어서 만든 것이다.

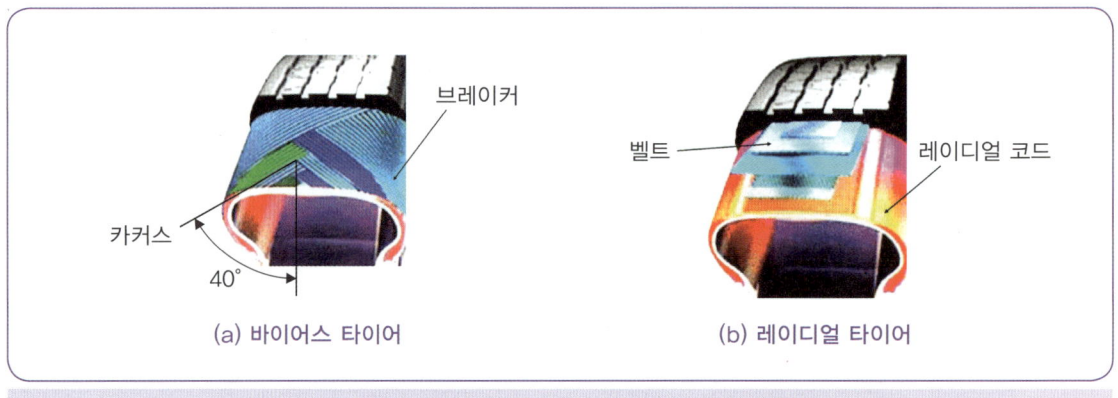

● 그림 2-50 바이어스 타이어와 레이디얼 타이어

2) 레이디얼(radial) 타이어

이 타이어는 카커스 코드를 단면방향으로 하고, 브레이커를 원둘레 방향으로 넣어서 만든 것이다. 따라서 반지름 방향의 공기압력은 카커스가 받고, 원둘레 방향의 압력은 브레이커가 지지한다.

3) 스노(snow) 타이어

이 타이어는 눈길에서 체인을 감지 않고 주행할 수 있도록 제작한 것이며, 중앙부분의 깊은 리브패턴이 방향성을 주고, 러그 및 블록패턴이 견인력을 확보해준다. 스노타이어를 사용할 때 주의할 사항은 다음과 같다.

① 바퀴가 고정(lock)되면 제동거리가 길어지므로 급제동을 하지 말 것

② 스핀(spin)을 일으키면 견인력이 급격히 감소하므로 출발을 천천히 할 것

③ 트레드 부분이 50% 이상 마멸되면 체인을 병용할 것
④ 구동바퀴에 걸리는 하중을 크게 할 것

4) 편평 타이어

이 타이어는 타이어 단면의 가로, 세로비율을 적게 한 것이며, 타이어 단면을 편평하게 하면 접지면적이 증가하여 옆방향 강도가 증가한다. 또 제동 출발 및 가속을 할 때 등에서 내 미끄럼 성능과 선회성능이 좋아진다.

승용차용 타이어 편평 비율은 $\frac{타이어\ 높이}{타이어\ 폭}$로 나타내며, 0.96 → 0.86 → 0.82 순서로 내려갈수록 타이어 폭이 점차 넓어진다. 편평 비율이 0.6일 때 60시리즈(60series)라 하며 이것은 폭이 100일 때 높이가 60인 타이어를 말한다.

(2) 타이어의 구조

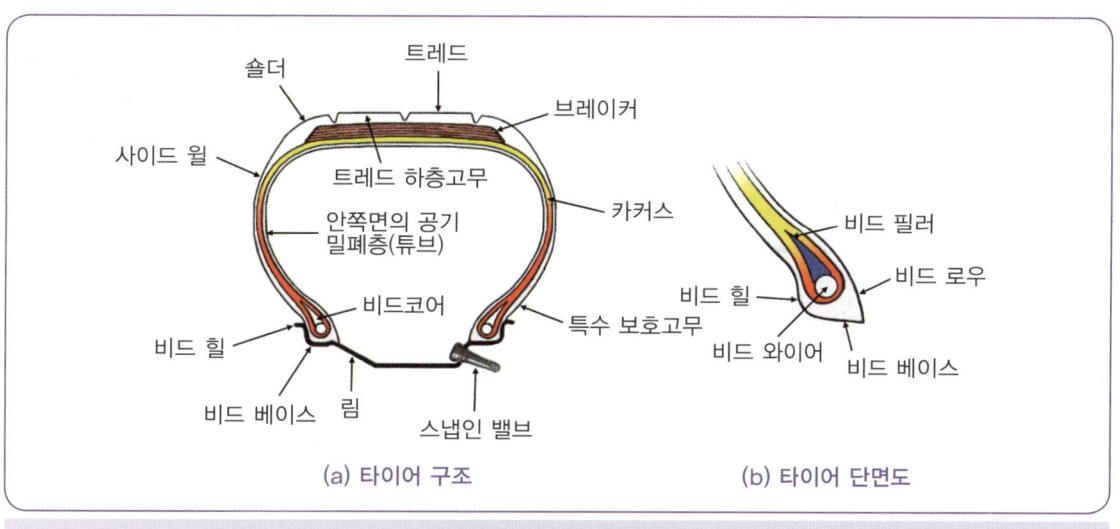

● 그림 2-51 타이어의 구조

1) 트레드(tread)

트레드는 노면과 직접 접촉하는 고무부분이며, 카커스와 브레이커를 보호하는 부분이다. 트레드 패턴의 필요성은 다음과 같다.
① 타이어의 사이드슬립이나 전진방향의 미끄럼을 방지한다.
② 타이어 내부에서 발생한 열을 방산한다.
③ 트레드에서 발생한 절상의 확산을 방지한다.
④ 구동력이나 선회성능을 향상시킨다.

2) 브레이커(breaker)

브레이커는 트레드와 카커스사이에 있으며, 몇 겹의 코드 층을 내열성의 고무로 싼 구조로 되어 있으며 트레드와 카커스의 분리를 방지하고 노면에서의 완충 작용도 한다.

3) 카커스(carcass)

카커스는 타이어의 뼈대가 되는 부분이며, 공기압력을 견디어 일정한 체적을 유지하고 하중이나 충격에 따라 변형하여 완충작용을 한다. 카커스를 구성하는 코드 층의 수를 플라이 수(ply rating, PR)라 한다.

4) 비드부분(bead section)

비드부분은 타이어가 림과 접촉하는 부분이며, 비드부분이 늘어나는 것을 방지하고 타이어가 림에서 빠지는 것을 방지하기 위해 내부에 몇 줄의 피아노선이 원둘레 방향으로 들어 있다.

5) 사이드 월(Side Wall)

트레드에서 비드부까지의 카커스를 보호하기 위한 고무 층이며, 노면과는 직접 접촉하지 않는다. 그러나 하중이나 노면으로부터의 충격에 의하여 계속적인 굴곡운동을 하게 되므로 굴곡성 및 내 피로성이 높은 고무이어야 하며, 규격, 하중, 공기압 등 타이어의 기본 정보가 문자로 각인된 부위이다.

(3) 타이어의 호칭치수

1) 고압 타이어의 호칭치수

> 바깥지름(inch) × 폭(inch) − 플라이 수(ply rating)

2) 저압 타이어의 호칭치수

> 폭(inch) − 안지름(inch) − 플라이 수

3) 레이디얼 타이어

레이디얼 타이어는 가령 165/70 SR 13 인 타이어는 폭이 165mm, 편평 비율이 0.7, 안지름이 13inch이며, 허용 최고속도가 180km/h 이내에서 사용되는 타이어란 뜻이다. 여기서 S 또는 H는 허용 최고속도표시 기호이며 R은 레이디얼의 약자이다.

(4) 타이어에서 발생하는 이상현상

1) 스탠딩 웨이브 현상(standing wave)

이 현상은 타이어 접지 면에서의 찌그러짐이 생기는데 이 찌그러짐은 공기압력에 의해 곧 회복이 된다. 이 회복되는 힘은 저속에서는 공기압력에 의해 지배되지만, 고속에서는 트레드가 받는 원심력으로 말미암아 큰 영향을 준다. 또 타이어 내부의 고열로 인해 트레드부분이 원심력을 견디지 못하고 분리되며 파손된다. 스탠딩 웨이브의 방지방법은 타이어 공기압력을 표준보다 15~20% 높여 주거나 강성이 큰 타이어를 사용하면 된다. 타이어의 임계 온도는 120~130℃이다.

2) 하이드로 플래닝(hydro planing, 수막현상)

이 현상은 물이 고인 도로를 고속으로 주행할 때 일정 속도 이상이 되면 타이어의 트레드가 노면의 물을 완전히 밀어내지 못하고 타이어는 얇은 수막에 의해 노면으로부터 떨어져 제동력 및 조향력을 상실하는 현상이다. 이를 방지하는 방법은 다음과 같다.

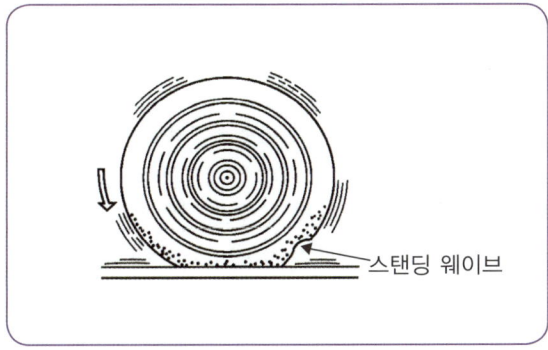

◈ 그림 2-52 스탠딩 웨이브 현상

◈ 그림 2-53 하이드로 플래닝 현상

① 트레드 마멸이 적은 타이어를 사용한다.
② 타이어 공기압력을 높이고, 주행속도를 낮춘다.
③ 리브 패턴의 타이어를 사용한다. 러그 패턴의 경우는 하이드로 플래닝을 일으키기 쉽다.
④ 트레드 패턴을 카프(calf)형으로 세이빙(shaving)가공한 것을 사용한다.

(5) 바퀴평형(wheel balance)

1) 정적평형

타이어가 정지된 상태의 평형이며, 정적 불평형에서는 바퀴가 상하로 진동하는 트램핑(tramping, 바퀴의 상하 진동)현상을 일으킨다.

2) 동적평형

회전 중심축을 옆에서 보았을 때의 평형, 즉, 회전하고 있는 상태의 평형이다. 동적 불평형이 있으면 바퀴가 좌우로 흔들리는 시미(shimmy, 바퀴의 좌우 진동)현상이 발생한다.

TPMS(tire pressure monitoring system)의 개요

타이어 공기압 경보장치 TPMS는 안전운행에 영향을 줄 수 있는 타이어 압력변화를 경고하기 위해 타이어 내부의 휠에 탑재된 개별 센서로부터 타이어 내부압력을 측정하여 이를 실시간 무선송신하고 수신모듈에서 압력저하 감지 시 이를 클러스터에 표시하여 운전자에게 경고해주는 시스템이다.

07 4WD(4 wheel drive)

4WD는 앞뒤 4바퀴에 모두 기관의 동력을 전달하는 방식이다. 2WD(2바퀴 구동방식)에 비해 추진력이 매우 크기 때문에 험한 도로, 경사가 매우 가파른 도로 및 도로면이 미끄러운 곳을 주행할 때 효과적이다. 파트타임 4WD는 2H(2바퀴 구동), 4H(4바퀴 고속구동), 4L(4바퀴 저속구동)로 구성되어 있으며, 평상시에는 2WD로 운행을 하다가 눈길이나 오프로드 같이 필요

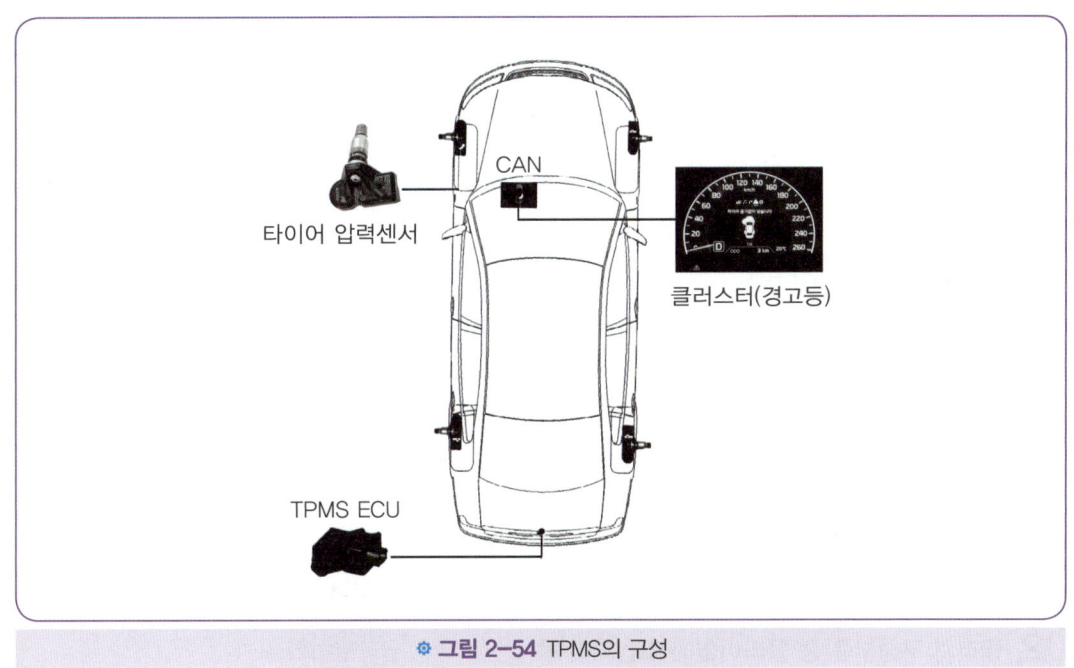

◈ 그림 2-54 TPMS의 구성

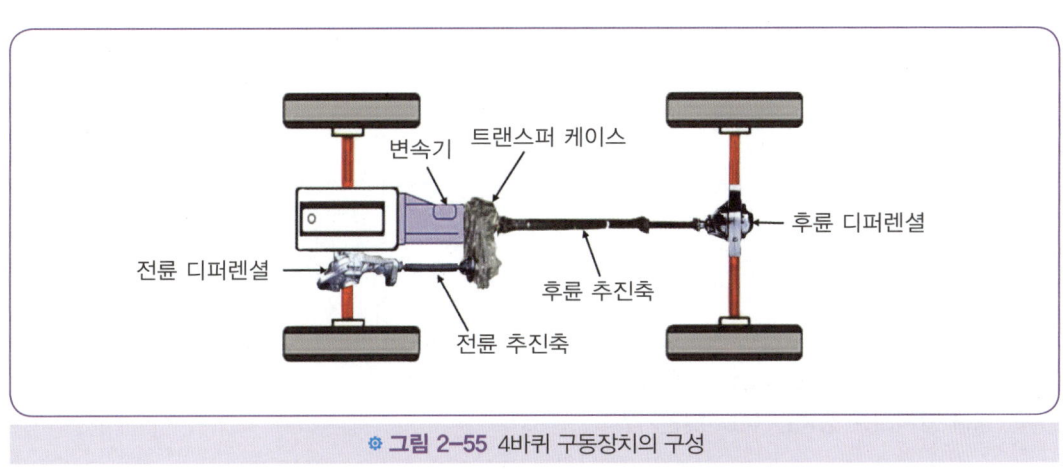

◈ 그림 2-55 4바퀴 구동장치의 구성

할 때 수동으로 4WD로 전환한다. 파트타임 4WD는 평상시에는 2WD로 구동하기 때문에 연료 소비율 면에서는 유리하지만, 운전자 판단에 의해 직접 조작해야 하므로 편의성이 떨어진다. 풀타임 4WD는 4H(4바퀴 고속구동)와 4L(4바퀴 저속구동) 구성의 상시(常時) 4WD이며, 평상시에는 4H 모드로 2WD와 같이 운행하다가 도로조건에 따라 앞·뒷바퀴로 구동력이 자동적으로 분배된다. 상시 4WD이므로 우수한 접지력을 확보할 수 있지만 2WD에 비해 연료소비율이 다소 크다. AWD는 풀타임 4WD와는 달리 항상 앞·뒷바퀴로 4 : 6의 기관 동력이 분배된다.

자동차섀시의 구성 및 동력전달장치의 구성요소

01. 클러치의 구비조건이 아닌 것은 어느 것인가?

① 동력전달이 확실하고 신속할 것
② 방열이 잘 되어 과열되지 않을 것
③ 회전 부분의 관성이 작을 것
④ 접속된 후에는 서서히 미끄러질 것

풀이 동력을 전달할 때에는 미끄럼을 일으키면서 서서히 전달되고, 전달된 후에는 미끄러지지 않아야 한다.

02. 클러치 구성부품 중 플라이휠에 조립되어 플라이휠과 같이 회전하는 부품은 어느 것인가?

① 클러치판
② 압력판
③ 변속기 입력축
④ 릴리스 베어링

풀이 클러치 스프링의 힘으로 클러치판을 플라이휠에 압착시켜 클러치판이 변속기 입력축에 동력을 전달시키게 하는 주철제의 원판이다.

03. 수동변속기에서 기어 변속 시 기어의 이중 물림을 방지하는 장치는 어느 것인가?

① 인터록 장치
② 오버드라이버 장치
③ 록킹볼 장치
④ 킥다운 장치

풀이 운전자의 실수로 인한 오조작과 기어의 빠짐을 방지해주며 변속기 내부에 설치된 장치이다.

04. 일반적인 자동차에서 속도계 기어가 설치되는 곳은 어느 것인가?

① 변속기 1단 기어
② 변속기 톱 기어
③ 변속기 출력축
④ 변속기 입력축

풀이 변속기 출력축에 속도계 기어가 설치되어 있다.

05. 자동 변속기에 장착된 킥 다운은 언제 작동하게 되어 있는가?

① 급출발하였을 때
② 급가속하였을 때
③ 브레이크 페달을 급하게 밟았을 때
④ 액셀레이터를 완전히 끝까지 밟았을 때

풀이 기어를 다운시키면서 더 큰 힘과 속도를 내기 위하여 기어는 속도에 비례해서 만들어 놨기 때문에 높은 기어에서는 속도가 서서히 빨라 지지만 그것보다 한 단계 낮은 기어에서는 회전력이 많이 생겨 있는 상태이기에 가속 시에 순간적인 힘과 속도를 낼 수 있도록 작동하는 역할을 하는 장치가 킥 다운 스위치이다.

06. 전자제어 자동변속기의 변속기 컴퓨터에 입력 정보 센서가 아닌 것은 어느 것인가?

① 인히비터 스위치
② 냉각수 온도센서
③ 오버 드라이브 스위치
④ 산소센서

정답 01. ④ 02. ② 03. ① 04. ③ 05. ④ 06. ④

풀이 산소센서는 배기 다기관에 설치되어 배기가스 중의 산소의 농도를 감지하는 센서이다.

풀이 종감속비는 링 기어 이수와 구동 피니언의 이수의 비로 제동성능과는 전혀 무관하다.

07. 주행 속도를 판단하여 엔진의 가속과 감속을 감지하는 센서는 어느 것인가?

① 크랭크 각 센서 ② 중력 센서
③ 1번 TDC 센서 ④ 차 속 센서

풀이 주행속도에 관계되는 센서는 차 속 센서로써 차 속을 검출하는 센서이다.

10. 액슬하우징 케이스에서 오일이 누유되는 원인이 아닌 것은 어느 것인가?

① 액슬 축 베어링의 마멸
② 오일의 시일, 가스켓이 파손
③ 케이스의 파손
④ 오일의 점성이 높을 때

풀이 오일의 점성이 높은 것과 엑셀 하우징에서 오일이 누유되는 원인과는 전혀 상관없다.

08. 자동 변속기 장착 자동차의 스톨 테스트를 할 때 가속페달을 밟는 시험 시간은 얼마 이내이어야 하는가?

① 3초 ② 5초
③ 10초 ④ 15초

풀이 차가 움직이지 못하도록 사이드 브레이크를 잡고 정지 목으로 고정한 후 변속 렌즈를 D나 R에 놓고 가속 페달을 최대한 밟아서 이때 규정 RPM보다 RPM이 높다면 변속기 내에서 다판 클러치가 미끄러지고 유압이 낮게 형성된다. 규정 RPM보다 RPM이 낮으면 엔진의 출력이 저하되며 스톨 테스트는 엔진의 문제인지 변속기의 문제인지를 판단하기 위한 테스트이다.

11. 클러치가 미끄러지는 원인 중 틀린 것은 어느 것인가?

① 클러치 라이닝의 경화 또는 오일이 묻음
② 클러치 압력 스프링의 쇠손 또는 절손
③ 클러치 스프링의 자유 고가 감소
④ 페달 자유간극 과대

풀이 자유 간극이 크면 클러치의 반응이 늦어지고, 반대로 유격이 적게 되면 디스크의 마모가 빠르고 디스크가 무거워진다.

09. 종감속비를 결정하는데 필요한 구성요소가 아닌 것은 어느 것인가?

① 자동차의 중량 ② 등판능력
③ 제동 성능 ④ 가속 성능

12. 클러치 페달을 밟아 클러치를 차단하려고 할 때 소리가 난다면 그 원인은 무엇인가?

① 변속기어의 백래시의 간극이 크다.
② 비틀림 코일 스프링의 파손
③ 릴리스 베어링의 마모
④ 클러치 스프링의 파손

07. ④ 08. ② 09. ③ 10. ④ 11. ④ 12. ③ 정답

풀이 클러치를 단속하는 베어링으로 릴리스 포크 때문에 클러치를 축 방향으로 움직여 회전 중인 릴리스 레버를 눌러 클러치를 개방하는 작용을 한다.

13. 타이어의 제원 표시가 225/60 S R 17로 되어 있을 경우의 설명으로 틀린 것은?

① 225 : 타이어 폭(mm)
② 17 : 타이어의 구경
③ 60 : 타이어의 높이
④ S : 속도기호

풀이 60은 시리즈라고 불리며 일반적인 편평비를 말하는 것이다.

14. 타이어 공기압이 높을 때 나타나는 현상은 어느 것인가?

① 타이어 사이드 월 부분의 구부러짐이 커 과열로 인한 타이어 파손
② 노면과 접지 면적이 넓어지고 미끄러짐 양이 늘어남
③ 승차감이 불량하며 운전자가 쉽게 피로감을 느낄 수 있음
④ 타이어 트레드부의 양 가장자리 마모가 빨라짐

풀이 공기압이 낮을 때는 타이어의 사이드 휠 부분의 구부러짐이 커 과열로 인한 타이어 파손의 원인이 되며 노면과의 접지 면적이 넓어지고 미끄러짐 양이 늘어나 과열 및 연료 소모 과다 등을 유발하며, 타이어 트레드 부의 양 가장자리 마모가 심하며 반면 공기압이 높을 때는 외부 충격에 의한 불규칙한 마모가 발생하며, 타이어의 중앙부 마모가 빠르게 된다. 또한, 승차감이 불량하며 운전자가 쉽게 피로감을 느낄 수 있다.

15. 자동변속기 차량에서 스톨 테스트(stall test)로 점검할 수 없는 것은?

① 토크컨버터의 동력전달 기능
② 타이어의 구동력
③ 클러치의 미끄러짐
④ 브레이크밴드의 미끄러짐

풀이 스톨 테스트를 하는 이유는 자동차 출력 저하의 원인이 엔진 문제인지 변속기 문제인지를 판단하기 위하여 실행하는 방법이며 자동차의 정차상태에서 행하는 변속기 슬립 시험으로 브레이크를 작동시킨 후 바퀴에 고임목을 괸 상태에서 선택 레버를 L, D, R 등에 위치시킨 다음, 엔진을 가속시켰을 때의 rpm이 규정 값에 있는가를 테스트한다. 보통 5초 이내로 작동한다.

16. 차 속 센서는 무엇을 이용하여 ECU에서 속도를 판단할 수 있도록 되어 있는가?

① 저항   ② 전류
③ TR(트랜지스터)   ④ 홀 센서

풀이 차 속을 검출하는 센서로 리드 스위치식 차속 센서, 광전식 차속 센서(전자 미터 차량), 전자식 차속 센서가 있다.

17. 타이어의 공기압에 대한 설명으로 틀린 것은?

① 공기압이 낮으면 일반 포장도로에서 미끄러지기 쉽다.
② 좌, 우 공기압에 편차가 발생하면 브레이크 작동 시 위험을 초래한다.
③ 공기압이 낮으면 트레드 양단의 마모가 많다.
④ 좌, 우 공기압에 편차가 발생하면 차동사이드 기어의 마모가 촉진된다.

정답   13. ③   14. ③   15. ②   16. ④   17. ①

풀이 ▶ 자동차 타이어 속 공기의 압력을 말하며 각 타이어에 알맞은 공기 압력을 유지시켜야 주행 시 타이어에 이상 마모나 발열 등을 예방할 수 있고 또 승차감 향상과 불필요한 연료 소모를 방지할 수 있다. 타이어 공기압은 타이어의 수명과 승차감, 연료 소모와 관계가 있으므로 항상 규정의 공기압을 유지해야 한다.

18. 자동변속기 오일의 역할 중 가장 거리가 먼 것은?

① 기어나 베어링 부의 윤활
② 토크컨버터의 작동 유체로서 동력전달
③ 밸브 보디의 작동유
④ ATF 냉각기의 냉각

풀이 ▶ 자동변속기의 오일의 냉각은 오일냉각기가 하는 작동이다.

19. 무단 변속기(CVT)의 장점이 아닌 것은 어느 것인가?

① 변속 충격이 있다.
② 변속이 연속적으로 이루어지므로 엔진 회전속도를 일정하게 유지한 상태에서 주행 속도를 증가시킬 수 있다.
③ 변속범위가 넓으며, 높은 효율을 낼 수 있다.
④ 변속 시 토크컨버터 로크업의 사용범위가 넓다.

풀이 ▶ 연속 가변변속기라고도 하며 일정 범위 내에서 기어비를 무제한으로 제어할 수 있는 시스템이며 변속충격이 전혀 없다.

20. 무단 변속기(CVT)의 종류가 아닌 것은 어느 것인가?

① 기어 구동방식
② 트랙션 구동방식
③ 트로이덜 방식
④ 벨트 구동방식

풀이 ▶ 승용차용 CVT는 구조적 특성에 따라 크게 가변지름풀리 방식(VDP)과 트로이덜 방식으로 나뉘며 기어구동방식은 해당되지 않는다.

21. 타이어 단면 폭이 160mm이고, 타이어 단면 높이가 80mm이면 편평비는 얼마인가?

① 45% ② 50%
③ 60% ④ 70%

풀이 ▶ 단면 높이를 폭으로 나누면 0.5, 50%이다.

22. 하이드로플레닝 현상을 방지하는 방법 중 옳은 것은 어느 것인가?

① 타이어 공기압을 높인다.
② 고속으로 주행하고 물이 고인 노면은 신속하게 통과한다.
③ 리브형 패턴의 타이어를 주로 사용한다.
④ 트레드 마모가 적은 타이어를 사용한다.

풀이 ▶ 고속으로 빗길을 달리면 타이어와 노면 사이의 빗물 때문에 타이어가 노면에 접지하지 않고 위로 뜬 상태가 되는데 이러한 현상을 하이드로플레닝이라고 한다.

18. ④ 19. ① 20. ① 21. ② 22. ④   정답

23. 자동변속기의 토크 컨버터에서 펌프에서 발생한 유체에너지가 터빈에 전달되는데 이때 유체의 방향을 바꾸어 주는 역할을 하는 것은 어느 것인가?

① 펌프
② 가이드 링
③ 스테이터
④ 터빈 런너

풀이 유체의 방향을 바꾸어 주며 터빈의 회전력을 증대시키는 역할을 하는 것은 스테이터이다.

24. 토크컨버터 내에 있는 가이드 링의 역할에 대한 설명으로 가장 옳은 것은?

① 유체의 미끄럼을 방지
② 터빈의 회전속도 증가
③ 토크변환 증가
④ 유체충돌에 의한 효율저하방지

풀이 토크컨버터 내의 가이드 링은 유체충돌에 의한 효율저하를 방지하는 역할을 한다.

25. 자동변속기에서 유성기어장치의 구성요소가 아닌 것은?

① 유성기어 캐리어   ② 링 기어
③ 변속기어   ④ 선 기어

풀이 유성기어의 구성은 선기어, 링기어, 유성기어, 유성기어 캐리어로 이루어진다.

26. 토크컨버터 내에 있는 스테이터가 회전하기 시작하여 펌프 및 터빈과 함께 회전할 때 설명으로 맞는 것은?

① 오일 흐름의 방향을 바꾼다.
② 터빈의 회전속도가 펌프보다 증가한다.
③ 토크변환이 증가한다.
④ 유체클러치의 기능이 된다.

풀이 스테이터가 회전하기 시작하여 펌프 및 터빈과 함께 회전하면 토크컨버터는 유체클러치영역으로 작동한다.

27. 단순 유성기어 요소 중 역회전시키기 위해서는 어느 요소를 고정해야 하는가?

① 선기어   ② 유성기어 캐리어
③ 링기어   ④ 유성기어

풀이 유성기어장치에서 역회전하려면 유성기어 캐리어를 고정시켜야 한다.

28. 자동차의 동력전달장치에서 슬립조인트가 사용되는 이유는?

① 회전력을 직각으로 전달하기 위해서
② 출발을 용이하게 하기 위하여
③ 추진축의 길이변화를 주기 위하여
④ 추진축의 각도변화를 주기 위하여

풀이 슬립이음(슬립조인트)는 추진축의 길이방향의 변화를 주기 위해서 설치되어있다.

정답 23. ③ 24. ④ 25. ③ 26. ④ 27. ② 28. ③

29. 등속자재이음은 주로 어디에 사용하는가?

① 후륜구동에서 변속기와 구동축 사이에 설치되어 변속기의 출력을 구동축에 전달하는 용도로 사용된다.
② 전륜구동차량에서 종감속장치에 연결된 구동축에 설치되어 바퀴에 동력전달용으로 사용된다.
③ 후륜구동차량에서 하중이 증가하거나 험로 주행시 변속기와 뒤차축의 중심변화로 인한 길이변화에 대응하는 용도로 쓰인다.
④ 전륜차량에서 변속기와 구동축사이에 설치되어 길이변화에 대응하는 용도로 쓰인다.

> **풀이** CV자재이음은 전륜 구동차의 종감속장치로 연결된 구동차축에 설치되어 바퀴에 동력을 전달하는 역할을 한다.

30. 자동차의 차동기어장치를 바르게 설명한 것은?

① 필요 시 양쪽 구동바퀴에 회전속도의 차이를 만드는 장치이다.
② 회전력을 앞차축에 전달하고 동시에 감속하는 일을 한다.
③ 회전하는 두 축이 일직선상에 있지 않고 어떤 각도를 가지고 있는 경우 두 축 사이에 동력을 전달하기 위한 장치이다.
④ 변속기로부터 최종 감속기어까지 동력을 전달하는 축을 말한다.

> **풀이** 차동기어장치는 커브 길을 선회할 때 양쪽 구동바퀴에 회전속도의 차이를 만드는 장치이며 회전할 때 바깥쪽 바퀴의 회전속도를 증가시키고 안쪽 바퀴의 회전속도를 감속시킨다.

31. 변속기의 1단 감속비가 6:1이고 종감속기어의 감속비는 7:1이다. 이때의 총 감속비는 얼마인가?

① 1.25 : 1   ② 20 : 1
③ 0.8 : 1   ④ 42 : 1

> **풀이** 총감속비 = 변속비 × 종감속비 = 6 × 7 = 42

32. 종감속 및 차동장치에서 오른쪽 바퀴의 회전수가 250rpm, 왼쪽 바퀴의 회전수가 250rpm일 때 링 기어의 회전수는?

① 100rpm   ② 150rpm
③ 200rpm   ④ 250rpm

> **풀이** 링기어회전수 = (오른쪽바퀴 + 왼쪽바퀴)/2
> = (250 + 250)/2 = 250rpm

33. 자동차가 300m의 비탈길을 왕복하였는데 올라가는데 3분, 내려오는데 1분이 걸렸다고 한다면 왕복의 평균속도는 몇 km/h 인가?

① 9km/h   ② 10km/h
③ 12km/h   ④ 13km/h

> **풀이** 300m를 왕복하면 600m, km로 환산하면 0.6km 총소요시간이 4분이므로 이를 시간으로 환산하면 4/60시간, 속력 = 거리 ÷ 시간, (0.6 × 60)/4 = 9km/h

CHAPTER 03 현가장치

01 현가장치(suspension system)의 개요

현가장치는 차축과 차체를 연결하여, 주행할 때 차축이 노면에서 받는 진동이나 충격이 차체에 직접 전달되지 않도록 하여 차체나 화물의 손상을 방지하고 승차 감각을 향상시키는 장치이다. 현가장치는 코일스프링, 판스프링, 쇽업소버, 토션바 스프링, 에어스프링 등이 있으며, 현재는 마이크로컴퓨터를 이용한 전자제어 현가장치(ECS)도 실용화되어 사용되고 있다. 현가장치의 구비조건은 다음과 같다.

① 도로 면에서 받는 충격을 완화하기 위해 상·하방향의 연결이 유연하여야 한다.
② 바퀴에 발생하는 구동력, 제동력 및 선회할 때의 원심력 등을 이겨낼 수 있도록 수평 방향의 연결이 튼튼하여야 한다.
③ 가벼워야 한다(스프링 질량의 절반은 스프링 아래질량(unspring mass)으로 취급한다).
④ 설치공간을 적게 차지해야 한다.
⑤ 정비가 쉬워야 한다.
⑥ 적차 또는 공차상태를 막론하고 가능한 차체의 고유진동수가 같도록 해야 한다.
⑦ 적차 또는 공차상태에도 차체의 최저 지상고는 가능한 한 변화가 적어야 한다.

02 현가장치용 스프링

1 판스프링(leaf spring)

판스프링은 스프링 강을 적당히 구부린 띠 모양으로 된 것을 몇 장 겹쳐서 그 중심에서 센터 볼트(center bolt)로 조인 것이다. 맨 위쪽에 길이가 가장 긴 주 스프링 판의 양끝에는 스프링 아이(spring eye)를 두고 섀클 핀을 통하여 차체에 설치하게 되어 있다.

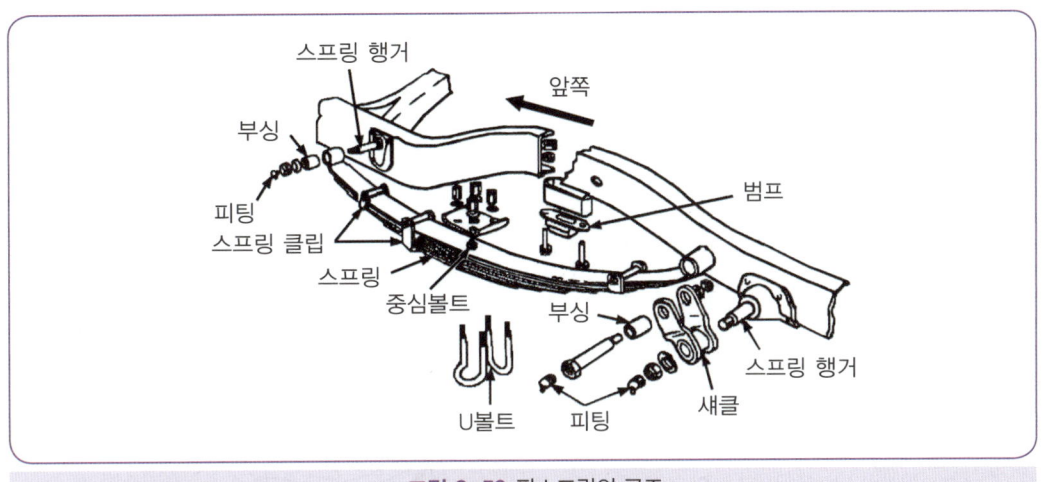

✿ 그림 2-56 판스프링의 구조

스프링 아이 중심사이의 거리를 스팬(span), 판스프링의 휨 양을 캠버(camber)라 한다. 판스프링을 차체에 설치한 부분을 브래킷 또는 행거(bracket or hanger)라 하며, 다른 끝은 섀클(shackle)이라 한다. 섀클은 스팬의 길이 변화를 위하여 설치하며 사용되는 부싱에 따라 고무 부싱 섀클, 나사 섀클, 청동 부싱 섀클 등이 있다.

2 코일스프링(coil spring)

코일스프링은 스프링 강을 코일 모양으로 제작한 것이며, 외부의 힘에 의해 변형되는 경우 판스프링은 구부러지면서 응력을 받으나 코일 스프링은 코일 1개 단면마다 비틀림에 의해 응력을 받는다. 미세한 진동에도 민감하게 작용하므로 현재의 승용차에서는 앞·뒷차축에서 모두 사용되고 있다.

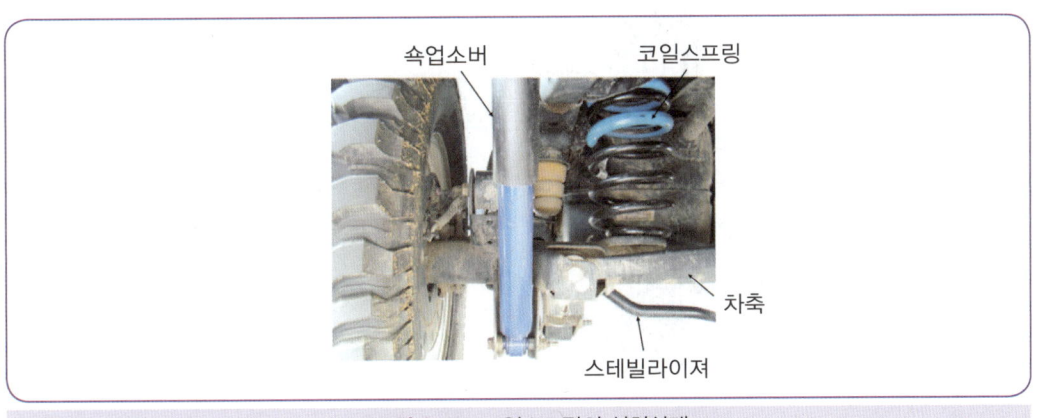

✿ 그림 2-57 코일스프링의 설치상태

3 토션바 스프링(torsion bar spring)

토션바 스프링은 스프링 강의 막대(torsion bar)로 만든 것이며, 스프링 강은 바(Bar)의 길이 및 단면적에 따라 결정되고, 코일 스프링과 마찬가지로 진동의 감쇠 작용이 없기 때문에 쇽업소버를 사용해야 한다.

토션바 스프링은 단위 무게에 대한 에너지 흡수원이 다른 스프링에 비해 크기 때문에 가볍고 구조도 간단하게 할 수 있는 장점이 있으며, 그 설치방법은 차체와 수평으로 설치하는 세로설치 방식과 차체와 직각으로 설치하는 가로설치 방식이 있다. 또한 좌우의 것이 구분되어 있다.

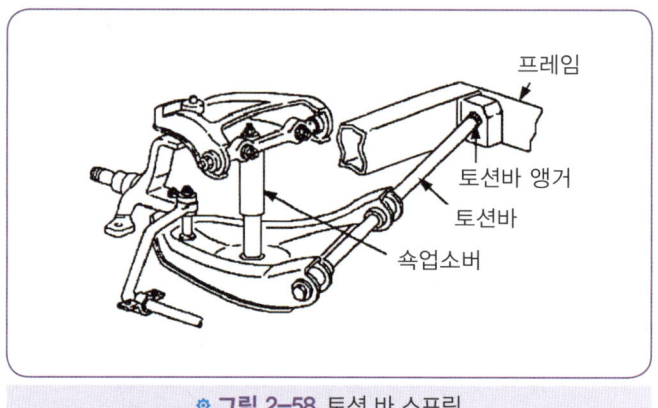

※ 그림 2-58 토션 바 스프링

03 쇽업소버(shock absorber)

쇽업소버는 도로 면에서 발생한 스프링의 진동을 흡수하여 승차 감각을 향상시키고 동시에 스프링의 피로를 감소시키기 위해 설치하는 기구이다. 쇽업소버는 스프링이 압축될 때에는 급격히 압축되고 늘어날 때는 천천히 작용하여 스프링의 상하 운동에너지를 열에너지로 변환시키는 일을 한다.

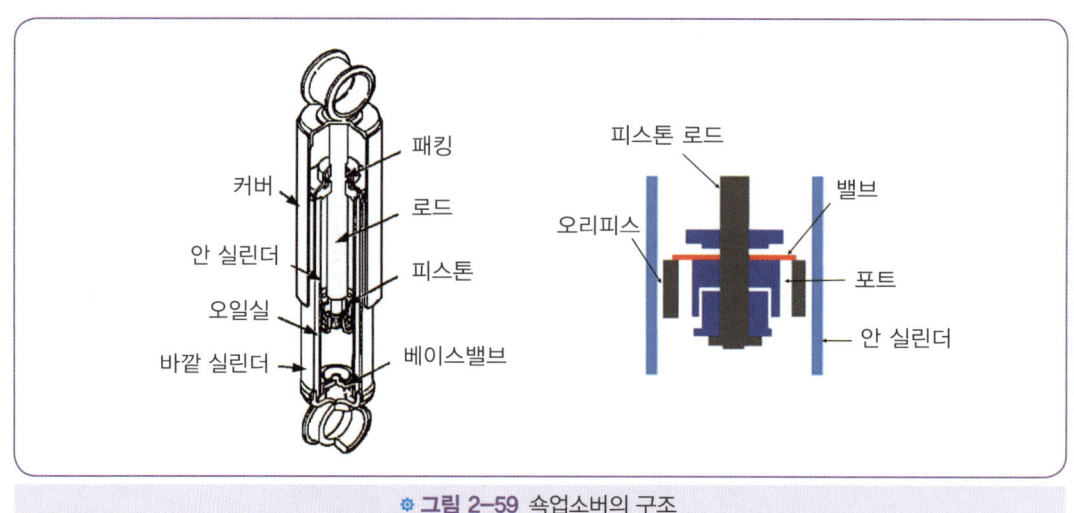

※ 그림 2-59 쇽업소버의 구조

1 단동형과 복동형

단동형(mono tube)

이것은 스프링이 늘어날 때에 통과하는 오일의 저항으로 진동을 조절하고, 스프링이 압축될 때에는 오일이 저항 없이 통과하도록 하여 차체에 충격을 주지 않으므로 좋지 못한 곳에서 유리하다.

복동형(double tube)

이것은 스프링이 늘어날 때와 압축될 때 모두 저항이 발생되는 형식이며, 출발할 때 노스업(nose up)이나 제동할 때 노스다운(nose down)을 방지할 수 있다.

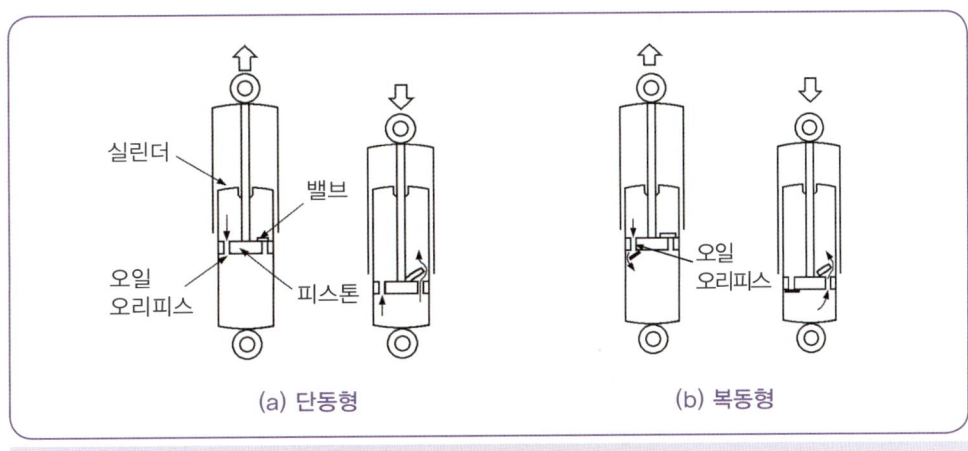

그림 2-60 단동형과 복동형 쇽업소버

2 드가르봉식(가스 봉입) 쇽업소버

이 형식은 유압식의 일종이며 프리 피스톤(free piston)을 더 두고 있으며, 프리 피스톤의 위쪽에는 오일이 들어 있고, 아래쪽에는 고압($30kgf/cm^2$)의 질소가스가 봉입되어 내부에 압력이 걸려 있고 1개의 실린더가 있다. 작동은 쇽업소버가 압축될 때 오일이 오일실 A(피스톤 아래쪽)의 유압에 의해 피스톤에 설치된 밸브의 바깥둘레가 열려 오일실 B로 들어온다. 이때 밸브를 통과하는 오일의 유동 저항으로 인해 피스톤이 하강함에 따라 프리 피스톤도 가압된다.

쇽업소버의 작동이 정지하면 프리 피스톤 아래쪽의 질소가스가 팽창하여 프리 피스톤을 밀어 올려 오일실 A의 오일에 압력을 가한다.

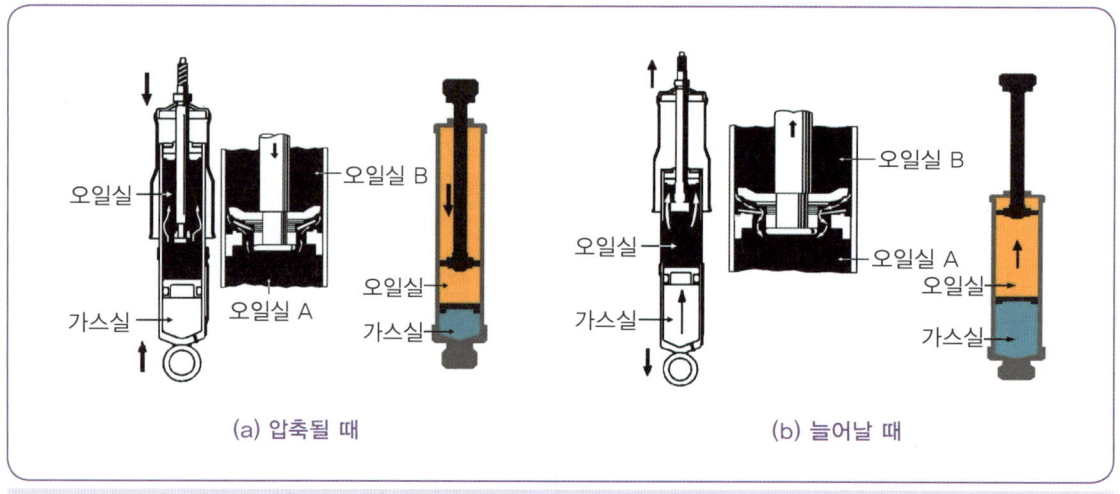

🔧 그림 2-61 드가르봉식의 작동

그리고 쇽업소버가 늘어날 때에는 피스톤의 밸브는 바깥둘레를 지점으로 하여 오일실 B에서 A로 이동하지만 오일실 A의 압력이 낮아지므로 프리 피스톤이 상승한다. 또 늘어남이 정지하면 프리 피스톤은 원위치로 복귀한다.

드가르봉식 쇽업소버의 특징

① 구조가 간단하다.
② 작동할 때 오일에 기포발생이 없어 장시간 작동하여도 감쇠 효과의 감소가 적다.
③ 실린더가 1개이므로 냉각 성능이 크다.
④ 내부에 압력이 걸려 있어 분해하는 것은 위험하다.

04 스태빌라이저(stabilizer)

스태빌라이저는 토션바 스프링의 일종이며, 양끝이 좌우의 컨트롤 암에 연결되며, 중앙부분은 차체에 설치되어 커브 길을 선회할 때 차체가 롤링(rolling : 좌우 진동)하는 것을 방지하며, 차체의 기울기를 감소시켜 평형을 유지하는 기구이다.

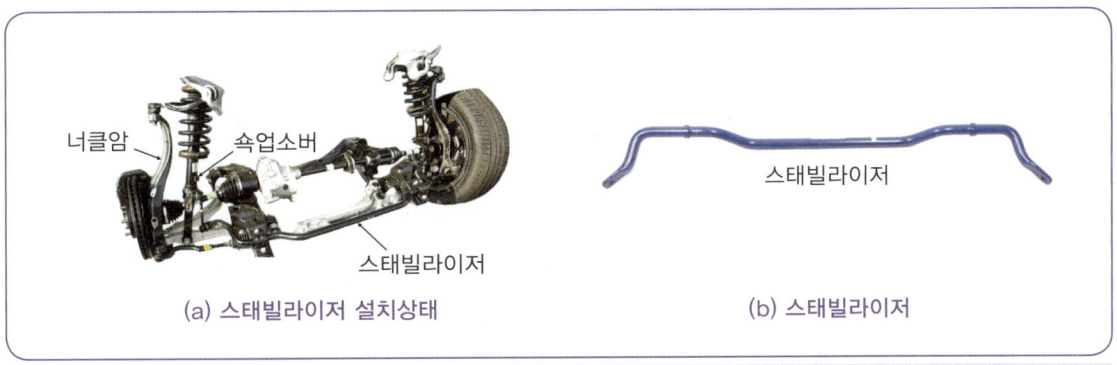

● 그림 2-62 스태빌라이저 설치상태 및 스태빌라이저

05 현가방식

1 일체 차축 현가방식(solid axle suspension)

이 방식은 일체로 된 차축에 양쪽 바퀴가 설치되고 다시 이것이 스프링을 거쳐 차체에 설치된 형식으로 화물차의 앞뒤 차축에서, 주로 사용된다. 판스프링이 주로 사용되며, 그 배치에 따라 평행 판스프링 형식과 옆방향 판스프링 형식이 있다. 일반적으로 평행 판스프링 형식이 사용되고 이외에 코일스프링, 공기스프링, 토션바 스프링 등이 사용된다.

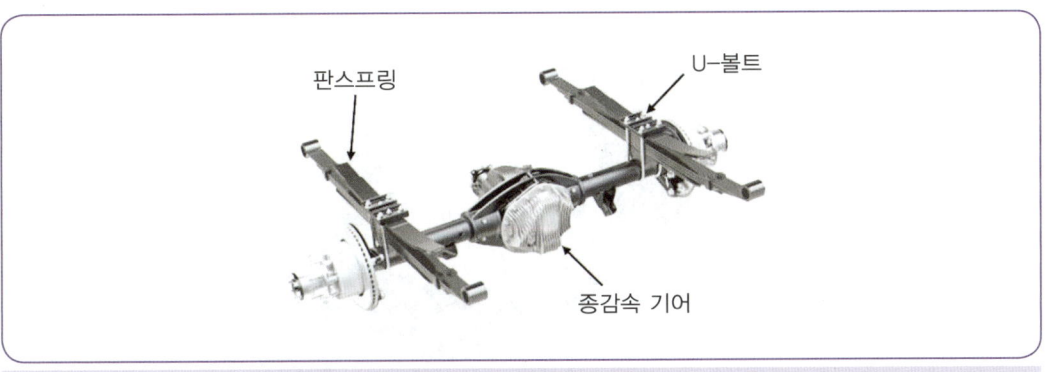

● 그림 2-63 일체차축 현가방식

일체 차축 현가장치의 장점

① 휠 얼라인먼트 변화와 타이어 마모가 적다.
② 강도가 크고 부품수가 적어 구조가 간단하고, 가격이 싸다.
③ 공간을 적게 차지하여 차체 바닥(floor)을 낮게 할 수 있다.
④ 선회할 때 차체의 기울기가 적다.

일체 차축 현가장치의 단점

① 스프링 하중이 무겁고 좌우 바퀴 한쪽이 충격을 받아도 연동되거나 가로방향 진동이 생겨 승차감각과 조종 안정성이 나쁘다.
② 휠 얼라인먼트의 설계 자유도가 적고 조종 안정성 튜닝 여지가 적다.
③ 스프링 밑 질량이 커 승차감각이 불량하다.
④ 앞바퀴에 시미발생이 쉽고, 스프링 정수가 너무 적은 것은 사용하기 어렵다.

2 독립 현가방식(Independent Suspension)

독립 현가방식은 차축을 분할하여 양쪽 바퀴가 서로 관계없이 움직이게 하며 승차감각이나 안정성이 향상되게 하는 것으로서 위시본(wishbone)형식과 맥퍼슨(mac-pherson)형식이 있다.

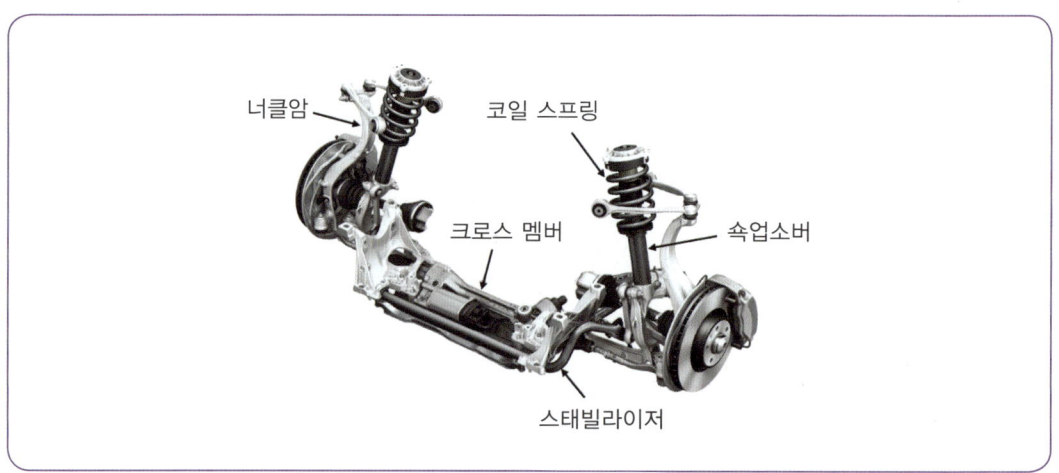

그림 2-64 독립 현가방식

독립 현가방식의 장점

① 스프링 밑 질량이 작아 승차 감각이 좋다.
② 무게중심이 낮아 안전성이 향상된다.
③ 옆방향 진동에 강하고 타이어의 접지 성능이 양호하다.
④ 휠 얼라인먼트 자유도가 크고 튜닝 여지가 많다.
⑤ 현가 암 등을 이용하여 방진을 할 수 있어 소음방지에도 유리하다.
⑥ 바퀴의 시미현상이 적으며, 로드 홀딩(road holding)이 우수하다.
⑦ 스프링 정수가 작은 것을 사용할 수 있다.

독립 현가방식의 단점

① 부품수가 많고 높은 정밀도가 요구되므로 가격이 비싸다.
② 휠 얼라인먼트 변화에 따른 타이어 마모가 크다.
③ 쇽업소버, 링크 등을 함께 설치해야 하므로 설치 공간을 크게 차지한다.
④ 각 특성에 따른 정밀한 튜닝이 필요하다.
⑤ 앞뒤의 강성을 낮게 하기 어렵기 때문에 소음이 발생하기 쉽다.
⑥ 구조가 복잡하므로 값이나 취급 및 정비 면에서 불리하다.
⑦ 볼 이음 부분이 많아 그 마멸에 의한 휠 얼라인먼트가 틀려지기 쉽다.
⑧ 바퀴의 상하운동에 따라 윤거(tread)나 휠 얼라인먼트가 틀려지기 쉬워 타이어 마멸이 크다.

06 독립 현가방식의 종류

1 스윙 차축(swing axle)방식

좌우 각각의 차축이 중심부근에서 결합되어 독립적으로 상하운동하며 이 차축 위에 쇽업소버와 스프링을 설치하는 형식으로 차축이 상하로 움직임에 따른 수평방향의 각도 변화가 곧바로 타이어의 캠버 변화로 이어진다.

2 세미 트레일링 암(semi trailing arm)방식

뒷바퀴 전용 현가방식으로 차축 앞쪽에서 차체의 피벗(pivot)과 차축을 A형의 암으로 결합하는 형식을 트레일링 방식이라 하는데 이중 암 회전축이 비스듬하게 설정된 것을 세미 트레일링 암 방식이라 한다. 최근에는 뒷바퀴 구동방식의 감소와 더불어 사용되지 않고 있다.

3 스트럿 방식(strut type : 맥퍼슨형식)

쇽업소버를 바퀴의 위치를 결정하는 스트럿(strut : 기둥)으로 이용하는 형식으로서 승용차의 앞바퀴 현가장치로 사용되며, 일부 차량에서는 뒷바퀴 현가장치로도 이용된다. 이 형식은 쇽업소버가 내부에 들어 있는 스트럿 및 볼 이음, 컨트롤 암, 스프링으로 구성되어 있다. 스트럿 위쪽에는 현가 지지를 통하여 차체에 설치되며 현가 지지에는 스러스트 베어링(thrust bearing)이 들어 있어 스트럿이 자유롭게 회전할 수 있다.

그리고 아래쪽에는 볼 이음을 통하여 현가 암에 설치되어 있다. 코일 스프링을 스트럿과 스프링 시트사이에 설치하며, 스프링 시트는 현가 지지의 스러스트 베어링과 접촉되어 있다. 따라서 차량 중량은 현가 지지를 통하여 차체를 지지하고 조향할 때에는 조향 너클과 함께 스트럿이 회전한다.

스트럿 방식의 장점

① 공간을 적게 차지하여 실내 공간을 크게 할 수 있다.
② 스프링 무게가 가벼워 승차감각과 접지성능이 양호하다.
③ 차체 측의 피벗(pivot)점의 간격이 커 강도 면에서 유리하다.
④ 휠 얼라인먼트의 제조 오차가 적다.
⑤ 구조가 간단하고 가볍고 가격이 싸다.
⑥ 구조가 간단해 마멸되거나 손상되는 부분이 적으며 정비작업이 쉽다.
⑦ 스프링 밑 질량이 작아 로드 홀딩이 우수하다.
⑧ 기관실의 유효체적을 크게 할 수 있다.

스트럿 방식의 단점

스트럿 축과 하중 축이 어긋나 스트럿에 휘어지는 모멘트가 발생하며, 이 모멘트가 쇽업소버의 미끄럼운동 부분의 마찰을 발생시켜 승차 감각을 저하시킨다.

4 더블 위시본방식(double wishbone type)

이 형식은 제동력이나 선회 구심력은 모두 현가 암이 지지하고 쇽업소버와 스프링은 수직방향의 하중만을 지지하는 구조로 되어 있는데 위·아래 컨트롤 암의 길이가 같은 평행사변형형식과 아래 컨트롤 암의 길이가 더 긴 SLA(short long arm)형식이 있다.

평행사변형형식은 주행 중 윤거가 변하여 타이어 마멸이 심하기 때문에 일반 승용차에는 사용하지 않고 있으나 캠버 등의 변화가 없으므로 경주용 자동차에는 조향 안전성이 커서 사용하고 있다. SLA형식은 아래 컨트롤 암이 위 컨트롤 암보다 길게 되어 있다. 따라서 위 컨트롤 암은 비교적 작은 원호를 그리고, 아래 컨트롤 암은 큰 원호를 그리게 되어 윤거의 변화가 일어나지 않는다. 그러나 컨트롤 암이 상·하로 움직일 때마다 캠버(camber)와 토(toe)가 변화하는 결점이 있다.

07 공기 현가장치

1 공기 현가장치의 개요

이 형식은 압축공기의 탄성을 이용한 것이며, 공기스프링, 레벨링밸브, 공기탱크, 공기 압축기로 구성되어 있다. 이 형식의 특징은 다음과 같다.
① 하중 증감에 관계없이 차체 높이를 항상 일정하게 유지하며 앞뒤, 좌우의 기울기를 방지할 수 있다.
② 스프링 정수가 자동적으로 조정되므로 하중의 증감에 관계없이 고유 진동수를 거의 일정하게 유지할 수 있다.
③ 고유 진동수를 낮출 수 있으므로 스프링 효과를 유연하게 할 수 있다.
④ 공기 스프링 자체에 감쇠성이 있으므로 작은 진동을 흡수하는 효과가 있다.

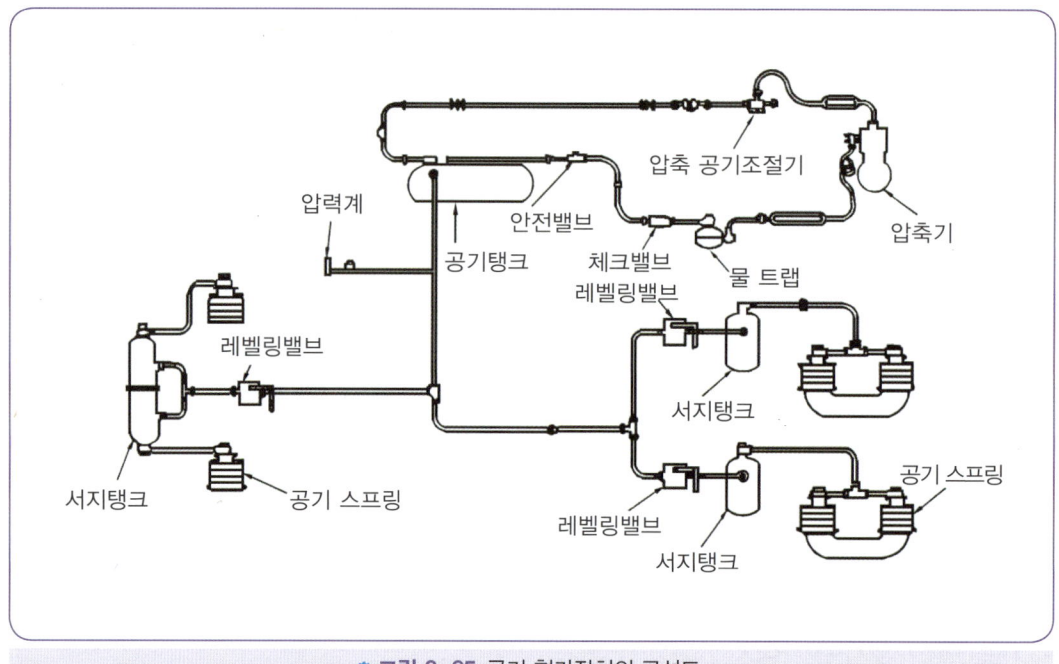

● 그림 2-65 공기 현가장치의 구성도

2 공기 현가장치의 구조 및 기능

공기압축기(air compressor)

기관의 크랭크축에 의해 V벨트로 구동되며 압축공기를 생산하여 공기탱크로 보낸다.

서지탱크(surge tank)

공기스프링 내부의 압력 변화를 완화하여 스프링작용을 유연하게 해주는 것이며, 각 공기스프링마다 설치되어 있다.

공기 스프링(air spring)

공기 스프링에는 벨로즈형(bellows type)과 다이어프램형(diaphragm type)이 있으며, 공기탱크와 스프링 사이의 공기 통로를 조정하여 도로 상태와 주행속도에 가장 적합한 스프링 효과를 얻도록 한다.

레벨링 밸브(leveling valve)

공기탱크와 서지탱크를 연결하는 파이프 도중에 설치된 것이며, 자동차의 높이가 변화하면 압축공기를 스프링으로 공급하거나 배출시켜 차량 높이를 일정하게 유지시킨다.

08 자동차 진동 및 승차감각

1 자동차 진동

자동차는 현가스프링에 의해 지지되는 스프링 위 질량과 타이어와 현가장치사이에 있는 스프링 아래질량으로 분류되며 각각의 고유 진동에는 다음과 같은 것들이 있다.

스프링 위 질량진동

① **바운싱(bouncing, 상하진동)** : 차체가 Z축 방향과 평행운동을 하는 고유 진동이다.
② **피칭(pitching, 앞뒤진동)** : 차체가 Y축을 중심으로 하여 회전운동을 하는 고유 진동이다.
③ **롤링(rolling, 좌우진동)** : 차체가 X축을 중심으로 하여 회전운동을 하는 고유 진동이다.
④ **요잉(yawing, 차체 뒷부분 진동)** : 차체가 Z축을 중심으로 하여 회전운동을 하는 고유 진동이다.

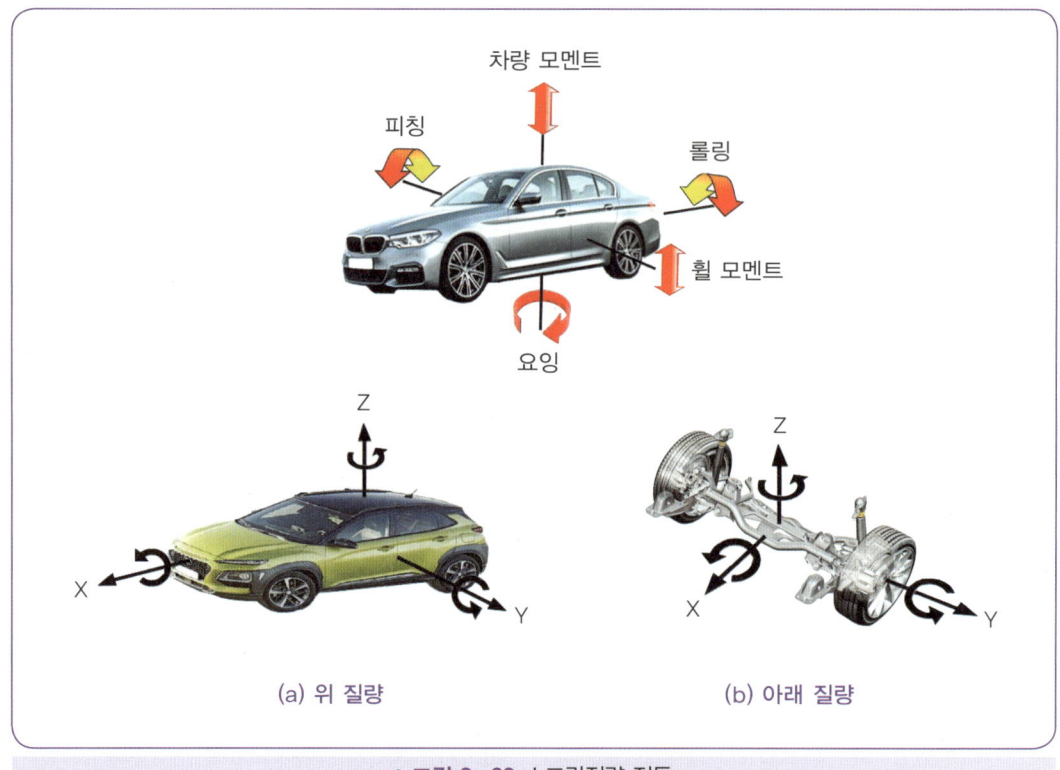

◆ 그림 3-66 스프링질량 진동

스프링 아래 질량진동

① **휠 홉(wheel hop)** : 차축이 Z방향의 상하 평행운동을 하는 고유진동이다.
② **휠 트램프(wheel tramp)** : 차축이 X축을 중심으로 하여 회전운동을 하는 고유진동이다.
③ **와인드 업(wind up)** : 차축이 Y축을 중심으로 회전운동을 하는 고유진동이다.

2 진동수와 승차 감각

자동차에서 멀미나 피로를 느끼는 것은 자동차의 이상 진동이 사람의 뇌에 작용하여 자율신경에 영향을 주기 때문이다. 사람이 걸어갈 때 머리의 상하진동은 60~70cycle/min이고 뛰어갈 때는 120~160cycle/min이라고 하며 일반적으로 60~120cycle/min의 상하진동을 할 때 가장 좋은 승차감각을 얻을 수 있다고 한다. 진동수가 120cycle/min을 넘으면 딱딱해지고, 45cycle/min 이하에서는 멀미를 느끼게 된다.

09 전자제어 현가장치(ECS)

컴퓨터(ECU), 각종 센서, 액추에이터 등을 설치하고 노면의 상태, 주행조건, 운전자의 선택 등과 같은 요소에 따라서 자동차의 높이와 현가 특성(스프링정수 및 감쇠력)이 컴퓨터에 의해 자동적으로 조절되는 현가장치이다.

ECS의 기능

① 급제동을 할 때 노스다운(nose down)을 방지한다.
② 급선회를 할 때 원심력에 대한 차체의 기울어짐을 방지한다.
③ 노면으로부터의 차량 높이를 조절할 수 있다.
④ 노면의 상태에 따라 승차 감각을 조절할 수 있다.

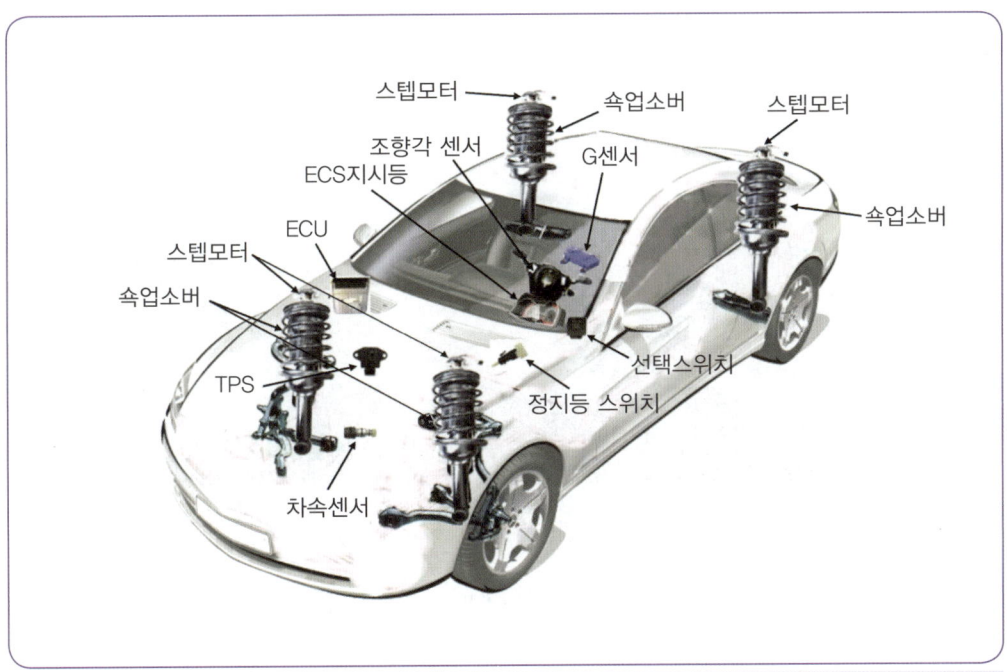

그림 2-67 전자제어 현가장치의 구성

1 구성부품 및 작용

전자제어 현가장치의 센서

(1) 차속센서

변속기 주축이나 속도계(speed meter) 구동축에 설치되어 있으며, 자동차 주행 속도를 검출하여 컴퓨터로 입력시킨다. 컴퓨터는 이 신호에 의해 차고, 스프링 정수 및 쇽업소버 감쇠력 조절에 이용한다.

(2) 차고센서

자동차 높이 변화에 따른 보디(body : 차체)와 차축의 위치를 검출하여 컴퓨터로 입력시키는 일을 하는 것이다. 종류에는 보디와 노면 사이를 직접 검출하는 초음파 검출방식과 현가장치의 신축량을 검출하는 광 단속기 방식이 있다. 광 단속기 방식은 레버와 연결되는 로드와 센서 보디로 구성되며, 앞뒤 차축에 1개씩 두고 있다. 작동은 레버의 회전량이 센서 보디로 전달되므로 차고 변화에 따른 보디와 차축의 위치를 검출한다.

(a) 프런트 차고센서

(b) 리어 차고센서

❖ 그림 2-68 차고센서

(3) 조향핸들 각 속도 센서

조향핸들의 조작 정도를 검출하는 것으로, 2개의 광 단속기와 1개의 디스크로 구성되어 있으며 광 단속기는 조향칼럼 스위치의 보디에, 디스크는 조향축에 고정되어 조향핸들과 함께 회전한다.

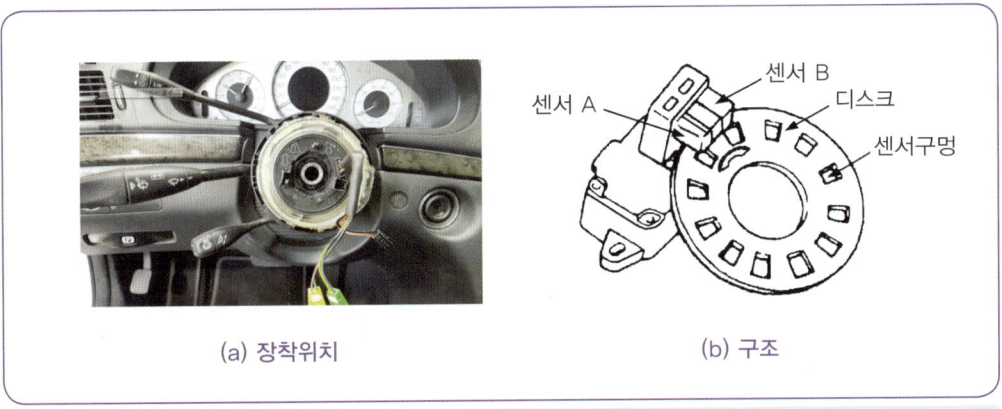

(a) 장착위치   (b) 구조

◆ 그림 2-69 조향핸들 각속도 센서

작동은 광 단속기의 발광 다이오드와 포토 트랜지스터 사이에 설치된 디스크가 조향핸들의 회전속도에 따라 회전하면 발광 다이오드의 빛이 포토 트랜지스터 쪽으로 통과 여부에 따라 전기적 신호(조향핸들의 각 속도에 따른 신호)가 발생하는데 이 신호에 의해 조향핸들의 회전방향도 감지된다. 그러나 조향핸들의 유격과 같은 작은 이동은 감지되지 않는다.

(4) 스로틀 위치센서(TPS)

기관의 급가속 및 감속상태를 검출하여 컴퓨터로 보내면 컴퓨터는 스프링의 정수 및 감쇠력 제어에 사용한다.

(5) G(gravity)센서

G센서(가속도 센서)는 자동차 선회시 G센서 내부의 철심이 자동차가 기울어진 쪽으로 이동하면서 유도되는 전압이 변화되는데 ECU는 유도되는 전압의 변화량을 검출한다. ECU는 차체의 기울어진 방향과 기울어진 양을 검출하여 안티 롤(anti roll)을 제어할 때 보정신호로 사용한다.

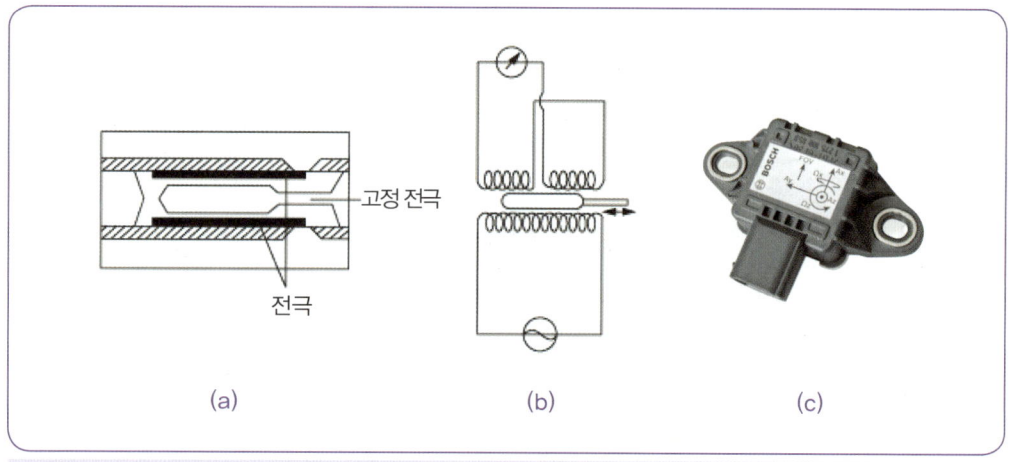

● 그림 2-70 G센서(가속도센서)

컴퓨터(ECU) 제어기능(자세제어)

컴퓨터는 각종 센서들로부터 보내 온 신호들을 이용하여 쇽업소버 감쇠력 제어용 액추에이터를 작동시킨다. 컴퓨터로 입력되는 신호에는 주행속도, 조향핸들 각속도, 브레이크 압력스위치 신호, 전조등 릴레이, 도어(door)스위치, 스로틀위치 센서 등이 있다.

(1) 앤티 롤링 제어(anti-rolling control)

선회할 때 자동차의 좌우방향으로 작용하는 가로방향 가속도를 G센서로 감지하여 제어하는 것이다. 즉, 자동차가 선회할 때에는 원심력에 의하여 중심 이동이 발생하여 바깥쪽 바퀴 쪽은 목표 차고보다 낮아지고 안쪽 바퀴는 높아진다. 이에 따라 바깥쪽 바퀴의 스트럿의 압력은 높이고 안쪽 바퀴의 압력은 낮추어 원심력에 의해서 차체가 롤링하려고 하는 힘을 억제한다.

(2) 앤티 스쿼트 제어(anti-squat control)

급출발 또는 급가속할 때에 차체의 앞쪽은 들리고, 뒤쪽이 낮아지는 노스 업(nose-up)현상을 제어하는 것이다. 작동은 컴퓨터가 스로틀 위치 센서의 신호와 초기의 주행속도를 검출하여 급출발 또는 급가속 여부를 판정하여 규정속도 이하에서 급출발이나 급가속상태로 판단되면 노스 업(스쿼트)를 방지하기 위하여 쇽업소버의 감쇠력을 증가시킨다.

(3) 앤티 다이브 제어(anti-dive control)

주행 중에 급제동을 하면 차체의 앞쪽은 낮아지고, 뒤쪽이 높아지는 노스다운(nose down)현상을 제어하는 것이다. 작동은 브레이크 오일압력스위치로 유압을 검출하여 쇽업소버의 감쇠력을 증가시킨다.

(4) 앤티 피칭 제어(anti-pitching control)

자동차가 요철 노면을 주행할 때 차고의 변화와 주행속도를 고려하여 쇽업소버의 감쇠력을 증가시킨다.

(5) 앤티 바운싱 제어(anti-bouncing control)

차체의 바운싱은 G센서가 검출하며, 바운싱이 발생하면 쇽업소버의 감쇠력은 소프트(soft)에서 미디움(medium)이나 하드(hard)로 변환된다.

(6) 차속 감응 제어(vehicle speed control)

자동차가 고속으로 주행할 때에는 차체의 안정성이 결여되기 쉬운 상태이므로 쇽업소버의 감쇠력은 소프트(soft)에서 미디움(medium)이나 하드(hard)로 변환된다.

(7) 앤티 쉐이크 제어(anti-shake control)

사람이 자동차에 승하차할 때 하중의 변화에 따라 차체가 흔들리는 것을 쉐이크라고 한다. 자동차의 속도를 감속하여 규정속도 이하가 되면 컴퓨터는 승차 및 하차에 대비하여 쇽업소버의 감쇠력을 Hard로 변환시킨다. 그리고 자동차의 주행속도가 규정 값 이상되면 쇽업소버의 감쇠력은 초기 모드로 된다.

쇽업소버(shock absorber)

쇽업소버는 공기실(air chamber)과 감쇠력 2단 변환밸브를 포함하고 있으며, 스프링 정수 및 감쇠력을 Hard 또는 Soft로 선택하는 기능과 차량 높이를 조절하는 스위칭 로드, 액추에이터 등이 부착되어 있다.

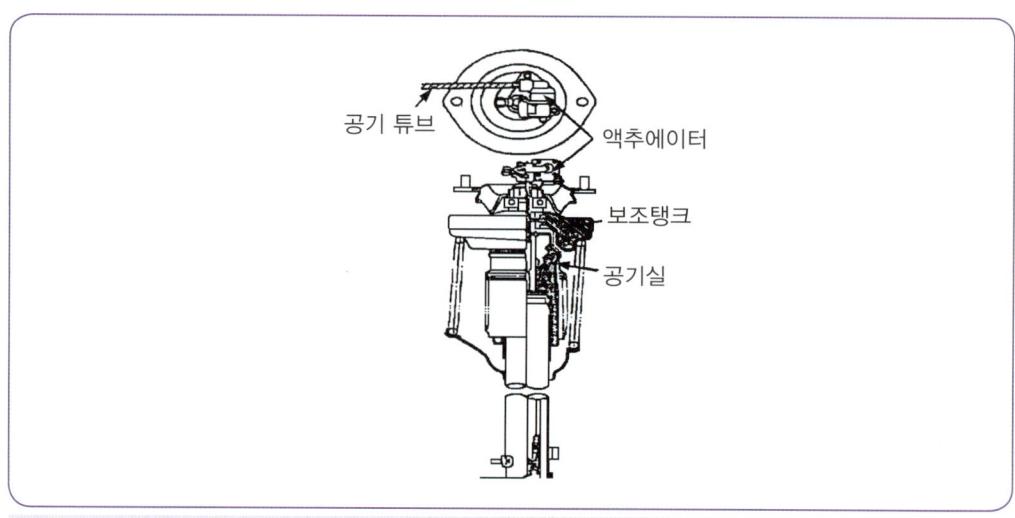

그림 2-71 쇽업소버

(1) 액추에이터(air actuator)

쇽업소버 위쪽에 설치되며 Hard-Soft 스위칭 로드를 규정 각도만큼 회전시켜 주는 부분이다. 공급밸브로부터 액추에이터로 공기가 들어오면 스프링장력을 이기고, 피스톤이 작동하며 이에 따라 스위칭 로드가 회전하여 Hard나 Soft로 현가특성을 선택한다.

(2) 스위칭 로드(switching rod)

액추에이터에 의해 피스톤 내에서 약 60° 정도 회전하며 이 회전에 의해 스프링 정수와 쇽업소버 감쇠력이 Hard나 Soft로 변화한다. 스프링정수의 변환은 스위칭 로드가 Soft에 있을 때에는 공기통로(공기실과 보조탱크사이)가 열려 보조탱크 내의 공기로 인해 공기실의 공기량이 증가하여 스프링정수가 감소하며, Hard에 위치에 있을 때에는 공기 통로가 닫혀 공기실의 공기뿐이므로 스프링정수가 증가한다.

감쇠력 변환 작동은 Soft에서는 쇽업소버의 바이패스밸브가 열려 감쇠력은 주 밸브에서만 발생되어 Soft로만 작동하며, Hard에서는 바이패스밸브가 닫혀 오일은 보조밸브로 흘러 감쇠력은 주 밸브와 보조밸브에서 발생하므로 Hard로 작동한다.

(3) 공기실(air chamber)

공기실의 유동부분에는 롤링 다이어프램(rolling diaphragm)이 설치되어 있으며 공기실 내의 공기는 스위칭 로드의 구멍을 거쳐 흡입 또는 배출된다. 이 공기실 내의 공기가 흡입 또는 배출됨에 따라 쇽업소버 커버 바깥쪽에 있는 롤링 다이어프램이 작동하여 공기실의 체적이 증가하거나 감소하여 차고가 조절된다.

공기 압축기와 릴레이

릴레이는 컴퓨터로부터 전원이 공급되면 전동기에 전원을 공급하여 공기압축기에서 압축공기를 생산하여 공기탱크로 보낸다. 전동기 내에서는 서모(thermo)스위치가 있어 전동기가 가열되면 압축기를 정지시키고 냉각되면 압축기를 작동시킨다. 또 압축기 내에는 배출 솔레노이드밸브가 있어 차량 높이를 낮출 때 공기실 내의 공기를 방출시킨다.

공기탱크

압축기에서 생산된 압축공기를 저장하며 드라이어(dryer), 어큐뮬레이터, 체크밸브, 압력 스위치, 공기 공급 솔레노이드밸브 등이 부착되어 있다.

솔레노이드밸브(solenoid valve)

이 밸브는 쇽업소버에 부착되어 차고를 조정하거나 현가특성을 Hard나 Soft로 변환하는 작용을 한다. 차고 조종용 밸브는 컴퓨터에서 전원이 공급되면 열림과 동시에 압축 공기를 공기실로 보내거나 배출시킨다. 현가특성 변환용 밸브는 컴퓨터에서 전원이 공급되면 열려 압축공기를 액추에이터에 가해 Hard로 변환시키고, 전원이 차단되면 닫혀 액추에이터 내의 압축공기를 배출시켜 Soft로 변환시킨다.

전조등 릴레이

이것은 전조등의 ON, OFF상태를 컴퓨터로 입력시켜 차량 높이 조절에 사용된다.

발전기 L단자

발전기 L단자의 전압 발생신호에 의해 기관의 작동여부를 감지하여 차량 높이 조절에 사용된다.

도어 스위치

모든 도어 스위치는 병렬로 연결되어 있으며 한쪽의 도어만 열려도 컴퓨터에 입력되며, 컴퓨터는 앤티 쉐이크 제어를 한다.

ECS지시 패널

운전석 계기판에 있으며 운전자가 직접 선택하여 조작할 수 있으며, 현가특성, 차량 높이 조절을 할 때 등에는 지시등이 점등되며 부저가 울려 작동을 표시한다.

2 현가특성 조절 및 차고 조절

현가특성 조절(스프링상수 및 감쇠력 조절)

현가특성 조절은 자동차의 주행속도, 조향핸들의 각 속도, 가속페달을 밟는 정도, 차량 높이, 바운싱, 롤링 등의 값이 규정 값 이상되면 현가특성은 Hard로, 규정 값 이하로 되면 Soft로 변환한다. Hard 또는 Soft의 변환은 각종 센서와 스위치에서의 신호가 Hard조건에 만족하면 컴퓨터는 Hard-Soft 솔레노이드밸브를 작동시켜 압축 공기를 액추에이터로 보낸다.

이에 따라 공기실 내의 스프링정수와 쇽업소버의 감쇠력이 Hard로 변환된다. 또 Soft 조건이 만족될 경우에는 액추에이터 내의 공기가 배출되어 스프링정수와 쇽업소버 감쇠력이 Soft가 된다.

차량 높이 조절

자동차의 주행속도가 규정 값 이상되면 차량 높이는 Low로, 컴퓨터가 노면상태의 불량함을 검출한 때에는 High로 변환시킨다. 차량 높이를 높일 경우에는 컴퓨터가 공기 공급 솔레노이드밸브와 차고 조절 공기밸브를 열어 공기실에 압축공기를 공급하여 공기실의 체적과 쇽업소버 길이를 증가시킨다.

반대로 차량 높이를 낮출 경우에는 컴퓨터가 배출 솔레노이드밸브와 차고 조절 공기밸브를 열어 대기 중으로 공기를 배출시킨다.

CHAPTER 03 예상문제 현가장치

01. 자동차의 좌우 방향을 중심으로 일어나는 자동차의 앞/뒤 회전 진동은 어느 것인가?

① 롤링(Rolling)
② 요잉(Yawing)
③ 바운싱(Bouncing)
④ 피칭(Pitching)

풀이 자동차 주행 중에 생기는 가로 방향의 흔들림 현상을 말한다.

02. 자동차에서 사용되는 전자제어 현가장치의 기능이 아닌 것은 어느 것인가?

① 차량 자세 제어
② 스프링 상수와 감쇄력 제어
③ 차량 높이 제어
④ 급제동시 바퀴 슬립방지

풀이 급제동 시 바퀴 슬립방지는 ABS의 현상 시 나타난다.

03. 전자제어 현가장치 차량에서 차량의 차고를 낮출 때의 방법으로 옳은 것은 어느 것인가?

① 앞, 뒤 공기밸브를 차단한다.
② 공기 챔버 내의 공기를 반출시킨다.
③ 공기 챔버 내의 공기를 증가시킨다.
④ 높이 조절용 솔레노이드 밸브와 공기 압축기 배기 솔레노이드 밸브에 전원을 차단한다.

풀이 차량의 차고를 낮출 때의 방법으로는 공기 챔버 내의 공기를 반출시킨다.

04. 주행 중인 자동차에서 롤링방지와 차체 평형을 유지하는 것은 어느 것인가?

① 쇽업소버
② 코일 스프링
③ 스테빌라이저
④ 타이로드

풀이 차량의 좌우 진동을 막아 수평을 유지하는 장치이며 독립 현가식에 사용되고 하체 서스펜션의 좌우 휠 트러블의 편차를 막기 위함으로 궁극적으로 주행 성능과 밀접한 관계가 있는 롤링을 최소화하는 역할을 한다.

05. 다음 중 판스프링을 사용할 때 특징이 아닌 것은?

① 스프링 자체의 강성에 의해서 차축을 정위치에 지지할 수 있어 구조가 간단하다.
② 판 사이의 마찰에 의한 진동억제작용이 크다.
③ 판 사이의 마찰 때문에 작은 진동흡수가 곤란하다.
④ 옆방향 작용력에 대한 저항력이 없어 차축에 설치할 때 쇽업소버 또는 링키지 기구가 필요하다.

풀이 옆방향 작용력에 대한 저항력이 크기 때문에 차축에 설치할 때 쇽업소버 또는 링키지 기구가 필요하지 않다.

정답 01. ④ 02. ④ 03. ② 04. ③ 05. ④

06. 다음 중 독립현가 방식과 비교한 일체차축 현가방식의 특성이 아닌 것은?

① 구조가 간단하다.
② 선회시 차체의 기울기가 작다.
③ 승차감이 좋지 않다.
④ 로드홀딩(road hoiding)이 우수하다.

풀이 스프링 밑 질량이 커 로드홀딩이 좋지 못하고, 승차감이 나쁘다.

07. 맥퍼슨 형식의 현가장치에 관한 특징이 아닌 것은?

① 구조가 간단하고 정비하기 쉽다.
② 스프링 아래 질량이 작아 로드홀딩이 우수하다.
③ SLA형식에 비해 캠버의 변화가 크다.
④ 엔진룸을 크게 할 수 있다.

풀이 맥퍼슨 형식은 윤거는 약간 변하나, 캠버는 변화가 전혀 없다.

08. SLA식의 위 컨트롤 암의 길이는?

① 아래 컨트롤 암보다 짧다.
② 아래 컨트롤 암과 같다.
③ 아래 컨트롤 암보다 길다.
④ 평행사변형이다.

풀이 SLA(short & long arm)타입은 위쪽이 아래쪽보다 컨트롤 암 길이가 짧다.

09. 전자제어 현가장치의 부품 중 차고조절과 관계가 없는 것은?

① 차속센서
② 공기흐름센서
③ 차고센서
④ 중력(G)센서

풀이 차고 조절은 차속센서, G센서, 차고센서등의 신호에 의하여 이루어진다.

10. ECS 장착 자동차에서 주행 중 급커브 상태를 감지하는 센서는?

① 차속 센서
② 차고 센서
③ 스티어링 휠 각도 센서
④ 휠 속도 센서

풀이 조향핸들 각도센서는 스티어링 휠의 좌우 회전방향을 검출하여 차체의 롤링을 예측하기 위하여 사용된다.

11. 전자제어 현가장치에서 차고 조정이 정지되는 조건이 아닌 것은?

① 커브 길 급선회 시
② 급가속 시
③ 고속 주행 시
④ 급정지 시

풀이 차고조정이 정지되는 조건은 커브길을 급회전할 때, 급 가속할 때, 급 정지할 때 차고조정이 정지되는 조건이다.

정답 06. ④ 07. ③ 08. ① 09. ② 10. ③ 11. ③

CHAPTER 04 조향장치

조향장치는 자동차의 진행방향을 운전자가 의도하는 바에 따라서 임의로 조작할 수 있는 장치이며 조향핸들을 조작하면 조향 기어에 그 회전력이 전달되며 조향 기어에 의해 감속하여 앞바퀴의 방향을 바꿀 수 있도록 되어 있다.

01 조향장치의 원리

1 애커먼-장토식(ackerman-jantoud type)

조향 각도를 최대로 하고 선회할 때 선회하는 안쪽 바퀴의 조향 각도가 바깥쪽 바퀴의 조향 각도보다 크게 되며, 뒷차축 연장선상의 한 점 E를 중심으로 동심원을 그리면서 선회하여 사이드슬립 방지와 조향핸들 조작에 따른 저항을 감소시킬 수 있는 방식이다.

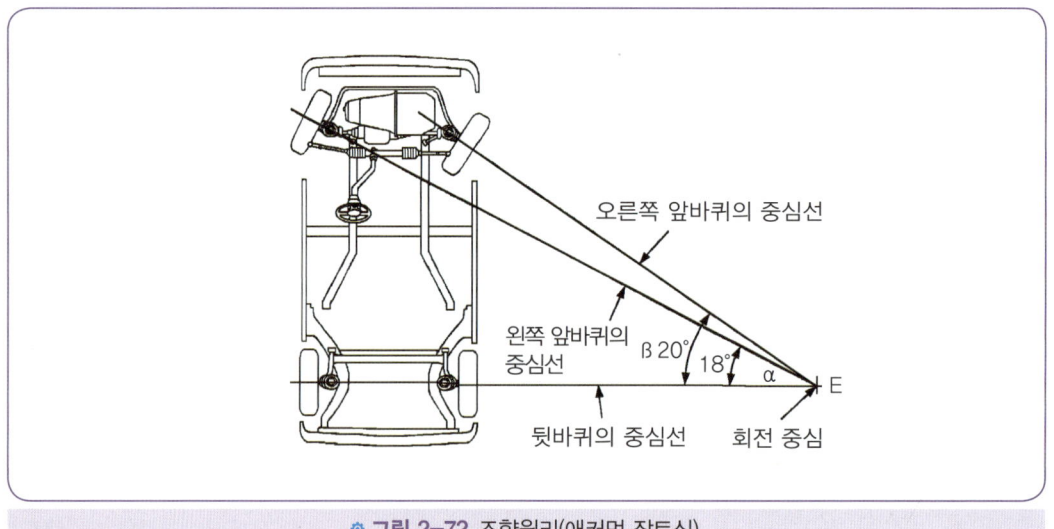

◎ 그림 2-72 조향원리(애커먼 장토식)

2 최소 회전반지름

조향각도를 최대로 하고 선회하였을 때 그려지는 동심원 중에서 가장 바깥쪽 바퀴가 그리는 원의 반지름을 말하며 다음의 공식으로 산출된다.

$$R = \frac{L}{\sin\alpha} + r$$

R : 최소 회전반지름
sinα : 가장 바깥쪽 앞바퀴의 조향각도
L : 축간거리(축거 wheel base)
r : 바퀴 접지면 중심과 킹 핀과의 거리

3 조향장치의 구비조건

① 조향 조작이 주행 중의 충격에 영향을 받지 않을 것
② 조작이 쉽고, 방향 변환이 원활하게 행해질 것
③ 회전반지름이 작아서 좁은 곳에서도 방향 변환을 할 수 있을 것
④ 진행방향을 바꿀 때 섀시 및 보디 각 부에 무리한 힘이 작용되지 않을 것
⑤ 고속주행에서도 조향 핸들이 안정될 것
⑥ 조향핸들의 회전과 바퀴 선회 차이가 크지 않을 것
⑦ 수명이 길고 다루기나 정비하기가 쉬울 것

02 조향장치의 구조와 작용

1 일체 차축방식의 조향기구

일체 차축방식의 조향기구는 조향핸들, 조향축, 조향기어 박스, 피트먼 암, 드래그 링크, 타이로드, 너클암 등으로 구성되어 있다. 작동은 조향핸들을 돌리면 그 조작력이 조향축을 거쳐 조향 기어 박스로 전달된다.

조향 기어박스에서는 감속하여 섹터축을 회전시키며, 섹터축이 회전하면 피트먼 암이 원호운동을 하여 드래그 링크를 앞 뒤 방향으로 이동시킨다. 이에 따라, 오른쪽이나 왼쪽 바퀴가 조향 너클에 의해 선회하게 되고, 또 타이로드를 통해 반대쪽 바퀴를 선회시켜 진행방향을 변환시킨다.

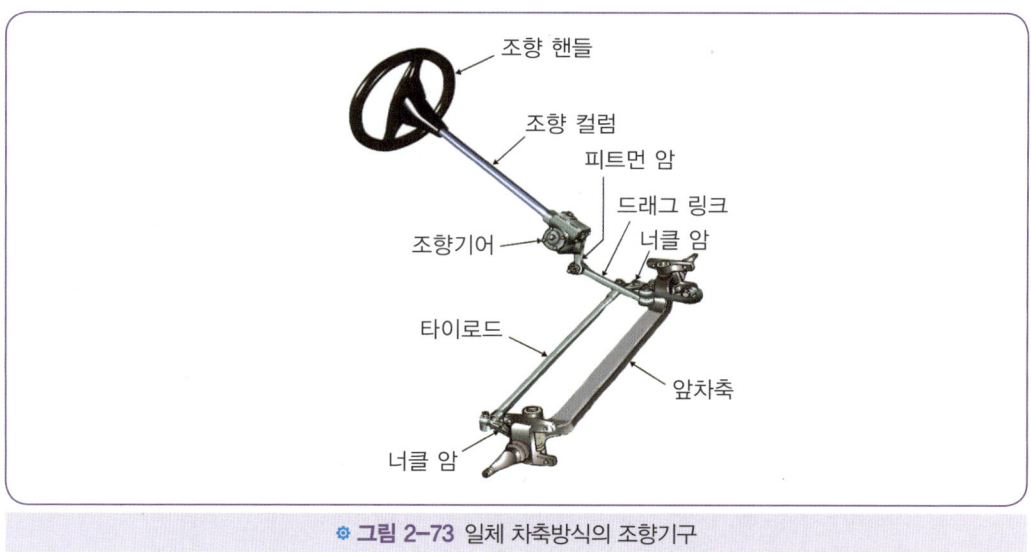

* 그림 2-73 일체 차축방식의 조향기구

2 독립 차축방식의 조향기구

독립 차축방식 조향기구에는 드래그 링크가 없으며 타이로드가 둘로 나누어져 있다. 구성은 조향핸들, 조향축, 조향기어 박스, 피트먼 암, 센터 링크, 타이로드, 너클 암 등으로 구성되어 있다. 그러나 최근의 승용차에서는 래크와 피니언형식을 사용하므로 피트먼 암과 센터 링크 등을 사용하지 않는다.

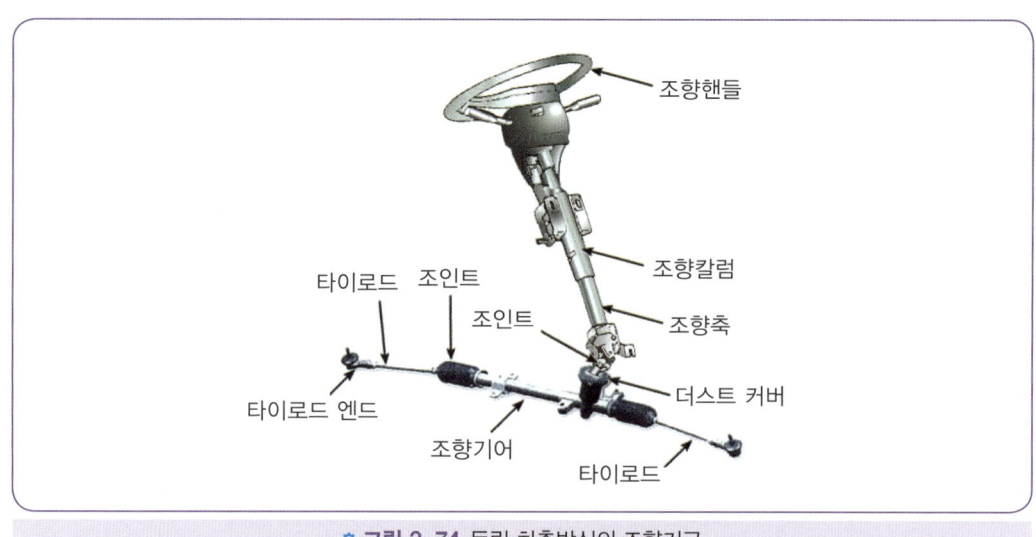

* 그림 2-74 독립 차축방식의 조향기구

3 조향기구

조향핸들(조향 휠)

조향핸들은 림(rim), 스포크(spoke) 및 허브(hub)로 구성되어 있으며 스포크나 림 내부에는 강철이나 알루미늄 합금 심으로 보강되고, 바깥쪽은 합성수지로 성형되어 있다. 조향 핸들은 조향축에 테이퍼(taper)나 세레이션(serration) 홈에 끼우고 너트로 고정시킨다.

조향축(steering shaft)

조향축은 조향핸들의 회전을 조향 기어의 웜(worm)으로 전하는 축이며, 웜과 스플라인을 통하여 자재이음으로 연결되어 있다.

조향 기어 박스(steering gear box)

조향 기어는 조향 조작력을 증대시켜 앞바퀴로 전달하는 장치이며 종류에는 웜 섹터형, 웜 섹터 롤러형, 볼 너트형, 캠 레버형, 래크와 피니언형, 스크루 너트형, 스크루 볼형 등이 있으며 현재 주로 사용되고 있는 형식은 볼 너트형식과 래크와 피니언형식이므로 이들에 대해서만 설명하도록 한다.

(1) 볼-너트 형식(ball & nut type)

스크루와 너트 사이에 많은 볼이 들어 있어 조향핸들의 회전을 볼의 동력전달 접촉으로 너트로 전달한다. 작동은 조향핸들이 회전하면 스크루 홈을 이동하여 너트의 한 끝에서 밖으로 나와 안내 튜브를 지나서 다시 스크루 홈으로 들어간다. 볼은 2줄로 나누어 순환하며, 이 순환운동으로 너트는 직선운동을 하고 섹터는 원호운동을 한다.

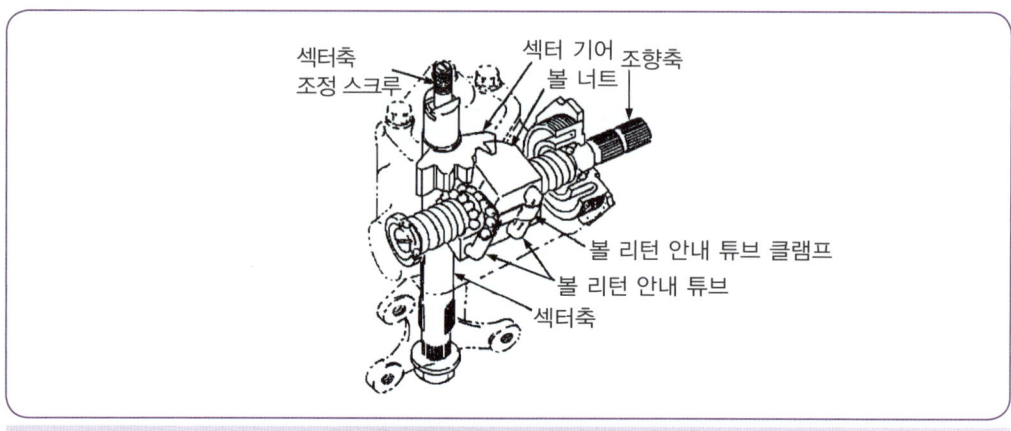

◆ 그림 2-75 볼-너트 형식

(2) 래크와 피니언 형식(rack & pinion type)

이 형식은 조향핸들의 회전운동을 래크를 통해 직선운동으로 바꾸어 조향하도록 되어 있으며, 조향축 아랫부분에 피니언이 래크와 결합되어 있다. 따라서 래크는 피니언의 회전운동에 따라 조향 기어 박스 내에서 좌우로 직선운동을 하여 그 양 끝의 타이로드를 거쳐 좌우의 너클암을 이동시켜 조향한다. 그리고 조향 기어 비율은 다음과 같이 나타낸다.

$$\text{조향 기어비} = \frac{\text{조향핸들이 움직인 각}}{\text{피트먼암이 움직인 각}}$$

이 조향 기어비의 값이 작으면 조향핸들의 조작은 신속히 되지만 큰 조작력이 필요하게 된다. 이에 따라 조향 기어에는 가역식, 반가역식, 비가역식 등의 형식으로 하고 있다.

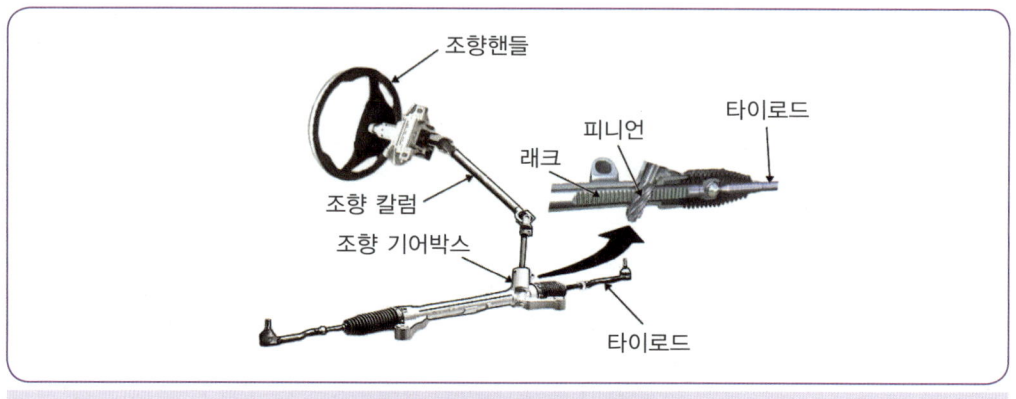

◆ 그림 2-76 래크와 피니언 형식

피트먼 암(pitman arm)

조향핸들의 움직임을 일체 차축방식의 조향기구에서는 드래그 링크로, 독립 차축방식의 조향기구에서는 센터 링크로 전달한다.

드래그 링크(drag link)

일체 차축방식 조향기구에서 피트먼 암과 너클 암(제3암)을 연결하는 로드이다.

센터 링크(center link)

독립 차축방식 조향기구에서 피트먼 암과 볼 이음을 통하여 연결되며, 작동은 조향핸들을 회전시키면 피트먼 암으로부터의 힘을 타이로드로 전달한다. 그러나 래크와 피니언 형식의 조향 기어박스를 사용하는 독립 차축방식에서는 센터 링크를 두지 않아도 된다.

타이로드(tie-rod)

볼-너트 형식의 조향 기어박스를 사용하는 독립 차축방식 조향기구에서는 센터 링크의 운동을 양쪽 너클 암으로 전달하며, 래크와 피니언 형식에서는 래크축에 2개로 나누어져 볼 이음으로 각각 연결되어 있다. 타이로드의 길이를 조정하여 토인(toe-in)을 조정할 수 있다.

너클 암(knuckle arm, 제3암)

일체 차축방식 조향기구에서 드래그 링크의 운동을 조향 너클에 전달하는 기구이다.

일체 차축방식 조향기구의 앞 차축과 조향 너클

일체 차축방식(ridge axle)의 앞 차축은 강철을 단조한 I 단면의 빔이며, 그 양쪽 끝에는 스프링 시트가 용접되어 있고, 킹핀 설치부분에는 킹핀을 통해 조향너클이 설치된다.

조향너클은 킹핀을 통해 앞 차축과 연결되는 부분과 바퀴 허브가 설치되는 스핀들

(spindle)로 되어 있어 킹핀을 중심으로 회전하여 조향작용을 한다. 그리고 앞 차축과 조향너클의 설치방식에는 엘리옷형, 역엘리옷형, 마몬형, 르모앙형 등이 있다.

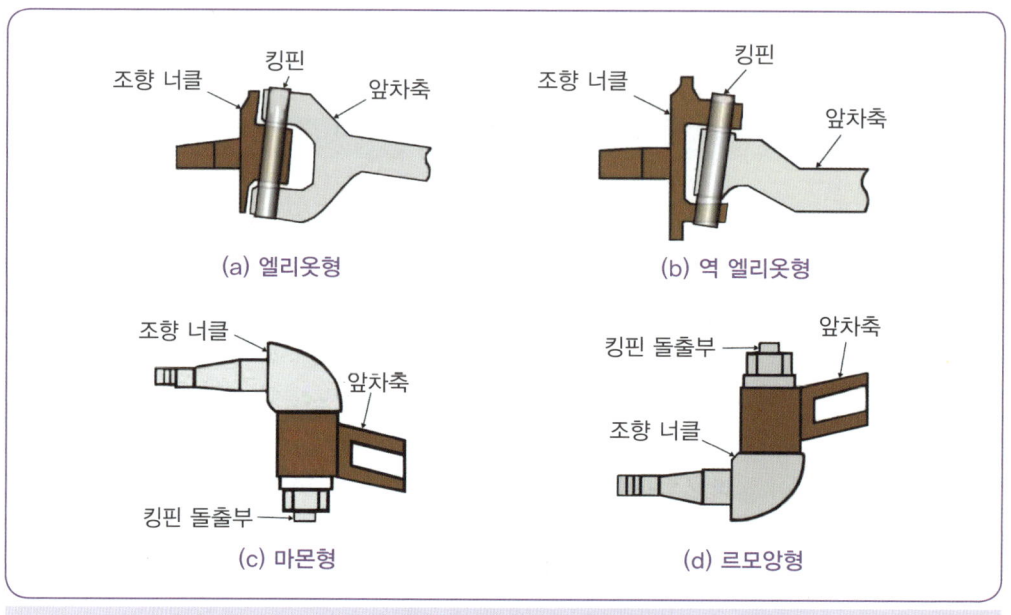

그림 2-77 조향 너클 설치방식

킹핀(king pin)

일체 차축방식 조향기구에서 앞 차축에 대해 규정의 각도(킹핀 경사각)를 두고 설치되어, 앞 차축과 조향너클을 연결하며 고정볼트에 의해 앞 차축에 고정되어 있다.

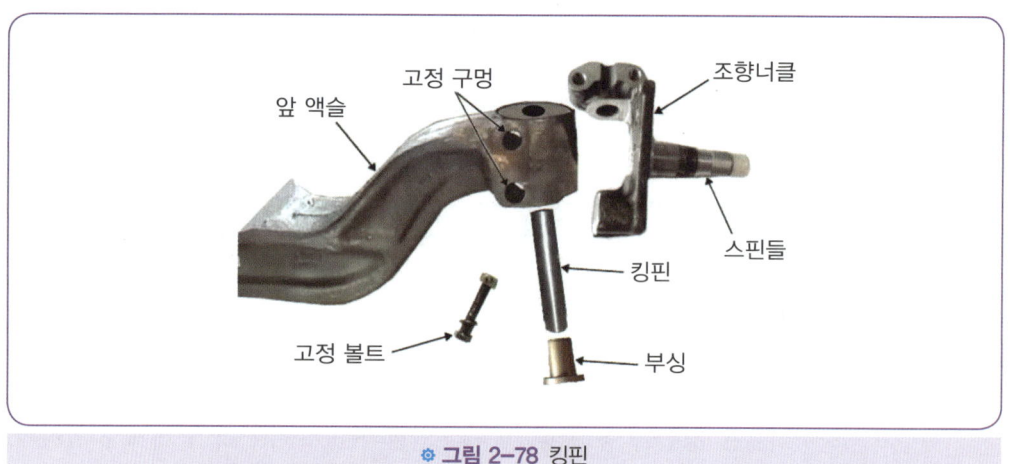

그림 2-78 킹핀

03 동력 조향장치(power steering system)

1 동력 조향장치의 개요

자동차의 대형화 및 저압 타이어의 사용으로 앞바퀴의 접지압력과 면적이 증가하여 신속하고 경쾌한 조향이 어렵다. 이에 따라 가볍고 원활한 조향조작을 위해 기관의 동력으로 오일펌프를 구동하여 발생한 유압을 이용하는 동력 조향장치를 설치하여 조향핸들의 조작력을 경감시키는 장치이다. 이 장치는 다음과 같은 특징이 있다.

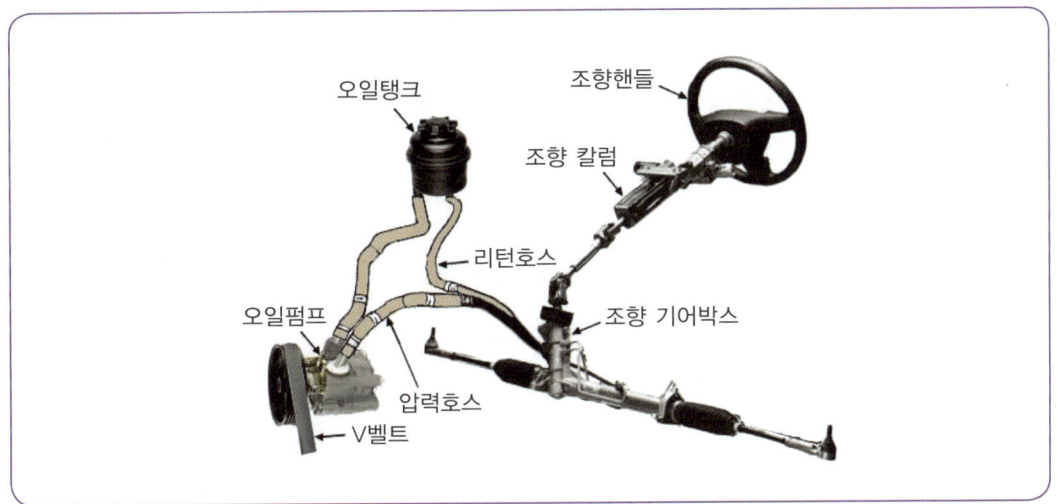

● 그림 2-79 동력 조향장치의 구조

동력 조향장치의 장점

① 조향 조작력이 작아도 된다.
② 조향 조작력에 관계없이 조향 기어비를 선정할 수 있다.
③ 노면으로부터의 충격 및 진동을 흡수한다.
④ 앞바퀴의 시미현상을 방지할 수 있다.
⑤ 조향 조작이 경쾌하고 신속하다.

동력 조향장치의 단점

① 구조가 복잡하고 값이 비싸다.
② 고장이 발생한 경우에는 정비가 어렵다.
③ 오일펌프 구동에 기관의 출력이 일부 소비된다.

2 동력 조향장치의 분류

링키지형(linkage type)

동력실린더를 조향 링키지 중간에 둔 것이며, 조합형과 분리형이 있다.
① **조합형(combined type)** : 이 형식은 동력실린더와 제어밸브가 일체로 된 것이다.
② **분리형(separate type)** : 이 형식은 동력실린더와 제어밸브가 분리된 것이다.

일체형

동력실린더를 조향 기어 박스 내에 설치한 형식이며, 인라인형과 오프셋형이 있다.
① **인라인형(in line type)** : 이 형식은 조향 기어 박스와 볼 너트를 직접 동력기구로 사용하도록 한 것이며, 조향 기어 박스 상부와 하부를 동력실린더로 사용한다.
② **오프셋형(off-set type)** : 이 형식은 동력 발생기구를 별도로 설치한 형식이다.

3 동력 조향장치의 구조

동력 조향장치는 작동부분, 제어부분, 동력부분의 3주요부와 유량 제어밸브 및 유압 제어밸브와 안전 체크밸브 등으로 구성되어 있다.

오일펌프 – 동력부분

오일펌프는 유압을 발생하며 기관의 크랭크축에 의해 V벨트를 통하여 구동된다. 오일펌프의 형식은 주로 베인펌프(vane pump)를 사용한다.

동력실린더 – 작동부분

동력실린더는 실린더 내에 피스톤과 피스톤 로드가 들어 있으며, 오일펌프에서 발생한 오일을 피스톤에 작용시켜서 조향방향 쪽으로 힘을 가해 주는 장치이다. 또 동력실린더는 피스톤에 의해 2개의 방(chamber)로 분리되어 있으며 한쪽 방에 오일이 들어오면 반대쪽 방에서는 오일이 오일탱크로 복귀하는 복동식이다.

제어밸브 – 제어부분

제어밸브는 조향핸들의 조작력을 조절하는 기구이며, 조향핸들을 돌려 피트먼 암에 힘을 가하면 오일펌프에서 보내 준 오일을 조향방향으로 동력 실린더의 피스톤이 작동하도록 오일회로를 변환시킨다. 제어밸브는 밸브보디 안쪽에 3개의 홈과 오일펌프에서 보내 준 오일을 동력실린더 2개의 방으로 공급하기 위한 오일통로가 있다.
밸브 스풀(valve spool)에는 밸브보디에 있는 3개의 홈에 대응하는 3개의 랜드(land)가 있어 밸브 스풀의 이동에 따라 밸브보디의 오일 통로가 개폐된다.

안전 체크밸브(safety check valve)

제어밸브 속에 들어 있으며 기관이 정지된 경우 또는 오일펌프의 고장, 회로에서의 오일 누출 등의 원인으로 유압이 발생하지 못할 때 조향핸들의 조작을 수동으로 할 수 있도록 해주는 밸브이다.

04 전자제어 동력 조향장치(ECPS : electronic control power steering)

1 차속 감응형 유량 제어방식의 작동

차속 감응방법은 차속센서에 의해 주행속도를 검출하여 주행속도에 따라 동력실린더에 작용하는 유압을 변화시킨다. 즉, 저속에서는 유압을 정상 값으로 하고 주행속도가 증가할수록 유압을 낮춘다. 이것은 차속센서가 주행속도를 컴퓨터로 입력시키면 컴퓨터에서는 동력 실린더의 유압을 변화시킨다.

유압제어는 동력실린더 양쪽 체임버(chamber)를 연결하는 바이패스 회로에 솔레노이드밸브를 설치하여 솔레노이드밸브가 열리면 고압 쪽의 오일은 드레인에 연결된 저압 쪽으로 들어가 유압을 저하시켜 배력작용을 감소시키므로 저항력이 커진다.

2 반력 제어방식의 작동

차속센서가 로터리형 유압모터로 되어 있으며 통과하는 유량을 주행속도에 따라 조절하고 제어밸브의 움직임을 변화시켜 적절한 조향력을 얻도록 하고 있다. 제어밸브 양끝에는 롤러가 부착되어 있으며 여기에 반동 플런저가 설치되어 있다.

반동 플런저는 스프링의 장력과 반동실에 가해지는 유압을 받아 롤러를 가압한다. 이에 따라 제어밸브의 작동은 반동실에 가해지는 유압에 따라 변화하며 이 유압을 주행속도에 대응시키면 적절한 조향력을 얻을 수 있다. 차속센서에 작용하는 유압 모터의 유로는 동력실린더와 병렬로 연결되며, 반동실의 유압 제어는 컷 오프 밸브(cut-off valve)가 한다.

05 전동형 동력 조향장치

1 전동형 동력 조향장치의 구성

전동형 동력 조향장치는 차속센서, 회전력센서, 제어기구, 조향 기어박스, 전동기, 전동기 회전각도센서, 감속기구 등으로 구성되어 있다.

❖ 그림 2-80 전동형 동력 조향장치의 기본구성

제어기구(controller)

제어기구는 회전력의 신호에 의해 최적의 배력(assist)을 실행하기 위하여 전동기를 제어한다. 또한 각종 신호를 검출하고, 고장이 발생하였을 경우에는 수동상태로 하는 페일 세이프 기능을 지니고 있다. 직류전동기와는 다른 3상 전동기를 사용하며, 제어의 고속성능이 필요하므로 16bit 마이크로컴퓨터를 사용한다.

3상 브러시 없는 전동기(중공 형식)

전동기의 스테이터 쪽에 코일을, 로터 쪽에 영구자석을 배치한 3상 직류 브러시 없는 전동기와 로터 안쪽에 래크축(rack shaft)과 볼-너트를 배치하고, 너트의 회전(전동기의 회전)에 의해 래크축과 일체의 볼-너트가 직선운동을 한다. 제어기구에서의 전류에 의해 배력을 발생시킨다.

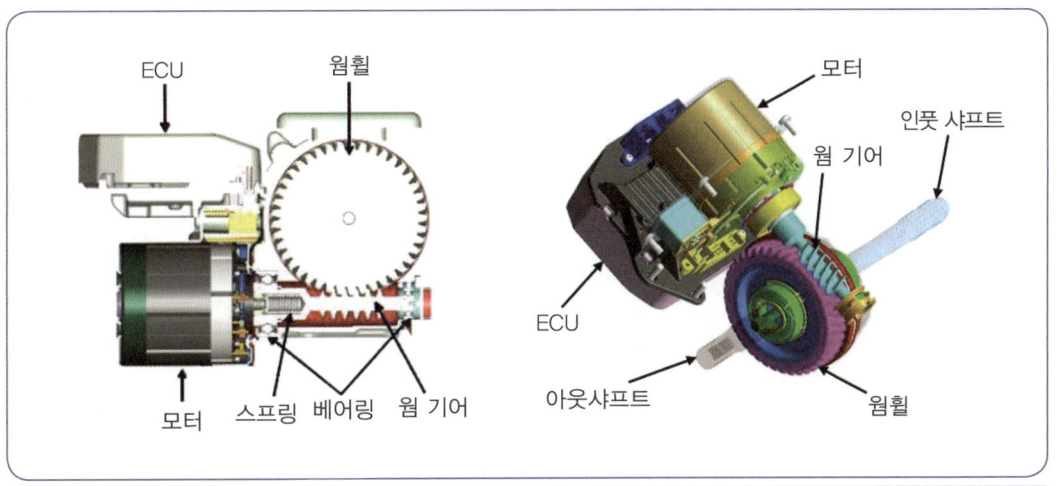

그림 2-81 전동기의 구조

전동기 회전각도 센서

전동기의 로터 위치를 검출한다. 이 신호에 의해 컴퓨터가 전류 출력의 위상을 결정한다.

회전력 센서

이 센서는 비접촉형 센서이며, 운전자의 조향핸들 조작력을 검출한다.

차속센서

이 센서는 자동차의 주행속도를 검출한다.

조향 기어 박스

조향 기어 박스는 바퀴를 노면 반발력에 대항해 조향시키는 액추에이터이며, 전동기에서 발생한 회전력을 증대시킨다.

조향력은 운전자로부터 기어의 입력 축으로 전달되고 토션 바에서 바퀴로 전달되며, 배력은 회전력 센서의 출력에 대한 제어 기구의 전류에 따라 전동기에서 발생시키는 힘이 볼-너트를 통해 증대되어 래크로 전달되고, 바퀴로 전달된다.

2 제어회로의 구성과 작동

전동방식 동력 조향장치는 입력부분, 제어부분, 출력부분으로 구성되어 있다. 입력부분은 입력센서 신호로부터 운전상황을 판단하는 역할을 하며, 제어부분은 입력센서의 정보를 바탕으로 ECU에 설정된 제어로직에 따라 출력부분을 제어한다. 출력부분은 ECU의 신호를 받아 전동기를 구동하며 경고등, 아이들 업(idle up), 자기진단 기능을 수행한다.

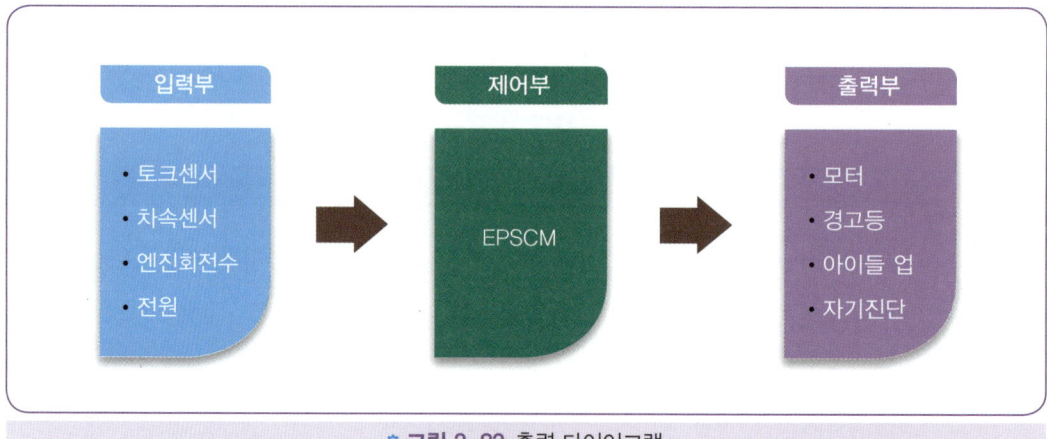

그림 2-82 출력 다이어그램

06 4WS(4-wheel steering)

4WS란 4바퀴 조향을 의미하며, 기존의 자동차에서는 앞바퀴로만 조향하는데 비해 뒷바퀴도 조향하는 장치이다. 기존의 2WS 자동차는 고속에서 선회할 때 앞바퀴에는 조향핸들에 의한 회전으로 코너링 파워가 발생하지만, 뒷바퀴는 차체의 가로방향 미끄러짐이 발생해야만 코너링 파워가 발생하기 때문에 선회지연과 차체 뒤가 과도하게 흔들리는 문제점이 있었으나, 4WS는 고속에서의 차로를 변경할 때 안정성이 향상되고, 차고 진입이나 U턴과 같은 회전을 할 때 회전반지름이 작아져 운전이 용이해진다.

차량 주행역학의 가장 중요한 목표는 능동적 안전도의 향상 즉, 조향성능(handling performance)과 승차감(driving comfort)의 향상이며, 4WS는 4바퀴를 모두 조향하여 조향성능을 시키는 장치이다.

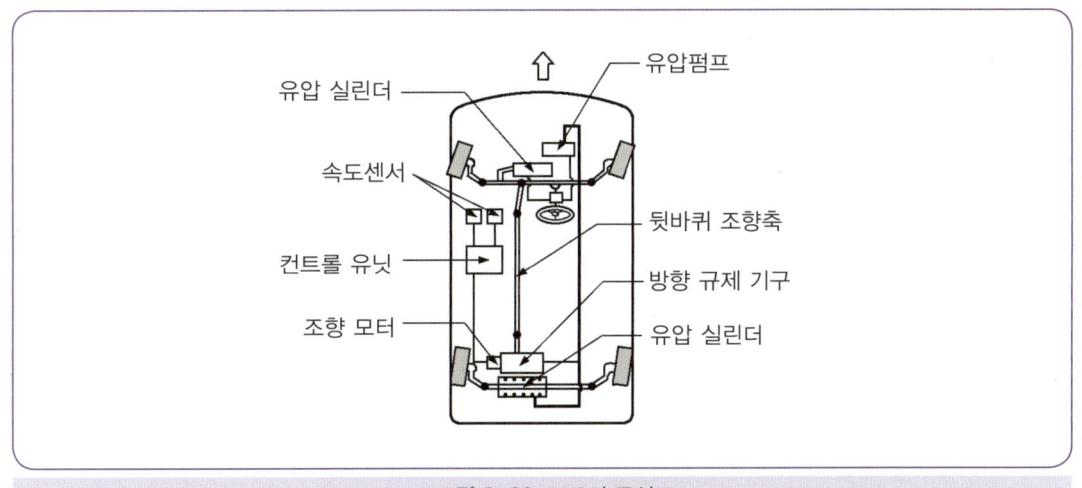

그림 2-83 4WS의 구성도

즉, 운전자가 조향핸들을 조작함에 따라 앞 차축에서 생기는 코너링 포스에 대하여, 동시에 뒤 차축에서도 해당 코너링 포스가 발생하도록 뒷바퀴 조향각을 제어함으로서, 궁극적으로는 차체 무게중심에서의 "사이드슬립 각(side slip angle)"을 줄여서 안정된 조향을 하도록 하는 장치이다.

또한 원하는 자동차의 횡 방향 슬립각 및 요속도(yaw speed)를 얻기 위해 자동차의 앞바퀴 조향각 및 뒷바퀴 조향각을 능동적으로 제어하는 것이다. 자동차의 주행속도, 조향핸들 조향각, 요속도의 함수로서 뒷바퀴 조향각을 제어하는 방법과 뒷바퀴 조향각 제어를 통하여 저속주행의 조종성과 고속주행에서 직진 안정성을 대폭적으로 향상시켰다.

CHAPTER 04 예상문제 조향장치

01. 자동차의 최소회전반경은 바깥쪽 앞바퀴의 자국의 중심선을 따라 측정할 때 몇 m인가?

① 10m 이내　② 12m 이내
③ 14m 이내　④ 16m 이내

> 풀이) 자동차 및 자동차부품의 성능과 기준에 관한 규칙 제9조(최소회전반경)-자동차의 최소회전반경은 바깥쪽 앞바퀴 자국의 중심선을 따라 측정할 때에 12m를 초과해서는 안 된다.

02. 조향장치의 동력전달 순서가 바르게 된 것은 어느 것인가?

① 핸들-타이로드-피트먼 아암-조향 기어박스
② 핸들-섹터 축-조향 기어박스-피트먼 아암
③ 핸들-조향 기어박스-섹터축-피트먼 아암
④ 핸들-피트먼 아암-조향 기어박스-타이로드

> 풀이) 핸들에서 조향 기어박스 그리고 섹터 축 피트먼 아암으로 연결되어있다.

03. FR 자동차에서 주행 중 핸들이 쏠리는 원인으로 거리가 먼 것은 어느 것인가?

① 타이어의 공기압이 불균일할 때
② 조향 너클이 휘었을 때
③ 한쪽 쇽업소버의 작동이 불량할 때
④ 브레이크 패드의 마모가 심할 때

> 풀이) 브레이크 패드의 마모가 심하면 제동이 안된다.

04. 전자식 조향제어 장치의 조향력 제어에서 차량 속도가 저속에서는 가볍고 고속에서는 무거운 조향이 되도록 하는 방식은 어느 것인가?

① 엔진 회전수 감응형 동력 조향장치
② 차속 감응 방식
③ 유압 반려 제어식
④ 전동 펌프식

> 풀이) 자동차 주행 속도가 높아짐에 따라 조향 핸들이 무거워지도록 한 것이 동력조향장치이며 동력 조향의 효과가 일정할 경우, 저속에서 조향 핸들의 조작력을 가볍게 하면 고속 주행에서는 지나치게 가벼워 주행이 불안정하게 된다.

05. 조향장치가 갖추어야 할 조건으로 틀린 것은?

① 조향조작이 주행 중의 충격에 영향을 받지 않을 것
② 조작하기 쉽고 방향변환이 원활하게 행하여 질 것
③ 선회 시 저항이 적고 선회 후 복원성이 좋을 것
④ 조향핸들의 회전과 바퀴의 선회차가 클 것

> 풀이) 조향핸들의 회전과 바퀴의 선회차가 작아야 한다.

정답　01. ②　02. ③　03. ④　04. ②　05. ④

06. 조향핸들의 유격이 크게 되는 원인과 거리가 먼 것은?

① 조향기어의 백래시가 크다.
② 조향 링키지의 접속부가 헐겁다.
③ 스태빌라이저의 접속부가 마모되었다.
④ 조향 너클의 베어링이 마모되었다.

풀이 스태빌라이저는 회전시 좌우진동을 억제하는 부품이고 핸들의 유격과는 전혀 거리가 멀다.

07. 조향 기어비를 크게 하였을 때 나타나는 현상 중 거리가 먼 것은?

① 조향핸들의 조작이 가벼워진다.
② 복원성능이 좋지 않게 된다.
③ 노면이 안좋은 상태에서 조향핸들을 놓칠 수 있다.
④ 조향 기어장치 마모가 빠르게 진행될 수 있다.

풀이 조향 기어비를 크게 하면 노면이 좋지 않은 도로에서 조향핸들을 놓칠 우려가 적다.

08. 동력조향장치의 구성 중 오일펌프에서 발생된 유압을 조향바퀴의 조향력으로 바꾸어 주는 것은?

① 동력부   ② 작동부
③ 회전부   ④ 제어부

풀이 작동부는 오일펌프에서 발생된 유압을 조향바퀴의 조향력으로 변환시켜 주는 부분이다.

09. 파워스티어링 장치의 장점이 아닌 것은?

① 조향기어비를 자유롭게 선정할 수 있다.
② 킥백(Kick back)을 방지할 수 있다.
③ 부드러운 조향으로 앞바퀴의 시미 현상을 감소시킬 수 있다.
④ 주행 안정성이 다소 불안하다.

풀이 조향조작력이 작아도 되며 조향조작이 안정성이 있으며 경쾌하고 신속하다.

10. 자동차가 주행하면서 선회할 때 조향각도를 일정하게 유지하여도 선회 반지름이 커지는 현상은?

① 오버스티어링   ② 언더스티어링
③ 리버스스티어링   ④ 다운스티어링

풀이 언더스티어링이란 자동차가 주행 중 선회할 때 조향각도를 일정하게 하여여 선회반지름이 커지는 현상을 말한다.

06. ③ 07. ③ 08. ② 09. ④ 10. ②   정답

CHAPTER 05 휠 얼라인먼트

01 휠 얼라인먼트(wheel alignment)의 개요

자동차의 앞부분을 지지하는 앞바퀴는 어떤 기하학적인 관계를 두고 설치되어 있는데 이와 같은 앞바퀴의 기하학적인 각도 관계를 말하며 캠버, 캐스터, 토인, 조향축(킹핀) 경사각 등이 있다. 그리고 휠 얼라인먼트의 역할은 다음과 같다.
① 조향핸들의 조작을 확실하게 하고 안전성을 준다. - 캐스터의 작용
② 조향핸들에 복원성을 부여한다. - 캐스터와 조향축 경사각의 작용
③ 조향핸들의 조작력을 가볍게 한다. - 캠버와 조향축 경사각의 작용
④ 타이어 마멸을 최소로 한다. - 토인의 작용

02 휠 얼라인먼트 요소의 정의와 필요성

1 캠버(camber)

자동차를 앞에서 보면 그 앞바퀴가 수직선에 대해 어떤 각도를 두고 설치되어 있는데 이를 캠버라 하며 그 각도를 캠버 각도라 한다. 캠버 각도는 일반적으로 0.5~1.5° 정도이다. 그리고 바퀴의 윗부분이 바깥쪽으로 기울어진 상태를 정의 캠버(positive camber), 바퀴의 중심선이 수직일 때를 0의 캠버(zero camber) 그리고 바퀴의 윗부분이 안쪽으로 기울어진 상태를 부의 캠버(negative camber)라 한다. 캠버의 역할은 다음과 같다.
① 수직방향 하중에 의한 앞차축의 휨을 방지한다.
② 조향핸들의 조작을 가볍게 한다.
③ 하중을 받았을 때 앞바퀴의 아래쪽(부의 캠버)이 벌어지는 것을 방지한다.

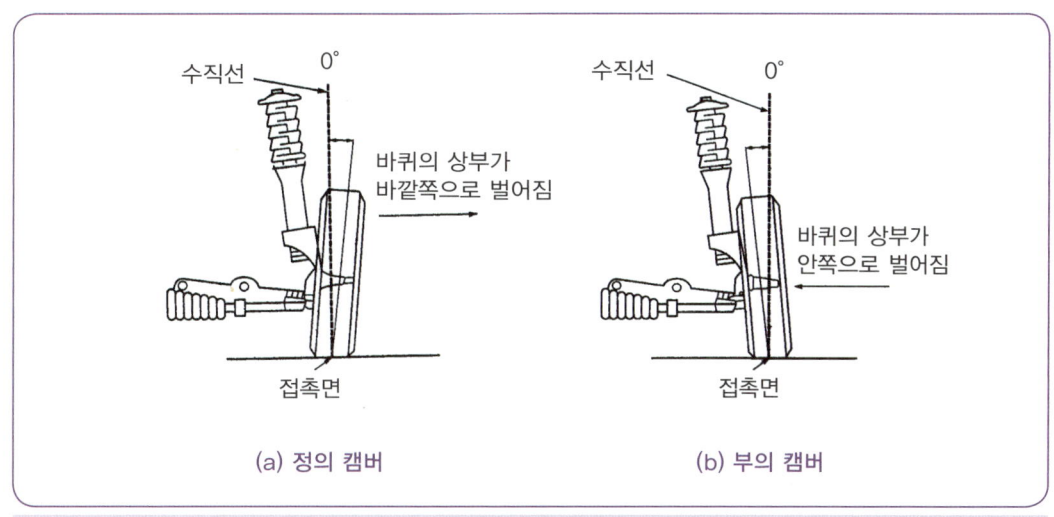

◎ 그림 2-84 캠버

2 캐스터(caster)

자동차의 앞바퀴를 옆에서 보면 조향 너클과 앞 차축을 고정하는 조향축(일체 차축 방식에서는 킹핀)이 수직선과 어떤 각도를 두고 설치되는데 이를 캐스터라 하며 그 각도를 캐스터 각도라 한다. 캐스터 각도는 일반적으로 1~3° 정도이다.

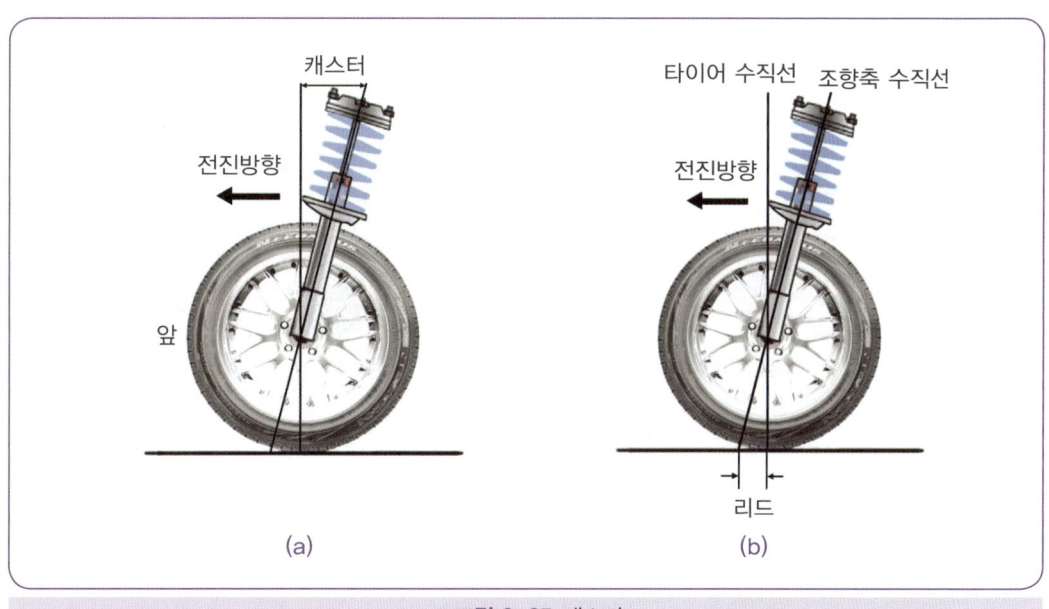

◎ 그림 2-85 캐스터

그리고 조향축 윗부분(또는 킹핀)이 자동차의 뒤쪽으로 기울어진 상태를 정의 캐스터, 조향축의 중심선(또는 킹핀)이 수직선과 일치된 상태를 0의 캐스터, 조향축의 윗부분(또는 킹핀)이 앞쪽으로 기울어진 상태를 부의 캐스터라 한다. 캐스터의 역할은 다음과 같다.

① 주행 중 조향바퀴에 방향성을 부여한다.
② 조향하였을 때 직진방향으로의 복원력을 준다.

킹핀(또는 조향축)의 중심선과 바퀴 중심을 지나는 수직선이 노면과 만나는 거리를 리드(또는 트레일, lead or trail)라고 하며, 이것이 캐스터 효과를 얻게 한다. 캐스터 효과는 정의 캐스터에서만 얻을 수 있으며 주행 중에 직진성이 없는 자동차는 더욱 정의 캐스터로 수정하여야 한다.

3 토인(toe-in)

자동차 앞바퀴를 위에서 내려다보면 바퀴 중심선사이의 거리가 앞쪽이 뒤쪽보다 약간 작게 되어 있는데 이것을 토인이라고 하며 일반적으로 2~6mm 정도이다. 토인의 역할은 다음과 같다.

① 앞바퀴를 평행하게 회전시킨다.
② 앞바퀴의 사이드슬립(side slip)과 타이어 마멸을 방지한다.
③ 조향 링키지 마멸에 따라 토 아웃(toe-out)이 되는 것을 방지한다.
④ 토인은 타이로드의 길이로 조정한다.

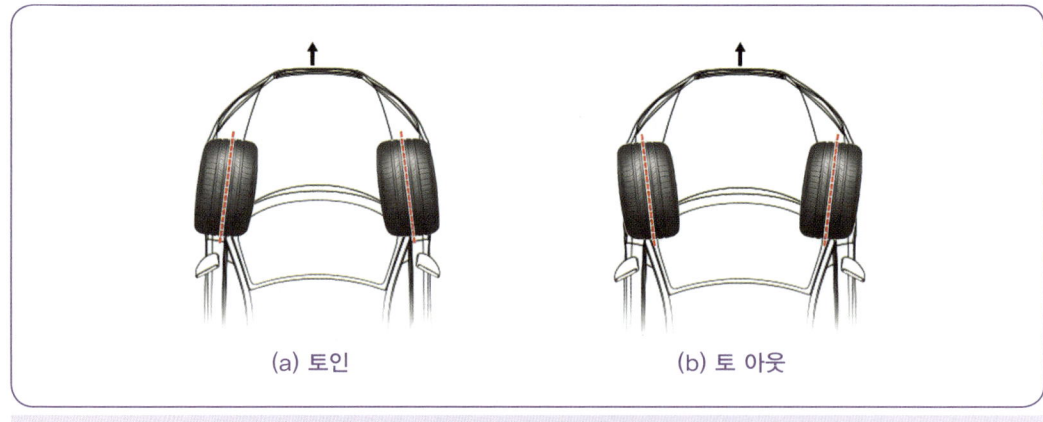

그림 2-86 토인과 토 아웃

4 조향축 경사각(킹핀 경사각)

자동차를 앞에서 보면 독립 차축방식에서의 위아래 볼 이음(또는 일체 차축방식의 킹핀)의 중심선이 수직에 대하여 어떤 각도를 두고 설치되는데 이를 조향축 경사(또는 킹핀 경사)라고 하며 이 각을 조향축 경사각이라 한다. 조향축 경사각은 일반적으로 7~9° 정도 둔다. 그리고 조향축 경사각의 역할은 다음과 같다.
① 캠버와 함께 조향 핸들의 조작력을 가볍게 한다.
② 캐스터와 함께 앞바퀴에 복원성을 부여한다.
③ 앞바퀴가 시미(shimmy)현상을 일으키지 않도록 한다.

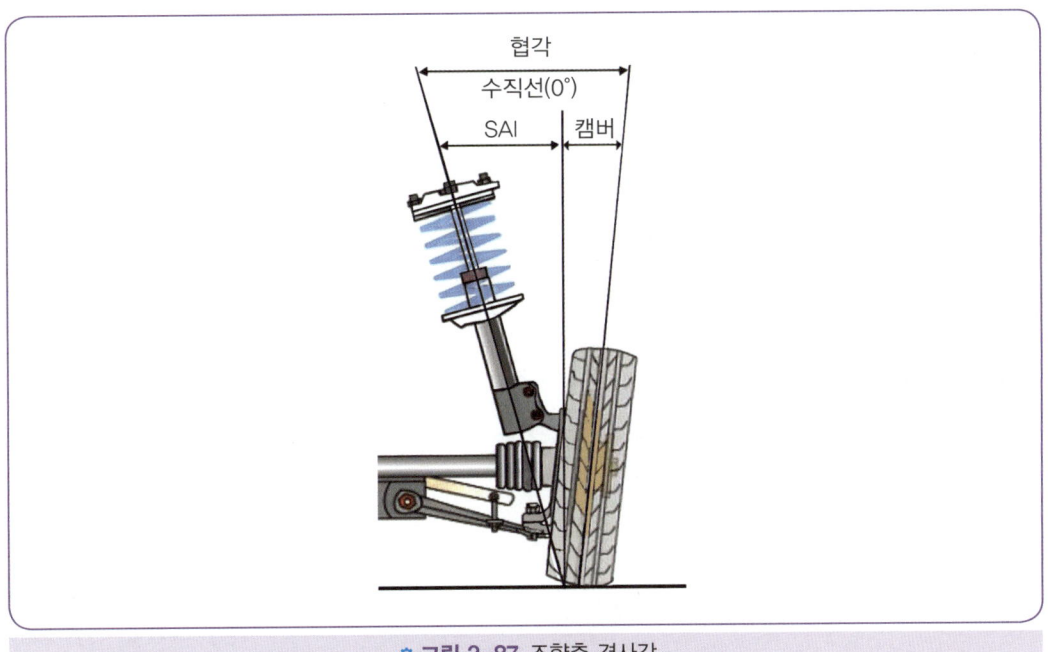

✿ 그림 2-87 조향축 경사각

5 선회할 때의 토 아웃(toe-out on turning)

자동차가 선회할 때 애커먼 장토식의 원리에 따라 모든 바퀴가 동심원을 그리려면 안쪽 바퀴의 조향 각이 바깥쪽 바퀴의 조향 각보다 커야 한다. 즉, 자동차가 선회할 경우에는 토 아웃이 되어야 하며 이 관계는 너클암, 타이로드 및 피트먼 암에 의해 결정된다.

6 올 휠 얼라인먼트(all wheel alignment)

셋백(set back)

셋백은 앞 뒤 차축의 평행도를 나타내는 것으로 앞 차축과 뒤 차축이 완전하게 평행되는 경우를 셋백 제로(set back zero)라 한다. 그리고 셋백은 뒤 차축을 기준으로 하여 앞 차축의 평행도를 각도로 나타낸다. 즉, 셋백은 차체를 기준으로 할 때 차축의 위치를 정확하게 결정하고 앞뒤 축간거리(wheel base)의 차이를 구하여야 하며, 축간거리의 차이가 발생된 경우에는 조향핸들이 한쪽으로 쏠리는 원인이 된다.

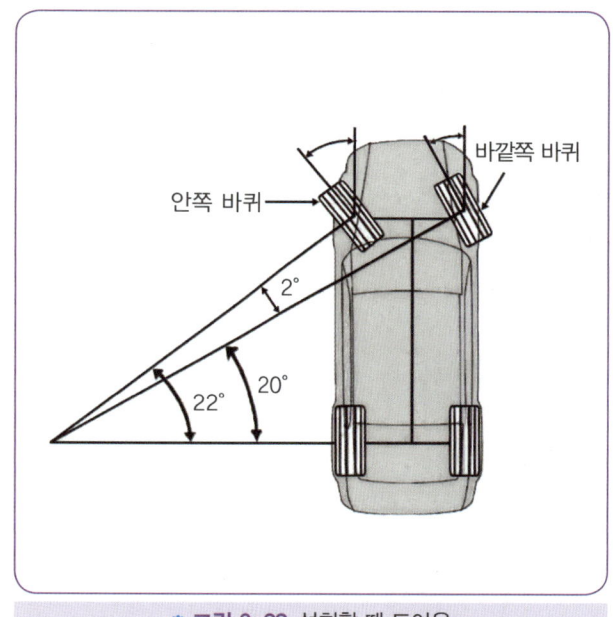

그림 2-88 선회할 때 토아웃

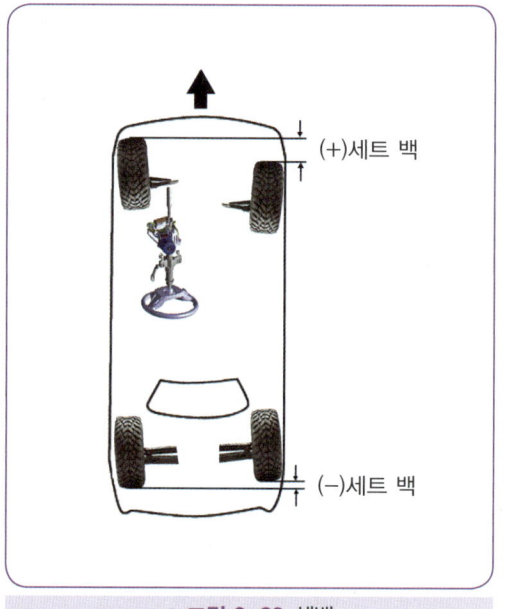

그림 2-89 셋백

뒷바퀴 정렬(rear wheel alignment)

뒷바퀴의 정렬은 캠버와 토(toe) 각도로 이루어진다. 캠버는 앞바퀴와 공통으로 하여야 하며, 토 각도에 대해서는 4바퀴 조향 자동차를 제외하고는 조향장치를 조작하기 때문에 앞바퀴의 안쪽을 분할하여 좌우에는 각각 독립된 수치가 주어져야 한다. 뒷바퀴 얼라인먼트는 자동차의 진행방향을 결정하여 주행 안정성이나 앞바퀴 얼라인먼트에 영향을 미치지 않도록 한다.

차축 오프셋

앞뒤 차축을 평행하도록 하고 차량 중심선에 대하여 차축 중심선을 일치시키지 않고 서로 좌우로 엇갈리게 되어 있는 상태를 차축 오프셋이라 한다. 차축 오프셋은 좌우 축간 거리의 측정값에 가산하여 4바퀴의 타이어 접지 중심점 대각선상의 거리차이를 구하여야 하며, 축간거리의 차이가 발생된 경우에는 선회할 때 좌우 회전반지름의 차이가 발생되어 앞지르기를 할 때 영향을 미친다.

스러스트 각도(thrust angle)

자동차 중심선과 바퀴의 진행선이 이루는 각도로 뒷바퀴의 진행선은 뒷바퀴의 토인과 토 아웃에 의해서 결정된다.

● 그림 2-90 차축 오프셋

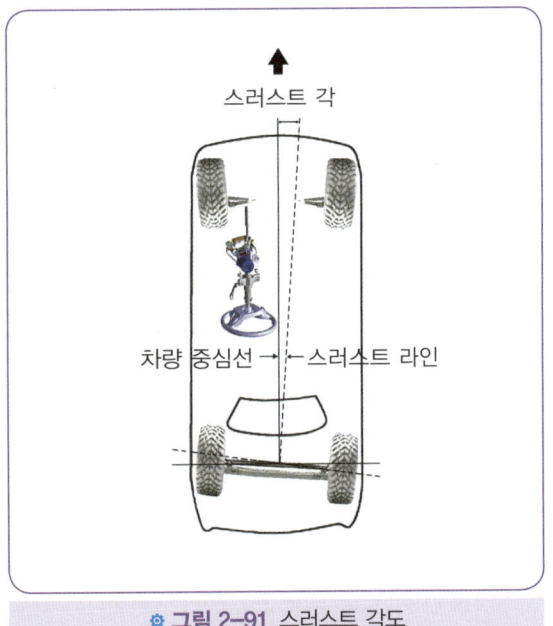

● 그림 2-91 스러스트 각도

뒤 좌우 바퀴의 토인과 토 아웃 차이의 크기가 커지는 정도에 따라서 스러스트 각도는 커지며 자동차의 기울기가 진행되는 것을 방지하고 스러스트 각도는 0을 요구할 때만 일반적으로 10° 이하로 설정되어 있다.

휠 얼라인먼트

CHAPTER 05 예상문제

01. 차량에서 캠버, 캐스터 측정 시 유의사항이 아닌 것은?

① 수평인 바닥에서 한다.
② 타이어 공기압을 규정치로 한다.
③ 스프링의 피로를 점검한다.
④ 차량의 화물은 적재상태로 한다.

풀이 차량의 화물은 공차 상태에서 측정한다.

02. 자동차 앞바퀴 정렬의 요소에 대한 설명으로 가장 옳지 않은 것은?

① 캐스터는 앞바퀴를 평행하게 회전시킨다.
② 캠버는 조향휠의 조작을 가볍게 한다.
③ 킹핀 경사각은 조향휠의 복원력을 준다.
④ 토인은 주행 시 캠버에 의해 토 아웃이 되는 것을 방지한다.

풀이 캐스터의 역할은 고속에서의 안정성, 복원성, 코너링을 위해서 (+)값을 주고 있으며 토인은 앞바퀴를 평행하게 회전시키고 바퀴 옆 방향에 쏠림도 방지하여 타이어의 마모를 최소화하는 경제적인 역할도 담당하게 된다. 그리고 주행 저항 및 구동력의 반력으로 토우 아웃되는 것을 방지하기도 한다.

03. 앞바퀴가 하중을 받았을 때 아래쪽이 벌어지는 것을 방지하기 위한 앞바퀴 구성요소는 어느 것인가?

① 캐스터 ② 캠버
③ 토우인 ④ 킹핀 경사각

풀이 앞차축의 휨을 적게 할 수 있으며 앞바퀴를 직각으로 두면서 조향휠의 조작을 가볍게 할 수 있다.

04. 휠얼라인먼트의 정렬 목적으로 거리가 먼 것은?

① 선회 시 좌우측 바퀴의 조향각을 똑같이 하는데 목적이 있다.
② 조향 휠의 복원성을 유지한다.
③ 조향 휠의 조작력을 가볍게 한다.
④ 타이어의 마모를 최소화 한다.

풀이 차륜정렬과 선회시 조향각을 똑같이 하는 목적이 관계가 없다.

05. 토(toe)에 대한 설명으로 가장 거리가 먼 것은?

① 토인은 주행 중 타이어의 앞부분이 벌어지려고 하는 것을 방지한다.
② 토는 타이로드의 길이로 조정한다.
③ 토의 조정이 불량하면 타이어의 편마모가 된다.
④ 토인은 조향 복원성을 위하여 둔다.

정답 01. ④ 02. ① 03. ② 04. ① 05. ④

> [풀이] 조향핸들의 복원성을 두는 것은 캐스터와 킹핀경사각이다.

06. 사이드슬립 시험기 사용 시 주의할 사항 중 틀린 것은?

① 시험기의 운동부분은 항상 청결하여야 한다.
② 시험기의 답판 및 타이어에 부착된 수분, 기름, 흙 등을 제거한다.
③ 시험기에 대하여 직각방향으로 진입시킨다.
④ 답판 위에서 차속이 빠르면 브레이크를 사용하여 차속을 맞춘다.

> [풀이] 사이드슬립 시험기 사용 시 답판 위에서는 브레이크를 사용해서는 안된다.

CHAPTER 06 제동장치

01 제동장치(brake system)의 개요

제동장치는 주행 중인 자동차를 감속 또는 정지시키고, 또 주차 상태를 유지하기 위하여 사용되는 매우 중요한 장치이다. 제동장치는 마찰력을 이용하여 자동차의 운동 에너지를 열 에너지로 바꾸어 제동작용을 하며, 구비조건은 다음과 같다.
① 작동이 확실하고, 제동 효과가 클 것
② 신뢰성과 내구성이 클 것
③ 점검정비가 쉬울 것

02 유압 브레이크

유압 브레이크는 파스칼의 원리를 응용한 것이며, 유압을 발생시키는 마스터 실린더, 이 유압을 받아서 브레이크 슈(또는 패드)를 드럼(또는 디스크)에 압착시켜 제동력을 발생시키는 휠 실린더(또는 캘리퍼) 및 마스터 실린더와 휠 실린더사이를 연결하여 오일회로를 형성하는 파이프(pipe)나 플렉시블 호스 등으로 구성되어 있다.

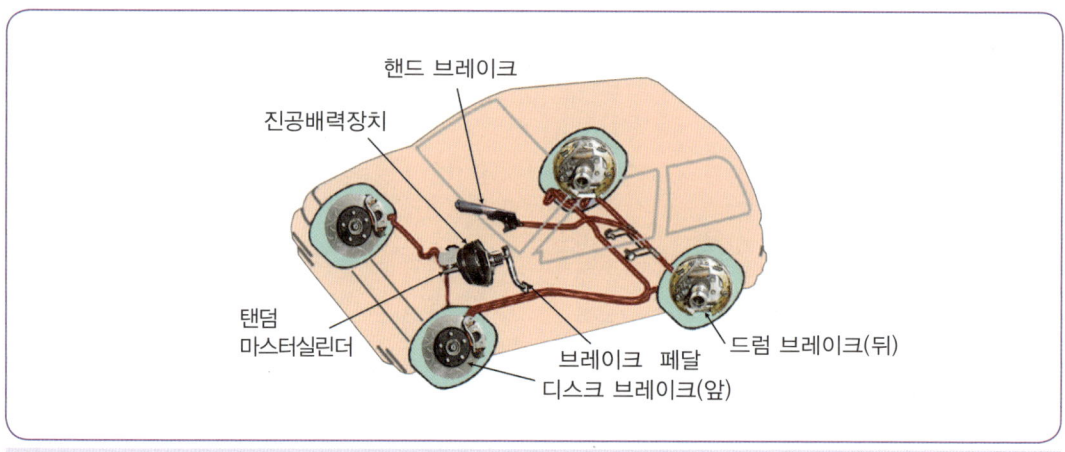

● 그림 2-92 유압 브레이크의 구성

1 유압 브레이크의 구조와 그 작용

유압 브레이크는 브레이크 페달을 밟으면 마스터실린더에서 유압이 발생하여 휠 실린더로 압송된다. 이 때 휠 실린더에서는 그 유압으로 피스톤이 좌우로 확장되므로 브레이크 슈가 드럼에 압착되어 제동작동을 한다. 다음에 페달을 놓으면 마스터실린더 내의 유압이 저하하며, 브레이크 슈는 리턴스프링의 장력으로 제자리로 복귀되고 휠 실린더 내의 오일은 마스터실린더 오일탱크로 되돌아가 제동작용이 풀린다.

브레이크 페달(brake pedal)

브레이크 페달은 조작력을 경감시키기 위해 지렛대 원리를 이용하며, 펜던트형 브레이크 페달과 플로워형 브레이크 페달이 있다.

마스터 실린더(master cylinder)

(1) 마스터 실린더의 구조 및 작용

마스터 실린더는 브레이크 페달을 밟는 것에 의하여 유압을 발생시키는 일을 하며 그 구조는 실린더보디, 오일탱크, 그리고 실린더 내에는 피스톤, 피스톤 컵, 체크밸브, 피스톤 리턴스프링 등이 들어 있다. 마스터실린더의 형식에는 피스톤이 1개인 싱글형과 피스톤이 2개인 탠덤형이 있으며 현재는 탠덤형을 사용하고 있다.

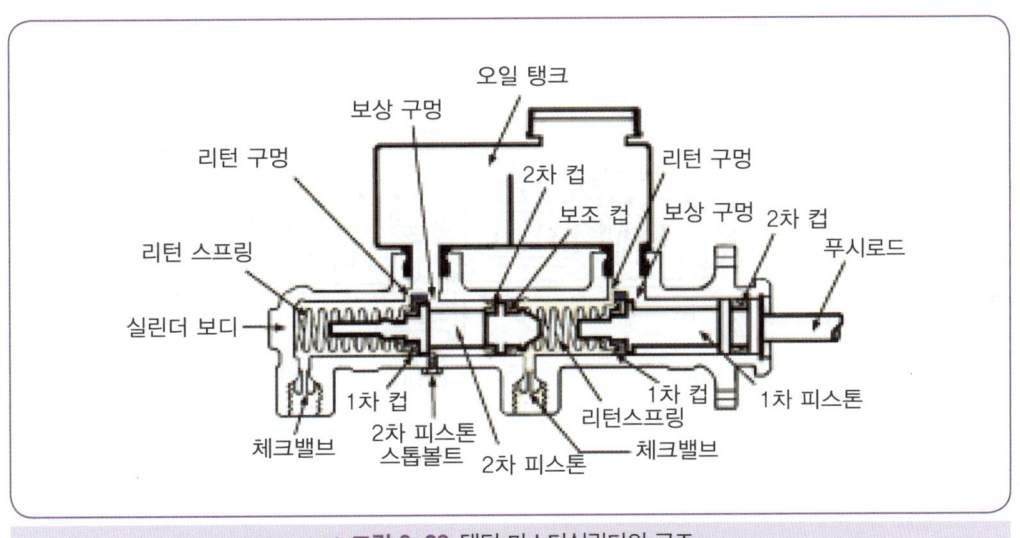

그림 2-93 탠덤 마스터실린더의 구조

(2) 탠덤 마스터실린더의 작용

탠덤 마스터실린더는 유압 브레이크에서 안정성을 높이기 위해 앞뒤 바퀴에 대하여 각각 독립적으로 작동하는 2계통의 회로를 두는 형식이다. 실린더 위쪽에 앞뒤 바퀴 제동용 오일탱크 속이 분리되어 있으며 실린더 내에 피스톤이 2개가 들어 있다. 이 경우 푸시로드 쪽의 피스톤이 뒷바퀴용이다. 각각의 피스톤은 리턴 스프링과 스토퍼(stopper)에 의해 그 위치가 결정되며 앞뒤 피스톤에는 리턴 스프링이 각각 설치되어 있고, 각각의 피스톤에 대응하는 보상구멍과 리턴구멍 및 체크밸브가 설치되어 있다.

작동은 페달을 밟으면 뒷바퀴 제동용 피스톤이 푸시로드에 의해 리턴 스프링을 압축시키면서 앞바퀴 제동용 피스톤과의 사이에 오일을 압축하여 뒷바퀴를 제동시킨다. 이와 동시에 앞바퀴 제동용 피스톤도 뒷바퀴 제동용 피스톤에 의해 발생한 유압으로 앞바퀴에 유압을 작동시킨다. 그리고 유압회로의 고장이 있을 경우에는 다음과 같이 작용한다.

① 뒷바퀴 유압회로에서 오일누출이 있을 경우에는 뒷바퀴 제동용 피스톤이 "e" 만큼 더 움직인 후 앞바퀴 제동용 피스톤을 작동시킨다.
② 앞바퀴 제동용 회로에 고장이 있을 경우에는 앞바퀴 제동용 피스톤이 "E" 만큼 더 움직인 후 뒷바퀴 제동용 회로에 유압을 작용시킨다.
③ 이 형식에서도 유압회로에 고장이 발생하면 제동력이 감소하여 제동거리가 길어지며 제동이 불안정하게 된다.

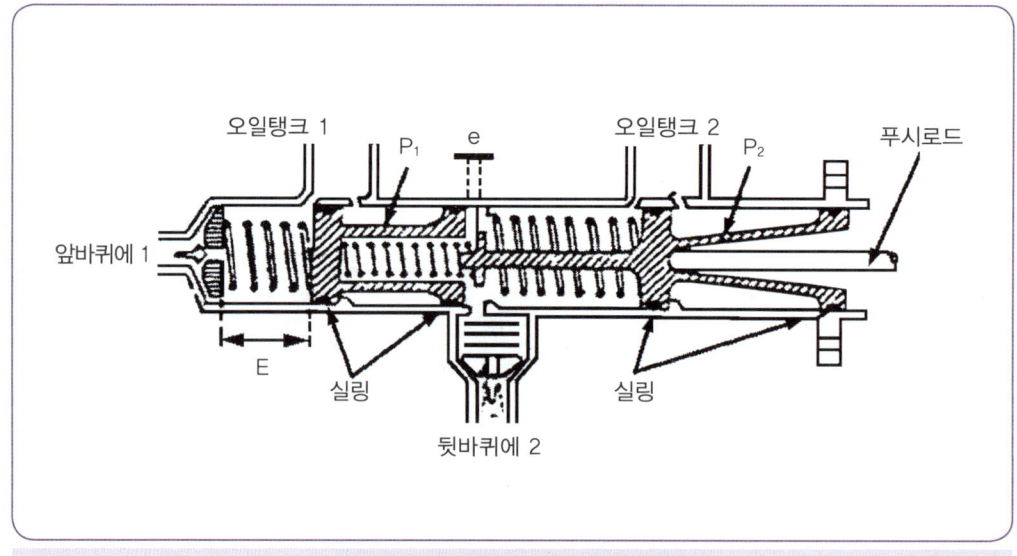

※ 그림 2-94 탠덤 마스터실린더의 작용

파이프(pipe)

브레이크 파이프는 강철제 파이프와 플렉시블 호스를 사용한다. 파이프는 진동에 견디도록 클립으로 고정하고 연결부분은 2중 플레어로 하며, 호스는 차축이나 바퀴와 연결하는 부분에서 사용하며 연결부분에는 금속제 피팅이 설치되어 있다.

휠 실린더(wheel cylinder)

휠 실린더는 마스터 실린더에서 압송된 유압에 의하여 브레이크 슈를 드럼에 압착시키는 일을 하며, 구조는 실린더 보디, 피스톤, 피스톤 컵 그리고 실린더 보디에는 파이프와 연결되는 오일 구멍과 회로 내에 침입한 공기를 제거하기 위한 블리더 스크루가 있고 실린더 내에는 확장 스프링이 들어 있어 피스톤 컵을 항상 밀어서 벌어져 있도록 한다.

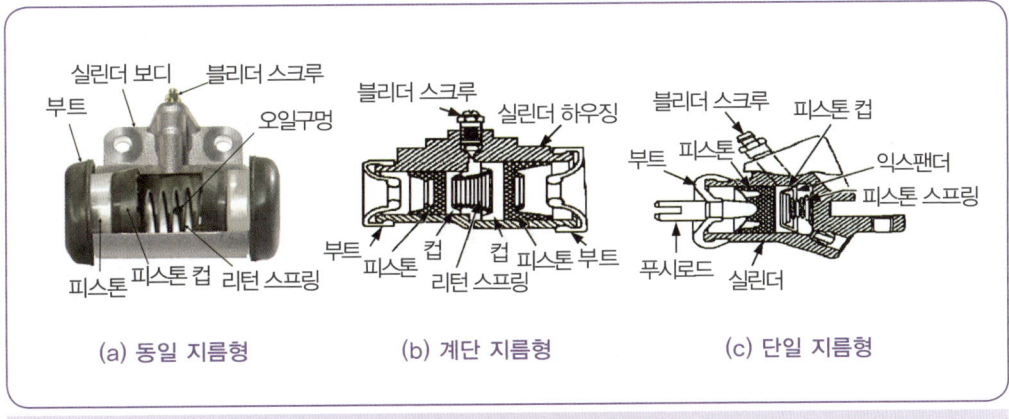

 그림 2-95 휠 실린더의 종류

브레이크 슈(brake shoe)

브레이크 슈는 휠 실린더의 피스톤에 의해 드럼과 접촉하여 제동력을 발생하는 부분이며, 라이닝이 리벳이나 접착제로 부착되어 있다. 그리고 슈에는 리턴스프링을 두어 마스터 실린더 유압이 해제되었을 때 슈가 제자리로 복귀하도록 하며, 홀드 다운 스프링(hold down spring)에 의해 슈를 알맞은 위치에 유지시킨다. 라이닝의 종류에는 위븐 라이닝, 몰드 라이닝, 반금속 라이닝, 금속 라이닝 등이 사용되고 있다.

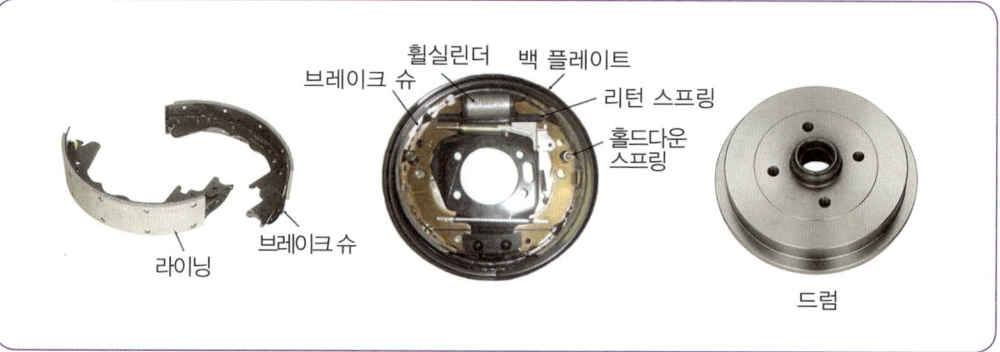

※ 그림 2-96 브레이크 슈와 백 플레이트 및 드럼

그리고 라이닝은 다음과 같은 구비 조건을 갖추어야 한다.
① 열에 견디는 성질이 크고, 페이드(fade) 현상이 없을 것
② 기계적 강도 및 마멸에 견디는 성질이 클 것
③ 온도의 변화, 물 등에 의한 마찰계수 변화가 적을 것

페이드(fade) 현상이란 브레이크 페달의 조작을 반복하면 드럼과 슈에 마찰열이 축적되어 제동력이 감소하는 현상이다. 원인은 드럼과 슈의 열팽창과 라이닝 마찰계수 저하에 있으며 방지 방법은 다음과 같다.
① 브레이크 드럼의 냉각성능을 크게 하고, 열팽창률이 적은 형상으로 한다.
② 브레이크 드럼은 열팽창률이 적은 재질을 사용한다.
③ 온도 상승에 따른 마찰계수 변화가 적은 라이닝을 사용한다.

브레이크 드럼(brake drum)

브레이크 드럼은 휠 허브에 볼트로 설치되어 바퀴와 함께 회전하며 슈와의 마찰로 제동을 발생시키는 부분이다. 또 열 방산을 크게 하고 강성을 높이기 위해 원둘레 방향으로 핀(fin)이나 직각방향으로 리브(rib)를 두고 있다. 그리고 제동할 때 발생한 열은 드럼을 통하여 냉각되므로 드럼의 면적은 마찰 면에서 발생한 열 방산 능력에 따라 결정된다. 드럼이 갖추어야 할 조건은 다음과 같다.
① 가볍고 강도와 강성이 클 것
② 정적·동적 평형이 잡혀 있을 것

③ 냉각이 잘 되어 과열하지 않을 것
④ 마멸에 견디는 성질이 클 것

03 브레이크 슈와 드럼의 조합

1 자기작동 작용

자기작동 작용이란 회전 중인 드럼에 제동을 걸면 슈는 마찰력에 의해 드럼과 함께 회전하려는 경향이 발생하여 확장력이 커지므로 마찰력이 증대되는 작용이다. 한편, 드럼의 회전 반대방향 쪽의 슈는 드럼으로부터 떨어지려는 경향이 생겨 확장력이 감소된다. 이때 자기작동 작용을 하는 슈를 리딩 슈(leading shoe), 자기작동 작용을 하지 못하는 슈를 트레일링 슈(trailing shoe)라 한다.

2 작동상태에 따른 분류

넌 서보 브레이크(non-servo brake)

브레이크가 작동될 때 자기작동 작용이 해당 슈에만 발생하게 된 것이며, 전진방향에서 자기작동 작용을 하는 슈를 전진 슈, 후진방향에서 자기작동 작용을 하는 슈를 후진 슈라 부른다.

서보 브레이크(servo brake)

이 형식은 브레이크가 작동될 때 모든 슈에 자기작동 작용이 일어나는 것이며, 먼저 자기작동 작용이 일어나는 슈를 1차 슈, 나중에 자기작동 작용이 일어나는 슈를 2차 슈라 부른다.

(1) 유니 서보형식(uni-servo type)

이 형식은 전진에서 휠 실린더 피스톤에 의하여 1차 슈가 밀려지면 2차 슈에도 자기작동작용이 일어나 모든 슈가 리딩 슈가 되지만, 후진에서는 2개의 슈가 모두 트레일링 슈로 되어 제동력이 감소하는 것이다.

(2) 듀오 서보형식(duo-servo type)

이 형식은 슈가 드럼에 압착되어 있을 때 드럼의 회전방향에 따라 고정측이 바뀌어 전진 또는 후진에서 모두 자기 작동작용이 일어나 강력한 제동력이 발생한다.

3 자동 조정 브레이크

브레이크 라이닝이 마멸되면 라이닝과 드럼의 간극이 커지므로 페달 밟는 양이 증가한다. 이에 따라 필요할 때마다 라이닝 간극을 조정하여야 한다. 이 형식은 라이닝 간극조정이 필요할 때 후진에서 브레이크 페달을 밟으면 자동적으로 조정된다.

04 브레이크 오일

브레이크 오일은 피마자기름에 알코올 등의 용제를 혼합한 식물성 오일을 사용하였으나, 지금은 합성유로 바꾸었으며 브레이크 오일은 글리콜(폴리 글리콜 에텔), 실리콘계, 광유계로 크게 구분할 수 있는데 이중에서 폴리 글리콜에텔이 많이 사용되고 있다.

브레이크 오일의 구비조건

① 점도가 알맞고 점도지수가 클 것
② 윤활 성능이 있을 것
③ 빙점이 낮고, 비등점이 높을 것
④ 화학적 안정성이 클 것
⑤ 고무 또는 금속 제품을 부식, 연화, 팽창시키지 않을 것
⑥ 침전물 발생이 없을 것

05 디스크 브레이크(disc brake)

1 디스크 브레이크의 개요

디스크 브레이크는 마스터 실린더에서 발생한 유압을 캘리퍼로 보내어 바퀴와 함께 회전하는

디스크를 양쪽에서 패드(pad, 슈)로 압착시켜 제동을 시킨다. 디스크 브레이크는 디스크가 대기 중에 노출되어 회전하므로 페이드 현상이 작으며 자동 조정 브레이크 형식이다.
그리고 이 형식의 구성은 바퀴와 함께 회전하는 디스크, 디스크와 함께 제동력을 발생시키는 패드, 패드와 피스톤을 지지하며 스핀들이나 판에 고정된 캘리퍼 등으로 구성되어 있다.

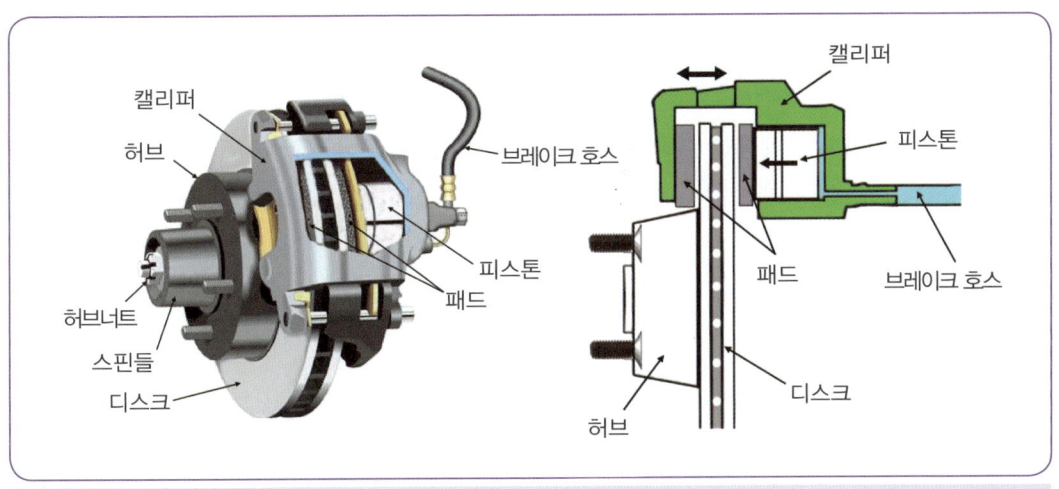

그림 2-97 디스크 브레이크

디스크 브레이크의 장점

① 디스크가 대기 중에 노출되어 회전하므로 냉각 성능이 커 제동성능이 안정된다.
② 자기작동 작용이 없어 고속에서 반복적으로 사용하여도 제동력 변화가 적다.
③ 부품의 평형이 좋고, 한쪽만 제동되는 일이 없다.
④ 디스크에 물이 묻어도 제동력의 회복이 크다.
⑤ 구조가 간단하고 부품수가 적어 차량의 무게가 경감되며 정비가 쉽다.

디스크 브레이크의 단점

① 마찰 면적이 적어 패드의 압착력이 커야 한다.
② 자기작동 작용이 없어 페달 조작력이 커야 한다.
③ 패드의 강도가 커야 하며, 패드의 마멸이 크다.
④ 디스크에 이물질이 쉽게 부착된다.

2 디스크 브레이크의 분류

대향 피스톤형

브레이크 실린더 2개를 두고 디스크를 양쪽에서 패드로 압착시켜 제동을 하는 것이다.

부동 캘리퍼형

캘리퍼 한쪽에만 1개의 브레이크 실린더를 두고 마스터 실린더에서 유압이 작동하면 피스톤이 패드를 디스크에 압착하고, 이때의 반발력으로 캘리퍼가 이동하여 반대쪽 패드도 디스크를 압착하여 제동을 하는 것이다.

06 배력 브레이크

1 진공 배력방식의 원리

흡기다기관 진공과 대기압력과의 차이를 이용한 것이므로 배력장치에 이상이 발생하여도 일반적인 유압 브레이크로 작동할 수 있도록 하고 있다. 원리는 흡기 다기관에서 발생하는 진공이 50cmHg이며, 대기압력이 76cmHg이므로 이들 사이에는 76cmHg−50cmHg=26cmHg=0.34kgf/cm^{2}이다.

그러므로 대기압력 1.0332kgf/cm^2−0.34kgf/cm^2=0.7kgf/cm^{2}이 된다. 이 압력 차이가 진공 배력방식 브레이크를 작동시키는 힘이다.

2 직접 조작형 − 마스터 백

브레이크 페달을 밟으면 작동로드가 포핏과 밸브 플런저를 밀어 포핏이 동력 실린더 시트에 밀착되어 진공밸브를 닫으므로 동력실린더(부스터)에 진공도입이 차단된다. 동시에 밸브 플런저는 포핏으로부터 떨어지고 공기밸브가 열려 동력실린더 뒤쪽에 여과기를 거친 공기가 유입되어 동력 피스톤이 마스터 실린더의 푸시로드를 밀어 배력 작용을 한다.

그리고 페달을 놓으면 밸브 플런저가 리턴 스프링의 장력에 의해 제자리로 복귀됨에 따라 공기밸브가 닫히고 진공밸브를 열어 동력실린더 내의 압력이 같아지면 마스터 실린더의 반작용과 다이어프램 리턴 스프링의 장력으로 동력 피스톤이 제자리로 복귀한다. 이 형식의 특징은 다음과 같다.

① 진공밸브와 공기밸브가 푸시로드에 의해 작동하므로 구조가 간단하고 무게가 가볍다.
② 배력장치에 고장이 발생하여도 페달 조작력은 작동로드와 푸시로드를 거쳐 마스터 실린더에 작용하므로 유압 브레이크만으로 작동을 한다.
③ 페달과 마스터 실린더 사이에 배력장치를 설치하므로 설치 위치에 제한을 받는다.

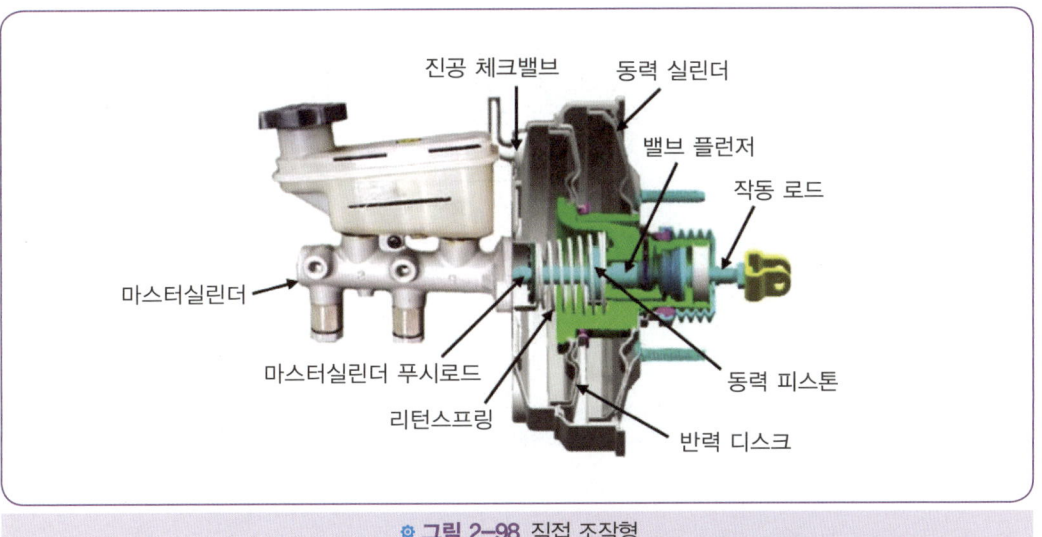

그림 2-98 직접 조작형

07 공기 브레이크

1 공기 브레이크의 개요

이 브레이크는 압축공기의 압력을 이용하여 모든 바퀴의 브레이크 슈를 드럼에 압착시켜서 제동 작용을 하는 것이며, 브레이크 페달로 밸브를 개폐시켜 공기량으로 제동력을 조절하며 장단점은 다음과 같다.

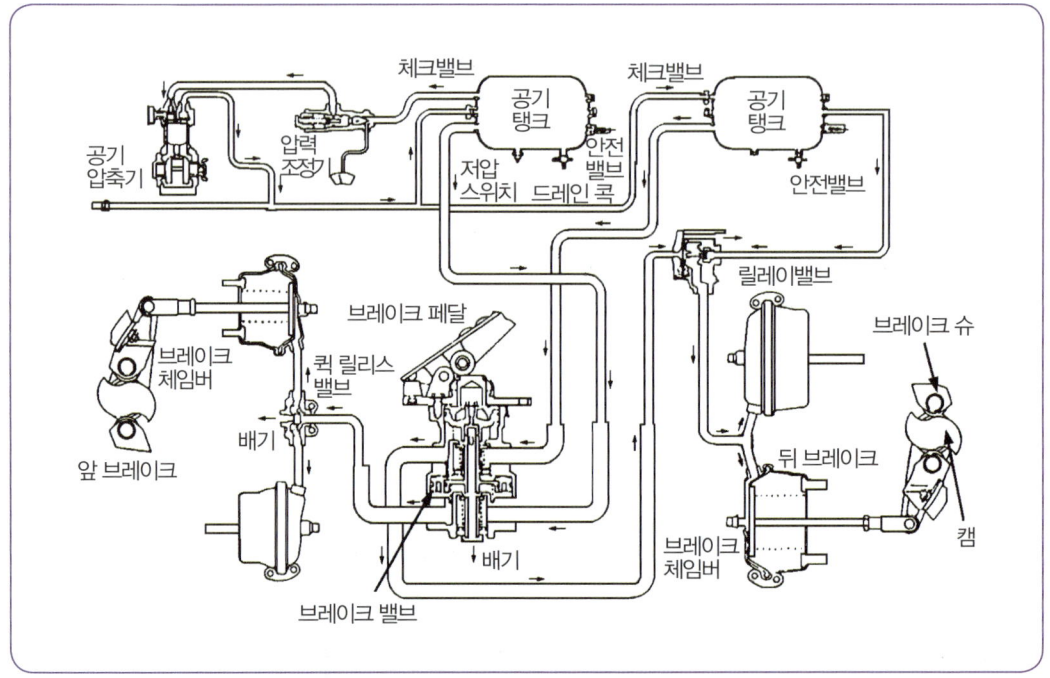

🔧 그림 2-99 공기 브레이크의 배관 및 구조

공기 브레이크의 장점

① 차량 중량에 제한을 받지 않는다.
② 공기가 다소 누출되어도 제동 성능이 현저하게 저하되지 않는다.
③ 베이퍼 록 발생 염려가 없다.
④ 페달 밟는 양에 따라 제동력이 조절된다(유압식 페달 밟는 힘에 의해 제동력이 비례한다).

공기 브레이크의 단점

① 공기 압축기 구동에 기관의 출력이 일부 소모된다.
② 구조가 복잡하고 값이 비싸다.

2 공기 브레이크의 구조

압축공기 계통

(1) 공기압축기(air compressor)

이것은 기관의 크랭크축에 의해 V벨트로 구동되며, 압축공기를 생산한다. 공기 입구 쪽에는 언로더밸브가 설치되어 있어 압력조정기와 함께 공기압축기가 과다하게 작동하는 것을 방지하고, 공기탱크 내의 공기압력을 일정하게 조정한다.

(2) 압력조정기와 언로더 밸브

압력조정기는 공기탱크 내의 압력이 $5 \sim 7 kgf/cm^2$ 이상 되면 공기탱크에서 공기 입구로 들어온 압축공기가 스프링 장력을 이기고 밸브를 밀어 올린다. 이에 따라 압축 공기는 공기압축기의 언로더 밸브 위쪽에 작동하여 언로더 밸브를 내려 밀어 열기 때문에 흡입밸브가 열려 공기 압축기 작동이 정지된다. 또 공기탱크 내의 압력이 규정 값 이하가 되면 언로더 밸브가 제자리로 복귀되어 공기 압축작용이 다시 시작된다.

(3) 공기탱크

이 탱크는 공기 압축기에서 보내 온 압축공기를 저장하며 탱크 내의 공기압력이 규정 값 이상이 되면 공기를 배출시키는 안전밸브와 공기 압축기로 공기가 역류하는 것을 방지하는 체크밸브 및 탱크 내의 수분 등을 제거하기 위한 드레인 코크가 있다.

공기 브레이크의 제동계통

(1) 브레이크밸브(brake valve)

이 밸브는 페달에 의해 개폐되며 페달을 밟는 양에 따라 공기탱크 내의 압축 공기를 도입하여 제동력을 조절한다. 즉, 페달을 밟으면 위쪽의 플런저가 메인 스프링을 누르고 배기밸브를 닫은 후 공급밸브를 연다. 그리고 페달을 놓으면 플런저가 제자리로 복귀하여 배기밸브가 열리며 제동작용을 한 공기를 대기 중으로 배출시킨다.

(2) 퀵 릴리스밸브(quick release valve)

이 밸브는 페달을 밟으면 브레이크 밸브로부터 압축 공기가 입구를 통하여 작동되면 밸브가 열려 앞 브레이크 체임버로 통하는 양쪽 구멍을 연다. 이에 따라 브레이크 체임버에 압축공기가 작동하여 제동된다. 또 페달을 놓으면 브레이크 밸브로부터 공기가 배출됨에 따라 입구 압력이 낮아진다. 이에 따라 밸브는 스프링 장력에 의해 제자리로 복귀하여 배기구멍을 열고 앞 브레이크 체임버 내의 공기를 신속히 배출시켜 제동을 푼다.

(3) 릴레이밸브(relay valve)

이 밸브는 페달을 밟아 브레이크 밸브로부터 공기 압력이 작동하면 다이어프램이 아래쪽으로 내려가 배기밸브를 닫고 공급밸브를 열어 공기탱크 내의 공기를 직접 뒤 브레이크 체임버로 보내어 제동시킨다. 또 페달을 놓아 다이어프램 위에 작동하던 브레이크 밸브로부터의 공기압력이 감소하면 브레이크 체임버 내의 압력이 다이어프램 위에 작동하던 압력보다 커지므로 다이어프램을 위로 밀어 올려 윗부분의 압력과 평행이 될 때까지 밸브를 열고 공기를 배출시켜 신속하게 제동을 푼다.

(4) 브레이크 체임버(brake chamber)

브레이크 체임버는 페달을 밟아 브레이크 밸브에서 조절된 압축 공기가 체임버 내로 유입되면 다이어프램은 스프링을 누르고 이동한다. 이에 따라 푸시로드가 슬랙 조정기를 거쳐 캠을 회전시켜 브레이크 슈가 확장하여 드럼에 압착되어 제동을 한다. 페달을 놓으면 다이어프램이 스프링 장력으로 제자리로 복귀하여 제동이 해제된다.

08 ABS(anti lock brake system)

1 ABS의 개요

ABS의 필요성

ABS란 주행 중 제동을 할 때 바퀴의 고착을 방지하는 것으로 급제동 또는 노면의 악조건 상태에서 제동을 할 때 바퀴의 고착으로 인하여 차량이 제어 불능상태로 진행되어 조향력 상실은 물론 제동거리 또한 길어지게 된다.

ABS는 이러한 바퀴의 고착 현상을 미연에 방지하여 최적의 점착력을 유지하므로 사전에 사고의 위험성을 감소시키는 예방 안전장치이다.

ABS의 설치목적

① 방향 안정성 확보(stability) : 스핀(spin)방지
② 조정 성능 확보(steerability)
③ 제동거리 단축(stopping distance)

2 ABS의 구성

바퀴의 회전속도를 감지하는 휠 스피드 센서에서 고착 예정 상태를 판단하여 감압 및 증압 명령을 내리는 컴퓨터, 컴퓨터의 명령에 의하여 휠 실린더의 유압을 제어하는 하이드롤릭 유닛(hydraulic unit) 등이 주요 구성부품이다.

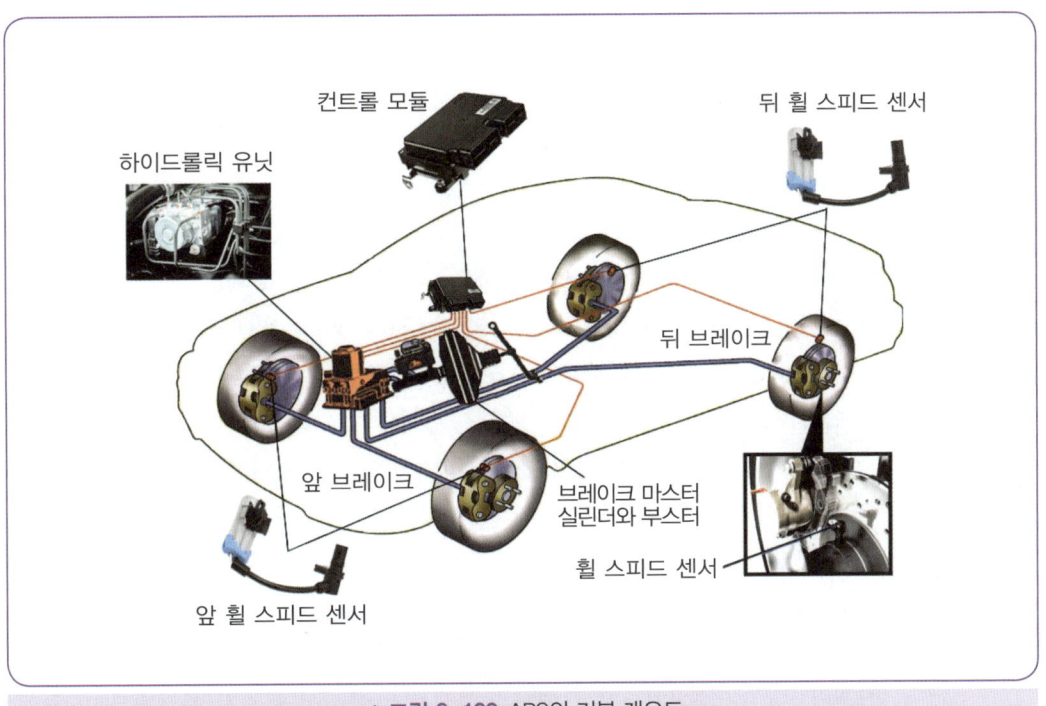

그림 2-100 ABS의 기본 개요도

휠 스피드 센서(wheel speed sensor)

이 센서는 마그네트와 코일로 구성되어 있으며, 톤 휠(tone wheel)은 휠 스피드 센서로부터 나오는 자속이 변화하며 교류전압이 발생한다. 이 교류전압은 구동축의 회전속도에 비례하여 주파수가 변화하기 때문에 이에 의하여 4바퀴 각각의 회전속도를 검출한다.

G-센서(4WD)

자동차 앞뒤 방향의 가속도를 검출하였을 때 전압 차이에 대응하는 신호를 컴퓨터로 입력시킨다.

하이드롤릭 유닛(유압 조절기, HCU)

컴퓨터 제어 신호에 의해서 각 휠 실린더로 가는 유압을 조절하여 바퀴의 회전상태를 제동 제어한다.

① **솔레노이드밸브** : 컴퓨터에 의해 전류가 ON일 때 코일에 발생된 자력에 의하여 플런저를 움직여 감압 모드를 수행하고 전류가 OFF되면 스프링 장력에 의하여 플런저가 다시 닫혀 증압 모드를 수행한다.
② **오일탱크** : 제동을 할 때 바퀴가 고착되기 직전에 컴퓨터의 신호에 의해 솔레노이드밸브를 작동할 때 캘리퍼 내의 유압은 감압되며 이때 복귀된 브레이크 오일이 오일탱크로 들어가 저장된다.
③ **어큐뮬레이터** : ABS가 작동할 때 펌프로부터 토출된 고압의 브레이크 오일을 일시적으로 저장하여 유압의 맥동을 완화시키는 역할을 한다.
④ **펌프** : FL(front left)/RR(rear right), FR(front right)/RL(rear left)회로용 2개의 방사형 유압 발생 피스톤으로 구성되어 있으며, ABS가 작동할 때 유압을 발생시켜 압송하는 역할을 한다.
⑤ **모터** : 모터는 12V DC 4극으로 구성되어 있으며 모터 축에 압입된 편심 캠의 회전으로 피스톤 펌프를 작동시키는 역할을 한다.

컴퓨터

컴퓨터는 ABS 제어기능을 실행하는 부분으로 안전성과 직접 연결되는 만큼 매우 높은 신뢰성이 요구된다. 휠 스피드 센서 신호를 입력 처리하는 입력 증폭회로, 제어를 위한 연산과 페일 세이프(fail safe)를 실행하는 ABS 제어 및 안전 회로 및 하이드롤릭 유닛의 구동을 실행하는 출력 회로, 전압을 일정하게 유지하는 전압 조정 회로 및 고장을 기억하는 페일 메모리(fail memory)회로 등으로 구성되어 있다. 고장이 발생한 경우에도 페일 세이프 기능이 작동하여 통상의 브레이크로 작동하도록 한다.

09 TCS(traction control system)

비에 젖은 노면이나 얼어붙은 노면과 같은 미끄러지기 쉬운 노면 위에서 출발하거나 가속할 때, 구동바퀴가 스핀하는 일이 있다. 이 때 앞바퀴 구동방식의 차량에서는 조향성, 뒷바퀴 구동의 차량에서는 안전성을 잃는다.

기관의 출력을 저하시키거나, 구동 바퀴에 브레이크를 걸든지 하여, 바퀴와 노면과의 슬립율을 최적인 값으로 유지하는 제어를 하여, 구동바퀴가 스핀하지 않도록 최적의 구동력을 얻는 것이 TCS(구동력 제어장치)이다. 도로와 바퀴의 마찰 계수의 관계는 TCS에서도 마찬가지로 취급한다. 즉, 슬립율이 15~20%가 되도록 구동력을 제어한다. TCS의 기능은 다음과 같다.

1 TCS의 주요 기능

① **구동 성능이 향상된다.** – 구동바퀴의 슬립(slip)이 제어되므로 차체의 흔들림이 적고 발진 가속 성능 및 등판능력이 향상된다.
② **선회 및 앞지르기 성능이 향상된다.** – 선회할 때 안전한 코너링 및 앞지르기가 가능해진다.
③ **조향 안전성이 향상된다.** – 조향핸들을 돌릴 때 구동력에 의한 가로방향의 작용력을 우선적으로 제어하므로 조향용이 용이하다.

2 TCS의 일반적인 기능

TCS는 기관의 여유 출력을 제어하는 모든 장치를 말하며, 눈길 등의 미끄러지기 쉬운 노면에서 가속성 및 선회 안전성을 향상시키는 슬립 제어(slip control) 기능과 일반 도로에서의 주행 중 선회가속을 할 때 자동차의 가로방향 가속도 과다로 인한 언더 또는 오버 스티어링을 방지하여 조향 성능을 향상시키는 트레이스 제어(trace control)가 있다. 슬립 또는 트레이스 제어 모두 기관의 회전력을 저하시키는 방식을 채택하며 기관 제어 방식은 다음과 같은 특징이 있다.

① 미끄러운 노면에서 발진 및 가속할 때 미세한 가속페달의 조작이 불필요하므로 주행성능을 향상시킨다.
② 일반 노면에서 선회 가속할 때 운전자의 의지대로 가속을 보다 안정되게 하여 선회성능을 향상시킨다. - 트레이스 제어
③ 선회 가속할 때 조향 핸들의 조작량을 감지하여 가속페달의 조작 빈도를 감소시켜 선회 능력을 향상시킨다. - 트레이스 제어
④ 미끄러운 노면에서 뒷바퀴 휠 스피드 센서에서 구한 차체 속도와 앞바퀴 휠 스피드 센서로 구한 구동바퀴의 속도를 검출 비교하여 구동바퀴의 슬립률이 적절하도록 기관의 회전력을 감소시켜 주행 성능을 향상시킨다.
⑤ 일반 노면에서 운전자의 의지로 인한 가로방향 가속도가 규정 값을 초과할 경우 TCS의 컴퓨터가 운전자의 의지를 판단하여 기관 출력을 제어하므로서 선회 안전성을 향상시킨다.
⑥ 운전자의 의지로 트레이스 제어 Off 또는 트레이스 제어와 슬립 제어 Off의 모드 선택으로 TCS를 부착하지 아니한 자동차와 동일한 작동이 가능하므로 스포티브 운전 및 다양한 운전 영역을 제공한다.

3 TCS의 종류

기관 제어방식(engine control system)

(1) 흡입 공기량 제어방식

흡입 공기량 제어방식은 스로틀밸브로 흡입되는 공기량을 제어하여 기관 출력을 제어하므로 기관 출력의 절대량을 연속적으로 안정되게 조정이 가능한 반면 미세 슬립 영역에서는 충분한 기능 발휘가 어려운 결점이 있다.

(2) 기관 조종방식(EM : engine management type)

이 방식은 전자제어 연료 분사장치 기관에서 액추에이터의 추가 없이 소프트웨어만의 대응이 가능하여 연료분사 제어와 점화시기 제어방식이 있다.

(3) 브레이크 제어방식(brake control system)

브레이크 제어방식은 슬립이 발생하는 바퀴자체를 제어하는 방식이며, ABS의 액추에이터(모듈레이터)를 수정·보완한 것을 ABS와 함께 사용한다. 사용하는 경우는 거의 없으며, 저속이거나 초기 제어에서만 사용되고 있다.

동력전달장치 제어방식

동력전달장치 제어방식에는 차동장치 제어방식과 4WD(4wheel drive) 및 클러치 제어방식이 있다. 차동장치 제어방식은 차동장치에 차동 제한장치(LSD)를 기계방식, 비스코스 커플링방식, 전자방식 등으로 작동시키는 것이다.

통합 제어방식

TCS의 통합 제어방식에는 스로틀밸브와 브레이크 제어를 복합한 방식, 기관 조종과 브레이크 제어를 복합한 방식, 스로틀밸브와 브레이크 제어 및 차동 제한장치를 복합한 방식 등이 있다.

10 차체 자세제어장치(VDC : vehicle dynamic control)

VDC는 스핀(spin) 또는 언더 스티어링(under steering) 등의 발생을 억제하여 이로 인한 사고를 미연에 방지하는 장치이다. 이 장치는 자동차에 스핀이나 언더 스티어링 등이 발생하면 자동적으로 안쪽 바퀴나 바깥쪽 바퀴에 제동을 가하여 자동차의 자세를 제어하여 안정된 상태를 유지하며(ABS 연계 제어), 스핀 한계 직전에서 자동 감속하며(TCS 연계 제어) 이미 발생한 경우에는 각 바퀴 별로 제동력을 제어하여 스핀이나 언더 스티어링의 발생을 미연에 방지하여 안정된 운행을 도모한다.

VDC는 요 모멘트제어, 자동 감속제어, ABS(anti lock brake system) 및 TCS(traction control system)제어 등에 의하여 스핀방지, 오버 스티어링 방지, 굴곡도로를 주행을 할 때 요잉(yawing)발생 방지, 제동할 때 조종 안정성 향상, 가속할 때 조종 안정성 향상 등의 효과가 있다. 이 장치는 브레이크 제어방식의 TCS에 요 레이트 센서(yaw rate sensor), G센서, 마스터실린더 압력센서 등을 추가시킨 것이다.

주행속도(車速), 조향핸들 각속도 센서, 마스터실린더 압력센서 등으로부터 운전자의 조종 의지를 판단하고 요 레이트 센서, G센서로부터 차체의 자세를 계산하여 운전자가 별도로 제동을 하지 않아도 4바퀴를 개별적으로 자동 제동하여 자동차의 자세를 제어하여 모든 방향(앞·뒤 및 옆 방향)에 대한 안정성을 확보한다. 또한 타이어의 공기 압력이 변화하면 지름이 변화되어 휠 스피드 센서의 값이 변화한다. 이를 감지하여 경고등을 점등하는 TPW(tire pressure warning)도 포함되어 있다.

CHAPTER 06 예상문제 — 제동장치

01. 자동차의 공기 브레이크 장치 취급 시 유의 사항 중 틀린 것은?

① 라이닝의 교환은 반드시 세트(조)로 한다.
② 매일 공기 압축기의 물을 빼낸다.
③ 규정 공기압을 확인한 다음 출발해야 한다.
④ 길고 급한 내리막길을 내려갈 때 반 브레이크를 사용한다.

풀이 에어로 작동되기 때문에 전체적인 브레이크를 작용시켜야 한다.

02. 주행 중인 자동차를 감속 또는 정지시키며, 자동차의 주차 상태를 유지하는 역할을 하는 장치는 어느 것인가?

① 조향장치   ② 제동장치
③ 주행장치   ④ 현가장치

풀이 제동장치는 자동차를 감속 또는 정지시키거나 주차상태를 유지하기 위하여 사용되는 장치이다.

03. 마스터 실린더에서 피스톤 1차 컵이 하는 일은 어느 것인가?

① 잔압(회로 내에 남아서 유지되는 압력) 형성
② 베이퍼록 방지
③ 유압 발생 및 기밀 유지
④ 오일 누출방지

풀이 2차 컵은 오일 누출방지

04. 자동차의 브레이크 드럼 점검 사항과 가장 거리가 먼 것은 어느 것인가?

① 드럼의 두께
② 드럼의 구경
③ 드럼의 진원도
④ 드럼의 크기

풀이 브레이크 드럼의 점검 사항에 드럼의 크기는 전혀 관계가 없다.

05. 마스터 백은 무엇을 이용하여 브레이크에 배력 작용을 하는 것인가?

① 배기가스의 압력을 이용한다.
② 대기 압력만을 이용한다.
③ 흡기다기관의 진공과 대기압의 압력 차를 이용한다.
④ 흡기다기관의 압력만을 이용한다.

풀이 진공식 배력장치는 브레이크의 보조 장치로써 운전자의 피로를 줄이고 작은 힘으로 큰 제동력을 얻기 위해 대기압과 압축공기 또는 흡기다기관의 진공과의 압력 차를 이용하여 더욱 강한 제동력을 얻게 하는 보조기구이다.

정답 01. ④ 02. ② 03. ③ 04. ④ 05. ③

06. 브레이크 오일이 갖추어야 할 구비조건이 아닌 것은 어느 것인가?

① 비점이 높아 베이퍼록을 일으키지 않을 것
② 알맞은 점도를 가지고 온도에 대한 점도 변화가 작을 것
③ 빙점이 높고 인화점이 높을 것
④ 윤활 성능이 있을 것

> 풀이 브레이크 오일은 빙점이 낮아야 한다.

07. 브레이크의 파이프 내에 공기가 들어가면 일어나는 현상으로 가장 적당한 것은 어느 것인가?

① 브레이크의 작동이 신속히 된다.
② 브레이크 오일이 가열된다.
③ 브레이크 페달의 유격이 크게 된다.
④ 마스터 실린더에서 오일이 누설된다.

> 풀이 브레이크 파이프에 공기가 들어가면 베이퍼록 현상이 발생하여 브레이크 페달의 유격이 크게 된다.

08. 공기식 브레이크 장치에서 공기압을 기계적 힘으로 바꾸어 라이닝을 움직이게 하는 것은 어느 것인가?

① 푸시로드
② 브레이크 캠
③ 하이드롤릭 피스톤
④ 휠 실린더

> 풀이 공기식 브레이크에서 일반적인 휠 실린더의 역할을 대신하는 부품을 브레이크 캠이라 한다.

09. 다음 중 ABS의 해제조건이 아닌 것은 어느 것인가?

① 브레이크 스위치 off
② 바퀴의 슬립
③ 차량 속도 증가
④ 차량 속도 감소

> 풀이 바퀴의 슬립을 휠 실린더가 감지하여 ABS 브레이크가 작동시킨다.

10. 전자제어 제동장치(ABS)의 구성요소로 틀린 것은 어느 것인가?

① 휠 스피드 센서
② 컨트롤 유닛
③ 하이드롤릭 유닛
④ 차 속 센서

> 풀이 차 속 센서는 자동차의 차 속을 감지하는 센서이다.

11. 주행 중 과도한 제동장치 작동으로 인해 드럼과 라이닝 사이에 마찰열이 축적되어 라이닝의 마찰계수가 저하하는 현상을 나타내는 용어는?

① 베이퍼 록(vaper lock)
② 하이드로플래닝(hydroplaning)
③ 페이드(fade)
④ 스탠딩 웨이브(standing wave)

정답 06. ③ 07. ③ 08. ② 09. ② 10. ④ 11. ③

> **풀이** 빠른 속도로 달릴 때 풋브레이크를 지나치게 사용하면 브레이크가 흡수하는 마찰에너지는 매우 크다. 이 에너지가 모두 열이 되어 브레이크라이닝과 드럼 또는 디스크 온도가 상승한다. 이렇게 되면 마찰계수가 극히 작아져서 자동차가 미끄러지고 브레이크가 작동되지 않게 되는 현상을 말한다.

12. 유압식 브레이크의 원리는 무엇을 응용한 것인가?

① 브레이크액의 높은 끓는점
② 브레이크액의 높은 압축성
③ 브레이크액의 높은 탄력성
④ 밀폐된 액체의 일부에 작용하는 압력은 모든 방향에 동일하게 작용하는 작용성

> **풀이** 유압브레이크의 원리는 파스칼의 원리이며 치약을 사용할 때 누르는 힘이 동일하게 전체부분에 전달된다는 원리이다.

13. 자동차에서 브레이크 작동 시 조향핸들이 한쪽으로 쏠리는 원인이 아닌 것은?

① 휠 얼라인먼트의 조정이 불량하다.
② 좌우 타이어의 공기압이 다르다.
③ 브레이크 라이닝의 좌우 간극이 불량하다.
④ 마스터 실린더의 쳌밸브의 작동이 불량하다.

> **풀이** 쳌밸브는 브레이크 오일이 마스터실린더로 리턴되지 않도록 하는 역할을 한다. 조향핸들이 한쪽으로 쏠리는 원인과 상관없다.

14. 브레이크슈의 리턴스프링에 관한 설명으로 가장 거리가 먼 것은?

① 브레이크슈의 리턴스프링이 약하면 휠 실린더 내의 잔압이 높아진다.
② 브레이크슈의 리턴스프링이 약하면 드럼을 과열시키는 원인이 될 수도 있다.
③ 브레이크슈의 리턴스프링이 강하면 드럼과 라이닝의 접촉이 신속히 해제된다.
④ 브레이크슈의 리턴스프링이 약하면 브레이크슈의 마멸이 촉진될 수 있다.

> **풀이** 브레이크슈의 리턴스프링이 약하면 휠 실린더 내의 잔압이 낮아진다.

15. 브레이크의 작동을 계속 반복하면 드럼과 슈의 마찰열이 축적되어 제동력이 감소되는데 이러한 현상을 무엇이라 하는가?

① 페이드 현상   ② 베이퍼록 현상
③ 록킹 현상   ④ 슬립 현상

> **풀이** 페이드 현상이란 브레이크의 작동을 계속 반복하면 드럼과 슈의 마찰열이 축적되어 제동력이 감소되는 현상을 말한다.

16. 드럼식 제동장치에서 자기작동 작용을 하는 슈는?

① 리딩 슈   ② 트레일링 슈
③ 앵커 슈   ④ 디스크 슈

> **풀이** 전진방향으로 주행할 때 자기작동이 발생하는 슈를 리딩 슈, 자기작동이 발생하지 않은 슈를 트레일링 슈라고 한다.

정답 12. ④ 13. ④ 14. ① 15. ① 16. ①

17. 유압식 브레이크장치에서 브레이크가 풀리지 않은 것은?

① 오일점도가 낮기 때문
② 파이프 내에 공기혼입
③ 첵밸브 접촉 불량
④ 마스터 실린더의 리턴구멍 막힘

> 풀이 마스터실린더 리턴구멍이 막히면 휠 실린더로 보내졌던 오일이 탱크로 복귀하지 못하여 브레이크가 풀리지 않는다.

18. 자동차 제동거리의 산출공식에서 정지거리란?

① 제동력이 발생하여 차가 정지될 때까지의 운동거리를 말한다.
② 브레이크 페달을 밟아서 제동력이 발생하기 시작한 동안의 운동거리이다.
③ 정지거리 = 제동거리 − 공주거리이다.
④ 정지거리 = 제동거리 + 공주거리이다.

> 풀이 정지거리는 제동거리 + 공주거리이다.

19. TCS(Traction Control System)의 특징이 아닌 것은?

① 슬립(slip) 제어
② 라인압력 제어
③ 트레이스(trace) 제어
④ 선회 안정성 향상

> 풀이 TCS의 기능에는 슬립제어, 트레이스 제어, 선회 안정성 향상 등이 있다.

20. 브레이크가 작동하지 않는 원인과 관계가 없는 것은?

① 브레이크 오일회로에 공기가 들어있을 때
② 브레이크 드럼과 슈의 간격이 너무 과다할 때
③ 브레이크 오일이 누유되었을 때
④ 브레이크 오일 탱크 주입구 캡이 불량할 때

> 풀이 브레이크 오일 탱크 주입구 캡이 불량할 때와 브레이크작동과는 무관하다.

17. ④ 18. ④ 19. ② 20. ④   정답

CHAPTER 07 SRS 에어백

 01 SRS 에어백의 개요

SRS(supplement restraint system)에어백은 자동차가 충돌하였을 때 충돌조건에 따라 운전석, 조수석, 앞 뒤 및 옆쪽에 설치된 에어백을 작동시켜 운전자 및 승객을 부상으로부터 보호하기 위한 안전띠 보조장치이다.

SRS 에어백은 조향핸들 중앙에 설치한 운전자 에어백 모듈(DAB : driver air bag module), 크래시 패드 위쪽에 설치한 조수석 에어백 모듈(PAB : passenger air bag module), 운전석 및 조수석 안전띠에 부착한 프리 텐셔너(BPT : belt pre detect) 센서, 에어백을 제어하는 센터 페이서 패널 안쪽에 위치한 제어 모듈(SRSCM : supplement restraint system module), 조향칼럼에 설치한 클럭 스프링(clock spring), 측면충돌이 발생하였을 때 충격량을 감지하는 사이드 임펙트(side impact)센서, 인터페이스 모듈, 계기판에 설치한 SRS 경고등 및 에어백 배선 등으로 구성되어 있다. SRS 에어백은 제어모듈에 내장된 전자제어 가속센서에 의하여 충격신호를 받았을 때 작동한다.

에어백 배선은 황색 튜브에 싸여 있어 다른 장치의 배선과 구분된다. 또한 운전석, 조수석, 측면 에어백 및 안전띠 프리 텐셔너의 커넥터 내부에는 단락 바가 들어있어 커넥터가 분리되었을 때 점화회로를 단락시켜 에어백 모듈을 정비할 때 우발적인 작동·폭발을 방지할 수 있다.

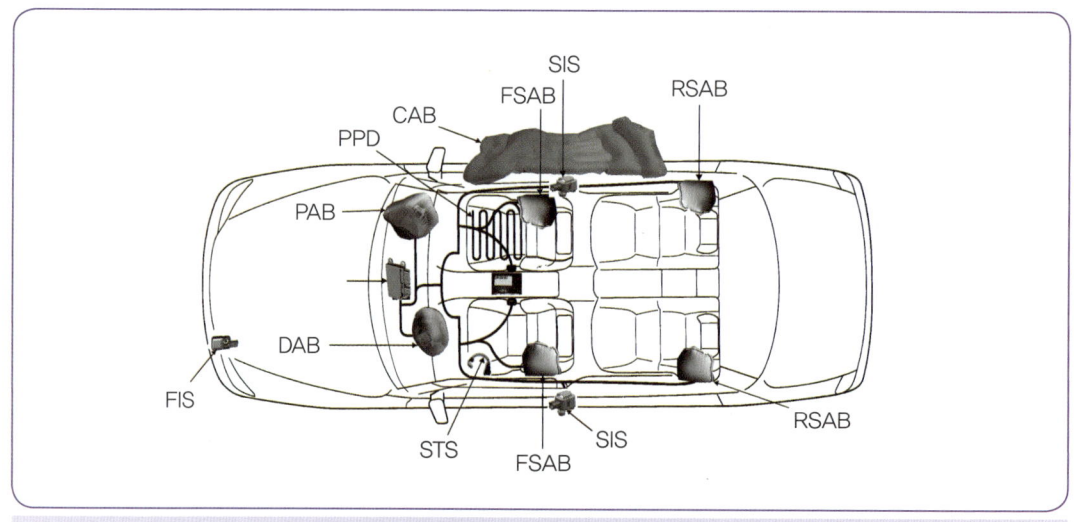

그림 2-101 에어백 설치 위치

02 SRSCM(보조 안전장치 제어모듈)

SRSCM은 내부에 설치된 센서에 의해 검출되는 정면 충격 또는 사이드 임팩트 센서에서의 측면 충격을 검출한 후 에어백 완전열림 요청 신호를 탐지하여 에어백 모듈을 팽창시킬 것인지를 결정한다.

1 DC, DC 컨버터

전원 공급장치의 DC, DC 컨버터는 승압 및 감압 컨버터로 이루어져 있으며, 2개의 정면 에어백 점화회로용의 점화전압과 내부작동 전압을 공급한다. 내부작동 전압이 설정된 한계 값 이하이면 재설정이 수행된다.

2 안전 센서

에어백 점화회로에 설치된 안전 센서는 모든 팽창 조건에서 에어백 회로를 작동시키고 일반 운전조건에서는 에어백회로를 안전하게 해제시키는 기능을 지니고 있다. 안전센서는 일정 한계 값 이상의 감속도를 검출하면 닫히는 2중 접점의 전기-기계방식 스위치이다.

3 백업(back up)전원

SRSCM은 별도의 에너지 전원을 사용하여 전원 전압이 낮거나 정면충돌로 전원이 상실된 경우 잠시 동안 팽창에 필요한 에너지를 공급한다.

4 자기진단

SRSCM은 자동차의 전원이 ON되어 있는 동안 연속적으로 현재의 SRC작동 상태를 모니터하고 장치의 기능장애를 검출한다. 기능장애는 자기진단 시험기를 이용하여 진단 코드의 형태를 점검할 수 있다.

5 에어백 경고등

에어백계통에서 오류가 검출되면 SRSCM은 계기판에 있는 경고등에 신호를 보내어 운전자에게 경고한다. 점화스위치를 ON으로 하면 경고등이 7회 점멸하여 SRSCM의 작동을 확인한다.

6 고장기록 코드

에어백장치에 오류가 발생하면 SRSCM은 DCT의 형태로 오류를 기억시키며, DCT는 자기진단 시험기로만 삭제시킬 수 있다.

7 자기진단 커넥터

SRSCM 기억장치에 기억된 데이터는 운전석 크래시 패드 밑 커넥터를 통하여 자기진단 시험기와 같은 외부 출력장치로 연결된다.

8 에어백

에어백은 일단 전개되면 SRSCM은 다시 사용할 수 없다.

9 안전띠

승객의 안전띠 착용 유무를 안전띠 버클에 내장된 스위치의 신호를 통하여 판단하여 각각의 충돌속도에서 앞좌석 에어백을 전개한다. 안전띠를 착용하였을 경우 정면충돌하였을 때 안전띠 착용만으로 상해가 방지되는 저속충돌(25~30km/h)구간에서는 안전띠 프리 텐셔너만 작동시키고, 에어백은 전개하지 않으며 일정의 주행속도 이상(30km/h)에서만 에어백을 작동한다.

안전띠를 착용하지 않았을 경우 정면충돌을 하였을 때 상해 발생이 우려되는 일정 속도(25km/h 이상)에서 에어백을 전개한다. 16~25km/h 구간에서는 상황에 따라 에어백이 전개 또는 비 전개된다(그레이 존 : gray zone).

10 사이드 에어백

사이드 에어백은 안전띠 착용 여부와 관계없이 측면충돌이 발생하였을 때 사이드 임팩트(세터 라이터) 센서의 충격 감지에 의해 SRSCM에서 전개 여부를 판단한다.

03 에어백(air bag)

1 에어백 커버(cover)

에어백 커버는 에어백을 둘러싸고 있으며, 에어백을 전개할 때 에어백이 잘 전개되기 위해서 레이저나 열도(熱刀)로 전개 라인을 플라스틱 뒷면에 칼집이나 구멍(완전히 뚫리지는 않음)을 낸 커버의 티어 심(tear seam)이 갈라지면서 에어백이 부풀어 나올 수 있는 통로를 만드는 구조로 되어 있다.

2 에어백(air bag)

자동차가 충돌할 때 운전자와 직접 접촉하여 충격 에너지를 흡수해주는 역할을 한다. 에어백의 구비조건은 높은 온도 및 낮은 온도에서 인장강도, 내열강도 및 파열강도를 지니고 내마모성, 유연성을 유지해야 한다.
에어백은 안쪽에 고무로 코팅된 나일론 제 면으로 되어 있으며 인플레이터와 함께 에어백이 전개할 때 팽창된다. 에어백은 충돌할 때 점화회로에서 발생한 질소가스에 의해 팽창되는데 충돌 후 운전자의 충격을 최소화시키기 위해 일반적으로 2개의 배기구멍을 두어 가스를 외부로 배출한다.

3 인플레이터(inflater)

인플레이터는 자동차가 충돌할 때 에어백 ECU(air bag control unit)로 부터 충돌신호를 받아 에어백 팽창을 위한 가스를 발생시키는 장치이며, 단자의 연결부분에 단락 바를 설치하여 모듈을 떼어낸 상태에서 오작동이 발생되지 않도록 단자 사이를 항상 단락 상태로 유지한다.

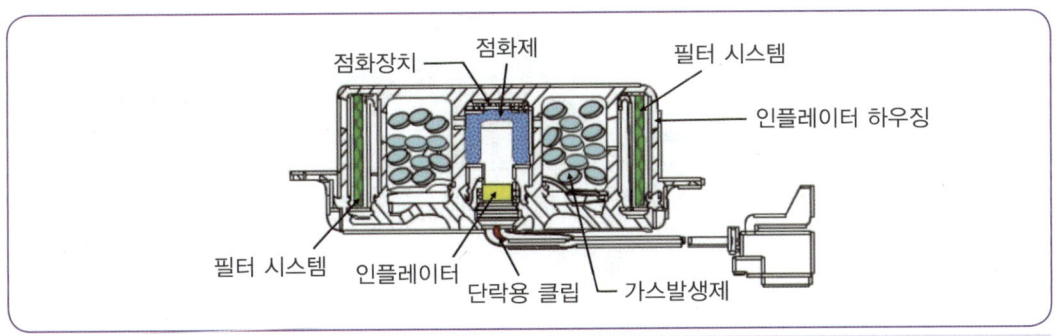

그림 2-102 화약 점화방식 인플레이터의 구조

4 충돌검출 센서

충돌검출 센서는 자동차 내 특정지점의 가속도를 측정하여 자동차의 충돌 및 충격량을 검출하는 센서로 대표적으로 가속도센서가 이용되고 있다. 충돌검출 센서는 자동차의 종류에 따라 그 수량 및 설치위치가 달라진다. 일반적으로 에어백 ECU 내부에 1개, 정면 좌우 멤버에 전방 충돌센서 2개, 측면 충돌검출 센서는 좌우측 "B"필러 아래쪽에 1개씩 설치된다.

5 클럭 스프링(clock spring)

운전석 에어백은 조향 휠에 설치되므로 운전석 에어백과 에어백 ECU사이를 일반 배선을 사용하여 연결하면 좌우로 조향할 때 배선이 꼬여 단선되기 쉽다. 따라서 조향 휠과 조향칼럼 사이에 클럭 스프링을 설치한다. 클럭 스프링은 핸들에 있는 스위치의 작동을 위해 전기를 연결하는 역할부터 에어백 ECU와 운전석 에어백 모듈 사이의 배선을 연결하는 기능으로 내부에 감길 수 있는 종이 모양의 배선을 설치하여 시계의 태엽처럼 감겼다 풀렸다 할 수 있도록 작동한다.

클럭 스프링은 조향 휠과 같이 회전하기 때문에 반드시 중심점을 맞추어야 한다. 만일 중심이 맞지 않으면 클럭 스프링 내부 배선이 단선되어 에어백이 작동하지 않을 수 있다. 클럭 스프링 중심위치 정렬 방법은 다음과 같다.

① 축전지 (−)단자 및 조향 휠을 떼어낸다.
② 클럭 스프링을 시계방향으로 손가락으로 멈출 때까지 회전시킨다.
③ 반 시계방향으로 회전시켜 전체 회전수를 세고(약 5회전) 그 1/2을 시계방향으로 돌려(약 2.5회전) 클럭 스프링에 마킹된 ▶,◀마크를 일치시킨다.
④ 조향 휠을 설치하고 축전지 (−)단자를 연결한 다음 에어백 경고등 점등여부를 확인한다.

그림 2-103 클럭 스프링

6 승객유무 검출센서(PPD : passenger presence detect)

승객유무 검출센서는 승객석 시트 쿠션부분에 설치되어 있으며, 승객 탑승유무를 판단하여 에어백 ECU로 데이터를 송신한다. 즉, 승객석에 승객이 탑승하면 정상적으로 승객석 에어백을 전개시키고 탑승하지 않은 경우에는 전개하지 않는 제어를 하기 위해 설치된다. 이 센서는 압전소자로 이루어져 있으며 승객이 탑승하였을 경우와 탑승하지 않았을 경우의 하중변화에 따른 저항의 변화로 승객 탑승유무를 다음과 같이 판정한다.

① 승객 있음 : 15kgf 이상의 무게를 감지한 때
② 승객 없음 : 0.6kgf 이하의 무게를 감지한 때
③ 0.6~15kgf 이하의 무게를 감지한 때(gray zone)
④ PPD인터페이스 유닛은 PPD의 저항 변화를 가지고 승객의 탑승 여부를 감지한다.
⑤ 승객 있음에서 승객 없음으로 변환될 때 오판을 방지하기 위해 9.6초 후 승객 없음으로 인정한다.

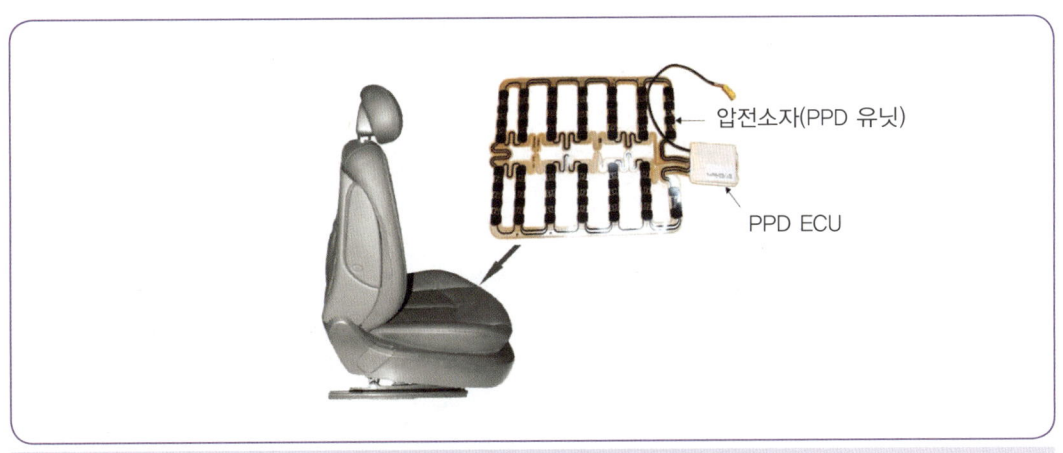

❂ 그림 2-104 승객 유무 센서 설치위치 및 구조

7 안전벨트 프리텐셔너(seat belt pretensioner)

안전벨트 프리텐셔너는 자동차가 충돌할 때 에어백이 작동하기 전에 작동하여 안전벨트의 느슨한 부분을 되감아 주는 기능을 수행한다. 따라서 충돌할 때 승객을 시트에 고정시켜 에어백이 전개할 때 올바른 자세를 유지할 수 있도록 한다.

SRS 에어백

CHAPTER 07 예상문제

01. 에어백 인플레이터의 역할을 바르게 설명한 것은 어느 것인가?

① 에어백의 가스 발생장치로 점화장치에 의하여 가스 발생을 순간적으로 연소시킨다.
② 에어백의 고장 유무를 점검하여 계기판에 알려주는 역할을 한다.
③ 전방충돌 시 충격을 감지하는 역할을 한다.
④ 에어백의 보조배터리의 역할을 하면서 항상 전원을 공급한다.

> 풀이 인플레이터는 충돌과정에서 에어백 쿠션을 가스로 채워준다.

02. 자동차에서 에어백 시스템의 구성부품이 아닌 것은 어느 것인가?

① 인플레이터
② 충돌감지 센서
③ TCU
④ 에어백

> 풀이 자동변속기를 제어하는 부품이 TCU이다.

03. 에어백 시스템을 구성하는 센서가 아닌 것은 어느 것인가?

① 세핑센서
② 센터 G센서
③ 프런트 G센서
④ 맵 센서

> 풀이 에어백을 구성하는 센서는 세핑센서, 센터 G센서, 프런트 G센서이며 맵 센서는 실린더 내의 압력은 매니폴드 절대 압력이라고 하며, 중요한 엔진 변수의 하나이다. 이를 측정하는 센서가 맵 센서이다. 공기와 연료의 혼합 가스는 흡기 매니폴드라는 관을 통해 실린더 내부에 공급된다.

04. 다음 중 가솔린 엔진 차량의 계기판에 있는 경고등 또는 지시등의 종류가 아닌 것은?

① 엔진오일 경고등
② 충전 경고등
③ 연료 수분감지 경고등
④ 연료 잔량 경고등

> 풀이 연료필터 수분 경고등 장착은 커먼레일 디젤 차량에 장착되어 있다.

05. 자동차 정비 작업 시 압축 공기를 이용한 공구를 사용할 필요가 없는 작업은?

① 타이어 교환 작업
② 클러치 탈거 작업
③ 축전지 단자 케이블 연결
④ 엔진 분해·조립

> 풀이 너트를 풀고 조이는 공구를 사용하는 작업은 축전지 단자 케이블 연결작업이다.

정답 01. ① 02. ③ 03. ④ 04. ③ 05. ③

06. 부품의 바깥지름, 안지름, 길이, 깊이 등을 측정할 수 있는 측정 기구는?

① 마이크로미터 ② 다이얼 게이지
③ 직각자 ④ 버니어 캘리퍼스

풀이 버니어 캘리퍼스는 원형으로 된 것의 지름, 원통의 안지름 등을 측정하는 데 주로 사용된다. 어미자와 어미자 위를 이동하는 아들자로 되어 있는데, 어미자 선단과 버니어 사이에 측정물을 끼우고, 어미자 위의 눈금을 아들자를 사용해서 읽는다. 보통 사용되고 있는 것은 어미자의 한 눈금이 1mm이고, 아들자의 눈금은 어미자의 19 눈금을 20등분 한 것이다.

07. 고속도로를 주행하는데 자동차에 타이어 공기압력을 10~15% 높여주는 이유로 가장 적당한 것은?

① 타이어의 회전력을 좋게 하기 위하여
② 제동력을 증가시키기 위하여
③ 승차감을 좋게 하기 위하여
④ 스탠딩 웨이브 현상을 방지하기 위하여

풀이 스탠딩 웨이브 현상이란 고속으로 달리는 타이어의 접지부 뒤쪽에 나타나는 물결모양의 타이어 표면에 생기는 진동이 발생되는 것을 말한다.

08. 타이어가 동적 불평형 상태에서 고속으로 주행하면 타이어에 발생되는 현상은 어느 것인가?

① 트램핑현상 ② 시미현상
③ 로드 홀딩현상 ④ 수막현상

풀이 시미현상은 동적 불평형 상태에서 좌우로 진동이 일어나는 현상을 말한다.

09. 타이어의 구조에 해당되지 않는 것은?

① 트레드 ② 브레이크
③ 카커스 ④ 사이드 월

풀이 타이어브레이커 : 트레드와 카커스 사이에 삽입하는 코드층으로 비드부에 도달하지 않는 것을 말한다.

10. 자동차 타이어에서 내부에는 고 탄소강의 강선을 묶음으로 넣고 고무로 피복한 링 상태의 보강부위로 타이어 림에 견고하게 고정시키는 역할을 하는 부분은 어느 것인가?

① 카커스부분 ② 트레드부분
③ 숄더부분 ④ 비드부분

풀이 비드 부분은 타이어에서 내부에는 고 탄소강의 강선을 묶음으로 넣고 고무로 피복한 링 상태의 보강부위로 타이어 림에 견고하게 고정시키는 역할을 한다.

11. 자동차 전기회로의 보호장치로 맞는 것은 어느 것인가?

① 안전밸브
② 퓨저블 링크
③ 캐스터
④ 쇽업소바

풀이 퓨저블 링크는 회로의 보호를 담당하는 도체사이즈의 작은 전선으로서 회로에 삽입되어 있다.

정답 06. ④ 07. ④ 08. ② 09. ② 10. ④ 11. ②

12. 차량 시스템에서 도난 경보장치 구성부품으로 가장 거리가 먼 것은?

① 도어 록 스위치
② 트렁크 열림 스위치
③ 후드 열림 스위치
④ 타이어 경고등 스위치

> 풀이 타이어 경고등은 타이어의 공기압이 낮아 체크를 요할 때 작동되는 경고등이며 계기판에서 육안으로 식별이 가능하다.

13. 이모빌라이저 시스템에 대한 설명으로 틀린 것은?

① 차량의 도난을 방지할 목적으로 적용되는 시스템이다.
② 도난 상황에서 시동이 걸리지 않도록 제어한다.
③ 엔진의 시동은 반드시 차량에 등록된 키(Key)로만 시동할 수 있다.
④ 긴급하고 위급한 상황에서는 시동이 작동할 수 있도록 구성되어 있다.

> 풀이 도난방지 시스템의 하나로 암호가 다른 경우 시동을 걸 수 없게 되어 있으며 열쇠에 내장된 암호와 키(Key)박스에 연결된 전자유닛의 정보가 일치하는 경우에만 시동을 걸 수 있다.

14. 자동차의 운전자세 기억장치 시스템(IMS)에 대한 설명으로 옳은 것은?

① 자동차의 도난을 예방하기 위한 시스템이다.
② 자동차의 편의 장치로서 장거리 운행 시 자동운행시스템을 말한다.
③ 배터리의 수명을 점검해 주는 장치이다.
④ 1회의 스위치 조작으로 운전자가 설정해 둔 시트위치로 재생시킬 수 있는 기능이 있는 시트제어 시스템을 말한다.

> 풀이 IMS는 운전자의 자세를 기억해 핸들, 좌석, 룸미러, 사이드미러 등의 위치를 자동복원해주는 장치이다.

15. 자동차 전기배선 작업에서 주의할 점 중 틀린 것은?

① 배선을 차단할 때에는 먼저 (+)단자를 떼고 차단한다.
② 배선 작업장은 습기나 물로 인한 작업 시 불안전한 환경이 되어선 안 된다.
③ 배선 작업 시 배선은 (−)단자를 벗긴 상태에서 작업한다.
④ 배선 작업 시 저항으로 부하가 생길 수 있는 부분은 납땜으로 연결한다.

> 풀이 배선을 차단할 때에는 먼저 (−) 단자를 떼고 차단한다.

16. 액티브 에코 드라이브 시스템의 제어방법에 속하지 않는 것은?

① 일반모드는 fun to drive를, 액티브 에코는 연료소비율을 향상하도록 구성되어 있다.
② 기관의 난기 운전 이전, 등판주행 등에서는 액티브 에코가 작동하지 않는다.
③ 에어컨 작동조건에서는 연료소비율을 나중에 제어하여 추가적인 연료소비율개선에 제공한다.

정답 12. ④ 13. ④ 14. ④ 15. ① 16. ③

④ 액티브 에코를 선택할 경우 기관과 변속기를 우선으로 제어하여 추가적인 연료소비율 향상 효과를 제공한다.

풀이 액티브 에코는 차량의 엔진, 변속기, 에어컨 제어를 통해 연비를 향상하도록 도움을 주는 장치이며, 운전자가 액티브 에코 버튼을 누르면 계기판에 녹색 표시등(ECO)이 켜지며 경제 운전 모드로 전환된다. 또한, 액티브 에코 작동 중 다음과 같은 상황이 발생할 때 표시등은 변화가 없으나 작동이 제한될 수 있다.
▶ 미작동 조건
① 냉각수 온도가 낮을 때
② 오르막 길을 주행할 때
③ 스포츠 모드를 사용할 때

17. 연료절감을 위하여 자동차가 정차할 때 자동으로 기관의 작동을 정지시키는 시스템을 무엇이라고 하는가?

① ISG(idle stop & go)시스템
② EGR 시스템
③ 터보차저
④ 가변흡기 시스템

풀이 ISG(Idle Stop & Go) 시스템은 공회전 상태에서의 연료 소비를 차단함으로, 약간의 연비 개선과 공회전 상태의 차의 진동으로 인한, 불쾌감을 차단한다.

18. 전자제어 섀시 장치에 속하지 않는 것은?

① 자동변속기
② 차 속 감응형 조향장치
③ 차 속 감응형 4륜 조향장치
④ 종감속 장치 및 디퍼렌셜장치

풀이 종감속 장치와 디퍼렌셜장치는 동력전달장치의 일부분이다.

19. BCM(body control module)에 해당하지 않는 것은?

① 차 속 감응형 조절 와이퍼
② 오토 라이트 컨트롤
③ 도난 경보 기능
④ 스마트 키 시스템

풀이 스마트 키 시스템은 BCM기능에 전혀 관계가 없으며 가까이 가면 도어가 열리고 어느 이상 멀어지면 잠기는 기능을 말한다.

20. 후방 주차 보조 시스템의 주요 기능이 아닌 것은?

① 후방 초음파 센서 제어
② CAN 통신 라인으로 후방 경보상황 전송
③ LIN 통신 라인으로 후방 경보상황 전송
④ 후방 주차 보조 시스템 음영 제어

풀이 후방 주차 보조 시스템은 범퍼에 조그맣게 달린 4~5개의 초음파 센서를 통해 물체와의 거리를 측정하여 소리로 거리를 알려주는 시스템이다.

17. ①　18. ④　19. ④　20. ②　정답

PART 03

자동차 전기·전자장치
Automotive Electric·Electronic

01 전기 기초이론
02 반도체
03 축전지
04 시동장치
05 점화장치
06 충전장치
07 등화장치
08 난·냉방장치
09 친환경자동차

CHAPTER 01 전기 기초이론

01 전기의 성질

모든 물질은 기계적으로 더 이상 쪼갤 수 없는 최소 단위인 분자 그리고 이들 분자들은 다시 화학적으로 더 이상 쪼갤 수 없는 원자(原子 : atom, 10^{-10}m)들로 구성되어 있다.

원자의 구조는 양(+)전하를 띠고 있는 원자핵과 음(-)전하를 지니는 전자로 구성되어 있으며 일반적으로 중성인 상태에서는 물질내부의 양(+)전하와 음(-)전하의 양이 같기 때문에 서로 잡아당기는 성질을 지니고 있어 전기적 특성을 나타내지 않는다. 이를 중성상태라고 한다. 이들 사이에 평형이 이루어지지 않으면 전기적인 성질을 나타낸다.

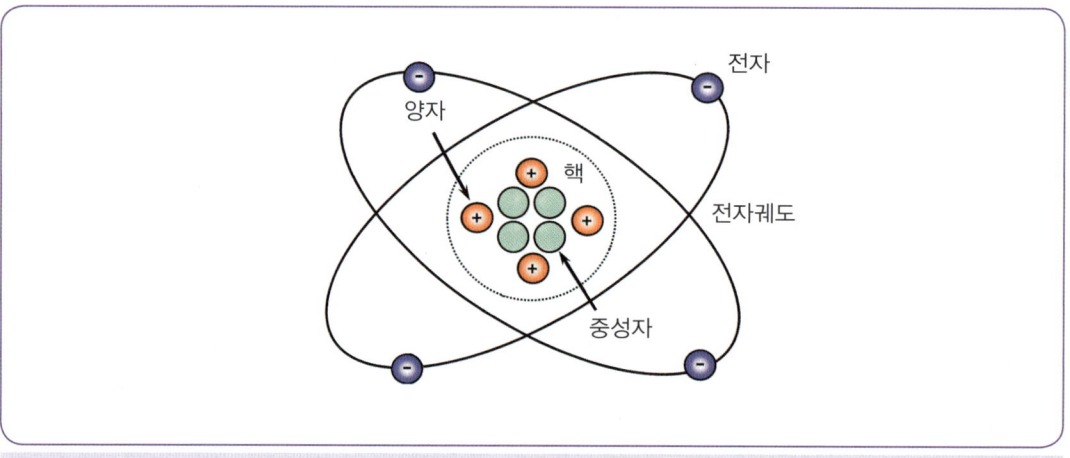

※ 그림 3-1 원자의 구조

① **양자(proton)** : 최소량의 (+)전기를 가지고 있으며, 질량은 전자의 약 1,840배이고, 중성자와 함께 핵을 구성한다.
② **중성자(neutron)** : 질량은 양자와 거의 같으나, 전기적으로는 중성이며, 양자와 함께 핵을 구성한다.
③ **전자(electron)** : 최소량의 (-)전기를 가지고 있으며, 원자핵의 주위를 원형 또는, 타원형 궤도를 따라 빛의 1/10 정도의 속도로 운동한다.

일반적으로 원자궤도의 가장 바깥쪽 궤도에 있는 전자를 가전자라고 하며, 가전자의 수를 전자가라 하여 물질의 특성을 나타낸다. 바깥쪽 궤도의 전자는 원자핵으로부터 인력이 약하게 작용하므로 쉽게 궤도를 이탈하여 자유롭게 돌아다닐 수 있다. 이렇게 궤도를 이탈하는 전자를 자유전자라고 하며 물질의 전기적 성질을 결정하게 된다.

원자들은 최외각 궤도에 있던 전자가 이탈하게 되면 전자가 빠져나간 자리는 정공(hole)이 되고 근처를 이동하는 다른 자유전자를 끌어당겨 채우게 되며 이러한 현상을 보고 전기의 흐름이라 한다.

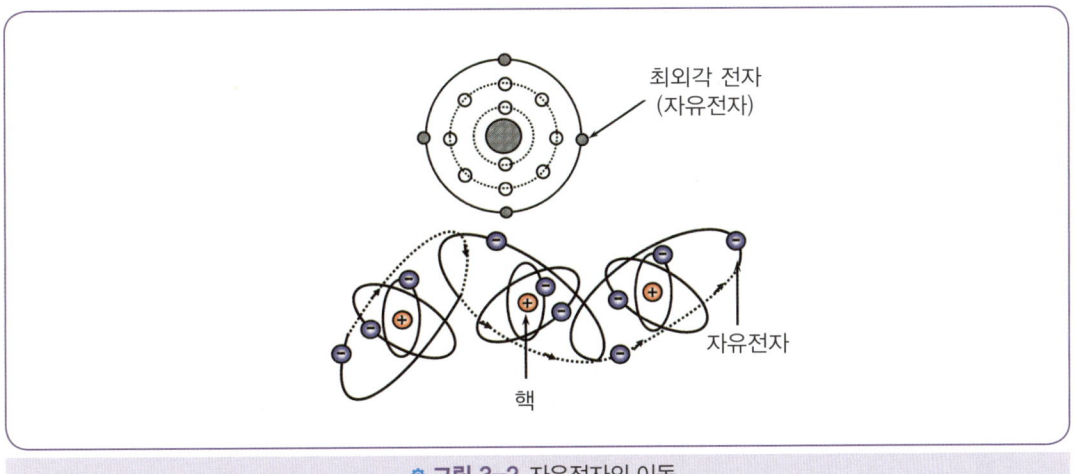

그림 3-2 자유전자의 이동

02 전기 기초이론

1 전자와 전류

전자는 작은 입자 중에서 음(-)전하를 지니는 질량이 매우 작은 입자로 모든 물질의 구성요소로 정지 질량은 9.107×10^{-28}g이고, 전하는 1.6021×10^{-19}C이며, 전류란 (+)대전체와 (-)대전체 사이를 도체로 연결하면 (+)쪽에서는 도체 내의 전자를 흡인하고, (-)쪽에서는 전자가 반발 당하여 도체 내부로 들어가므로 도체 내에 있는 전자는 (-)쪽에서 (+)쪽으로 이동한다. 이때 전자는 중화되며 전자의 이동을 전류라 한다.

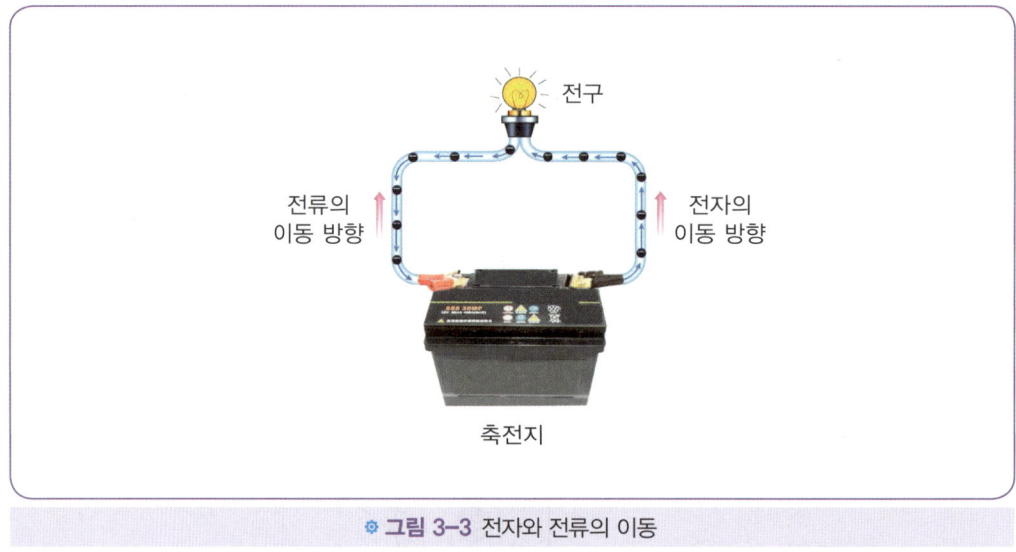

※ 그림 3-3 전자와 전류의 이동

전류의 측정 단위는 암페어(A : ampere)이며 1A는 도체 단면의 임의의 한 점을 매초 1쿨롱(C : coulomb)의 전하가 이동하고 있을 때의 전류의 크기를 말한다. 전류는 발열작용, 화학작용, 자기작용 등 3대 작용을 한다.

2 전압(전위차)

전압이란 전류가 흐를 수 있도록 하는 전기적인 압력을 말하며, 측정단위는 볼트(V : voltage)이다. 전압차이가 클수록 큰 전류가 흐르며, 1V란 1옴(Ω)의 도체에 1A의 전류를 흐르게 할 수 있는 전기적인 압력을 말한다.

3 저항

저항이란 물질 속을 전류가 흐르기 쉬운가, 또는 어려운가를 표시하는 것이며, 측정 단위는 옴(ohm : Ω)이다. 저항은 자유전자의 수, 원자핵의 구조, 물질의 형상, 온도에 따라서 변화한다. 1옴(Ω)이란 1A의 전류를 흐르게 할 때 1V의 전압을 필요로 하는 도체의 저항으로 표시한다. 저항에는 다음과 같은 것들이 있다.

물질의 고유저항(비저항)

이 저항은 물체 자체가 지니고 있는 고유한 전기저항이며 길이 1m, 단면적 $1m^2$인도체 두 면사이의 저항 값을 비교한 것을 그 물체의 고유저항 또는 비저항이라 한다. 측정 단위는 옴 미터(Ω·m), 옴 센티미터(Ω·cm)이나 실용상의 단위로는 마이크로 옴 센티미터(μΩ·cm)를 사용하고 있다.

❖ 표 3-1 도체의 고유저항

금속 명칭	고유저항(μΩ·cm) 20℃	금속 명칭	고유저항(μΩ·cm) 20℃
은	1.62	니켈	6.90
구리	1.69	철	10.0
금	2.40	강	20.6
알루미늄	2.62	주철	57~114
황동	5.70	니켈-크롬	100~110

도체의 형상에 의한 저항

도체의 저항은 그 길이에 비례하고, 단면적에 반비례한다. 즉, 도체 속을 전자가 이동할 때 전류가 흐르는 방향과 수직이 되는 방향의 단면적이 커지면 저항이 작아지고, 전류가 흐르는 거리가 길어지면 그만큼 원자사이를 뚫고 나가야 하므로 저항이 증가한다.

절연저항

이 저항은 절연체를 사이에 두고 전압을 가하면 절연체의 절연 정도에 따라 매우 작은 양이기는 하지만 전류가 누출되는데 이때의 저항을 절연저항이라 부르며, 이때 흐르는 전류를 누설 전류라 한다. 절연저항의 단위는 메가 옴(MΩ)이다.

온도와 저항과의 관계

일반적으로 금속은 온도상승에 따라 저항이 증가하지만 탄소, 반도체, 절연체 등은 감소한다. 금속에서 온도가 1℃ 상승하였을 때 저항 값이 어느 정도 크게 되었는가의 비율을 그 저항의 온도계수라 한다.

접촉저항

접촉저항이란 도체를 연결할 때 헐겁게 연결하거나 녹이나 페인트 등을 떼어 내지 않고 전선을 연결하면 그 접촉면사이에 저항이 발생하여 열이 생기고 전류의 흐름을 방해하는 현상이다.

03 전기의 기본법칙

1 옴의 법칙(ohm's law)

전압에 의하여 전류가 흐르며, 저항은 전류의 흐름을 방해하므로 전류, 전압 및 저항 사이에는 밀접한 관계가 있다. 즉, 도체에 흐르는 전류(I)는 전압(E)에 정비례하고, 그 도체의 저항(R)에는 반비례한다. 이와 같은 관계는 옴의 법칙이라 부른다.

$$I = \frac{E}{R}, \quad E = IR, \quad R = \frac{E}{I}$$

I : 전류(A), E : 전압(V), R : 저항(Ω)

2 저항의 접속방법

직렬 접속방법

이 접속방법은 몇 개의 저항을 한 줄로 연결하는 것이며, 다음과 같은 특징이 있다.
① 어느 저항에서나 똑같은 전류가 흐른다.
② 전압이 나누어져 저항 속을 흐른다.
③ 각 저항에 가해지는 전압의 합은 전원 전압의 합과 같다.
④ 합성저항(전체 저항)은 다음과 같이 나타낸다.

$$R = R_1 + R_2 + R_3 + \cdots\cdots + R_n$$

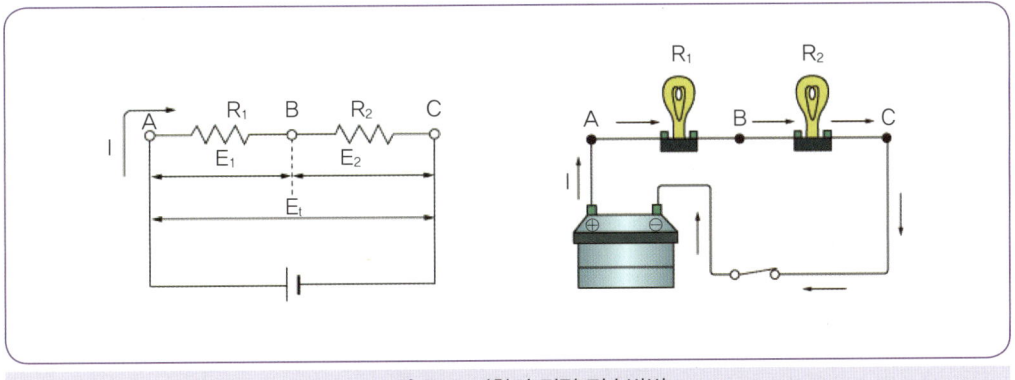

※ 그림 3-4 저항의 직렬 접속방법

병렬 접속방법

이 접속방법은 모든 저항을 두 단자에 공통으로 연결하는 것이며, 작은 저항을 얻고자 할 때 사용하는 것으로 다음과 같은 특징이 있다.

① 어느 저항에서나 동일한 전압이 흐른다.
② 병렬접속 합성저항은 각각의 저항의 역수의 합 분의 1이다.
③ 저항이 감소하는 것은 전류가 나누어져 저항 속을 흐르기 때문이다.
④ 전원에서의 전류는 각 전장부품을 흐르는 전류의 합이 되므로 병렬 접속하는 전장부품이 많을 경우에는 용량이 큰 전원을 사용하여야 한다.
⑤ 합성저항(전체 저항)은 다음과 같이 나타낸다.

$$R = \cfrac{1}{\cfrac{1}{R_1} + \cfrac{1}{R_2} + \cfrac{1}{R_3} + \cdots\cdots + \cfrac{1}{R_n}}$$

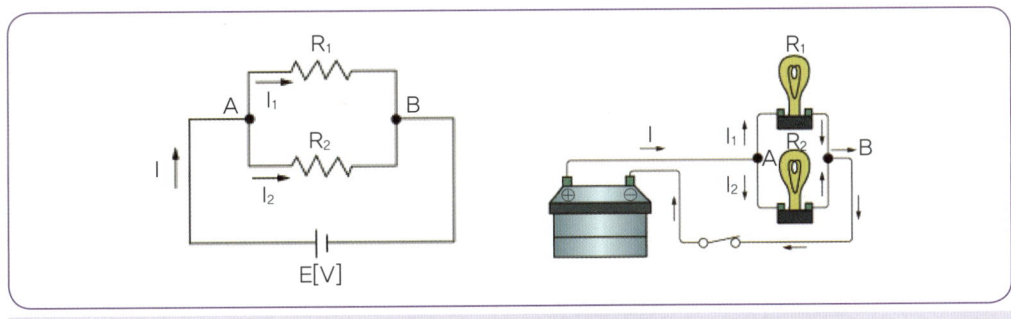

※ 그림 3-5 저항의 병렬 접속방법

키르히호프의 법칙(kirchhoff's law)

(1) 키르히호프의 제1법칙

이 법칙은 전류의 법칙으로 회로 내의 "어떤 한 점에 들어온 전류의 총합과 나간 전류의 총합은 같다"는 법칙이다.

$$(I_1 + I_3 + I_4) - (I_2 + I_5) = 0 \qquad \therefore \Sigma I = 0$$

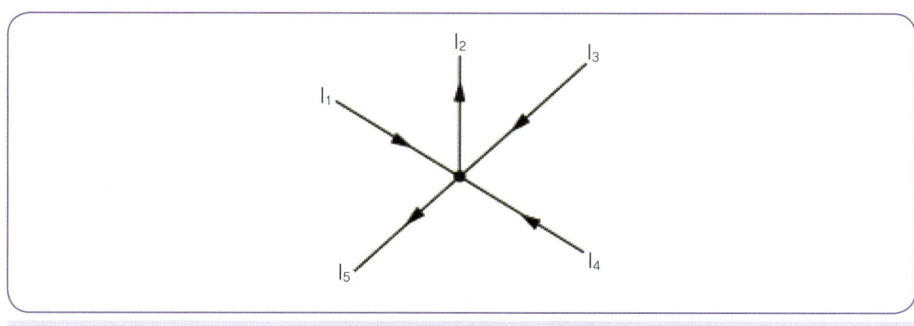

🔹 그림 3-6 키르히호프의 제1법칙

(2) 키르히호프의 제2법칙

이 법칙은 전압의 법칙으로 "임의의 폐회로에 있어서 기전력의 총합과 저항에 의한 전압 강하의 총합은 같다." 따라서 키르히호프의 제2법칙은 에너지 보존법칙으로 임의의 한 폐회로에서 소비된 전압강하의 총합과 기전력의 총합과 같다. 즉 전압강하의 총합은 기전력의 총합이다.

$$V_T - (V_1 + V_2 + V_3) = 0 \qquad \therefore \Sigma V = 0$$

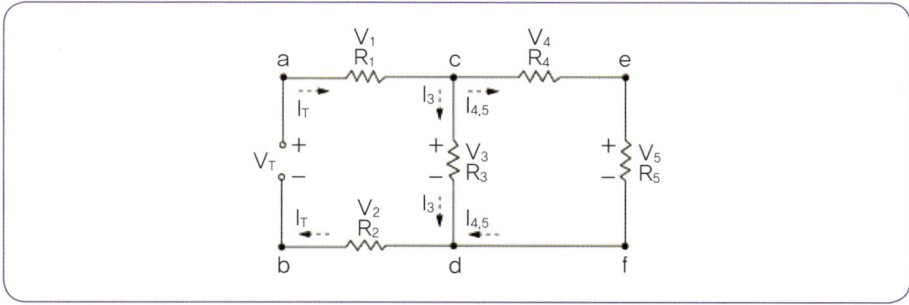

🔹 그림 3-7 키르히호프의 제2법칙

3 전력과 전력량

 전력

전력이란 전기가 단위시간 동안에 한 일의 양이며 전등, 전동기 등에 전압을 가하여 전류를 흐르게 하면 기계적 에너지를 발생시켜 여러 가지 일을 할 수 있도록 하는 것을 말한다. 즉, 전류가 흘러 전동기를 회전시킬 때 전동기를 직접 회전시키는 일을 하며 일은 전류(I)가 하지만 전류가 흐르며 일을 하도록 압력을 가하는 것은 전압(E)이다. 이와 같이 전력(P)은 전압(E)과 전류(I)를 곱한 것에 비례하고 전력의 측정단위는 와트(W)나 킬로와트(kW)를 사용한다.

$$P = EI, \quad P = I^2R, \quad P = \frac{E^2}{R}$$

 전력량

전력량이란 전류가 어떤 시간 동안에 한 일의 총량을 말한다. 따라서 전력(P)을 t초 동안에 사용하였을 때 전력량 W는 P×t로 표시된다. I(A)의 전류가 R(Ω)의 저항 속을 t초 동안 흐를 경우에는 W= I²Rt로 표시한다. 그리고 전력량의 측정단위로는 WS 또는 kW/h이다.

퓨즈(fuse)

퓨즈는 단락(short)으로 인하여 전선이 타거나 과대전류가 부하로 흐르지 않도록 하는 안전장치이며, 퓨즈의 접촉이 불량하면 전류의 흐름이 저하되고 끊어진다. 퓨즈는 회로에 직렬로 연결되며, 재료는 납+주석+창연+카드뮴의 합금이다.

CHAPTER 02 반도체

게르마늄(Ge)이나 실리콘(Si) 등은 도체와 절연체의 중간인 고유저항을 지니고 있으므로 반도체라 부르며 반도체는 온도에 의한 저항 값의 변화가 금속과는 반대이다. 게르마늄이나 실리콘의 결정은 상온에서도 몇 개의 자유전자가 있으며 이것에 열이나 빛 등의 에너지를 가하면 원자의 구속을 이기고 튀어나오는 전자 수가 증가한다. 따라서 온도가 상승하면 고유저항이 감소하는 반도체의 성질을 나타낸다. 반도체에는 진성 반도체와 불순물 반도체가 있다.

◎ 표 3-1 각 물질의 고유저항

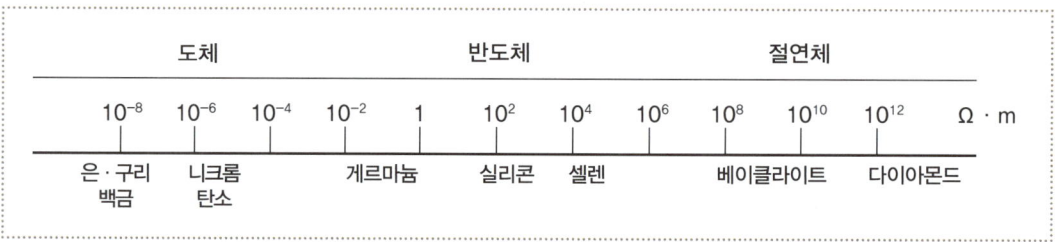

01 진성 반도체(intrinsic semiconductor)

진성 반도체란 불순물을 첨가하지 않은 순수한 반도체로(실리콘 결정의 순도는 99.9999999999%) 도체의 결정에 불순물이 없거나, 있더라도 매우 적고 게르마늄이나 실리콘은 결정이 같은 수의 전자와 홀(hole, 정공(+)전기가 남아 있는 빈자리)이 있는 반도체이며 절연체에 가까워 원자핵에 결합되어 있는 전자가 움직일 수 없기 때문에 외부에 전압을 걸어도 전류는 흐르지 않는다.

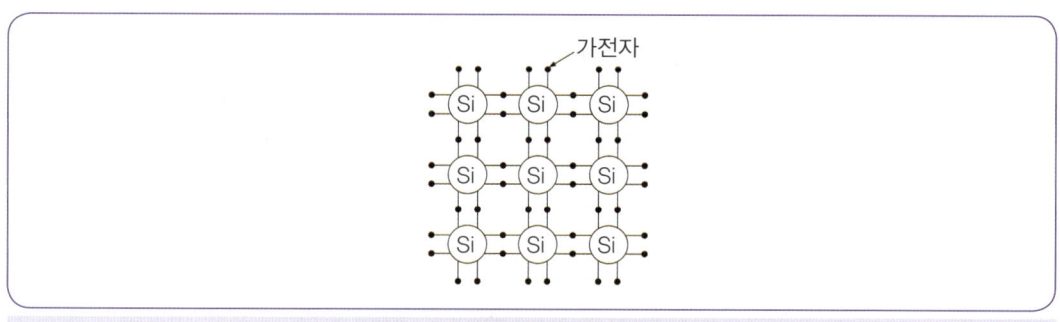

◎ 그림 3-8 진성반도체 실리콘의 공유결합

02 불순물 반도체(impurity semiconductor)

진성 반도체에 미량의 불순물을 혼입하여 만든 반도체로 전압이나 온도에 대하여 민감한 반도체 성질을 얻는 것을 불순물 반도체라고 한다. 이 불순물 반도체에는 P형과 N형이 있다.

1 P(positive)형 반도체

자유전자보다 정공을 증가시킨 반도체이다. 진성반도체에 정공을 증가시키기 위해 불순물인 3가 원소(알루미늄(Al), 붕소(B), 갈륨(Ga), 인듐(In))를 첨가한다. 규소의 가전자는 4개이고 갈륨은 3개이므로 공유결합하기 위해서는 가전자 1개가 부족하다. 이때 전자가 부족한 곳이 정공이 되고, 전체의 캐리어(carrier)는 자유전자보다 정(positive)의 전기를 갖는 정공 쪽이 많아지게 되고 positive의 머리문자를 따서 P형 반도체라 한다.

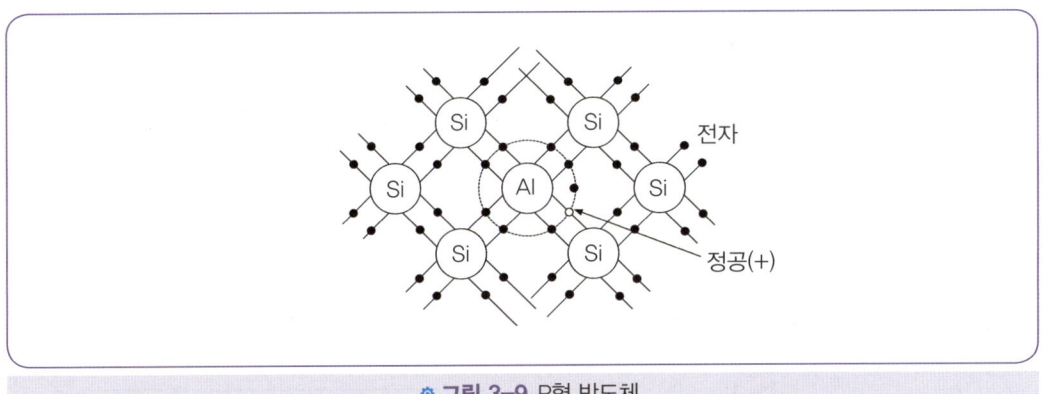

※ 그림 3-9 P형 반도체

2 N(negative)형 반도체

실리콘에 5가의 원소인 비소(As), 안티몬(Sb), 인(P) 등의 원소를 조금 섞으면 5가의 원자가 실리콘 원자 1개를 밀어내고 그 자리에 들어가 실리콘 원자와 공유결합을 한다. 이때 5가의 원자에서는 전자 1개가 남게 되며 이 경우 전기의 캐리어(carrier : 운반자)가 전자이므로 (-)라는 의미에서 N형 반도체라 한다. 전자를 만들어 주는 불순물 원자를 도너라 부른다.

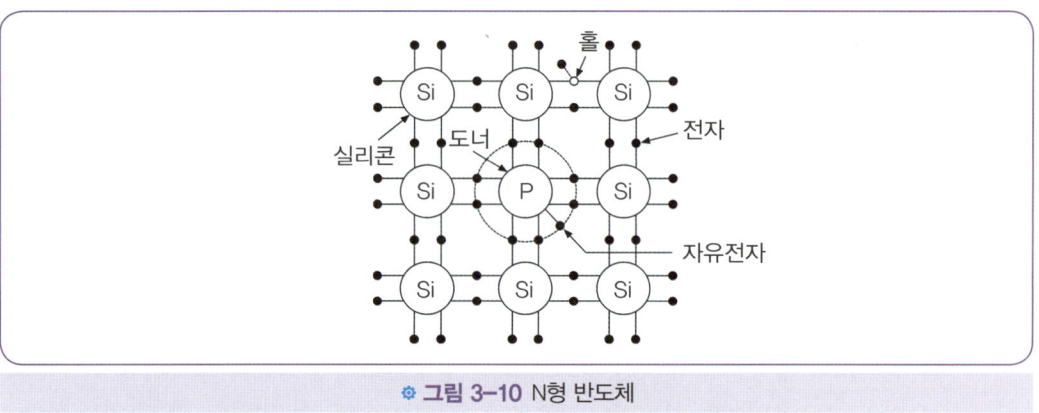

그림 3-10 N형 반도체

03 다이오드(diode)

한쪽 방향으로만 전류가 흐르기 쉬운 성질을 이용한 정류용이나 검파용의 것을 말하며, 다이오드는 P형 반도체와 N형 반도체를 마주 대고 접합한 것이며, P형 부분에는 애노드(A), N형 부분에는 캐소드(K)의 전극이 양 끝에 설치되어 있고, P형 부분과 N형 부분이 접하고 있는 면을 접합면이라 한다. 접합면 부근은 캐리어가 결핍한 층이 발생되는데 이것을 공핍층이라 한다.

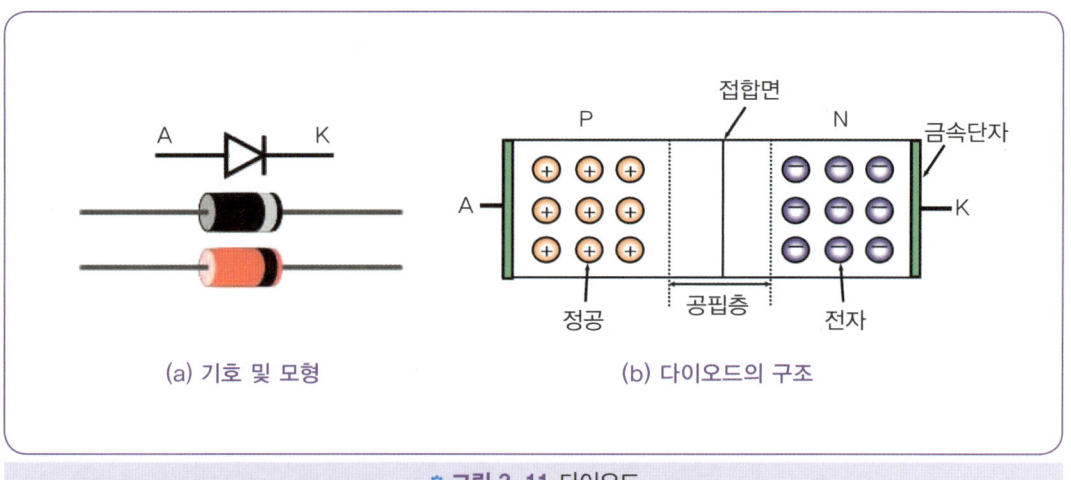

그림 3-11 다이오드

1 다이오드의 정류작용

PN접합에 순방향 전압을 가한 경우

전원을 P형에는 (+)을, N형에는 (-)을 접속하면 P형의 홀은 (+)극에 반발하여 N형으로 유입되고, N형의 전자는 (-)극에 반발하여 P형 속으로 유입된다. 이에 따라 다이오드에는 전류가 흐르며 이러한 상태를 순방향 흐름이라 한다.

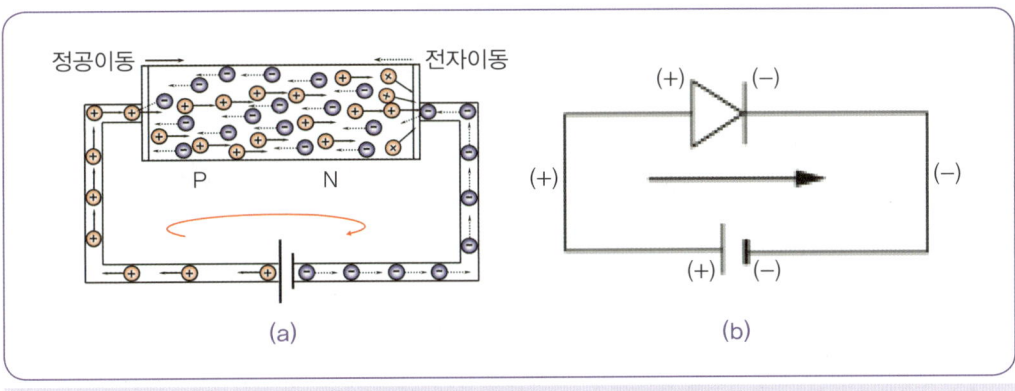

◎ 그림 3-12 순방향(전류가 흐를 때)흐름

PN접합에 역방향 전압을 가한 경우

P형 부분에 음(-)전압, N형 부분에 양(+)전압을 가하면 P형 부분의 정공은 음극에, N형 부분의 전자는 양극에 끌려가며, 전위 장벽은 높아지고 더욱 공핍층의 폭도 넓어진다. 따라서 캐리어의 이동이 되지 않으므로 전류는 흐르지 않는다.

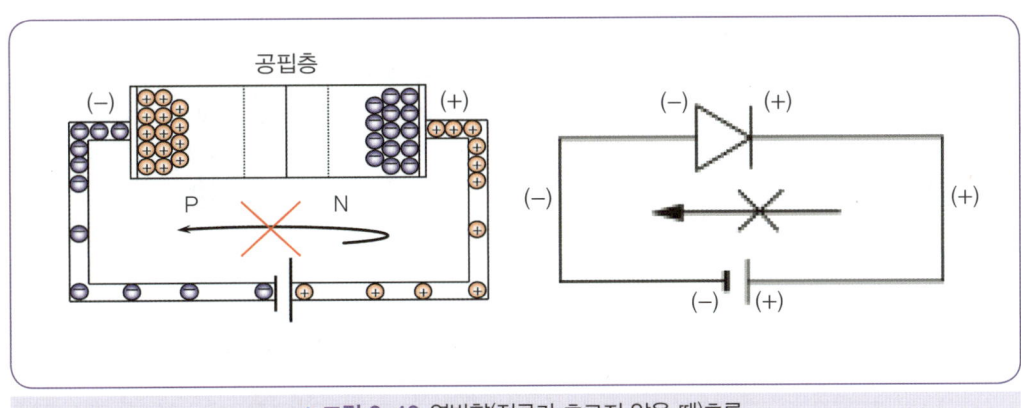

◎ 그림 3-13 역방향(전류가 흐르지 않을 때)흐름

2 제너 다이오드(zanier diode)

제너 다이오드는 실리콘 다이오드의 일종이며, 어떤 전압 하에서도 역방향으로 전류가 통할 수 있도록 제작한 것이다. 즉, 역방향으로 가해지는 전압이 어떤 값에 도달하면 순방향 흐름과 같이 급격히 전류를 흐르게 한다. 이때의 전압을 제너전압(브레이크 다운 전압 : brake down voltage)이라 부른다. 또 역방향 전압이 점차 감소하여 제너 전압 이하가 되면 역방향 전류가 흐르지 못한다. 이 제너전압은 온도 및 사용에 의한 변화가 적으며, 자동차용 교류발전기의 전압조정기 전압 검출이나 일정 전압회로 등에서 사용하고 있다.

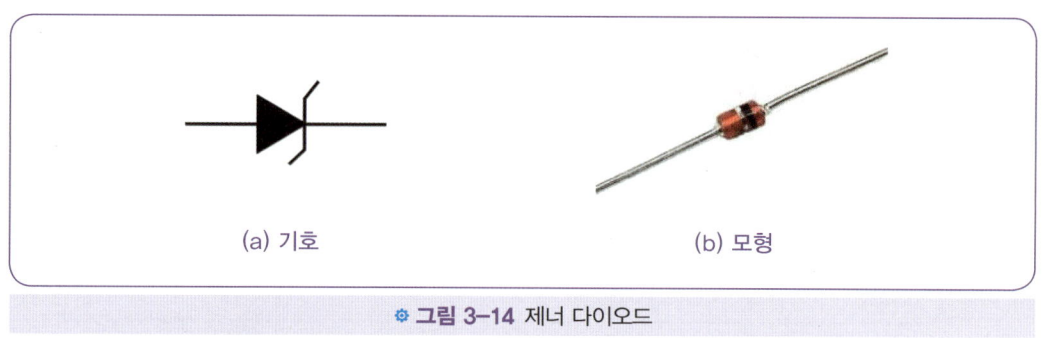

✿ 그림 3-14 제너 다이오드

3 발광 다이오드(LED : light emission diode)

발광 다이오드는 순방향으로 전류를 흐르게 하면 빛이 발생되는 것이며, 가시광선으로부터 적외선까지 다양한 빛을 발생한다. 빛을 발생할 때에는 순방향 흐름으로 10mA 정도의 전류가 필요하며, PN형 접합면에 순방향 전압을 가하여 전류를 흐르게 하면 캐리어(carrier)가 지니고 있는 에너지 일부가 빛으로 변화하여 외부로 방사된다.

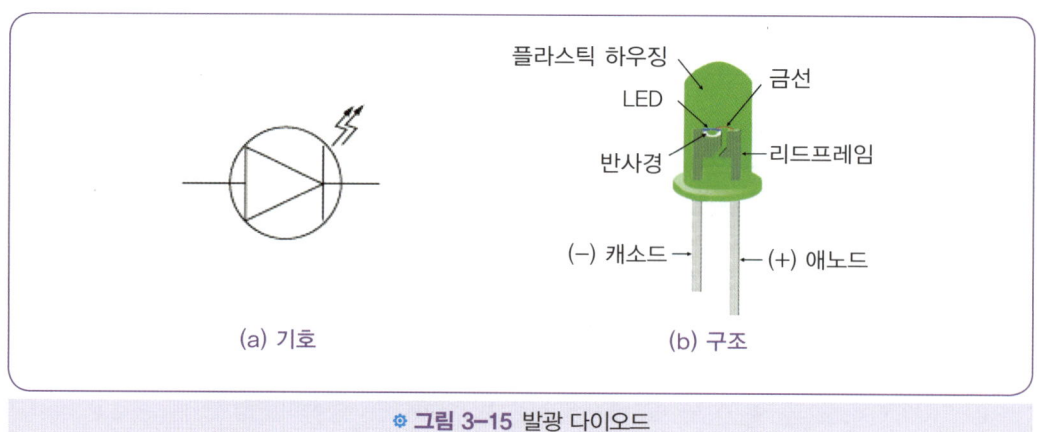

✿ 그림 3-15 발광 다이오드

용도는 각종 파일럿램프, 배전기의 크랭크 각 센서와 상사점(TDC)센서, 차고센서, 조향핸들 각속도 센서 등에서 사용한다.

4 포토다이오드(photo diode)

포토다이오드에 역방향 전압을 가하고, PN접합부에 빛을 비추면 접합부에 있는 전자는 빛 에너지에 의해 가속 공유결합으로부터 이탈하여 자유전자가 되고 그 자리에 같은 수의 정공이 발생한다. 빛의 양에 의해 자유전자, 정공이 활성화된다. 용도는 배전기 내의 크랭크 각 센서와 상사점(TDC) 센서에서 사용한다.

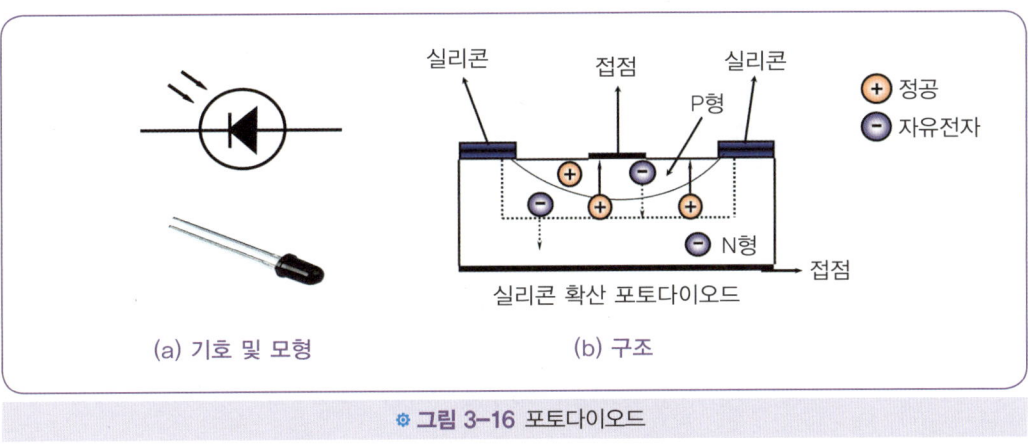

● 그림 3-16 포토다이오드

04 트랜지스터(transistor)

트랜지스터는 PN형 다이오드의 N형 쪽에 P형을 덧붙인 PNP형과, P형 쪽에 N형을 덧붙인 NPN형이 있으며, 3개의 단자부분에는 인출선이 붙어 있다.

● 그림 3-17 트랜지스터의 모형

중앙부분을 베이스(B, base: 제어부분), 양쪽의 P형 또는 N형을 각각 이미터(E: emitter) 및 컬렉터(C: collector)라고 한다. PNP형은 이미터에서 베이스로 전류가 흐르고, NPN형은 베이스에서 이미터로 전류가 흐른다.

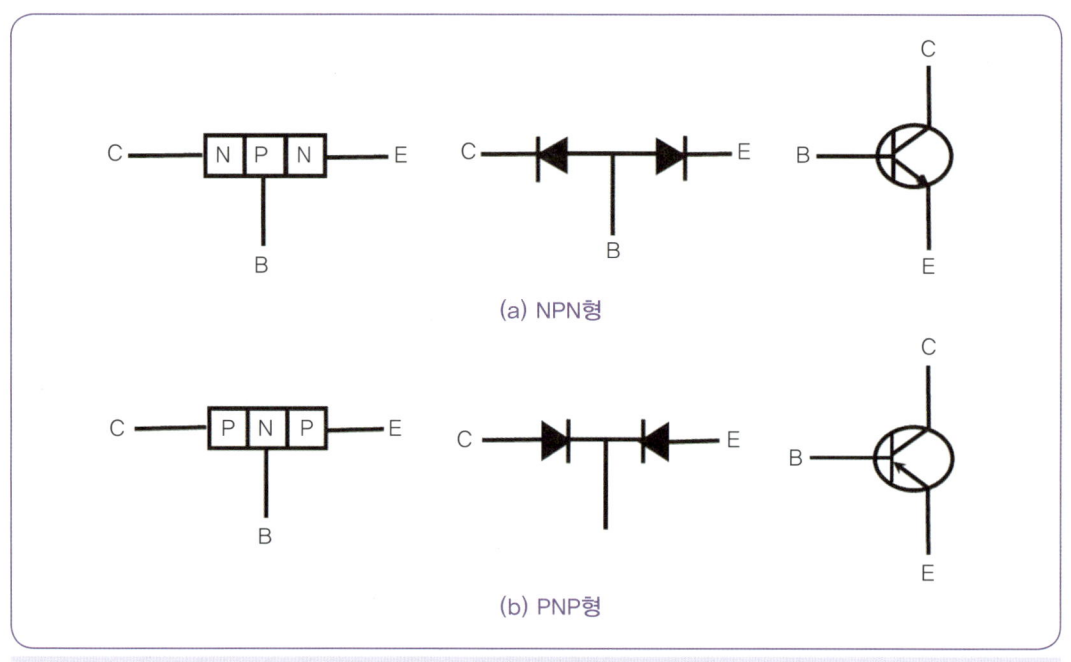

● 그림 3-18 트랜지스터의 구조 및 기호

1 트랜지스터에 전류가 흐를 때

베이스와 이미터사이에 순방향 전압 V_1을 가하고 있으므로 전위장벽은 낮아지며, 이미터의 N형의 부분은 불순물의 농도가 짙으므로 전자가 다수 발생하고 베이스의 P형 부분은 두께가 얇아 불순물 농도도 저하하고 있으므로 정공은 매우 적다. 이미터의 전자는 전위장벽을 지나 확산하면서 베이스로 향하고 1% 정도가 베이스의 정공과 결합하여 소멸한 베이스의 약간의 정공은 전지의 (+)극이 계속 보급되므로 이것이 약간의 베이스 전류 I_B가 된다.

베이스의 정공과 결합되지 않은 이미터로부터의 99% 정도의 전자는 컬렉터 쪽의 전압 V_2에 의해 컬렉터 쪽으로 이동한다. 이것이 컬렉터 전류 I_C가 된다. 이미터의 전자는 전지의 (−)극에서 계속 보급되므로 이것이 이미터 전류 I_E가 되며, 이미터 전류 I_E의 대부분은 컬렉터 전류 I_C가 되고 베이스 전류 I_B로 되는 것은 매우 적다.

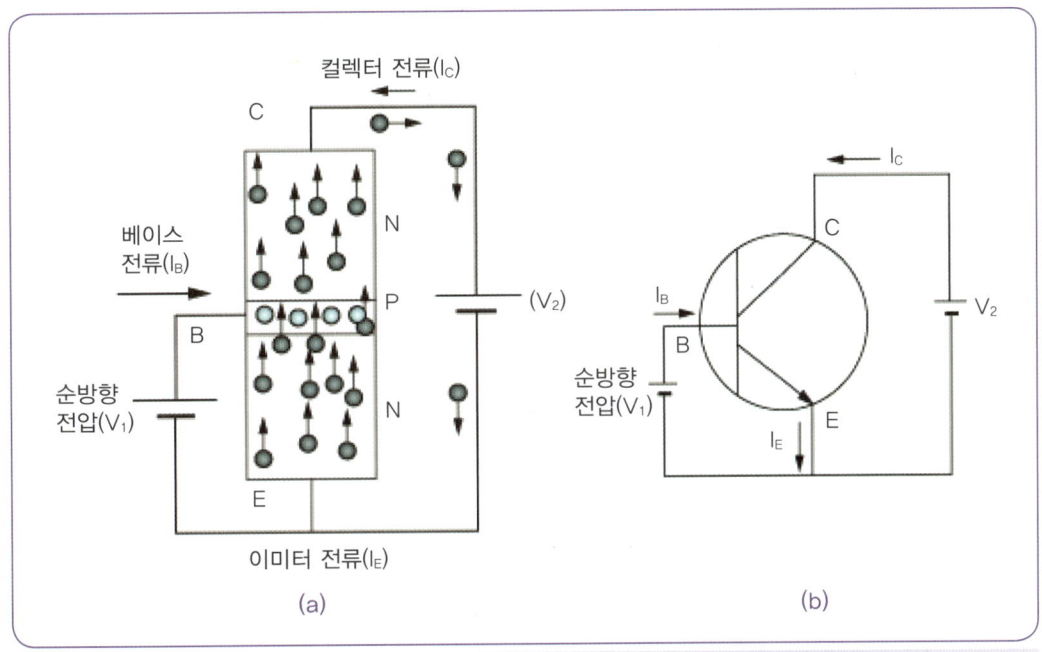

※ 그림 3-19 베이스전류가 흐를 때(트랜지스터에 전압을 가하는 방법)

2 트랜지스터에 전류가 흐르지 않을 때

베이스와 이미터사이에는 전압이 가해지지 않으므로 베이스 전류가 흐르지 않을 때이며, 컬렉터와 베이스에만 역방향 전압이 가해져 있는 경우 컬렉터와 베이스의 접합면 부근은 장벽이 높아 컬렉터 베이스사이에 전류는 흐르지 않는다.

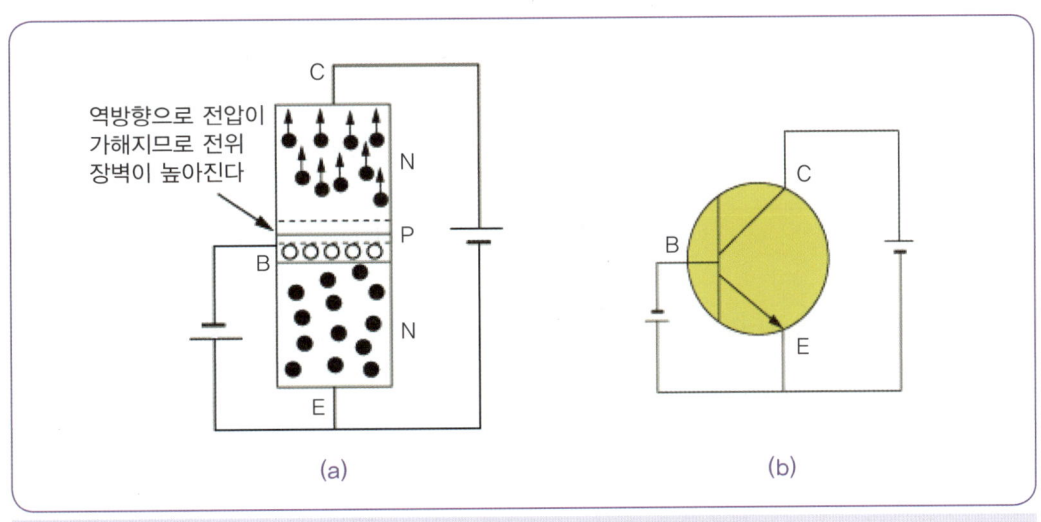

※ 그림 3-20 베이스 전류가 흐르지 않을 때

3 트랜지스터의 작용

트랜지스터의 대표적인 작용으로는 스위칭작용, 증폭작용 및 발진작용 등이 있다.

스위칭작용

트랜지스터의 컬렉터전류 I_C와 이미터전류 I_E사이를 도통상태로 하려면 베이스전류 I_B를 흐르게 하면 된다. 반대로 베이스전류 I_B를 단속하면 컬렉터전류 I_C와 이미터전류 I_E를 단속할 수 있다. 이것을 트랜지스터의 스위칭 작용이라 하며 릴레이와 같이 작은 전류로 큰 전류를 제어하며 릴레이는 1초에 100~200회 정도 스위치 작동을 할 수 있지만 트랜지스터는 1초에 1,000회 정도 스위칭 작용을 할 수 있고 릴레이와 같이 접점의 마모나 채터링이 없어 동작이 안정된다.

증폭작용

트랜지스터는 베이스전류 I_B를 약간 변화시키는 것으로 컬렉터전류 I_C를 크게 바꿀 수 있으며, 베이스전류 I_B와 컬렉터전류 I_C의 합은 이미터전류 I_E가 되고, 컬렉터전류 I_C와 베이스전류 I_B의 비율을 직류증폭률이라 하며, h_{FE}로 나타낸다. $I_E = I_B + I_C$, $h_{FE} = \dfrac{I_C}{I_B}$로 h_{FE}의 값은 일반적으로 10~10,000이다.

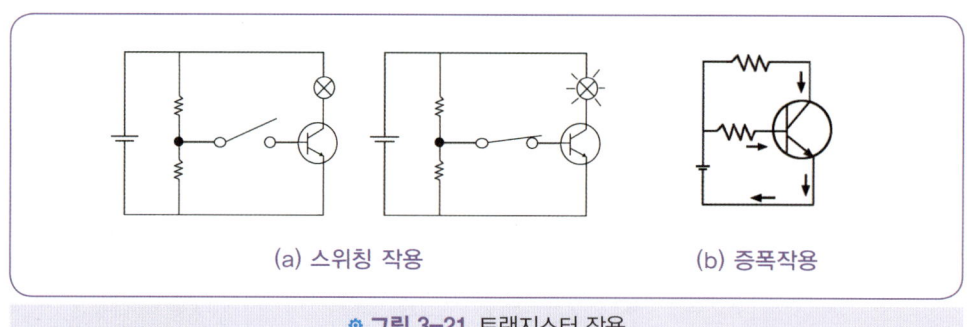

(a) 스위칭 작용   (b) 증폭작용

※ 그림 3-21 트랜지스터 작용

4 포토트랜지스터(photo transistor)

이것은 PN접합부에 빛을 쪼이면 빛 에너지에 의해 발생한 전자와 홀이 외부로 흐른다. 입사광선에 의해 전자와 홀이 발생하면 역전류가 증가하고, 입사광선에 대응하는 출력전류가 얻어지는데 이를 광전류라 한다. 빛이 베이스 전류 대용으로 사용되므로 전극이 없고 빛을 받아서 컬렉터 전류를 제어한다.

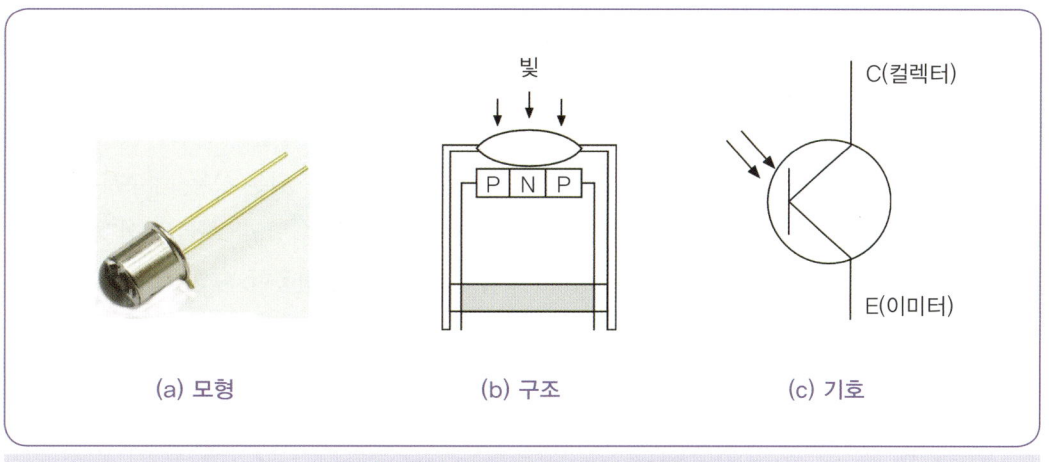

※ 그림 3-22 포토트랜지스터의 구조 및 기호

05 사이리스터(thyrister)

이것은 SCR(silicon control rectifier)이라고도 하며 PNPN 또는 NPNP 접합으로 되어 있으며 스위칭 작용을 한다. 사이리스터는 일반적으로 단방향 3단자를 사용한다. (+)쪽을 애노드(anode), (−)쪽을 캐소드(cathode), 제어단자를 게이트(gate)라 부른다. 애노드에서 캐소드로의 전류가 순방향 흐름이며, 캐소드에서 애노드로 전류가 흐르는 방향을 역 방향 흐름이라 한다.

순방향 흐름은 전류가 흐르지 못하는 상태이며, 이 상태에서 게이트에 (+)를, 캐소드에는 (−)를 연결하면 애노드와 캐소드가 순간적으로 통전되어 스위치와 같은 작용을 하며, 이후에는 게이트 전류를 제거하여도 계속 통전상태가 되며 애노드의 전압을 차단하여야만 전류 흐름이 해제된다.

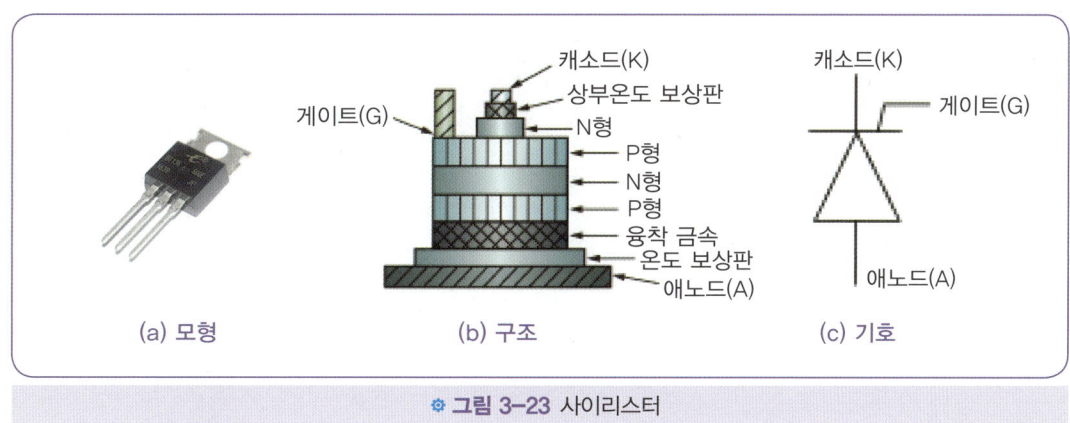

※ 그림 3-23 사이리스터

06 IC(집적회로 : integrated circuit)

IC는 한 개의 기판에 여러 개의 트랜지스터와 저항 등의 회로소자를 결합하여 고체화시킨 전기회로이다. IC는 반도체의 급속한 발달에 따라 초소형, 신뢰성능, 내 진동 성능, 내구성능, 경제성 등이 우수하고 대량 생산에 알맞으나 큰 저항이나 축전기를 얻기가 어렵고, 회로의 선택 설계의 자유가 어렵다. IC에는 반도체 IC, 다이어프램 IC 그리고 이 2가지를 병용한 혼성 IC 등이 있다.

07 컴퓨터의 논리회로

1 OR회로(논리합회로)

입력 A, B 중 최소한 어느 한쪽의 입력이 1이면, 출력이 1이 되는 회로이다.

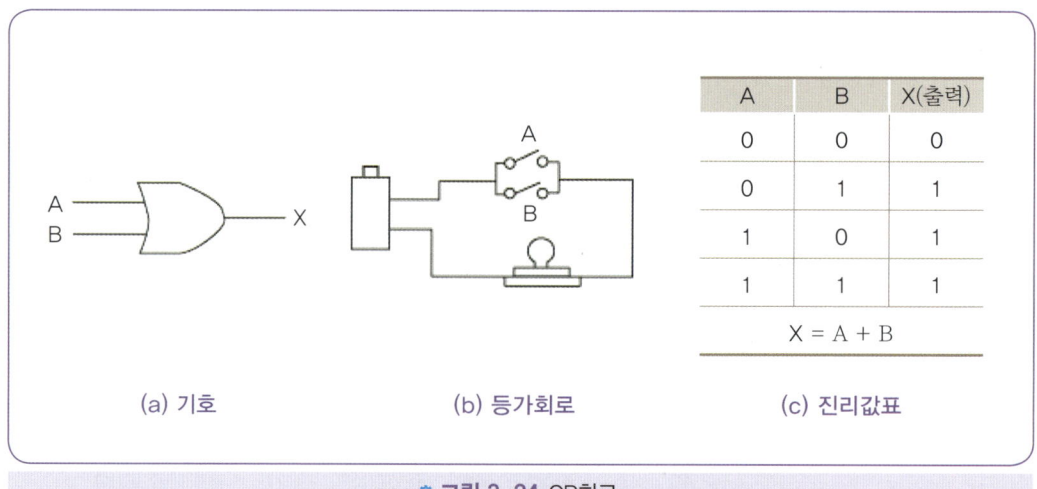

※ 그림 3-24 OR회로

2 AND회로(논리적 회로)

여러 개의 입력정보가 있을 경우 모든 입력이 1일 때에만 출력에 1을 출력하고 그 이외는 0을 출력하는 회로이다.

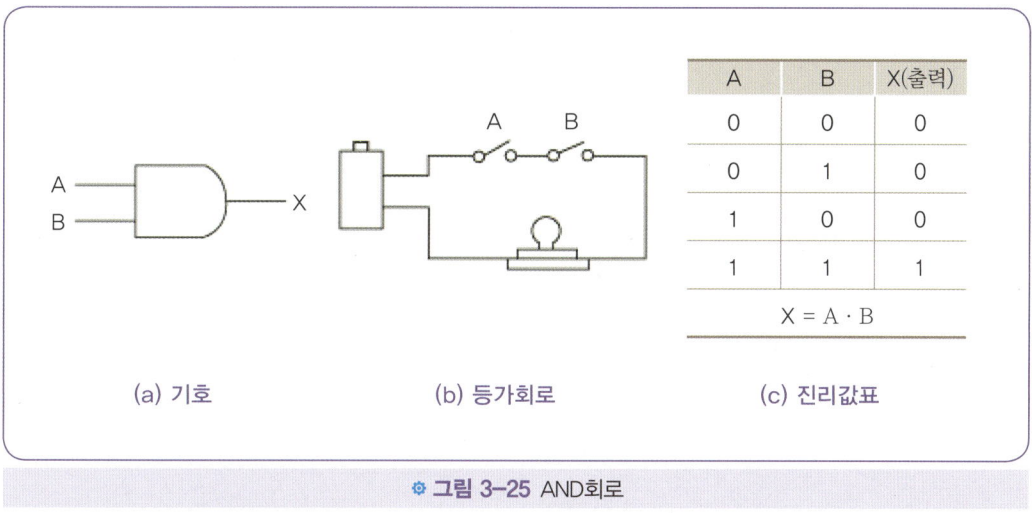

※ 그림 3-25 AND회로

3 NOT회로(부정회로)

입·출력신호가 서로 정반대일 경우 즉, 입력이 1일 때 출력은 0, 입력이 0일 때 출력은 1이 되는 회로이다.

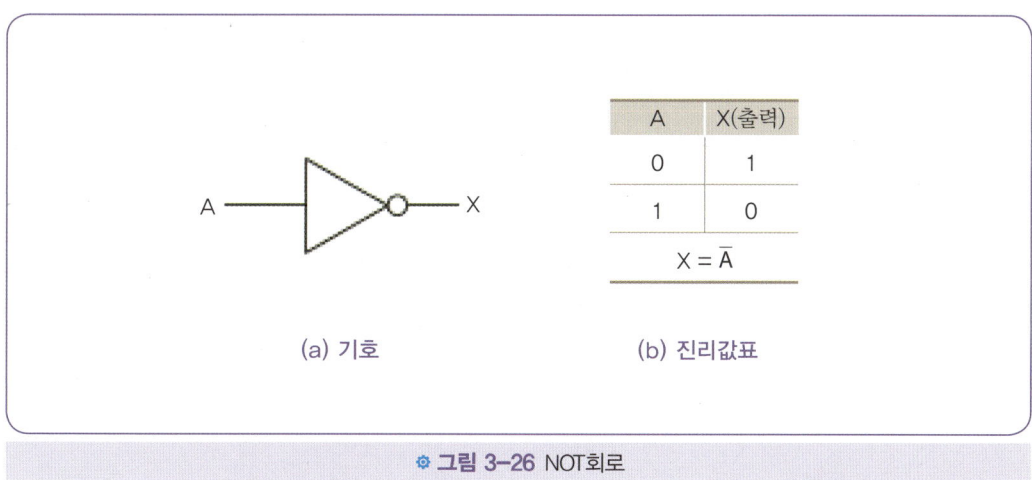

※ 그림 3-26 NOT회로

4 NOR회로(부정 논리합회로)

모든 입력단자(端子)에 "0"이 입력되었을 때에만 출력단자에 "1"을 출력하는 회로이다.

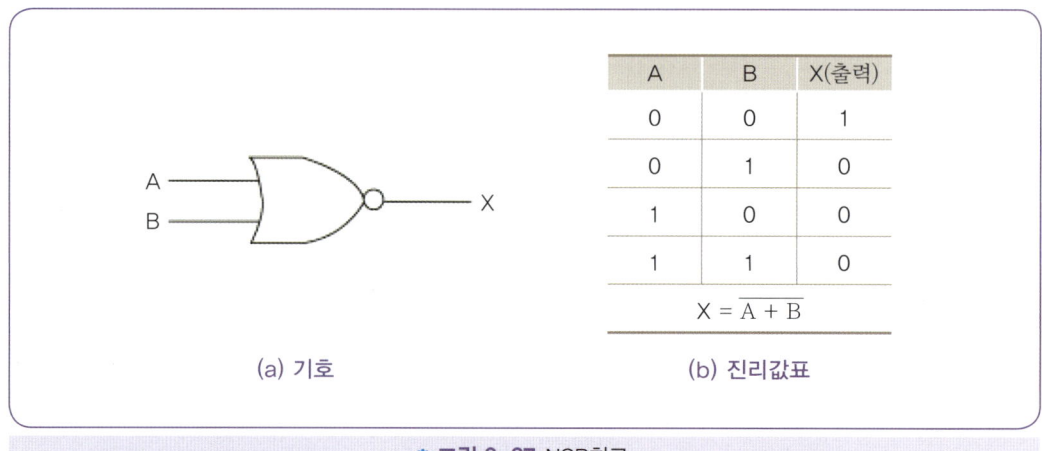

※ 그림 3-27 NOR회로

5 NAND회로(부정 논리적 회로)

2개 이상의 입력단자와 1개의 출력단자가 있어 적어도 1개의 입력단자에 입력 "1"이 가해졌을 때 출력단자에 "1"이 나타나고 또한 어느 쪽의 입력단자도 "0"일 때에는 출력단자에 "1"이, 역으로 어느 쪽의 입력단자도 "1"일 때에는 출력단자에 "0"이 나타나도록 한 회로이다.

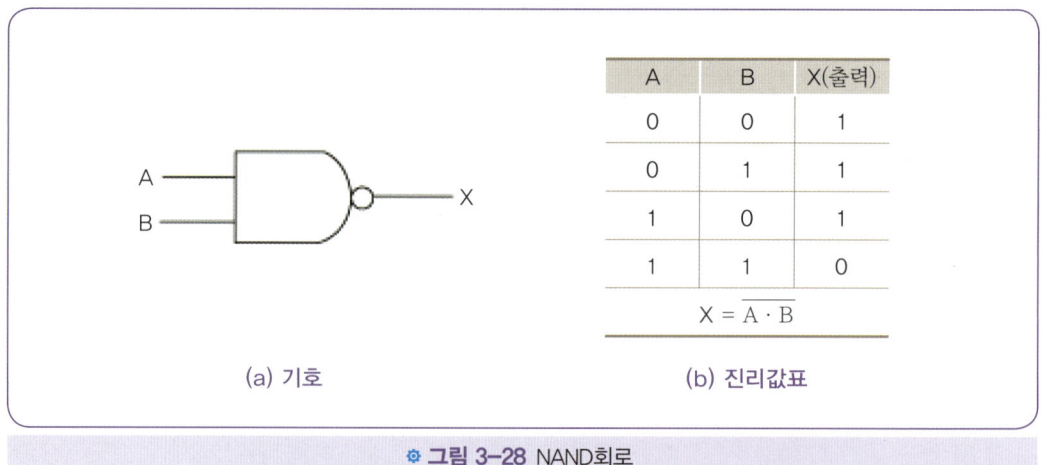

※ 그림 3-28 NAND회로

08 반도체의 성질과 장·단점

1 반도체의 성질

① 다른 금속이나 반도체와 접속하면 정류작용(다이오드), 증폭작용 및 스위칭 작용(트랜지스터)을 한다.
② 빛을 받으면 고유저항이 감소한다(포토다이오드 및 포토트랜지스터).
③ 열을 받으면(온도가 상승하면) 전기저항 값이 변화하는 지백(zee back)효과를 나타낸다(서미스터).
④ 압력을 받으면 전기가 발생하는 피에조(piezo)효과를 나타낸다(압전소자).
⑤ 자기(磁氣)를 받으면 통전성이 변화하는 홀(hall)효과를 나타낸다.
⑥ 전류가 흐르면 열을 흡수하는 펠티어(peltier)효과를 나타낸다.

2 반도체의 장점 및 단점

반도체의 장점

① 매우 소형이고, 가볍다.
② 내부 전력 손실이 매우 적다.
③ 예열시간을 필요로 하지 않고 곧 작동한다.
④ 기계적으로 강하고, 수명이 길다.

반도체의 단점

① 온도가 상승하면 그 특성이 매우 나빠진다(게르마늄은 85℃, 실리콘은 150℃ 이상 되면 파손되기 쉽다).
② 역내압이 매우 낮다.
③ 정격 값 이상되면 파괴되기 쉽다.

전기 기초이론 및 반도체

01. 자동차 전기장치에 사용되는 퓨즈에 대한 설명으로 틀린 것은?

① 전기회로에 병렬로 설치된다.
② 단락 및 누전에 의해 과대 전류가 흐르면 차단되어 전류의 흐름을 방지한다.
③ 재질은 납과 주석의 합금 등으로 구성된다.
④ 회로에 합선이 되면 퓨즈가 단선되어 전류의 흐름을 차단한다.

풀이 퓨즈는 전기회로에 직렬로 설치되어 있다.

02. 전자가 물질 속을 이동할 때 전자의 이동을 방해하는 것을 무엇이라 하는가?

① 전력　　② 전압
③ 저항　　④ 전류

풀이 물체에 전류가 흐를 때 이 전류의 흐름을 방해하는 요소를 저항이라고 한다.

03. 다음은 전류의 3대 작용에 적합하지 않은 것은 어느 것인가?

① 코일에 전류가 흐르면 자계가 형성되는 자기작용을 한다.
② 크랭크 각 센서에 사용하는 홀센서의 홀효과 작용을 한다.
③ 전구와 같이 열에너지로 인한 발열 작용을 한다.
④ 축전지의 전해액과 같이 화학작용으로 기전력이 발생한다.

풀이 발열작용, 화학작용, 자기작용을 전류의 3대 작용이라 한다.

04. 외부로부터 빛을 받으면 전류를 흐를 수 있게 하는 센서로서 크랭크 각 센서 등에 사용되는 센서는 어느 것인가?

① 발광 다이오드
② 포토 다이오드
③ 제너 다이오드
④ 실리콘 다이오드

풀이 포토 다이오드는 빛에너지를 전기에너지로 변환하는 광센서의 한 종류이다.

05. 반도체의 특징이 아닌 것은 어느 것인가?

① 극히 소형이고 경량이다.
② 응답성이 빠르고 수명이 길다.
③ 진동에 강하다.
④ 내부 전력손실이 크다.

풀이 반도체는 상온에서 전기가 잘 통하는 금속과 통하지 않는 절연체와의 중간 정도의 전기 저항을 가지는 물질이다.

정답　01. ①　02. ③　03. ②　04. ②　05. ④

06. 온도 변화에 대하여 저항값이 크게 변화되는 반도체의 성질을 이용하는 소자는 어느 것인가?

① 다이오드
② 발광 다이오드
③ 제너 다이오드
④ 서미스터

> 풀이: 여러 가지 금속 산화물을 녹여 만든 반도체의 일반적인 금속과는 달리 온도가 올라갈수록 저항이 감소하는 전기적 성질을 나타내며 열적 신호를 전기적 신호로 바꾸어 주는 여러 가지 센서의 역할을 한다. 온도 측정 장치·자동 온도 조절 장치 등에 이용된다.

07. NPN 트랜지스터에 대한 설명으로 맞는 것은?

① 베이스에서 이미터로 순방향 전류가 흐른다.
② 이미터에서 베이스로 순방향 전류가 흐른다.
③ 베이스 전압보다 컬렉터 전압을 낮게 한다.
④ 베이스는 S극이다.

> 풀이: NPN형 트랜지스터의 컬렉터와 이미터 사이에는 보통 전류(電流)가 흐지 않는다. 그렇지만 베이스와 이미터 사이에 조금이라도 전류(베이스 전류)가 흐르면 순간적으로 컬렉터와 이미터 사이에 큰 전류가 흐르는 성질이 있다.

08. 힘을 받으면 기전력이 발생하는 반도체의 성질은?

① 펠티어 효과   ② 피에조 현상
③ 제백 효과   ④ 홀 효과

> 풀이: 물체에 압력을 주면 전기가 발생하는 물리적 현상이기 때문에 압전효과라고도 한다.

09. 다음 센서 중 서미스터에 해당되는 것으로 나열된 것은 어느 것인가?

① 냉각수 온 센서, 산소 센서
② 산소 센서, 스로틀 포지션 센서
③ 냉각수 온 센서, 흡기 온도센서
④ 스로틀 포지션 센서, 크랭크 앵글센서

> 풀이: 저항기의 일종으로, 온도에 따라 변화하는 전기 저항을 이용한 장치로 주로 회로의 전류가 일정 이상으로 오르는 것을 방지하거나, 회로의 온도를 감지하는 센서로서 많이 이용된다.

10. 발광 다이오드에 대한 설명으로 틀린 것은 어느 것인가?

① 순방향으로 전류가 흐를 때 빛이 발생된다.
② 가시광선, 적외선 및 레이저까지 여러 파장의 빛이 발생된다.
③ 빛을 받으면 전압이 발생되며, 스위칭 회로에 사용된다.
④ LED라 하며, 10mA 정도에서 발광이 가능하다.

> 풀이: 빛에 닿으면 전류가 흐르게 되고, 빛의 강도에 거의 비례한 출력 전압(出力電壓)을 발생하는 것을 포토 다이오드라고 한다.

11. 트랜지스터의 대표적인 기능으로 릴레이와 같은 작용은 어느 것인가?

① 스위칭 작용   ② 증폭 작용
③ 채터링 작용   ④ 자기 유도 작용

06. ④ 07. ① 08. ② 09. ③ 10. ③ 11. ①   정답

풀이   스위칭 작용이란 말 그대로 스위치처럼 전류가 흐른다, 안 흐른다 이 두 가지 상태로만 사용하기 때문에 기계식 스위치처럼 동작한다고 해서 스위칭 작용이라 한다.

12. 다음 중 한쪽 방향에 대해서는 전류를 흐르게 하고 반대 방향에 대해서는 전류의 흐름을 저지하는 것은 어느 것인가?

① 다이오드   ② 트랜지스터
③ 콘덴서   ④ 이미터

풀이   다이오드는 전류를 한쪽으로는 흐르게 하고 반대쪽으로는 흐르지 않게 하는 정류작용을 하는 전자 부품이다. 따라서 다이오드의 전기 저항은 한쪽 방향의 전류에 대해서는 매우 작지만, 반대쪽 방향에 대해서는 매우 크다.

13. 자계의 강도에 비례하는 전압을 발생하는 반도체의 성질을 무엇이라고 하는가?

① 압전 효과   ② 광전 효과
③ 홀 효과   ④ 펠티어 효과

풀이   홀 효과는 1879년 미국의 물리학자인 E.H.홀에 의해 발견된 자기장 속을 흐르는 전류에 관한 현상으로 금속이나 반도체 등의 고체를 자기장 속에 놓고, 자기장의 방향에 직각으로 고체에 전류를 흘리면, 두 방향 각각에 직각 방향으로 고체 속에 전기장이 나타나는 현상을 말한다.

14. 축전기(condenser)의 정전용량에 대한 설명으로 가장 옳지 않은 것은?

① 금속판 사이의 거리에 비례한다.
② 상대하는 금속판의 면적에 비례한다.
③ 금속판 사이 절연체의 절연도에 비례한다.
④ 가해지는 전압에 비례한다.

풀이   금속판 사이의 거리에 반비례한다.

15. 반도체에 관한 설명 중 옳지 않은 것은?

① PN 접합형 반도체를 다이오드라고 한다.
② 요구되지 않은 높은 전압이 인가되었을 때 차단되었던 전압을 통과시켜 소자를 보호하는 것을 제너다이오드라고 한다.
③ 트랜지스터는 이미터, 컬렉터, 베이스로 구성되어 있다.
④ 부특성 서미스터는 온도가 상승하면 저항이 증가하는 반도체 소자이다.

풀이   부특성 서미스터는 온도가 상승하면 저항이 감소한다.

CHAPTER 03 축전지

01 축전지의 개요

축전지는 전극의 작용물질과 전해액이 가지는 화학적 에너지를 전기적 에너지로 변환시키는 역할(방전, 放電)을 하며, 반대로 전기적 에너지를 공급하면 다시 화학적 에너지로 변환(충전, 充電)된다. 이와 같이 충전과 방전이 반복되는 전지를 2차 전지라고 한다. 1차 전지는 충전과 방전이 반복되지 않는다.

내연기관 자동차가 운행 중에는 충전장치가 자동차의 각종 전기장치의 부하에 전기를 공급하지만 시동시 또는 기관 정지시에는 충전장치가 작동되지 않기 때문에 축전지가 전원으로서 전기적 에너지를 공급하고 주행 중일 때에는 발전기의 출력과 부하와의 부조화를 조정하는 역할을 하는 2차 전지이다.

전기자동차는 자동차의 모든 전기장치의 부하의 전원으로 전기적 에너지를 공급하며, 전기자동차용 배터리는 각형 또는 원형 배터리 셀(cell)이 만들어지고 셀 여러 개를 모아 모듈(module)을 이루고, 모듈은 다시 여러 개를 모아 하나의 팩(pack)을 만들어 팩 상태로 전기자동차에 배터리가 들어가게 된다.

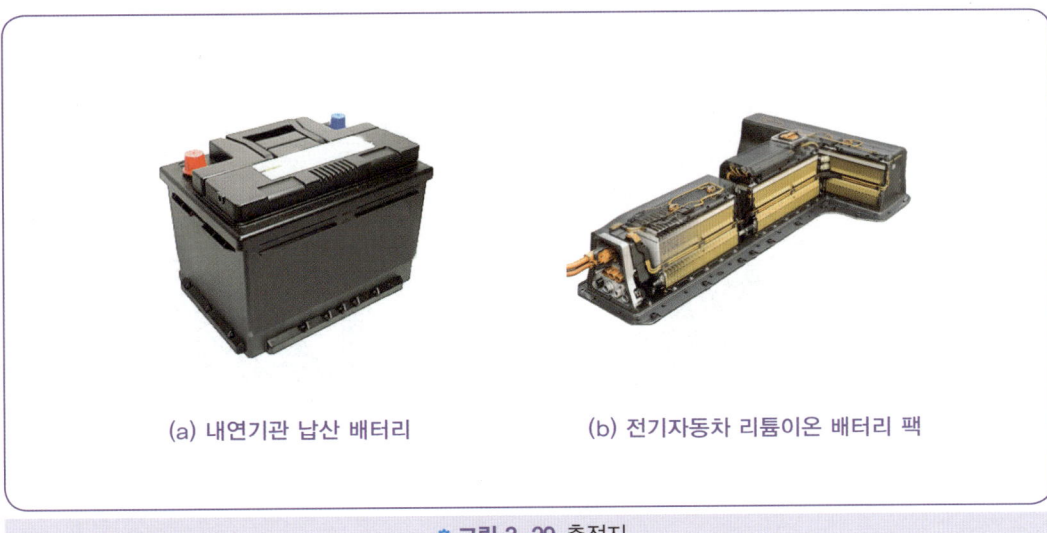

(a) 내연기관 납산 배터리 (b) 전기자동차 리튬이온 배터리 팩

그림 3-29 축전지

1 내연기관 축전지의 구비조건

① 소형·경량이고 수명이 길어야 한다.
② 심한 진동에 견딜 수 있어야 하며, 다루기가 쉬워야 한다.
③ 전기 부하의 증가에 따라 용량이 크고, 가격이 저렴하여야 한다.
④ 고온 내구성이 있어야 한다.

2 내연기관 축전지의 기능

① 시동장치의 전기적 부하를 부담한다.
② 발전기가 고장날 때 주행을 확보하기 위한 전원으로 작동한다.
③ 주행상태에 따른 발전기의 출력과 부하와의 불균형을 조정한다.

02 납산축전지의 구조와 작용

1 납산축전지의 구조

12V 축전지의 경우에는 케이스 속에 6개의 셀(cell)이 있고, 이 셀 속에 양극판, 음극판 및 전해액이 들어 있으며 이들이 화학적 반응을 하여 셀 마다 약 2.1V의 기전력을 발생시킨다. 그리고 양극판이 음극판보다 더 활성적이므로 양극판과의 화학적 평형을 고려하여 음극판을 1장 더 둔다.

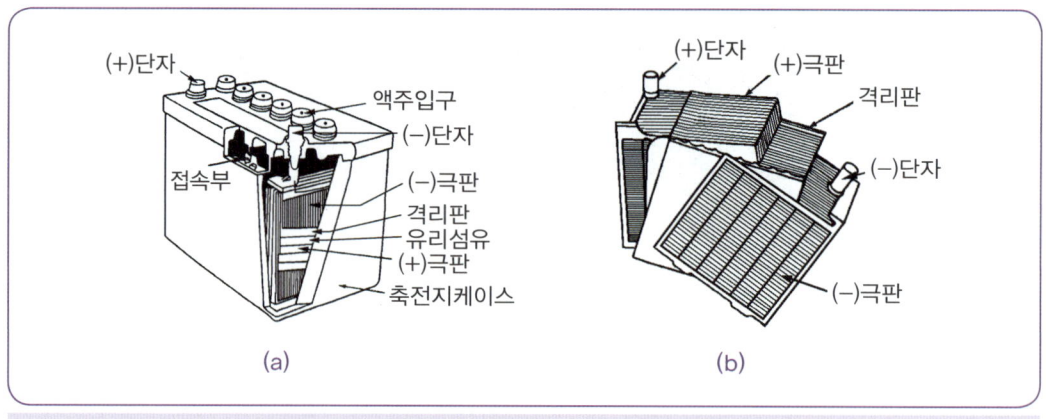

❖ 그림 3-30 납산축전지의 구조

납산축전지의 극판

극판에는 양극판과 음극판이 있으며 격자(格子 : grid)에 납 분말이나 산화납을 묽은 황산으로 반죽하여 충전하고 건조 및 화학적 조성 등의 공정을 거쳐 양극판은 과산화납으로 음극판은 해면상납으로 한 것이다.

격자는 과산화납이나 해면상납의 탈락을 방지하고 외부와 작용물질과의 전기전도 작용을 하며, 재질은 납과 안티몬의 합금을 사용하였으나 MF축전지에서는 납과 칼슘 합금을 사용한다. 과산화납은 암갈색이며, 다공성으로 전해액의 확산 침투가 쉽다.

납산축전지의 격리판

격리판은 양극판과 음극판사이에 끼워져 양쪽 극판의 단락을 방지하는 일을 하며, 양쪽 극판이 단락되면 축전지 내에 저장되어 있던 전기적 에너지가 소멸된다. 격리판은 플라스틱(합성수지)을 주로 사용한다.

(1) 격리판의 구비조건

① 비 전도성 일 것
② 구멍이 많아서 전해액의 확산이 잘 될 것
③ 기계적 강도가 있고, 전해액에 부식되지 않을 것
④ 극판에 좋지 못한 물질을 내 뿜지 않을 것

납산축전지의 극판군

극판군은 몇 장의 극판을 조립하여 접속 편에 용접하여 1개의 단자(terminal post)와 일체가 되도록 한 것이다. 이와 같이 하여 만든 극판 군을 1셀(cell)이라 하며, 완전 충전되었을 때 약 2.1V의 기전력을 발생한다. 따라서 12V 축전지의 경우에는 6개의 셀이 직렬로 연결되어 있다. 그리고 극판의 장수를 늘리면 축전지 용량이 증가하여 이용전류가 많아진다.

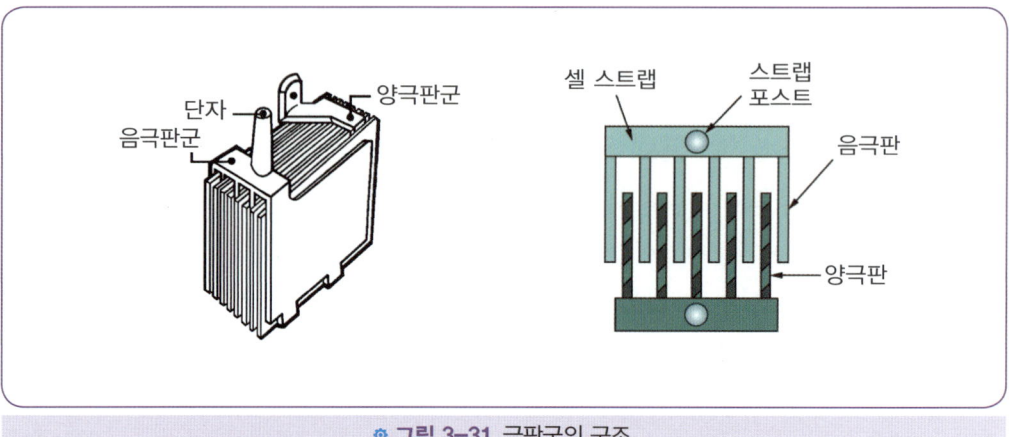

● 그림 3-31 극판군의 구조

납산축전지의 케이스(case)

케이스는 플라스틱으로 제작하며, 12V 축전지의 것은 6칸으로 나누어져 있다. 각 셀의 밑 부분에는 극판의 작용물질의 탈락이나 침전물 축적에 의한 단락을 방지하기 위한 엘리먼트 레스트(element rest)가 마련되어 있다. 축전지의 커버와 케이스의 청소는 탄산소다(탄산나트륨)와 물 또는 암모니아수로 한다.

축전지 커버(cover)

커버는 플라스틱으로 제작하며, 커버와 케이스는 접착제로 접착하여 기밀을 유지한다. 또 커버의 가운데에는 전해액이나 증류수를 주입하기 위한 벤트플러그(vent plug)가 있으며 이 플러그의 중앙이나 옆에는 작은 구멍이 있어 축전지 내부에서 발생한 산소와 수소가스를 방출한다. 그러나 MF축전지에서는 벤트 플러그를 사용하지 않는다.

납산축전지의 단자(terminal post)

단자는 납합금이며, 외부회로와 확실하게 접속되도록 하기 위해 테이퍼(taper)되어 있다. 양극단자는 양극판이 과산화납이므로 쉽게 산화가 발생되어 부식되기 쉽다. 만약 부식되었을 경우에는 깨끗이 세척한 후 그리스(greese)를 얇게 발라 준다. 그리고 양극과 음극단자에는 문자, 색깔 및 크기 등으로 표시하여 잘못 접속되는 것을 방지하고 있다.

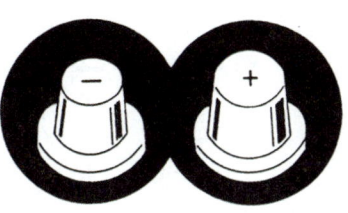

그림 3-32 단자와 접지단자

 납산축전지의 전해액(electrolyte)

전해액은 순도가 높은 묽은황산(H_2SO_4)을 사용한다. 전해액은 극판과 접촉하여 충전을 할 때에는 전류를 저장하고, 방전될 때에는 전류를 발생시켜 주며, 셀 내부에서 전류를 전도하는 작용도 한다. 전해액의 비중은 20℃에서 완전 충전되었을 때 1.280이며 이를 표준 비중이라 한다.

전해액이 표준 비중일 때 황산의 도전성이 가장 높다. 또 완전 방전되었을 경우에는 비중이 1.050 정도이다. 그리고 전해액은 온도가 상승하면 비중이 작아지고, 온도가 낮아지면 비중은 커진다. 전해액 비중은 온도 1℃ 변화에 대하여 0.0007이 변화한다.

$$S_{20} = St + 0.0007 \times (t-20)$$

S_{20} : 표준 온도 20℃로 환산한 비중
St : t℃에서 실제 측정한 비중
t : 측정할 때의 전해액 온도

(1) 전해액 비중과 충전상태

전해액의 비중은 방전량에 비례하여 저하된다. 그리고 축전지를 방전 상태로 오랫동안 방치해 두면 극판이 영구 황산납이 되거나 여러 가지 고장을 유발하여 축전지의 기능을 상실한다. 따라서 비중이 1.200(20℃) 정도 되면 보충충전을 실시하여야 하며, 한 번 사용하였던 축전지를 사용하지 않고 보관 중일 경우에는 15일(MF축전지의 경우는 약 1개월)에 1번씩 보충충전을 하여야 한다. 전해액의 비중을 측정하여 축전지 충전여부를 판단할 수 있으며(방전되면 전해액의 묽은 황산이 물로 변화하여 비중이 낮아진다) 비중계로 측정한다.

1Ah의 방전량에 대해 전해액 중의 황산(H_2SO_4)은 3.660g 소비되며, 0.67g의 물이 생성된다. 또 같은 1Ah의 충전량에 대해서도 0.67g의 물이 소비되고 3.660g의 황산이 생성된다. 1.280(20℃)의 묽은 황산 1ℓ에 약 35%의 황산과 65%의 물(증류수)이 포함되어 있으며 묽은 황산 속에 포함되어 있는 황산의 양(중량, %)과 비중과의 관계를 알면 충·방전에 따르는 비중의 변화를 계산으로 구할 수 있다.

❋ 표 3-2 전해액 비중과 잔존(殘存) 용량

전해액 비중		잔존용량(%)
A	B	
1.280	1.260	100
1.230	1.210	75
1.180	1.160	50
1.130	1.110	25
1.080	1.060	0

A : 완전히 충전되었을 때의 비중이 1.280(20℃)의 축전지 경우
B : 완전히 충전되었을 때의 비중이 1.260(20℃)의 축전지 경우

(2) 극판의 영구 황산납(유화, 설페이션)

축전지의 방전상태가 일정 한도 이상 오랫동안 진행되어 극판이 결정화되는 현상을 말하며 그 원인은 다음과 같다.
① 전해액의 비중이 너무 높거나 낮다.
② 전해액이 부족하여 극판이 노출되었다.
③ 불충분한 충전이 되었다.
④ 축전지를 방전된 상태로 장기간 방치하였다.

(3) 전해액 만드는 방법 및 순서

① 용기는 반드시 절연체인 것을 준비한다.
② 물(증류수)에 황산을 부어서 혼합하도록 한다. 이때 혼합비율은 물 60%와 황산 (1.400) 40% 정도로 한다.
③ 조금씩 혼합하도록 하며, 유리 막대 등으로 천천히 저어서 냉각시킨다.
④ 전해액의 온도가 20℃에서 1.280되게 비중을 조정하면서 작업을 마친다.

2 납산축전지의 화학작용

$$\underset{\text{과산화납}}{\text{양극판}} + \underset{\text{묽은황산}}{\text{전해액}} + \underset{\text{해면상납}}{\text{음극판}} \underset{\text{충전}}{\overset{\text{방전}}{\rightleftarrows}} \underset{\text{황산납}}{\text{양극판}} + \underset{\text{물}}{\text{전해액}} + \underset{\text{황산납}}{\text{음극판}}$$

$$PbO_2 + 2H_2SO_4 + Pb \rightleftarrows PbSO_4 + 2H_2O + PbSO_4$$

방전 중의 화학작용

축전지를 방전시키면 내부에서 화학적 변화를 일으켜 전해액 중의 황산이 양극판과 음극판에 작용한다. 방전이 진행됨에 따라 극판과 황산이 화합하여 양극판의 과산화납과 음극판의 해면상납 모두 황산납이 된다. 한편, 전해액인 묽은 황산 속의 수소는 양극판 내의 산소와 화합하여 물을 만든다. 따라서 전해액의 비중은 방전이 진행됨에 따라 점차 낮아진다.

충전 중의 화학작용

방전된 축전지에 발전기나 충전기를 접속하여 축전지로 전류가 흐르도록 하면 극판과 전해액이 화학변화를 일으켜 극판의 표면에 붙어 있던 황산납이 분해되어 전해액 중으로 방출된다. 이에 따라 양극판은 다시 과산화납으로, 음극판은 해면상납으로 환원된다. 또 전해액은 극판에서 황산이 나오므로 그 비중은 점차 증가하고, 전압도 상승한다.
충전이 완료되면 그 이후의 충전전류는 전해액 중의 물을 전기 분해하여 양극판에서는 산소를, 음극판에서는 수소를 발생시킨다.

03 납산축전지의 여러 가지 특성

1 축전지의 기전력

축전지 셀당 기전력은 2.1V이며, 이것은 전해액의 비중, 온도, 방전 정도에 따라서 조금씩 다르다. 기전력은 전해액 온도저하에 따라 낮아지며, 이것은 전해액의 온도가 낮아지면 축전지 내부의 화학반응이 늦어지고, 전해액의 고유저항이 증가하기 때문이다. 또 전해액의 비중이 낮거나 방전량이 많은 경우에도 조금씩 기전력이 낮아진다.

2 방전 종지전압(방전 끝 전압)

축전지는 어느 정도 방전되면 그 후의 전압강하가 매우 급격한데 이 급격히 떨어지는 전압 이후로 방전시키면 축전지에 재생불능의 악영향을 줄 수 있는데 이 급강하점 이하로 방전시키지 않기 위하여 이 한계를 정하여 둘 필요가 있다. 이 한계를 방전종지 전압이라 한다. 20시간율 방전의 경우 방전종지 전압은 셀 당 1.75V이다.

3 축전지 용량

축전지 용량이란 완전 충전된 축전지를 일정한 전류로 연속 방전하여 방전 중의 단자 전압이 규정의 방전 종지전압이 될 때까지 방전시킬 수 있는 용량이다. 축전지 용량의 단위는 암페어시 용량(AH : ampere hour rate)으로 표시하며 이것은 일정 방전전류(A)×방전 종지전압까지의 연속 방전시간(H)이다. 그리고 축전지 용량의 크기를 결정하는 요소에는 극판의 크기(또는 면적), 극판의 수, 전해액의 양 등이 있다.

온도와 용량의 관계

축전지의 용량은 전해액의 온도에 따라서 크게 변화한다. 즉, 일정의 방전율, 방전 종지 전압 하에서 방전을 하여도 온도가 높으면 용량이 증대되고, 온도가 낮으면 용량도 감소한다.

축전지 연결에 따른 용량과 전압의 변화

(1) **직렬연결의 경우**

축전지의 직렬연결이란 같은 전압, 같은 용량의 축전지 2개 이상을 (+)단자와 다른 축전지의 (-)단자에 서로 연결하는 방식이며, 전압은 연결한 개수만큼 증가되지만 용량은 1개일 때와 같다.

(2) **병렬연결의 경우**

축전지의 병렬연결이란 같은 전압, 같은 용량의 축전지 2개 이상을 (+)단자를 다른 축전지의 (+)단자에, (-)단자는 (-)단자에 접속하는 방식이며, 용량은 연결한 개수만큼 증가하지만 전압은 1개일 때와 같다.

04 축전지의 자기방전

충전된 축전지를 사용하지 않고 방치해 두면 조금씩 자연 방전하여 용량이 감소되는 현상을 자기방전(자연방전)이라 한다.

1 자기방전의 원인

① 음극판의 작용물질(해면상납)이 황산과의 화학작용으로 황산납이 되면서 자기방전되며 이때 수소가스를 발생시킨다. - 구조상 부득이한 경우이다.
② 불순물이 유입되어 국부 전지가 형성되어 방전된다.
③ 탈락한 극판의 작용물질이 축전지 내부의 밑이나 옆에 퇴적되거나 격리 판이 파손되어 양쪽 극판이 단락되어 방전된다.
④ 축전지 커버 위에 부착된 전해액이나 먼지 등에 의한 누전으로 방전된다.

2 자기 방전량

자기 방전량은 축전지 용량에 대한 백분율(%)로 표시하며, 24시간 동안 실제 용량의

0.3~1.5%이다. 자기 방전량은 전해액의 온도가 높고, 비중 및 용량이 클수록 크며, 온도와 자기 방전량과의 관계는 다음 표와 같다.

온도(℃)	자기 방전량(1일당 %)
30	1.0
20	0.5
5	0.25

05 납산축전지 충전

1 초충전

초충전이란 새 것의 미충전 축전지를 제조한 후 처음으로 사용할 때 전해액을 넣고 최초로 하는 충전이며, 현재는 축전지에 전해액을 넣고 곧바로 사용할 수 있는 축전지가 개발되어 사용되고 있다.

초충전의 목적은 음극판의 해면상납이 공기 중의 산소나 탄산가스와 반응하여 일부가 산화납이나 탄화납이 된다. 이것을 다시 해면상 납으로 환원하여 음극판을 활성화시키는 것이다.

2 보충전

보충전이란 자기방전에 의하거나 또는 사용 중에 충전량이 부족할 경우 소비된 용량을 보충하기 위하여 실시하는 충전이다. 보충전의 종류는 다음과 같다.

정전류 충전

충전의 시작에서 끝까지 전류를 일정하게 하고, 충전을 실시하는 방법이며 충전할 때 전류는 다음과 같이 결정한다.
① 표준 충전전류: 축전지 용량의 10%
② 최대 충전전류: 축전지 용량의 20%
③ 최소 충전전류: 축전지 용량의 5%

정전압 충전

충전의 전체 기간을 일정한 전압으로 충전하는 방법이며, 충전특성은 다음과 같다.
① 가스발생이 거의 없으며 충전능률이 우수하나 충전 초기에 큰 전류가 흘러 축전지 수명을 단축시키는 단점이 있으나 충전이 진행됨에 따라 전류가 감소한다.
② 충전을 완료한 후 정전류 충전으로 전해액 비중을 조정하여야 한다.

단별 전류충전

정전류 충전방법의 일종이며, 충전 중의 전류를 단계적으로 감소시키는 방법이다. 충전 특성은 충전효율이 높고 온도상승이 완만하다.

급속충전

이것은 급속충전기를 사용하여 시간적 여유가 없을 때 하는 충전이며, 충전전류는 축전지 용량의 50% 정도로 한다. 충전특성은 짧은 시간 내에 매우 큰 전류로 충전을 실시하므로 축전지 수명을 단축시키는 요인이 된다.
따라서 긴급한 경우 이외에는 사용하지 않는 것이 바람직하다.

3 축전지를 충전할 때 주의사항

① 충전하는 장소는 반드시 환기장치를 하여야 한다.
② 축전지는 방전상태로 두지 말고 즉시 충전한다.
③ 충전 중 전해액의 온도를 45℃ 이상으로 상승시키지 않는다.
④ 충전 중인 축전지 근처에서 불꽃을 가까이해서는 안 된다(수소가스가 폭발성 가스이다).
⑤ 축전지를 과다 충전시켜서는 안 된다(양극판 격자의 산화가 촉진된다).
⑥ 축전지를 2개 이상 동시에 충전할 때에는 반드시 직렬 접속하여야 한다.
⑦ 축전지와 충전기를 서로 역 접속해서는 안 된다.
⑧ 암모니아수 및 탄산소다 등의 중화제를 준비해 둔다.
⑨ 축전지를 자동차에서 떼어내지 않고 급속충전을 할 경우에는 반드시 축전지의 (−)케이블을 분리하여야 한다(전자부품 및 AC발전기 다이오드를 보호하기 위함이다).
⑩ 각 셀의 벤트 플러그를 열어 놓는다.

06 MF축전지(maintenance free battery)

MF축전지는 자기방전이나 화학반응을 할 때 발생하는 가스로 인한 전해액 감소를 방지하고, 축전지 점검·정비를 줄이기 위해 개발된 것이며 다음과 같은 특징이 있다.
① 증류수를 점검하거나 보충하지 않아도 된다.
② 자기방전 비율이 매우 적다.
③ 장기간 보관이 가능하다.

MF축전지 격자의 재질은 안티몬 함량이 적은 납-저 안티몬 합금이나 납-칼슘 합금이다. 격자의 제작은 철망 모양의 격자를 펀칭(punching)방식 등 기계적인 가공법을 채택하여 품질과 생산성을 높이고 있다. 또 전해액의 증류수를 보충하지 않아도 되는 방법으로는 전기 분해할 때 발생하는 산소와 수소가스를 촉매를 사용하여 다시 증류수로 환원시키는 촉매 마개를 사용하고 있다.

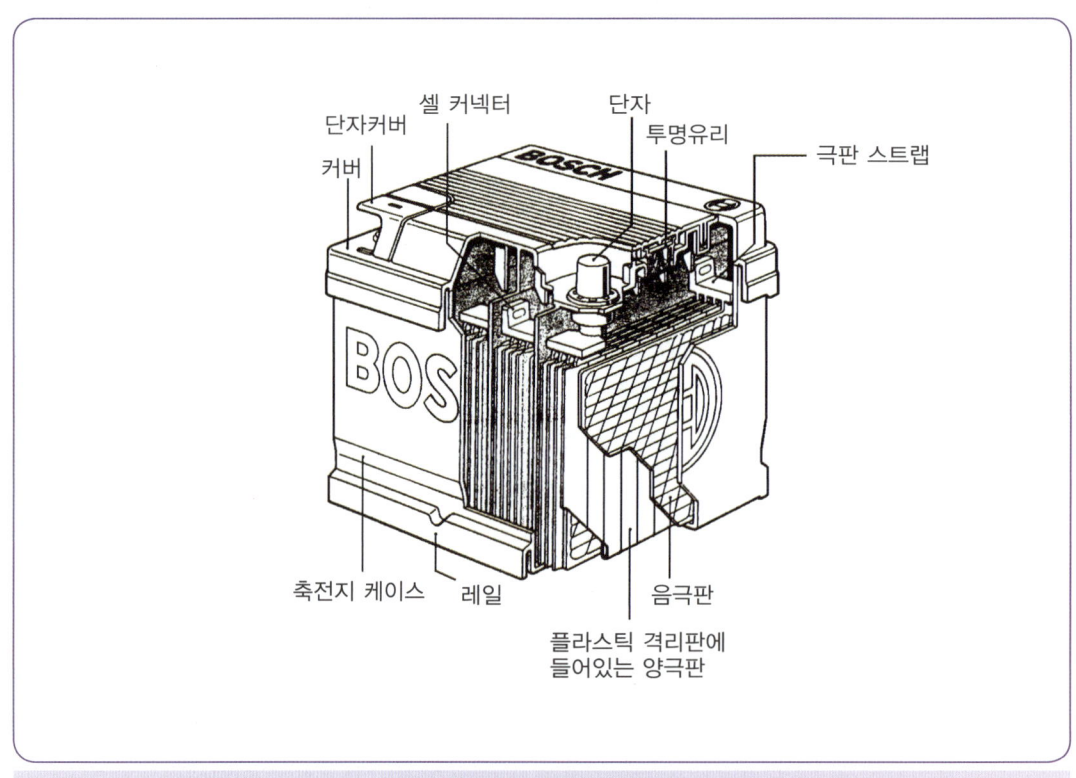

※ 그림 3-33 MF축전지의 구조

07 고전압 배터리

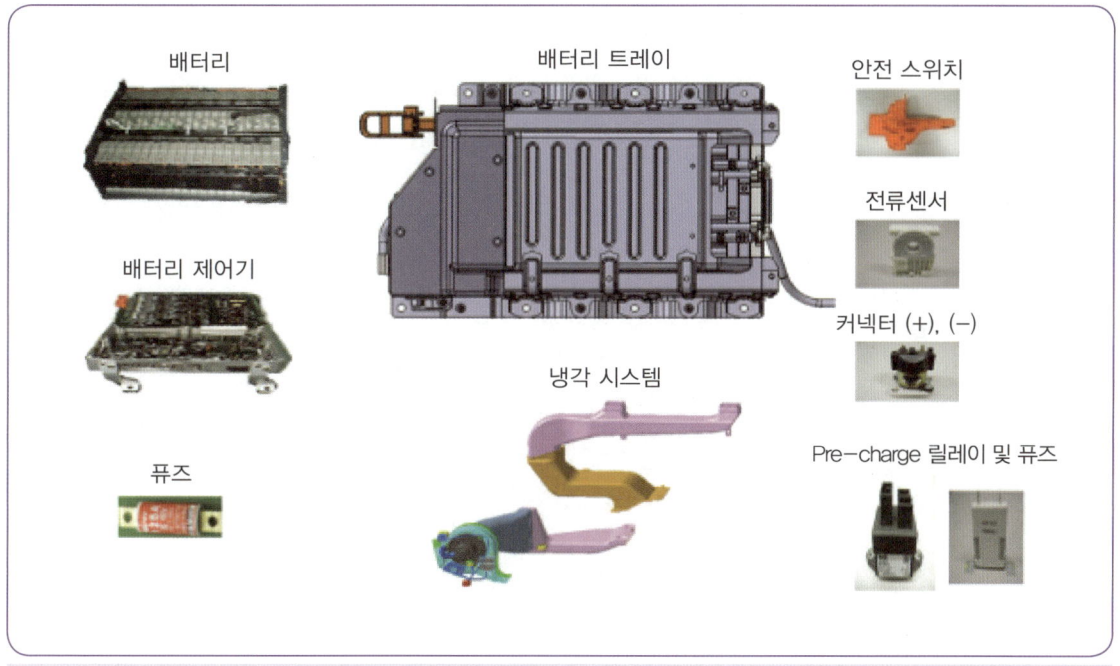

● 그림 3-34 고전압 배터리의 구성도

1 고전압 배터리의 구성

전기자동차에 사용하는 고전압 배터리에는 제작회사마다 다를 수 있지만 각형 또는 원형 리튬이온 배터리(3.7~4.2V, 3000mAh 내외) 셀(Cell)이 96개 정도가 들어가고 12개 정도의 셀이 하나로 묶인 모듈(Module)이 8개, 모듈 8개가 하나로 묶인 팩(Pack) 1개가 들어가 있다.

(a) 셀   (b) 모듈   (c) 팩

● 그림 3-35 고전압 배터리의 구성

2 리튬이온 축전지(Li-ion battery)

리튬이온 전지는 금속 박지에 전극 재료를 도포하여 만들어져 있다. 리튬이온 전지는 2개의 전극(+, -극), 분리막, 전해질로 구성되어 있고 (+)극 전극물질은 리튬이온이 쉽게 들락거릴 수 있는 공간을 포함하는 결정구조(crystal structure)를 지녀야 되고, 산화와 환원이 될 수 있는 금속이온이 포함되어 있는 특징을 가지고 있다.

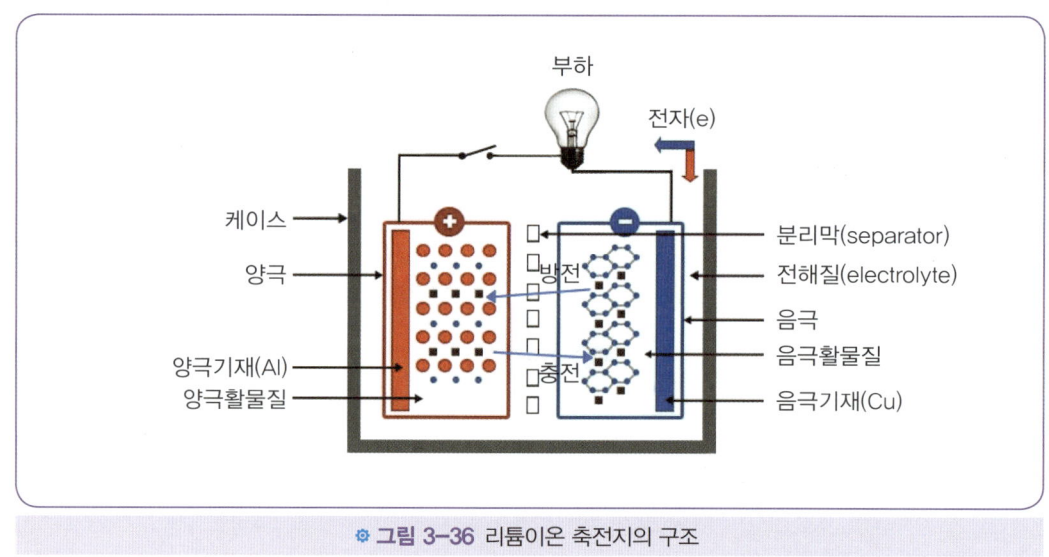

◆ 그림 3-36 리튬이온 축전지의 구조

(+)극으로 사용되는 물질로는 리튬코발트산화물($LiCoO_2$), 리튬철인산염($LiFePO_4$), 리튬망간산화물($LiMn_2O_4$) 등이 있으며, (-)극으로 이용되는 전극물질은 금속 리튬, 흑연(graphite) 등이 있다. 전지 내부에는 2개의 전극 외에도 전해질(electrolyte)과 분리막(separator)이 있다. 전해질은 리튬이온 염을 물이 전혀 없는 유기용매에 녹인 것을 사용한다. 전해질에 물이 있다면 리튬 금속과 폭발적인 반응이 일어난다. 또, 전기가 통하지 않는 고분자 분리막으로 (+)극과 (-)극이 직접 접촉이 되는 일을 막는다.

리튬이온 축전지의 장점

① 에너지 밀도가 높은 데 비해, 무게가 가볍고 원하는 모양으로 제작이 가능하다.
② 크기에 비해 용량이 많고, 전압이 높다.

③ 재충전할 때 메모리효과(완전방전이 되지 않은 배터리를 다시 충전하여 사용할 때, 기존의 구동시간보다 구동가능한 시간이 줄어드는 현상)가 없기 때문에 다 쓰지 않은 상태에서도 보충 충전이 가능하다.
④ 자연 방전률이 적기 때문에 사용에 유리하다.

리튬이온 축전지의 단점

① 과충전하면 빠른 속도로 열화되고, 화재나 폭발 위험성이 있어 전용 충전기로 충전해야 한다.
② 과방전시 위험하여 전지 내부에 보호회로가 내장되어 있다.
③ 충격에 위험하다.
④ 제작이 어렵고 고도의 정밀도가 요구된다.
⑤ 충전이나 사용시, 온도가 높아져 과열되기 쉽고, 발화성이 강한 유기용매를 전해액으로 사용하기 때문에 과열시 발화 가능성이 높다.
⑥ 일정온도 이상시 또는 4.5V 이상과 충전시 전해액이 분해되어 가스가 발생되어 전해액 누출 및 폭발성이 있어 견고한 외부 구조가 필요하다.
⑦ 과방전될 경우 음극에 손상을 입는다.

3 배터리 팩(Pack) 어셈블리

외기온도 센서

① 배터리 팩 상단에 장착되어 있다.
② 부특성 NTC소자이다.
③ 배터리 주변온도를 감지하여 BMS ECU(배터리 제어 유닛)로 정보를 입력한다.

배터리 내부 모듈온도 센서

① 배터리 팩 내부에 장착되어 있다.
② 부특성 NTC소자이다.
③ 배터리 팩 내부온도를 감지하여 BMS ECU(배터리 제어 유닛)로 정보를 입력한다.

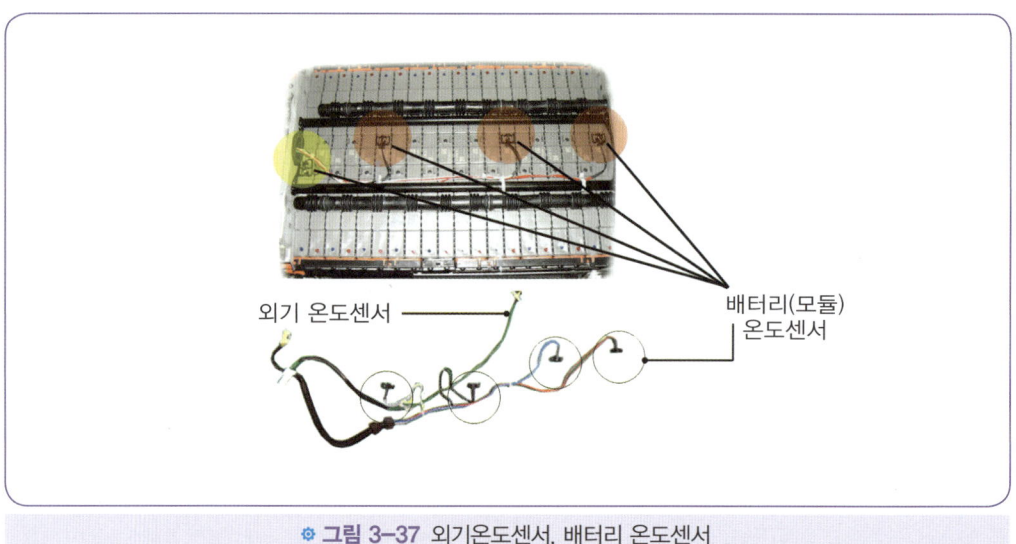

◈ 그림 3-37 외기온도센서, 배터리 온도센서

배터리 제어기(BMS ECU : battery management system ECU)

① 입·출력 에너지 제한 및 안전제어 그리고 에너지 잔존 용량 계산 등을 한다.
② 고전압 배터리 제어를 위한 컴퓨터이다.
③ 배터리 성능 유지를 위한 전류 온도전압 사용시간 등 각종 정보를 모니터링 한다.
④ 종합적으로 연산된 배터리 에너지 상태 정보를 HCU 또는 MCU로 송신한다.
⑤ BMS는 배터리의 블록으로부터 전압을 모니터링하여 각각의 블록 전압을 확인할 수 있다.

메인 릴레이

① 고전압 배터리의 전원을 MCU(Motor Control Unit)측으로 공급한다.
② 이그니션 키가 ON되고 고전압 전기 동력시스템이 정상일 경우 MCU는 메인 릴레이를 작동시키고 고전압 배터리 전원을 MCU 내부에 설치된 인버터로 공급한다.
③ 메인 릴레이 저항값은 약 25Ω 정도이다.

프리차저 릴레이 및 레지스터

① 프리차저 릴레이는 메인 릴레이 (+)와 병렬회로로 되어있다.
② MCU는 프리차저 릴레이를 먼저 동작하여 (+)전원을 공급한다.
③ 프리차저 레지스터는 인버터 손상을 방지한다.
④ MCU는 프리차저 릴레이 작동 직후 완만한 전압 상승을 완료하고 메인 릴레이(+)를 작동시켜 정상적인 전원 공급을 완료 즉시 프리차저 릴레이를 OFF한다.

전류센서

① 고전압 배터리 (−)케이블 측에 설치되어있다.
② 홀 효과를 이용해 배터리 전류량을 검출한다.

세이프티 플러그

① 고전압 배터리 전원을 임의로 차단시킬 수 있는 전원 분리장치로 과전류 방지용 퓨즈를 포함하고 있다.
② 고전압 전기 동력시스템과 관련된 부품을 탈·부착하거나 정비 점검시 세이프티 플러그를 탈거하면 고전압을 차단시킬 수 있다.
③ 이그니션 ON상태에서는 세이프티 플러그를 탈거하지 말아야 한다.

4 고전압 배터리 취급시 유의사항

배터리 시스템 화재 발생시

① 차량 시동 키 OFF : 에너지 입·출력 금지
② SAFETY PLUG 분리(화재 초기에는 신속 분리, 화재 진행 중에는 불가)
③ 차량 위치가 실내일 경우 수소가스 방출을 위하여 문을 열어 환기한다.
④ 화재 진압을 위하여 액체 물질 사용을 금지하고 분말소화기 또는 모래를 이용한다.

가스 및 전해질 유출시

① 차량 시동키 OFF : 에너지 입·출력 금지
② SAFETY PLUG 분리(화재초기 또는 유출량이 적을 때 신속 분리, 화재 진행 중에는 불가)
③ 가스 발생시 가스는 수소 및 알카리성 증기이므로 만일 차량 위치가 실내일 경우 즉각 환기를 시키고 안전한 장소로 대피한다.
④ 만일 누출된 액체가 피부에 접촉시에는 즉각 붕산 용액으로 중화시키고, 흐르는 물 혹은 소금물로 환부를 세척한다.
⑤ 누출된 증기나 액체가 눈에 접촉시에는 즉각 흐르는 물에 세척 후 의사의 진료를 받아야 한다.
⑥ 만일 고온에 의한 가스 누출일 경우 배터리가 완전히 상온으로 식을 때까지 사용을 금지한다.

차량 장기 방치시

① 차량 시동키 분리 : 암 전류 등에 의한 배터리 방전방지
② 장기 방치가 필요할 때에는 방치 초기 배터리 SOC가 30% 이상 되어야 한다(클러스터내의 배터리 SOC 게이지가 적색구간 이상).
③ 2달 이상의 장기 방치 시에는 배터리보호 및 관리를 위하여 균등 충전 실시한다.
④ 보조 배터리 방전여부 점검 및 교체 시 SOC 초기화에 따른 문제점을 점검한다.

축전지

01. 축전지 전해액이 흘렀을 때 중화 용액으로 가장 알맞은 것은?

① 중탄산소다　② 황산
③ 증류수　　　④ 수돗물

풀이 중탄산소다가 가장 이상적인 중화 용액으로 알맞다.

02. 축전지에서 셀의 면적을 크게 하면 어떻게 되는가?

① 이용전류가 많아진다.
② 전압이 낮아진다.
③ 저항이 크게 된다.
④ 전해액의 비중이 높게 된다.

풀이 축전지의 셀 면적이 커지면 이용전류가 많아진다.

03. 배터리의 전해액을 만들 때 반드시 해야 할 것은?

① 황산을 물에 부어야 한다.
② 물을 황산에 부어야 한다.
③ 철제의 용기를 사용해야 한다.
④ 황산을 냉각시켜야 한다.

풀이 황산을 물에 부어야 안전하며 황산에 물을 부으면 화학작용에 의하여 폭발이 발생한다.

04. 차량에 축전지를 설치할 때 안전하게 작업하려면 어떻게 하는 것이 제일 좋은가?

① ± 케이블을 동시에 연결한다.
② 접지 케이블을 나중에 연결한다.
③ 절연 케이블을 나중에 연결한다.
④ 키박스의 점화 스위치를 ON 한다.

풀이 축전지를 설치할 때 안전 작업은 접지 케이블 (−)연결선은 제일 마지막에 연결한다.

05. 축전지를 충전할 때 화기를 가까이하면 위험한 이유는 무엇인가?

① 산소 가스가 인화성 가스이기 때문에
② 산소 가스가 폭발성 가스이기 때문에
③ 수소 가스가 폭발성 가스이기 때문에
④ 수소 가스가 인화성 가스이기 때문에

풀이 양극에서 산소가 발생하고 음극에서 폭발성 가스의 수소가 발생한다.

06. 축전지를 과방전 상태로 오래 두면 못쓰게 되는 이유로 가장 타당한 것은?

① 극판에 수소가 형성된다.
② 극판이 산화납이 되기 때문이다.
③ 극판이 영구 황산납이 되기 때문이다.
④ 황산이 증류수가 되기 때문이다.

정답 01. ①　02. ①　03. ①　04. ②　05. ③　06. ③

풀이 설페이션 현상이 발생하여 충전하여도 회복되지 못하는 상태가 발생한다.

풀이 축전지의 온도가 55℃ 이상이 되면 폭발의 위험이 있다.

07. 극판의 크기, 판의 수 및 황산 양에 의해서 결정되는 것은?

① 축전지의 용량
② 축전지의 전압
③ 축전지의 전류
④ 축전지의 전력

풀이 축전지의 용량은 극판의 수, 크기, 황산의 양에 의해서 결정된다.

10. 자동차용 MF 축전지의 특성 중 틀린 것은 어느 것인가?

① 전기저항이 낮은 격리판을 사용한다.
② 저온 시동 능력이 좋다.
③ 촉매장치가 있으므로 증류수를 보충할 필요가 없다.
④ 충전 회복이 빠르고 과충전 시 수명이 길다.

풀이 MF 축전지는 보수할 필요가 없는 축전지를 말한다. 보통 축전지의 단점이라고 할 수 있는 자기 방전이나 화학 반응 시 발생하는 가스로 인한 전해액의 감소를 적게 하기 위해 개발된 배터리로서, 증류수를 보충할 필요가 없고, 자기 방전이 적으며, 장기간 보존이 가능하다.

08. 축전지에서 온도가 내려가면 일어나는 현상으로 틀린 것은?

① 전류가 내려간다.
② 사용 용량이 줄어든다.
③ 전해액의 비중이 내려간다.
④ 동결하기 쉽다.

풀이 배터리 온도가 상승할 때 비중은 내려간다.

11. 축전지를 과충전하면 어떻게 되는가?

① 전해액이 넘친다.
② 극판이 영구 황산납이 된다.
③ 양극판 격자의 산화가 촉진된다.
④ 단자가 산화된다.

풀이 충전 시 양극판은 과산화납, 음극판은 해면상납이기 때문에 양극판이 산화된다.

09. 축전지를 급속 충전할 때 가장 조심하여야 할 것은 어느 것인가?

① 충전시간을 여유 있게 할 것
② 밀폐된 곳에서 하여야 한다.
③ 장착된 차에서 실시할 것
④ 축전지의 온도 상승을 조심할 것

12. 축전지 셀의 음극과 양극의 극판 수는?

① 음극판이 1장 더 많다.
② 양극판이 1장 더 많다.
③ 음극판이 2장 더 많다.
④ 양극판이 2장 더 많다.

정답 07. ① 08. ③ 09. ④ 10. ④ 11. ③ 12. ①

> 풀이 셀의 활성화를 위하여 음극판이 1장 더 많게 설치한다.

> 풀이 축전지의 양극판과 음극판이 직접 접촉되어 단락되는 것을 방지하기 위하여 2개의 극판 사이에 끼우는 판. 비전도성, 다공성이고 전해액의 확산이 잘 되며 전해액에 부식되지 않는 합성 수지로 만들어진다.

13. 배터리 고장의 3대 요소에 해당하지 않는 것은?

① 과충전
② 과방전
③ 열
④ 사용 기간

> 풀이 배터리의 고장의 원인에 사용 기간은 전혀 관계없다.

14. MF 축전지에 대한 설명 중 틀린 것은 어느 것인가?

① 양극은 납과 안티몬 음극판은 해면상납으로 구성되어 있다.
② 반영구적이다.
③ 무정비 무보수 축전지이다.
④ 증류수를 보충해줄 필요가 없다.

> 풀이 양극판은 납과 저 안티몬 음극판은 납과 칼슘합금으로 구성되어 있다.

15. 자동차용 납산 축전지에서 격리판(separator)의 구비조건에 해당하지 않는 것은?

① 전도성일 것
② 다공성일 것
③ 내산성이 있을 것
④ 전해액의 확산이 잘 될 것

16. 알칼리 축전지의 설명으로 틀린 것은?

① 과충전, 과방전 등 가혹한 조건에 잘 견딘다.
② 고율방전 성능이 매우 우수하다.
③ 출력밀도가 크다.
④ 극판은 납과 칼슘 합금으로 구성된다.

> 풀이 알칼리 축전지의 극판은 양극판은 수산화 제2니켈, 음극판은 카드뮴, 전해액은 알카리용액으로 구성되어 있다.

정답 13. ④ 14. ① 15. ① 16. ④

CHAPTER 04 시동장치

01 시동장치의 개요

내연기관은 전동기나 증기기관과 같이 자기 기동(self-starting)을 하지 못하므로 별도의 시동장치에 의해 시동되어야만 한다. 기관을 시동할 때는 압축, 피스톤 마찰 및 베어링 마찰 등으로 인한 상당한 저항을 극복해야 한다.

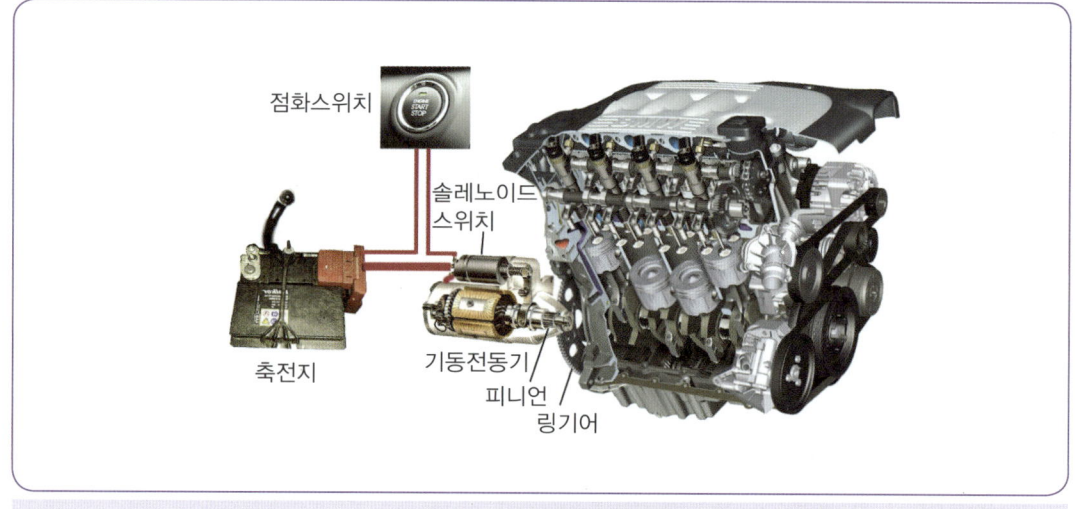

그림 3-38 시동장치의 구성

이러한 힘들은 기관 형식과 실린더 수 그리고 윤활유의 특성과 기관의 온도 등으로부터 상당한 영향을 받고 마찰저항은 온도가 낮을수록 크다. 따라서 가솔린기관은 시동하기 위해서는 기동전동기의 출력이 0.5~0.6PS이고, 100rpm 이상으로 회전하여야 하며, 디젤기관은 출력이 3~10PS이고, 180rpm 이상으로 회전하여야 한다.

02 기동전동기의 원리

기동전동기의 원리는 플레밍의 왼손법칙(fleming's left hand rule)으로 왼손의 엄지, 인지,

중지를 서로 직각이 되게 펴고 인지를 자력선의 방향으로, 중지를 전류의 방향에 일치시키면 도체에는 엄지의 방향으로 전자력이 작용한다는 법칙이며 계자철심 내에 설치된 전기자에 전류를 공급하면 전기자는 플레밍의 왼손법칙에 따르는 방향의 힘을 받는다. 이 원리에 따라 전기자에 전류를 흐르게 하면 전기자 양쪽의 전류방향이 역으로 되므로 회전력이 작용하여 회전운동을 발생시킨다. 이 회전력은 계자 철심의 자력과 전기자에 흐르는 전류와의 곱에 비례한다. 기동 전동기, 전류계, 전압계 등의 원리이다.

$$\text{기동전동기의 필요 회전력} = \frac{\text{피니언의 잇수} \times \text{회전 저항}}{\text{링 기어의 잇수}}$$

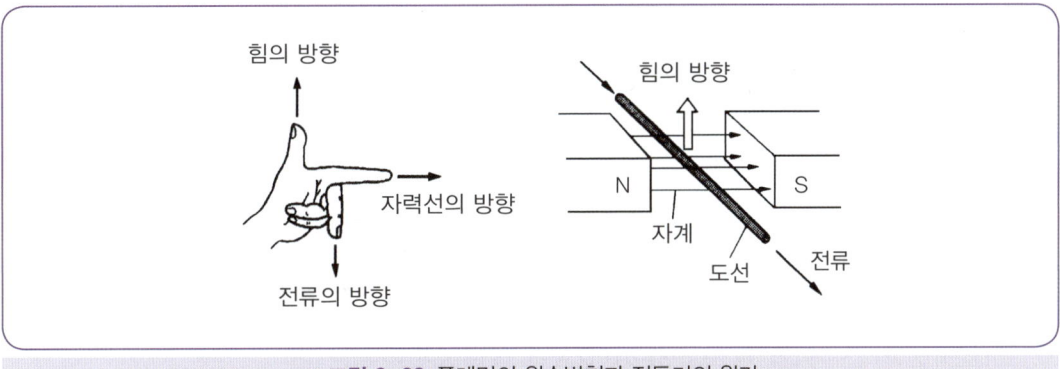

● 그림 3-39 플레밍의 왼손법칙과 전동기의 원리

03 기동전동기의 종류와 특징

1 직권전동기

전기자 코일과 계자코일이 직렬로 접속된 것이다. 특징은 기동회전력이 크고, 부하가 증가하면 회전속도가 낮아지고 흐르는 전류가 커지는 장점이 있으나 회전속도 변화가 크다.

2 분권전동기

이 전동기는 전기자와 계자코일이 병렬로 접속된 것이다. 특징은 회전속도가 일정한 장점이 있으나 회전력이 작은 단점이 있다. 분권전동기는 자동차용 직류발전기에서 사용하였다.

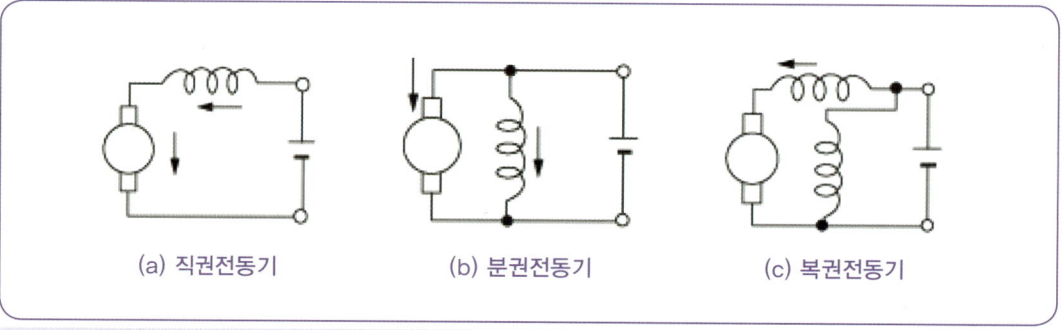

● 그림 3-40 전동기의 종류

3 복권전동기

이 전동기는 전기자 코일과 계자코일이 직·병렬로 접속된 것이다. 특징은 회전력이 크며, 회전속도가 일정한 장점이 있으나 구조가 복잡한 단점이 있다. 복권전동기는 윈드 실드 와이퍼 전동기로 사용된다.

04 기동전동기의 구조와 기능

기동전동기는 그 작동 상 다음의 3부분으로 구분된다.
① 회전력을 발생하는 부분
② 회전력을 기관 플라이 휠 링기어로 전달하는 동력전달 기구부분
③ 피니언을 미끄럼 운동시켜 플라이 휠 링기어에 물리게 하는 부분

1 전동기부분

전동기부분은 회전운동을 하는 부분(전기자와 정류자)과 고정된 부분(계자코일, 계자철심, 브러시)으로 구성되어 있다.

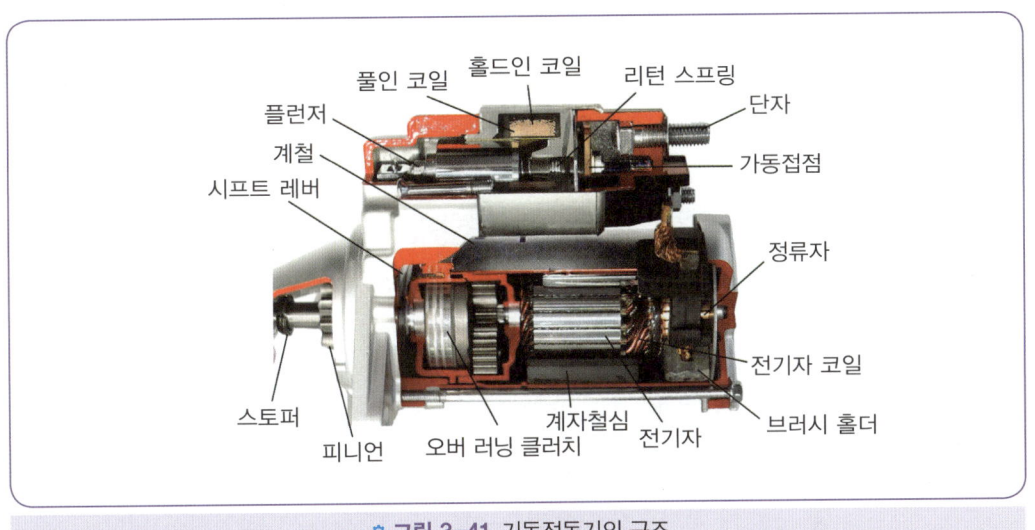

🔹 그림 3-41 기동전동기의 구조

회전운동을 하는 부분

(1) 전기자(armature)

전기자는 축, 철심, 전기자 코일 등으로 구성되어 있으며, 전기자축 앞쪽의 피니언 미끄럼 운동부에는 스플라인이 파져 있다.

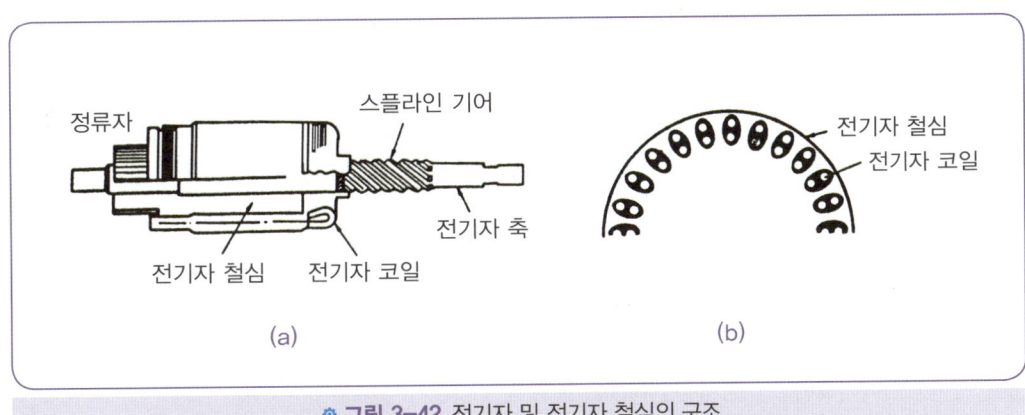

🔹 그림 3-42 전기자 및 전기자 철심의 구조

전기자철심은 자력선을 잘 통과시키고 맴돌이 전류를 감소시키기 위해 얇은 규소 철판을 각각 절연하여 성층철심으로 하였으며, 바깥둘레에는 전기자 코일이 들어가는 홈(slot)이 파져 있다. 전기자 코일은 큰 전류가 흐르므로 단면적이 큰 평각선이 사용되며 코일 한쪽은 N극이, 다른 한쪽은 S극이 되도록 전기자 철심의 홈에 절연되어 끼워져 있다. 그리고 코일의 절연에는 운모 종이, 파이버(fiber) 및 플라스틱(합성수지) 등이 사용된다.

(2) 정류자(commutator)

정류자는 경동(단단한 구리)으로 만든 정류자 편을 절연체로 감싸서 원형으로 제작한 것이며, 그 작용은 브러시에서의 전류를 일정한 방향으로만 전기자 코일로 흐르게 한다. 정류자 편 사이는 운모(mica)로 절연되어 있고, 정류자 면보다 0.5~0.8mm(한계 0.2mm) 정도 낮게 파져 있는데 이를 언더 컷(under cut)이라 한다.

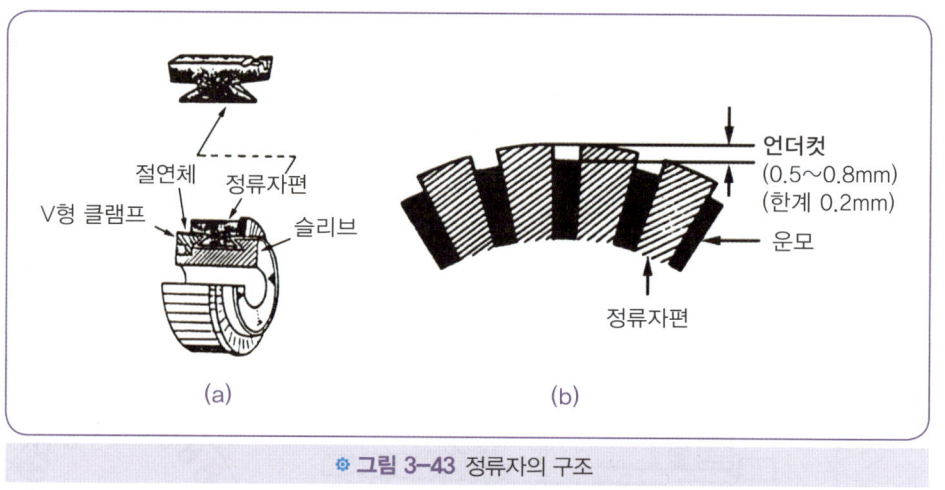

◈ 그림 3-43 정류자의 구조

고정된 부분

(1) 계철과 계자철심(yoke & pole core)

계철은 자력선의 통로와 기동전동기의 틀이 되는 부분이며, 안쪽 면에는 계자코일을 지지하여 자극이 되는 계자철심이 나사로 고정되어 있다. 계자철심은 계자코일이 감겨져 있어 전류가 흐르면 전자석이 된다. 계자철심에 따라 전자석 수가 결정되며 4개면 4극이다.

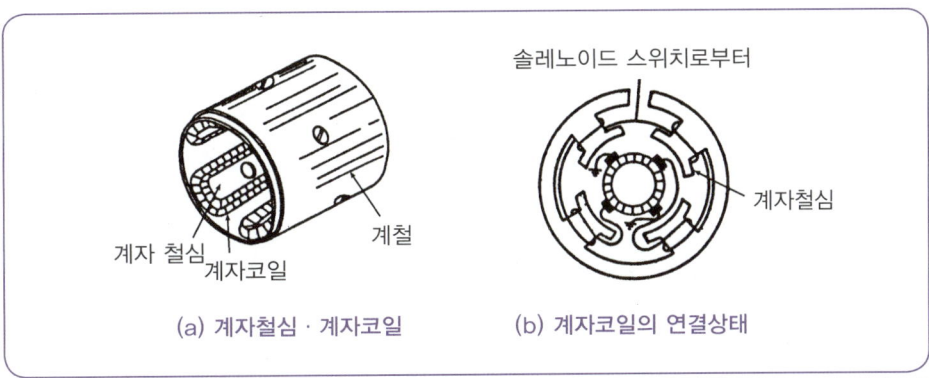

🔹 그림 3-44 계자철심과 코일의 구조

(2) 계자코일(field coil)

이 코일은 계자철심에 감겨져 자력을 발생시키는 것이며, 큰 전류가 흐르므로 평각 구리선을 사용한다. 코일의 바깥쪽은 테이프를 감거나 합성수지 등에 담가 막을 만든다.

(3) 브러시와 브러시 홀더(brush & brush holder)

브러시는 정류자를 통하여 전기자 코일에 전류를 출입시키는 일을 하며, 일반적으로 4개가 설치되는데 2개는 (+)이고, 2개는 (−) 브러시이며, 스프링 장력에 의해 정류자와 접속되어 홀더 내에서 미끄럼 운동을 한다.

스프링 장력은 스프링 저울로 측정하며 $0.5 \sim 1.0 \text{kgf/cm}^2$이다. 또 브러시가 표준길이에서 1/3 정도 마멸되면 교환하여야 한다. 기동 전동기의 브러시는 큰 전류가 흐르므로 재질은 금속 흑연계열이다.

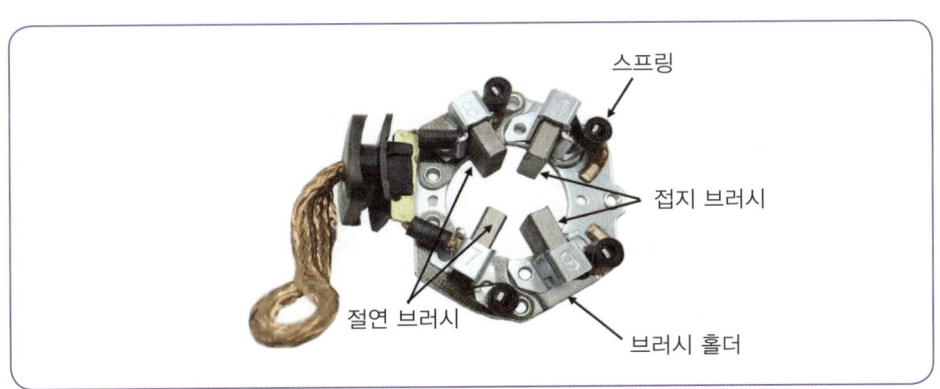

🔹 그림 3-45 브러시와 브러시 홀더의 구조

2 동력전달 기구

동력전달 기구는 기동전동기에서 발생한 회전력을 기관 플라이휠 링기어로 전달하여 크랭킹시키는 부분이다. 플라이휠 링기어와 피니언의 감속비율은 10~15:1 정도이다.

벤딕스형(관성 섭동형)

이 형식은 피니언의 관성과 기동전동기가 무부하에서 고속으로 회전하는 성질을 이용한 것이다. 작동은 기동전동기에 전류가 흐르면 전기자는 고속회전을 한다. 그러나 피니언은 관성으로 인하여 전기자 축과 함께 회전하지 못하고 나사 슬리브 위를 회전하면서 축 방향으로 이동하여 정지되어 있는 플라이휠 링기어에 물린다. 피니언이 나사 슬리브 끝에 도달하여 링기어와 완전히 물리면 전기자의 회전력이 구동스프링, 나사 슬리브를 거쳐 피니언에 전달되며, 피니언은 큰 회전력으로 플라이휠 링기어를 구동한다.

기관이 시동되면 피니언이 플라이휠 링기어에 의해 회전하므로 나사 슬리브 위를 반대 방향으로 미끄럼운동하여 양쪽 기어의 물림이 풀리고 피니언은 제자리로 복귀한다.

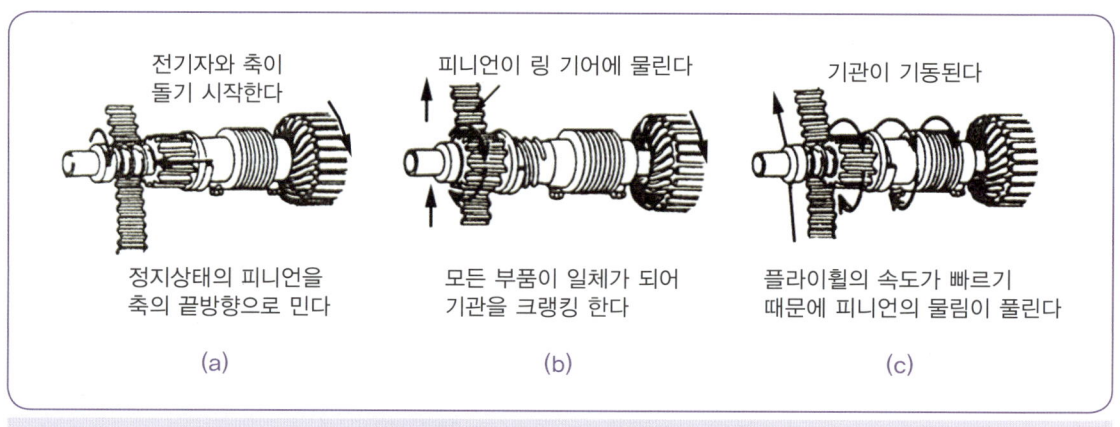

※ 그림 3-46 벤딕스형 기동전동기의 작동원리

따라서 기관을 시동한 후 기동전동기가 기관에 의하여 고속회전하는 일이 없으므로 오버러닝 클러치(over running clutch)를 필요로 하지 않는다.

피니언 섭동형

(1) 전자식 피니언 섭동형의 구조

이 형식은 피니언의 미끄럼운동과 기동전동기 스위치의 개폐를 전자력으로 하는 솔레노이드 스위치(solenoid switch)를 둔 것이며, 솔레노이드 스위치는 시프트 레버(shift lever)를 잡아당기는 전자석과 여자코일로 구성되어 있으며, 여자 코일은 플런저를 잡아당기는 풀인 코일(pull-in coil)과 잡아당긴 상태를 유지해 주는 홀드인 코일(hold-in coil)로 되어 있다.

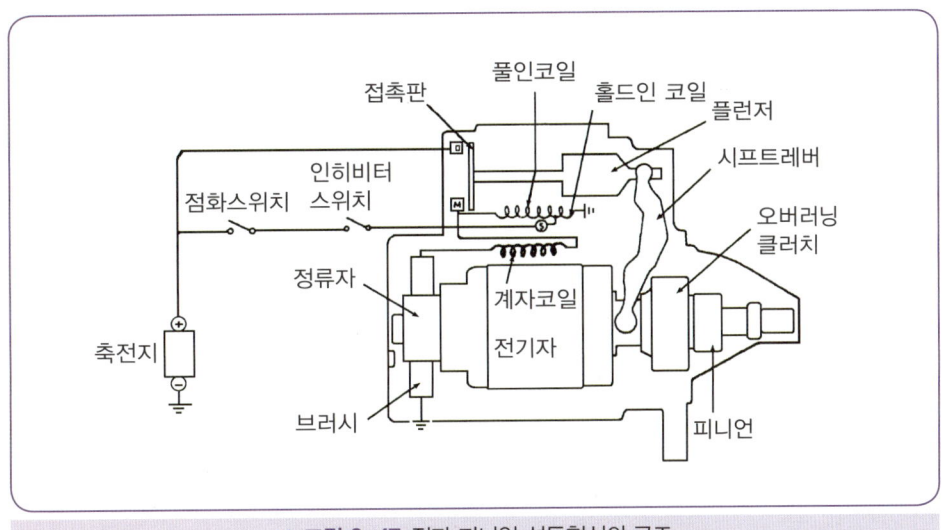

그림 3-47 전자 피니언 섭동형식의 구조

(2) 솔레노이드 스위치의 구조

솔레노이드 스위치는 마그넷 스위치(magnet switch)라고도 부르며 전자력으로 작동하는 기동전동기용 스위치이다. 구조는 가운데가 비어 있는 철심, 철심 위에 감겨져 있는 풀인 코일과 홀드인 코일, 플런저, 접촉판, 2개의 접점(B단자와 M단자)으로 되어 있다.

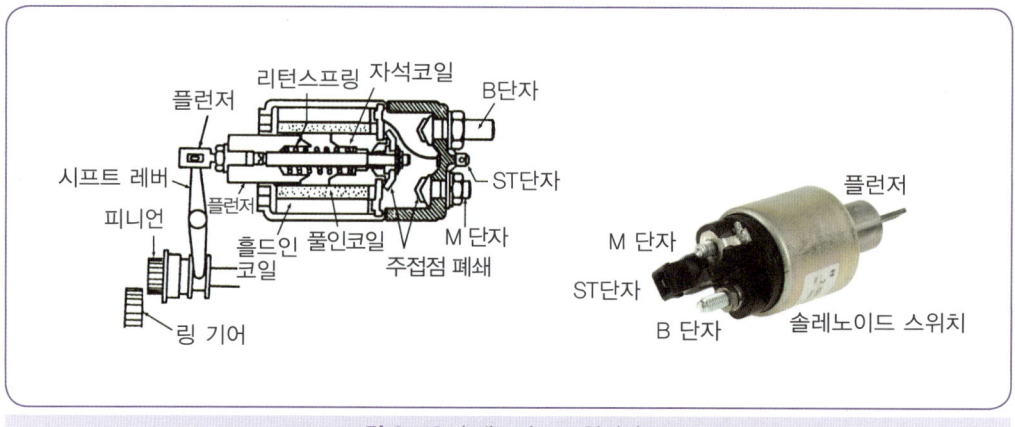

❉ 그림 3-48 솔레노이드 스위치의 구조

풀인 코일은 솔레노이드 스위치 ST단자(시동단자)에서 감기 시작하여 M단자(전동기 단자)에 접속되어 있고, 홀드인 코일은 ST단자에서 감기 시작하여 솔레노이드 스위치 몸체에 접지되어 있다. 풀인 코일은 축전지와 직렬접속되어 있으며, 홀드 인 코일은 병렬로 접속되어 있다.

(3) 기동전동기의 작동

점화(시동)스위치를 시동위치로 하면 솔레노이드 스위치의 풀인코일과 홀드인 코일이 축전지에서의 전류로 강력한 전자석이 되어 플런저를 잡아당긴다. 플런저는 시프트 레버를 잡아당겨 피니언을 플라이 휠 링기어에 물린다.

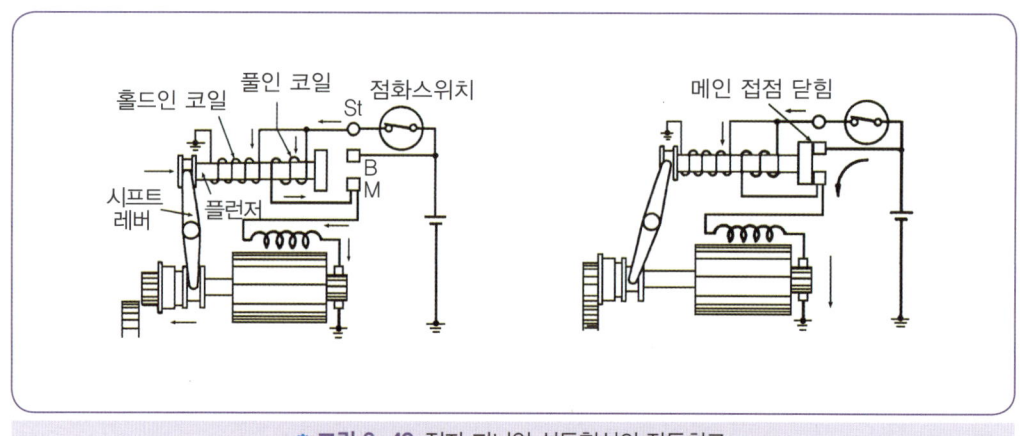

❉ 그림 3-49 전자 피니언 섭동형식의 작동회로

이 물림이 완료되는 순간부터 기동전동기 스위치(솔레노이드 스위치의 B단자와 M단자)가 닫혀 기동전동기에 축전지 전류가 흘러 강력한 회전을 시작하여 기관을 크랭킹시킨다. 이 형식은 기동전동기 스위치가 닫혀 있는 동안 피니언과 링기어가 물려 있으므로 오버러닝 클러치를 필요로 한다.

전기자 섭동방식

이 형식은 계자철심의 중심과 전기자 중심이 일치되지 않고 약간의 위치 차이를 두고 조립되어 있다. 따라서 계자코일에 전류가 흐르면 자력선의 성질(자력선은 가장 가까운 거리를 통과하려는 성질이 있음)에 의해 전기자가 미끄럼 운동을 하여 피니언이 플라이 휠 링기어에 물리게 된다.

기관이 시동된 후 점화스위치를 놓으면 전기자는 리턴스프링의 장력으로 제자리로 복귀하고 이때 기동전동기 피니언과 플라이 휠 링기어의 물림이 풀린다. 전기자 이동형은 다판 클러치 형식의 오버러닝 클러치를 사용한다.

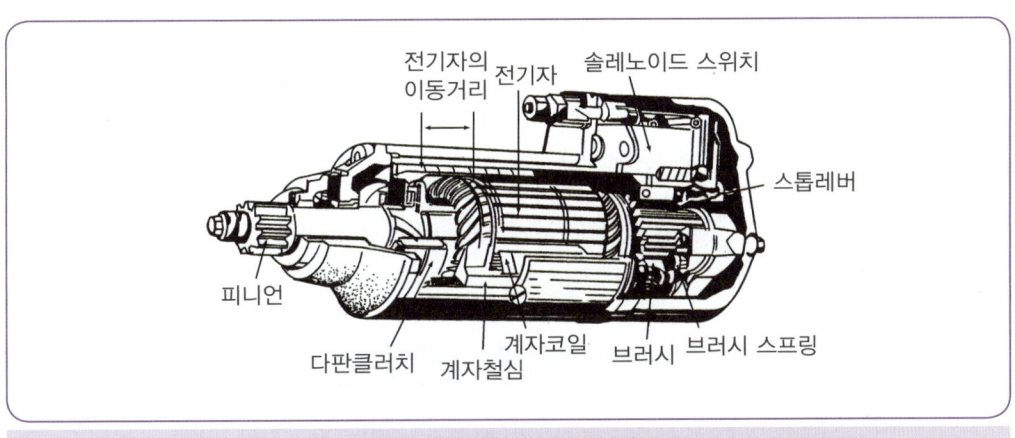

그림 3-50 전기자 섭동방식의 구조

3 오버러닝 클러치(over running clutch)

오버러닝 클러치는 기관이 시동되면 기동전동기 피니언과 기관의 플라이 휠 링기어가 물린 상태이므로 이번엔 반대로 기관에 의해 기동전동기가 고속으로 구동되어 전동기가 손상된다. 이를 방지하기 위해 기관이 시동된 후 피니언이 공전하여 기동전동기가 구동되지 않도록 하는 기구이다.

롤러방식 오버러닝 클러치(roller type over-running clutch)

구동슬리브 피니언, 코일 스프링 등으로 구성되어 있으며, 구동슬리브 안쪽 면에는 전기자축의 스플라인이 파져 있다. 이 구동슬리브는 시프트레버에 의해 전기자 축의 스플라인 상을 섭동하여 플라이휠 링 기어와 물림되어 기관을 시동할 때 전기자축의 회전력은 먼저 구동슬리브를 거쳐 외부레이스에 전달되어 외부레이스가 회전하면 기동전동기 피니언과 일치가 된다.

따라서 전기자축의 회전력이 플라이휠 링 기어로 전달된다. 기관이 시동되면 기동전동기 피니언의 회전이 외부 레이스보다 빨라진다. 이에 따라 기동전동기 피니언이 공회전하게 되어 기동전동기가 기관에 의해 구동되지 않는다.

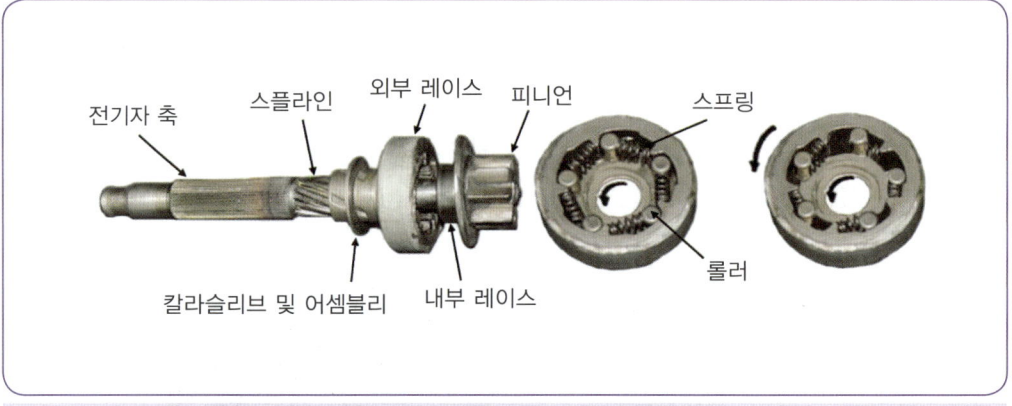

※ 그림 3-51 롤러방식 오버러닝 클러치

스프래그 방식 오버러닝 클러치(sprag type over-running clutch)

중량급 기관에 사용되며, 바깥 레이스는 기동전동기에 의해 구동된다. 기관이 시동되어 기관이 피니언을 구동하면 안 레이스가 바깥 레이스보다 빨리 회전하여 바깥 레이스와 안 레이스의 고정이 풀려 기관이 기동전동기를 구동하지 않도록 한다.

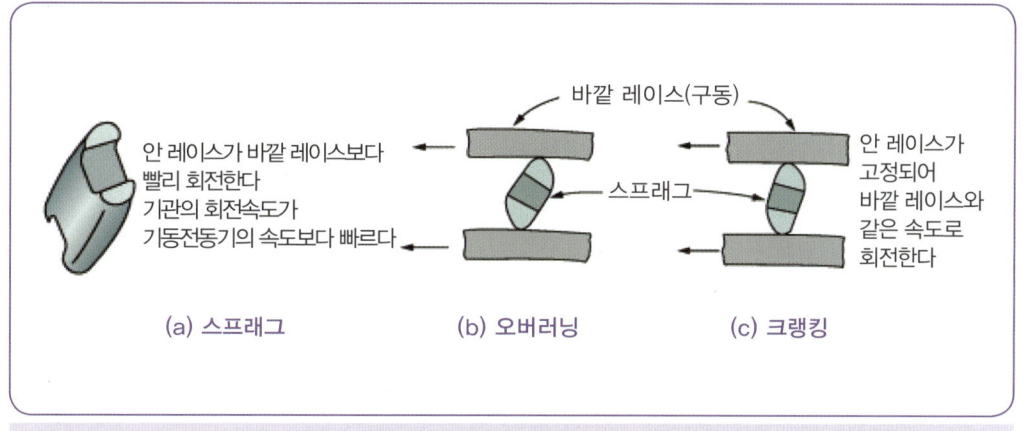

❋ 그림 3-52 스프래그방식 오버러닝 클러치

 다판 클러치방식(multiple disc clutch)

기관이 시동된 다음 기동전동기 피니언이 플라이휠 링 기어에 의해 회전하게 되면 피니언 축이 전기자축보다 빠르게 회전하므로 어드밴스 슬리브가 회전하게 되어 나선형 스플라인의 작용으로 어드밴스 슬리브는 피니언과 멀어져 구동 및 피동 클러치 사이의 면압이 감소되어 미끄럼이 생겨 기관 회전력을 차단한다.

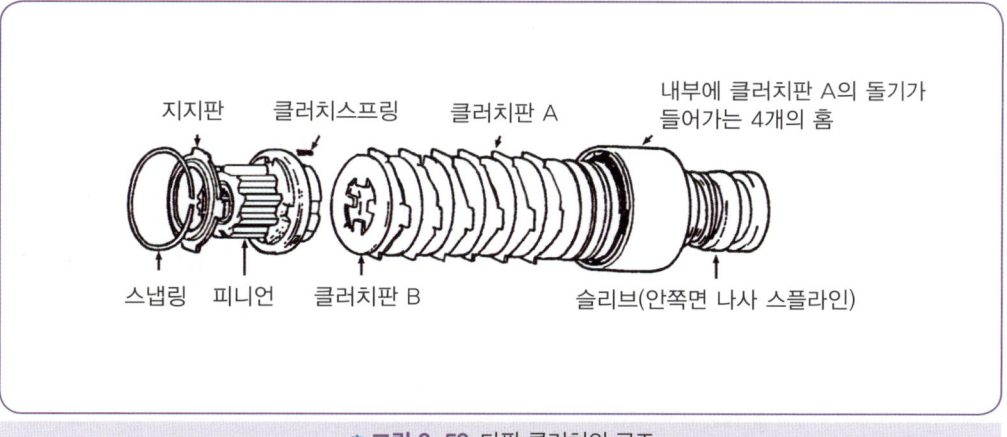

❋ 그림 3-53 다판 클러치의 구조

시동장치

01. 기동전동기에서 오버러닝 클러치를 사용하지 않는 방식은?

① 벤딕스 방식
② 링기어 섭동식
③ 전기자 섭동식
④ 피니언 섭동식

> 풀이 ┃ 오버러닝 클러치란 피니언 기어라는 부품을 계속 튕겨내지만 강제로 돌리면 기동전동기라는 부품이랑 플라이휠 링 기어가 손상되며 모터가 과부하가 발생하며 벤딕스 방식은 사용하지 않는다.

02. 기동전동기에서 회전하는 부분은 어느 것인가?

① 계자 코일
② 계철
③ 전기자
④ 솔레노이드

> 풀이 ┃ 전기자는 직류발전기를 예로 들면, 직류발전기에서 계자는 고정자이며 회전자이다.

03. 기동전동기의 회전력 시험은 어떠한 것을 측정하는가?

① 정지 회전력을 측정한다.
② 공전 회전력을 측정한다.
③ 중속 회전력을 측정한다.
④ 고속 회전력을 측정한다.

> 풀이 ┃ 기동전동기 회전력 시험은 정지 회전력을 측정한다.

04. 자동차용 기동 모터(starting motor)에 사용되는 것은?

① 직류 분권식 모터
② 직류 직권식 모터
③ 직류 복권식 모터
④ 교류 복권식 모터

> 풀이 ┃ 기동 모터는 직류 직권식 모터를 사용하며 전기자 권선과 계자권선이 직렬로 접속된 방식이다.

05. 자동차용 기동 전동기의 특징이 아닌 것은?

① 일반적으로 직권 전동기를 사용한다.
② 부하가 커지면 회전력이 커진다.
③ 역 기전력은 회전속도에 비례한다.
④ 부하를 크게 하면 회전속도도 커진다.

> 풀이 ┃ 기동 전동기는 부하를 크게 하면 회전속도는 작아진다.

06. 엔진이 기동 되면 피니언과 링 기어가 물려 있으므로 기동 전동기가 엔진에 의해 고속으로 회전하는데 기동 전동기에 회전력이 전달되어 파손된다. 이를 방지해 주는 역할을 하는 것은 어느 것인가?

① 피니언
② 아마추어
③ 오버러닝 클러치
④ 마그네트 스위치

정답 ┃ 01. ① 02. ③ 03. ① 04. ② 05. ④ 06. ③

풀이 동력 전달 기구에 있어서 피동축 회전이 빨라지면 구동축과 관계없이 자유 회전하는 장치이다.

07. 자동차 기관에서 시동 시 라디오가 작동되지 않게 되어 있는 이유는 어느 것인가?

① 발전기 작동을 최소화하기 위함이다.
② 에어컨 작동을 최소화하기 위함이다.
③ 시동 시 소음 발생을 줄이기 위해서
④ 시동모터의 전기부하를 최소화하기 위해서

풀이 시동 시 모든 전원의 전기부하를 최소화하여 시동모터의 회전을 기동하려고 한다.

08. 기동전동기의 무부하 시험을 할 때 필요 없는 것은 어느 것인가?

① 축전지   ② 전류계
③ 전압계   ④ 스프링 저울

풀이 무부하는 시동 전 전압을 가리키고 배터리 상태를 알아보는 기본 점검이며 무부하 전압은 12.65V~13.9V이면 정상이다.

09. 기동전동기에 흐르는 전류 값과 회전수를 측정하여 고장 여부를 판단하는 시험은?

① 단선 시험   ② 접지 시험
③ 무부하 시험   ④ 단락 시험

풀이 배터리 B 단자에 (+) 기동전동기 몸체에 (−) 그리고 ST 단자와 B 단자를 연결하면 모터가 회전하는 시험을 무부하시험이라 한다.

10. 기관 크랭킹이 전혀 안 될 때의 원인이 아닌 것은?

① 축전지 완전 방전
② 기동전동기 고장
③ 점화장치의 불량
④ 시동스위치의 접속 불량

풀이 크랭킹이란 엔진이 그 자체 작동에 의해 회전하지 않고 단순히 기동전동기에 의해 회전하는 상태를 말하며, 점화장치가 불량하면 전혀 작동하지 않는다.

11. 다음 중 기동전동기에서 정류자에서 미끄럼 접촉을 하면서 전기자 코일에 전류를 공급해 주는 것은 어느 것인가?

① 솔레노이드 코일   ② 브러시
③ 필드 코일   ④ 아마추어 코일

풀이 계자 코일에 달린 브러시(Brush)가 정류자에 미끄럼 접촉을 하면서 전기자 코일에 흐르는 전류의 방향을 바꾸어 주는 역할을 한다.

12. 엔진이 기동 되면 엔진이 기동전동기를 회전시키게 되어 과회전으로 전동기가 파손될 위험이 있으므로 전동기와 피니언 사이에 힘이 한 방향으로만 전달되게 하는 역할을 하는 것은 어느 것인가?

① 인버터
② 실리콘 다이오드
③ 오버러닝 클러치
④ 마찰 클러치

07. ④ 08. ④ 09. ③ 10. ③ 11. ② 12. ③

> **풀이** 동력전달기구에서 회전력을 전달받아 회전축의 회전이 빨라지면 구동축에 관계없이 자유 회전하는 장치. 기관의 시동장치에 많이 사용된다.

13. 기동전동기를 주요 부분으로 구분한 것이 아닌 것은?

① 회전력을 발생하는 부분
② 무부하 전력을 측정하는 부분
③ 회전력을 기관에 전달하는 부분
④ 자력을 발생하는 고정부분

> **풀이** 기동전동기의 주요 3부분은 회전부분, 고정부분, 동력전달부분으로 나뉜다.

14. 기동전동기에서 정류자에 미끄럼 접촉을 하면서 전기자 코일에 전류를 공급해 주는 역할은?

① 아마추어 코일
② 브러쉬
③ 필드 코일
④ 솔레노이드 스위치

> **풀이** 기동전동기에서 정류자에 미끄럼 접촉을 하면서 전기자코일에 전류를 공급해 주는 역할은 브러쉬가 한다.

15. 기동전동기의 회전력 시험은 무엇을 측정하는가?

① 고속 회전력을 측정한다.
② 중속 회전력을 측정한다.
③ 공전 회전력을 측정한다.
④ 정지 회전력을 측정한다.

> **풀이** 기동전동기의 회전력 시험은 전기자가 회전하지 않기 때문에 정지 회전력을 측정해야 한다.

정답 13. ② 14. ② 15. ④

점화장치

01 점화장치의 개요

점화장치는 연소실에 설치된 점화플러그를 통하여 전기불꽃을 발생시켜서 혼합가스를 적정 시기에 연소시키는 장치이다. 기관의 고성능화와 배출가스의 규제와 함께 반도체 산업의 급속한 발달로 초기의 단속기 접점방식 점화장치에서 최근에는 전자 점화방식으로 발전하였다.

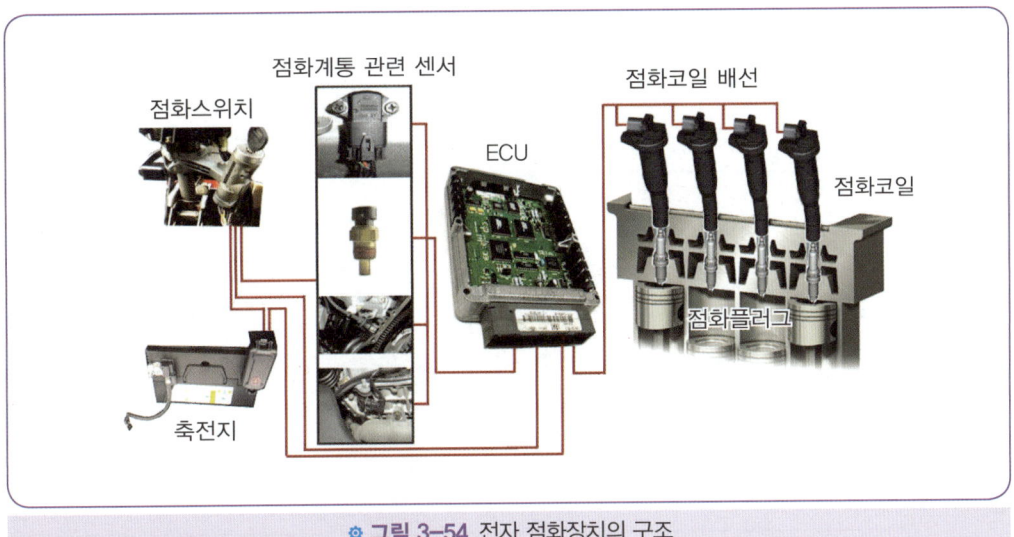

그림 3-54 전자 점화장치의 구조

단속기 접점방식 점화장치는 배전기 내의 원심추로 구성된 원심 진각장치와 흡기다기관 내의 부압을 이용한 진공 진각장치에 의해 점화시기가 제어되는 반면 전자 점화장치는 컴퓨터에 의해 1차코일 전류의 통전개시 및 점화시기를 제어하기 때문에 최적의 제어를 통해 성능과 연료 소비율 향상 및 배기가스 제어에 훨씬 유리하다.

점화장치의 요구조건

① 발생전압이 높고 여유전압이 클 것
② 점화시기 제어가 정확할 것

③ 불꽃 에너지가 높을 것
④ 잡음 및 전파방해가 적을 것
⑤ 절연성이 우수할 것

02 고압 발생원리

1 자기유도 작용(self induction action)

자기유도 작용이란 [그림 3-55(a)]에 나타낸 바와 같이 스위치를 닫아 철심에 감은 코일에 전류를 공급하면 철심에 자력선이 형성되는 순간 [그림 3-55(b)]에 나타낸 바와 같이 코일에는 철심에 자력선이 형성되는 것을 방해하는 방향으로 전류가 흘러 전압이 유기된다. 즉, 스위치를 닫으면(ON으로 하면) 전류가 흐르는 방향과 반대방향으로 유도 기전력이 유기된다.

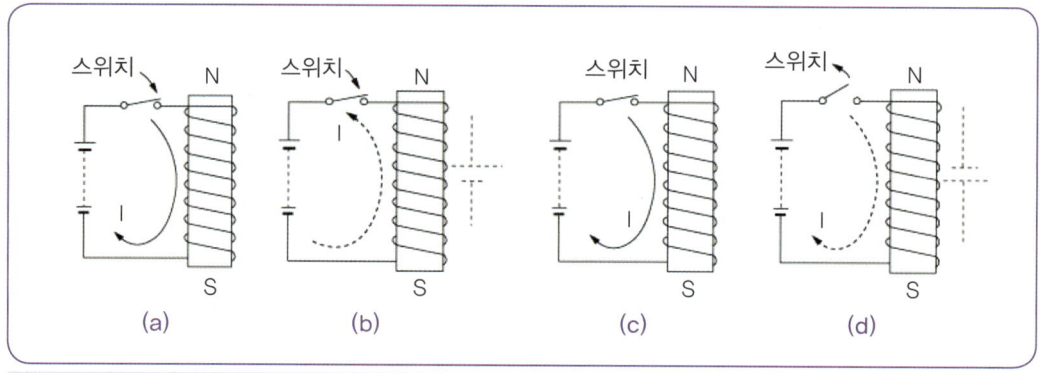

※ 그림 3-55 자기유도 작용

또 코일의 자기유도 작용은 [그림 3-55(c)]에 나타낸 바와 같이 전류가 흐르는 상태에서 [그림 3-55(d)]에 나타낸 바와 같이 스위치를 신속하게 열면(OFF시키면) 소멸하는 자력선을 지속시키려는 방향으로 전류를 흐르게 하여 전압이 코일에 유기된다.

이와 같이 코일에 흐르는 전류를 단속(ON/OFF)하면 코일의 자력선이 증가 또는 감소될 때 그 변화를 방해하는 방향으로 전류를 흐르게 하여 전압이 유기된다. 즉, 코일 자신에 흐르는 전류를 변화시키면 코일과 교차하는 자력선도 변화되기 때문에 코일에는 그 변화를 방해하는 방향으로 기전력이 발생되는 현상을 자기유도작용이라 한다.

2 상호유도 작용(mutual induction action)

상호유도 작용이란 철심에 2개의 코일을 감고 A코일에 교류를 공급하면 B코일에는 2개 코일의 권선비율에 비례하는 전압이 유도되는 현상을 말한다. 즉 [그림 3-56]과 같이 1차 코일과 2차 코일의 2개의 코일을 동일 철심에 감고 1차 코일에 흐르는 전류를 변화시키면 철심에 의해 공통화 된 자력의 영향으로 2차 코일에도 기전력이 발생한다. 여기서 직류일 때는 스위치를 개폐하면 전구에 불이 들어오며 교류는 통전하면 곧바로 전구가 켜진다.

이에 따라 2개의 코일 중에서 한 쪽에 흐르는 전류의 크기나 방향을 변화시키면 철심에 형성되는 자력선의 방향도 변화되기 때문에 다른 코일에는 전압이 유기된다. 이와 같이 하나의 전기회로에 자력선의 변화가 생기면 그 변화를 방해하려고 다른 전기회로에 기전력이 발생되는 현상을 코일의 상호유도 작용이라 한다.

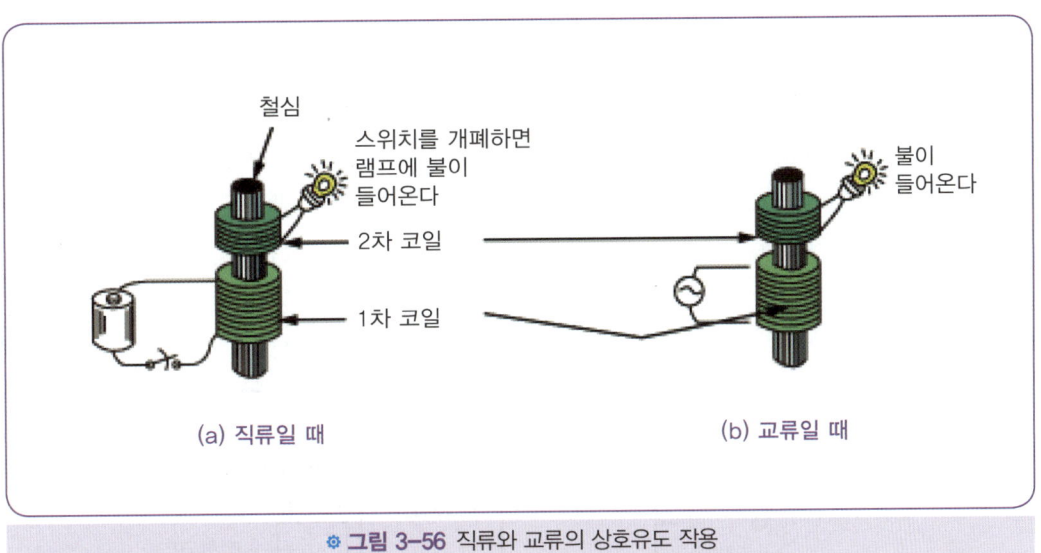

● 그림 3-56 직류와 교류의 상호유도 작용

그리고, 점화코일에서 높은 전압을 얻도록 유도하는 공식은 다음과 같다.

$$E_2 = \frac{N_2}{N_1} \times E_1$$

E_2 : 2차 코일의 유도 전압
E_1 : 1차 코일의 유도 전압
N_1 : 1차 코일의 권수
N_2 : 2차 코일의 권수

03 컴퓨터 제어방식의 점화장치

1 컴퓨터 제어방식 점화장치의 개요

이 방식은 기관의 작동상태(회전속도·부하 및 온도 등)를 각종 센서로 검출하여 컴퓨터(ECU)에 입력시키면 컴퓨터는 점화시기를 연산하여 1차 전류의 차단신호를 파워 트랜지스터로 보내어 점화코일의 2차 코일에서 높은 전압을 유기하는 방식이다. 그리고 예전의 배전기에 설치되었던 원심 및 진공 진각장치를 없애고 컴퓨터가 점화시기를 제어하며, 점화코일도 폐자로형(몰드형)을 사용한다. 종류에는 HEI와 DLI(또는 DIS)가 있다.

장점

① 저속·고속 운전영역에서 매우 안정된 점화불꽃을 얻을 수 있다.
② 노킹이 발생할 때 점화시기를 자동으로 늦추어 노킹발생을 억제한다.
③ 기관의 작동상태를 각종 센서로 검출하여 최적의 점화시기로 제어한다.
④ 높은 출력의 점화코일을 사용하므로 완벽한 연소가 가능하다.

2 HEI(high energy ignition : 고강력 점화방식)의 구조와 작동

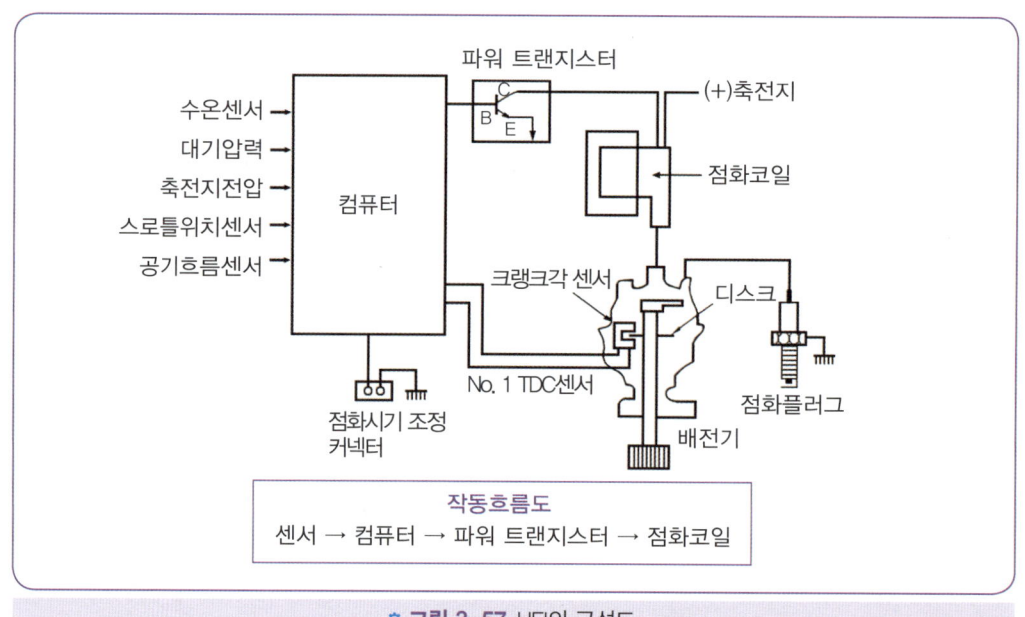

◈ 그림 3-57 HEI의 구성도

파워 트랜지스터(power TR)

파워 트랜지스터는 컴퓨터로부터 제어신호를 받아 점화코일에 흐르는 1차 전류를 단속하는 역할을 하며, 구조는 컴퓨터에 의해 제어되는 베이스(base), 점화코일 1차 코일의 (-)단자와 연결되는 컬렉터(collector), 그리고 접지되는 이미터(emitter)로 구성된 NPN형이다. 파워 트랜지스터의 작용은 다음과 같다.

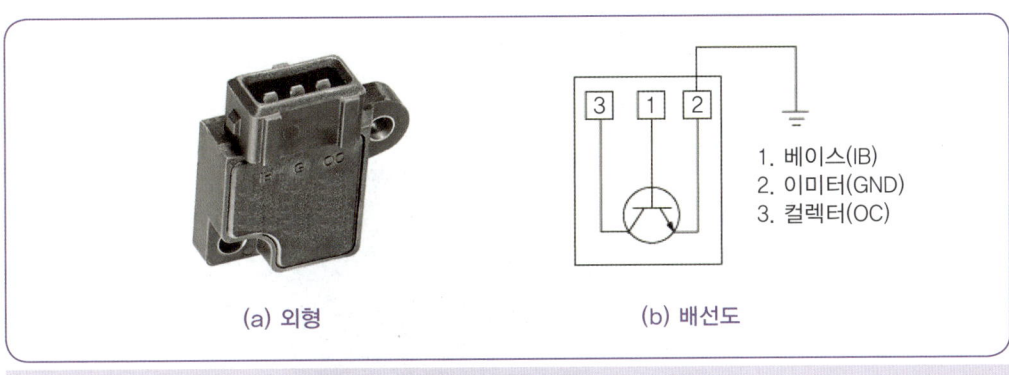

● 그림 3-58 파워 트랜지스터의 외관과 회로도

점화스위치를 ON으로 하면 축전지 전압이 점화 1차 코일에 흐른다. 크랭크 각 센서의 점화신호가 컴퓨터에서 파워 트랜지스터를 통하여 단선과 접지를 반복한다. 그리고 점화시기는 컴퓨터가 연산하며, 파워 트랜지스터 베이스의 전류흐름이 차단되면 점화 1차 전류가 차단되며, 이 작동으로 점화코일의 2차 코일에 높은 전압이 유기되며, 이 높은 전압은 배전기 로터에 의해 점화플러그로 보내진다.

점화코일(ignition coil)

폐자로형 점화코일은 4각 철심의 안쪽에 1차 코일을 감고 바깥쪽에 2차 코일을 감아 개자로형과는 반대로 되어 있다. 이것은 자속의 경로가 대기로 개방되어 있는 개자로형과는 달리 4각의 철심으로 자로(磁路)를 만들었기 때문에 철심만을 통해 돌아오도록 소형화된 것이 특징이며, 자속이 공기 중으로 통할 때보다 약 1만 배 정도 자속이 잘 통하는 성질이 있어 자속의 손실이 거의 없기 때문에 높은 2차 전압을 발생시킬 수가 있다. 개자로형 점화코일에서는 보통 20,000~25,000V의 고전압을 얻는데 비하여 폐자로형 점화코일에서는 30,000V 이상의 고전압을 얻을 수 있는 장점이 있다.

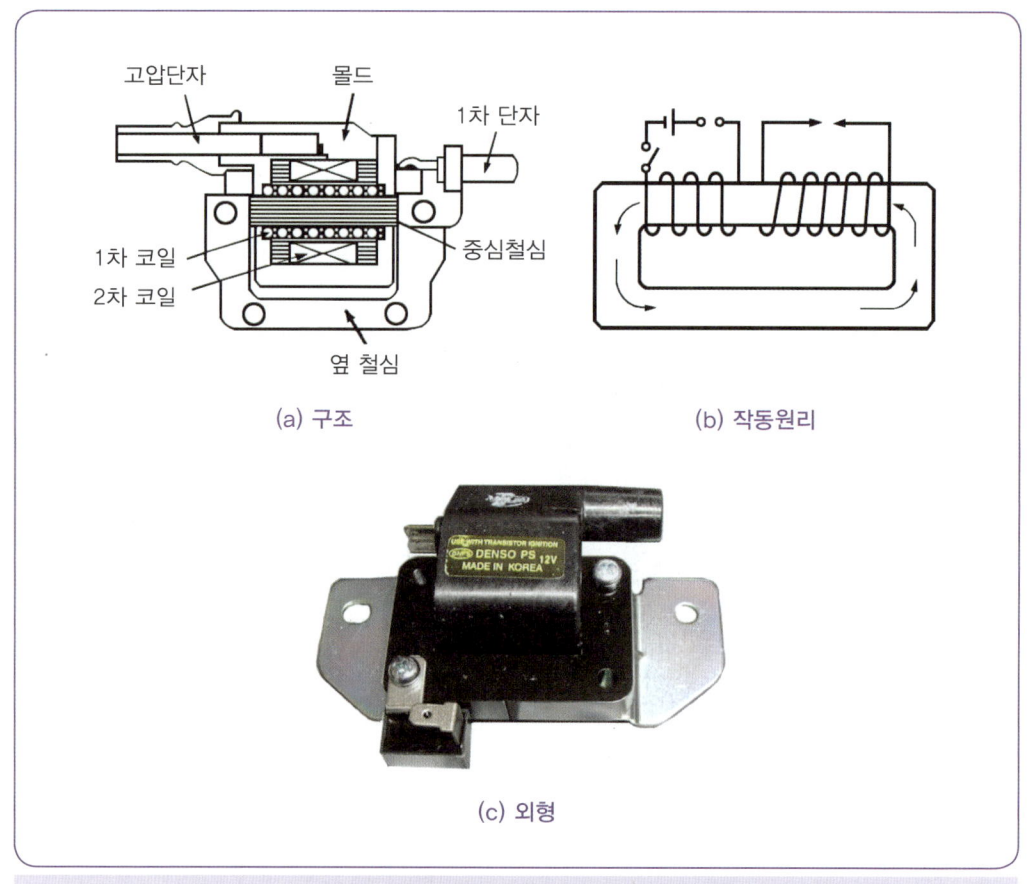

※ 그림 3-59 폐자로형 점화코일의 구조와 작동

크랭크 각 센서와 상사점 센서

(1) 옵티칼방식(optical type)

옵티칼방식은 크랭크 각 센서, 상사점 센서, 배전기축과 함께 회전하는 디스크, 점화코일에서 유도된 높은 전압을 점화순서에 따라 배분하는 로터(rotor) 등으로 구성되어 있다. 또 유닛 어셈블리에는 4실린더 기관용은 디스크를 설치한 2종류의 슬릿(slit)을 검출하기 위한 발광다이오드와 포토다이오드가 2개씩 들어있으며, 펄스신호로 컴퓨터에 입력시킨다. 크랭크 각 센서와 제1번 실린더 상사점 센서는 디스크와 유닛 어셈블리로 구성되어 있으며, 디스크에는 금속제 원판으로 주위에는 90° 간격으로 4개의 빛 통과용 크랭크 각 센서용 슬릿이 있고, 안쪽에는 1개의 제1번 실린더 상사점 센서용 슬릿이 있다.

6실린더 기관용의 상사점 센서는 제1, 3, 5번 실린더의 상사점을 검출하여 펄스 신호로 컴퓨터로 입력하여 컴퓨터에서 이 신호를 기준으로 연료 분사순서를 결정하도록 한다. 디스크는 2가지 형식이 있는데, 그 하나는 디스크 바깥둘레에 1° 검출용 슬릿 360개와 안쪽에는 120° 검출용 슬릿이 6개 설치되는 방식과, 또 다른 하나는 디스크 바깥둘레에 크랭크 각 센서용 슬릿 6개와 안쪽에 상사점 센서용 슬릿이 4개 있는 방식이 있다.

(2) 인덕션 방식(induction type)

인덕션 방식은 톤 휠(ton wheel)과 영구자석을 이용하는 것이다. 이 방식은 제1번 실린더 상사점 센서 및 크랭크 각 센서의 톤 휠을 크랭크축 풀리 뒤에 설치하고 크랭크축이 회전하면 기관 회전속도 및 제1번 실린더 상사점의 위치를 검출하여 컴퓨터로 입력시키면 컴퓨터는 제1번 실린더에 대한 기초신호를 식별하여 연료 분사순서를 결정한다.

제1번 실린더 및 크랭크 각 센서의 구조는 영구자석 주위에 코일을 감아 톤 휠이 회전하면 에어 갭(air gap)의 변화에 따라서 유도된 펄스신호를 컴퓨터로 입력시키면 제1번 실린더 상사점과 기관의 회전속도를 검출한다.

(3) 홀센서 방식(hall sensor type)

홀센서는 홀 소자인 게르마늄(Ge), 칼륨(K), 비소(As) 등을 사용하여 얇은 판 모양으로 만든 반도체 소자로 홀 효과를 이용한 스위치로서 펄스 발생기로 이용된다. 이 센서의 장점은 인덕티브 센서에서와는 다르게 신호전압의 크기가 기관의 회전속도와 관계없이 일정하기 때문에 아주 낮은 회전속도도 감지할 수 있다. 또, 전압파형이 디지털 타입이므로 ECU에서 별도의 신호처리(AC-DC 컨버팅)를 할 필요가 없다.

점화시기 보정

(1) 점화시기 보정요소

기관의 점화시기의 가장 큰 변화요인은 기관 회전속도 변화와 부하 변화이며, 그 밖에 기관의 난기상태, 대기압력 상태 및 연료 등이 약간의 영향을 준다.

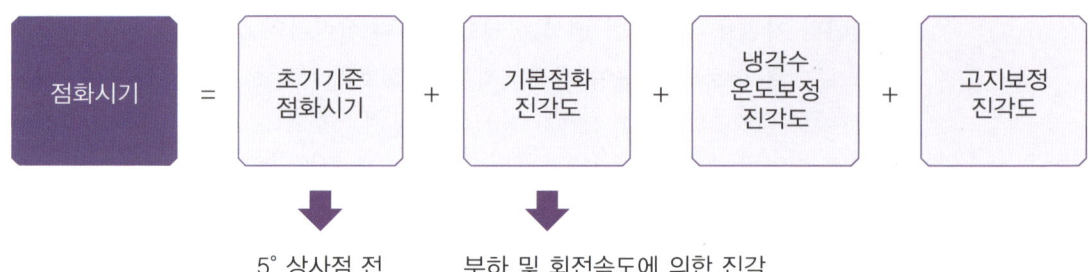

전자제어장치에서는 크랭크 각 센서(crank angle sensor)로 기관 회전속도를 측정하고, 공기유량 센서(air flow sensor)를 이용하여 흡입공기량을 측정한 후 기본 점화시기를 결정한 다음, 기관의 각종 상태를 보정하여 가장 적절한 점화시기를 결정한다.

(2) 점화시기 제어기구

점화시기를 제어하기 위해서는 각종센서, 컴퓨터, 액추에이터의 3부분으로 나눌 수 있으며, 액추에이터 부분인 파워 트랜지스터를 제어하여 이 파워 트랜지스터가 ON-OFF됨에 따라 1차 전류를 ON-OFF한다. 파워 트랜지스터를 제어하기 위해서는 기관의 각종 상황을 검출하는 센서, 즉 크랭크 각 센서, 공기유량 센서, 수온센서, 차속센서 등으로 검출한 후 컴퓨터(micro computer)에 입력하여 차량 운전조건에 가장 적절한 점화시기 값을 연산하여 파워 트랜지스터를 제어한다.

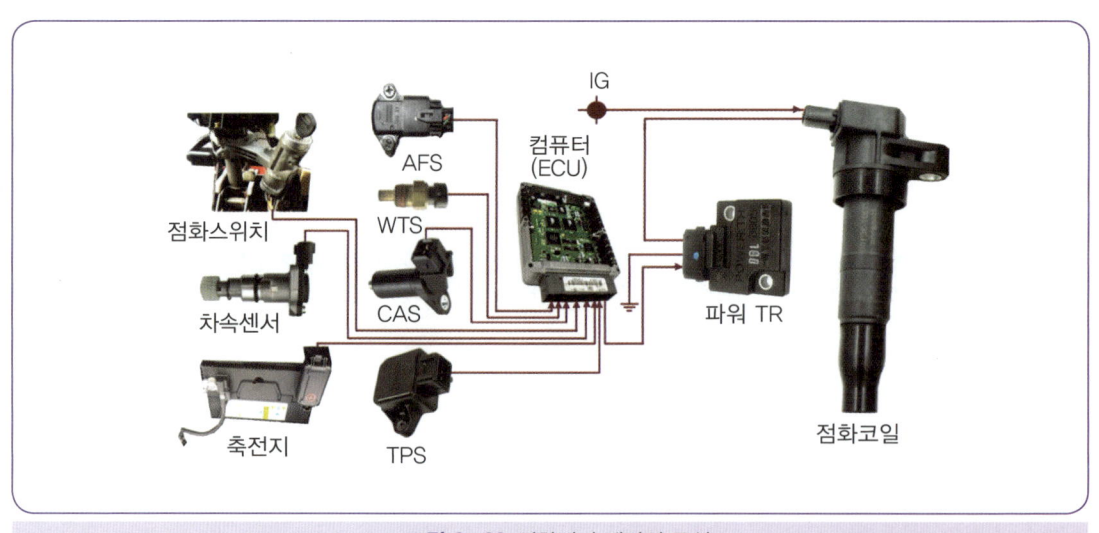

❂ 그림 3-60 점화시기 제어의 구성

여기서 점화시기 제어에 가장 기초가 되는 것은 흡입공기량의 측정(공기유량 센서)과 크랭크 각 센서에서 입력되는 120° 및 1° 신호에 의해, 기관 회전속도 및 피스톤 위치가 판독된다.

고압케이블(high tension cable)

고압케이블은 점화코일의 2차 단자와 점화플러그를 연결하는 절연전선이다. 고압케이블의 한 쪽 끝은 황동제의 태그(tag)를 통하여 점화플러그 단자에 끼워지고 다른 한 쪽은 점화코일의 점화플러그 단자에 끼워진 후 수분이 들어가지 못하도록 고무제의 캡이 씌워져 있다. 구조는 중심부분의 도체를 고무로 절연하고 다시 그 표면을 비닐 등으로 보호하고 있다.

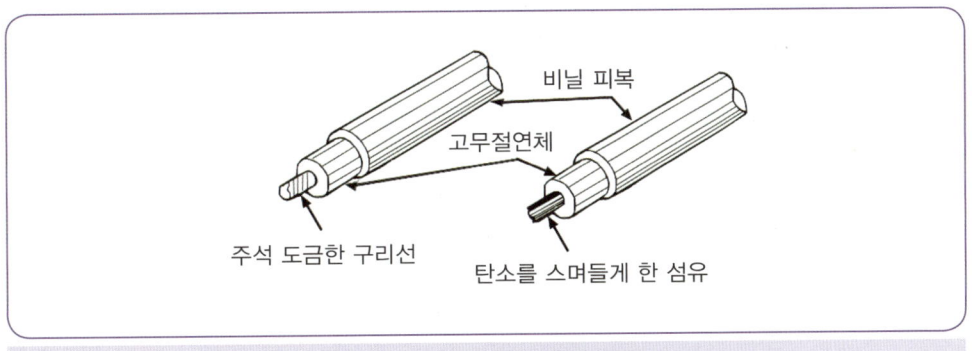

● 그림 3-61 고압케이블의 종류

고압케이블 종류에 따라 중심도체에는 구리선을 몇 가닥 합친 것과 섬유에 탄소를 침투시켜 균일한 저항을 둔 것을 TVRS(television radio suppress ion)케이블이 있으며 이 TVRS케이블은 점화회로에서의 고주파 발생에 따른 잡음을 방지하기 위해 케이블 전체에 약 10kΩ 정도의 저항을 두고 있다.

점화플러그(spark plug)

(1) 점화플러그의 개요

점화플러그(spark plug)는 실린더헤드에 설치되어 있으며, 실린더 내의 압축된 혼합가스에 고압 전기로 불꽃을 일으키는 역할을 한다. 이때 불꽃에너지(높은 전압)는 점화코일에서 발생하여 고압케이블(high tension cable)을 통해 각 실린더의 점화플러그에 공급된다.

점화플러그는 구조가 간단하지만 가혹한 조건에서 사용되기 때문에 기관성능에 직접 영향을 준다. 점화플러그는 하우징(housing), 절연체(insulator), 전극(electrode)의 3가지 주요부분으로 구성되어 있다.

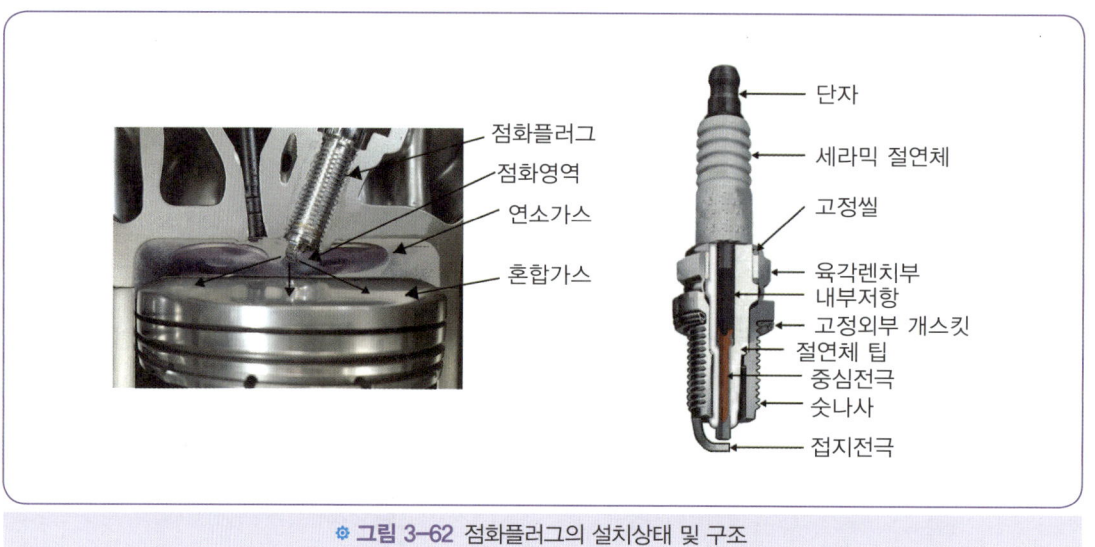

※ 그림 3-62 점화플러그의 설치상태 및 구조

1) 하우징(housing)

점화플러그의 외곽을 구성하며, 절연체의 지지 및 실린더헤드에 설치되는 부분을 하우징이라 한다. 상단은 점화플러그 렌치(wrench)를 사용할 수 있도록 나사산이 있으며, 맨 끝 부분에는 접지전극이 용접되어 있다.

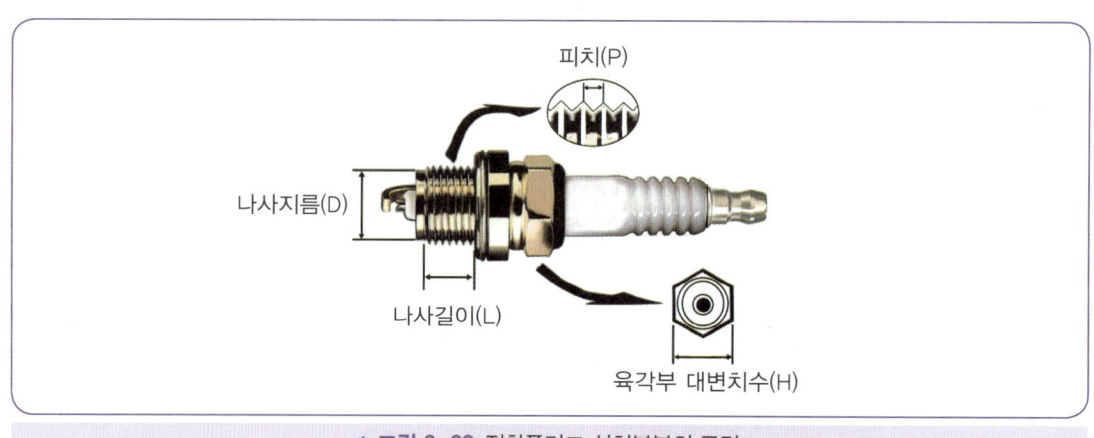

※ 그림 3-63 점화플러그 설치부분의 규격

점화플러그는 높은 온도에 의한 접지전극의 산화가 쉬워 이에 견딜 수 있도록 니켈-크롬합금을 주로 사용한다.

2) 절연체(insulator)

절연체는 높은 온도에서도 높은 절연저항을 유지해야 하고 열전도성, 기계적 강도 등이 커야 한다. 따라서 현재는 세라믹(ceramic)을 주로 사용한다.

3) 전극(electrode)

전극은 중심전극과 접지전극으로 되어 있으며, 접지전극은 금속 셸(shell)에 부착되어 있다. 접지전극의 수는 점화플러그의 구조에 따라 1개 또는 다수이다. 이 두 전극사이에 0.7~1.1mm 정도의 간극을 두고 불꽃을 일으킨다. 중심전극은 고온의 연소가스에 노출되기 때문에 재질로는 열전도성이 우수한 니켈-망간합금, 철-크롬합금, 백금 등을 사용함으로서, 플러그의 열가를 변경시키지 않고도 절연체 팁(tip)을 실질적으로 연장하는 것이 가능하다. 이렇게 함으로서 스파크플러그의 작동영역이 보다 낮은 열부하 영역으로 확대되며, 플러그의 오손 가능성 및 실화 또한 감소하게 된다.

중심전극은 대부분 원통형으로 절연체 팁(tip)으로부터 노출되어 있으나 형식에 따라서는 절연체 팁(tip)에 거의 매입된 것도 있다.

(2) 점화플러그 열값에 따른 분류

점화플러그는 열값에 따라 열형, 표준형, 냉형으로 구분한다.

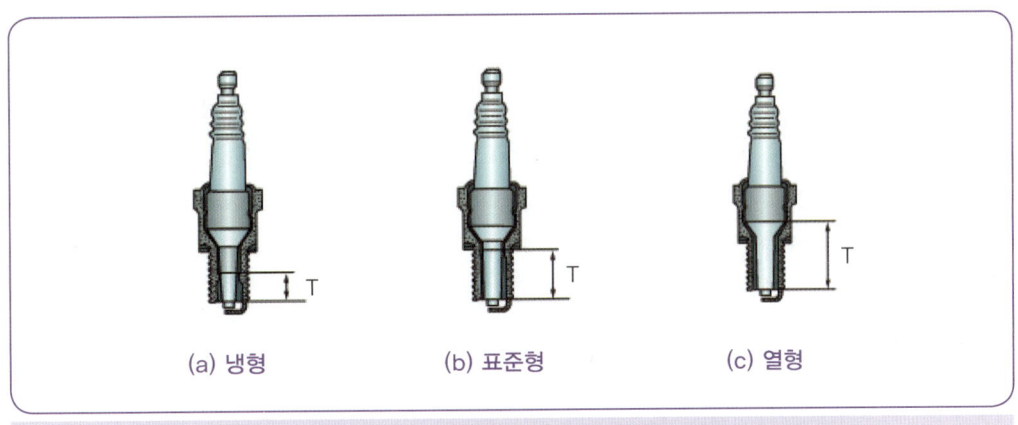

● **그림 3-64** 점화플러그의 열값에 따른 분류

1) 열형 플러그(hot type plug)

절연체의 노스(nose) 면적이 넓어 더 많은 열을 흡수하므로 열 분산이 낮다.

2) 표준형 플러그(standard type plug)

절연체 노스(nose) 면적이 열형보다 작아 열 흡수가 더 낮으며, 열 분산은 더 높다.

3) 냉형 플러그(cold type plug)

절연체 노스(nose) 면적이 작아 열을 거의 흡수하지 못하며, 짧은 열전도 통로를 통한 열 분산성이 우수하다.

(3) 점화플러그의 구비조건
① 전기 절연성이 좋을 것
② 내열성이 클 것
③ 열전도율이 클 것
④ 기계적인 강도가 클 것
⑤ 기밀유지가 잘 될 것
⑥ 내구성이 좋을 것
⑦ 내 오손성이 클 것
⑧ 불꽃 방전성이 좋을 것
⑨ 착화성이 좋을 것

(4) 자기 청정온도(self cleaning temperature)

점화플러그의 전극부분 자체의 온도에 의해 카본 등에 의한 오손을 청소하는 작용을 자기청정 작용이라 하고, 그 청정작용이 완전히 이루어지는 온도를 자기청정 온도라 한다. 자기청정 온도는 500℃부터 시작하여 950℃ 이하의 범위가 이 자기청정 온도에 해당한다.

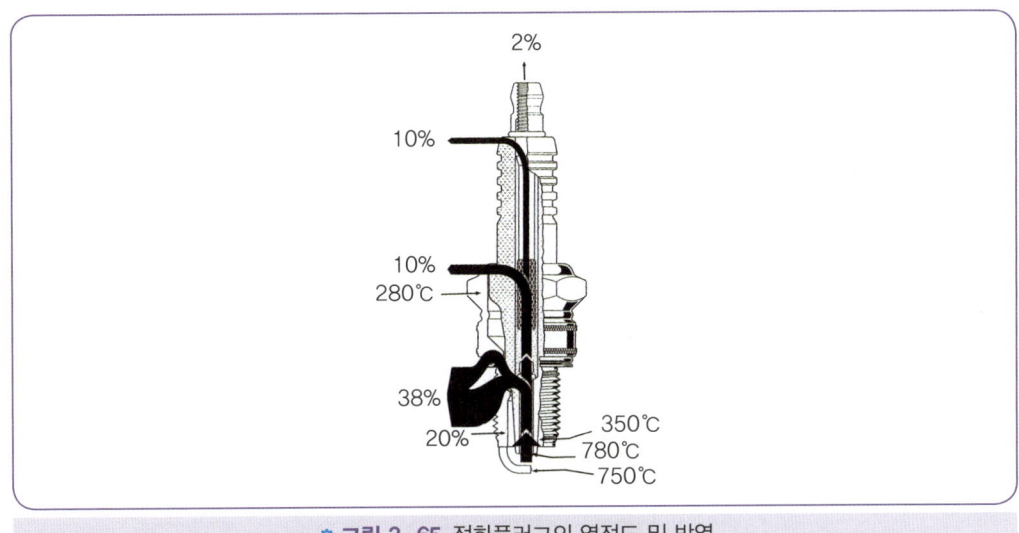

◦ **그림 3-65** 점화플러그의 열전도 및 방열

(5) 저항 점화플러그(resistor spark plug)

가솔린기관의 점화장치에서는 고압전기에 의한 불꽃발생으로 매우 많은 전파 잡음이 발생한다. 고압전기에 의한 불꽃은 단위시간 당 전류변화량이 매우 크고 전파의 발생량도 비례하여 증가한다. 이러한 전기불꽃에 의한 잡음전파는 다양한 주파수를 포함하고 있어 차량의 AM · FM라디오, TV, 무전기, 네비게이션(navigation) 등에 악영향을 준다.

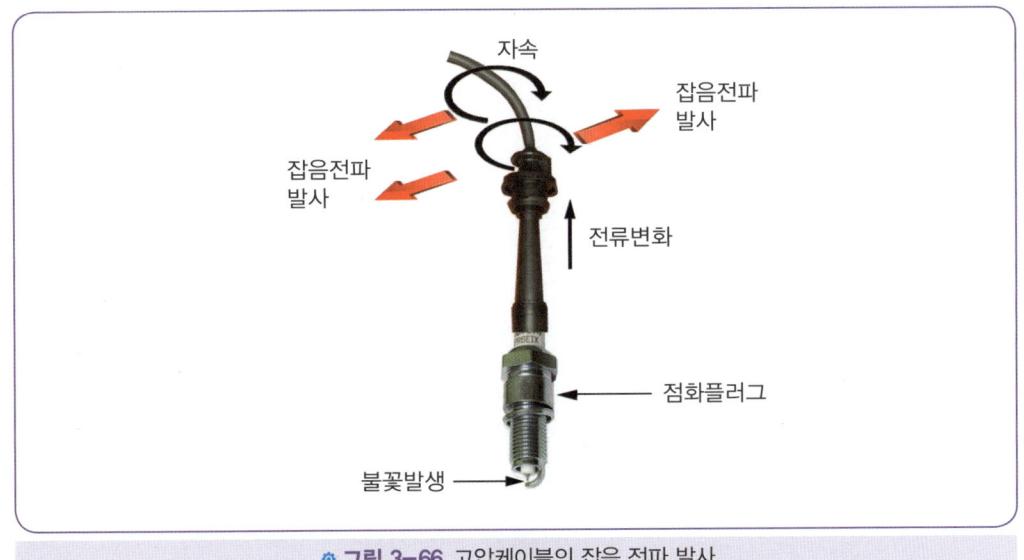

◦ **그림 3-66** 고압케이블의 잡음 전파 발사

이러한 잡음 전파를 방지하기 위한 방법으로 고압케이블의 재료를 실리콘을 사용하거나 저항을 넣은 저항 고압케이블을 사용하여 잡음 전파방지 등의 방지기로 사용되기도 하며, 점화플러그의 내부에 저항(10,000Ω)을 넣은 저항 점화플러그(resistor spark plug)를 사용하기도 한다.

(6) 점화플러그의 형식

점화플러그의 형식은 BP5ES—11, PFR5A—11, BRE527Y—11 등으로 표시하며 형식에 따른 세부 내용은 아래 표와 같다.

❖ 표 3-3 점화플러그 형식

B	P	5	E	S	−11
〈나사지름〉	〈구조/특징〉	〈열가〉	〈나사길이〉	〈구조/특징〉	〈구조/특징〉
A —— 18mm B —— 14mm C —— 12mm D —— 10mm E —— 18mm BC —— 14mm	P 절연체 (돌출타입) R 저항타입 U Semi—연면 (연면 방전타입)	2 열형 4 5 ⋮ 6 7 8 ⋮ 9 10 11 12 13 냉형	E 19.0mm H 12.7mm	S 표준타입 Y V-파워플러그 V V 플러그 VX VX 플러그 K 외측 2극전극 M 2극 로타리용 전극 Q 4극 로타리용 전극 B CVCC 기관용 J 2극 사방전극 C 사방전극	9 —— 0.9mm 10 —— 1.0mm 11 —— 1.1mm 13 —— 1.3mm −L —— 중간열가 −N —— 외측전극

P	F	R	5	A	−11
〈플러그 종류〉	〈나사지름〉	〈저항형식〉	〈열가〉	〈추가기호〉	〈플러그간극〉
P : 백금 플러그 Z : 돌출형 플러그	육각대변치수 F : Ø14×19mm 육각대변 16.0mm G : Ø14×19mm 육각대변 20.6mm J : Ø12×19mm 육각대변 18.0mm F : Ø10×12.7mm 육각대변 16.0mm	R : 저항타입	5 열형 6 ⋮ 7 냉형	A, B, C …	−11 : 1.1mm

B	R	E	5	2	7	Y	−11
〈나사지름〉	〈저항형식〉	〈나사길이〉	〈열가〉	〈절연체 돌출지수〉	〈발화위치〉	〈중심전극〉	〈플러그간극〉
				(2:2.5M)	(7:7.0mm) (9:9.5mm)	(선단 V홈)	(11:1.1mm)

3 전자배전 점화장치(DLI : distributor less ignition)

전자배전 점화장치의 종류

전자배전 점화장치는 DIS(direct ignition system) 또는 무배전기 점화장치라고도 부른다. 자동차 제작회사마다 다르지만 기본 형식에 따라 다음과 같이 나눌 수 있다.

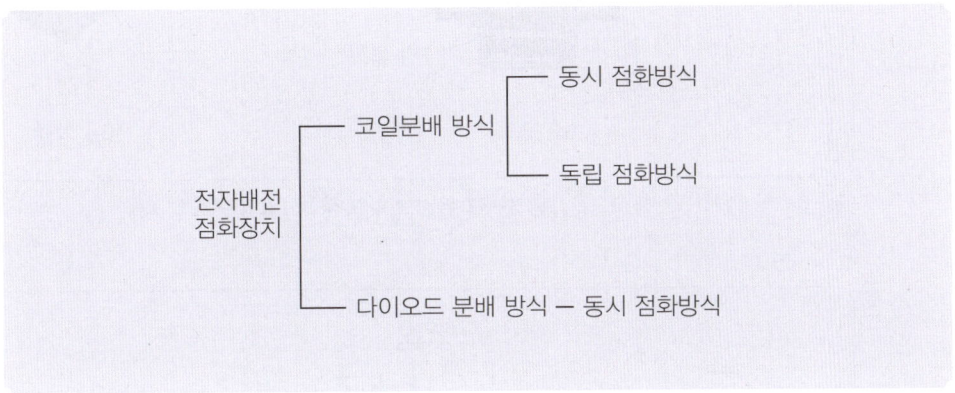

코일 분배방식은 높은 전압을 점화코일에서 점화플러그로 직접 배전하는 방식이며, 1개의 점화코일이 2개의 실린더에 동시에 점화를 시키는 동시 점화방식과 1개의 코일이 1개의 실린더에 점화시키는 독립 점화방식이 있다. 다이오드 분배방식인 경우는 고압 전류의 방향을 다이오드에 의해 제어하는 방식을 말하며 동시 점화방식이다.

(1) 동시 점화방식

이 방식은 듀얼 점화방식(dual ignition type)이라고도 하며, 2개의 실린더에 1개의 점화코일로 압축상사점과 배기상사점에 있는 각각의 점화플러그에 동시에 점화시키는 장치이다. 4번 실린더는 배기상사점에 1번 실린더는 압축상사점에 점화시켰지만 4번은 압축압력이 낮기 때문에 방전에너지도 작게 되어 점화플러그의 불꽃은 약하고 공회전과 저속 운전시의 토크 변동이 억제되는 등의 운전성이 향상된다.
이러한 동시 점화방식의 특징은 다음과 같다.
① 배전기로 고전압을 배전하지 않기 때문에 누전이 발생하지 않는다.
② 배전기 내의 에어갭이 없어 로터와 고압 단자사이의 전압 에너지 손실이 적다.
③ 배전기 캡 내로부터 발생하는 전파 잡음이 없다.
④ 진각 폭에 제한을 받지 않는다.

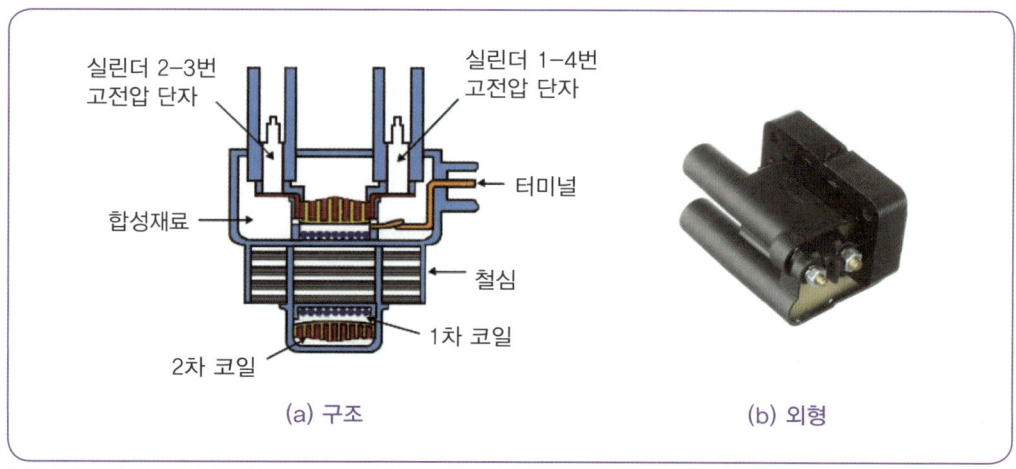

✿ 그림 3-67 듀얼 스파크 점화코일의 구조 및 외형

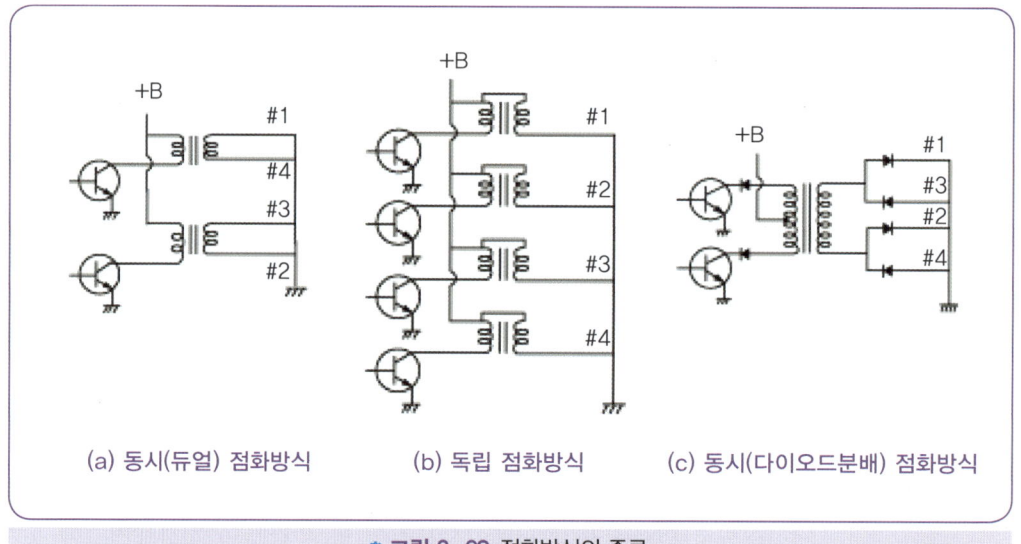

✿ 그림 3-68 점화방식의 종류

(2) 독립 점화방식

이 방식은 각 실린더마다 1(점화코일)+1(점화플러그)방식에 의해 직접 점화하는 장치이며, 이 점화방식도 동시점화의 특징과 같고 다음 사항이 추가된다.

① 고압케이블인 센터 코드와 각 점화플러그로 고압의 전기를 공급하는 플러그 코드가 없기 때문에 에너지의 손실이 거의 없다.

② 각 실린더 별로 점화시기 제어가 가능하기 때문에 연소제어가 쉽다.

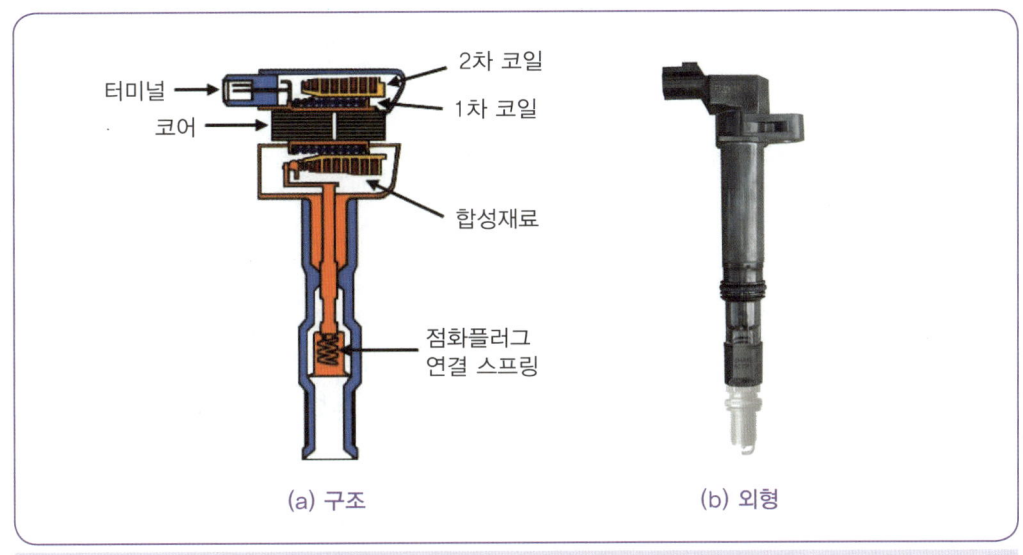

● 그림 3-69 싱글 스파크 점화코일 구조 및 외형

(3) 동시(다이오드분배) 점화장치

대부분 DLI장치의 점화코일은 폐자로(閉磁路)형으로 소형 경량화하였고, 1개의 점화코일로 2개의 실린더에 동시에 점화하는 동시 점화방식을 사용한다. 즉, 점화코일의 1차 전류가 파워 트랜지스터에서 차단될 때, 2차 쪽에는 (+)와 (−) 양극성의 높은 전압이 동시에 발생한다. 따라서 (+)출력 쪽에 다이오드가 조립되어 있다.

● 그림 3-70 동시(다이오드분배) 점화방식 점화코일

CHAPTER 05 예상문제

점화장치

01. 점화장치의 고전압을 구성하는 것이 아닌 것은?

① 배전기　② 고압 케이블
③ 점화코일　④ 제너다이오드

풀이 제너다이오드는 정방향에서는 일반 다이오드와 동일한 특성을 보이지만 역방향으로 전압을 걸면 일반 다이오드보다 낮은 특정 전압(항복 전압 혹은 제너 전압)에서 역방향 전류가 흐르는 소자이다.

02. 점화지연의 3가지 중 해당 없는 것은?

① 기계적 지연　② 화염전파지연
③ 전기적 지연　④ 축전 지적 지연

풀이 점화지연시간은 점화전류가 충전되어 불꽃이 튀기까지의 시간 착화지연 즉 불꽃이 터지고 혼합기에 점화되기 전 화염전파 기간 즉 불이 붙고 퍼지는 기간을 말하며 축전 지적 지연은 해당하지 않는다.

03. 점화장치에서 DLI 방식의 특징들을 열거한 것 중 틀린 것은?

① 배전기 캡에서 발생하는 전파 잡음이 없다.
② 배전기에 의한 누전이 없다.
③ 배전기가 없으므로 로터와 접지 틈 사이의 고압 에너지 손실이 적다.
④ 배전기 방식보다 내구성이 떨어지는 부품이 많아 신뢰성이 없다.

풀이 DLI 방식은 고출력과 연비 절감 그리고 혼합기와 점화 시기 제어 고효율로써 착화성이 우수하다.

04. 두 개의 코일에서 한 개의 코일에 흐르는 전기회로에 자력선의 변화가 생겼을 때 그 변화를 방해하려고 다른 전기회로에 기전력이 발생하는 작용을 무엇이라 하는가?

① 상호유도작용
② 관성작용
③ 자기유도작용
④ 키르히호프의 제 2법칙

풀이 상호유도작용은 직류 전기 회로에 자력선의 변화가 생겼을 때 그 변화를 방해하기 위해서 다른 전기 회로에 기전력이 발생되는 현상을 말한다. 즉, 1차 코일에 흐르는 전류를 변화시키면 2차 코일에 유도기전력이 발생하며, 자동차의 점화 코일에 이용된다.

05. 점화플러그에서 자기 청정온도가 정상보다 높아졌을 때 나타날 수 있는 현상은?

① 카본 발생
② 역화
③ 조기 점화
④ 후화

풀이 조기 점화는 정상 점화 전에 점화가 발생하거나 점화 플러그에 전기적 전호(arcing)가 발생하기 전에 점화가 발생하는 현상이다.

정답　01. ④　02. ④　03. ④　04. ①　05. ③

06. 점화플러그에서 불꽃이 튀지 않는 이유 중 틀린 것은?

① 점화코일 불량
② 컨트롤 릴레이 불량
③ TR 불량
④ 기동전동기 불량

풀이 기동전동기는 엔진 시동 시 사용하는 부품이다.

07. 전자제어 점화장치에서 점화 시기를 제어하는 순서로 맞는 것은?

1. 각종 센서	2. 점화코일
3. ECU	4. TR
5. 점화플러그	

① 1,2,3,4,5
② 1,3,4,2,5
③ 1,4,5,2,3
④ 3,4,2,1,5

풀이 점화 시기 제어는 각종 센서의 신호를 받아서 ECU에서 제어하여 파워트랜지스터에 신호를 보내서 점화코일의 자기유도작용과 상호유도작용의 반응으로 고전압을 점화플러그로 보내는 순서로 구성된다.

08. 점화플러그의 열값에 대한 설명이 옳은 것은?

① 열값이 크면 냉형이다.
② 열값이 크면 열형이다.
③ 냉형은 냉각 효과가 적다.
④ 냉형은 저속회전 엔진에 사용한다.

풀이 점화플러그의 열값은 길이가 긴 것을 열형, 짧은 것을 냉형, 그 중간의 것을 중간형이라 하며 점화플러그의 소요 열값은 사용상 대단히 중요하며 엔진의 연소실 형식, 흡배기 밸브의 위치, 압축비, 회전 속도등에 따라 달라지나 원칙적으로 고압축비, 고속 회전의 엔진에서는 냉각효과가 큰 냉형을 사용하고, 저압축비, 저속 회전의 엔진에서는 냉각 효과가 작은 열형 플러그를 사용한다.

09. 트랜지스터식 점화장치는 트랜지스터의 무슨 작용을 이용하여 2차 전압을 유기시키는가?

① 스위칭 작용
② 증폭작용
③ 단속작용
④ 상호유도작용

풀이 스위칭 작용은 회로에 직류전류를 흘릴 때, 가는 길목에 '인덕터'라는 코일을 설치하여 그 뒤에 '다이오드'를 설치 그리고 그 중간에 '트랜지스터'를 GND(그라운드)로 연결하여 설치한다. 이렇게 설계를 해놓고 입력 측에 직류를 흘리면 전류가 트랜지스터로 흐를 때를 말한다.

10. 점화플러그의 그을림 오손의 원인과 거리가 먼 것은?

① 점화 시기 진각
② 저속운전의 장시간 운전
③ 진한 혼합비
④ 점화플러그의 열값 불량

풀이 점화플러그의 그을림은 점화 시기 진각과 거리가 멀며 점화 시기가 빠른 상태를 점화 시기 진각이라 한다.

06. ④ 07. ② 08. ① 09. ① 10. ①

11. 점화장치에서 파워트랜지스터에 대한 설명으로 틀린 것은?

① 베이스 신호는 + 신호를 ECU에서 받는다.
② 이미터 단자는 접지되어 있다.
③ 컬렉터는 점화 2차 코일과 연결되어 있다.
④ 컬렉터는 점화코일 1차 전류를 단속한다.

풀이 컬렉터는 점화 1차 코일과 연결되어 있다.

12. DLI 점화장치의 구성요소 중 해당하지 않는 것은?

① 파워 트랜지스터(TR)
② 점화코일
③ 디스트리뷰터
④ ECU

풀이 디스트리뷰터는 배전기를 표현한다.

13. 고 에너지식 점화방식(HEI)에서 점화 시기의 진각과 지연은 무엇에 의하여 이루어지는가?

① 진공진각장치
② 파워트랜지스터
③ ECU
④ 원심진각장치

풀이 파워트랜지스터를 이용하는 고 에너지식 점화장치(HEI: High Energy Ignition)의 점화시기 진각과 지연은 ECU의 작동으로 이루어진다.

14. 전자제어 연료분사장치에서 연료분사가 안되는 현상과 점화코일에서 고전압이 발생하지 않는 현상일 때 제일 먼저 점검해야 할 항목은?

① 대기압 센서
② 냉각수온 센서
③ ECU
④ 크랭크각 센서

풀이 전자제어 연료분사장치에서 제일 먼저 점검해야 할 부분은 크랭크각 센서이다.

15. DLI(배전기가 없는 점화장치)방식의 종류가 아닌 것은?

① 코일분배 동시 점화방식
② 코일분배 독립 점화방식
③ 다이오드 분배방식
④ T.R 분배방식

풀이 DLI의 종류–코일분배방식, 코일분배 동시점화방식, 코일분배 독립점화방식, 다이오드 분배방식 등이 있다.

정답 11. ③ 12. ③ 13. ③ 14. ④ 15. ④

충전장치

자동차에 부착된 모든 전장부품은 발전기나 축전지로부터 전력을 공급받아 작동한다. 그러나 축전지는 방전량에 제한이 따르고, 기관 시동을 위해 항상 완전 충전상태를 유지하여야 한다. 이를 위해 설치된 발전기를 중심으로 한 일련의 장치들을 충전장치라 한다.

※ 그림 3-71 충전장치의 구성

01 교류발전기(alternator)의 특징

① 저속에서도 충전이 가능하다.
② 회전부분에 정류자가 없어 허용 회전속도 한계가 높다.
③ 실리콘 다이오드로 정류하므로 전기적 용량이 크다.
④ 소형·경량이며, 브러시 수명이 길다.
⑤ 전압 조정기만 필요하다.
⑥ 발전기 자체에는 극성을 주지 않아도 된다.

02 발전기의 원리

1 발전기와 플레밍의 오른손법칙

교류발전기는 자계(스테이터) 내에 고정된 코일(로터코일)의 기계적 회전운동에 의해서 전자력을 발생시키며, [그림 3-72]와 같은 원리로 작동된다.

① [그림 3-72(a)]의 위치에서는 코일이 자력선을 차단하지 않으므로 기전력(electro motive)은 0[V]이다.

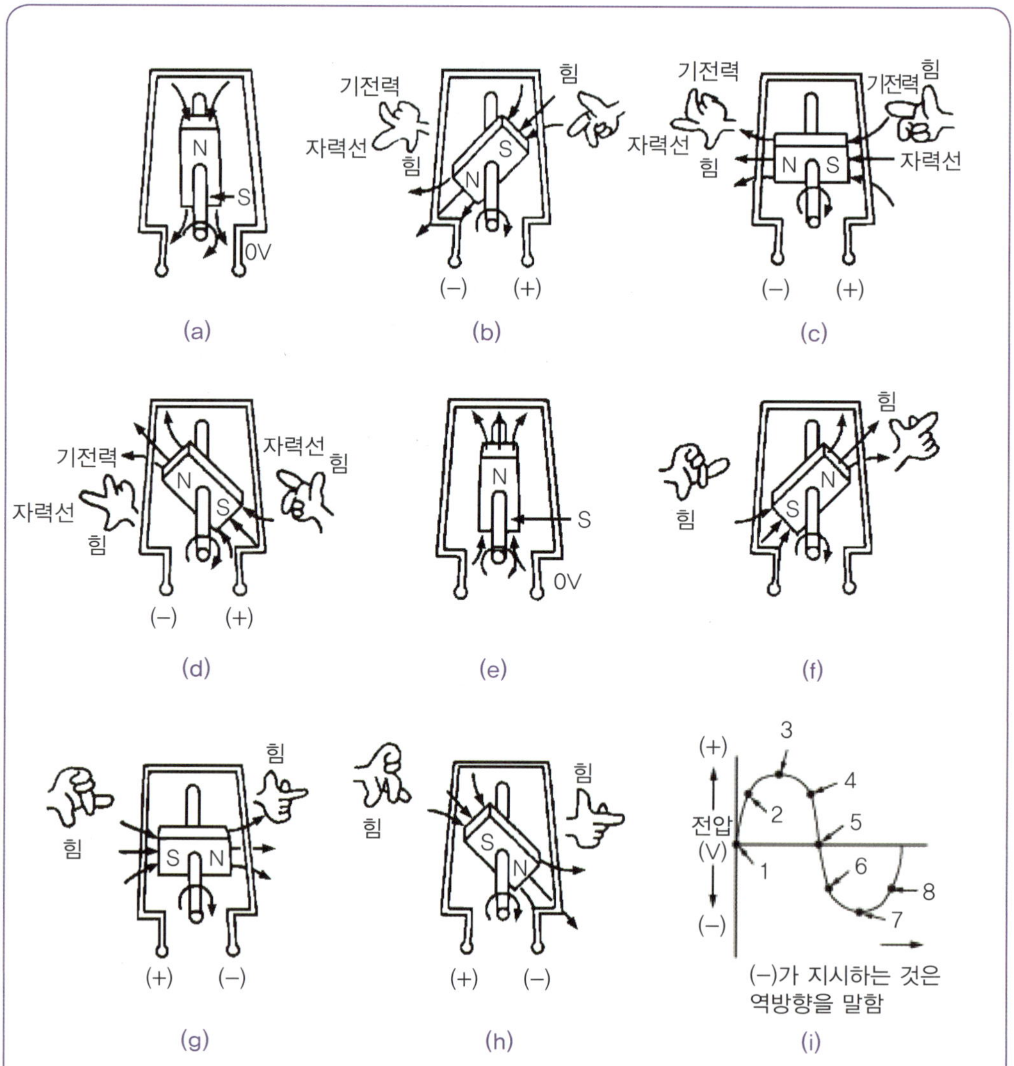

그림 3-72 교류발전기의 원리와 파형

② [그림 3-72(b)]의 위치에서는 코일이 자력선을 차단하기 시작하므로 기전력이 발생하기 시작한다.
③ [그림 3-72(c)]의 위치에서는 코일이 많은 수의 자력선을 차단하기 때문에 기전력이 최대치가 된다.
④ [그림 3-72(d)]의 위치에서는 자력선 차단의 수가 감소하고 따라서 기전력도 감소한다.
⑤ [그림 3-72(e)]의 위치에서는 기전력이 다시 0[V]로 돌아간다.
⑥ [그림 3-72(f)]의 위치에서 기전력의 방향은 역방향이다.
⑦ [그림 3-72(g)]의 위치는 기전력이 최대가 된다.
⑧ [그림 3-72(h)]의 위치에서는 기전력이 감소한다.
⑨ 이와 같은 과정을 [그림 3-72(i)]에 나타냈다. 이 파형은 교류와 힘의 정(+), 부(−)를 포함한 파형이다.

2 발전기와 렌츠의 법칙(lenz's law)

발전기의 이론은 렌츠의 법칙을 통해서도 알 수 있다. 전류에 의해 발생하는 자력선과 자계의 운동방향은 반대이기 때문에 기전력은 교번한다. 예를 들면 [그림 3-73]에서 자석을 오른쪽으로 회전시키면 자력선은 자석을 왼쪽으로 회전시키려고 한다.

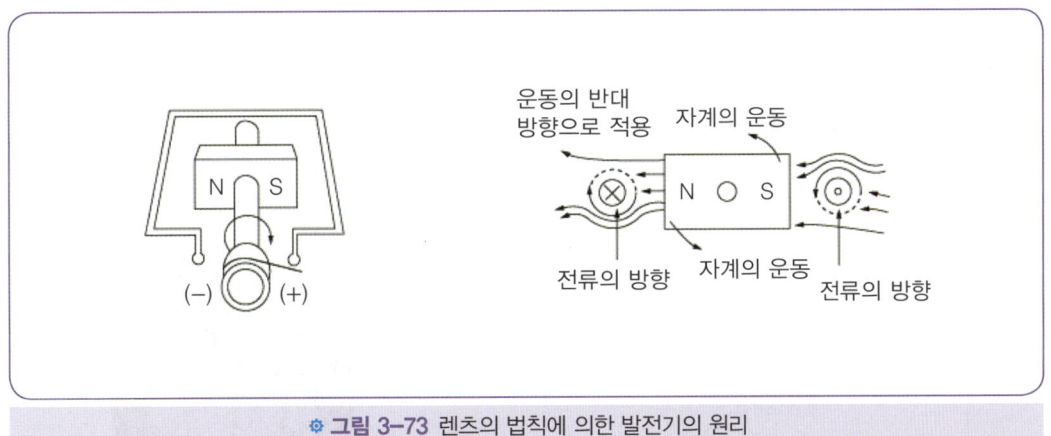

※ 그림 3-73 렌츠의 법칙에 의한 발전기의 원리

03 교류발전기의 구조

교류발전기는 고정부분인 스테이터(고정자), 회전하는 부분인 로터(회전자), 로터의 양끝을 지지하는 엔드 프레임(end frame) 그리고 스테이터 코일에서 유기된 교류를 직류로 정류하는 실리콘 다이오드로 구성되어 있다.

※ 그림 3-74 교류발전기

1 스테이터(stator)

스테이터에는 독립된 3개의 코일이 감겨져 있고 여기에서 3상 교류가 유도된다. 스테이터 코일의 접속방법에는 Y결선(또는 스타결선)과 삼각형결선(델타결선)이 있으며, Y결선이 삼각형결선에 비하여 선간전압이 각 상 전압의 $\sqrt{3}$ 배가 높아 기관이 공전할 때에도 충전 가능한 전압이 유도된다.

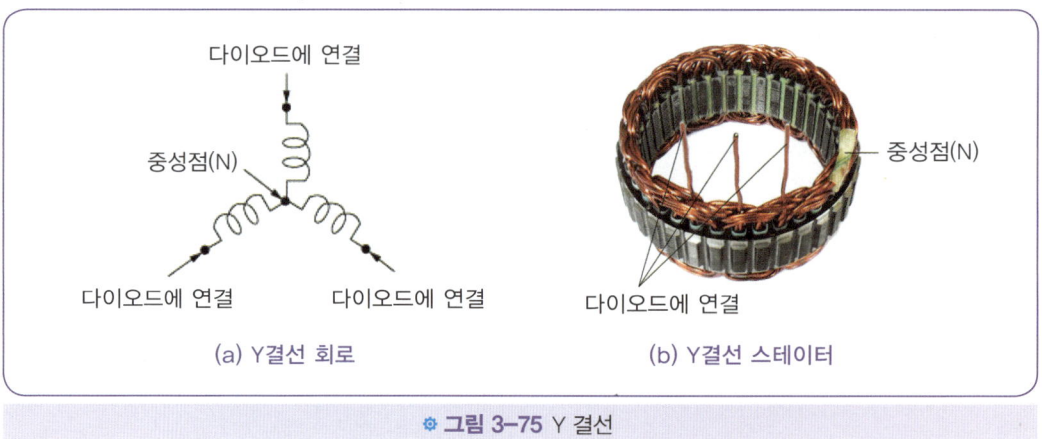

※ 그림 3-75 Y 결선

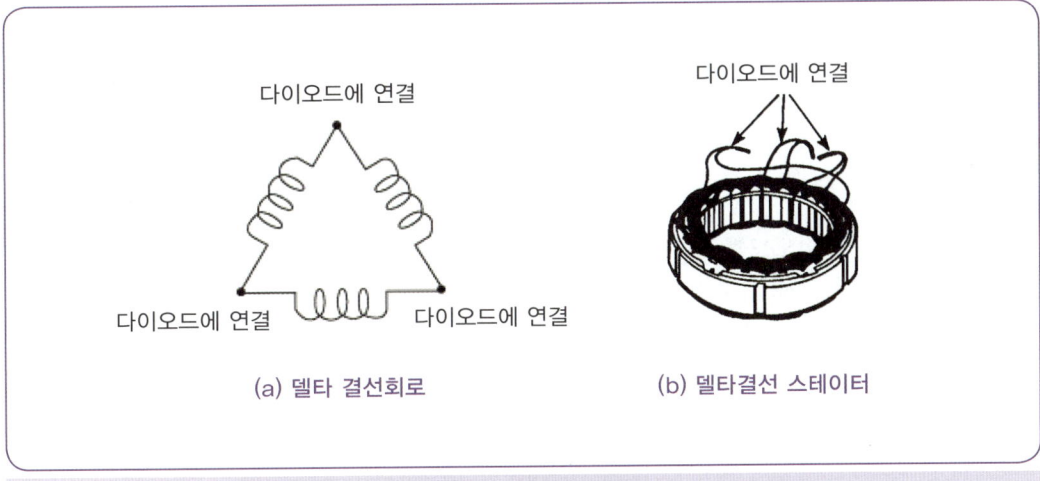

● 그림 3-76 삼각형 결선

2 로터(rotor)

로터는 자극을 형성한다. 로터의 자극편은 코일에 여자전류가 흐르면 N극과 S극이 형성되어 자화되며, 로터가 회전함에 따라 스테이터 코일의 자력선을 차단하므로 전압이 유도된다. 그리고 슬립 링(slip ring)은 축과 절연되어 있으며 각각 로터코일의 양끝과 연결되어 있다. 이 슬립 링 위를 브러시가 미끄럼 운동하면서 로터코일에 여자전류를 공급한다.

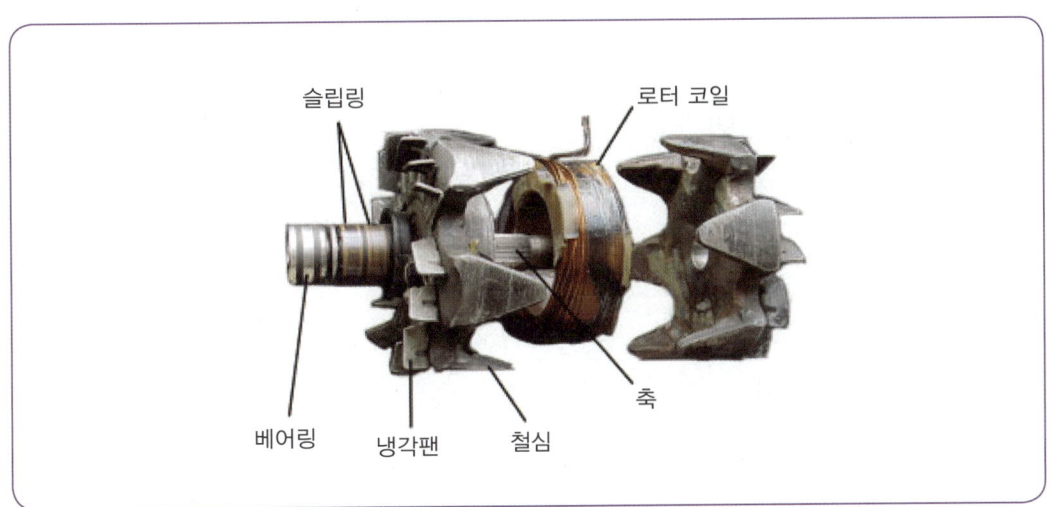

● 그림 3-77 로터의 구조

3 정류기(rectifier)

교류발전기에서는 실리콘 다이오드를 정류기로 사용한다. 교류발전기에서 다이오드의 기능은 스테이터 코일에서 발생한 교류를 직류로 정류하여 외부로 공급하고, 또 축전지에서 발전기로 전류가 역류하는 것을 방지한다. 다이오드 수는 (+)쪽에 3개, (−)쪽에 3개씩 6개를 두며, 최근에는 여자 다이오드를 3개 더 두고 있다. 그리고 다이오드의 과열을 방지하기 위해 엔드 프레임에 히트 싱크(heat sink)를 두고 있다.

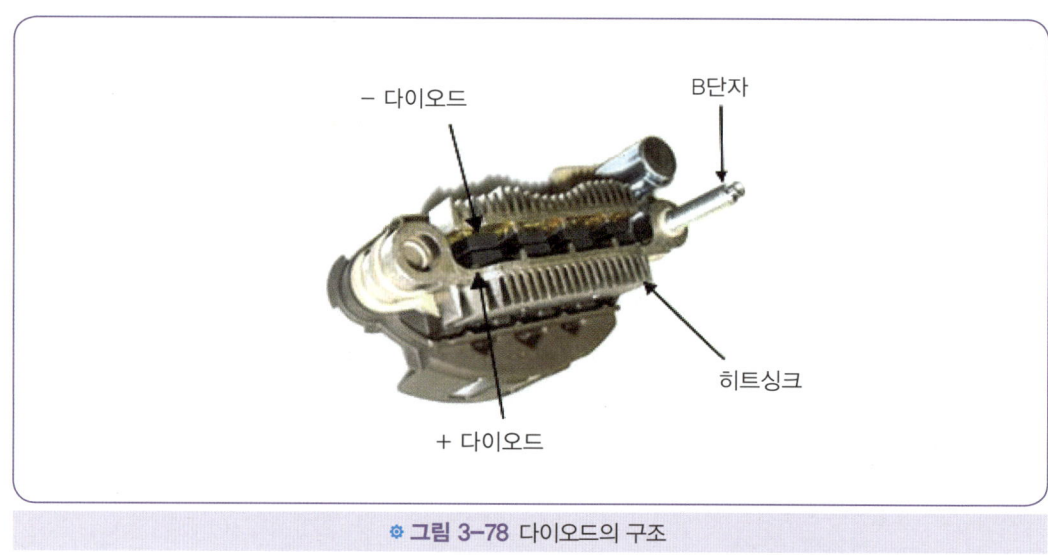

✧ 그림 3-78 다이오드의 구조

교류발전기는 로터 철심의 잔류 자기만으로는 발전이 어렵기 때문에 타여자 한다. 그 이유는 실리콘 다이오드의 사용에 있다. 즉, 실리콘 다이오드에 인가되는 전압이 매우 낮을 경우에는 큰 저항비율을 나타내므로 발전기의 회전속도가 상당히 크지 않으면 전류가 흐르지 않기 때문이다. 그리고 축전지의 단자 전압보다 발전기의 발생 전압이 높아지면 자동적으로 충전을 시작한다.

4 브러시(brush)

브러시의 재질은 내마모성이 우수하고 전압강하가 낮으며, 슬립링을 마모시키지 않는 조건이어야 한다. 일반적으로 슬립링의 재질이 구리인 경우에는 전기흑연 또는 금속흑연이 스테인리스인 경우에는 금속흑연이 사용된다. 브러시 홀더는 합성수지 성형부품이 사용되며, 전압조정기를 발전기 내부에 내장하는 경우에는 브러시홀더와 전압조정기를 일체로 하는 경우가 많다.

❊ 그림 3-79 브러시와 전압조정기

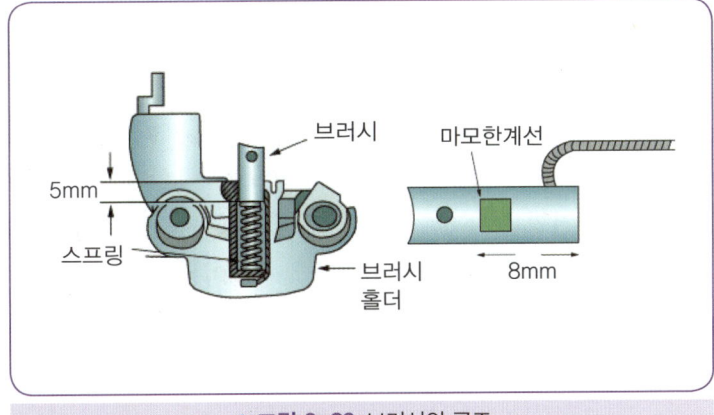
❊ 그림 3-80 브러시의 구조

04 교류발전기 조정기

발전기의 출력은 스테이터 코일의 권수, 로터의 세기, 단위 시간당 자속을 자르는 횟수에 따라 결정된다. 따라서 기관의 회전속도가 증가하면 발전기의 발생전압과 전류가 모두 증가한다. 이에 따라 발전기 조정기가 필요하며, 교류발전기의 조정기는 전압조정기만 필요하다.

전압조정기는 발전기의 발생전압을 일정하게 유지하기 위한 장치이다. 작동은 발생전압이 규정보다 증가하면 로터코일에 직렬로 저항을 넣어 여자전류를 감소시켜 발생전압을 감소시키고, 발생전압이 낮으면 저항을 빼내어 규정 전압으로 회복시킨다. 현재는 트랜지스터형이나 IC조정기를 사용하며 IC조정기의 특징은 다음과 같다.

① 배선을 간소화 할 수 있다.
② 진동에 의한 전압 변동이 없고, 내구성이 크다.
③ 조정 전압의 정밀도 향상이 크다.
④ 내열성이 크며, 출력을 증대시킬 수 있다.
⑤ 초 소형화 할 수 있어 발전기 내에 설치할 수 있다.
⑥ 축전지 충전성능이 향상되고, 각 전기부하에 적절한 전력 공급이 가능하다.

05 시동 발전기(HSG : hybrid starter generator)

하이브리드 자동차는 2종류의 배터리를 사용한다. 하나는 일반 차량과 같은 납산 배터리이며 나머지 하나는 리튬 고전압 배터리를 사용한다. 시동발전기를 사용하지 않는 차량은 납산배터리의 전원을 이용해 스타터 모터로 시동을 걸지만 기관과 벨트로 연결된 시동발전기 설치 차량은 고전압 배터리의 전기에너지를 이용하여 기관 시동을 걸어주고 고전압 배터리의 충전율 저하시 기관의 동력을 이용하여 발전하고 고압 배터리에 전기 에너지를 공급시킨다. 시동발전기는 영구자석형 동기모터(PMSM : permanent magent synchronous motor)로 수냉식이다.

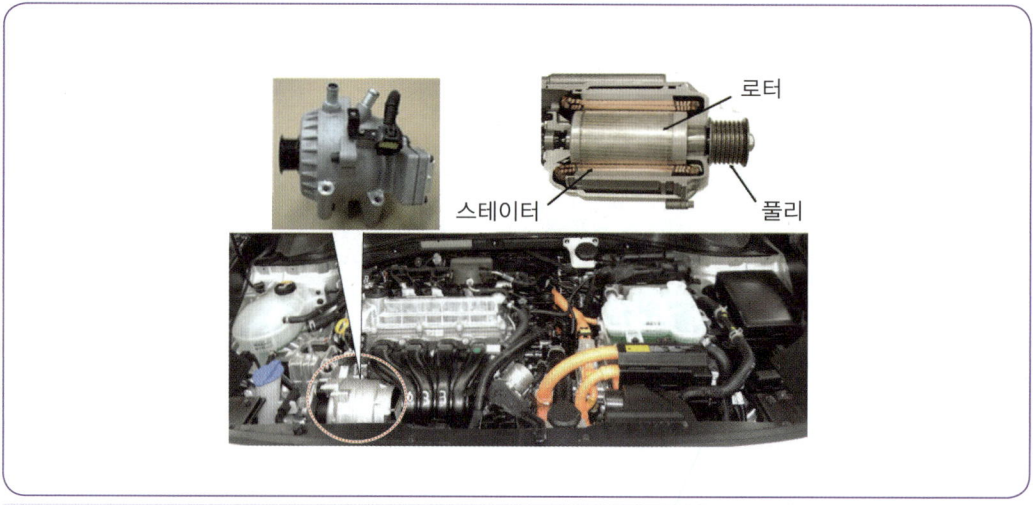

그림 3-81 시동 발전기(HSG)

1 HSG 특징

① 하이브리드 차량에서 납산배터리(시동배터리)의 역할은 각종 제어기(ECU, HPCU등), 오디오, 등화류, 도어록, 썬루프 등에 사용된다.
② 기관 시동은 납산배터리(시동배터리)가 아닌 리튬배터리로 전원을 공급받아 HSG(일반 차량의 스타트 모터 역할)가 시동을 건다. 역으로 리튬배터리 충전이 필요한 상황에서는 기관의 힘으로 HSG가 역회전하며 알터네이터처럼 작동하여 리튬배터리로 충전을 한다. 리튬배터리는 정차 시 히터의 온수공급을 위한 펌프, 에어컨 컴프레서, 자동변속기 오일 펌프, 브레이크 유압을 만드는데도 사용된다.

③ HSG를 구동하고 제어하는 것은 HPCU(hybrid power control unit)가 담당을 하는데 HPCU는 납산배터리(시동배터리)로 전원을 공급받기 때문에 납산배터리(시동배터리) 방전시 하이브리드 차량도 시동이 불가하다.
④ HPCU 내부에 LDC(DC-DC컨버터)가 리튬배터리의 고압전기를 변환시켜 납산배터리(시동배터리)를 충전시킨다.

2 HSG 작동

첫 시동 후 저속주행(모터로만 주행)

① 납산배터리의 전력을 통해서 HPCU를 가동한다.
② HPCU가 리튬전지를 제어한다.
③ 리튬전지는 납산배터리를 충전하는 동시에 변속기 내부의 구동 모터에 전력을 공급한다.
④ 구동모터는 차량의 바퀴를 구동시킨다.

가속 혹은 언덕 등판시

① 가속을 시작하여 기관과 모터 모두 자동차를 움직인다.
② 첫 시동 후 저속주행(모터로만 주행)은 유지된다.
③ 리튬 배터리가 HSG에 전력을 공급한다.
④ HSG가 기관을 스타트(일반 내연기관 차량의 스타터 모터 역할)한다.
⑤ 기관이 바퀴를 함께 움직인다.

정속 주행시

① 정속주행으로 기관이 차량 구동과 리튬 배터리 충전을 진행한다.
② HPCU와 납산배터리(시동 배터리)는 동일하게 역할한다.
③ 기관의 구동력을 통해서 HSG 회전하며 내연기관 차량의 발전기 역할을 한다.
④ HSG로 발전된 전력으로 리튬전지를 충전한다.

악셀 오프시

① 악셀을 뗀 상황에서 차량의 타력(관성)을 통한 회생제동과 기관에 의한 발전이 동시 작동 중이다.
② 기관의 구동으로 HSG가 회전하므로 리튬전지를 충전시킨다.
③ 차량의 타력(관성)으로 구동모터를 회전시킨다.
④ 바퀴가 구동모터를 회전시키므로 회생제동으로 전기에너지를 리튬전지를 충전시킨다.

기관 정지 후 회생제동 단독 작동

① 차량의 타력(관성)으로 구동모터를 회전시킨다.
② 바퀴가 구동모터를 회전시키므로 회생제동으로 전기에너지를 리튬전지를 충전시킨다.
③ 기관과 HSG 작동은 중지된다.

CHAPTER 06 예상문제

충전장치

01. 다음 중 AC 발전기의 특징이 아닌 것은 어느 것인가?

① 속도 변동에 따른 적응 범위가 넓다.
② 다이오드를 사용하므로 정류 특성이 좋다.
③ 발전기의 냉각을 위해 냉각팬을 두고 있다.
④ 저속에서의 충전성능이 약하다.

> **풀이** AC 발전기의 특징
> ① 저속에서도 충전이 가능하다.
> ② 회전 부분에 정류자가 없어 허용 회전 속도 한계가 높다.
> ③ 실리콘 다이오드로 정류하므로 전기적 용량이 크다.
> ④ 소형, 경량이며 브러시 수명이 길다.
> ⑤ 전압조정기만 필요하다.
> ⑥ 발전기 자체에는 극성을 주지 않아도 된다.

02. 자동차용으로 주로 사용되는 발전기는?

① 단상 교류
② Y상 교류
③ 3상 교류
④ 3상 직류

> **풀이** 수력이나 화력 등의 에너지를 교류전력으로 변환하는 발전기이며 3상 교류발전기라 한다.

03. 자동차에서 일반적으로 교류발전기를 구동하는 V 벨트는 엔진의 어떤 축에 의해 구동되는가?

① 캠축
② 변속기 입력축
③ 엔진 차축
④ 크랭크축

> **풀이** 크랭크축의 강제구동에 의하여 발전기가 작동한다.

04. 자동차에서 발전기가 하는 역할을 설명한 것 중 가장 관련이 적은 것은?

① 기동전동기의 대체 역할
② 등화장치에 필요한 전류 공급
③ 전장부품에 에너지 공급
④ 축전지의 충전

> **풀이** 기동전동기는 엔진 시동을 담당하는 부품으로 점화 스위치에 의하여 작동한다.

05. 발전기 출력이 낮고 축전지 전압이 낮을 때, 원인으로 해당하지 않는 것은 어느 것인가?

① 충전회로에 높은 저항이 걸려있을 때
② 발전기 조정 전압이 낮다.
③ 충전회로의 이상으로 전류가 낮을 때
④ 축전지 터미널의 결합이 느슨할 때

> **풀이** 축전지 터미널의 결합이 느슨할 때 기동전동기의 작동이 불량하다.

정답 01. ④ 02. ③ 03. ④ 04. ① 05. ④

06. 발전기에서 발생하는 유도 기전력의 크기와 관계가 없는 것은 어느 것인가?

① 전자석의 크기
② 전기자 코일의 권수
③ 자력선 세기의 비례
④ 정류자 언더컷의 수

[풀이] 유도기전력은 전자유도 작용으로 발생하는 기전력, 변압기나 발전기에 생기는 기전력 등이 있으며 그 크기는 자속(전기다발)에 비례한다.

07. 교류 발전 기기에서 직류발전기 컷아웃 릴레이와 같은 일을 하는 것은?

① 다이오드
② 로터
③ 브러시
④ 전압조정기

[풀이] 다이오드는 전류를 한쪽으로는 흐르게 하고 반대쪽으로는 흐르지 않게 하는 정류작용을 하는 전자 부품이다.

08. 교류발전기와 직류발전기의 차이점으로 교류발전기의 유도 전류는 어디에서 발생하는가?

① 전기자
② 로터
③ 스테이터
④ 계자코일

[풀이] 유도전동기의 회전기기에서 고정된 부분이며 유도전류는 스테이터에서 발생한다.

09. 교류발전기에서 다이오드가 하는 역할은?

① 교류를 정류하고 역류를 방지한다.
② 교류를 정류하고 전류를 조정한다.
③ 전압을 조정하고 교류를 정류한다.
④ 여자전류를 조정하고 교류를 정류한다.

[풀이] 다이오드는 전류를 한쪽으로는 흐르게 하고 반대쪽으로는 흐르지 않게 하는 정류작용을 하는 전자 부품이다.

10. 자동차용 교류 발전기에서 응용한 것은 어느 것인가?

① 플레밍의 왼손 법칙
② 플레밍의 오른손 법칙
③ 파스칼의 법칙
④ 베르누이의 정리

[풀이] 플레밍의 오른손 법칙은 자기장 속에서 도선이 움직일 때 자기장의 방향과 도선이 움직이는 방향으로 유도 기전력 또는 유도 전류의 방향을 결정하는 규칙이다. 오른손 엄지를 도선의 운동 방향, 검지를 자기장의 방향으로 했을 때, 중지가 가리키는 방향이 유도 기전력 또는 유도 전류의 방향이 된다.

11. IC 조정기를 사용하는 발전기 내부 부품 중 사용되지 않는 부품은 어느 것인가?

① 서머스타트
② 제너 다이오드
③ 트랜지스터
④ 실리콘 다이오드

정답 06. ④ 07. ① 08. ③ 09. ① 10. ② 11. ①

풀이 냉각장치의 부품으로 냉각수 온도 조절기로, 실린더 헤드의 냉각수 통로 출구에 설치되어 엔진 내부의 냉각수 온도 변화에 따라 자동으로 통로를 개폐하여 냉각수 온도를 75~85℃가 되도록 조절한다.

12. 자동차용 발전기 중 직류발전기보다 교류발전기가 가지는 특징에 대한 설명으로 가장 옳지 않은 것은?

① 소형, 경량이며 저속에서도 충전이 가능한 출력전압이 발생한다.
② 회전 부분에 정류자를 두지 않음으로 허용 회전속도 한계가 높다.
③ 전압조정기가 필요 없다.
④ 실리콘 다이오드로 정류하므로 대체로 전기적 용량이 크다.

풀이 전압 조정기는 발전기의 부하와 회전속도와 관계없이 발전기 전압을 항상 일정하게 유지하는 기능을 한다. 전압조정의 주된 목적은 전압 맥동에 의한 전기장치의 기능장애를 방지하고, 동시에 축전지와 전기장치를 과부하로부터 보호하는 것이다.

13. DC 발전기의 계자코일과 계자철심에 상당하며 자속을 만드는 것을 AC 발전기에서는 어디에 해당하는가?

① 정류기   ② 전기자
③ 로터   ④ 스테이터

풀이 현재 자동차용 발전기는 주로 교류발전기를 사용하며, 구성품은 자속을 형성하는 로터와 전류가 발생하는 스테이터, 그리고 교류를 직류로 바꾸어 주는 다이오드 등이 있다.

14. 발전기 기전력에 대한 설명으로 틀린 것은?

① 로터 코일을 통해 흐르는 여자 전류가 크면 기전력은 커진다.
② 로터 코일의 회전이 빠르면 빠를수록 기전력 또한 커진다.
③ 코일의 권수가 많고, 도선의 길이가 길면 기전력은 작아진다.
④ 자극의 수가 많아지면 여자되는 시간이 짧아져 기전력이 커진다.

풀이 코일의 권수가 많고 도선의 길이가 길면 기전력은 커진다.

CHAPTER 07 등화장치

01 전선

자동차 전기회로에서 사용하는 전선은 피복선과 비피복 선이 있으며, 비피복 선은 접지용으로 일부 사용되며 특히 고압케이블은 내 절연성이 매우 큰 물질로 피복되어 있다. 전선을 구분하기 위한 전선의 색깔은 전선피복의 바탕색, 보조 줄무늬 색깔의 순서로 표시한다.

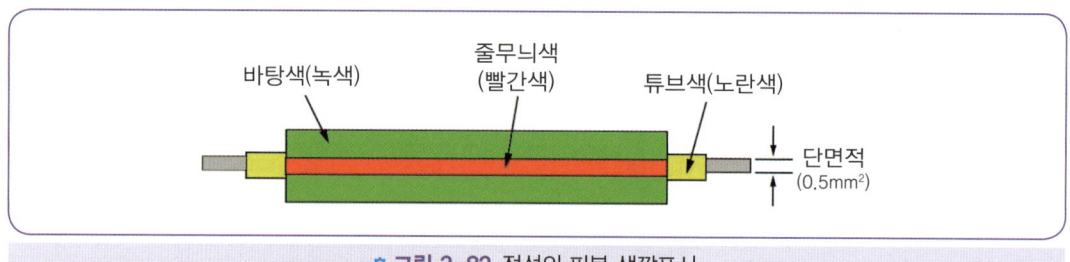

AVX-0.5GR(Y)
- AVX : 내열 자동차용 배선
- G : 바탕색(녹색)
- Y : 튜브 색(노란색)
- 0.5 : 전선 단면적(0.5mm²)
- R : 줄무늬 색(빨간색)

◈ 그림 3-82 전선의 피복 색깔표시

그리고 배선방법에는 단선방식과 복선방식이 있으며, 단선방식은 부하의 한끝을 자동차 차체에 접지하는 방식이며 접지 쪽에서 접촉불량이 생기거나 큰 전류가 흐르면 전압강하가 발생하므로 작은 전류가 흐르는 부분에서 사용한다. 복선방식은 접지 쪽에도 전선을 사용하는 방식으로 주로 전조등과 같이 큰 전류가 흐르는 회로에서 사용된다.

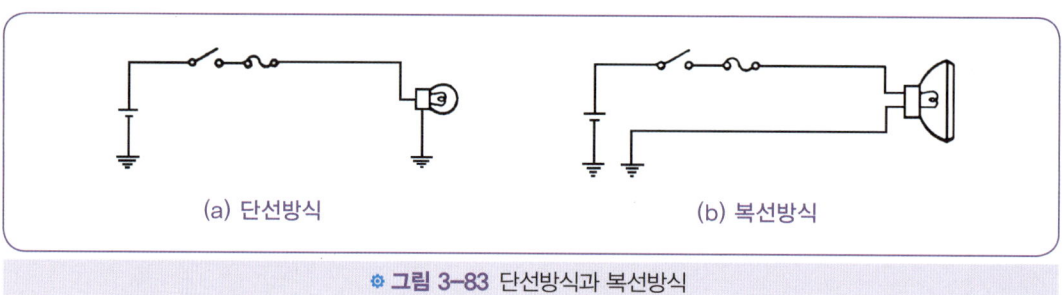

◈ 그림 3-83 단선방식과 복선방식

02 조명의 용어

1 광속

광속이란 광원(光源)에서 나오는 빛의 다발을 말하며, 단위는 루멘(lumen, 기호는 lm)이다.

2 광도

광도란 빛의 세기를 말하며 단위는 칸델라(candle, 기호는 cd)이다. 1 칸델라는 광원에서 1m 떨어진 $1m^2$의 면에 1m의 광속이 통과하였을 때의 빛의 세기이다.

3 조도

조도란 빛을 받는 면의 밝기를 말하며, 단위는 룩스(lux, 기호는 Lx)이다. 빛을 받는 면의 조도는 광원의 광도에 비례하고, 광원의 거리의 2승에 반비례한다.

즉, 광원으로부터 r(m)떨어진 빛의 방향에 수직한 빛을 받는 면의 조도를 E(Lx), 그 방향의 광원의 광도를 I(cd)라고 하면 다음과 같이 표시한다.

$$E = \frac{I}{r^2} \text{ (Lux)}$$

03 전조등

1 전조등(head light) 방식

전조등에는 실드 빔 방식(sealed beam type)과 세미 실드 빔 방식(semi sealed beam type)이 있다. 전구(lamp)는 먼 곳을 비추는 하이 빔(high beam : 상향등)의 역할을 하고, 다른 하나는 시내를 주행하거나 교행할 때 대형 자동차나 사람이 현혹되지 않도록 광도를 약하게 하고, 동시에 빔을 낮추는 로우 빔(low beam : 하향등)이 있다.

실드 빔 방식

이 방식은 반사경에 필라멘트를 붙이고 여기에 렌즈를 녹여 붙인 후 내부에 불활성 가스를 넣어 그 자체가 1개의 전구가 되도록 한 것으로 특징은 다음과 같다.
① 대기의 조건에 따라 반사경이 흐려지지 않는다.
② 사용에 따르는 광도의 변화가 적다.
③ 필라멘트가 끊어지면 렌즈나 반사경에 이상이 없어도 전조등 전체를 교환하여야 한다.

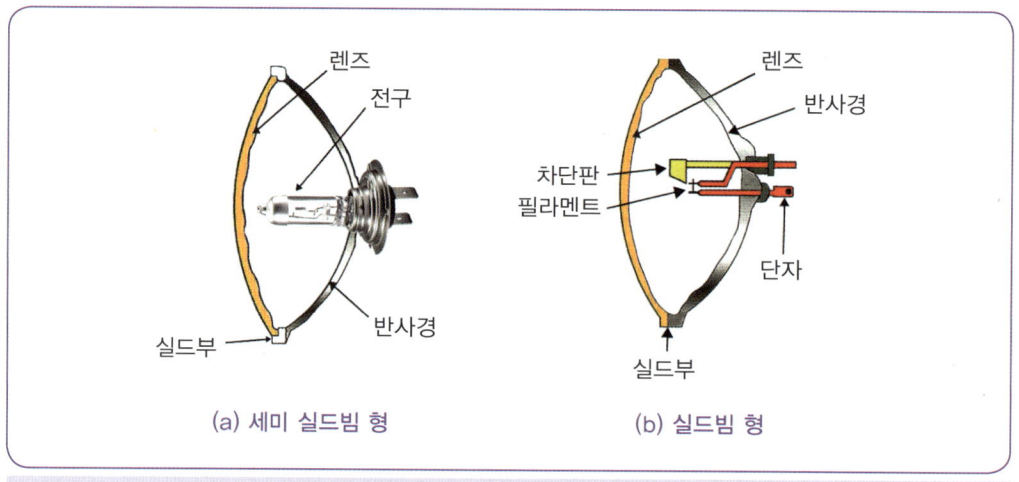

● 그림 3-84 전조등의 종류

세미 실드빔 방식

렌즈와 반사경은 녹여 붙였으나 전구는 별개로 설치한 것이다. 필라멘트가 끊어지면 전구만 교환하면 된다. 그러나 전구 설치부분으로 공기유통이 있어 반사경이 흐려지기 쉽다.

2 할로겐램프

필라멘트에 전류가 흐르면 열이 발생되는데 이 열이 빛으로 변한다. 이때 필라멘트는 높은 온도로 증발되기 때문에 전구 내면에 침착되어 검은색을 띠어 광도를 저하시킨다. 이러한 현상을 방지하고 필라멘트의 수명을 증대시키기 위해 전구 내부를 진공으로 하고 할로겐 가스를 주입한다.

할로겐은 비활성 기체이므로 다른 물질과 반응을 잘 하지 않는다. 텅스텐 필라멘트가 증발하면 텅스텐 증기는 할로겐과 결합하여 열운동에 의해 전구 내를 떠돌아다니다가 다시 필라멘트에서 할로겐과 텅스텐이 분리되어 텅스텐에 달라붙는 할로겐화 사이클을 통해 흑화현상을 방지하는 기능이 있다. 이러한 이유로 할로겐램프는 다른 전구에 비해 수명이 길다.

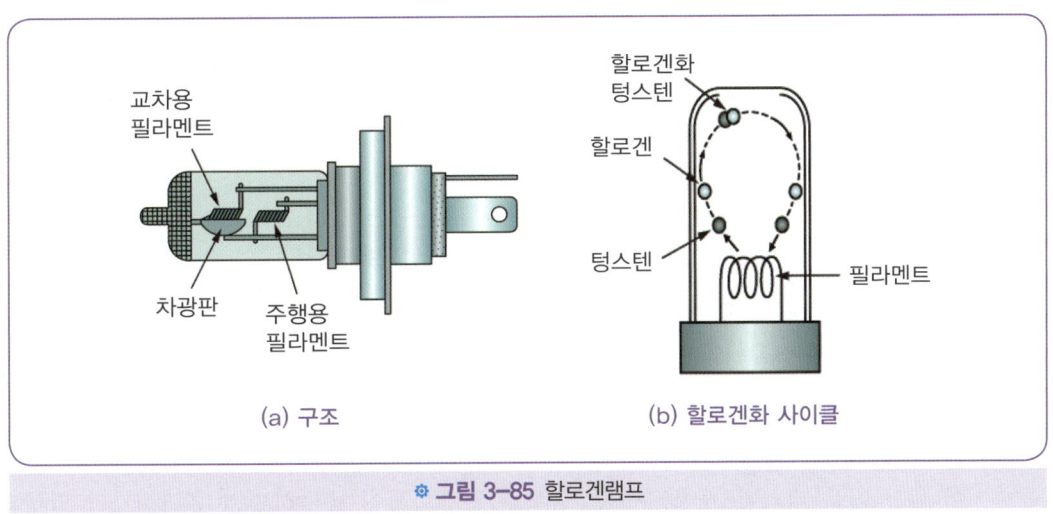

❖ **그림 3-85** 할로겐램프

3 방전 헤드램프(HID : hight intensity discharge)

방전 헤드램프는 최근에 많이 사용되는데 구조는 필라멘트 대신 텅스텐 전극이 설치되어 있으며, 전구(발광 관)내에 크세논(Xe)가스, 금속 할로겐화물(metal halide)이 봉입되어 있다.

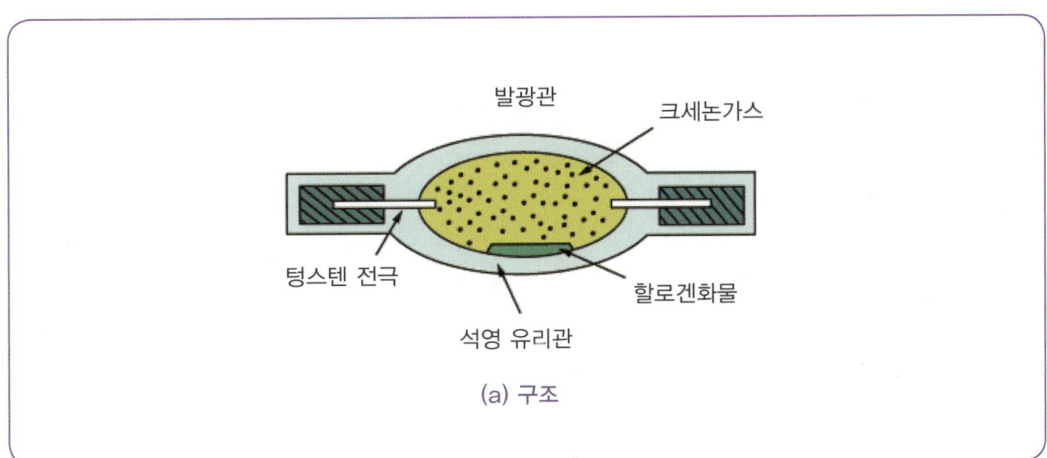

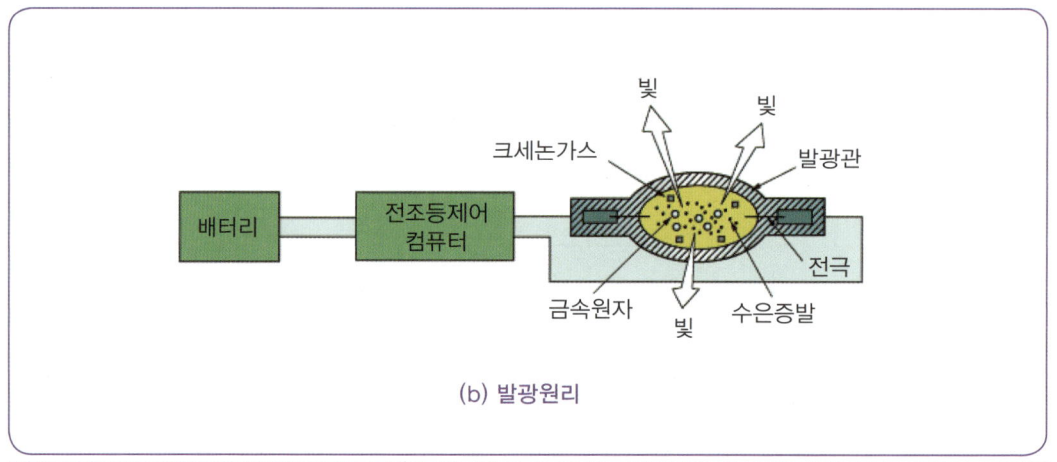

그림 3-86 방전 헤드램프의 발광원리

전조등 제어용 컴퓨터가 축전지로부터 12V를 받아 승압시켜 텅스텐전극사이에 순간적으로 약 20,000V 이상의 펄스를 발생시키면 먼저 크세논가스가 활성화되면서 청백색의 빛을 발생시킨다. 이 상태에서 전구 내의 온도가 더욱 더 상승하면 수은이 증발하여 아크방전이 일어나고, 더욱 더 온도가 상승하면 금속 할로겐화물이 증발하면서 유리전자가 발생되는데, 이 유리전자가 금속원자와 충돌하면서 높은 휘도의 빛을 발생시킨다. 이러한 이유로 고휘도 방전전조등(HID: hight intensity discharge)이라고도 한다.

할로겐램프에 비해 약 2배 정도 밝으며, 태양광선에 가까운 백색의 자연광선을 얻을 수 있을 뿐만 아니라 소비전력은 이전의 약 1/2 정도이며, 수명은 필라멘트에 비해 2배 정도이나 텅스텐 전극에 높은 전압을 안정적으로 공급하기 위해 전조등 제어용 컴퓨터가 필요하다.

04 방향지시등

방향지시등은 자동차의 진행방향을 바꿀 때 사용하는 것이며 플래셔 유닛(flasher unit)을 사용하여 램프에 흐르는 전류를 자동차 안전 기준상 매분 당 60회 이상 120회 이하로 단속·점멸하여 전구를 점멸시키고 등광색은 황색 또는 호박색으로 1등당 광도는 50~1,050cd의 범위에 있어야 한다.

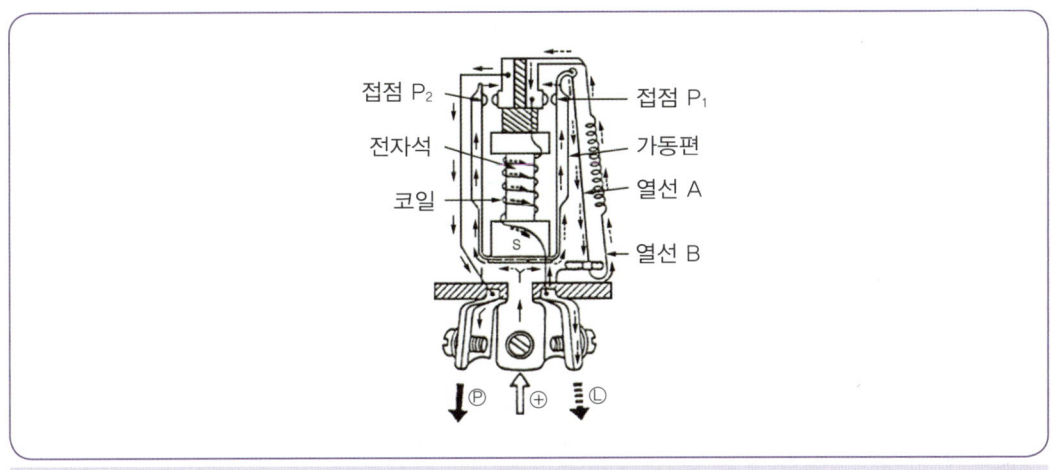

◈ 그림 3-87 전자 열선식 플래셔 유닛의 구조

플래셔 유닛의 종류에는 전자 열선방식, 축전기방식, 수은방식, 스냅 열선방식, 바이메탈방식 등이 있다. 현재 주로 전자 열선방식을 사용하며 전자 열선방식 플래셔 유닛은 열에 의한 열선(heat coil)의 신축작용을 이용한 것이며 중앙에 있는 전자석과 이 전자석에 의해 끌어 당겨지는 2조의 가동 접점으로 구성되어 있다. 방향지시기 스위치를 좌우 어느 방향으로 넣으면 접점 P_1은 열선의 장력에 의해 열려지는 힘을 받고 있다. 따라서 열선이 가열되어 늘어나면 닫히고, 냉각되면 다시 열리며 이에 따라 방향 지시등이 점멸하게 되고 접점 P_2는 파일럿 등을 점멸시킨다.

05 안개등(fog lamp)

전조등의 빛이 안개 속을 통과하면 산란되어 먼 거리까지 도달하지 못하지만, 안개등은 빛의 파장이 긴 빛을 사용하기 때문에 일반적인 빛에 비하여 산란이 적어 같은 조건에서 빛이 멀리까지 비춰지기 때문에 악천후 속에서 자신의 위치를 알리기 위한 것이다. 따라서 안개 때문에 잘 보이지 않아도, 멀리서 다가오는 상대 운전자에게는 안개등의 불빛이 보여 서로 안전하게 운행할 수 있게 한다.

06 미등(tail lamp)

미등은 야간에 주행하거나 정지하고 있을 때 자동차가 있는 것을 뒤차에 알리는 표시등이다. 미등은 미등으로만 사용하는 단독방식과 제동등과 겸용으로 사용하는 겸용방식이 있으며, 겸용방식의 전구에는 2개의 필라멘트가 있으며, 제동등을 작동시킬 때는 그 광도가 3배 이상 증가되어야 한다.

07 번호등(license plate lamp)

번호등은 자동차의 뒷면에 설치된 번호판을 조명하는 것으로 전조등 스위치의 조작으로 점등되어야 하며 광원이 눈에 직접적으로 보여서는 안 되며, 등록번호 숫자 위의 어느 부분에서도 8룩스(Lux) 이상이어야 한다.

08 제동등(stop lamp)

제동등은 브레이크 페달을 밟았을 때 뒤차에 제동함을 알리는 것으로 제동장치의 작동에 따라 점등되며, 제동등 스위치는 브레이크 페달을 밟으면 스위치의 접점이 접속되어 점등되는 기계방식과 마스터실린더 안의 유압이 높아지면 유압에 의하여 다이어프램(diaphragm)이 밀려서 접점이 접속되는 유압방식이 있다.

CHAPTER 07 등화장치

01. 차 속 센서는 무엇을 이용하여 ECU에서 속도를 판단할 수 있도록 되어 있는가?

① 저항
② 전류
③ TR(트랜지스터)
④ 홀 센서

풀이 차 속을 검출하는 센서로 리드 스위치식 차 속 센서, 광전식 차 속 센서(전자 미터 차량), 전자식 차 속 센서가 있다.

02. 차량 주위의 밝기에 따라 미등 및 전조등을 작동시키는 기능을 무엇이라 하는가?

① 오토 라이트 기능
② 자동 와이퍼 기능
③ 레인 센서 기능
④ 램프 오토 컷 기능

풀이 오토 라이트 기능은 자동 조명 장치로서, 주위의 밝기에 따라 변환되는 컨트롤 센서 내의 광전 변환 소자인 황화카드뮴(CdS)을 이용하여 차폭등과 미등 그리고 헤드라이트를 자동적으로 점등 또는 소등되도록 하는 장치이다.

03. 다음 중 오토라이트에 사용되는 조도 센서는 무엇을 이용한 센서인가?

① 다이오드
② 트랜지스터
③ 서미스터
④ 광도전 셀

풀이 광도전 셀은 빛을 받으면 전기 저항이 변화하는 반도체 소자. 이 소자에 전압을 인가하여 빛을 쪼이면 전류가 변화함으로써 광속이 측정된다.

04. 전조등의 광량을 검출하는 라이트 센서에서 빛의 센서에 따라 광전류가 변화되는 원리를 이용한 소자는?

① 포토 다이오드
② 발광 다이오드
③ 제너 다이오드
④ 사이리스트

풀이 포토 다이오드는 반도체 다이오드의 일종으로 광다이오드라고도 하며, 빛에너지를 전기에너지로 변환한다.

05. 자동차의 경음기에서 음질 불량의 원인으로 가장 거리가 먼 것은?

① 다이어프램의 균열이 발생한다.
② 경음기 스위치 쪽 배선의 접지가 되었다.
③ 가동판 및 코어의 헐거운 현상이 있다.
④ 전류 및 스위치 접촉이 불량하다.

풀이 접지가 불량하면 경음기가 작동이 안 된다.

01. ④ 02. ① 03. ④ 04. ① 05. ②   정답

06. 편의장치 중 중앙집중식 제어장치(ETACS)의 기능 항목이라고 할 수 없는 것은?

① 도어 열림 경고
② 디포거 타이머
③ 엔진 체크 경고등
④ 점화 키 홀 조명

풀이 중앙집중식 제어장치는 각종 시간 기능과 경보 기능을 마이크로컴퓨터로 제어하여 행하는 시스템으로서, 일반적으로 다음과 같은 회로 기능을 내장하고 있다. 속도 감지 간헐 와이퍼, 와셔 연동 와이퍼, 라이팅 모니터, 디포거 타이머, 시동 키 삽입 상태에서의 도어 잠김 방지, 시동 키 홀 조명, 운전석 도어 키 실린더 조명, 잔광식 룸램프, 잔광식 후드램프, 시트 벨트 경고, 센터 도어 록, 반 도어 경보, 자동 도어로크 등이 있다.

07. 편의 장치 중 운전석 도어를 열 때와 닫을 때 이그니션 키 주변이 약 10초 정도 점등되는 램프는?

① 포그 램프
② 점화 키 홀 램프
③ 디포거 램프
④ 미등 램프

풀이 야간주행하려고 할 때 키 박스 주위를 환하게 밝혀주는 역할을 한다.

08. 전조등의 종류에서 반사경과 렌즈가 일체로 되어 있고, 전구를 교환할 수 있는 형태는 어느 것인가?

① 실드빔식
② 분할형
③ 통합형
④ 세미 실드빔식

풀이 세미 실드빔식은 렌즈와 반사경은 일체로 되어 있으나 전구는 별도로 끼우게 되어 있는 형식이다. 반사경이 흐려지기 쉬운 단점은 있으나 전구를 갈아 끼울 수 있는 장점이 있다.

09. 조명에 대한 용어 중 조도의 설명으로 맞는 것은?

① 조도란 빛을 받는 면의 넓이 정도를 나타내는 용어이다.
② 조도의 단위는 Cd이다.
③ 일반적으로 피조면의 조도는 광원의 광도에 반비례한다.
④ 조도는 광도에 비례한다.

풀이 조도는 거리 제곱에 반비례한다.

10. 고광도 헤드램프(HID)의 설명 중 옳은 것은 어느 것인가?

① 고광도 헤드램프에 플라즈마 방전을 이용하는 장치이다.
② 헤드램프 전구 4개를 사용하여 광도를 향상시키는 장치이다.
③ 헤드램프의 반사판을 개선하여 광도를 향상시키는 장치이다.
④ 고광도 헤드램프에 할로겐 전구를 사용한다.

풀이 고광도 헤드램프는 플라즈마 방전을 이용한 장치로 투명한 유리처럼 램프 안쪽을 볼 수 있는 클리어 렌즈를 사용해 헤드램프의 조사(照射) 거리와 밝기를 향상한 전조등이다. 램프의 수명이 길고 점등 시간도 빠르며 기존의 할로겐 램프보다 전력 소모량이 적다.

정답 06. ③ 07. ② 08. ④ 09. ④ 10. ①

11. 연료탱크의 연료량을 표시하는 연료계의 형식 중 계기식의 형식에 속하지 않는 것은 어느 것인가?

① 밸런싱 코일식
② 바이메탈 저항식
③ 뜨개식
④ 바이메탈 서모스탯식

풀이 전기식 연료계에는 밸런싱 코일식, 바이메탈 서머스탯식, 바이메탈, 바이메탈 저항식 등이 있다. 뜨개식은 연료계의 형식에 포함되지 않는다.

12. 최근에 전조등으로 많이 사용되고 있는 크세논(Xenon)가스방전등에 관한 설명이다. 틀린 것은 어느 것인가?

① 전구의 가스 방전 실에는 크세논 가스가 봉입되어 있다.
② 크세논 가스등의 발광색은 초록색이다.
③ 전원은 12~24V를 사용한다.
④ 크세논 가스등은 기존의 전구에 비해 광도가 약 2배 정도이다.

풀이 크세논가스방전등은 무색무취의 기체이며 공기보다 4.56배 무겁고 그 양이 극소량 함유되어 있으며 전자를 빼앗기 쉬우므로 발광색은 태양 빛과 비슷한 빛을 냄으로 카메라 후레시 같은 곳에 사용된다.

13. 윈드시일드 와이퍼 주요부의 3 구성 요소가 아닌 것은 어느 것인가?

① 와이퍼 전동기
② 레인센서
③ 블레이드
④ 링크기구

풀이 윈드시일드 와이퍼의 역할은 비 또는 눈이 올 때 운전자의 시계(視界)가 방해되는 것을 막기 위해 운전석 앞면 유리를 닦아내는 일을 하는 장치로, 배터리에서 공급되는 전원에 의해 전동 모터를 회전시키는 전기식이 주로 사용된다. 동력을 발생하는 전동기부, 동력을 전달하는 링크부 및 앞면 유리를 닦는 와이퍼 블레이드부로 구성된다.

14. 중앙집중식 제어장치(ETACS 또는 ISU) 입·출력 요소의 역할에 대한 설명 중 틀린 것은?

① 열선 스위치 : 열선 작동 여부 감지
② INT 스위치 : 운전자의 의지인 볼륨의 위치 검출
③ 모든 도어 스위치 : 각 도어 잠김 여부 감지
④ 핸들 록 스위치 : 에어백 작동 여부 감지

풀이 중앙집중식 제어장치는 에탁스라고 하는데 전자제어경보장치이며 와셔 연동 와이퍼기능, 간헐 와이퍼기능, 서리제거 기능, 안전띠 경보기능, 도어 키 및 키홈 조명기능, 감광식 실내등 기능, 파워윈도우 타이머, 키 회수 기능, 중앙집중식 도어 로크, 도어경고음 등의 역할을 한다.

정답 11. ③ 12. ② 13. ② 14. ④

15. 점화키 홀 조명 제어에 대한 설명 중 맞는 것은 어느 것인가?

① 시동 및 출발 준비를 할 수 있도록 편의를 제공하는 기능이다.
② 입력요소는 점화 스위치와 트렁크 스위치이다.
③ 점화키 ON 후 안전벨트 장착 시에 조명등은 일정하게 계속 점멸한다.
④ 주행을 쉽게 할 수 있도록 도와주는 기능이다.

풀이 점화키 홀 조명제어는 시동 시 출발 키박스에 키를 안전하고 쉽게 찾아서 작동시킬 수 있게 해주는 장치이다.

16. 사이드미러(후사 경) 열선 타이머 제어 시 입·출력 요소가 아닌 것은 어느 것인가?

① 전조등 스위치 신호
② 열선 전류
③ 열선 스위치 신호
④ IG 스위치 신호

풀이 후사경 열선 타이머 제어 시 입출력 요소로 전조등 스위치 신호는 전혀 상관이 없다.

정답 15. ① 16. ①

CHAPTER 08 난·냉방장치

01 난·냉방장치의 개요

온도, 습도 및 풍속을 쾌적 감각의 3요소라고 하며, 이 3요소를 제어하여 안전하고 쾌적한 자동차 운전을 확보하기 위해 설치한 장치를 난·냉방장치라고 한다. 그리고 자동차의 열 부하에는 환기부하, 관류부하, 복사부하, 승원부하 등이 있다.

02 난방장치(heater)

자동차에서 사용하는 난방장치는 실내를 따뜻하게 하고 동시에 앞면 창유리가 흐려지는 것을 방지하는 장치(디프로스터 : defroster)도 겸하게 되어 있다. 난방장치는 주로 온수(溫水)난방을 사용하며 이것은 기관의 냉각수를 이용하는 방식이다.

구조는 히터 유닛을 중심으로 하여 기관의 냉각수를 유입하고, 또 히터 유닛에서 기관으로 배출하기 위한 호스 및 냉각수 유통을 차단하기 위한 밸브 등으로 구성되어 있다. 또 기관에서의 냉각수 출구는 수온 조절기의 작동과 관계없는 곳에 설치되며, 입구는 물 펌프의 입구 근처에 설치되어 있다. 온수식 회로는 라디에이터 회로와 병렬로 접속되어 있다.

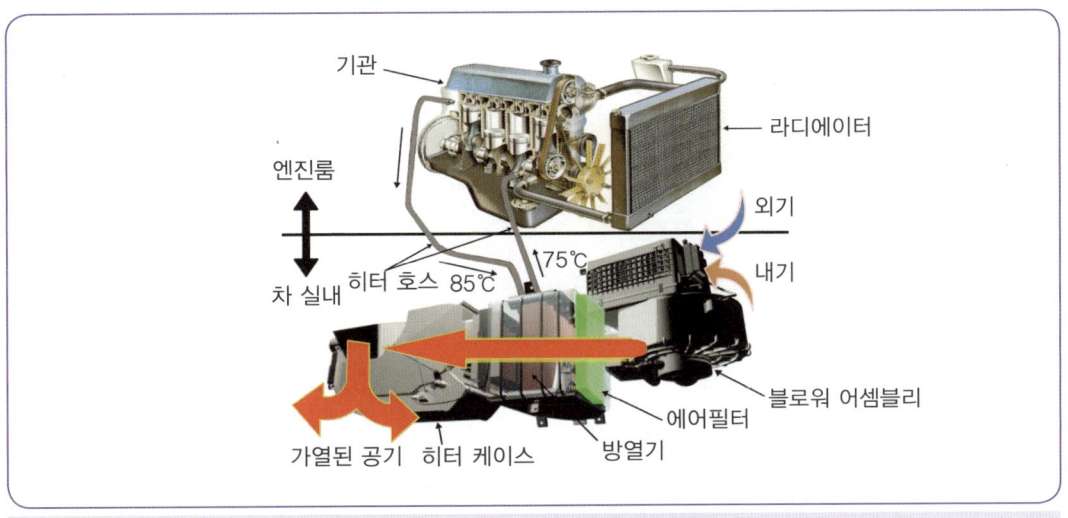

🔧 그림 3-88 온수방식 난방장치의 개념도

03 에어컨

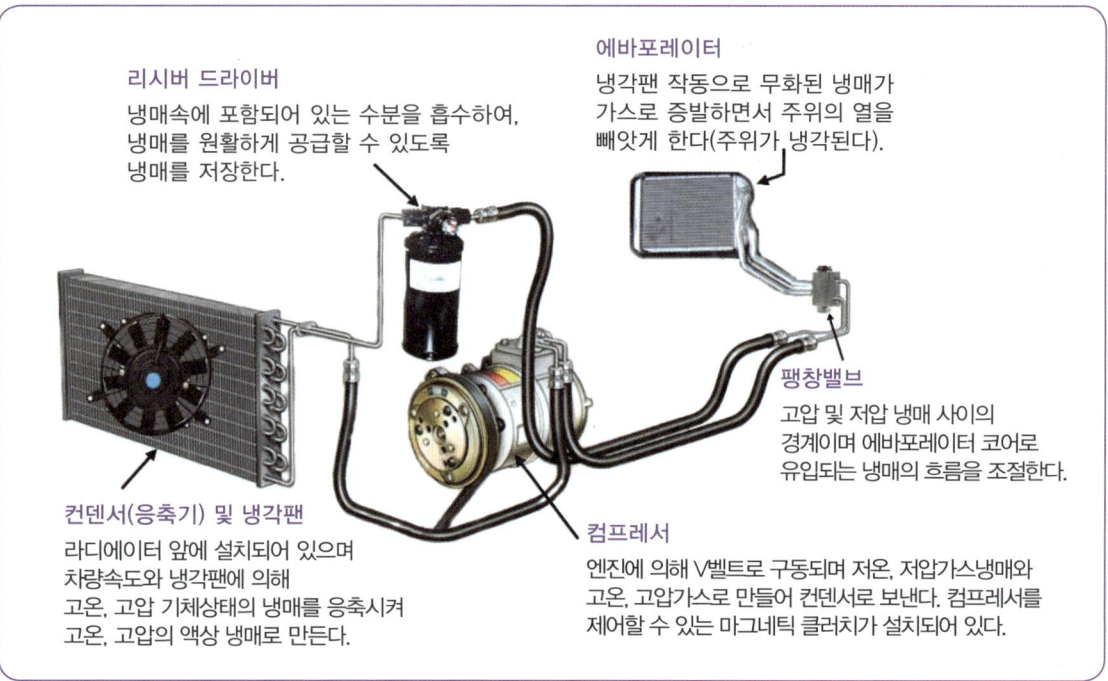

● 그림 3-89 에어컨의 구성품

1 에어컨의 개요

에어컨은 에어컨디셔너(air conditioner)의 줄임말이며, 공기 조화장치(냉·난방장치)를 의미한다. 이것은 "일정한 공간의 요구에 알맞은 온도·습도 및 청결도 등을 동시에 조절하기 위한 공기 취급과정"이라고 정의된다. 공기 조화장치를 작동시키는 장치에는 다음과 같은 것들이 있다.

① 온도 조절장치(냉·난방장치)
② 습도 조절장치
③ 공기를 청정 및 정제시키는 여과장치
④ 공기를 이동 및 순환시키는 장치

2 냉동원리

물질의 상태(고체 · 액체 및 기체)변화는 열의 변화와 밀접한 관계가 있으며, 열의 출입에 의해 그 상태가 변화한다. 일반적으로 냉동기구는 그 내부에서 상태가 변화하면서 주위의 열을 흡수하는 냉매에 의하여 냉각작용을 한다.

이와 같이 물질의 온도를 낮게 유지하는(냉각작용) 방법에는 여러 가지가 있는데 이를 열의 이용 측면에서 분류하면 증발열을 이용하는 방법, 용해열을 이용하는 방법, 승화열을 이용하는 방법, 기체의 단열팽창을 이용하는 방법, 펠티에 효과(peltier effect, 서로 다른 종류의 금속 접촉면에 약한 전류가 흘렀을 때 열이 발생 또는 흡수되는 현상)를 이용하는 방법 등이 있다.

3 에어컨의 종류

수동 에어컨(manual air con)

냉방 유닛(cooling unit)이 독립적으로 가동된다. 수동 에어컨은 바깥 공기의 유입이나 히트 믹싱(heat mixing)기능이 없는 방식과 대시보디 내부에 설치되어 바깥 공기의 유입이나 히트 믹싱은 가능하나 레버와 케이블에 의해 수동으로 조작되는 방식이 있다.

반자동 에어컨(semi auto air con)

반자동 에어컨은 전자동 에어컨의 제어 중에서 공기의 흡입구와 배출구 제어를 수동으로 실행하는 것이다. 배출 온도 · 풍량 및 압축기의 제어를 자동화한 것이다.

전자동 에어컨(FATC : full auto air con)

전자동 에어컨은 온도 제어 다이얼을 희망하는 온도에 맞추면 햇빛의 유무 · 차량 실내 온도 및 바깥 온도 등의 변화에 대해 자동적으로 실내온도를 설정온도에 일정하게 유지되도록 다음과 같이 제어를 한다. 공기의 흡입구, 배출온도, 풍량, 압축기 ON/OFF 등과 같은 자동제어는 전자제어로 컴퓨터에 의한 제어 또는 진공제어에 의해 항상 쾌적한 실내 환경을 유지한다.

4 냉매

냉매란 냉동 사이클 속을 순환하여 열을 이동시키는 매개체가 되는 물질이며 냉매의 구비조건은 다음과 같다.

① 무색·무미 및 무취일 것
② 가연성·폭발성 및 사람이나 동물에 피해가 없을 것
③ 낮은 온도와 대기압력 이상에서 증발하고, 여름철 뜨거운 공기 중의 저압에서 액화가 쉬울 것
④ 증발 잠열이 크고, 비체적이 적을 것
⑤ 임계온도가 높고, 응고점이 낮을 것
⑥ 화학적으로 안정이 되고, 금속에 대해 부식성이 없을 것
⑦ 사용온도 범위가 넓을 것
⑧ 가스누출 발견이 쉬울 것

R-134a의 장점

① 오존을 파괴하는 연소(Cl)가 없다.
② 다른 물질과 쉽게 반응하지 않는 안정된 분자 구조로 되어 있다.
③ 열역학적 성질은 R-12와 비슷하다.
④ 불연성이며, 독성이 없다.

R-134a의 단점

① R-12와 같은 응축 온도에서 냉동 능력이 떨어진다. 따라서 R-12와 동일한 냉방 성능을 얻기 위해서는 응축 온도를 낮추어야 한다.
② 고무 및 플라스틱 제품의 상용성에 문제점이 있다.
③ 기존에 사용 중인 압축기 오일과 불 용해성의 문제점이 있다.
④ 온실 효과가 있으므로 회수 및 재생에 문제점이 있다.
⑤ 냉동유의 흡수성에 문제점이 있다.

5 수동 에어컨의 구조와 작동

수동 에어컨의 구조 및 원리

(1) 압축기(compressor)

압축기의 종류에는 크랭크방식, 사판방식, 베인 로터리방식 등이 있으며, 여기서는 현재 주로 사용하고 있는 사판방식 압축기에 대해 설명하도록 한다.

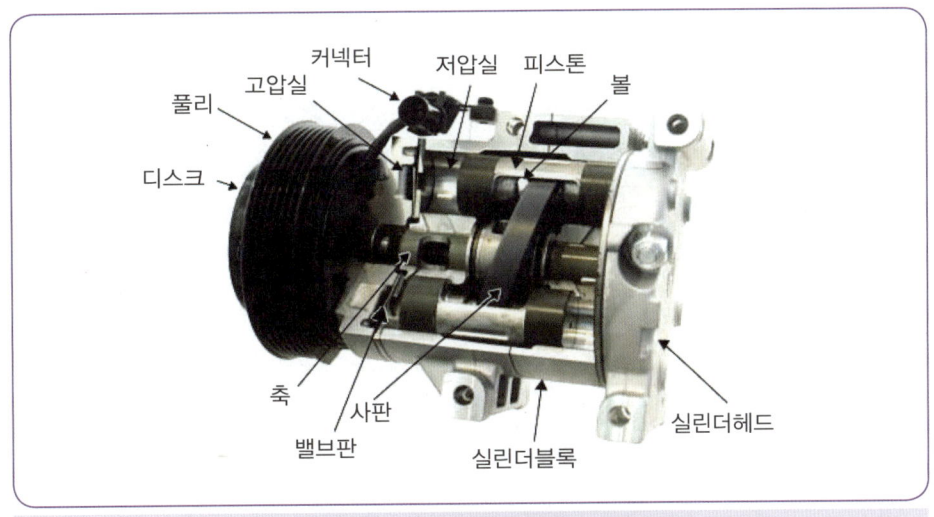

● 그림 3-90 사판방식 압축기의 구조

1) 사판방식(swash plate type)의 압축기의 구조

사판방식 압축기에는 6실린더형과 10실린더형이 있으며, 피스톤이 사판의 회전에 의하여 왕복 운동하는 구조이다. 6실린더형은 위상이 120°, 10실린더형은 72°이며, 10실린더형은 6실린더형에 비해 실린더 수가 많기 때문에 같은 용량이라면 소형·경량화 할 수 있으며, 작동할 때 회전력 변화의 감소 및 냉매의 배출 맥동을 감소시킬 수 있다.

2) 사판방식 압축기의 작동

축이 회전하면 사판도 일체로 회전하며, 축의 회전에 의해 사판에 슈와 볼을 끼워져 있으며, 피스톤은 사판에 의해 왕복운동을 한다. 축이 1회전하면 흡입과 압축 1행정이 완료된다.

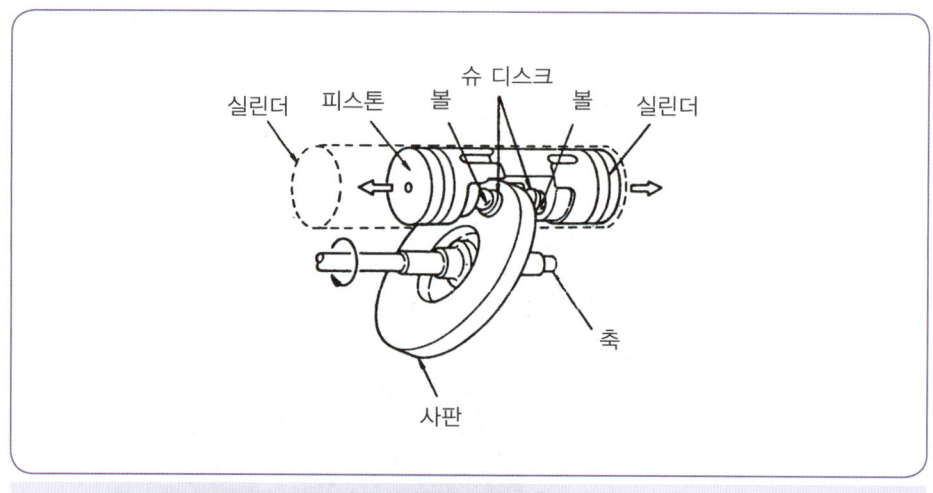

● 그림 3-91 사판방식 압축기의 작동

(2) 응축기(콘덴서 : condenser)

응축기는 압축기에서 압송되는 고온·고압가스는 상부의 입구에서 응축기로 들어가 바깥 공기에 의해 냉각되어 포화 증기로 되고 더욱 냉각되면 완전한 액체로 되어 출구에서 리시버 드라이어로 이동한다. 냉각 튜브에 냉각핀을 2mm 정도의 간격으로 설치한 것이며, 튜브는 알루미늄 또는 구리, 핀은 알루미늄을 사용한다.

● 그림 3-92 응축기

(3) 리시버드라이어(receiver drier : 건조기)

리시버 드라이어 탱크 내부에는 건조제와 스트레이너가 들어있으며, 냉매 속에 수분이 함유되어 있으면 부품을 부식시키거나 팽창밸브 내에서 동결하여 냉매 순환이 정지하게 된다.

냉동사이클의 부하변화에 대응하여 냉매 순환량도 변동되어야 하므로 적절한 양의 냉매를 저장하며, 그 변동에 대응하도록 한다. 응축기로부터 토출된 액체냉매가 기포를 포함하고 있을 경우 냉방성능의 저하를 초래하므로 기포와 액체를 분리하여 액체냉매만 팽창밸브로 보낸다. 건조제와 필터를 사용하여 냉매 중의 수분 및 이물질을 제거한다.

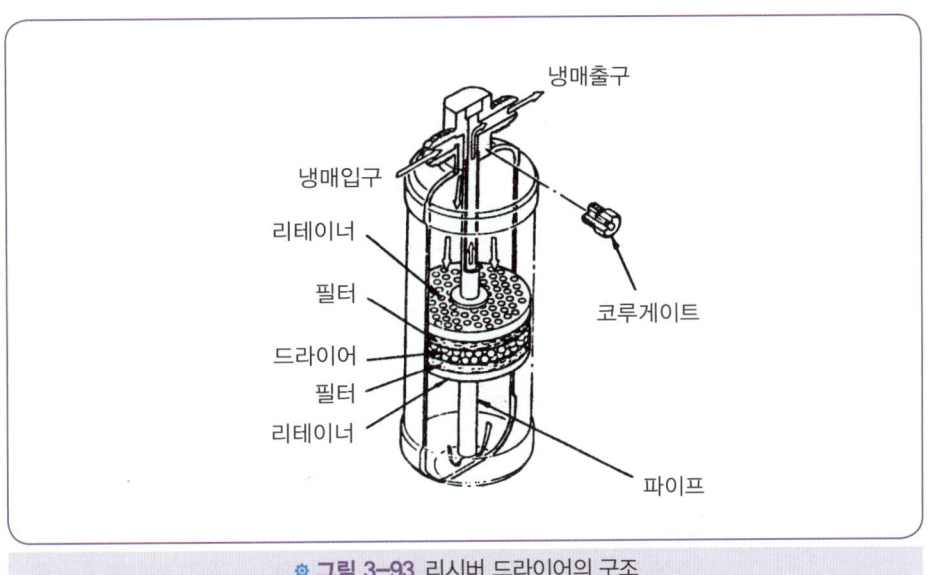

● 그림 3-93 리시버 드라이어의 구조

(4) 팽창밸브(expansion valve)

압축되어 고압이 된 냉매가스는 응축기에서 외부로 열을 발산하여 액체로 복귀된다. 액체 냉매는 증발기 내의 공간을 흐르며 급격하게 체적이 팽창하고 주위의 열을 흡수하여 다시 기체냉매로 된다. 응축기에서 냉매를 무제한으로 증발기로 보내면 증발기 속은 곧바로 즉시 가득 차므로 기화를 할 수 없게 된다. 필요에 따라서 적당한 양의 냉매를 보내어 천천히 제어하는 부분이 팽창밸브이다.

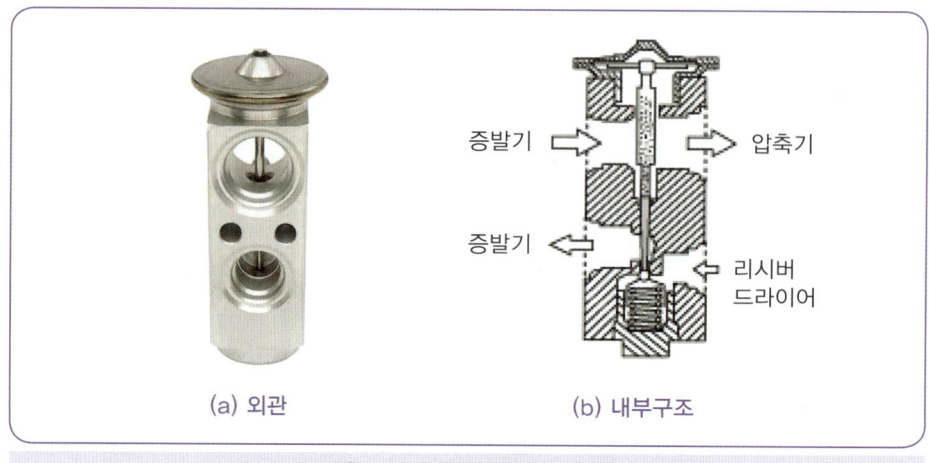

• 그림 3-94 블록형 팽창밸브의 구조

(5) 증발기(evaporator : 이베퍼레이터)

1) 증발기의 역할

증발기 내부를 통과하는 저온·저압의 냉매에 의해 표면에 접촉하고 있는 고온의 실내공기에서 열을 빼앗아 실내공기를 냉각시키는 열 교환기이다.

2) 증발기의 구조와 원리

빈 상자가 진공인 상태라고 가정하자. 이 상자의 한 곳에 작은 구멍을 뚫고 파이프를 설치한다. 그 다음에 파이프로 액체냉매를 보내면 액체냉매는 진공상자 속에서 많은 열을 흡수하면서 기화한다. 액체냉매가 흡수한 열은 상자 주위를 둘러싸고 있는 공기 중에서 구하기 때문에 상자에 바람을 부딪히도록 하면 공기의 온도가 낮아진다. 이것이 증발기의 원리이다.

• 그림 3-95 증발기

(6) 서미스터(thermistor)

서미스터는 에바센서 또는 핀 서모센서라고도 하며 에바퍼레이터 코어 평균온도가 검출되는 부위에 삽입되어 있으며 이 부위의 온도를 감지해 자동으로 에어컨 ECU로 입력시키는 역할을 한다. NTC(negative temperature coefficient)으로 일정한 온도범위에서 온도의 상승에 대하여 저항값이 비교적 비례적으로 감소하는 부특성 서미스터이다.

자동 에어컨 ECU는 에바퍼레이터 온도가 0.5℃ 이하로 감지되면 컴프레서 구동출력을 OFF 시키며 3℃ 이상이면 컴프레서를 구동시킨다.

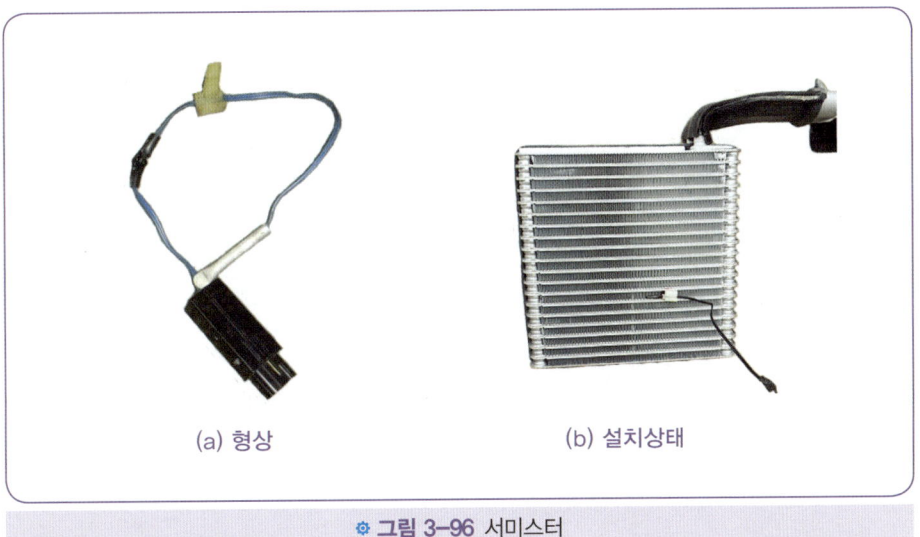

(a) 형상 (b) 설치상태

※ 그림 3-96 서미스터

(7) 듀얼 압력 스위치

듀얼 압력스위치는 리시버 드라이어 위쪽에 설치되어 있으며, 안전장치로서 에어컨 사이클 내의 냉매압력에 의해 작동되며, 2개의 압력 설정 값(저압 및 고압)을 지니고 1개의 스위치로 저압 보호기능과 고압 보호기능을 수행한다. 작동은 송풍기 릴레이로부터 공급받은 전원을 서모 스위치가 연결시켜주면 에어컨 릴레이 쪽으로 전원을 공급한다.

High Side 저압스위치는 에어컨장치 내에 냉매가 없거나 외부온도가 0℃ 이하인 경우 스위치를 열어(open) 압축기 마그네틱 클러치로의 전원공급을 차단하여 압축기의 파손을 방지하고 고압 컷 아웃(high pressure cut out) 스위치는 고압 쪽 냉매 압력을 검출하여 압력이 규정 값 이상으로 올라가면 스위치 접점을 열어 전원공급을 차단하여 에어컨장치를 이상 고압으로부터 보호한다.

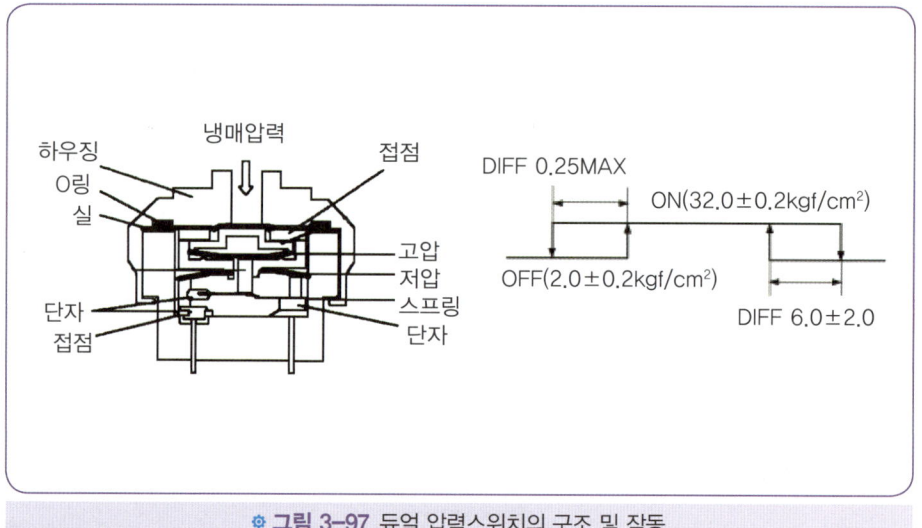

● 그림 3-97 듀얼 압력스위치의 구조 및 작동

(8) 에어컨 릴레이(air con relay)

에어컨 릴레이는 압축기에 전원을 공급하는 것이며, 작동 전원은 에어컨 스위치, 서모스위치, 듀얼 압력스위치를 통하여 공급된다. 만약, 릴레이가 작동하여 압축기가 갑자기 작동을 하게 되면 기관에 충격이 가해지거나, 기관의 회전속도가 낮은 경우에는 작동이 정지하게 된다. 이런 경우에 에어컨 릴레이의 작동을 기관 컴퓨터가 조절하여 아이들 업(idle up)시킨다. 즉 컴퓨터는 압력 스위치로부터의 전압신호를 기준으로 하여 에어컨 릴레이의 작동 여부를 결정한다.

6 전자동 에어컨(FATC)

전자동 에어컨의 개요

냉방능력은 승차인원의 냉방 느낌에 따라 제어 패널이 설치되어 있는 온도 조절 스위치를 사용하여 조절한다. 즉 전자동 에어컨은 희망하는 온도를 한번 지정하여 놓으면 외부조건의 변화에 관계없이 에어컨장치 자체가 냉방능력을 조절하여 항상 지정한 온도로 실내 온도를 유지한다. 자동적으로 조절하기 위하여 컴퓨터가 사용된다.

전자동 에어컨의 구성은 컴퓨터를 비롯하여 파워 트랜지스터, 하이 블로워 릴레이, 블랜드 도어 액추에이터, 토출모드 도어 제어용 액추에이터, 흡입모드 제어용 액추에이터, 실내온도 센서, 외기온도 센서, 일사량 센서, 습도 센서, 핀 서모 센서, 에어컨 압축기 제어용 저압 및 고압스위치, 수온센서 등으로 되어 있다.

전자동 에어컨의 입력과 출력

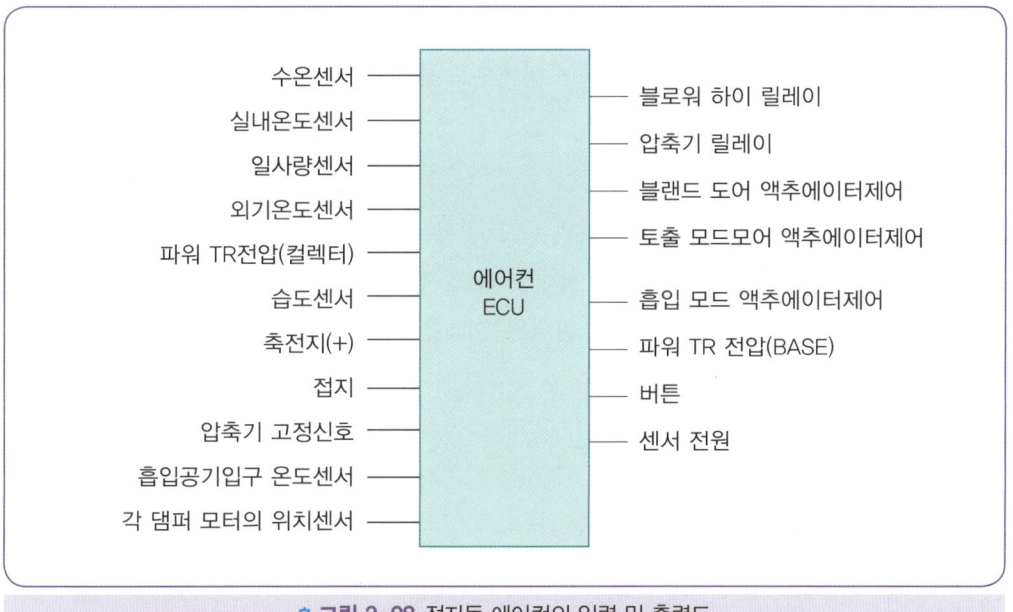

◉ 그림 2-98 전자동 에어컨의 입력 및 출력도

전자동 에어컨 센서(sensor)의 종류의 그 작용

(1) 일사량(일광) 센서

일사량 센서는 포토다이오드를 사용하며 포토다이오드는 빛의 양에 따른 일종의 가변 전원이다. 포토다이오드의 고유 저항이 클 때에는 전류의 흐름이 작아지기 때문에 저항 값은 고정된 상태에서 전류의 변화는 전압 변화에 큰 영향을 미친다.

(2) 실내 온도센서

자동차 실내의 온도를 검출하여 컴퓨터로 입력시키며, 이 값에 의해 블로워 모터의 회전속도를 제어한다. 실내온도 센서는 부특성 서미스터를 이용한 것으로 온도가 상승하면 저항 값이 감소하고, 온도가 낮으면 저항 값이 증가한다.

(3) 외기 온도센서

외기 온도센서는 바깥온도를 검출하여 컴퓨터로 입력시키며, 이 신호에 의해 컴퓨터는 부하량을 감지한다. 이 센서도 부특성 서미스터를 사용하며 온도 변화에 따른 저항 값의 변화는 실내온도 센서와 약간의 차이는 있으나 원리는 같다.

(4) 습도 센서

뒤 선반 트림에 설치된 습도 센서는 자동차 실내의 습도를 검출하여 컴퓨터로 입력시키며, 컴퓨터는 실내의 습도, 실내온도 및 내부 공기순환, 외부 공기순환 모드 상태에 따라 자동차 실내의 습도를 조절한다.

CHAPTER 08 예상문제 난·냉방장치

01. 냉동기의 냉매의 구비조건으로 틀린 것은?

① 증발 잠열이 높고, 비체적이 적을 것
② 임계온도가 낮고, 빙점이 높을 것
③ 불활성이며 비가연성일 것
④ 무색·무미 및 무취일 것

> 풀이 비점이 적당히 낮을 것, 냉매의 증발 잠열이 클 것, 응축압력이 적당히 낮을 것, 증기의 비체적이 적을 것, 압축기 토출 가스의 온도가 낮을 것, 임계온도가 낮을 것, 부식성이 적을 것, 안정성이 높을 것, 전기 절연성이 좋을 것, 누설감지가 쉬울 것, 누설하였을 때 공해를 유발하지 않아야 한다.

02. 신 냉매(R-134 a)의 특징으로 틀린 것은?

① 다른 물질과 쉽게 반응하여 취급이 쉽다.
② 오존을 파괴하는 염소가 없다.
③ R-12(구 냉매)와 유사한 열역학적 성질이 있다.
④ 불연성이고 독성이 없다.

> 풀이 종래 에어컨 냉매로써 사용되어 온 프레온 가스(R12)는 통상 대기 중에서는 화학적으로 안정된 물질이고, 직접 인체에 영향은 없지만, 성층권까지 상승하여 강한 자외선을 받으면 분해하여 염소를 방출한다. 이 염소가 오존층을 파괴한다고 해서 프레온 가스는 세계적으로 소비량 및 생산량이 규제되고 있다. 이 규제에 대응하기 위해 염소 원자를 갖지 않는 신냉매(R134a)가 개발되었다.

03. 다음 중 냉동 효과에 대한 설명으로 옳은 것은?

① 응축기에서 방출열량
② 증발기에서 냉매가 기화하면서 열을 흡수하는 열량
③ 공급된 에너지에 대한 냉동할 수 있는 열량의 비
④ 증발할 수 있는 에너지의 양

> 풀이 응축기는 압축기에서 보내온 고온·고압의 냉매를 응축·액화하는 장치이다.

04. 자동차의 냉방장치에서 차량의 앞쪽 정면에 설치되어 고온·고압, 기체 상태의 냉매가 응축점에서 냉각되어 액체 상태로 되게 하는 것은?

① 증발기
② 건조기
③ 콘덴서
④ 압축기

> 풀이 콘덴서는 응축기라고 하며 압축기에서 보내온 고온 고압의 냉매를 응축 액화하는 장치이다.

정답 01. ② 02. ① 03. ② 04. ③

05. 자동차 에어컨장치에서 리시버드라이어의 기능으로 틀린 것은 어느 것인가?

① 수분 제거 기능
② 기포분리 기능
③ 액체 냉매의 저장기능
④ 고압의 액체 냉매를 만듦

> 풀이 보통 에어컨 가스통이라고 부르는 리시버 드라이어는 라디에이터 근처나 에어컨 컴프레서 주변에 있는데, 긴 원통 모양에 알루미늄으로 되어 있다. 리시버 드라이어는 냉매를 저장하는 탱크이면서 냉매 속에 섞여 있는 습기를 제거하는 역할을 한다.

06. 전자동 에어컨(FATC)에서 AQS(Air Quality System)의 기능에 대한 설명 중 틀린 것은?

① 차 실내에 유해가스의 유입을 차단한다.
② 차 실내의 온도와 습도, 기후변화를 조절한다.
③ 차 실내의 깨끗한 공기만을 유입시킨다.
④ 쾌적한 실내 환경을 유지하기 위한 외부공기 유입 제어장치이다.

> 풀이 AQS는 공기 오염도가 높은 지역을 지나갈 때, 운전자가 별도의 스위치 조작을 하지 않더라도 외부 공기의 유입을 자동으로 차단하는 장치이다.

07. 전자동 에어컨(FATC)의 컨트롤 유닛(ECM)에 입력되는 부품이 아닌 것은 어느 것인가?

① 핀 서모 센서
② 습도 센서
③ 드로틀 포지션 센서
④ 실내 온도 센서

> 풀이 전자동 에어컨의 컨트롤 유닛에 입력되지 않는 센서는 드로틀 센서이며 드로틀 밸브의 개방 각도를 감지하는 가변저항을 말하는데 드로틀샤프트와 함께 회전함에 따라 드로틀 포지션 센서의 출력 전압이 변한다.

08. 자동차에서 사용되는 냉매 중 오존(O_3)을 파괴하지 않는 것은 어느 것인가?

① R-123
② R-12
③ R-134 a
④ R-13

> 풀이 종래 에어컨 냉매로써 사용되어 온 프레온 가스(R12)는 통상 대기 중에서는 화학적으로 안정된 물질이고, 직접 인체에 영향은 없지만, 성층권까지 상승하여 강한 자외선을 받으면 분해하여 염소를 방출한다. 이 염소가 오존층을 파괴한다고 해서 프레온 가스는 세계적으로 소비량 및 생산량이 규제되고 있다. 이 규제에 대응하기 위해 염소 원자를 갖지 않는 신냉매(R 134a)가 개발되었다.

09. 냉방장치의 증기 압축 냉동 사이클 시스템에서 액체가 기체로 상태 변화할 때 주변의 열을 흡수하는 반응을 이용한 부품은 어느 것인가?

① 압축기와 응축기
② 응축기와 어큐뮬레이터
③ 리시버 드라이어와 어큐뮬레이터
④ 증발기와 팽창밸브

> 풀이 에어컨의 증기 압축 냉동 사이클 시스템에서 액체가 기체로 상태 변화할 때 주변의 열을 흡수하는 부품은 증발기와 팽창밸브이다.

정답 05. ④ 06. ② 07. ③ 08. ③ 09. ④

10. 내연기관 자동차의 에어컨 작동 시 냉매의 순환경로에 대한 설명으로 가장 옳은 것은?

① 압축기–응축기–팽창밸브–리시버 드라이어–증발기
② 압축기–응축기–리시버 드라이어–팽창밸브–증발기
③ 압축기–응축기–팽창밸브–증발기–리시버 드라이어
④ 압축기–응축기–리시버 드라이어–증발기–팽창밸브

> **풀이** 압축기(컴프레셔)–응축기(콘덴서)–건조기(리시버 드라이어)–팽창밸브–증발기(에바포레이터)

11. 냉방장치에 사용되는 팽창밸브의 역할로 적당하지 않은 것은?

① 냉매의 양을 자동적으로 조절한다.
② 교축작용으로 저압 분무상의 냉매로 만든다.
③ 기체상태의 냉매를 액체화 한다.
④ 증발하기 쉽게 저온·저압의 냉매로 증발기에 공급한다.

> **풀이** 공급되는 액체 냉매 양을 자동적으로 조절하는 역할

10. ② 11. ③ 정답

친환경자동차

CHAPTER 09

01 하이브리드 전기자동차(hybrid vehicle)

하이브리드 전기자동차는 두 가지 기능이나 역할이 하나로 합쳐져 사용되고 있는 자동차를 말하며 이는 2개의 동력원(내연기관과 축전지)을 이용하여 구동되는 자동차를 말한다.

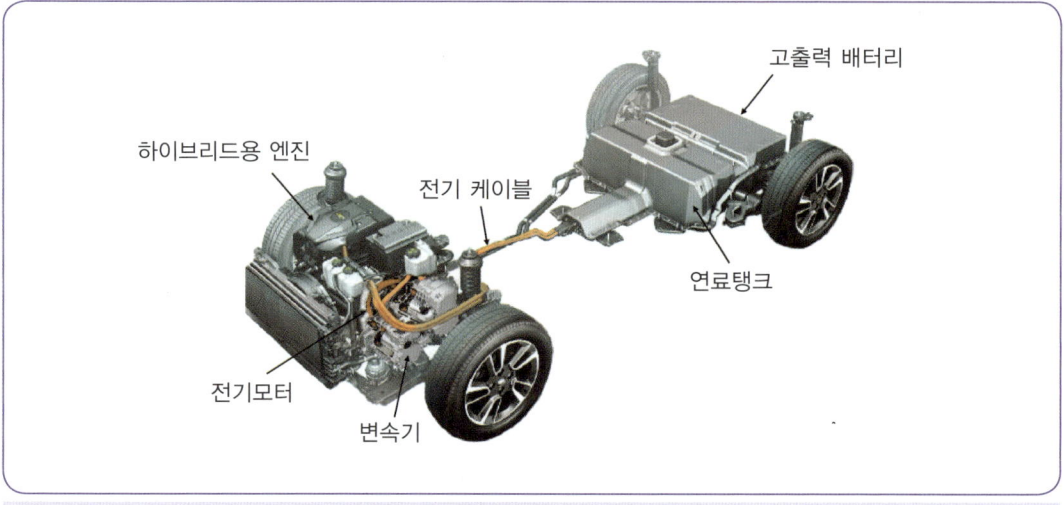

※ 그림 3-99 하이브리드 전기자동차의 구성

1 하이브리드 전기자동차의 구동형식에 따른 종류

하이브리드 전기자동차는 구동모터와 기관의 조합에 따라 다양한 형태의 구조가 가능하다. 이러한 구조를 크게 직렬형(series type), 병렬형(parallel type)으로 구분할 수 있으며 기술적인 면과 양산성을 고려하여 각 메이커별로 추구하는 개발 방향에 따라서 다양한 구조의 동력전달장치로 구성된다.

 직렬방식(series type)

직렬방식은 기관에서 출력되는 기계적 에너지는 발전기를 통하여 전기적 에너지로 바뀌고 이 전기적 에너지가 배터리나 모터로 공급되어 차량은 항상 모터로 구동되는 하이브리드 전기자동차를 말한다.

병렬방식(parallel type)

병렬방식은 배터리 전원으로도 차를 움직이게 할 수 있고 기관(가솔린 또는 디젤)만으로도 차량을 구동시키는 두 가지 동력원을 같이 사용하는 방식을 말한다. 주행조건에 따라 병렬방식은 기관과 모터가 상황에 따른 동력원을 변화할 수 있는 방식이므로 다양한 동력전달방식이 가능하다. 그러므로 이에 따른 구동방식이 나누어지며 대표적으로 소프트방식과 하드방식으로 나눌 수 있다.

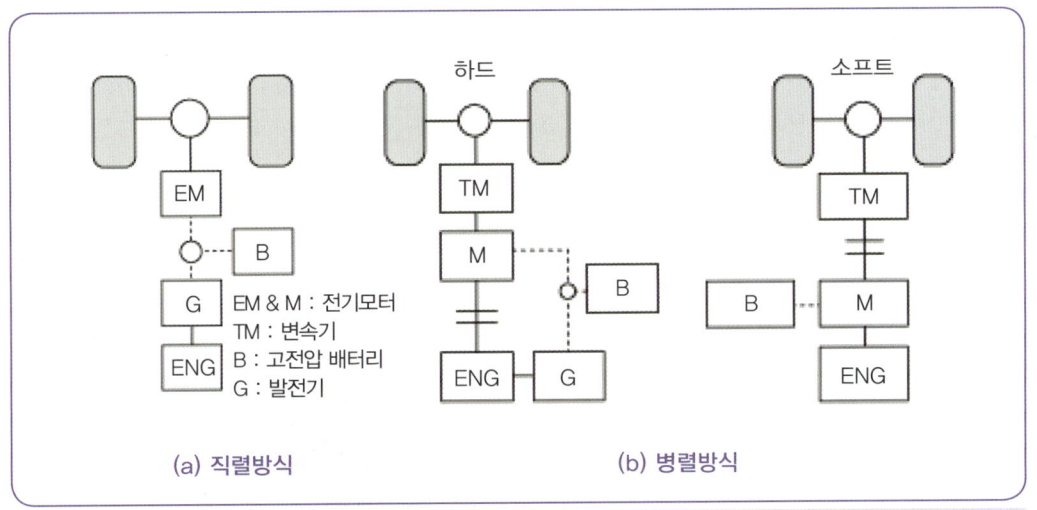

◎ 그림 3-100 하이브리드 전기자동차의 구동형식에 따른 종류

(1) 소프트방식

소프트방식은 기관과 변속기사이에 모터가 삽입된 간단한 구조를 가지고 있고 모터가 기관의 동력보조 역할을 하도록 되어 있다. 이러한 특징 때문에 전기적 부분의 비중이 적어 가격이 저렴한 장점이 있는 반면 순수하게 전기차 모드로 구현이 불가능하기 때문에 하드타입에 비하여 연비가 나쁘다는 단점을 가지고 있다.

(2) 하드방식

하드방식은 기관, 모터, 발전기의 동력을 분할, 통합하는 기구를 갖추어야 하므로 구조가 복잡하지만 모터가 동력보조 뿐만 아니라 순수 전기차로도 작동이 가능하다. 이러한 특징 때문에 연비는 우수하나 대용량의 배터리가 필요하고 대용량 모터와 2개 이상의 모터 제어기가 필요하므로 소프트타입에 비하여 전용부품 비용이 1.5~2배 이상 소요된다. 기관은 배터리를 충전시키는 데만 사용한다.

2 하이브리드 전기자동차의 구성

하이브리드 자동차의 전체적인 구성을 살펴보면 첫 번째로 차량 앞쪽에 있는 기관부분을 들 수 있는데 이 부분은 기관과 자동변속기인 CVT의 결합으로 이루어져 있고 일반 차량과는 다르게 그 사이에 구동을 위한 하이브리드 모터가 들어가 있다.

다음으로 하이브리드 고전압 배터리부분을 들 수 있는데 고전압 배터리부분을 보면 고전압 배터리 외에도 배터리를 식혀 주는 쿨링시스템과 하이브리드 모터를 제어하는 모터 컨트롤 유닛이 장착되어 있으며 모터 컨트롤유닛이 이쪽에 있는 이유는 모터 컨트롤유닛에서는 열이 많이 발생하기 때문에 쿨링시스템이 있는 이곳에 같이 장착이 된 것이다. 또한 저연비 고효율 자동차를 실현하기 위해 전기 모터방식의 파워스티어링의 적용과 차량 밀림 방지시스템이 추가적으로 적용된다.

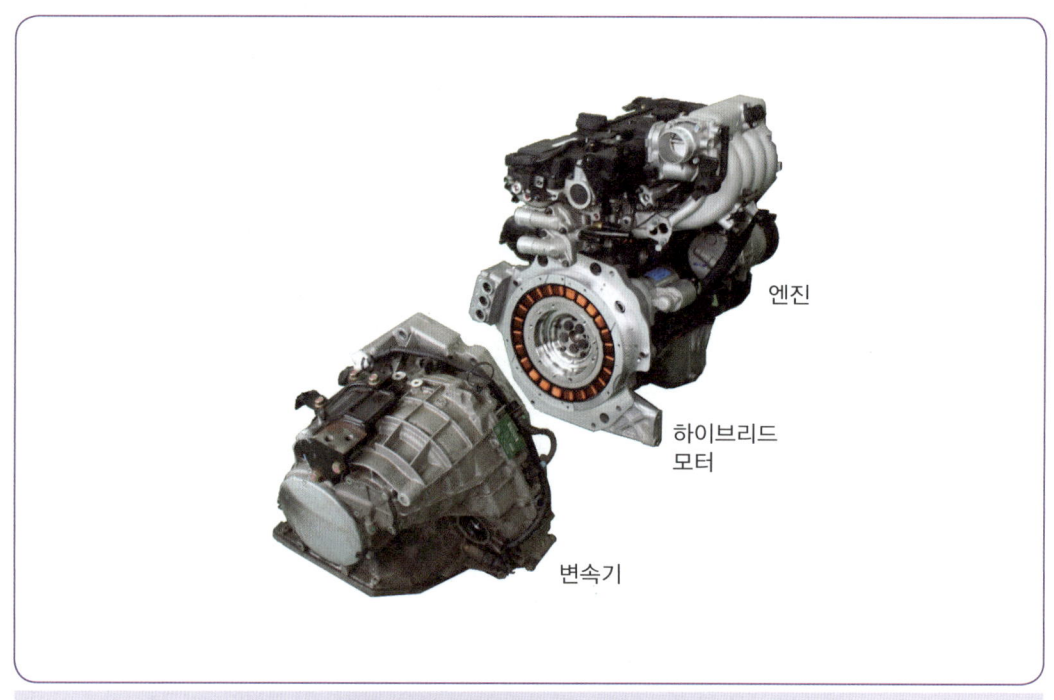

❁ 그림 3-101 하이브리드 전기자동차의 구성

◎ 그림 3-102 하이브리드 고전압 배터리부분

 모터

AC(교류)전압으로 동작하는 고출력 영구자석형 동기 모터(PMSM)로 모터 하우징과 스테이터, 스파이더, 로터 등으로 구성되어 있으며 스테이터는 코일이 감겨져 있고 모터의 고정자 기능을 하고 로터에는 영구자석이 내장되어 있어 모터 고정자에 형성된 회전자계에 의해 발생된 회전토크를 변속기 입력축으로 전달하는 회전자 기능을 하고 기관 시동(이그니션 키 & 아이들 스탑 해제시 재시동) 제어와 발진 및 가속 시 기관의 동력을 보조하는 기능을 한다.

(a) 하이브리드 모터   (b) 스파이더와 로터   (c) 하우징과 스테이터

◎ 그림 3-103 모터의 구성

고전압 배터리

Ni-MH(니켈-수소) 배터리를 사용하였으나 요즘은 Li-ion(리튬-이온) 배터리를 사용하며, 모터작동을 위한 전기 에너지를 공급하는 기능을 한다. 고전압 배터리는 배터리 팩과 고전압 배터리를 제어하는 BMS가 위치하고 있으며, 그 주변으로 릴레이나 안전 플러그 등의 전장부품이 결합되어 있다.

보조배터리

보조배터리는 일반 자동차에서 사용하는 배터리를 말하며 하이브리드자동차의 경우 고전압 배터리를 이용하여 동력에 사용하고 있으므로 일반 전기장치인 라이트, 라디오, 와이퍼 모터 등의 경우는 보조배터리를 통해서 전원을 공급 받는다. 그러나 보조배터리와 고전압 배터리가 통합이 되어 보조배터리가 없는 차량도 있다.

제어기의 구성

기관 제어기와 변속기 제어기는 일반자동차에도 구성이 되는 부품이며 여기에 구동 모터 즉 하이브리드 모터를 제어하는 모터 컨트롤 유닛과 배터리의 충·방전을 제어하는 배터리 컨트롤유닛 또 자동차의 전구 및 각종 전기장치의 구동은 일반 자동차에서 사용하는 12V의 배터리(보조배터리)를 사용하므로 이 배터리의 충전을 관장하는 보조배터리 충전 컨트롤 유닛이 구성되며 이러한 각종 제어기를 전체적으로 관장하는 하이브리드 컨트롤 유닛으로 구성되어 있다.

(1) 기관 컨트롤 유닛(ECU : engine control unit)

　기관을 제어하는 ECU는 일반 차량에도 있는 것으로, 기관을 동작하거나 연료 분사량과 점화시기를 조절하게 된다.

(2) 변속기 컨트롤 유닛(TCU : transmission control unit)

　TCU는 변속기를 제어하는 것으로서, ECU와 마찬가지로 일반 차량에서도 볼 수 있는 것이다.

(3) 모터 컨트롤 유닛(MCU : motor control unit)

모터 컨트롤 유닛은 하이브리드 모터 제어를 위한 컨트롤 유닛이다. 모터 컨트롤 유닛은 HCU(hybrid control unit)의 토크 구동명령에 따라 모터로 공급되는 전류량을 제어하여 각 주행특성에 맞게 모터의 출력을 조절한다. 또한 MCU는 고전압 배터리의 DC(직류)전원을 AC(교류)전원으로 변환시키는 인버터의 기능과 배터리 충전을 위해 모터에서 발생된 AC(교류)전원을 DC(직류)로 변환시키는 컨버터의 기능도 동시에 수행한다.

(4) BMS(battery management system) ECU

BMS는 고전압 배터리를 제어하는 것으로서 배터리 에너지 입·출력제어와 배터리 성능유지를 위한 전류, 전압, 온도, 사용시간 등 각종 정보를 모니터링하고, 종합적으로 연산된 배터리 에너지 상태정보를 HCU 또는 MCU로 송신하는 역할을 한다.

(5) 보조배터리 충전 컨트롤 유닛(LDC : low voltage DC-DC converter)

LDC는 12V 충전용 직류 변환장치로써, 일반 가솔린자동차의 발전기 대용으로 하이브리드 차량의 메인 배터리의 고전압을 저전압으로 낮추어 보조배터리 충전 및 기타 12V 전장품에 전력을 공급하는 장치이다. 이렇게 해서 LDC의 장착으로 하이브리드 자동차에는 일반 자동차에서 볼 수 있는 발전기는 볼 수 없게 된다.

(6) 하이브리드 컨트롤 유닛(HCU : hybrid control unit)

하이브리드 컨트롤 유닛은 전체 하이브리드 전기자동차시스템을 제어하므로 각 하부 시스템 및 제어기의 상태를 파악하며 그 상태에 따라 가능한 최적의 제어를 수행하고 각 하부 제어기의 정보사용 가능 여부와 요구(명령) 수용 가능여부를 적절히 판단한다.

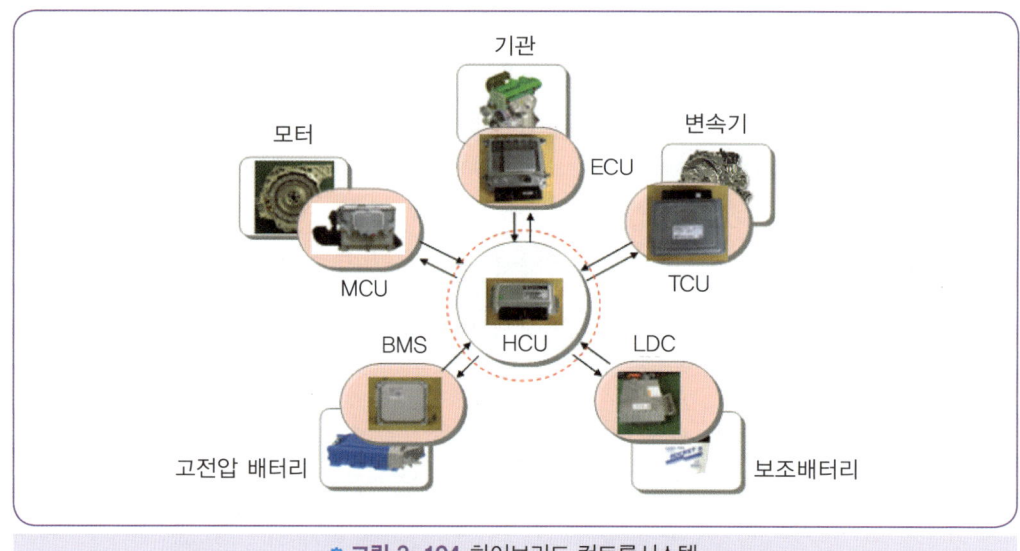

※ 그림 3-104 하이브리드 컨트롤시스템

하이브리드 전기자동차에는 기관제어 유닛인 ECU와 모터의 출력 토크를 제어하는 모터제어 유닛인 MCU, 자동변속기 제어 유닛인 TCU, 보조배터리 충전장치인 LDC 등이 각각의 해당 역할을 수행하고 있는데 하이브리드 컨트롤 유닛인 HCU는 하이브리드 전기자동차의 고유의 기능을 수행하기 위해 이러한 각각에 유닛들을 캔 통신이란 것을 통해 하이브리드 전기자동차의 각 상황에 따라 각 제어조건들을 판단하여 해당 유닛을 제어하는 기능을 하는 장치이다.

3 하이브리드 전기자동차의 주행모드

차량의 주행상태는 시동이 걸리는 단계, 액셀러레이터를 밟아서 차량이 출발하고 가속되는 단계, 일정한 속도로 차가 나아가는 정속단계, 브레이크를 밟아서 속도를 줄이는 감속단계, 정지단계가 있다. 하이브리드 자동차도 이와 같은 주행모드를 기본적으로 갖는데, 하이브리드 자동차는 좀 더 세분화해서 총 7가지 주행모드로 나눌 수 있다. 이는 자동차의 주행모드를 5가지에 아이들 & 크립모드와 발진·가속모드가 추가된다고 보면 될 것이다.

◆ 그림 3-105 하이브리드 자동차의 주행모드

02 전기자동차(electric vehicle)

1 전기자동차의 개요

전기자동차는 자동차의 구동 에너지를 기존 가솔린이나 경유 같은 화석연료의 연소로부터가 아닌 배터리에 축적된 전기를 동력원으로 모터를 회전시켜서 움직인다.

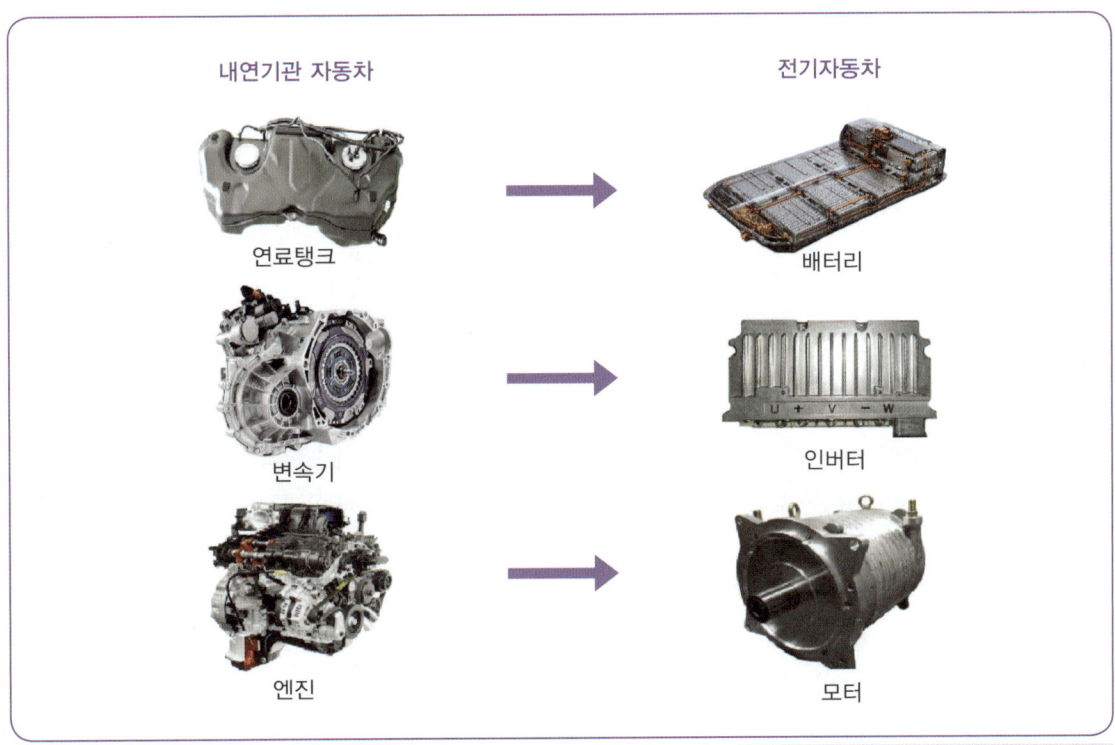

◆ 그림 3-106 내연기관과 전기자동차의 차이점

2 전기자동차(electric vehicle)의 구성

전기자동차는 모터에 에너지를 구동하는 배터리, 배터리에서 공급 받은 에너지로 바퀴를 구동하는 모터와 배터리와 모터사이에서 동력을 컨트롤하는 제어기로 구성되어 있다.

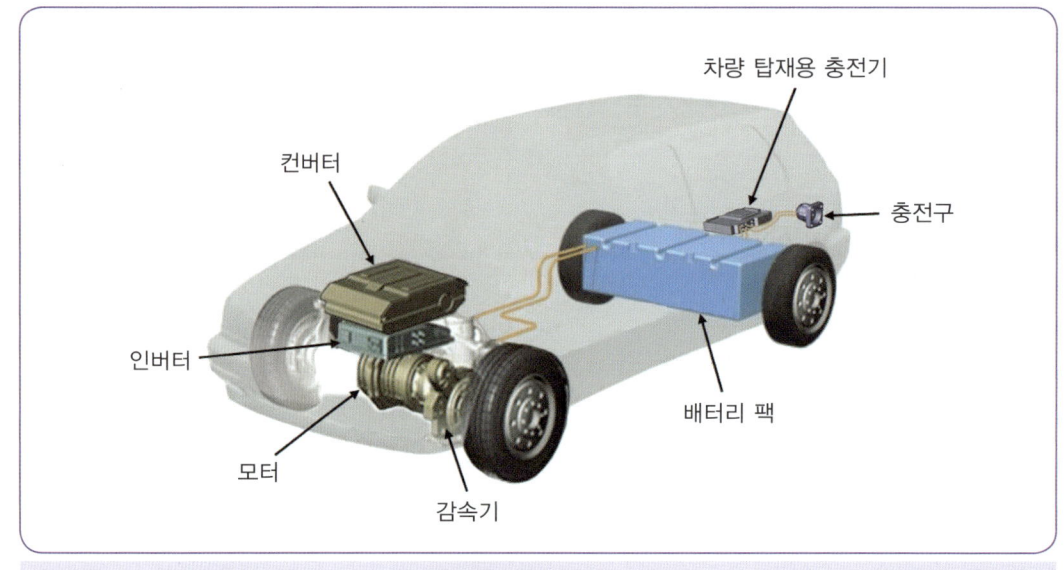

❋ 그림 3-107 전기자동차의 구성

(1) 배터리 팩(battery pack)

전기자동차의 배터리 성능을 결정하는 가장 중요한 부분으로는 에너지밀도와 출력을 들 수 있으며, 이외에도 안정성, 수명, 충전 용이성, 충전효율, 충전시간, 저온성능 등 다양한 요구를 만족하여야 한다.

에너지밀도는 1회 충전 시 주행할 수 있는 운행거리와 관계되며, 단일전지에 저장되는 에너지양으로 결정된다. 따라서 배터리는 에너지밀도가 높고 소형화와 경량화가 가장 중요한 요소이며 배터리의 출력은 가속력과 최고속도를 결정하는 데 중요한 요소이다. 현재 배터리는 리튬 이온의 배터리를 사용하고 있으며, 납 배터리에 비해 대전류 방전특성이 우수하고, 저온에서도 특성이 크게 저하하지 않으며 출력밀도가 크고, 수명이 길며, 단시간 충전이 쉬운 장점이 있어 하이브리드와 전기자동차에 사용되고 있다.

전기자동차용 배터리는 각형 또는 원형 배터리 셀(cell) 여러 개를 모아 모듈(module)을 이루고, 모듈은 다시 여러 개를 모아 하나의 팩(pack)을 만들어 팩 상태로 전기자동차에 들어가게 된다.

(2) 모터(motor)

전기자동차 모터의 역할은 전진주행, 후진주행, 제동, 제동시 발전을 통한 에너지 회수(회생 브레이크시스템) 역할을 한다. 회생 브레이크시스템이란 감속시나 제동시에 모터를 발전기로 작동시켜 운동 에너지를 전기 에너지로 변환시켜줌으로써 이 에너지를 배터리에 충전할 수 있는 시스템이다.

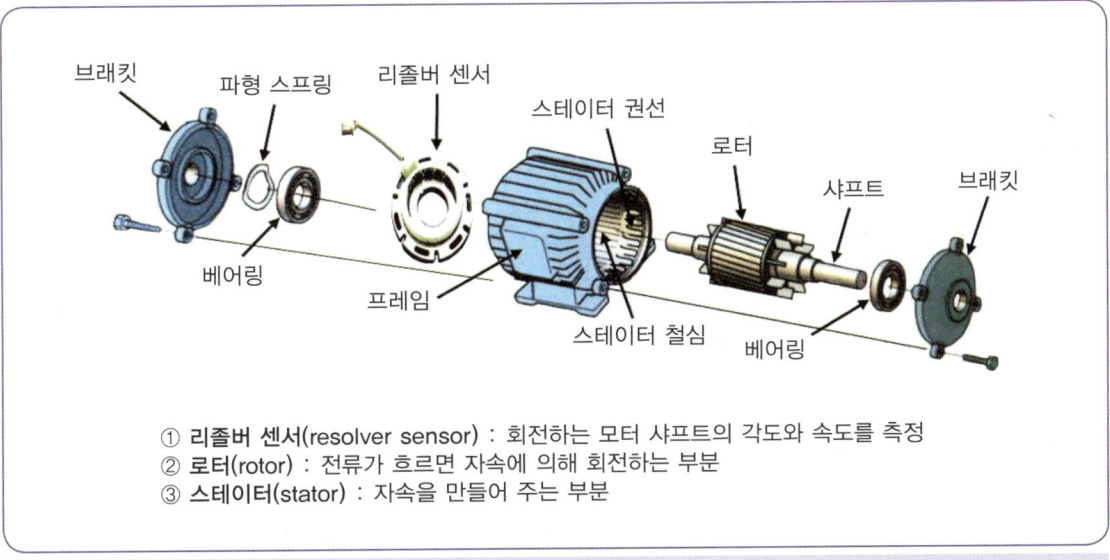

◦ 그림 3-108 모터

전기자동차 모터는 고출력화를 추진하면서 고회전화 함에 따라 모터가 경량·소형화되어 탑재중량이나 용적도 크게 감소하였고 모터의 종류는 다음과 같다.

1) 직류모터(direct current motor)

직류전기를 사용하는 모터로서 직류전류가 로터와 스테이터에 공급되어 자계를 형성하게 되면 로터를 회전시키는 원리이다. 브러시에 정류자가 면 접촉을 하면서 회전하기 때문에 브러시와 정류자의 마모 및 분진과 소음이 발생하게 되어 유지 보수비용이 발생되며, 교류모터에 비해 구조가 복잡하고 비싼 단점이 있다.

2) 직류 브러시 리스 모터(brush less current motor)

브러시 리스 모터는 직류형과 교류형이 있으며, 직류형 방식의 모터 중에 브러시가 없는 타입을 BLDC(brush less direct current)라고 한다. 브러시가 없으므로 반영구적으로 사용 가능하며, 유지보수 및 발열과 소음 그리고 에너지 효율이 향상된 모터이다. 원리는 스테이터를 고정해서 전류를 흘려주고 로터를 회전시킨다.

로터는 영구자석이므로 전류가 필요 없고 리졸버 센서를 모터에 내장하여 로터가 만드는 회전자계를 검출하고, 이 전기신호를 스테이터 코일에 전하여 모터의 회전을 제어할 수 있게 한 것으로 브러시가 닳을 걱정 없이 반영구적으로 사용하므로 전기자동차에 사용하기도 한다.

3) 교류모터(three-phase alternating current : AC 유도모터의 삼상방식)

교류모터는 전지에서 얻어진 직류전원을 인버터를 통해 교류로 변환시켜 모터를 구동하는 방식으로 교류전기로 인한 극성변화와 자기유도로 로터가 회전하는 원리이다. 냉각이 쉽고 코일을 제어함으로써 정밀한 제어가 가능한 모터이다. 직류모터에 비하여 소형, 경량이며 효율이 높고 브러시가 없어 회전수를 높일 수 있다. 그리고 회생 제동장치로 사용할 수 있어 전기자동차에 주로 사용된다.

4) 스위치드 릴럭턴스 모터(switched reluctance motors)

스위치드 릴럭턴스 모터는 BLDC모터에서 로터에 영구자석을 사용하지 않고 철제 로터를 사용하는 방식으로 역기전력이 발생되지 않으며, 스테이터 코일에 전력을 스위칭하여 회전력을 얻는 방식이다. 스위칭이 정밀해야 하며 회전자의 위치센서가 필요하다. 대량생산이 가능하며 가격이 저렴한 장점이 있다.

(3) 모터 제어기(MCU : motor control unit, 인버터(inverter))

제어기의 경우 주로 모터제어를 위한 컴퓨터이며, 직류를 교류로 바꾸어 주는 인버터로 주파수를 바꾸어 모터에 공급되는 전류량을 제어함으로서 출력과 회전속도를 바꾸는 것으로 VCU의 명령에 의해 모터 출력을 제어한다. 자동차의 주행 중 제동 또는 감속 시에 발생하는 여유에너지를 모터에서 발전기로 전환하여 배터리로 충전을 하는 기능도 동시에 수행한다.

(4) LDC(low voltage DC-DC converter, DC-DC 변환기)

전기 차량의 메인 배터리의 고전압을 저전압으로 낮추어 DC전압의 크기를 변화해 주는 것으로 전기자동차에서 DC-DC컨버터는 기존의 내연기관에 있던 12V 납축전지가 차량의 전자부품에 전원을 공급하던 기능을 대신하는 것으로 고전압의 배터리 전압을 차량용 전자부품에 맞는 12V용 전원으로 변환하여 공급하는 장치로 필요시 차량의 12V 납산 보조배터리를 충전한다.

보조배터리가 필요한 이유는 고전압 배터리 전원을 MCU나 제어기로 보내주기 위해서는 전기 스위치인 전기식 릴레이를 작동해야 한다. 각종 전원장치가 12V인데 전기를 많이 사용 시 전압레벨차이가 생기므로 전압의 균형을 유지하기 위한 완충장치 역할을 한다.

(5) BMS(battery management system, 배터리 관리시스템)

전기자동차의 2차 전지의 전류, 전압, 온도, 습도 등의 여러 가지 요소를 측정하여 배터리의 충전, 방전상태와 잔여량을 제어하는 것으로 전기자동차 내의 다른 제어시스템과 통신하며 전지가 최적의 동작 환경을 조성하도록 환경을 제어하는 2차 전지를 제어하는 시스템이다.

(6) VCU(vehicle control unit, 전기자동차 차량 통합 제어기)

가속 · 제동 · 변속 등 운전자 의지를 반영해 각종 제어장치와 협조해 차량 상태를 파악하면서 모터구동과 회생제동 등을 제어하여 가장 전기를 효과적으로 사용할 수 있도록 인버터 등에 명령을 내려 주행을 위한 최적의 상태로 한다.

배터리 충전량에 따라서 모터 토크, 에어컨 작동중지, 히터 작동 정지 등의 전력 배분을 모터 중심적으로 실시하며 배터리 충전량이 30% 이하이면 액셀러레이터를 밟아도 자동차는 서행을 한다.

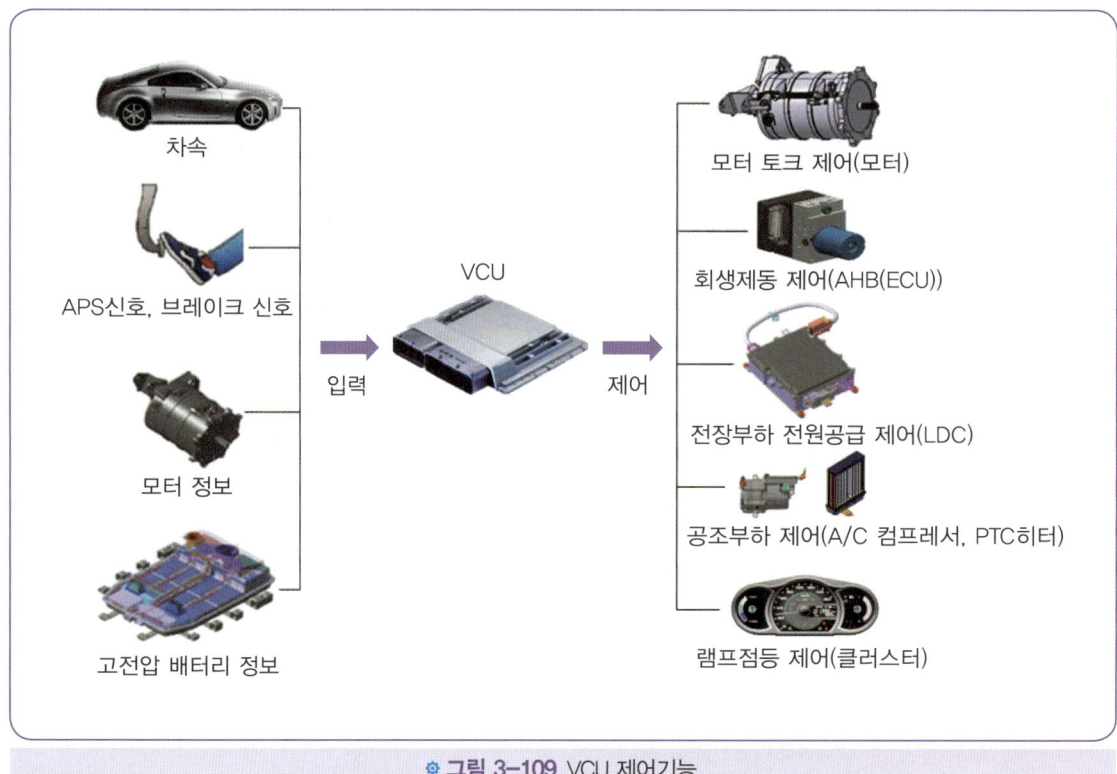

※ 그림 3-109 VCU 제어기능

(7) 완속 충전기(OBC : on board charger, 차량 탑재용 충전기)

OBC는 상용전원인 교류(AC)를 직류(DC)로 변환해 차량 내부 메인 배터리를 충전하는 기능을 한다. 입력전원인 AC전원의 노이즈를 제거하는 입력필터, 에너지 효율을 높여주는 PFC(power factor corrector)회로, 배터리에 전력을 안정적으로 정전압 및 정전류 충전을 하기 위한 DC/DC컨버터, 충전소 및 차량 내 다른 장치와 통신하며 OBC를 제어하는 제어회로 등으로 구성되어 있다. 충전이 완료되면 내부 완속 충전기에서 차단시킨다.

(8) VESS(virtual engine sound system, 가상 엔진 소음발생 시스템)

전기자동차는 소음이 거의 발생하지 않으므로 주행 중 보행자에게 전진, 후진 시 20km/h 이하에서 소리를 낸다. 전진 음은 0~20km/h에서 주행 중 소리를 발생하며 속도가 빨라질수록 소리 크기가 증가한다. 단, D단 정지 시에는 발생하지 않고 후진 음은 후진 시 소리가 발생하며 속도가 빨라질수록 소리 크기가 증가하며 정지 시에도 발생한다.

(9) EWP(electric water pump, 전기 워터펌프)

전기자동차의 전자 장비들의 일반적인 전력효율이 약 90% 정도이면 약 10% 만큼은 연료전환이 된다. 이때 발생하는 열로 인해서 어떤 문제가 발생하지 않도록 하기 위해 사용하는 것이 냉각시스템인데 전통적인 공랭식은 낮은 열 관리에는 용이하지만 높은 에너지 밀도를 가진 전자 장비와 장거리 주행에는 수랭식이 적합한데 EWP는 열이 가장 많이 발생하는 모터 및 OBC, LDC의 온도에 따라 효율적인 냉각을 위해 동작과 비 동작을 반복하며 냉각수를 순환시켜 냉각을 이루어주는 펌프이다.

(10) 진공펌프(vacuum pump)

브레이크에서 진공부스터 효과는 차량의 안전과 관련이 있다. 가솔린 내연기관 자동차처럼 유압으로 브레이크를 작동시키기 위해서는 진공을 얻을 수 있어야 하지만 전기자동차에서는 진공을 얻을 수 없으므로 브레이크의 부스터 효과를 보기 위해서는 전기 진공펌프에 의해 진공을 얻어야 한다.

(11) 계기판(cluster)

계기판은 일반 소비자에게 현재 차량의 상태를 알려줌으로써 보다 안전한 운행을 하도록 유도하기 위함에 그 목적이 있다. 전기자동차는 배터리 변동에 따라 주행 가능 거리가 달라지기 때문에 전기자동차를 운전하게 되면 운전자는 배터리 게이지, 주행가능거리에 가장 많이 신경을 쓰게 된다. 전기자동차 관련 운행정보는 다음과 같다.

① **모터작동 표시계** : 모터의 소비전력 및 회생제동 브레이크의 전기 에너지 충전·방전상태를 알려준다.
② **주행가능거리** : 현재 남아있는 구동용 배터리 잔량으로 주행 가능한 거리를 표시한다.
③ **구동용 배터리 충전량(SOC) 표시계** : 구동용 배터리 충전상태를 표시한다.
④ **충전 완료(잔여) 시간** : 완속 및 급속충전기를 접속하여 차량의 충전 완료시간 및 잔여시간을 표시한다.
⑤ **주행정보표시** : 시동스위치 "OFF"시 다음 주행에 필요한 배터리 잔량 및 주행 가능 거리를 표시하고 배터리 잔량이 부족할 경우 충전해야 한다.

⑥ **에너지 흐름도** : 차량 주행상태에 따른 전기자동차의 동력전달 상태를 출발과 가속 시, 정속주행 시, 감속 시, 정지시의 각 영역별 모터 및 배터리시스템 상태를 표시한다.

(12) 세이프티 스위치(safety switch)

고전압 배터리는 고전압 장치이기 때문에 취급 시 안전에 유의해야 한다. 세이프티 스위치는 고전압 배터리 전원을 임의로 차단시킬 수 있는 전원 분리장치로 과전류 방지용 퓨즈를 포함하고 있다.

고전압 전기 동력시스템과 관련된 부품을 탈·부착이나 정비점검 시 세이프티 스위치 플러그를 탈거하면 고전압을 차단시킬 수 있으므로 이점에 유의하여 작업을 해야 하고, 점화스위치 ON상태에서는 세이프티 스위치 플러그를 탈거하지 말아야 한다.

(13) 전기자동차 메인 릴레이(EV-main relay)

메인릴레이는 고전압 배터리의 DC전원을 MCU측으로 공급하는 역할을 하는 릴레이이다. 이그니션 키가 ON되고 고전압 전기 동력시스템이 정상일 경우 MCU는 메인 릴레이를 작동시켜 고전압 배터리 전원을 MCU 내부에 설치된 인버터로 공급하여 모터구동을 준비한다.

CHAPTER 09 친환경자동차

01. 현재 개발된 친환경 자동차에 속하지 않는 것은 어느 것인가?

① 하이브리드 자동차
② 로터리기관 자동차
③ 전기자동차
④ 연료전지 자동차

> **풀이** 로터리 엔진은 로터리 피스톤 엔진이라고도 불리며, 왕복기관이 크랭크 기구를 사용하여 직선운동에 의해 발생한 동력을 회전운동으로 변환시키는 데 비하여 회전운동만으로 출력을 얻는다는 것이 특징이다.

02. 하나의 동력원에 다른 하나의 동력원을 조합하여 탑재하는 방식의 자동차를 무엇이라고 하는가?

① 수소연료 자동차
② 하이브리드 자동차
③ 전기자동차
④ 연료전지 자동차

> **풀이** 내연 엔진과 전기 자동차의 배터리 엔진을 동시에 장착하는 등 기존의 일반 차량에 비해 유해가스 배출량, 연비를 획기적으로 줄인 차세대 환경 자동차를 말한다. 전기 모터는 차량 내부에 장착된 고전압 배터리로부터 전원을 공급받고 배터리는 자동차가 움직일 때 다시 충전된다. 차량 속도나 주행 상태 등에 따라 엔진과 모터의 힘을 적절하게 제어하여 효율성을 극대화한 것이다.

03. 다음에서 복합형 하이브리드 방식에 대한 설명 중 틀린 것은?

① 컴바인 하이브리드라고도 한다.
② 엔진 또는 모터만으로 구동할 수 있다.
③ 엔진과 모터 양쪽으로 구동할 수 있다.
④ 출력이나 연비 특성이 직렬형 하이브리드 방식보다 나쁘다.

> **풀이** 복합형 하이브리드 방식은 출력이나 연비 특성이 직렬형보다 훨씬 좋다.

04. 수소연료 자동차에 대한 설명으로 틀린 것은 어느 것인가?

① 수소는 물을 원료로 제조하며, 사용한 후에는 다시 물로 재순환되는 무한 에너지원이다.
② 수소를 연소시키면 약간의 질소산화물만 발생시키고 다른 유해가스는 발생하지 않는다.
③ 액체수소를 사용하는 경우 수소를 액화시키는 방법과 저장이 매우 쉽다.
④ 수소를 저장하는 방법에는 액체수소 저장탱크와 금속수소 화합물을 이용한 수소 흡장 합금 저장탱크 등이 사용된다.

> **풀이** 수소 자동차는 수소를 엔진에서 연소시키는 방식을 사용하기 때문에 배기가스의 청정도가 높은 것으로 알려져 있다. 지구온난화의 주범으로 알려진 탄화 수소계 물질 대신, 탄소 원자를 포함하

정답 01. ② 02. ② 03. ④ 04. ③

지 않은 수소는 재순환이 가능하고 환경에 미치는 영향이 거의 없다는 것이 가장 큰 장점이다. 특히 수소는 무색, 무취, 무비, 무독성의 기체로, 단위 질량 당 에너지가 매우 큰 특성을 지니고 있어 연료로서는 우수한 성질을 지니고 있다. 또한, 수소는 물의 전기분해로 만드는 재생 가능한 에너지원이기 때문에 양이 풍부해 실용화의 기대를 모으고 있다.

지급을 비롯해서 취등록세, 개별소비세, 교육세 등의 세금 감면 혜택을 주고 있다는 점도 장점이 있다. 다만 동급의 가솔린, 디젤 차량 등과 비교했을 때 하이브리드 자동차는 가격이 더 높으며, 정비 및 수리 비용도 비싼 편이며, 배터리와 모터를 자동차에 추가 장착하기 때문에, 자동차의 실내공간이 좁아진다는 단점도 있다.

05. 연료전지 자동차의 구성품이 아닌 것은 어느 것인가?

① 전동기와 전동기 제어기구
② 분사펌프
③ 열 교환기
④ 연료 공급 장치

풀이 디젤기관의 연료 분사용으로 사용되는 펌프를 분사펌프라 한다.

06. 가솔린 엔진 탑재 하이브리드 차량의 특징을 설명한 것 중 틀린 것은?

① 동력성능이 우수하다.
② 제작비가 싸다.
③ 유지비가 싸고 연료의 공급이 용이하다.
④ 무겁고 내구성이 있다.

풀이 하이브리드는 가솔린, 디젤, lpg 등의 기존 엔진에 전기 모터를 추가한 것으로 저속 주행이나 출발을 할 때는 전기모터를 이용하고, 일정 속력 이상이 되면 기존 엔진을 사용하기 때문에 연비가 좋다. 또한 온실가스 배출량이 적은 친환경 자동차이며 최근 정부에서 친환경 자동차 보급 촉진을 위해 CO_2 배출량이 97g/km 이하인 하이브리드 차를 구매하는 운전자를 대상으로 자동차 구매 보조금

07. 하이브리드 자동차에서 변속기 앞뒤에 기관과 전동기를 병렬로 배치하여 주행상황에 따라 최적의 성능과 효율을 발휘할 수 있도록 자동차 구동에 필요한 동력을 기관과 전동기에 적절하게 분배하는 형식은 어느 것인가?

① 직·병렬형   ② 병렬형
③ 교류형   ④ 직렬형

풀이 병렬형 하이브리드는 직렬형 하이브리드와는 다르게 변속기의 앞뒤에 기관 및 모터를 병렬로 배치하고, 주로 엔진을 사용하여 자동차를 구동하고 전기 모터는 보조 역할을 하는 방식이다.

08. 하이브리드 자동차의 장점에 속하지 않은 것은 어느 것인가?

① 연료소비율을 50% 정도 감소시킬 수 있고 환경친화적이다.
② 탄화수소, 일산화탄소, 질소산화물의 배출량이 90% 정도 감소한다.
③ 이산화탄소 배출량이 50% 정도 감소한다.
④ 값이 싸고 정비작업이 쉽다.

풀이 하이브리드 자동차의 정비작업은 복잡하고 어려운 작업이 다수 포함되어 있다.

정답 05. ② 06. ④ 07. ② 08. ④

09. 하이브리드 시스템에서 자동차의 계기판 작동 중 불필요한 동력을 전동기가 발전 제어하여 축전지를 충전시킬 때 표시되는 것은 어느 것인가?

① Change
② Assist
③ 배터리 표시
④ 회전속도 표시

풀이 계기판의 Change로 눈금 표시가 되면 불필요한 동력을 모터가 발전 제어하여 배터리를 충전하게 되고 계기판에 Assist 눈금 표시가 되면 엔진을 도와 차량성능을 향상한다.

10. 다음 중 하이브리드 카의 장점이 아닌 것은 어느 것인가?

① 연비가 향상된다.
② 유해배출가스 배출량을 감소시킬 수 있다.
③ 엔진의 효율을 향상할 수 있다.
④ 시스템이 간단하다.

풀이 하이브리드 자동차의 단점은 구조가 복잡하고 비싼 가격과 자동차의 중량이 무겁고 전기차 수준의 친환경차량이 아닌 20~50%의 효율이 좋은 내연기관으로 선진국에서 분류한다.

11. 하이브리드 카를 설명한 것 중 잘못된 것은 어느 것인가?

① 제작비가 고가다
② 시스템이 복잡해진다.
③ 출발 시는 주로 엔진을 사용하여 구동력을 전달한다.
④ 출발 시는 주로 모터를 사용하여 구동력을 전달한다.

풀이 출발 시는 주로 모터를 사용하여 구동력을 전달한다.

12. 다음의 하이브리드 카의 분류 중 탑재된 엔진에 따라 분류 시 틀린 것은 어느 것인가?

① 가솔린 엔진 탑재 하이브리드
② 디젤 엔진 탑재 하이브리드
③ LPG 엔진 탑재 하이브리드
④ 병렬형 하이브리드

풀이 병렬형 하이브리드는 구동방식에 따라 분류하는 타입이다.

13. 디젤 엔진 하이브리드 차량의 특징을 설명한 것 중 틀린 것은 어느 것인가?

① 가솔린 엔진 탑재 하이브리드 차량보다 연비 면에서 유리하다.
② 주로 대형차에 적용한다.
③ 진동이나 소음이 크다.
④ 가볍지만 내구성이 있다.

풀이 디젤엔진 하이브리드 차량은 무겁고 중량이 많이 나간다.

14. 하이브리드 종합제어에서 포함되지 않는 시스템은 무엇인가?

① Engine Control Unit
② Battery Management System
③ Motor Control Unit
④ Anti-Lock Brake System

풀이 자동차가 급제동할 때 바퀴가 잠기는 현상을 방지하기 위해 개발된 브레이크를 ABS브레이크라 한다.

정답: 09. ① 10. ④ 11. ③ 12. ④ 13. ④ 14. ④

15. 니켈-수소 전지의 특징을 설명한 것 중 틀린 것은 어느 것인가?

① (-)극에 수소흡장합금을 이용하고 (+)극에 니켈산화물을 이용한다.
② 니켈-수소 전지 내에 소량의 납과 카드뮴이 사용된다.
③ 방전 시 (+)극은 수산화니켈이 된다.
④ 발열량이 많아 냉각성을 고려해야 한다.

> 풀이 니켈-카드뮴(Ni-Cd) 전지의 카드뮴(Cd)을 금속수소화물(Metal Hydride)로 대체한 제품이며 니켈-카드뮴보다 일반적으로 무겁지만 에너지 밀도가 크고 많은 용량의 저장이 가능해 효율적이며, 중금속 오염 문제를 일으키지 않아 친환경적이다.

16. 리튬전지의 이온반응에 대한 설명 중 틀린 것은 어느 것인가?

① 음극에 금속 리튬을, 양극에 이황화 타이타늄을 사용한 고체 전해질 리튬전지나 용융염을 사용한 고온형 리튬 황화철 전지 등이 있다.
② 리튬이온은 충상 물질의 극판 내에 저장된다.
③ 리튬이온의 이동에 따른 화학반응이 활발하게 이루어진다.
④ 전지 반응은 리튬이온이 (-)극에서 (+)극으로 이동함으로써 이루어진다.

> 풀이 고체 전해질 전지이므로 리튬이온의 이동이 불가하다. 전지 내부의 전해질이 고체인 전지이며 전지의 소형화와 누액성이 없는 안전한 전지 등이 요구되고 있는 추세이다.

17. 니켈수소(Ni-Mh) 배터리에 대한 설명 중 틀린 것은 어느 것인가?

① 셀당 전압이 1.0~2.5V이다.
② 수명이 약 15년 정도이다.
③ 내부에 수소가스가 있다.
④ 자기 방전을 한다.

> 풀이 니켈수소 배터리의 충전과 방전의 횟수가 500번이면 거의 방전상태에 다다른다.

18. 내연기관과 전기를 이용하는 차량은 어느 것인가?

① 하이브리드 자동차
② 연료전지 자동차
③ 압축천연가스 자동차
④ 전기 자동차

> 풀이 내연 기관과 전기 자동차의 배터리 엔진을 동시에 장착하는 등 기존의 일반 차량과 비교해 유해 가스 배출량, 연비를 획기적으로 줄인 차세대 환경 자동차를 말한다.

19. 하이브리드(hybrid) 자동차 동력전달방식 중 직렬형(series type)의 동력전달 순서로 가장 옳은 것은?

① 기관-발전기-축전지-전동기-변속기-구동 바퀴
② 기관-축전지-발전기-전동기-변속기-구동 바퀴
③ 기관-변속기-축전지-발전기-전동기-구동 바퀴
④ 기관-전동기-축전지-변속기-발전기-구동 바퀴

풀이 직렬형은 엔진-발전용 모터-배터리-구동용 모터-구동축이 한 줄로 연결된 구조다. 엔진이 발전용 모터를 돌려 전기를 발생시키고 배터리에 저장한 다음, 이 전기에너지로 다시 구동용 모터를 작동시켜서 구동축을 돌린다. 이 과정에서 에너지 손실이 커 최근에는 거의 사용하지 않는다.

20. 디젤 엔진 하이브리드 차량의 특징을 설명한 것 중 틀린 것은 어느 것인가?

① 가솔린 엔진 탑재 하이브리드 차량보다 연비 면에서 유리하다.
② 주로 대형차에 적용한다.
③ 진동이나 소음이 크다.
④ 가볍지만 내구성이 있다.

풀이 디젤 엔진 하이브리드 차량은 무겁고 중량이 많이 나간다.

21. 하이브리드 자동차 계기판에 있는 오토스톱(AUTO STOP)의 기능에 대한 설명 중 틀린 것은?

① 연료소비 저감
② 배출가스 저감
③ 엔진오일 온도 상승 방지
④ 차량이 정지할 경우 엔진을 자동으로 정지시키는 기능

풀이 오토 스톱은 아이들 스톱이라고 하며, 연료소비 및 배출가스를 저감시키기 위하여 차량이 정지할 경우 엔진을 자동으로 정지시키는 기능을 말한다.

22. 바퀴에서 발생하는 회전력을 이용하여 전기적 에너지로 변환시켜 축전지 충전을 실행하는 모드를 무엇이라 하는가?

① 감속모드
② 아이들 스톱 모드
③ 시동모드
④ 발진모드

풀이 감속모드는 주행 중 브레이크를 밟거나, 가속 페달에서 발을 떼는 감속을 하면 전기모터가 역회전하는 데, 여기서 나오는 물리적 힘으로 전기를 만들어 재사용할 수 있다. 이 때문에 제동 횟수가 많은 도심에서 주행 효율을 높여 주행거리가 높아지는 동시에 경제적이다.

20. ④ 21. ③ 22. ①   정답

자동차정비기능사

PART 04

안전기준

01 안전관리 및 산업재해조사
02 기계 및 기구에 대한 안전
03 산업안전일반

안전관리 및 산업재해조사

01 성능기준

(1) 사고예방 대책의 5단계

1) 조직(1단계 : 안전관리조직)

경영층이 참여, 안전관리자의 임명 및 라인조직 구성, 안전활동방침 및 안전계획 수립, 조직을 통한 안전활동을 안전관리에서 가장 기본적인 활동은 안전기구의 조직이다.

2) 사실의 발견(2단계 : 현상파악)

각종 사고 및 안전활동의 기록 검토, 작업분석, 안전점검 및 안전진단, 사고조사, 안전회의 및 토의, 종업원의 건의 및 여론조사 등에 의하여 불안전 요소를 발견한다.

3) 분석평가(3단계 : 원인규명)

사고 보고서 및 현장조사, 사고기록, 인적/물적 조건의 분석, 작업공정의 분석, 교육과 훈련의 분석 등을 통하여 사고의 직접 및 간접 원인을 규명한다.

4) 시정방법의 선정(4단계 : 대책의 선정)

기술의 개선, 인사조정, 교육 및 훈련의 개선, 안전행정의 개선, 규정 및 수칙의 개선, 확인 및 통제 체제 개선 등 효과적인 개선방법을 선정한다.

5) 시정책의 적용(5단계 : 목표달성)

시정책은 3E, 즉 기술(Engineering), 교육(Education), 관리(Enforcement)를 완성함으로써 이루어진다.

(2) 재해예방 대책의 4원칙

① 손실우연의 원칙
- 사고의 결과 손실의 유무 또는 대소는 사고 당시의 조건에 따라 우연적으로 발생한다.

- 하인리히의 1:29:300의 법칙(중상:경상:상해없는 경우)에 따라서 손실은 우연히 발생한다.
- 그러므로 손실을 예상할 수 없으므로 재해를 사전에 예방하는 것이 중요하다.

② **원인 연계의 원칙**
- 사고에는 반드시 원인이 있고, 대부분 복합적 연계 원인이다.
- 사고와 손실은 우연 관계이지만, 사고와 원인은 필연적 관계이다.

③ **예방 가능의 원칙**
- 천재지변을 제외한 모든 인재는 예방이 가능하다.
- 체계적이고 과학적인 예방 대책이 요구된다.

④ **대책 선정의 원칙**
- 사고의 원인이나 불안전 요소가 발견되면 반드시 대책은 선정·실시되어야 한다.
- 재해의 원인은 각기 다르므로 원인을 정확히 규명해서 대책을 선정·실시해야 한다.
- 3E 대책 (Engineering, Education, Enforcement)
    - **기술적 대책** : 안전설계, 안전기준 설정, 환경 설비 개선 등
    - **교육적 대책** : 안전 교육 및 훈련
    - **관리적 대책** : 엄격한 규칙에 의한 제도적 관리 시스템 마련

(3) 안전점검

① **인적인 면** : 건강상태, 보호구 착용, 기능상태, 자격 적정배치 등
② **물적인 면** : 기계기구의 설비, 공구, 재료 적치보관상태, 준비상태, 전기시설, 작업발판
③ **관리적인 면** : 작업 내용, 작업 순서 기준, 직종간 조정, 긴급시 조치, 작업방법, 안전수칙, 작업중 임을 알리는 표지
④ **환경적인 면** : 작업 장소, 환기, 조명, 온도, 습도, 분진, 청결상태
⑤ **불안전한 행위**
- 불안전한 자세 및 행동, 잡담, 장난을 하는 경우
- 안전장치의 제거 및 불안전한 속도를 조절하는 경우
- 작동중인 기계에 주유, 수리, 점검, 청소 등을 하는 경우
- 불안전한 기계의 사용 및 공구 대신 손을 사용하는 경우
- 안전 복장을 착용하지 않았거나 보호구를 착용하지 않은 경우
- 위험한 장소의 출입

02 산업재해

(1) 재해조사의 목적

재해의 원인과 자체의 결함 등을 규명함으로써 동종의 재해 및 유사 재해의 발생을 방지하기 위한 예방대책을 강구하기 위해서 실시한다.

(2) 재해율의 정의

① **연천인율** : 1000명의 근로자가 1년을 작업하는 동안에 발생한 재해 빈도를 나타내는 것

$$연천인율 = 재해자수/연평균\ 근로자수 \times 1,000$$

② **강도율** : 근로시간 1000시간당 재해로 인하여 근무하지 않는 근로 손실일수로서 산업재해의 경·중의 정도를 알기 위한 재해율로 이용된다.

$$강도율 = 근로\ 손실일수/연근로시간수 \times 1,000$$

③ **도수율** : 연 근로시간 100만 시간 동안에 발생한 재해 빈도를 나타내는 것

$$도수율 = 재해\ 발생\ 건수/연\ 근로\ 시간\ 수 \times 1,000,000$$

④ **천인율** : 평균 재직근로자 1000명에 대하여 발생한 재해자수를 나타내어 1000배 한 것

$$천인율 = 재해자수/평균\ 근로자수 \times 1,000$$

◆ **안전점검을 실시할 때 유의사항**
- 점검한 내용은 상호 이해하고 협조하여 시정책을 강구할 것
- 안전 점검이 끝나면 강평을 실시하고 사소한 사항이라도 묵인하지 말 것
- 과거에 재해가 발생한 곳에는 그 요인이 없어졌는지 확인할 것
- 점검자의 능력에 적응하는 점검내용을 활용할 것

◆ **사고가 발생하는 원인**
- 기계 및 기계장치가 너무 좁은 장소에 설치되어 있을 때
- 안전장치 및 보호장치가 잘 되어 있지 않을 때
- 적합한 공구를 사용하지 않을 때
- 정리 정돈 및 조명장치가 잘 되어 있지 않을 때

(3) 화재

연소의 3요소 : 공기(산소), 점화원, 가연물

① **화재의 분류**
- **A급 화재** : 목재, 종이, 섬유 등의 재를 남기는 일반 가연물 화재, 물
- **B급 화재** : 가솔린, 알코올, 석유 등의 유류 화재, 모래
- **C급 화재** : 전기 기계, 전기 기구 등의 전기화재
- **D급 화재** : 마그네슘 등의 금속 화재
- **E급 화재** : 가스화재

② **소화기의 종류**
- **분말소화기** : ABC급
- **포말소화기** : AB급
- **이산화탄소(CO_2)소화기** : BC급, 전기화재에 가장 적합

③ **소화 작업**
- 화재가 일어나면 화재 경보를 한다.
- 배선의 부근에 물을 공급할 때에는 전기가 통하는 지의 여부를 알아본 후에 한다.
- 가스 밸브를 잠그고 전기 스위치를 끈다.
- 카바이드 및 유류(기름)에는 물을 끼얹어서는 안 된다.
- **물 분무 소화 설비에서 화재의 진화 및 연소를 억제시키는 요인**
  - 연소물의 온도를 인화점 이하로 냉각시키는 효과
  - 발생된 수증기에 의한 질식 효과
  - 연소물의 물에 의한 희석 효과

03 안전보건조치

(1) 안전보건표지의 종류

안전보건표지의 종류에는 금지표지, 경고표지, 지시표지, 안내표지, 유해물질표지, 소방표지가 있다.

| 안전보건표지의 종류와 형태 |

〈시행규칙 별표 1의 2〉

(2) 작업복

① 작업에 따라 보호구 및 기타 물건을 착용할 수 있어야 한다.
② 소매나 바지자락이 조여질 수 있어야 한다.
③ 화기사용 직장에서는 방염성, 불연성의 것을 사용하도록 한다.
④ 작업복은 몸에 맞고 동작이 편하도록 제작한다.
⑤ 상의의 끝이나 바지자락 등이 기계에 말려 들어갈 위험이 없도록 한다.
⑥ 옷소매는 폭이 좁게 된 것으로, 단추가 달린 것은 되도록 피한다.

(3) 작업장의 조명

① **초정밀 작업** : 750LUX 이상
② **정밀작업** : 300LUX 이상
③ **보통작업** : 150LUX 이상
④ **기타 작업** : 75LUX 이상
⑤ **통로** : 보행에 지장이 없는 정도의 밝기

기계 및 기구에 대한 안전

01 안전관리

(1) 정지 상태에서 점검 사항

① 급유 상태
② 주행 기타의 섭동부분
③ 전동기와 개폐기
④ 나사, 볼트, 너트의 풀림
⑤ 안전장치와 동력 전달 장치
⑥ 힘이 작용하는 부분의 상처

(2) 운전 상태에서 점검 사항

① 클러치의 상태
② 기어의 치합 상태
③ 베어링의 온도 상태
④ 섭동부의 상태
⑤ 이상음의 유무 및 기타 일반 상태

(3) 기관을 떼어 낼 때의 주의 사항

① 펜더에 상처가 나지 않도록 펜더 덮개를 사용한다.
② 기관을 떼어 낼 때 방해가 되거나 손상될 우려가 있는 것은 미리 떼어 낸다.
③ 빼낸 볼트나 너트는 본래의 위치에 가볍게 꽂아 둔다.
④ 전기 배선을 풀 때는 다시 결선하기 편리하도록 꼬리표를 달아둔다.
⑤ 자동차 밑에서 작업할 때는 반드시 카 스탠드를 잘 고인 다음 작업한다.

(4) 안전사고 방지의 5단계

① **1단계** : 안전 관리의 조직
② **2단계** : 사실의 발견(현상의 파악)
③ **3단계** : 분석 평가
④ **4단계** : 시정 방법의 선정(대책의 선정)
⑤ **5단계** : 시정책의 적용(목표 달성)

(5) 산업 안정 색채

① **적색** : 방화금지, 긴급 정지
② **노란색** : 주의, 경고
③ **흑색** : 방향표시
④ **녹색** : 안전지도, 안전위생
⑤ **청색** : 주의 수리 중, 송전 중
⑥ **백색** : 주의 표지
⑦ **자주(보라)색** : 방사능 위험표시
⑧ **황색** : 주의 표지

(6) 작업장에서의 복장

① 해지고 찢어진 작업복은 빨리 수선한다.
② 기름이 밴 작업복을 입지 않는다.
③ 수건을 허리춤에 끼거나 목에 감지 않는다.
④ 작업복의 소매와 바지의 단추를 잠그고 상의의 옷자락이 밖으로 나오지 않도록 한다.
⑤ 작업복은 몸에 맞는 것을 착용한다.
⑥ 작업의 종류에 따라서 작업복이나 보호복 또는 보호구를 착용한다.

(7) 블록 게이지 취급상 주의 사항

① 먼지가 적고 건조한 실내에서 사용한다.
② 사용 후 벤젠으로 닦고 방청유를 발라서 산화 부식을 방지한다.
③ 정기적으로 정밀도를 점검한다.

④ 사용 후 밀착시킨 상태로 보관하면 떨어지지 않으므로 반드시 떼어서 보관한다.
⑤ 측정면은 깨끗한 헝겊이나 가죽으로 닦는다.

(8) 마이크로미터 사용상의 주의점

① 마이크로미터의 오차는 ±0.02mm 이하이어야 한다.
② 사용 전에 0점이 조성되어 있는가를 확인한다.
③ 보관할 때는 스핀들유를 발라 산화부식을 방지한다.
④ 보관할 때는 습기가 없으면 스핀들과 앤빌을 접촉시키지 않는다.
⑤ 스핀들은 언제나 균일하게 회전시킨다.
⑥ 측정 시 스핀들의 축선에 정확하게 일치시킨다.
⑦ 측정 시 체온에 의한 오차가 발생되므로 신속히 측정한다.
⑧ 동일한 장소에서 3회 이상 측정하여 평균값을 측정값으로 한다.

(9) 다이얼 게이지 취급상 주의 사항

① 다이얼 게이지 지지대는 휨이 없는 것을 사용한다.
② 측정자를 측정 면에 접촉시킬 때는 손으로 가볍게 누른다.
③ 충격은 절대로 금해야 한다.
④ 스핀들에 급유를 해서는 안 된다.
⑤ 사용 후에는 깨끗한 헝겊으로 닦아서 보관한다.

(10) 하이트 게이지 사용 시 주의 사항

① 사용하기 전에 0점을 점검하여야 한다.
② 스크라이버의 길이를 필요 이상 길게 하지 말 것.
③ 금긋기를 할 때는 고정 나사를 단단히 조일 것.
④ 시차(視差)에 주의 할 것.

(11) 실린더 게이지 취급상 주의할 점

① 다이얼 게이지 지지부는 휨이 없는 것을 사용한다.
② 사용 후에는 깨끗하고 건조한 헝겊으로 닦아서 보관한다.

③ 충격은 절대로 금해야 한다.
④ 스핀들은 측정부에 가만히 접촉되도록 한다.
⑤ 스핀들이 잘 움직이지 않을 때 고급 스핀들유를 주입한다.

(12) 스패너, 렌치 사용 시 주의 사항

① 스패너는 볼트 및 너트에 꼭 맞는 것을 사용한다.
② 스패너, 렌치는 올바르게 끼우고 몸쪽으로 당긴다.
③ 스패너에 연장대를 끼우거나 해머로 두들겨 사용하지 않는다.
④ 스패너와 너트 사이에 절대로 쐐기를 넣지 않는다.
⑤ 스패너를 해머 대신에 사용해서는 안된다.
⑥ 조성 조에 힘이 가해지지 않도록 사용한다.

(13) 해머 작업 시 안전 수칙

① 쐐기를 박아서 손잡이가 튼튼하게 박힌 것을 사용한다.
② 해머의 타격면이 찌그러진 것은 사용하지 않는다.
③ 해머를 휘두르기 전에 반드시 주위를 살핀다.
④ 기름 묻은 손 또는 장갑을 끼고 작업하여서는 안 된다.
⑤ 사용 중에 해머와 해머 자루를 자주 점검한다.
⑥ 불꽃이 발생되거나 파편이 발생될 수 있는 작업은 반드시 보안경을 쓸 것.
⑦ 좁은 곳이나 발판이 불안한 곳에서는 해머 작업을 삼가할 것.

(14) 정 작업의 안전 사항

① 정의 생크나 해머에 오일이 묻어 있어서는 안된다.
② 정은 깨끗이 닦고 기름걸레로 닦은 다음 보관한다.
③ 장시간 보관 시는 방청제를 바르고 건조한 곳에 보관한다.
④ 재료에 따라서 날 끝의 각도를 바꾸어 사용하여야 한다.
⑤ 담금질 된 재료는 정 작업을 하여서는 안 된다.
⑥ 쪼아내기 작업은 보안경을 착용한다.
⑦ 정 머리에 기름이 묻어 있으면 깨끗이 닦아서 사용한다.
⑧ 정 머리가 찌그러진 것은 수정하여 사용한다.

(15) 드릴 작업의 안전 사항

① 머리가 긴 사람은 안전모를 쓴다.
② 말려들기 쉬운 장갑이나 소맷자락이 낡은 상의는 착용하지 않는다.
③ 칩은 브러시로 털며, 회전 중에 걸레나 입으로 불지 않는다.
④ 가공물의 설치 또는 제거 시에 특별한 기구를 사용하는 경우를 제외하고는 회전을 멈추고 한다.
⑤ 드릴은 좋은 것을 선택하여 바르게 연마하여 사용한다.
⑥ 공작물을 단단히 고정시켜 따라 돌지 않게 한다.
⑦ 가공 중 드릴이 관통하면 기계를 멈추고 손으로 돌려서 드릴을 빼낸다.
⑧ 작업이 끝날 무렵에는 힘을 약하게 준다.
⑨ 얇은 판의 구멍 뚫기나 드릴이 공작물의 뒷면에 나올 경우에는 고무판이나 각목을 밑에 대고 적당한 기구로 고정하고 작업한다.

(16) 바이스 취급 시 주의 사항

① 바이스는 물리는 조가 완전한지 확인한다.
② 조에 기름이 묻어 있으면 닦아낸다.
③ 둥근 봉이나 얇은 판 등을 물릴 때는 알루미늄판 또는 구리판을 싸서 확실하게 고정한다.
④ 작업시에는 반드시 바이스의 중앙에서 한다.
⑤ 사용 후 바이스는 파쇠철의 부스러기를 떨어버리고 기름걸레로 닦는다.
⑥ 바이스의 조는 가볍게 조여둔다.

(17) 활톱 사용시 주의 사항

① 공작물을 바이스에 물리고 작업물에 알맞는 톱날을 선택할 것.
② 톱날을 끼울 때 이의 방향을 전진 행정에서 절단되도록 끼운다.
③ 톱날을 틀에 장착하고 두 세번 사용 후 다시 조정한다.
④ 절단이 끝날 무렵에 힘을 알맞게 조절할 것.
⑤ 둥근 강이나 파이프는 삼각 줄로 안내 홈을 파고서 그 위를 자른다.
⑥ 한손으로 프레임의 손잡이를 잡고 다른 한 손은 프레임 끝부분을 잡은 다음 일정한 압력으로 고르게 전진 행정을 하여 자른다.

(18) 줄 작업상의 주의 사항

① 새 줄은 연한 재료로부터 단단한 재료의 순으로 사용한다.
② 주물 등의 다듬질 때에는 표면의 흑피를 벗기고 줄질한다.
③ 눈 메꿈의 방지를 위해서 줄에 먼저 백묵을 칠한다.
④ 날이 메워지면 와이어 브러시로 깨끗이 털어 낸다.
⑤ 줄질한 면에는 손을 대어서는 안된다.

(19) 연삭기의 안전 지침

① 숫돌차를 고정하기 전에 균열이 있는지 점검한다.
② 숫돌차의 커버를 벗겨 놓고 사용하지 않는다.
③ 작업자는 숫돌 바퀴의 측면에 서서 연삭한다.
④ 숫돌차와 받침대의 간격은 3mm 이하로 유지하여야 한다.
⑤ 가공물과 숫돌차의 접촉은 적당한 압력으로 연삭한다.
⑥ 숫돌차의 설치가 끝나면 3분 이상 시험 운전을 한다.
⑦ 숫돌차의 측면을 사용하지 않는다.
⑧ 숫돌차는 제조 후 사용 원주 속도의 1.5배 정도로 안전 시험을 한다.
⑨ 연삭 작업시 방진 안경을 착용하여야 한다.
⑩ 숫돌차의 회전을 규정 이상으로 빠르게 하지 않는다.
⑪ 숫돌 바퀴의 안지름은 축의 지름보다 0.05~0.15mm 정도 커야 하며, 플랜지는 좌우 같은 것을 사용하고 숫돌 바깥 지름의 1/3 이상의 것을 사용하여야 한다.
⑫ 연삭 숫돌 작업 시 작업자의 위치는 연삭기의 정면에 서서 작업하며, 숫돌차의 정면에 서서 작업을 해서는 안된다.
⑬ 연삭 숫돌 바퀴를 교환하기 전에 음향 검사를 하여 탁한 소리가 나는 것은 균열이 있는 숫돌 바퀴이므로 맑은 소리가 나는 숫돌바퀴로 설치하여야 한다.

(20) 아세틸렌 용기 사용시 주의 사항

① 아세틸렌 가스의 누설이나 화기 또는 열에 주의한다.
② 용기를 운반할 때는 반드시 캡을 씌운다.
③ 충전 용기는 공병과 구분하여 안전한 장소에 저장한다.
④ 충격을 주거나 난폭하게 다루지 않는다.
⑤ 누설 점검은 비눗물을 사용한다.

(21) 역화를 일으킬 때 조치 순서

① 산소 코크를 잠근다.
② 아세틸렌 코크를 잠근다.
③ 산소를 분출시키면서 팁 끝을 물속에 넣어 냉각시킨다.
④ 역화의 원인을 점검하고 팁의 청소 및 조임 정도를 검사한다.

(22) 아세틸렌의 위험성

① **자연 발화** : 405~408℃에서 자연 발화, 505~515℃가 되면 폭발한다.
② **압력** : 1.5기압 이상이면 폭발할 위험이 있고 2기압 이상으로 압축하면 폭발한다.
③ **혼합 가스** : 아세틸렌 15%, 산소 85% 부근이 가장 위험하다.
④ **화합물** : 구리, 은, 수온 등과 접촉하면 폭발성 화합물을 만든다. 구리와 아세틸렌의 화합물은 120℃로 가열하거나 가벼운 충격을 주면 폭발한다.
⑤ 아세틸렌 발생기에서 아세틸렌이 발생될 때에는 카바이드 1kg에서 발생되는 열량이 475kcal이므로 물의 온도가 60℃ 이상이 되면 아세틸렌이 분해 폭발되므로 주의하여야 한다.

(23) 소화기의 선택

① **A급 화재** : 일반 가연물의 화재로서 냉각 소화법으로 소화시켜야 하며, 소화 용기에 표시된 원형 표식은 백색으로 되어 있다.
② **B급 화재** : 가솔린, 알코올, 석유 등의 유류 화재로서 질식 소화법으로 소화시켜야 하며, 용기에 표시된 원형 표식은 황색으로 되어 있다.
③ **C급 화재** : 전기 기계, 기구 등에서 발생되는 화재로서 질식 소화법으로 소화시켜야 하며, 용기에 표시된 원형 표식은 청색으로 되어 있다.
④ **D급 화재** : 마그네슘 등의 금속 화재로서 질식 소화법으로 소화시켜야 한다.

(24) 소화 원리의 3요소

① **제거 소화법** : 연소 반응 중에 가연물을 제거함으로서 연소의 확대를 방지하여 소화시키는 방법을 말한다.
② **질식 소화법** : 산소 공급을 막아 질식 소화시키는 방법으로서 산소 농도는 10~15% 정도이다.
③ **냉각 소화법** : 가연물에 물을 뿌려 기화 잠열을 이용하여 열을 빼앗아 발화점 이하로 온도를 낮추어 소화시키는 방법을 말한다.

산업안전일반

01 일반적인 주의사항

가. 복장은 실습복을 착용하고 항상 단정히 한다.
나. 작업에 따라 장갑의 착용여부를 지시 받아야 한다.
다. 안전사고 방지를 위해 지도교수의 지시를 잘 따른다.
라. 실습실 안에서는 뛰거나 장난치지 않는다.
마. 작업대 및 통로에 공구, 자재, 부재 등을 방치하지 않는다.
바. 모든 공구 및 기계는 지도교수의 허가를 받아 사용한다.
사. 안전교육을 받은 기계만 사용하며, 사용 전 안전 수칙을 숙지한다.
아. 기계의 일상 점검에 유의하고 부족한 오일을 보충한다.
자. 안전교육을 받은 기계만 사용하며, 사용 전 안전 수칙을 숙지한다.
차. 기계를 작동할 때에는 반드시 지도 교수가 보는 앞에서 실시한다.
카. 전원은 순서대로 공급하고 차단한다.
타. 운전 및 조작은 순서에 의해서 작동한다.

02 유형별 안전수칙

(1) 절삭가공

① 공구 회전 시
- 주축을 정지시킬 때에는 회전하는 공구 홀더나 공구를 손으로 잡아서는 안 된다.
- 주축이 회전 중일 때에는 변속을 하지 않는다. 회전수는 주축을 완전히 정지시킨 후에 변경한다.
- 주축이 회전 중일 때, 측정이나 다듬질면 상태를 확인하기 위하여 일감에 손을 대서는 안된다.
- 절삭 중에 발생하는 칩은 청소용 붓으로 안전하게 제거한다.

② 기기 조작 시

- 절삭유를 충분히 공급해 준다.
- 일감을 척이나 바이스에 단단히 고정한다.
- 주위에 떨어진 칩에 발이 걸리지 않도록 한다.
- 공구를 고정할 때에는 단단하게 고정시킨다.
- 주축의 속도 변환 및 일감을 측정할 때에는 반드시 주축을 정지시킨 상태에서 한다.
- 칩으로 인한 화상에 주의해야 한다.

③ 일감 고정 및 측정 시

- 기계가 동작 중일 때에는 기계의 뒤 또는 옆에서 작업이나 기계 조작을 하지 않는다.
- 테이블 위에는 측정기나 공구를 올려놓지 말아야 한다.
- 절삭 공구 및 바이스는 바른 자세에서 단단하게 고정한다.
- 절삭 공구의 날 끝은 날카로우므로 취급에 주의한다.
- 일감을 측정할 때에는 주축 및 절삭유 분사 장치의 작동을 중지하고 안전한 상태에서 정밀하게 측정한다.
- 일감을 고정할 때에는 상태에 따라 적절한 압력으로 고정해야 한다.

(2) 전기 · 전자

① 콘센트 취급 시

- 젖은 손으로 스위치 조작 절대 금지
- 스위치 조작 시 먼저 설비 이상 유무 확인
- 콘센트 사용 후 전원 차단 잊지 말기
- 콘센트 주변에 화재를 부르는 물질이 없는지 확인하기

② 납땜 시

- 납 가루를 먹거나 흡입하지 않도록 한다.
- 납 가루가 공중에 비산되는 경우가 있기 때문에 마스크를 착용한다.
- 납땜 연기는 흡입하지 않는다.
- 연속적으로 작업하지 않고 잠깐씩 휴식을 하면서 신선한 공기를 흡입한다.
- 인두의 온도를 너무 높지 않게 유지한다.
- 땜 작업이 모두 끝난 후에는 인두팁이 식기 전에 납으로 인두팁을 감싸준다.

③ 전기설비 시
- 높이가 2m 이상인 위치에서 작업하는 때에는 이동식 비계 등 안전한 작업발판을 설치하고 작업을 실시한다.
- 이동식 사다리가 넘어지는 것을 방지하기 위하여 전도방지 철물 설치 철저
- 전도방지 철물을 설치하기 어려울 경우 보조작업자가 사다리 하부 다리부분을 잡아주는 등 전도방지 조치 철저
- 안전모를 착용할 경우에는 턱끈을 완벽하게 체결하여 작용하고 작업을 실시한다.

(3) 용접

① 산소 · 아세틸렌 가스용접
- 용접하기 전에 반드시 소화기, 소화수의 위치를 확인할 것
- 작업하기 전에 안전기와 산소조정기의 상태를 점검할 것
- 보안경을 착용할 것
- 토오치에 점화는 조정기의 압력을 조정하고 먼저 토오치의 아세틸렌 밸브를 연 다음에 산소 밸브를 열어 점화시키며, 작업 후에는 산소 밸브를 먼저 닫고 아세틸렌 밸브를 닫을 것
- 토오치 내에서 소리가 날 때 또는 파열되었을 때는 역화에 주의할 것
- 아세틸렌의 사용압력은 1kg/cm^2 이하로 할 것
- 작업이 끝난 후 화기나 가스의 누설여부를 살필 것
- 용접 이외의 목적으로 산소를 사용하지 말 것
- 산소용 호스와 아세틸렌용 호스는 색으로 구별된 것을 사용할 것
- 아세틸렌 및 산소는 저장소로부터 사용장까지의 배관에 수송 도중 사고가 없도록 상용 압력 1.5배의 수압테스트와 1.1배의 기밀테스트를 할 것
- 토오치에 기름이나 그리이스를 바르지 말 것
- 조정용 나사를 너무 세게 조이지 말 것
- 안전밸브의 열고 닫음은 조심스럽게 하고 밸브를 1회전 이상 돌리지 말 것
- 용해 아세틸렌의 용기에서 아세틸렌이 급격히 분출될 때에는 정전기가 발생되어 인체가 접근하면 방전되므로 급격히 분출시키지 말 것
- 아세틸렌은 1kg/cm^2(게이지 압력) 이상의 압력으로 사용하지 말 것
- 용기의 저장소는 화기가 없는 옥외로 환기가 잘 되는 구조이어야 할 것
- 용기 저장소의 온도는 40℃ 이하를 유지할 것
- 발생기에서 5m 이내에 발생실에서 3m 이내의 장소에서는 흡연이나 화기를 사용하지 말 것
- 팁의 청소는 줄이나 팁크리너를 사용한다.

② 아크용접
- 전기를 사용하는 기계기구는 정기적으로 절연저항 및 접지저항을 측정하여 기준치 이상을 유지하도록 정기점검 한다.
- 교류 아크 용접기 등 전기기계의 금속제 외함, 외피 및 철대 등에는 누전에 의한 감전의 위험을 방지하기 위하여 접지를 실시한다.
- 150V를 초과하는 이동형 또는 휴대형 전기기계는 누전에 의한 감전위험을 방지하기 위하여 당해 전로의 정격에 적합하고 감도가 양호하며 확실하게 작동하는 감전방지용 누전 차단기를 설치한다.

(4) 절단작업

① 톱 작업
- 띠톱 기계는 작동 전에 톱날 용접부의 균열이나 기타 이상 유무를 점검한 후 사용한다.
- 띠톱의 톱날은 회전 중 절단되어 튀어나올 위험이 있으므로 덮개(가드)가 있어도 옆에 서서 작업하지 않도록 한다.
- 띠톱사용 시 자재를 이송할 경우에는 비틀리지 않도록 바로 하고 끌어내는 마지막에는 위험하므로 특히 유의한다.
- 규정 속도 이상으로 작업하면 무리가 되어 위험하며 작업 중 띠톱 날이 재료에 끼워져 있을 경우에는 반드시 기계운전을 멈추고 빼내도록 한다.
- 띠톱 기계 작업 시 면장갑 착용을 금한다.

② 절단기 작업
- 작업 시작 전에 반드시 기계의 이상 유무 및 안전장치 상태를 확인한 후 작업에 임한다.
- 작업 중에는 지정된 보호구(안전화, 귀마개등)를 착용하여야 한다.
- 자기담당 기계이외의 기계는 움직이거나 스위치를 동작하지 않는다.
- 기계를 청소할 때는 반드시 기계를 정지시킨 다음 청소용구를 사용한다.
- 자기 힘에 겨운 재료 및 부품을 무리하게 다루지 말 것이며 무거운 물건은 운반구 또는 기계를 사용한다.
- 금형 설치 및 해체 시에는 반드시 안전 블록을 사용하며 지정된 공구를 사용하여야 한다.
- 작업장 주변의 재료 및 부품은 안전한 상태로 적치되었는지 수시로 점검하며 작업 후 정리 정돈 및 청소를 깨끗이 한다.
- 항상 주위에 불안전한 요인을 관찰하고 발견되면 즉시 안전관리책임자에게 보고하여 시정 조치하도록 한다.

(5) 연삭작업

- 연삭기의 덮개 노출 각도는 90도이거나 전체 원주의 1/4를 초과하지 말 것
- 연삭숫돌 교체 시 3분 이상, 작업 전 1분 이상시 운전을 할 것
- 사용 전에 연삭숫돌을 점검하여 균열이 있는 것은 사용하지 말 것
- 연삭숫돌과 받침대 간격은 3mm 이내로 유지할 것
- 작업 시는 연삭숫돌 정면에서 작업하지 말 것
- 가공물은 급격한 충격을 피하고 점진적으로 접촉시킬 것
- 작업 시 연삭숫돌의 측면을 사용하여 작업하지 말 것
- 소음이나 진동이 심하면 즉시 점검할 것
- 연삭작업 시 보안경 착용 또는 칩비산 방지투명판을 사용할 것
- 연삭숫돌은 습기를 피해 서랍 속에 세워 보관하여 파손을 방지할 것

03 새로 바뀌는 자동차 제도 및 안전기준

(1) 경유차 배출기준 강화

- 현재 녹색교통지역 계절관리제 시행(저공해 미조치 배출가스 5등급 차량 운행 제한)
- 2025년부터 서울 전역

(2) 연비온실가스 기준 상향

- 승용차 평균 연비 기준은 26km/L
- 온실가스 배출기준은 89g/km

(3) 사고기록장치(EDR)의무화

2025년 5월부터 모든 신차에 사고기록장치(EDR)가 의무적으로 장착

(4) 전기차 배터리 정보 제공

2025년 2월 21일부터 전기차 구매 시 배터리 성능과 셀 제조정보를 제공받을 수 있으며, 자동차 등록증에 관련 정보가 표기 됨

(5) 배터리 안정성 인증제도

2025년 2월 17일부터 시행되며 정부가 전기차 배터리 안정성을 직접 관리

PART 05

자동차 및 자동차 부품의 성능과 기준에 관한 규칙

(국토교통부령)

01 총칙
02 자동차안전기준

CHAPTER 01 총칙

제1조(목적) 이 규칙은 「자동차관리법」 제29조제3항·제4항, 제29조의3제1항·제4항, 제30조제1항, 제32조제1항, 제50조제2항 및 같은 법 시행령 제8조 및 제8조의2에 따라 자동차 및 이륜자동차의 구조 및 장치에 적용할 안전기준, 자동차자기인증기준과 자동차 및 자동차의 부품 또는 장치의 안전 및 성능에 관한 시험에 적용할 기준 및 방법을 정함을 목적으로 한다.

제2조(정의) 이 규칙에서 사용하는 용어의 뜻은 다음과 같다.
1. "공차상태"란 자동차에 사람이 승차하지 않고 물품(예비부분품 및 공구, 그 밖의 휴대물품을 포함한다)을 적재하지 않은 상태로서 연료·냉각수 및 윤활유를 가득 채우고 예비타이어(예비타이어를 장착한 자동차만 해당한다)를 설치하여 운행할 수 있는 상태를 말한다.
2. "적차상태"라 함은 공차상태의 자동차에 승차정원의 인원이 승차하고 최대적재량의 물품이 적재된 상태를 말한다. 이 경우 승차정원 1인(13세 미만의 자는 1.5인을 승차정원 1인으로 본다)의 중량은 65킬로그램으로 계산하고, 좌석정원의 인원은 정위치에, 입석정원의 인원은 입석에 균등하게 승차시키며, 물품은 물품적재장치에 균등하게 적재시킨 상태이어야 한다.
3. "축하중"이라 함은 자동차가 수평상태에 있을 때에 1개의 차축에 연결된 모든 바퀴의 윤중을 합한 것을 말한다.
4. "윤중"이라 함은 자동차가 수평상태에 있을 때에 1개의 바퀴가 수직으로 지면을 누르는 중량을 말한다.
5. "차량중심선"이란 차량좌표계[직진상태인 자동차의 수평상태를 기준으로 x축(앞쪽 '−', 뒤쪽 '+'), y축(오른쪽 '−', 왼쪽 '+') 및 z축(아래쪽 '−', 위쪽 '+')으로 구성되는 좌표계로서 별표 1에 따른 좌표계를 말한다. 이하 같다]에서 가장 앞의 차축의 중심점(앞차축이 설치되지 않은 3륜자동차의 경우에는 앞바퀴의 접지부분 중심점을 앞차축의 중심점으로 본다)과 가장 뒤의 차축의 중심점을 통과하는 직선[이륜자동차(측차를 붙인 이륜자동차를 포함한다)의 경우에는 앞·뒷바퀴(측차를 붙인 이륜자동차의 경우에는 측차를 제외한다)의 타이어접지부분 중심점을 통과하는 직선]을 말한다.

5의2. "수직종단면"이란 차량좌표계에서 x축과 z축을 포함하는 단면(x−z)을 말한다.
5의3. "수직횡단면"이란 차량좌표계에서 y축과 z축을 포함하는 단면(y−z)을 말한다.
5의4. "수평면"이란 차량좌표계에서 x축과 y축을 포함는 단면(x−y)을 말한다.
6. "차량중량"이라 함은 공차상태의 자동차의 중량을 말하며, 미완성자동차의 경우에는 미완성자동차 제작자가 해당 자동차의 안전 및 성능에 관한 시험 등에 적용하기 위하여 제시하는 자동차의 중량을 말한다.
7. "차량총중량"이라 함은 적차상태의 자동차의 중량을 말하며, 미완성자동차의 경우에는 미완성자동차 제작자가 해당 자동차의 안전 및 성능을 고려하여 제시하는 중량으로서 단계제작자동차 제작자가 최대로 제작할 수 있는 최대허용총중량을 말한다.

8. "풀트레일러"란 자동차 및 적재물 중량의 대부분을 해당 자동차의 차축으로 지지하는 구조의 피견인자동차를 말한다.

8의2. "저상트레일러"란 중량물의 운송에 적합하고 세미트레일러의 구조를 갖춘 것으로서, 대부분의 상면 지상고가 1,100밀리미터 이하이며 견인자동차의 커플러 상부높이보다 낮게 제작된 피견인자동차를 말한다.

8의3. "세미트레일러"란 그 일부가 견인자동차의 상부에 실리고, 해당 자동차 및 적재물 중량의 상당 부분을 견인자동차에 분담시키는 구조의 피견인자동차를 말한다.

8의4. "센터차축트레일러"란 균등하게 적재한 상태에서의 무게중심이 차량축 중심의 앞쪽에 있고, 견인자동차와의 연결장치가 수직방향으로 굴절되지 아니하며, 차량총중량의 10퍼센트 또는 1천 킬로그램보다 작은 하중을 견인자동차에 분담시키는 구조로서 1개 이상의 축을 가진 피견인자동차를 말한다.

8의5. "모듈트레일러"란 초대형 중량물의 운송을 위하여 단독으로 또는 2대 이상을 조합하여 운행할 수 있도록 되어 있는 구조로서 하중을 골고루 분산하기 위한 장치를 갖춘 피견인자동차를 말한다.

9. "연결자동차"라 함은 견인자동차와 피견인자동차를 연결한 상태의 자동차를 말한다.

10. "접지부분"이라 함은 적정공기압의 상태에서 타이어가 지면과 접촉되는 부분을 말한다.

11. "조향비"라 함은 조향핸들의 회전각도와 조향바퀴의 조향각도와의 비율을 말한다.

12. 삭제

13. "승차정원"이라 함은 자동차에 승차할 수 있도록 허용된 최대인원(운전자를 포함한다)을 말한다.

14. "최대적재량"이라 함은 자동차에 적재할 수 있도록 허용된 물품의 최대중량을 말한다.

14의2. "공유구역"이란 손조작식 조종장치 또는 표시장치의 식별표시가 표시되는 구역 중에서 2개 이상의 식별표시, 식별부호 또는 그 밖의 메시지를 표시하지만 동시에 표시하지 않는 구역을 말한다.

15. "유효조광면적"이라 함은 등화렌즈의 바깥둘레를 기준으로 산정한 면적에서 반사기렌즈의 면적과 등화부착용 나사머리부의 면적등을 제외한 면적을 말한다.

16. "간접시계장치"란 거울 또는 카메라모니터 시스템을 이용하여 자동차의 앞면, 뒷면 또는 옆면의 시계(視界)범위를 확보하기 위한 장치를 말한다.

16의2. "카메라모니터 시스템"이란 카메라와 모니터를 결합하여 간접시계확보를 하는 장치를 말한다.

17. "조향기둥"이라 함은 조향핸들축을 둘러싸고 있는 외장부분을 말한다.

18. "조향핸들축"이라 함은 조향회전력을 조향핸들에서 조향기어로 전달하는 축을 말한다.

19. "머리충격부위"라 함은 좌석을 앞뒤로 조절할 수 있는 경우에는 착석기준점 및 착석기준점 앞 127밀리미터의 지점(조절범위가 127밀리미터 이하인 경우에는 그 최대치)에서 위로 19밀리미터지점에서, 좌석을 앞뒤로 조절할 수 없는 경우에는 착석기준점에서 지름이 165밀리미터인 구형의 머리모형을 지닌 측정장치의 머리모형의 가장 윗부분을 736밀리미터(제98조의 규정에 의한 좌석등받이 시험의 경우에는 600밀리미터)에서 838밀리미터까지 조절할 때에 그 머리모형이 정적으로 접할 수 있는 표면중 유리면외의 차실안의 표면을 말한다.

20. "착석기준점"이라 함은 좌석(좌석을 앞뒤로 조절할 수 있는 경우에는 가장 뒤의 위치의 좌석을, 좌석을 위·아래로 조절할 수 있는 경우에는 가장 낮은 위치의 좌석을, 좌석의 등받이를 조절할 수 있는 경우에는 표준설계각도로 조절한 상태의 좌석을 말한다)에 착석시킨 인체모형의 상체와 골반사이의 회전중심점 또는「자동차관리법」제30조제2항에 따라 등록한 자(이하 "제작자등"이라 한다)가 정하는 이에 상당하는 표준설계위치를 말한다.

21. "골반충격부위"라 함은 착석기준점에서 위로 178밀리미터, 아래로 102밀리미터, 앞으로 204밀리미터, 뒤로 51밀리미터로 결정되는 지면과 수직인 직사각형을 좌우로 이동할 경우 포함되는 부분을 말한다.

22. 삭제

23. "전방조종자동차"라 함은 자동차의 가장 앞부분과 조향핸들중심점까지의 거리가 자동차길이의 4분의 1 이내인 자동차를 말한다.

23의2. "전방착석자동차"란 다음 각 목의 어느 하나에 해당하는 자동차를 말한다.

　가. 다음 그림에서 자동차의 앞차축의 중심선을 포함하는 수평면과 앞차축의 중심선과 운전석의 착석기준점(R-point)을 포함하는 면 사이의 예각(α)이 22도 이상인 경우

　나. 다음 그림에서 운전석의 착석기준점을 포함하는 수직면에서 뒤차축의 중심선을 포함하는 수직면까지의 거리(L2)와 운전석의 착석기준점을 포함하는 수직면에서 앞차축의 중심선을 포함하는 수직면까지의 거리(L1)의 비율이 1.30 이상인 경우

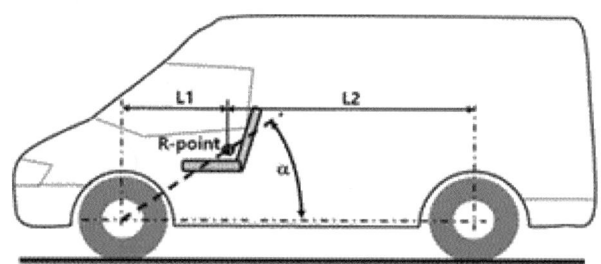

24. "어린이보호용 좌석부착장치"란 어린이보호용 좌석을 부착구를 이용하여 자동차의 차체 또는 좌석 등에 고정시킬 수 있도록 되어 있는 장치를 말한다.

25. "바퀴잠김방지식 제동장치"라 함은 바퀴의 회전량을 감지·분석하여 바퀴의 제동력을 조절하여 줌으로써 제동시 바퀴의 미끄러짐량을 자동적으로 조절하여 주는 장치를 말한다.

25의2. "주제동장치"라 함은 주행 중에 주로 사용하는 제동장치를 말한다.

25의3. "비상제동장치"라 함은 주행 중에 주제동장치의 계통 중 하나의 계통에서 고장이 발생하는 경우 운전자가 자동차를 정지시키기 위하여 사용할 수 있는 제동장치를 말한다.

25의4. "자동제어제동"이란 운전자의 제동장치 조작과는 관계 없이 전자제어시스템에 의하여 자동차의 속도를 감소시키는 제동을 말한다.

25의5. "선택적 제동"이란 운전자의 제동장치 조작과는 관계 없이 전자제어시스템에 의하여 각 바퀴의 제동장치를 작동하여 자동차의 자세를 변화시키는 제동을 말한다.

25의6. "긴급제동신호장치"란 자동차의 주행 중 급제동 시 제동감속도에 따라 자동으로 경고를 주는 장치 또는 그러한 기능을 갖춘 것을 말한다.

25의7. "자동차안정성제어장치"란 자동차의 주행 중 각 바퀴의 브레이크 압력과 원동기 출력 등을 자동으로 제어하여 자동차의 자세를 유지시킴으로써 안정된 주행성능을 확보할 수 있도록 하는 장치를 말한다.

25의8. "제동력지원장치"란 급제동시 제동페달에 가하여지는 힘이나 속도를 감지하여 제동력을 최대로 증가시키는 장치를 말한다.

26. "천연가스"라 함은 탄화수소가스와 증기의 혼합물로서 주로 메탄이 가스형태로 구성되어 있는 자동차용 연료를 말한다.

27. "천연가스용기"라 함은 자동차에 부착되어 자동차의 연료로 사용되는 천연가스를 저장하는 용기를 말한다.

28. "천연가스연료장치"라 함은 천연가스를 저장하는 용기와 엔진에 연료를 공급하기 위한 모든 장치를 말한다.

29. 삭제 〈2001. 4. 28.〉

30. 삭제 〈2001. 4. 28.〉

31. "천연가스연료장치의 고압부분"이라 함은 압축천연가스용기부터 첫번째 압력조정기까지의 부분중 첫번째 압력조정기를 제외한 부분을 말한다.

32. "어린이운송용 승합자동차"란 「도로교통법」 제2조제23호에 따른 어린이통학버스(「여객자동차 운수사업법」 제4조제3항에 따른 여객자동차운송사업의 한정면허를 받아 어린이를 여객대상으로 하여 운행되는 운송사업용 자동차는 제외한다)로서 「도로교통법 시행규칙」 제34조에 따른 자동차를 말한다.

33. "하이브리드자동차"라 함은 「환경친화적자동차의 개발 및 보급촉진에 관한 법률」 제2조제5호의 규정에 의한 하이브리드자동차를 말한다.

34. "2층대형승합자동차"라 함은 운전자 및 승객을 위하여 제공되는 차실의 전체 또는 일부분을 2층 구조로 하면서 위층에는 입석을 하지 아니하는 대형승합자동차를 말한다.

35. "굴절버스"란 각각 독립적인 차실을 갖춘 견인자동차와 피견인자동차를 연결하여 굴절이 되는 자동차로서 승객이 차실 사이를 자유롭게 이동할 수 있고, 연결부분이 쉽게 분리되지 아니하도록 되어 있는 자동차를 말한다.

36. 삭제

37. "보조제동장치"란 주제동장치의 부하를 감소시키기 위한 장치로서 장시간에 걸쳐 제동의 효과를 유지할 수 있는 리타더 및 배기제동장치 등을 말한다. 다만, 연동제동장치를 갖춘 「자동차관리법 시행규칙」 별표 1에 따른 초소형승용자동차(이하 "초소형승용자동차"라 한다), 초소형화물자동차(이하 "초소형화물자동차"라 한다), 초소형특수자동차(이하 "초소형특수자동차"라 한다) 및 이륜자동차의 경우에는 연동제동장치와 별도로 작동되는 주제동장치를 말한다.

38. "연동제동장치"란 초소형승용자동차, 초소형화물자동차 및 초소형특수자동차(이하 "초소형자동차"라 한다)와 이륜자동차의 모든 바퀴의 브레이크가 하나의 조종장치에 의하여 작동되는 주제동장치를 말한다.

39. "분할제동장치"란 초소형자동차와 이륜자동차의 주제동장치 내의 둘 이상의 계통 중 하나의 계통에 고장이 발생하더라도 다른 계통의 작동에 영향을 주지 아니하는 주제동장치로서, 하나의 조종장치로 모든 바퀴의 브레이크를 작동시키는 주제동장치를 말한다.
40. "보행자머리모형"이란 보행자보호를 위한 시험에 사용되는 성인머리모형 및 어린이머리모형을 말한다.
41. "보행자다리모형"이란 보행자보호를 위한 시험에 사용되는 상부다리모형 및 하부다리모형을 말한다.
42. "보행자머리충격부위"란 횡단경계선 1,000밀리미터부터 1,700밀리미터까지와 좌·우 측면기준선이 경계가 되는 어린이머리모형충격부위 및 횡단경계선 1,700밀리미터부터 2,100밀리미터와 좌·우 측면기준선이 경계가 되는 성인머리모형충격부위로 구성된 자동차 앞면 구조물 표면(창유리는 제외한다)을 말한다.
43. "보행자다리충격부위"란 보행자의 다리가 충격하는 자동차앞면 영역을 말한다.
44. "횡단경계선"이란 줄자의 한쪽 끝을 범퍼 앞면에서 수직한 지면에 놓고 다른 한쪽 끝을 자동차 앞면 구조물 표면에 놓은 상태로 후드와 범퍼를 따라 좌우로 움직일 때 앞면 구조물 표면에 발생하는 접점의 연장선을 말한다.
45. "측면기준선"이란 직선자를 자동차의 너비방향면에 평행하고 지면에 수직하게 하여 자동차의 측면방향으로 45도 기울여서 자동차 측면표면과 접촉을 시킨 상태로 자동차의 측면을 따라 앞뒤로 움직일 때 직선자와 자동차구조물간의 가장 높은 접점의 연장선을 말한다.
46. 삭제
47. 삭제
48. "범퍼하부기준선높이"란 직선자를 자동차길이방향면에 평행하고 지면에 수직하게 하여 직선자를 자동차길이방향 뒤쪽으로 25도 기울여 지면 및 범퍼표면과 접촉시킨 상태로 자동차의 앞면을 따라 좌우로 움직일 때 직선자와 범퍼간의 가장 낮은 접점의 연장선을 말한다.
49. 삭제
50. "전기자동차"란 「환경친화적자동차의 개발 및 보급촉진에 관한 법률」제2조제3호에 따른 전기자동차를 말한다.
50의2. "저속전기자동차"란 「자동차관리법」제35조의2에 따른 전기자동차를 말한다.
51. "전기회생제동장치"란 자동차를 감속시킬 때 발생하는 운동에너지를 전기에너지로 변환할 수 있는 제동장치를 말한다.
52. "고전원전기장치"란 구동축전지, 전력변환장치, 구동전동기, 연료전지 등 자동차의 구동을 목적으로 하는 장치로서 작동전압이 직류 60볼트 초과 1,500볼트 이하이거나 교류(실효치를 말한다) 30볼트 초과 1,000볼트 이하의 전기장치를 말한다.
53. "구동축전지"란 자동차의 구동을 목적으로 전기에너지를 저장하는 축전지 또는 이와 유사한 기능을 하는 전기에너지 저장매체를 말한다.
54. "구동전동기"란 자동차의 구동을 목적으로 전기에너지를 회전운동하는 기계적 에너지로 변환하는 장치를 말한다.

55. "활선도체부"란 통상 사용상태에서 전기적으로 통전(通電)되는 도체(導體) 또는 도전성(導電性)부위를 말한다.
56. "타이어공기압경고장치"란 자동차에 장착된 타이어 공기압의 저하를 감지하여 운전자에게 타이어 공기압의 상태를 알려주는 장치를 말한다.
57. "수륙양용(水陸兩用)자동차"란 「자동차관리법」 제2조제1호에 따른 자동차로서 수상에서 항행할 수 있는 구조와 장치 등을 갖춘 자동차를 말한다.
58. "연료전지자동차"란 수소를 사용하여 발생시킨 전기에너지를 동력원으로 사용하는 자동차를 말한다.
59. "연료전지"란 수소를 사용하여 전기에너지를 발생시키는 장치를 말한다.
60. "차로이탈경고장치"란 자동차가 주행하는 차로를 운전자의 의도와는 무관하게 벗어나는 것을 운전자에게 경고하는 장치를 말한다.
61. "비상자동제동장치"란 주행 중 전방충돌 상황을 감지하여 충돌을 완화하거나 회피할 목적으로 자동차를 감속 또는 정지시키기 위하여 자동으로 제동장치를 작동시키는 장치를 말한다.
62. "비상탈출구"란 비상시 승객이 자동차 바깥으로 탈출하는데 사용하는 천정 또는 바닥의 개구부를 말한다.
63. "비상탈출장치"란 승강구, 비상문, 비상창문 및 비상탈출구를 말한다.
64. "자율주행시스템"이란 운전자 또는 승객의 조작 없이 주변 상황과 도로 정보 등을 스스로 인지하고 판단하여 자동차를 운행할 수 있게 하는 자동화 장비, 소프트웨어 및 이와 관련한 일체의 장치를 말한다.

[시행일: 2025. 2. 1.] 제2조제37호, 제2조제38호

제3조(구조 및 장치의 안전성 확보) 자동차 및 이륜자동차의 구조 및 장치는 안전운행을 확보할 수 있도록 제작되거나 정비되어야 한다.

제3조의2(자동차의 안전운행에 필요한 장치의 범위) 「자동차관리법 시행령」 제8조제2항제21호에서 "국토교통부령이 정하는 장치"란 제2조제64호에 따른 자율주행시스템을 말한다.

[본조신설 2020. 12. 24.]

자동차안전기준

 **제1절   자동차의 안전기준**

제4조(길이·너비 및 높이) ① 자동차의 길이·너비 및 높이는 다음의 기준을 초과하여서는 아니된다.
  1. 길이 : 13미터(연결자동차의 경우에는 16.7미터를 말한다)
  2. 너비 : 2.5미터[간접시계장치·환기장치 또는 밖으로 열리는 창의 경우 이들 장치의 너비는 「자동차관리법」 제3조제1항제1호에 따른 승용자동차(이하 "승용자동차"라 한다)에 있어서는 25센티미터, 기타의 자동차에 있어서는 30센티미터. 다만, 피견인자동차의 너비가 견인자동차의 너비보다 넓은 경우 그 견인자동차의 간접시계장치에 한하여 피견인자동차의 가장 바깥쪽으로 10센티미터를 초과할 수 없다]
  3. 높이 : 4미터
② 제1항에 따라 자동차의 길이·너비 및 높이를 측정할 때 다음 각 호의 기준에 따라야 한다.
  1. 공차상태일 것
  2. 직진상태에서 수평면에 있는 상태일 것
  3. 차체 밖에 부착하는 간접시계장치, 안테나, 밖으로 열리는 창, 긴급자동차의 경광등 및 환기장치 등의 바깥 돌출부분은 이를 제거하거나 닫은 상태일 것
  4. 적재 물품을 고정하기 위한 장치 등 국토교통부장관이 고시하는 항목은 측정대상에서 제외할 것

제5조(최저지상고) 공차상태의 자동차에 있어서 접지부분외의 부분은 지면과의 사이에 10센티미터 이상의 간격이 있어야 한다. 다만, 특수작업용자동차, 경주용자동차등 국토교통부장관이 당해 자동차의 제작목적상 필요하다고 인정하는 자동차의 경우에는 그러하지 아니하다.

제6조(차량총중량등) ① 자동차의 차량총중량은 20톤(승합자동차의 경우에는 30톤, 화물자동차 및 특수자동차의 경우에는 40톤), 축하중은 10톤, 윤중은 5톤을 초과하여서는 아니된다.
② 제1항의 규정에 의한 차량총중량·축하중 및 윤중은 연결자동차의 경우에도 또한 같다.
③ 차량중량은 초소형승용자동차의 경우 600킬로그램, 초소형화물자동차의 경우 750킬로그램, 초소형특수자동차의 경우 1천100킬로그램을 초과해서는 안 된다.

제7조(중량분포) ① 자동차의 조향바퀴의 윤중의 합은 차량중량 및 차량총중량의 각각에 대하여 20퍼센트(3륜의 경형 및 소형자동차의 경우에는 18퍼센트) 이상이어야 한다.
② 견인자동차는 피견인자동차(풀트레일러를 제외한다)를 연결한 상태에서 제1항의 기준에 적합하여야 한다.

제8조(최대안전경사각도) ① 자동차(연결자동차를 포함한다)는 다음 각 호에 따라 좌우로 기울인 상태에서 전복되지 아니하여야 한다.
  1. 승용자동차, 화물자동차, 특수자동차 및 승차정원 10명 이하인 승합자동차: 공차상태에서 35도(차량총중량이 차량중량의 1.2배 이하인 경우에는 30도)
  2. 승차정원 11명 이상인 승합자동차: 적차상태에서 28도
② 다음 각 호의 자동차에 대해서는 제1항에 따른 최대안전경사각도 기준을 적용하지 않는다.
  1. 진공흡입청소를 위한 구조·장치를 갖춘 특수용도형 화물자동차
  2. 고소작업·방송중계·교량점검·이삿짐운반을 위한 구조·장치를 갖춘 특수용도형 특수자동차 및 구난형 특수자동차

제9조(최소회전반경) ① 자동차의 최소회전반경은 바깥쪽 앞바퀴자국의 중심선을 따라 측정할 때에 12미터를 초과하여서는 아니된다.
② 제1항에도 불구하고 승합자동차의 경우에는 해당 자동차가 반지름 5.3미터와 12.5미터의 동심원 사이를 회전하였을 때 그 차체가 각 동심원에 모두 접촉되어서는 안 된다.

제10조(접지부분 및 접지압력) 적차상태의 자동차의 접지부분 및 접지압력은 다음 각호의 기준에 적합하여야 한다.
  1. 접지부분은 소음의 발생이 적고 도로를 파손할 위험이 없는 구조일 것
  2. 삭제
  3. 무한궤도를 장착한 자동차의 접지압력은 무한궤도 1제곱센티미터당 3킬로그램을 초과하지 아니할 것
  4. 삭제

제11조(원동기 및 동력전달장치) ① 자동차의 원동기는 다음 각 호의 기준에 적합하여야 한다.
  1. 원동기 각부의 작동에 이상이 없어야 하며, 주시동장치 및 정지장치는 운전자의 좌석에서 원동기를 시동 또는 정지시킬 수 있는 구조일 것
  2. 삭제
  3. 삭제
  4. 삭제
② 자동차의 동력전달장치는 안전운행에 지장을 줄 수 있는 연결부의 손상 또는 오일의 누출등이 없어야 한다.
③ 경유를 연료로 사용하는 자동차의 조속기(연료 분사량 조정기를 말한다)는 연료의 분사량을 임의로 조작할 수 없도록 봉인을 해야 하며, 봉인을 임의로 제거하거나 조작 또는 훼손해서는 안 된다.
④ 초소형자동차의 최고속도가 매시 80킬로미터를 초과하지 않도록 원동기 및 동력전달장치를 설계·제작하여야 한다.

제12조(주행장치) ① 자동차의 공기압타이어는 별표 1의2의 기준에 적합해야 한다.
② 자동차의 타이어 및 기타 주행장치의 각부는 견고하게 결합되어 있어야 하며, 갈라지거나 금이 가고 과도

하게 부식되는 등의 손상이 없어야 한다.
③ 자동차(승용자동차를 제외한다)의 바퀴 뒤쪽에는 흙받이를 부착하여야 한다.
④ 승용자동차와 차량총중량 3.5톤 이하의 승합(피견인자동차로 한정한다) · 화물 · 특수자동차에 장착되는 휠은 제112조의11에 따른 기준에 적합하여야 하고, 브레이크라이닝 마모상태를 휠의 탈거(脫去) 없이 확인할 수 있는 구조이어야 한다. 다만, 초소형자동차는 제외한다.

제12조의2(타이어공기압경고장치) ① 승용자동차와 차량총중량이 3.5톤 이하인 승합 · 화물 · 특수자동차에는 타이어공기압경고장치를 설치하여야 한다. 다만, 복륜(複輪)인 자동차, 피견인자동차 및 초소형자동차는 제외한다.
② 타이어공기압경고장치는 다음 각 호의 기준에 적합해야 한다.
  1. 최소한 시속 40킬로미터부터 해당 자동차의 최고속도까지의 범위에서 작동될 것
  2. 경고등은 다음 각 목의 기준에 적합할 것
     가. 시동장치의 열쇠가 원동기 작동 위치에 있는 상태에서 점등되고 정상상태 시 소등될 것. 다만, 공유구역에 표시되는 식별표시에서는 그렇지 않다.
     나. 운전자가 낮에도 운전석에서 맨눈으로 쉽게 식별할 수 있을 것

제13조(조종장치등) ① 자동차에 설치된 다음 각호의 조종장치 및 표시장치는 운전자가 좌석안전띠(이하 "안전띠"라 한다)를 착용한 상태에서 쉽게 조작 및 식별할 수 있도록 배치하여야 한다.
  1. 주시동장치 · 정지장치 · 가속제어장치 및 기타 원동기의 조작장치
  2. 제동장치 및 동력전달장치의 조작장치
  3. 변속장치 · 창닦이기 · 세정액분사장치 · 서리제거장치 · 안개제거장치 · 전조등 · 등화점등장치 · 비상경고신호등 · 방향지시등 및 경음기의 조작장치
  4. 속도계 · 방향지시등 · 주행빔 · 연료장치 · 원동기냉각수 · 윤활유 · 제동경고등 · 충전장치 및 경제운전의 표시장치
② 가속제어장치의 복귀장치는 가속페달에서 작용력을 제거할 때에 원동기의 가속제어장치를 가속위치에서 공회전위치로 복귀시킬 수 있는 장치가 최소한 2개 이상이어야 하며, 변속장치의 조종레버(변속레버에 표시가 곤란한 경우에는 운전자가 식별하기 쉬운 위치)에는 변속단수별 조작위치를 표시하여야 한다.
③ 자동변속장치는 다음 각 호의 기준에 적합하여야 한다.
  1. 중립위치는 전진위치와 후진위치 사이에 있을 것
  2. 조종레버가 조향기둥에 설치된 경우 조종레버의 조작방향은 중립위치에서 전진위치로 조작되는 방향이 시계방향일 것
  3. 주차위치가 있는 경우에는 후진위치에 가까운 끝부분에 있을 것. 다만, 순서대로 조작되지 아니하는 조종레버를 갖춘 경우에는 그러하지 아니하다.
  4. 조종레버가 전진 또는 후진위치에 있는 경우 원동기가 시동되지 아니할 것. 다만, 다음 각 목의 어느 하나에 해당하는 자동차의 경우에는 그러하지 아니하다.

가. 하이브리드자동차

나. 전기자동차

다. 원동기의 구동이 모두 정지될 경우 변속기가 자동으로 중립위치로 변환되는 구조를 갖춘 자동차

라. 주행하다가 정지하면 원동기의 시동을 자동으로 제어하는 장치를 갖춘 자동차

5. 전진변속단수가 2단계 이상일 경우 매시 40킬로미터 이하의 속도에서 어느 하나의 변속단수의 원동기제동효과는 최고속변속단수에서의 원동기제동효과보다 클 것

④ 자동차에 별표 2에서 정하고 있는 손조작식 조종장치를 설치하는 경우에는 동표에서 정하는 조종장치의 식별단어·약어 또는 식별부호(이하 "식별표시"라 한다)를 표시하여야 하며, 조명기준에 적합하여야 한다. 다만, 조향기둥 좌우측에 위치한 방향지시등·비상점멸표시등·창닦이기 및 세정액분사장치등의 레버식 조종장치의 경우에는 그러하지 아니하다.

⑤ 자동차의 차실안에 별표 2에서 정하고 있는 표시장치를 설치하는 경우에는 동표에서 정하는 식별표시를 표시하여야 하며, 조명 및 색상기준에 적합하여야 한다. 다만, 자동차장치의 작동여부 및 상태의 정상여부를 나타내 주는 표시장치(이하 "자동표시기"라 한다)가 자동표시기외의 표시장치와 함께 사용되는 경우 당해자동표시기에 대하여는 그러하지 아니하다.

⑥ 자동차에 보조시동장치(전파등을 이용한 원격시동장치를 말한다)를 설치할 경우에는 조종레버가 전진 또는 후진위치에 있는 경우 원동기가 시동(크랭킹의 경우를 제외한다)되지 아니하는 구조로 설치하여야 한다.

⑦ 화물자동차 및 특수자동차에 상하로 움직일 수 있는 가변축을 설치하는 경우에는 가변축 인접축에 다음 각 호의 하중 중 작은 하중을 초과하는 하중이 가해지면 자동으로 가변축을 하향시키고 상승조작이 불가능하며 총중량의 하중을 받아 하향된 가변축이 받는 하중은 인접축이 받는 하중의 30퍼센트부터 100퍼센트까지의 하중을 분담하는 구조로 설치해야 한다.

1. 제6조에 따른 축하중

2. 「자동차관리법 시행규칙」 별지 제25호서식에 따른 자동차제원표에 적힌 축별설계허용하중(이하 "축별설계허용하중"이라 한다)

⑧ 험로(險路) 탈출 등을 위해 가변축의 일시적 조작이 필요한 경우에는 제7항에도 불구하고 다음 각 호의 기준에 적합한 가변축 수동조작장치를 설치할 수 있다.

1. 각 축이 분담하는 하중은 15톤의 범위에서 축별설계허용하중의 130퍼센트를 초과하지 않을 것

2. 수동조작장치를 사용하여 가변축을 상승조작할 때 자동차의 전방방향으로 가변축보다 앞쪽에 설치된 차축 중 최소 1개 이상의 차축은 지면에서 들리지 않을 것

3. 자동차가 험로를 탈출한 후 매시 30킬로미터를 초과하기 전에 하중을 분담하기 위해 가변축이 자동으로 하강하기 시작하는 구조일 것

제14조(조향장치) ① 자동차의 조향장치의 구조는 다음 각 호의 기준에 적합해야 한다.

1. 조향장치의 각부는 조작시에 차대 및 차체등 자동차의 다른 부분과 접촉되지 아니하고, 갈라지거나 금이 가고 파손되는 등의 손상이 없으며, 작동에 이상이 없을 것

2. 조향장치는 조작시에 운전자의 옷이나 장신구등에 걸리지 아니할 것
3. 다음 각 목의 자동차 구분에 따른 해당 속도로 반지름 50미터의 곡선에 접하여 주행할 때 자동차의 선회원(旋回圓)이 동일하거나 더 커지는 구조일 것
   가. 승용자동차: 시속 50킬로미터
   나. 승용자동차 외의 자동차: 시속 40킬로미터(최고속도가 시속 40킬로미터 미만인 경우에는 해당 자동차의 최고속도)
4. 자동차를 최고속도(연결자동차의 경우에는 견인자동차의 최고속도를 말한다)까지 주행하는 동안 조향핸들이 비정상적으로 조작되거나 조향장치가 비정상적으로 진동되지 아니하고 직진 주행이 가능할 것. 다만, 제10호가목에 따른 조향장치에 의한 진동은 제외한다.
5. 자동차(연결자동차를 포함한다)가 정상적인 주행을 하는 동안 발생되는 응력(변형력)에 견딜 것
6. 조향장치(피견인자동차를 조향하는 제어장치를 포함한다)는 자기장이나 전기장에 의하여 작동에 영향을 받지 아니할 것
7. 조향장치의 결합구조를 조절하는 장치는 잠금장치에 의하여 고정되도록 할 것
8. 조향바퀴는 뒷바퀴에만 있어서는 아니 될 것. 다만, 세미트레일러는 그러하지 아니하다.
9. 조향장치 중 기계적인 강성이 필요한 모든 관련 부품은 제동장치 등과 같은 필수부품과 동등한 안전특성으로 충분한 크기를 갖추어야 하고, 그 부품의 고장으로 자동차를 조종하지 못할 것으로 우려되는 부품은 금속 또는 이와 동등한 특성을 갖는 재질로 제작되어야 하며, 정상적인 작동 중일 때에는 해당 부품에 심각한 변형이 발생하지 아니할 것
10. 조향장치의 기능을 저해시키는 고장(기계적인 부품의 고장은 제외한다)이 발생한 경우에는 운전자가 고장을 명백하게 확인할 수 있는 경고장치를 갖출 것. 다만, 다음 각 목의 어느 하나에 해당하는 경우에는 경고장치를 갖춘 것으로 본다.
    가. 고장 시 조향장치에 의도적으로 진동을 발생시키도록 하는 구조인 경우
    나. 고장 시 자동차(피견인자동차는 제외한다)의 조향조종력이 증가되는 구조인 경우
    다. 피견인자동차의 경우 고장 시 기계적인 표시기를 갖춘 구조인 경우
② 삭제
③ 조향핸들의 유격(조향바퀴가 움직이기 직전까지 조향핸들이 움직인 거리를 말한다)은 당해 자동차의 조향핸들지름의 12.5퍼센트이내이어야 한다.
④ 조향바퀴의 옆으로 미끄러짐이 1미터 주행에 좌우방향으로 각각 5밀리미터 이내이어야 하며, 각 바퀴의 정렬상태가 안전운행에 지장이 없어야 한다.

제14조의2(차로이탈경고장치) 승합자동차(경형승합자동차는 제외한다) 및 차량총중량 3.5톤을 초과하는 화물·특수자동차에는 차로이탈경고장치를 설치하여야 한다. 다만, 다음 각 호의 어느 하나에 해당하는 자동차는 그러하지 아니하다.
1. 삭제
2. 피견인자동차

3. 「자동차관리법 시행규칙」 별표 1에 따른 덤프형 화물자동차
4. 「자동차관리법 시행규칙」 별지 제25호 서식에 따른 자동차제원표에 입석정원이 기재된 자동차
5. 그 밖에 국토교통부장관이 자동차의 구조나 운행여건 등으로 차로이탈경고장치를 설치하기가 곤란하거나 불필요하다고 인정하는 자동차

제15조(제동장치) ① 자동차(초소형자동차 및 피견인자동차를 제외한다)에는 주제동장치와 주차 중에 주로 사용하는 제동장치(이하 "주차제동장치"라 한다)를 갖추어야 하며, 그 구조와 제동능력은 다음 각 호의 기준에 적합해야 한다.
1. 주제동장치와 주차제동장치는 각각 독립적으로 작용할 수 있어야 하며, 주제동장치는 모든 바퀴를 동시에 제동하는 구조일 것
2. 주제동장치의 계통 중 하나의 계통에 고장이 발생하였을 때에는 그 고장에 의하여 영향을 받지 아니하는 주제동장치의 다른 계통 등으로 자동차를 정지시킬 수 있고, 제동력을 단계적으로 조절할 수 있으며 계속적으로 제동될 수 있는 구조일 것
3. 제동액 저장장치에는 제동액에 대한 권장규격을 표시할 것
4. 주제동장치에는 라이닝 등의 마모를 자동으로 조정할 수 있는 장치를 갖출 것. 다만, 차량총중량이 3.5톤을 초과하는 화물자동차 및 특수자동차로서 모든 바퀴로 구동할 수 있는 자동차의 주제동장치와 차량총중량이 3.5톤 이하인 화물자동차 및 특수자동차의 후축의 주제동장치의 경우에는 그러하지 아니하다.
5. 주제동장치의 라이닝 마모상태를 운전자가 확인할 수 있도록 경고장치(경고음 또는 황색경고등을 말한다)를 설치하거나 자동차의 외부에서 맨눈으로 확인할 수 있는 구조일 것
6. 에너지저장장치에 의하여 작동되는 주제동장치에는 2개(에너지 저장장치에 의하지 아니하고 운전자의 힘으로만 기계적으로 주제동장치가 작동될 수 있는 구조의 경우는 1개) 이상의 독립된 에너지저장장치를 설치하여야 하고, 각 에너지저장장치는 제4항의 기준에 적합한 경고장치를 설치할 것
7. 주차제동장치는 기계적인 장치에 의하여 잠김상태가 유지되는 구조일 것
8. 주차제동장치는 주행중에도 제동을 시킬 수 있는 구조일 것
9. 공기식(공기배력유압식을 포함한다) 주제동장치를 설치한 자동차는 다음 각목의 기준에 적합한 구조를 갖출 것
    가. 각 계통별 에너지저장장치의 공기압력을 나타내는 압력계는 운전자가 보기 쉬운 위치에 설치할 것
    나. 2개 이상의 독립된 계통을 갖춘 공기식 주제동장치는 제동조종장치와 제동바퀴 사이에서 공기누설이 발생할 경우 누설된 공기를 대기중으로 배출시키는 구조일 것
10. 주제동장치의 급제동능력은 건조하고 평탄한 포장도로에서 주행중인 자동차를 급제동할 때 별표 3의 기준에 적합할 것
11. 주제동장치의 제동능력과 조작력은 별표 4의 기준에 적합할 것
12. 주차제동장치의 제동능력과 조작력은 별표 4의2의 기준에 적합할 것

② 초소형자동차에는 주제동장치와 주차제동장치를 갖추어야 하며, 그 구조와 제동능력은 다음 각 호의 기준에 적합해야 한다.

1. 주제동장치로 발조작식 분할제동장치 또는 발조작식 연동제동장치 및 보조제동장치를 갖출 것. 다만, 주차제동장치가 보조제동장치 성능에 적합할 경우 주차제동장치를 보조제동장치로 사용할 수 있다.
2. 주제동장치와 주차제동장치는 각각 독립적으로 작동할 수 있어야 하고, 주제동장치는 모든 바퀴를 동시에 제동하는 구조일 것
3. 제동력을 전달하기 위하여 유압유체를 사용하는 마스터실린더를 갖춘 경우에는 다음 각 목의 기준에 적합한 제동액 저장장치를 갖출 것
    가. 덮개로 밀봉하여 제동액을 외부와 격리시키는 구조일 것
    나. 브레이크 라이닝 간극(間隙)을 최대로 한 상태에서 새로운 라이닝이 완전히 마모될 때까지의 유체 소요량의 1.5배에 상당하는 저장장치 용량을 갖출 것
    다. 덮개를 열지 않고도 유량 수준을 확인할 수 있는 구조일 것
4. 주제동장치에는 라이닝 등의 마모를 자동으로 감지하여 조정할 수 있는 장치를 갖출 것
5. 주제동장치의 라이닝 마모상태를 운전자가 확인할 수 있도록 경고장치(경고음 또는 황색경고등을 말한다)를 설치하거나 자동차의 외부에서 맨눈으로 확인할 수 있는 구조일 것
6. 주차제동장치에는 기계적인 장치에 의하여 잠김상태가 유지되도록 하고, 주행 중에도 제동할 수 있는 구조일 것
7. 바퀴잠김방지식 주제동장치를 갖춘 초소형자동차에는 황색경고등이 설치되어야 하며, 시동장치의 열쇠를 작동위치로 조작할 때 켜졌다가 고장이 없으면 꺼지고, 고장이 있으면 켜진 상태가 지속되도록 할 것
8. 주제동장치의 급제동능력은 건조하고 평탄한 포장도로에서 주행 중인 자동차를 급제동할 때 별표 3의 기준에 적합할 것
9. 주제동장치의 제동능력과 조작력은 별표 4의 기준에 적합할 것
10. 주차제동장치의 제동능력과 조작력은 별표 4의2의 기준에 적합할 것

③ 피견인자동차(차량총중량이 0.75톤 이하인 피견인자동차를 제외한다)의 제동장치는 다음 각호의 기준에 적합한 구조이어야 한다.
1. 제1항제1호·제4호(차량총중량이 3.5톤 이하인 피견인자동차를 제외한다)·제5호·제7호 및 제10호 내지 제12호의 기준에 적합할 것
2. 피견인자동차의 주제동장치는 견인자동차의 주제동장치와 연동하여 작동하는 구조일 것
3. 피견인자동차의 제동장치는 주행중 견인자동차와의 연결장치가 분리되는 경우 피견인자동차를 자동적으로 정지시키는 구조일 것. 다만, 차량총중량이 1.5톤 이하인 피견인자동차가 체인·와이어로프 등 보조연결장치에 의하여 조절되고 연결봉이 지면에 닿지 아니하는 경우에는 그러하지 아니하다.
4. 피견인자동차의 주차제동장치는 견인자동차에서 분리되어 있는 경우 독립적으로 작동시킬 수 있는 구조일 것

④ 자동차(초소형자동차 및 피견인자동차는 제외한다)의 주제동장치에는 제동액의 기준유량(공기식의 경우에는 기준공기압을 말한다)이 부족할 경우 등 제동기능의 결함을 운전자에게 알려주는 경고장치를 설치하여야 하고, 경고장치는 다음 각호 중 제1호 및 제2호 또는 제1호 및 제3호의 기준에 적합하여야 한다.

1. 경고장치에 사용되는 경고음 또는 경고등은 다른 경고장치의 경고음 또는 경고등과 구별이 될 수 있을 것. 다만, 주차제동장치의 표시장치와 겸용으로 사용하는 경우에는 그러하지 아니하다.
2. 경고장치의 경고등은 충분한 밝기를 갖춘 적색의 등화로서 운전자가 쉽게 확인할 수 있는 위치에 설치할 것
3. 경고장치의 경고음은 운전자의 귀의 위치에서 측정할 때에 승용자동차의 경우에는 65데시벨 이상, 그 밖의 자동차의 경우에는 75데시벨 이상일 것. 다만, 경유를 연료로 사용하는 승용자동차의 경우에는 70데시벨 이상이어야 한다.

⑤ 차량총중량이 3.5톤 이하인 피견인자동차(세미트레일러형을 제외한다)는 다음 각 호의 기준에 적합한 관성제동구조의 주제동장치(이하 "관성제동장치"라 한다) 또는 제7항의 기준에 적합한 전기식 주제동장치와 주차제동장치를 설치할 수 있다.
1. 주행중에 사용하는 관성제동장치와 주차중에 사용하는 주차제동장치를 모두 갖출 것
2. 삭제
3. 관성제동장치와 주차제동장치는 각각 독립적으로 작용할 수 있어야 하며, 관성제동장치는 모든 바퀴를 동시에 제동할 수 있는 구조일 것
4. 연결자동차의 급제동능력이 제1항제10호의 기준에 적합할 것
5. 삭제
6. 삭제
7. 주차제동장치의 제동능력(견인자동차와 피견인자동차를 연결한 경우와 분리한 경우를 모두 포함한다)은 11도 30분의 경사면에서 정지상태를 유지할 수 있을 것
8. 관성제동장치의 구조는 별표 4의4의 기준에 적합할 것
9. 국토교통부장관이 정하여 고시하는 관성제동장치 세부기준 및 시험방법에 적합할 것

⑥ 자동차에는 다음 각 호의 기준에 적합한 바퀴잠김방지식 주제동장치를 설치하여야 한다. 다만, 초소형자동차와 차량총중량이 3.5톤 이하인 캠핑용트레일러·피견인자동차는 제외한다.
1. 바퀴잠김방지식 주제동장치가 고장이 발생하였을 때 운전자가 쉽게 확인할 수 있는 황색경고등을 설치할 것
2. 바퀴잠김방지식 주제동장치가 설치된 피견인자동차를 견인하는 견인자동차의 경우에는 피견인자동차의 바퀴잠김방지식 주제동장치가 고장이 발생하였을 때 견인자동차의 운전자가 쉽게 확인할 수 있는 별도의 황색경고등을 설치할 것
3. 제1호 및 제2호의 황색경고등은 시동장치의 열쇠를 작동위치로 조작한 때에 켜졌다가 고장이 없는 경우에는 꺼지고, 고장이 있는 경우에는 켜진 상태가 지속되는 구조일 것
4. 피견인자동차의 바퀴잠김방지식 주제동장치는 견인자동차의 바퀴잠김방지식 주제동장치와 연동하여 작동하는 구조일 것

⑦ 전기식(제동력 전달계통이 전기식인 경우를 말한다) 주제동장치가 설치된 차량총중량 3.5톤 이하인 피견인자동차를 견인하는 견인자동차는 다음 각 호의 기준에 적합한 구조를 갖추어야 한다.

1. 전원공급장치(발전기와 축전지를 말한다)는 피견인자동차의 전기식 주제동장치에 충분한 전류를 공급하는 용량을 갖출 것
2. 제동장치의 전기회로는 과부하시에도 단락(斷絡)이 발생하지 않을 것
3. 2개 이상의 독립된 계통을 갖춘 주제동장치의 경우에는 하나의 계통에서 고장이 발생하였을 때 다른 계통으로 피견인자동차를 부분적 또는 전체적으로 제동시킬 수 있을 것
4. 전기식 주제동장치를 작동시키기 위한 제동작동회로는 여유부하를 갖추고 있는 경우에 한하여 견인자동차의 제동등과 병렬로 연결을 할 수 있을 것

⑧ 연결자동차의 제동장치는 다음 각 호의 기준에 적합하여야 한다.
1. 제1항 및 제3항부터 제7항까지의 기준에 적합할 것
2. 공기식(공기배력유압식을 포함한다) 주제동장치가 설치된 견인자동차는 견인자동차와 피견인자동차 사이의 공기라인에 고장이 발생한 경우 자동적으로 공기가 차단되는 구조일 것
3. 견인자동차의 주제동장치는 피견인자동차의 제동장치에 고장이 발생하거나 견인자동차와 피견인자동차 사이의 공기라인이 차단되는 경우에도 견인자동차를 정지시킬 수 있는 구조일 것
4. 차량총중량이 3.5톤을 초과하는 피견인자동차를 견인하는 견인자동차의 제동장치는 다음 각 목의 기준에 적합할 것
   가. 주제동장치의 계통 중 하나의 계통에 고장이 발생하였을 때에는 그 고장에 의하여 영향을 받지 아니하는 주제동장치의 다른 계통 등으로 피견인자동차의 제동력을 조절하여 정지시킬 수 있을 것
   나. 피견인자동차와 연결된 공기라인 중 하나의 공기라인에 고장이 발생하였을 때에 피견인자동차가 자동으로 제동되거나 견인자동차에서 피견인자동차를 부분적 또는 전체적으로 제동시킬 수 있을 것
   다. 스프링제동장치가 설치된 경우에는 공기압력의 손실로 인하여 스프링제동장치가 자동적으로 작동될 때 피견인자동차도 자동적으로 제동될 것
4의2. 차량총중량이 3.5톤을 초과하는 피견인자동차를 견인하는 견인자동차의 주제동장치·비상제동장치 또는 주차제동장치는 피견인자동차의 주제동장치와 동시에 연동하여 작동되는 구조일 것. 다만, 피견인자동차의 제동이 연결자동차의 안정성을 위하여 단독으로 자동작동하는 경우에는 그러하지 아니하다.
5. 견인자동차와 공기식(공기배력유압식을 포함한다. 이하 이 호에서 같다) 제동장치를 갖춘 피견인자동차가 연결된 상태에서의 주차제동능력은 피견인자동차의 공기식 제동장치와 연동되지 아니한 상태에서 견인자동차의 주차제동장치의 기계적인 작동만으로 주차제동이 가능할 것. 다만, 견인자동차의 주차제동장치의 기계적인 작동만으로 연결자동차의 주차제동이 가능하다는 사실을 운전자가 확인할 수 있는 구조를 갖추고 있는 경우에는 피견인자동차의 공기식 제동장치와 견인자동차의 주차제동장치를 연동하여 작동하게 할 수 있다.

⑨ 제동등은 다음 각 호의 경우에 점등되고, 제동력이 해제될 때까지 점등상태가 유지되어야 한다. 다만, 선택적 제동에 의한 경우에는 제동등이 점등되지 아니하여야 하며, 보조제동장치에 의한 제동의 경우에는 감가속도에 따라 점등되거나 점등되지 아니하도록 할 수 있다.

1. 운전자의 조작에 의하여 주제동장치가 작동된 경우
2. 자동제어제동에 의하여 주제동장치가 작동된 경우. 다만, 감가속도가 매 제곱초 0.7미터(0.7㎨) 미만인 경우 점등되지 아니할 수 있다.

⑩ 제9항에도 불구하고 긴급제동신호장치 또는 전기회생제동장치(승용자동차에 한정한다)를 갖춘 자동차의 제동등(보조제동등을 포함한다. 이하 이 항에서 같다) 또는 방향지시등은 다음 각 호의 작동기준에 적합하여야 한다.
1. 긴급제동신호장치를 갖춘 자동차의 제동등 또는 방향지시등은 급제동 시 별표 5의2 제1호의 긴급제동신호의 작동기준에 적합하게 작동될 것
2. 가속페달 해제에 의하여 감속도가 발생하는 전기회생제동장치를 갖춘 자동차의 제동등은 별표 5의2 제2호의 제동등 작동기준에 적합하게 작동될 것

⑪ 전기회생제동장치를 갖춘 승용자동차의 제동장치는 다음 각 호의 기준에 적합하여야 한다.
1. 전기회생제동장치가 바퀴잠김방지식 주제동장치의 작동에 영향을 주지 아니할 것
2. 전기회생제동장치가 주제동장치의 일부로 작동되는 경우에는 다음 각 목의 기준에 적합한 구조를 갖출 것
    가. 주제동장치 작동 시 전기회생제동장치가 독립적으로 제어될 수 있는 경우에는 자동차에 요구되는 제동력(이하 이 호에서 "요구제동력"이라 한다)을 전기회생제동력과 마찰제동력 간에 자동으로 보상하는 구조일 것
    나. 전기회생제동력이 해제되는 경우에는 마찰제동력이 작동하여 1초 내에 해제 당시 요구제동력의 75퍼센트 이상 도달하는 구조일 것
    다. 주제동장치는 하나의 조종장치에 의하여 작동되어야 하며, 그 외의 방법으로는 제동력의 전부 또는 일부가 해제되지 아니하는 구조일 것
    라. 주제동장치의 제동력은 동력 전달계통으로부터의 구동전동기 분리 또는 자동차의 변속비에 영향을 받지 아니하는 구조일 것

⑫ 자동차(초소형자동차는 제외한다)에 장착되는 브레이크호스와 브레이크라이닝은 각각 제112조의2와 제112조의10에 따른 기준에 적합하여야 한다.
⑬ 자동차에는 별표 4의3의 성능기준에 적합한 제동력지원장치를 설치하여야 한다. 다만, 초소형자동차, 피견인자동차 및 차량총중량이 3.5톤을 초과하는 승합ㆍ화물ㆍ특수자동차는 제외한다.
⑭ 제동력 제어계통이 전기식인 승용자동차의 주제동장치는 별표 4의5의 주제동장치의 구조 및 성능기준에 적합하여야 한다.

제15조의2(자동차안정성제어장치) ① 자동차에는 자동차안정성제어장치를 설치하여야 한다. 다만, 다음 각 호의 자동차는 제외한다.
1. 4축 이상 자동차
2. 피견인자동차
3. 「자동차관리법 시행규칙」 별표 1에 따른 덤프형 화물자동차, 특수용도형 화물자동차, 구난형 특수자동차 및 특수용도형 특수자동차

4. 초소형자동차

5. 굴절버스

6. 그 밖에 국토교통부장관이 자동차의 구조나 운행여건 등을 고려하여 자동차안정성제어장치의 설치가 곤란하거나 필요하지 않다고 인정한 자동차

② 자동차안정성제어장치는 다음 각 호의 기준에 적합하여야 한다.

1. 4개 바퀴(앞 차축 및 뒤 차축의 좌우 각각 한 개의 바퀴를 말한다)에 개별적으로 회전제동력(braking torque)을 발생시킬 수 있고, 이를 이용하여 제어하는 방식을 갖출 것

2. 주행 중 다음 각 목의 어느 하나에 해당하는 경우 외에는 항상 작동할 수 있을 것

   가. 운전자가 자동차안정성제어장치의 기능을 정지시킨 경우

   나. 자동차의 속도가 시속 20킬로미터 미만인 경우

   다. 시동 시 자가 진단하는 경우

   라. 자동차를 후진하는 경우

3. 바퀴잠김방지식 제동장치 또는 구동력 제어장치가 작동되더라도 지속적으로 작동될 것

4. 고장 발생 시 점등되는 경고등(警告燈)을 갖출 것

제15조의3(비상자동제동장치) 자동차(경형승합자동차 및 초소형자동차는 제외한다)에는 비상자동제동장치를 설치해야 한다. 다만, 다음 각 호의 어느 하나에 해당하는 자동차의 경우에는 그렇지 않다.

1. 삭제

2. 피견인자동차

3. 「자동차관리법 시행규칙」 별표 1에 따른 덤프형 화물자동차

4. 「자동차관리법 시행규칙」 별지 제25호 서식에 따른 자동차제원표에 입석정원이 기재된 자동차

5. 그 밖에 국토교통부장관이 자동차의 구조나 운행여건 등으로 비상자동제동장치를 설치하기가 곤란하거나 불필요하다고 인정한 자동차

제16조(완충장치) ① 자동차는 노면으로부터의 충격을 흡수할 수 있는 스프링 기타의 완충장치를 갖추어야 한다.

② 제1항의 규정에 의한 완충장치의 각부는 갈라지거나 금이 가고 탈락되는 등의 손상이 없어야 한다.

제17조(연료장치) ① 자동차의 연료탱크·주입구 및 가스배출구는 다음 각호의 기준에 적합하여야 한다.

1. 연료장치는 자동차의 움직임에 의하여 연료가 새지 아니하는 구조일 것

2. 배기관의 끝으로부터 30센티미터 이상 떨어져 있을 것(연료탱크를 제외한다)

3. 노출된 전기단자 및 전기개폐기로부터 20센티미터 이상 떨어져 있을 것(연료탱크를 제외한다)

4. 차실안에 설치하지 아니하여야 하며, 연료탱크는 차실과 벽 또는 보호판 등으로 격리되는 구조일 것

② 수소가스를 연료로 사용하는 자동차는 다음 각 호의 기준에 적합하여야 한다.

1. 자동차의 배기구에서 배출되는 가스의 수소농도는 평균 4%, 순간 최대 8%를 초과하지 아니할 것

2. 차단밸브(내압용기의 연료공급 자동 차단장치를 말한다. 이하 이 조에서 같다) 이후의 연료장치에서 수

소가스 누출 시 승객거주 공간의 공기 중 수소농도는 1% 이하일 것
3. 차단밸브 이후의 연료장치에서 수소가스 누출 시 승객거주 공간, 수하물 공간, 후드 하부 등 밀폐 또는 반밀폐 공간의 공기 중 수소농도가 2±1% 초과 시 적색경고등이 점등되고, 3±1% 초과 시 차단밸브가 작동할 것

제18조(전기장치) 자동차의 전기장치는 다음 각호의 기준에 적합하여야 한다.
1. 자동차의 전기배선은 모두 절연물질로 덮어 씌우고, 차체에 고정시킬 것
2. 차실안의 전기단자 및 전기개폐기는 적절히 절연물질로 덮어 씌울 것
3. 축전지는 자동차의 진동 또는 충격등에 의하여 이완되거나 손상되지 아니하도록 고정시키고, 차실안에 설치하는 축전지는 절연물질로 덮어 씌울 것

제18조의2(고전원전기장치) 자동차의 고전원전기장치는 별표 5의 고전원전기장치 절연 안전성 등에 관한 기준에 적합하여야 한다.

제18조의3(구동축전지) 자동차의 구동축전지는 다음 각 호의 기준에 적합하여야 한다.
1. 차실과 벽 또는 보호판 등으로 격리되는 구조일 것
2. 설계된 범위를 초과하는 과충전을 방지하고 과전류를 차단할 수 있는 기능을 갖출 것
3. 국토교통부장관이 고시하는 물리적·화학적·전기적 및 열적 충격조건에서 발화 또는 폭발하지 아니할 것

제18조의4(캠핑용자동차의 전기설비 및 캠핑설비의 안전기준) ① 법 제29조제3항에 따른 캠핑용자동차의 전기설비는 다음 각 호의 기준에 적합해야 한다.
1. 외부전원 인입구는 물의 유입을 방지할 수 있는 구조일 것
2. 충전기는 과부하 보호기능을 갖출 것
3. 직류(DC) 60볼트 또는 교류(AC) 30볼트 이상의 고전압 부품은 별표 5 제4호가목에 따른 경고표시를 부착할 것
4. 누전차단기 및 퓨즈 등 전원차단 기능을 갖출 것

② 법 제29조제3항에 따른 캠핑용자동차의 캠핑설비는 다음 각 호의 기준에 적합해야 한다.
1. 승차정원의 3분의 1 이상인 취침인원이 사용할 수 있는 취침시설(변환형 소파를 포함한다)을 갖추고 있을 것. 이 경우 취침인원을 산정할 때는 소수점 이하는 올리며, 취침인원 1인당 취침시설은 가로 1,700밀리미터, 세로 500밀리미터 이상이거나 그 면적이 8,500제곱센티미터 이상이어야 한다.
2. 캠핑용자동차 안에는 다음 각 목의 어느 하나에 해당하는 비상 탈출 공간, 비상 탈출구 또는 창문을 갖출 것
   가. 운전자가 있는 차실과 캠핑 공간 사이에 가로 450밀리미터 이상, 세로 550밀리미터 이상인 비상 탈출 공간
   나. 캠핑 공간의 출입문과 멀리 떨어진 위치에 비상 탈출을 위한 가로 450밀리미터 이상, 세로 550밀리미터 이상인 비상 탈출구 또는 창문

다. 캠핑 공간 내 가로축 610밀리미터, 세로축 432밀리미터 크기의 타원체가 간섭 없이 통과할 수 있는 비상 탈출구 또는 창문

3. 캠핑 공간에 설치된 수납함은 주행 중 개폐되는 것을 방지하기 위한 장치나 구조를 갖출 것

제19조(차대 및 차체) ① 자동차의 차대 및 차체는 다음 각호의 기준에 적합하여야 한다.

1. 차대(차대가 없는 구조의 자동차는 차체를 말한다)는 안전운행을 확보할 수 있는 견고한 구조이어야 하며, 차체는 차대에 견고하게 붙여져서 진동 또는 충격등에 의하여 이완되지 아니하도록 할 것
2. 차체의 가연성부분은 배기관과 접촉되지 아니하도록 할 것
3. 자동차의 가장 뒤의 차축 중심에서 차체의 뒷부분 끝(범퍼 및 견인용 장치를 제외한다)까지의 수평거리("뒤 오우버행"을 말한다)는 가장 앞의 차축중심에서 가장 뒤의 차축중심까지의 수평거리의 2분의 1 이하일 것. 다만, 다음 각 목의 경우에는 각 목에서 정하는 기준에 적합하여야 한다.
   가. 경형 및 소형자동차의 경우에는 20분의 11 이하일 것
   나. 승합자동차, 화물자동차(화물을 차체밖으로 나오게 적재할 우려가 없는 경우에 한정한다), 특수자동차의 경우에는 3분의 2 이하일 것. 다만, 차량총중량 3.5톤 이하인 센터차축트레일러의 경우에는 4미터 이내로 할 수 있다.

② 다음 각 호의 구분에 따른 자동차에는 해당 호에서 정하는 표시 기준 및 방법에 따라 차량총중량 등을 표시해야 한다.

1. 화물자동차: 자동차의 뒷면에 제작자등이 정하는 차량총중량 및 최대적재량을 별표 32의3의 화물자동차의 적재량 표시방법에 따라 표시할 것. 다만, 차량총중량이 15톤 미만인 경우에는 차량총중량을 표시하지 않을 수 있다.
2. 견인형 특수자동차: 자동차의 뒷면 또는 우측면에 차량중량에 승차정원의 중량을 합한 중량을 표시할 것
3. 구난형·특수용도형 특수자동차: 자동차의 뒷면에 제작자등이 정하는 최대적재량을 표시할 것

③ 차량총중량이 8톤 이상이거나 최대적재량이 5톤 이상인 화물자동차·특수자동차 및 연결자동차는 포장노면위의 공차상태에서 다음 각 호의 기준에 적합한 측면보호대를 설치하여야 한다. 다만, 보행자 등이 뒷바퀴에 말려들 우려가 없는 구조의 자동차, 차체 등의 구조물과의 간섭으로 설치가 곤란한 자동차 및 조향축간 거리가 2,100밀리미터 이하인 자동차는 제외한다.

1. 측면보호대의 양쪽 끝과 앞·뒷바퀴와의 간격은 각각 400밀리미터 이내일 것. 다만, 측면보호대의 양쪽 끝과 앞·뒷바퀴와의 간격을 400밀리미터 이내로 설치하기가 곤란한 구조의 자동차의 경우 앞·뒷바퀴와 가장 가까운 위치에 설치한 때는 그러하지 아니하다.
2. 측면보호대의 가장 아랫 부분과 지상과의 간격은 550밀리미터 이하일 것
3. 측면보호대의 가장 윗부분과 지상과의 간격은 950밀리미터 이상일 것. 다만, 측면보호대 가장 윗부분과 차체 바닥면과의 간격이 350밀리미터 이하일 경우는 제외한다.
4. 측면보호대 가장 바깥쪽 면은 차체의 가장 바깥쪽 면보다 안쪽에 위치하여야 하며, 그 간격은 150밀리미터 이하일 것. 다만, 자동차의 길이방향으로 측면보호대의 뒷부분부터 최소한 250밀리미터에 해당하는 부분은 측면보호대의 가장 바깥쪽 면이 차체의 가장 바깥쪽 면부터 타이어의 가장 바깥쪽 면의 안쪽

으로 30밀리미터까지에 해당하는 구간에 위치하도록 설치하여야 한다.
5. 측면보호대 각각의 단면 높이는 50밀리미터 이상이고, 측면보호대 사이의 높이 간격은 300밀리미터 이하이어야 한다.
6. 측면보호대에 1킬로뉴턴의 하중을 가할 때 자동차의 길이방향으로 측면보호대의 뒷부분부터 250밀리미터까지는 30밀리미터, 그 외 구간은 150밀리미터 이내로 변형되어야 한다.

④ 차량총중량이 3.5톤 이상인 화물자동차 및 특수자동차는 포장노면 위에서 공차상태로 측정하였을 때에 다음 각 호의 기준에 적합한 후부안전판을 설치하여야 한다. 다만, 다른 자동차가 추돌할 경우 그 자동차의 차체 앞부분이 들어올 우려가 없는 구조의 자동차, 세미트레일러를 견인할 목적으로 제작된 자동차, 목재·철재·기둥 등과 같이 길고 분리할 수 없는 화물운송용 특수트레일러 및 후부안전판이 차량용도에 전혀 적합하지 아니한 자동차의 경우에는 그러하지 아니하다.
1. 후부안전판의 양 끝 부분은 뒷차축 중 가장 넓은 차축의 좌·우 최외측 타이어 바깥면(지면과 접지되어 발생되는 타이어 부풀림양은 제외한다) 지점을 초과하여서는 아니 되며, 좌·우 최외측 타이어 바깥면 지점부터의 간격은 각각 100밀리미터 이내일 것
2. 가장 아랫 부분과 지상과의 간격은 550밀리미터 이내일 것
3. 차량 수직방향의 단면 최소높이는 100밀리미터 이상일 것
4. 좌·우 측면의 곡률반경은 2.5밀리미터 이상일 것
5. 지상부터 2미터 이하의 높이에 있는 차체 후단부터 차량길이 방향의 안쪽으로 400밀리미터 이내에 설치할 것. 다만, 자동차의 구조상 400밀리미터 이내에 설치가 곤란한 자동차의 경우는 제외한다.
6. 화물 하역장치 등이 설치되어 해당 작동부로 인하여 후부안전판이 양쪽으로 분리되어 설치되는 경우에는 다음 각 목의 기준에 적합하여야 한다.
   가. 화물 하역장치 등과 후부안전판 끝부분과의 간격은 각각 25밀리미터 이하일 것
   나. 분리된 후부안전판 각각의 면적은 최소 350제곱센티미터 이상일 것. 다만, 자동차의 너비가 2미터 미만인 경우는 제외한다.

⑤ 「고압가스 안전관리법 시행령」 제2조의 규정에 의한 고압가스를 운반하는 자동차의 고압가스운송용기는 그 용기의 뒤쪽 끝(가스충전구에 안전장치를 한 경우에는 그 장치의 뒤쪽 끝을 말한다)이 차체의 뒷범퍼 안쪽으로 300밀리미터 이상의 간격이 되어야 하며, 차대에 견고하게 고정시켜야 한다.
⑥ 차체의 외형은 예리하게 각이 지거나 돌출되어 안전운행에 위험을 줄 우려가 있어서는 아니된다. 다만, 특수자동차로서 기능상 부득이 할 때에는 그러하지 아니하다.
⑦ 삭제
⑧ 어린이운송용 승합자동차의 색상은 황색이어야 한다.
⑨ 어린이운송용 승합자동차의 앞과 뒤에는 별표 5의3 제1호에 따른 어린이 보호표지를 붙이거나 뗄 수 있도록 하여야 한다.
⑩ 어린이운송용 승합자동차의 좌측 옆면 앞부분에는 별표 5의3 제2호에 따른 정지표시장치(이하 "정지표시장치"라 한다)를 설치하여야 한다. 이 경우 좌측 옆면 뒷부분에 1개를 추가로 설치할 수 있다.

⑪ 2층 전체 또는 일부분에 지붕이 없는 2층대형승합자동차(이하 "천정개방2층대형승합자동차"라 한다)의 위층에는 승객의 추락 등을 방지하기 위하여 다음 각 호의 기준에 적합한 보호 판넬 등을 설치하여야 한다.
1. 정면은 140센티미터 이상의 판넬을 설치할 것
2. 옆면은 110센티미터 이상, 뒷면은 120센티미터 이상의 판넬을 설치하거나 옆면과 뒷면에 70센티미터 이상의 판넬과 다음 각 목에 적합한 보호봉을 함께 설치할 것
   가. 보호봉(비상구 부분은 보호봉의 일부로 본다)은 차체에 견고하게 부착된 구조이고 보호봉의 단면 크기 두께는 2센티미터 이상, 4.5센티미터 이하일 것
   나. 인접한 판넬 또는 보호봉과의 간격은 20센티미터 이내의 구조일 것

제20조(견인장치 및 연결장치) ① 자동차(피견인자동차를 제외한다)의 앞면 또는 뒷면에는 자동차의 길이방향으로 견인할 때에 해당 자동차 중량의 2분의 1 이상의 힘에 견딜 수 있고, 진동 및 충격 등에 의하여 분리되지 아니하는 구조의 견인장치를 갖추어야 한다.
② 자동차(초소형자동차는 제외한다)에 피견인자동차를 견인하기 위한 연결장치를 설치할 때에는 다음 각 호의 기준에 적합하게 설치하여야 한다.
1. 피견인자동차가 연결되지 아니한 상태에서 자동차의 연결장치는 등록번호판을 가리지 아니하여야 한다. 다만, 연결장치가 공구의 사용 없이 쉽게 분리되거나 등록번호판이 가리지 아니하도록 위치를 조정할 수 있는 구조인 경우는 제외한다.
2. 견인자동차와 피견인자동차의 등화장치가 연동될 수 있는 전기 커넥터를 설치하여야 한다.
3. 차량총중량 0.75톤 이하인 피견인자동차(주행 중 견인자동차와의 연결장치가 분리될 경우에 자동적으로 정지시킬 수 있는 구조의 제동장치를 갖춘 피견인자동차는 제외한다)에는 주행 중 연결장치가 분리될 경우에 연결봉 등이 지면에 닿지 아니하는 구조의 보조연결장치(체인·와이어로프 등)를 설치하여야 한다.
4. 연결장치의 설치 및 강도 등은 국토교통부장관이 고시하는 기준에 적합하여야 한다.

제21조(후드걸쇠장치) 자동차의 후드에는 견고한 후드걸쇠장치를 설치하여야 하며, 앞 방향으로 개폐되는 후드가 운행 중에 열릴 경우 운전자의 시야를 방해할 수 있는 구조의 자동차는 2차 잠금 또는 2개소 잠금이 가능한 구조이어야 한다.

제22조(도난방지장치) ① 승용자동차와 차량총중량 4.5톤 이하의 승합·화물·특수자동차에는 다음 각 호의 어느 하나 이상의 기능을 갖춘 도난방지장치를 설치하여야 한다.
1. 자동차의 조향기능을 억제하는 기능
2. 자동차의 변속기능을 억제하는 기능
3. 자동차 변속장치의 위치조작을 억제하는 기능
4. 자동차 차축 또는 바퀴에 제동력이 작동하여 자동차의 움직임을 억제하는 기능
5. 전자적으로 동력원의 시동을 방지하는 기능
② 제1항 각 호에 따른 기능이 갖추어야 하는 세부기능 및 그에 대한 확인방법은 국토교통부장관이 정하여 고시한다.

제23조(승차장치) ① 자동차의 승차장치는 승차인이 안전하게 승차할 수 있는 구조이어야 하고, 승차정원 16인 이상의 승합자동차의 승차장치는 다음 각 호의 기준에 적합하여야 한다.
  1. 승강구 계단 부위에는 국토교통부장관이 정하여 고시하는 보호시설을 갖출 것
  2. 2층대형승합자동차의 아래층과 위층을 연결하는 계단에는 국토교통부장관이 정하여 고시하는 보호시설을 갖출 것
  3. 2층대형승합자동차의 아래층과 위층을 연결하는 계단의 각 수직면은 막혀있을 것
  4. 2층대형승합자동차의 위층 앞면 창유리 방향으로 설치되는 1열 좌석 앞부분에는 국토교통부장관이 정하여 고시하는 보호시설을 갖출 것
  5. 승차장치에 손잡이대 및 손잡이를 설치하는 경우에는 별표 5의27에 따른 기준에 적합할 것
② 운전자 및 승객이 타는 자동차는 외부와 차단된 차실(이하 "차실"이라 한다)을 갖추어야 한다. 다만, 소방자동차등 국토교통부장관이 그 용도상 필요없다고 인정하는 자동차의 경우에는 그러하지 아니하다.
③ 자동차의 차실에는 조명시설 및 외기와 내기를 순환시키는 환기시설(초소형자동차, 컨버터블 및 무개자동차는 제외한다)을 갖추어야 하며, 원동기의 냉각수(난방용수를 제외한다)·정류기·변환기·변압기 등 승객의 안전에 지장을 줄 우려가 있는 장치를 차실안에 설치하여서는 아니된다. 다만, 승합자동차의 차실에는 국토교통부장관이 별도로 정한 기준에 적합한 조명시설을 갖추어야 한다.
④ 삭제
⑤ 천정개방2층대형승합자동차에는 위층 탑승객의 착석여부를 운전석에서 확인 및 통제할 수 있는 영상장치와 안내방송 장치를 설치하여야 한다.

제24조(운전자의 좌석) ① 운전자의 좌석은 다음 각 호의 기준에 적합하여야 한다.
  1. 운전에 필요한 시야가 확보되고 승객 또는 화물 등에 의하여 운전조작에 방해가 되지 아니하는 구조일 것
  2. 운전자가 제13조제1항에 따른 조종장치의 원활한 조작을 할 수 있는 공간이 확보될 것
  3. 운전자의 좌석과 조향핸들의 중심과의 과도한 편차로 인하여 운전조작에 불편이 없을 것
② 운전자의 좌석 규격은 다음 각 호의 기준에 적합하여야 한다.
  1. 승용자동차의 경우에는 별표 5의32 제1호에 따른 50퍼센트 성인남자 인체모형이 착석 가능할 것
  2. 승합·화물·특수자동차의 경우에는 가로·세로 각각 40센티미터(23인승 이하의 승합자동차와 좌석의 수보다 입석의 수가 많은 23인승을 초과하는 승합자동차의 좌석의 세로는 35센티미터) 이상일 것
③ 승차정원 16인 이상의 승합자동차에 설치하는 운전자의 좌석은 별표 5의28의 기준에 적합하여야 한다.

제25조(승객좌석의 규격 등) ① 자동차(어린이운송용 승합자동차는 제외한다)의 승객좌석 규격은 다음 각 호의 기준에 적합하여야 한다. 다만, 구급자동차·소방자동차 및 특수구조의 자동차등 국토교통부장관이 해당 자동차의 제작목적상 좌석의 설치가 곤란하다고 인정하는 자동차의 경우에는 그러하지 아니하다.
  1. 승용자동차의 경우에는 별표 5의32 제2호에 따른 5퍼센트 성인여자 인체모형이 착석 가능할 것
  2. 승합·화물·특수자동차의 경우에는 가로·세로 각각 40센티미터(23인승 이하의 승합자동차와 좌석의 수 보다 입석의 수가 많은 23인승을 초과하는 승합자동차의 좌석의 세로는 35센티미터) 이상일 것

3. 승합·화물·특수자동차의 경우에는 앞좌석등받이의 뒷면과 뒷좌석등받이의 앞면간의 거리는 65센티미터(승합자동차에 설치되는 마주보는 좌석등받이의 앞면 간의 거리는 130센티미터) 이상일 것

② 어린이운송용 승합자동차의 좌석 규격 및 좌석간 거리는 다음 각 호의 기준에 적합해야 한다.

1. 좌석 규격: 별표 5의32 제2호에 따른 5퍼센트 성인여자 인체모형이 착석할 수 있도록 하되, 좌석 등받이(머리지지대를 포함한다)의 높이는 71센티미터 이상일 것
2. 좌석간 거리: 앞좌석등받이의 뒷면으로부터 뒷좌석등받이의 앞면까지의 거리는 별표 5의32 제2호에 따른 5퍼센트 성인여자 인체모형이 착석할 수 있는 거리 이상일 것

③ 승합자동차(15인승 이하의 승합자동차 및 어린이운송용 승합자동차를 제외한다)의 승객좌석의 높이는 40센티미터 이상 50센티미터 이하이어야 한다. 다만, 자동차의 원동기부분 및 바퀴부분의 좌석등 그 구조상 40센티미터 이상 50센티미터 이하로 좌석을 설치하기가 곤란한 부분의 좌석을 제외한다.

④ 승용자동차의 경우에는 제1열좌석(운전석을 포함한다) 외의 좌석에는 공구를 사용하지 아니하고도 탈부착이 가능한 좌석을 설치할 수 있다. 다만, 탈부착으로 인하여 「자동차관리법」 제3조의 규정에 의한 자동차의 종별 구분이 변경되어서는 아니된다.

⑤ 자동차에는 옆면을 향한 좌석을 설치해서는 안 된다. 다만, 다음 각 호의 자동차는 제외한다.

1. 승차정원이 16인 이상인 승합자동차
2. 긴급자동차
3. 제27조제1항 단서에 따라 좌석안전띠를 설치하지 않는 자동차

제25조의2(접이식좌석) ① 통로에 설치하는 접이식좌석은 30인승 이하의 승합자동차에 한하여 이를 설치할 수 있다. 다만, 안내원용 접이식좌석은 31인승 이상의 승합자동차에도 이를 설치할 수 있다.

② 어린이운송용 승합자동차에 제1항 본문의 규정에 의하여 접이식좌석을 설치함에 있어서는 외부에서 이를 조작할 수 있도록 하여야 한다.

③ 삭제

제26조(머리지지대) 다음 각 호의 어느 하나에 해당하는 자동차의 앞좌석(중간좌석을 제외한다)에는 추돌시 승차인의 머리부분의 충격을 감소시킬 수 있는 머리지지대를 설치하여야 한다.

1. 승용자동차(초소형승용자동차는 제외한다)
2. 차량총중량 4.5톤 이하의 승합자동차
3. 차량총중량 4.5톤 이하의 화물자동차(초소형화물자동차 및 피견인자동차는 제외한다)
4. 차량총중량 4.5톤 이하의 특수자동차(초소형특수자동차는 제외한다)

제27조(좌석안전띠장치등) ① 자동차의 좌석에는 안전띠를 설치하여야 한다. 다만, 다음 각 호의 어느 하나에 해당하는 좌석에는 이를 설치하지 아니할 수 있다.

1. 환자수송용 좌석 또는 특수구조자동차의 좌석 등 국토교통부장관이 안전띠의 설치가 필요하지 아니하다고 인정하는 좌석

2. 「여객자동차 운수사업법 시행령」 제3조제1호의 규정에 의한 노선여객자동차운송사업에 사용되는 자동차로서 자동차전용도로 또는 고속국도를 운행하지 아니하는 시내버스·농어촌버스 및 마을버스의 승객용 좌석
3. 삭제

② 승용자동차의 모든 좌석과 그 외의 자동차의 운전자좌석 및 운전자좌석 옆으로 나란히 되어있는 좌석에는 3점식 이상의 안전띠를 설치하여야 한다. 다만, 승용자동차 외의 자동차의 중간좌석과 좌석의 구조상 3점식 이상의 안전띠 설치가 곤란한 좌석의 경우에는 2점식 안전띠를 설치할 수 있다.

③ 제1항에 따른 안전띠는 제112조의3에 따른 기준에 적합하여야 한다.

④ 제1항에 따라 좌석안전띠를 설치한 자동차(초소형자동차는 제외한다)에는 다음 각 호에 따른 자동차의 좌석에 착석한 운전자 또는 승객이 좌석안전띠를 착용하지 아니하고 시동하거나 주행할 경우 운전자석에서 그 사실을 알 수 있도록 별표 5의24의 기준에 따른 경고장치를 설치하여야 한다. 다만, 접이식 좌석 등 국토교통부 장관이 정하여 고시하는 좌석은 그러하지 아니하다.
 1. 승용자동차와 차량총중량 3.5톤 이하의 화물·특수자동차: 모든 좌석
 2. 승합자동차와 차량총중량 3.5톤 초과의 화물·특수자동차: 운전자 및 운전자석과 옆으로 나란한 좌석

⑤ 삭제

⑥ 어린이운송용 승합자동차의 승객석에 설치된 좌석안전띠의 구조는 어린이의 신체구조에 적합하게 조절될 수 있어야 한다.

제27조의2(어린이보호용 좌석부착장치) 승용자동차(초소형승용자동차는 제외한다)에는 다음 각 호의 기준에 적합하게 어린이보호용 좌석부착장치를 설치해야 한다. 다만, 승객좌석이 1열뿐인 경우에는 그렇지 않다.
1. 어린이보호용 좌석부착장치는 2곳 이상의 좌석에 설치하되, 최소한 1곳은 제2열 좌석에 설치하여야 한다.
2. 어린이보호용 좌석부착장치는 다른 도구가 없이도 사용이 가능한 구조이어야 한다.
3. 어린이보호용 좌석부착장치의 설치 여부 및 설치위치를 쉽게 알아볼 수 있는 곳에 이를 표시해야 한다. 다만, 설치 여부를 맨눈으로 확인할 수 있는 상부부착구 및 부착구의 중심을 통과하는 자동차길이방향의 수평선으로부터 위로 30도의 방향에서 설치 여부를 확인할 수 있는 하부부착구의 경우에는 그렇지 않다.
4. 부착구를 통하여 차실 안으로 배기가스가 유입되지 아니하도록 하여야 한다.
5. 하부의 부착장치는 착석기준점으로부터 뒤쪽으로 120밀리미터 이상 떨어진 위치에 설치하여야 한다.
6. 좌석부착장치가 제1열에 설치되고 그 전면에 에어백이 장착된 경우에는 에어백 작동을 중지할 수 있는 장치를 설치하여야 한다.
7. 별표 5의4의 설치기준에 적합하게 상부부착구 1개와 하부부착구 2개를 설치하여야 한다. 다만, 컨버터블자동차의 경우에는 상부부착구를 설치하지 아니할 수 있으나, 상부부착구를 설치하는 경우에는 설치기준에 적합하게 설치하여야 한다.

제28조(입석) ① 승합자동차의 입석 공간은 별표 5의29에 따른 통로 측정장치가 통과할 수 있어야 한다.
② 1인의 입석 면적은 별표 5의27의 기준에 적합하여야 한다.

③ 입석을 할 수 있는 자동차에는 별표 5의27의 기준에 적합한 손잡이대 또는 손잡이를 설치하여야 한다.
④ 2층대형승합자동차의 위층에는 입석을 할 수 없다.

제29조(승강구) ① 자동차의 차실에는 다음 각 호의 기준에 적합한 승강구를 설치하여야 한다.
1. 승차정원 16인 이상의 승합자동차에는 별표 5의30의 기준에 적합한 승강구(승강구를 열고 바로 탑승하도록 좌석이 설치된 구조의 승강구는 제외한다)를 설치할 것
2. 삭제
3. 승차정원 16인 이상의 승합자동차에는 승하차의 편의를 위한 별표 5의27의 기준에 적합한 승하차용손잡이를 설치할 것
4. 어린이운송용 승합자동차의 어린이 승하차를 위한 승강구는 다음 각 목의 기준에 적합하여야 한다.
    가. 제1단의 발판 높이는 30센티미터 이하이고, 발판 윗면은 가로의 경우 승강구 유효너비(여닫이식 승강구에 보조발판을 설치하는 경우 해당 보조발판 바로 위 발판 윗면의 유효너비)의 80퍼센트 이상, 세로의 경우 20센티미터 이상일 것
    나. 제2단 이상 발판의 높이는 20센티미터 이하일 것. 다만, 15인승 이하의 자동차는 25센티미터 이하로 할 수 있으며, 각 단(제1단을 포함한다. 이하 같다)의 발판은 높이를 만족시키기 위하여 견고하게 설치된 구조의 보조발판 등을 사용할 수 있다.
    다. 승하차 시에만 돌출되도록 작동하는 보조발판은 위에서 보아 두 모서리가 만나는 꼭짓점 부분의 곡률반경이 20밀리미터 이상이고, 나머지 각 모서리 부분은 곡률반경이 2.5밀리미터 이상이 되도록 둥글게 처리하고 고무 등의 부드러운 재료로 마감할 것
    라. 보조발판은 자동 돌출 등 작동 시 어린이 등의 신체에 상해를 주지 아니하도록 작동되는 구조일 것
    마. 각 단의 발판은 표면을 거친 면으로 하거나 미끄러지지 아니하도록 마감할 것
② 삭제
③ 삭제
④ 중형승합자동차 및 대형승합자동차를 제외한 자동차의 승강구에는 다음 각 호의 기준에 적합하게 잠금장치를 설치하여야 한다.
1. 모든 승강구의 잠금장치는 그 조작장치를 차실 내에 설치할 것
2. 모든 승강구의 잠금장치는 잠김상태에서 바깥쪽 문걸쇠풀림장치에 의하여 승강구가 열리지 아니하도록 할 것
3. 옆면 뒤쪽 승강구의 잠금장치는 다음 각 목의 기준에 적합할 것. 다만, 옆면 뒤쪽 승강구에 승강구의 잠금장치와 연동되지 아니하고 별도로 작동하는 어린이보호 잠금장치를 갖춘 경우에는 그러하지 아니하다.
    가. 잠김상태에서 안쪽 문걸쇠풀림장치에 의하여 승강구가 열리지 아니할 것
    나. 잠금장치의 조작장치와 안쪽 문걸쇠풀림장치는 구별될 것
4. 뒷면 승강구에 안쪽 문걸쇠풀림장치를 설치한 경우 잠금장치의 조작장치는 안쪽 문걸쇠풀림장치와 구별될 것

제30조(비상탈출장치) 승차정원 16인 이상의 승합자동차에는 별표 5의31에 적합한 비상탈출장치를 설치해야 한다.

제31조(통로) 승차정원 16인승 이상의 승합자동차에는 별표 5의29에 따른 통로 측정장치가 통과할 수 있는 통로를 갖추어야 한다. 다만, 승강구를 열고 바로 탑승하도록 좌석이 설치된 구조의 자동차는 제외한다.

제32조(물품적재장치) ① 자동차의 물품적재장치는 견고하고 안전하게 물품을 적재·운반할 수 있는 구조로서 다음 각 호의 기준에 적합해야 한다.
1. 화물자동차의 적재함 및 그 밖의 물품적재장치는 폐쇄된 구조일 것. 다만, 일반형 화물자동차, 덤프형 화물자동차 및 적재물을 고정할 수 있는 장치를 설치한 화물자동차의 경우에는 그렇지 않다.
2. 밴형 화물자동차는 다음 각 목의 기준에 적합할 것
    가. 물품적하구는 뒷쪽 또는 옆쪽으로 하되, 문은 좌우·상하로 열리는 구조이거나 미닫이식으로 할 것
    나. 승차장치와 물품적재장치 사이는 차체와 동일한 재질의 철판 또는 최대적재량의 50퍼센트의 하중을 가할 때 300밀리미터 이상 변형되지 않는 재질의 칸막이벽으로 폐쇄할 것. 다만, 통기구 등 제작공정상 불가피한 부분 및 화물의 탈락 등을 방지하기 위한 보호봉을 설치한 창유리 부분(칸막이벽면적의 20퍼센트 이내로 한정한다)은 그렇지 않다.
    다. 물품적재장치의 옆면벽과 뒷면벽 또는 뒷문은 차체와 동등한 성능의 재질로 하고 창유리 등을 설치하지 아니할 것. 다만, 화물의 탈락 등을 방지할 수 있도록 유리창을 지탱하는 창문틀 또는 차체에 2개 이상의 보호봉을 용접한 옆면벽과 보호봉을 설치한 뒷면벽 또는 뒷문의 경우에는 창유리를 설치할 수 있다.
    라. 물품적재장치의 바닥면적이 승차장치의 바닥면적보다 넓을 것
3. 화물자동차의 물품적재장치는 「자동차관리법 시행규칙」 별지 제25호서식의 자동차제원표에 적힌 제작허용총중량 및 미완성자동차의 차량총중량의 범위에서 정한 최대적재량에 적합한 구조일 것. 다만, 「고압가스안전관리법 시행규칙」 등 다른 법령에 따라 적재용량을 산출하는 경우에는 해당 법령에 따른 기준에 적합한 구조여야 한다.
4. 초소형화물자동차의 물품적재장치는 다음 각 목의 기준에 적합할 것
    가. 최대적재량은 100킬로그램 이상일 것
    나. 바닥면이 지면으로부터 1미터 이하이고, 길이는 윤간거리(「자동차관리법 시행규칙」 별지 제25호 서식에 따른 자동차제원표에 기재된 윤간거리를 말하며, 전륜 또는 후륜 중 큰 값을 적용한다)의 1.4배를 초과하지 아니할 것
    다. 물품적재장치 공간은 적재함의 길이×너비≥차량의 길이×너비×0.3을 충족할 것
    라. 한 변의 길이가 60센티미터인 정육면체를 실을 수 있을 것
② 사체·독극물·고압가스·화약류 기타 위험물을 적재하는 장치는 차실과 완전히 격리되어야 하며, 차체외부에서 적재물품을 적하할 수 있는 구조이어야 한다.

③ 제1항제1호 본문에 따른 폐쇄된 구조의 기준을 갖추기 위해 개폐형 덮개를 설치하는 경우에는 다음 각 호의 기준에 적합한 덮개를 설치해야 한다. 다만, 「건설폐기물의 재활용촉진에 관한 법률」 제13조제1항 등 다른 법령에서 덮개의 설치와 관련하여 특별한 규정이 있는 경우에는 그 법령에서 정하는 바에 따른다.

1. 덮개는 방수기능을 갖춘 재질로서 쉽게 파손되지 않는 구조일 것
2. 덮개의 형태는 운행 중 적재물이 유출되는 것을 방지할 수 있도록 적재함의 상부 전체를 완전히 덮을 수 있는 구조일 것
3. 덮개는 자동으로 작동되거나 사용자가 지면에서 도구 또는 조작장치 등을 통해 덮을 수 있는 구조일 것. 다만, 다음 각 목의 어느 하나에 해당하는 경우에는 그렇지 않다.
   가. 발판 등 사용자를 보호할 수 있는 설비를 갖춘 경우로서 사용자가 수동으로 덮개를 덮어야 하는 구조인 경우
   나. 곡물수송 등 특수한 목적으로 인해 사용자가 지면에서 도구 또는 조작장치 등을 통해 덮개를 덮을 수 없는 구조인 경우

제33조(가스운송장치) 가스를 운송하기 위해 자동차에 설치하는 가스운송장치는 다음 각 호의 기준에 적합해야 한다.

1. 가스용기는 자동차의 움직임에 의하여 이완되지 아니하도록 차체에 견고하게 고정시킬 것
2. 가스용기는 누출된 가스 등이 차실내로 유입되지 아니하도록 차실과 벽 또는 보호판으로 격리되거나 가스가 누출되지 아니하도록 밸브주변이 견고한 재질로 밀폐되어 있고, 충격 등으로부터 용기를 보호할 수 있는 구조이어야 하며, 차체 밖으로부터 공기가 통하는 곳에 설치할 것.
3. 양끝이 고정된 도관(내유성고무관을 제외한다)은 완곡된 형태로 최소한 1미터마다 차체에 고정시킬 것
4. 가스충전밸브는 충전구 가까운 곳에 설치하고, 중간차단밸브를 작동하는 조작장치(시동장치로 작동되는 경우를 포함한다)는 운전자가 조작하기 쉬운 곳에 설치할 것

제34조(창유리 등) ① 자동차의 앞면창유리는 접합유리 또는 유리·플라스틱 조합유리로, 그 밖의 창유리는 강화유리, 접합유리, 복층유리, 플라스틱유리 또는 유리·플라스틱 조합유리 중 하나로 하여야 한다. 다만, 컨버터블자동차 및 캠핑용자동차 등 특수한 구조의 자동차의 앞면 외의 창유리와 피견인자동차의 창유리는 그러하지 아니하다.

② 삭제

③ 삭제

④ 승용자동차와 차량총중량이 4.5톤 이하인 승합자동차의 창유리·선루프 또는 격실문(이하 "창유리등"이라 한다)이 전동식장치에 의해 닫혀지는 창유리등의 경우에는 제5항의 기준에 적합하여야 한다. 다만, 다음 각 호의 어느 하나에 해당하는 방식으로 닫히는 창유리등의 경우는 제외한다.

1. 시동장치의 열쇠가 원동기 작동 위치 또는 라디오 등 편의장치를 작동할 수 있는 위치에 있는 상태(기계식 외의 시동장치로서 위와 동등한 상태인 경우를 포함한다)에서 닫히는 경우
2. 자동차로부터 전원공급이 없이 완력에 의하여 닫히는 경우

3. 자동차 외부에서 창유리등을 자동으로 닫을 수 있는 장치(작동버튼을 계속 누르는 등 연속작동이 있어야 닫힘이 완료되는 것에 한한다)를 작동하여 닫히는 경우
4. 시동장치의 열쇠를 원동기 작동 위치에서 제거한 후 자동차 앞문(조수석 쪽의 앞문을 포함한다)을 열 때까지 닫히는 경우
5. 창유리등이 4밀리미터 이하로 열린 상태에서 닫히는 경우
6. 창문틀이 없는 문의 경우 창유리가 12밀리미터 이하로 열려있는 상태에서 자동차의 문을 닫을 때 자동으로 닫히는 경우
7. 원격조종장치에 의하여 창유리등을 닫을 수 있는 경우에는 자동차와 원격조종장치간의 거리가 11미터(장애물이 있는 경우 6미터) 이하에서 원격조종장치를 연속적으로 작동하여 닫히는 경우
8. 운전석 창유리 및 선루프가 다음 각 목의 경우에 1회의 조작으로 닫히는 경우
   가. 시동장치의 열쇠가 원동기 작동 위치에 있는 경우
   나. 1열 승강구가 승차인이 내릴 수 있을 정도로 충분히 열리지 아니한 상태로서 시동장치의 열쇠가 원동기 작동 위치에서 벗어나거나 제거된 경우(기계식 외의 시동장치로서 위와 동등한 조건의 경우를 포함한다)

⑤ 창유리등이 닫힐 때 창유리등의 윗면에 지름 4밀리미터부터 200밀리미터까지의 반강체(半剛體) 원통(탄성계수가 밀리미터당 1킬로그램인 것을 말한다)이 닿거나 100뉴턴 이상의 하중을 가하였을 때에 다음 각 호의 어느 하나에 해당하는 기능을 갖추어야 한다.
1. 창유리등이 닫히기 시작하기 전의 위치로 돌아갈 것
2. 창유리등이 반강체원통에 닿거나 하중을 가한 위치로부터 50밀리미터 이상 열릴 것
3. 창유리등이 200밀리미터 이상 열릴 것
4. 사선방향의 여닫이 방식으로 열리는 기능만 갖춘 선루프의 경우에는 최대 개방 가능한 상태로 열릴 것

제35조(소음방지장치) 자동차의 소음방지장치는 「소음·진동관리법」 제30조 및 제35조에 따른 자동차의 소음 허용기준에 적합하여야 한다.

제36조(배기가스발산방지장치) 자동차의 배기가스발산방지장치는 「대기환경보전법」 제46조에 따른 배출허용기준에 적합하여야 한다.

제37조(배기관) ① 자동차 배기관의 열림방향은 자동차의 길이방향에 대해 왼쪽 또는 오른쪽으로 45도를 초과해 열려 있어서는 안 되며, 배기관의 끝은 차체 외측으로 돌출되지 않도록 설치해야 한다.
② 삭제
③ 배기관은 자동차 또는 적재물을 발화시키거나 자동차의 다른 기능을 저해할 우려가 없어야 하며, 견고하게 설치하여야 한다.

제38조(전조등) ① 자동차(피견인자동차를 제외한다)의 앞면에는 전방을 비출 수 있는 주행빔 전조등을 다음 각 호의 기준에 적합하게 설치하여야 한다.

1. 좌·우에 각각 1개 또는 2개를 설치할 것. 다만, 너비가 130센티미터 이하인 초소형자동차에는 1개를 설치할 수 있다.
2. 등광색은 백색일 것
3. 주행빔 전조등의 설치 및 광도기준은 별표 6의3에 적합할 것. 다만, 초소형자동차는 별표 35의 기준을 적용할 수 있다.

② 자동차(피견인자동차는 제외한다)의 앞면에는 마주오는 자동차 운전자의 눈부심을 감소시킬 수 있는 변환빔 전조등을 다음 각 호의 기준에 적합하게 설치하여야 한다.
1. 좌·우에 각각 1개를 설치할 것. 다만, 너비가 130센티미터 이하인 초소형자동차에는 1개를 설치할 수 있다.
2. 등광색은 백색일 것
3. 변환빔 전조등의 설치 및 광도기준은 별표 6의4에 적합할 것. 다만, 초소형자동차는 별표 36의 기준을 적용할 수 있다.

③ 자동차(피견인자동차는 제외한다)의 앞면에 전조등의 주행빔과 변환빔이 다양한 환경조건에 따라 자동으로 변환되는 적응형 전조등을 설치하는 경우에는 다음 각 호의 기준에 적합하게 설치하여야 한다.
1. 좌·우에 각각 1개를 설치할 것
2. 등광색은 백색일 것
3. 적응형 전조등의 설치 및 광도기준은 별표 6의5에 적합할 것

④ 주변환빔 전조등의 광속(光束)이 2천루멘을 초과하는 전조등에는 다음 각 호의 기준에 적합한 전조등 닦이기를 설치하여야 한다.
1. 매시 130킬로미터 이하의 속도에서 작동될 것
2. 전조등 닦이기 작동 후 광도는 최초 광도값의 70퍼센트 이상일 것

제38조의2(안개등) ① 자동차(피견인자동차는 제외한다)의 앞면에 안개등을 설치할 경우에는 다음 각 호의 기준에 적합하게 설치하여야 한다.
1. 좌·우에 각각 1개를 설치할 것. 다만, 너비가 130센티미터 이하인 초소형자동차에는 1개를 설치할 수 있다.
2. 등광색은 백색 또는 황색일 것
3. 앞면안개등의 설치 및 광도기준은 별표 6의6에 적합할 것. 다만, 초소형자동차는 별표 37의 기준을 적용할 수 있다.

② 자동차의 뒷면에 안개등을 설치할 경우에는 다음 각 호의 기준에 적합하게 설치하여야 한다.
1. 2개 이하로 설치할 것
2. 등광색은 적색일 것
3. 뒷면안개등의 설치 및 광도기준은 별표 6의7에 적합할 것. 다만, 초소형자동차는 별표 38의 기준을 적용할 수 있다.

제38조의3(승하차보조등) 자동차의 외부에 별표 6의30의 기준에 적합한 승하차보조등을 설치할 수 있다.

제38조의4(주간주행등) 주간운전 시 자동차를 쉽게 인지할 수 있도록 자동차(피견인자동차는 제외한다)의 앞면에 다음 각 호의 기준에 적합한 주간주행등을 설치해야 한다.
1. 좌·우에 각각 1개를 설치할 것. 다만, 너비가 130센티미터 이하인 초소형자동차에는 1개를 설치할 수 있다.
2. 등광색은 백색일 것
3. 주간주행등의 설치 및 광도기준은 별표 6의8에 적합할 것. 다만, 초소형자동차는 별표 39의 기준을 적용할 수 있다.

제38조의5(코너링조명등) 자동차의 앞면 또는 옆면의 앞쪽에 코너링조명등을 설치하는 경우에는 다음 각 호의 기준에 적합하게 설치하여야 한다.
1. 좌·우에 각각 1개를 설치할 것
2. 등광색은 백색일 것
3. 코너링조명등의 설치 및 광도기준은 별표 6의9에 적합할 것

제39조(후퇴등) 자동차(차량총중량 0.75톤 이하인 피견인자동차는 제외한다)에는 다음 각 호의 기준에 적합한 후퇴등을 설치해야 한다.
1. 자동차의 뒷면에는 다음 각 목의 구분에 따른 개수를 설치할 것. 다만, 나목의 경우에는 뒷면 후방에 2개 또는 양쪽 측면 후방에 각각 1개를 추가로 설치할 수 있다.
   가. 길이 6미터 이하 자동차: 1개 또는 2개
   나. 길이 6미터 초과 자동차: 2개
2. 등광색은 백색일 것
3. 후퇴등의 설치 및 광도기준은 별표 6의10에 적합할 것. 다만, 초소형자동차는 별표 40의 기준을 적용할 수 있다.

제39조의2(옆면보조등) 자동차(피견인자동차는 제외한다)에는 별표 6의31의 기준에 적합한 옆면보조등을 설치할 수 있다.

제40조(차폭등) 자동차(너비 160센티미터 이상인 피견인자동차를 포함한다)의 앞면에는 다음 각 호의 기준에 적합한 차폭등을 설치하여야 한다.
1. 좌·우에 각각 1개를 설치할 것. 다만, 너비가 130센티미터 이하인 초소형자동차에는 1개를 설치할 수 있다.
2. 등광색은 백색일 것
3. 차폭등의 설치 및 광도기준은 별표 6의11에 적합할 것. 다만, 초소형자동차는 별표 41을 적용할 수 있다.

제40조의2(끝단표시등) ① 너비가 210센티미터를 초과하는 자동차에는 다음 각 호의 기준에 적합한 끝단표시등을 설치해야 한다.
1. 다음 각 목의 구분에 따른 자동차의 위치에 해당 목에서 정하는 개수를 설치할 것. 다만, 자동차의 좌·

우(앞면·뒷면 또는 옆면 중 어느 하나의 면에 해당하는 면의 좌·우를 말하며, 이하 이 항에서 같다)에 각각 1개를 추가로 설치할 수 있다. 이 경우 발광면은 해당 목에서 정하는 방향을 향하도록 설치해야 하며, 옆면에 끝단표시등을 설치하는 경우에는 최소 1개 이상을 서로 다른 옆면에 설치해야 한다.

    가. 자동차의 좌·우에 발광면이 전방을 향하도록 각각 1개를 설치할 것

    나. 자동차(덤프형 화물자동차 등 적재함이 개방된 구조의 자동차와 일반형 화물자동차는 제외한다)의 좌·우에 발광면이 후방을 향하도록 각각 1개를 설치할 것

  2. 등광색은 다음 각 목의 구분에 따를 것

    가. 발광면이 전방을 향하는 끝단표시등: 백색

    나. 발광면이 후방을 향하는 끝단표시등: 적색

  3. 끝단표시등의 설치 및 광도 기준은 별표 6의12에 적합할 것

② 제1항에도 불구하고 너비가 180센티미터 이상 210센티미터 이하인 자동차에 제1항 각 호의 기준에 적합한 끝단표시등을 설치할 수 있다.

제40조의3(주차등) 자동차 길이가 600센티미터 이하, 너비가 200센티미터 이하인 자동차에 주차등을 설치하는 경우에는 별표 6의32의 기준에 적합하여야 한다.

제41조(번호등) 자동차의 뒷면에는 다음 각 호의 기준에 적합한 번호등(番號燈)을 설치하여야 한다.

  1. 등광색은 백색일 것

  2. 번호등의 설치 및 휘도(輝度)기준은 별표 6의13에 적합할 것. 다만, 초소형자동차는 별표 42의 기준을 적용할 수 있다.

  3. 번호등은 등록번호판을 잘 비추는 구조일 것

제42조(후미등) 자동차의 뒷면에는 다음 각 호의 기준에 적합한 후미등을 설치하여야 한다.

  1. 좌·우에 각각 1개를 설치할 것. 다만, 다음 각 목의 자동차에는 다음 각 목의 구분에 따른 기준에 따라 후미등을 설치할 수 있다.

    가. 끝단표시등이 설치되지 않은 다음의 어느 하나에 해당하는 자동차: 좌·우에 각각 1개의 후미등 추가 설치 가능

      1) 승합자동차

      2) 차량 총중량 3.5톤 초과 화물자동차 및 특수자동차(구난형 특수자동차는 제외한다)

    나. 구난형 특수자동차: 좌·우에 각각 1개의 후미등 추가 설치 가능

    다. 너비가 130센티미터 이하인 초소형자동차: 1개의 후미등 설치 가능

  2. 등광색은 적색일 것

  3. 후미등의 설치 및 광도기준은 별표 6의14에 적합할 것. 다만, 초소형자동차는 별표 43의 기준을 적용할 수 있다.

제43조(제동등) ① 자동차의 뒷면에는 다음 각 호의 기준에 적합한 제동등을 설치하여야 한다.

1. 좌·우에 각각 1개를 설치할 것. 다만, 다음 각 목의 자동차는 다음 각 목의 구분에 따른 기준에 따라 제동등을 설치할 수 있다.
   가. 너비가 130센티미터 이하인 초소형자동차: 1개의 제동등 설치 가능
   나. 구난형 특수자동차: 좌·우에 각각 1개의 제동등 추가 설치 가능
2. 등광색은 적색일 것
3. 제동등의 설치 및 광도기준은 별표 6의15에 적합할 것. 다만, 초소형자동차는 별표 44의 기준을 적용할 수 있다.

② 승용자동차와 차량총중량 3.5톤 이하 화물자동차 및 특수자동차의 뒷면에는 다음 각 호의 기준에 적합한 보조제동등을 설치하여야 한다. 다만, 초소형자동차와 차체구조상 설치가 불가능하거나 개방형 적재함이 설치된 화물자동차는 제외한다.
  1. 자동차의 뒷면 수직중심선 상에 1개를 설치할 것. 다만, 차체 중심에 설치가 불가능한 경우에는 자동차의 양쪽에 대칭으로 2개를 설치할 수 있다.
  2. 등광색은 적색일 것
  3. 보조제동등의 설치 및 광도기준은 별표 6의16에 적합할 것

③ 승합자동차와 차량총중량 3.5톤을 초과하는 화물자동차 및 특수자동차의 뒷면에는 제2항 각 호의 기준에 적합한 보조제동등을 설치할 수 있다.

제44조(방향지시등) 자동차의 앞면·뒷면 및 옆면(피견인자동차의 경우에는 앞면을 제외한다)에는 다음 각 호의 기준에 적합한 방향지시등을 설치하여야 한다.
  1. 자동차 앞면·뒷면 및 옆면 좌·우에 각각 1개를 설치할 것. 다만, 승용자동차와 차량총중량 3.5톤 이하 화물자동차 및 특수자동차(구난형 특수자동차는 제외한다)를 제외한 자동차에는 2개의 뒷면 방향지시등을 추가로 설치할 수 있다.
  2. 등광색은 호박색일 것
  3. 방향지시등의 설치 및 광도기준은 별표 6의17에 적합할 것. 다만, 초소형자동차는 별표 45의 기준을 적용할 수 있다.

제44조의2(옆면표시등) ① 길이가 6미터를 초과하는 자동차에는 다음 각 호의 기준에 적합한 옆면표시등을 설치해야 한다.
  1. 등광색은 호박색(자동차의 가장 뒷부분 옆면에 설치된 경우에는 호박색 또는 적색)일 것
  2. 옆면표시등의 설치 및 광도기준은 별표 6의18에 적합할 것. 다만, 초소형자동차는 별표 46의 기준을 적용할 수 있다.
② 제1항에도 불구하고 길이가 6미터 이하인 자동차에 제1항 각 호의 기준에 적합한 옆면표시등을 설치할 수 있다.

제45조(비상점멸표시등) 자동차에는 다음 각 호의 기준에 적합한 비상점멸표시등을 설치하여야 한다.
  1. 모든 비상점멸표시등은 동시에 작동하는 구조일 것

2. 비상점멸표시등의 작동기준은 별표 6의19에 적합할 것. 다만, 초소형자동차는 별표 47의 기준을 적용할 수 있다.

제45조의2(후방추돌경고등) 후행하는 자동차의 추돌을 방지하기 위하여 후방추돌경고등을 설치하는 경우에는 다음 각 호의 기준에 적합하게 설치하여야 한다.
1. 후방추돌경고신호의 발생과 동시에 후방추돌경고등이 작동될 것
2. 후방추돌경고등의 작동기준은 별표 6의20에 적합할 것

제46조(군용화 장치) ① 최대 적재량 8톤 이상 9톤 이하의 일반형 화물자동차로서 국토교통부장관이 정하여 고시하는 화물자동차에는 핀틀후크(pintle hook: 견인용 고리를 말한다. 이하 같다)를 설치해야 한다.
② 제1항의 규정에 의한 핀틀후크의 규격 및 설치등에 관한 사항은 국토교통부장관이 따로 정한다.

제47조(그 밖의 등화의 제한) ① 자동차의 앞면에는 적색의 등화, 반사기 또는 방향지시등과 혼동하기 쉬운 점멸하는 등화를 설치하여서는 아니된다. 다만, 화약류를 운송하는 경우에 사용하는 적색등화, 버스 및 어린이운송용 승합자동차의 윗부분에 설치하는 표시등 및 긴급자동차에 설치하는 등화의 경우에는 그러하지 아니하다.
② 자동차의 뒷면에는 끝단표시등, 제동등, 방향지시등 및 옆면표시등과 혼동하기 쉬운 등화나 점멸하는 등화를 설치하여서는 아니 된다. 다만, 어린이운송용 승합자동차에 설치하는 등화와 화약류를 운송할 때에 사용하는 적색등화의 경우에는 그러하지 아니하다.
③ 자동차에는 제38조, 제38조의2부터 제38조의5까지, 제39조, 제39조의2, 제40조, 제40조의2, 제40조의3, 제41조부터 제44조까지, 제44조의2, 제45조, 제45조의2, 제48조, 제49조 및 제58조에 규정되지 아니한 등화나 반사기 등을 설치하여서는 아니 된다. 다만, 다음 각 호의 경우는 제외한다.
1. 승합자동차에 목적지 표시등을 설치하는 경우
2. 승합자동차, 화물자동차 또는 특수자동차에 뒷바퀴 조명등을 다음 각 목의 기준에 맞게 설치하는 경우
  가. 백색의 등화로서 양쪽에 1개씩 설치할 것
  나. 광원이 직접 보이지 아니하는 구조일 것
3. 삭제
4. 화물자동차 또는 특수자동차에 작업등을 다음 각 목의 기준에 맞게 설치하는 경우
  가. 매시 20킬로미터를 초과하여 전진방향으로 주행할 때 소등되는 구조일 것
  나. 등광색은 백색일 것

제48조(등화에 대한 그 밖의 기준) ① 자동차에 설치된 각종 등화는 1개의 등화로 2 이상의 용도로 겸용할 수 있다. 다만, 화약류를 운송할 때에 사용되는 적색등화의 경우에는 그러하지 아니하다.
② 삭제
③ 자동차의 등화장치에 사용하는 광원은 별표 6의21의 기준에 적합하여야 한다.
④ 어린이운송용 승합자동차에는 다음 각호의 기준에 적합한 표시등을 설치하여야 한다.

1. 앞면과 뒷면에는 분당 60회 이상 120회 이하로 점멸되는 각각 2개의 적색표시등과 2개의 황색표시등 또는 호박색표시등을 설치할 것
2. 적색표시등은 바깥쪽에, 황색표시등은 안쪽에 설치하되, 차량중심선으로부터 좌·우대칭이 되도록 설치할 것
3. 앞면표시등은 앞면창유리 위로 앞에서 가능한 한 높게 하고, 뒷면표시등의 렌즈하단부는 뒷면 옆창문 개구부의 상단선보다 높게 하되, 좌·우의 높이가 같게 설치할 것
4. 각 표시등의 발광면적은 120제곱센티미터 이상일 것
5. 도로에 정지하려고 하거나 출발하려고 하는 때에는 다음 각 목의 기준에 적합할 것
    가. 도로에 정지하려는 때에는 황색표시등 또는 호박색표시등이 점멸되도록 운전자가 조작할 수 있어야 할 것
    나. 가목의 점멸 이후 어린이의 승하차를 위한 승강구가 열릴 때에는 자동으로 적색표시등이 점멸될 것
    다. 출발하기 위하여 승강구가 닫혔을 때에는 다시 자동으로 황색표시등 또는 호박색표시등이 점멸될 것
    라. 다목의 점멸 시 적색표시등과 황색표시등 또는 호박색표시등이 동시에 점멸되지 아니할 것
6. 앞면과 뒷면에 설치하는 표시등은 별표 28의2의 광도기준에 적합할 것

⑤ 자동차 등화장치 및 반사장치의 색도기준은 별표 6의22에 적합하여야 한다

제49조(후부반사기 등) ① 자동차의 뒷면에는 다음 각 호의 기준에 적합한 후부반사기를 설치하여야 한다.
1. 좌·우에 각각 1개를 설치할 것. 다만, 너비가 130센티미터 이하인 초소형자동차에는 1개를 설치할 수 있다.
2. 반사광은 적색일 것
3. 후부반사기의 설치기준은 별표 6의23에 적합할 것. 다만, 초소형자동차는 별표 48의 기준을 적용할 수 있다.

② 피견인자동차의 뒷면에는 다음 각 호의 기준에 적합한 피견인자동차용 삼각형 반사기를 설치하여야 한다.
1. 좌·우에 각각 1개를 설치할 것
2. 반사광은 적색일 것
3. 피견인자동차용 삼각형 반사기의 설치기준은 별표 6의24에 적합할 것

③ 피견인자동차의 앞면에는 다음 각 호의 기준에 적합한 앞면반사기를 설치하여야 한다.
1. 좌·우에 각각 1개를 설치할 것
2. 반사광은 백색 또는 무색일 것
3. 앞면반사기의 설치기준은 별표 6의25에 적합할 것

④ 피견인자동차와 자동차 길이 600센티미터 이상인 자동차에는 다음 각 호의 기준에 적합한 옆면반사기를 설치하여야 하고, 그 밖의 자동차에 옆면반사기를 설치하는 경우에는 다음 각 호의 기준에 적합하게 설치하여야 한다.
1. 옆면반사기의 색상은 호박색(자동차의 가장 뒷부분 옆면에 설치된 경우에는 호박색 또는 적색)일 것
2. 옆면반사기의 설치기준은 별표 6의26에 적합할 것. 다만, 초소형자동차는 별표 49의 기준을 적용할 수 있다.

⑤ 제1항부터 제4항까지의 규정에 따른 반사기의 반사성능은 별표 6의27의 기준에 적합하여야 한다.
⑥ 차량총중량 7.5톤 이상인 화물자동차와 특수자동차의 뒷면에는 별표 6의28의 기준에 적합한 후부반사판 또는 후부반사지를 설치하여야 한다.
⑦ 최고속도가 시속 40킬로미터 이하인 자동차에는 제112조의13의 기준에 적합한 저속차량용 후부표시판을 설치하여야 한다.
⑧ 차량총중량 7.5톤 초과 화물·특수자동차(미완성자동차·견인자동차는 제외한다)와 차량총중량 3.5톤 초과 피견인자동차(미완성자동차는 제외한다)의 옆면(자동차의 길이가 6.0미터를 초과하는 경우에 한한다)과 뒷면(자동차 너비가 2.1미터를 초과하는 경우에 한한다)에는 다음 각 호의 기준에 적합한 반사띠를 설치해야 한다. 다만, 승용자동차 및 차량총중량 0.75톤 이하 피견인자동차를 제외한 자동차에도 반사띠를 설치할 수 있으며, 이 경우에도 다음 각 호의 기준에 적합해야 한다.
  1. 반사띠의 반사광은 다음 각 목에 적합한 색상일 것
     가. 앞면: 백색
     나. 옆면: 황색 또는 백색
     다. 뒷면: 황색 또는 적색
  2. 반사띠의 설치 및 반사성능 기준은 별표 32의2에 적합할 것
⑨ 제6항 및 제8항에도 불구하고 「소방장비관리법 시행령」 별표 1 제1호가목에 따른 소방자동차에는 「소방장비관리법」 제11조에 따른 도장 및 표지 기준에 따라 후부반사판·후부반사지 및 반사띠를 설치할 수 있다.

제50조(간접시계장치) ① 자동차에는 운전자가 교통상황을 확인할 수 있도록 다음 각 호의 어느 하나에 해당하는 간접시계장치를 설치하여야 한다.
  1. 거울을 이용한 간접시계장치는 별표 5의6에 적합하게 설치하여야 하고, 별표 5의7 시계범위에 적합할 것. 다만, 초소형자동차의 경우 간접시계장치의 설치 및 시계범위는 별표 50의 기준에 적합하여야 한다.
  2. 카메라모니터 시스템을 이용한 간접시계장치는 별표 5의6과 별표 5의8에 적합하게 설치하여야 하고, 별표 5의7 시계범위에 적합할 것
② 어린이운송용 승합자동차(원동기가 운전석으로부터 앞쪽에 위치해 있는 자동차는 제외한다)에는 차체 바로 앞에 있는 장애물을 확인할 수 있는 간접시계장치를 추가로 설치하여야 한다.
③ 어린이운송용 승합자동차의 좌우에 설치하는 간접시계장치는 승강구의 가장 늦게 닫히는 부분의 차체(승강구가 없는 차체 쪽의 경우는 승강구가 있는 차체의 지점과 대칭인 지점을 말한다)로부터 자동차길이방향의 수직으로 300밀리미터 떨어진 지점에 직경 30밀리미터 및 높이 1천 200밀리미터의 관측봉을 설치하고, 운전자의 착석기준점으로부터 위로 635밀리미터의 높이에서 관측봉을 확인하였을 때 관측봉의 전부가 보일 수 있는 구조로 하여야 한다.
④ 제1항에 따른 간접시계장치에 추가로 평균곡률반경이 200밀리미터 이상이고 반사면이 1만제곱밀리미터 이상인 광각 실외후사경 또는 영상장치를 설치하여 제3항에 따른 기준에 적합한 경우에는 어린이운송용 승합자동차에 적합한 것으로 본다.
⑤ 삭제

제51조(창닦이기 장치등) ① 자동차의 앞면창유리(천정개방2층대형승합자동차의 위층 앞면창유리는 제외한다)에는 시야확보를 위한 자동식창닦이기·세정액분사장치·서리제거장치 및 안개제거장치를 설치하여야 하며, 필요한 경우 뒷면 및 기타 창유리의 경우에도 창닦이기·세정액분사장치·서리제거장치 또는 안개제거장치 등을 설치할 수 있다.

② 자동차(초소형자동차는 제외한다)의 앞면창유리에 설치하는 창닦이기는 다음 각호의 기준에 적합하여야 한다.
  1. 작동주기의 종류는 2가지 이상일 것
  2. 최저작동주기는 매분당 20회 이상이고, 다른 하나의 작동주기는 매분당 45회 이상일 것
  3. 최고작동주기와 다른 하나의 작동주기의 차이는 매분당 15회 이상일 것
  4. 작동을 정지시킨 경우 자동적으로 최초의 위치로 복귀되는 구조일 것

③ 초소형자동차의 앞면창유리에 설치하는 창닦이기는 다음 각 호의 기준에 적합하여야 한다.
  1. 분당 40회 이상 작동할 것
  2. 작동 정지 시 최초의 위치로 자동으로 돌아오는 구조일 것

제52조 삭제

제53조(경음기) 자동차의 경음기는 다음 각 호의 기준에 적합해야 한다.
  1. 일정한 크기의 경적음을 동일한 음색으로 연속하여 낼 것
  2. 자동차 전방으로 2미터 떨어진 지점으로서 지상높이가 1.2±0.05미터인 지점에서 측정한 경적음의 최소크기가 최소 90데시벨(C) 이상일 것

제53조의2(후방보행자 안전장치) ① 자동차에는 다음 각 호의 어느 하나 이상의 장치를 설치하여야 한다. 다만, 어린이운송용 승합자동차에는 제1호 및 제3호의 장치를 모두 설치해야 한다.
  1. 변속장치 조종레버(버튼식을 포함한다)가 후진위치인 경우 자동차의 차량중심선으로부터 ±y 방향으로 각각 1,000밀리미터인 지점에서 x축과 평행한 선을 각각 좌·우 한 변으로 하고, 자동차 후방 끝에서 차량중심선을 따라 300밀리미터부터 2,300밀리미터까지인 지점에서 y축과 평행한 선을 각각 다른 한 변으로 하는 수평면 상의 사각형 영역에 설치된 직경이 89밀리미터이고 높이가 500밀리미터인 관측봉을 볼 수 있는 후방영상장치
  2. 자동차를 후진하는 경우 운전자에게 자동차의 후방에 있는 보행자의 접근상황을 알리는 접근경고음 발생장치
  3. 보행자에게 자동차가 후진 중임을 알리는 후진경고음 발생장치

② 제1항제2호에 따른 접근경고음 발생장치는 다음 각 호의 기준에 적합해야 한다.
  1. 변속장치 조종레버(버튼식을 포함한다)가 후진위치인 경우 자동차 좌·우 최외측에서 x축과 평행한 선을 각각 좌·우 한 변으로 하고, 자동차 후방 끝에서 차량중심선을 따라 250밀리미터부터 1,000밀리미터까지인 지점에서 y축과 평행한 선을 각각 다른 한 변으로 하는 수평면상의 사각형 영역에 있는 직경이 76밀리미터이고 높이가 1,000밀리미터인 감지봉을 감지하여 운전자에게 경고음을 발생시킬 것

2. 제1호에 따른 경고음은 다음 각 목의 기준에 적합할 것

   가. 경고음의 발생과 정지가 반복되도록 할 것. 다만, 보행자와 가장 근접한 위치에서는 경고음을 연속하여 발생시킬 수 있다.

   나. 차실 안에서 경고음의 크기는 55데시벨(A) 이상으로 하되, 원동기 소음보다 클 것

③ 제1항제3호에 따른 후진경고음 발생장치는 다음 각 호의 기준에 적합해야 한다.

1. 경고음은 발생과 정지가 반복되도록 하고, 같은 음색의 소리를 일정한 간격으로 발생시킬 것
2. 경고음의 크기는 자동차 후방 끝으로부터 2미터 떨어진 위치에서 측정하였을 때 다음 각 목의 기준에 적합할 것

   가. 승용자동차와 승합자동차 및 경형·소형의 화물·특수자동차는 60데시벨(A) 이상 85데시벨(A) 이하일 것

   나. 가목 외의 자동차는 65데시벨(A) 이상 90데시벨(A) 이하일 것

3. 경고음의 음색은 1/3옥타브 중심주파수대역이 500헤르츠 이상 4,000헤르츠 이하인 구간에서 가장 큰 소리를 낼 것
4. 경고음의 발생 횟수는 매분 40회 이상 100회 이하일 것

제53조의3(저소음자동차 경고음발생장치) 하이브리드자동차, 전기자동차, 연료전지자동차 등 동력발생장치가 전동기인 자동차(이하 "저소음자동차"라 한다)에는 별표 6의33의 기준에 따른 경고음발생장치를 설치하여야 한다.

제53조의4(어린이 하차확인장치) 어린이운송용 승합자동차에는 다음 각 호의 기준에 적합한 어린이 하차확인장치를 설치해야 한다.

1. 승합자동차의 원동기를 정지시키거나 시동장치의 열쇠를 작동 위치에서 제거한 후 3분 이내에 차실 가장 뒷열에 있는 좌석 부근에 설치된 확인버튼(근거리 무선통신 접촉을 포함한다)을 누르지 않으면 경고음 발생장치와 표시등(제45조에 따른 비상점멸표시등 또는 제48조제4항에 따른 표시등을 말한다)이 작동하는 구조일 것
2. 제1호에 따른 경고음 발생장치와 표시등이 작동되면 확인버튼(근거리 무선통신 접촉을 포함한다)을 누르거나 승합자동차의 원동기를 다시 시동(제13조제6항에 따른 보조시동장치에 의한 시동은 제외한다)하여 작동을 정지시킬 수 있는 구조일 것
3. 제1호에 따른 경고음 발생장치는 다음 각 목의 기준에 적합한 구조일 것

   가. 경고음은 발생과 정지가 반복되도록 하고, 같은 음색의 경보음 또는 음성 메시지를 일정한 간격으로 발생시킬 것

   나. 경고음은 자동차 전방 또는 후방 끝으로부터 2미터 떨어진 위치에서 측정하였을 때 60데시벨(A) 이상일 것

제54조(속도계 및 주행거리계) ① 자동차에는 제110조에 따른 속도계와 통산 운행거리를 표시할 수 있는 구조의 주행거리계를 설치하여야 한다.

② 다음 각 호의 자동차(「도로교통법」 제2조제22호에 따른 긴급자동차와 당해 자동차의 최고속도가 제3항의 규정에서 정한 속도를 초과하지 아니하는 구조의 자동차를 제외한다)에는 최고속도제한장치를 설치하여야 한다.

1. 승합자동차(제2조제32호에 따른 어린이운송용 승합자동차를 포함한다)
2. 차량총중량이 3.5톤을 초과하는 화물자동차·특수자동차(피견인자동차를 연결하는 견인자동차를 포함한다)
3. 「고압가스 안전관리법 시행령」 제2조의 규정에 의한 고압가스를 운송하기 위하여 필요한 탱크를 설치한 화물자동차(피견인자동차를 연결한 경우에는 이를 연결한 견인자동차를 포함한다)
4. 저속전기자동차

③ 제2항의 규정에 의한 최고속도제한장치는 자동차의 최고속도가 다음 각호의 기준을 초과하지 아니하는 구조이어야 한다.

1. 제2항제1호의 규정에 의한 자동차 : 매시 110킬로미터
2. 제2항제2호 및 제3호의 규정에 의한 자동차 : 매시 90킬로미터
3. 제2항제4호에 따른 저속전기자동차: 매시 60킬로미터

④ 삭제

제55조 삭제

제56조(운행기록장치) 운행기록장치를 장착하여야 하는 운송사업용 자동차의 범위와 운행기록장치의 장착기준은 「교통안전법」 제55조제1항에 따른다.

제56조의2(사고기록장치) ① 법 제2조제10호에서 "자동차의 충돌 등 국토교통부령으로 정하는 사고"란 다음 각 호의 어느 하나에 해당하는 상황이 발생한 경우를 말한다.

1. 0.15초 이내에 진행방향의 속도 변화 누계가 시속 8킬로미터 이상에 도달하는 경우(측면방향의 속도 변화가 기록되는 자동차의 경우에는 측면방향 속도 변화 누계가 0.15초 이내에 시속 8킬로미터 이상에 도달하는 경우를 포함한다)
2. 에어백 또는 좌석안전띠 프리로딩 장치 등 비가역안전장치가 전개되는 경우
3. 보행자 또는 자전거운전자 등과 충돌 시 보행자 등의 상해를 완화하기 위하여 차실 외부에 설치된 안전장치(이하 "보행자보호시스템"이라 한다)가 전개되는 경우

② 「자동차관리법」 제29조의3제1항에 따라 승용자동차와 차량 총중량 3.85톤 이하의 승합자동차·화물자동차에 사고기록장치를 장착할 경우에는 별표 5의25에 따른 사고기록장치 장착기준에 적합하게 장착하여야 한다.

제57조(소화설비) 소화기를 설치 또는 비치해야 하는 자동차의 범위 및 그 설치 또는 비치 기준은 「소방시설 설치 및 관리에 관한 법률」 제11조에 따른다.

제58조(경광등 및 사이렌) ① 「도로교통법」 제2조제22호에 따른 긴급자동차에는 다음 각 호의 기준에 적합한

경광등 및 사이렌을 설치할 수 있다.
1. 경광등은 다음 각목의 기준에 적합할 것
    가. 1등당 광도는 135칸델라 이상 2천5백칸델라 이하일 것
    나. 등광색은 다음 기준에 적합할 것

구분	등광색
(가) 경찰용 자동차중 범죄수사·교통단속 그밖의 긴급한 경찰임무 수행에 사용되는 자동차	적색 또는 청색
(나) 국군 및 주한국제연합군용 자동차중 군내부의 질서유지 및 부대의 질서있는 이동을 유도하는데 사용되는 자동차	
(다) 수사기관의 자동차중 범죄수사를 위하여 사용되는 자동차	
(라) 교도소 또는 교도기관의 자동차중 도주자의 체포 또는 피수용자의 호송·경비를 위하여 사용되는 자동차	
(마) 소방용자동차	
(가) 전신·전화의 수리공사등 응급작업에 사용되는 자동차와 우편물의 운송에 사용되는 자동차중 긴급배달우편물의 운송에 사용되는 자동차	황색
(나) 전기사업·가스사업 그밖의 공익사업 기관에서 위해방지를 위한 응급작업에 사용되는 자동차	
(다) 민방위업무를 수행하는 기관에서 긴급예방 또는 복구를 위한 출동에 사용되는 자동차	
(라) 도로의 관리를 위하여 사용되는 자동차중 도로상의 위험을 방지하기 위하여 응급작업에 사용되는 자동차	
(마) 전파감시업무에 사용되는 자동차	
(바) 기타자동차	
구급차·혈액 공급차량	녹색

2. 사이렌음의 크기는 자동차의 전방으로부터 20미터 떨어진 위치에서 90데시벨(C) 이상 120데시벨(C) 이하일 것
② 「자동차관리법」에 의한 구난형특수자동차와 도로의 청소를 위한 노면청소용자동차에는 다음 각호의 기준에 적합한 경광등을 설치할 수 있다.
1. 경광등의 광도는 제1항제1호 가목의 기준에 적합할 것
2. 등광색은 황색일 것

PART

부록

- 예상문제
- 최신기출문제

자동차정비기능사 예상문제

제1회 예상문제

01. AQS(Air Quality System)의 설명으로 옳은 것은?

① 실내외 온도를 일정하게 유지
② 내부공기를 일정한 세기로 순환
③ 내부 공기를 밖으로 배출되는 것을 방지
④ 유해가스를 감지하여 차량 실내로 유입되는 것을 방지

> 풀이 AQS : 공기오염도가 높은 지역을 지나갈 때, 운전자가 별도의 스위치 조작을 하지 않더라도 외부공기의 유입을 자동으로 차단하는 장치

02. 크랭크 축 베어링으로 사용할 수 없는 것은?

① 일체형 베어링
② 분할형 베어링
③ 부싱형 베어링
④ 스러스트 베어링

> 풀이 크랭크축 베어링은 주로 분할형 평면베어링이 사용되며 슬리브형과 스러스트형을 사용한다.

03. 다음은 자동변속기 스톨시험과 관련된 사항이다. 옳지 않은 것은?

① 기관 시동 후 자동변속기 오일과 냉각수 온도가 정상 작동온도에 도달하도록 한다.
② 주차 브레이크 체결 및 바퀴 모두에 고임목을 설치한다.
③ D단이나 R단에서 가속 페달을 완전히 밟고 엔진의 최대회전수(rpm)을 측정한다.
④ 정확한 측정을 위하여 스로틀 전개는 10초를 초과하지 않도록 한다.

> 풀이 스톨테스트는 엔진의 최대출력을 알아보고 미션과 엔진출력의 이상유무를 확인하는 작업이며 D 혹은 R로 변경하고 가속페달을 밟는데 5초 이상 진행하면 안된다. 엔진의 출력을 최대로 올리고 브레이크를 밟고 미션에 계속 엔진의 힘을 감당하게 하는 테스트이기 때문에 스톨테스트를 오래 진행하게 하면 미션이 파손된다.

04. MAP센서는 기관 어느 부분의 절대압력을 측정하는가?

① 배기다기관
② 흡기 서지탱크
③ 에어 크리너
④ 실린더 블록

> 풀이 맵센서는 흡기매니폴드의 절대압력을 측정하여 이를 전압으로 변환시켜 ECU로 보내는 역할을 한다.

05. 자동변속기의 유온 센서와 관련이 없는 것은?

① 변속기 내부 유압의 증대
② 부특성 서미스터(NTC) 사용
③ 변속단 제어, 댐퍼클러치 작동 영역 검출
④ 변속시 유압 보정제어 정보로 이용

정답  01. ④ 02. ① 03. ④ 04. ② 05. ①

> 풀이 유온센서는 미션오일을 측정하는 일을 하며 유온이 너무 낮으면 자동변속기컨트롤모듈(TCM)은 토크컨버터 클러치의 동작을 지연시키고 반대로 유온이 너무 높으면 TCM은 기계적으로 토크컨버터클러치를 기계적으로 연결시켜준다.

06. 탠덤 마스터 실린더 점검과 관련된 사항이다. 관련 없는 사항은?

① 마스터 실린더 내부의 이물질 존재 여부 점검
② 외부 뒤틀림 또는 균열 등의 존재 여부 점검
③ 1차 및 2차 피스톤, 리턴 스프링 등 내부 장치 점검
④ 브레이크 페달의 높이 측정 등을 통한 점검

> 풀이 탠덤마스터실린더 점검과 브레이크 페달의 높이 측정등은 전혀 관계없다.

07. 삼원촉매장치 장착 차량에서 촉매장치의 정상 작동시 후방 산소센서(B1/S2)의 출력값으로 적당한 것은?

① 0V   ② 0.5V
③ 0.8V   ④ 1.5V

> 풀이 산소센서는 출력전압이 혼합비가 희박할 때는 0.1V, 혼합비가 농후하면 약 0.9V의 전압을 발생시킨다.

08. 하이브리드 차량의 구동바퀴에서 발생하는 운동에너지를 전기적 에너지로 변환시켜 고전압 배터리로 충전하는 모드는?

① ISG(Idle Stop & Go) 모드
② 회생 제동 모드
③ 언덕길 밀림 방지 모드
④ 변속기 발전 모드

> 풀이 친환경자동차가 주행중 감속할 때 발생하는 제동력을 전력으로 바꾸는 장치를 회생제동 시스템이라 하는데 브레이크를 밟으면 전기모터가 역방향으로 돌게 되고, 차량이 달리면서 발생된 운동에너지가 전기에너지로 변환된다.

09. 타이어가 요철에 튕기면서 조향 휠이 충격으로 뒤틀리는 현상을 무엇이라 하는가?

① 시미   ② 롤링
③ 킥백   ④ 피칭

> 풀이 요철이 있는 도로를 주행하는 경우에 스티어링 휠의 주방향에 생기는 충격을 킥백이라 한다.

10. 연료 또는 브레이크 오일 등의 액체 속에 포함된 수분이 마찰 등에 의해 증발, 기포를 형성하는 현상으로 유압감소 및 유량감소 등의 불량 현상을 유발하는 현상은?

① 페이드 현상
② 증기폐쇄 현상
③ 퍼컬레이션 현상
④ 비등 현상

> 풀이 **베이퍼록 현상(증기폐쇄현상)** : 브레이크액에 기포가 발생하여 브레이크가 제대로 작동하지 않은 현상을 말한다.

06. ④   07. ③   08. ②   09. ③   10. ②

11. 다음은 가솔린기관 연소실 형상에 따른 분류이다. 해당 사항이 없는 것은?

① 지붕형 ② 욕조형
③ 리카아도형 ④ 쐐기형

풀이 연소실 종류에는 욕조형, 쐐기형, 반구형, 펜트루프형 등이 있다.

12. 전자제어 커먼레일 시스템(CRDI) 기관의 특징이다. 옳지 않은 것은?

① 연료소비율이 과거 기계식 분사펌프 기관보다 20% 정도 향상된다.
② 콤팩트한 설계와 경량화가 가능하다.
③ 파일럿 분사 방법을 도입하여 기존 디젤기관의 단점인 진동과 소음을 획기적으로 감소시킬 수 있다.
④ 고속 주행시 흡입 공기의 유동성 문제로 유해 배출가스가 다소 증가한다.

풀이 커먼레일 시스템은 고속 주행시 유해배출가스가 감소된다.

13. 다음은 에어컨 냉매 교환 작업에 관한 사항이다. 작업순서가 올바른 것은?

① 냉매회수 → 신유보충 → 진공작업 → 냉매충전
② 냉매회수 → 진공작업 → 냉매충전 → 신유보충
③ 냉매회수 → 진공작업 → 신유보충 → 냉매충전
④ 냉매회수 → 신유보충 → 냉매충전 → 진공작업

풀이 냉매교환작업의 순서는 냉매회수 – 진공작업 – 신유보충 – 냉매충전의 순서이다.

14. 자동변속기차량에서 킥다운(kick-down)에 대한 설명으로 옳은 것은?

① 구동력을 크게 하기 위해 강제로 다운 시프트하는 것이다.
② 구동력을 크게 하기 위해 오버 드라이브 장치를 가동한다.
③ 속도 증가에 따른 연료의 저감을 위하여 연료를 차단한다.
④ 스로틀포지션 센서의 고장 시 엔진 회전수를 검출한다.

풀이 자동변속기 차량에서 급가속할 때 오버드라이브를 풀기 위해 가속 페달을 힘껏 밟고 기어를 한 단 밑으로 내리는 일

15. 제동장치에서 진공 배력식 브레이크에 대한 설명으로 틀린 것은?

① 브레이크 페달을 밟으면 진공밸브가 닫힌다.
② 배력장치가 고장나면 브레이크는 작동하지 않는다.
③ 배력장치는 브레이크 페달과 마스터 실린더 사이에 설치된다.
④ 흡입다기관의 진공과 대기압력과의 차이를 이용한 장치이다.

정답 11. ③ 12. ④ 13. ③ 14. ① 15. ②

풀이 브레이크 배력장치는 외력을 이용하여 운전자의 페달 답력을 배가시켜주는 장치이다. 배력장치가 고장일 경우에는 운전자의 페달 답력만으로 브레이크를 조작할 수 있어야 한다.

16. 브레이크 페달을 밟았을 때 소음이 나거나 밀리는 현상의 원인 중 거리가 가장 먼 것은?

① 디스크의 불균일한 마모 및 균열
② 브레이크 패드나 라이닝의 경화
③ 백 플레이트나 캘리퍼의 설치 볼트 이완
④ 프로포셔닝 밸브의 작동불량

풀이 프로포셔닝 밸브는 유압을 조절하여 제동력을 분배시키는 유압 조정밸브이다.

17. 연료 탱크내의 증발가스를 포집 후 엔진으로 유입시켜 연소시키는 장치는?

① 캐니스터와 퍼지솔레노이드
② 포지티브 크랭크 케이스 벤틸레이션(P.C.V) 밸브
③ 배기가스 재순환 장치(EGR)
④ 삼원촉매

풀이 엔진이 정지하고 있을 때 연료 탱크와 기화기에서 발생한 증발가스를 흡수, 저장하는 부품을 캐니스터라고 하며 캐니스터에서 서지탱크로 가는 증발가스를 제어하는 밸브는 퍼지 컨트롤 솔레노이드 밸브라고 한다.

18. 동력 조향 유압 계통에 고장이 발생한 경우 핸들을 수동으로 조작할 수 있도록 하는 부품은?

① 릴리프 밸브(relif valve)
② 안전 첵 밸브(safety check valve)
③ 유량 제어 밸브(flow control valve)
④ 더블 밸런싱 밸브(double balancing valve)

풀이 동력조향장치에서 유압계통에 고장이 생겼을 때에도 핸들 조작을 할 수 있도록 안전체크밸브가 그 역할을 한다.

19. 제동장치에서 전진방향 주행시 자기작동이 발생되는 슈를 무엇이라 하는가?

① 서브 슈
② 리딩 슈
③ 트레일링 슈
④ 역전 슈

풀이 제동기구에서 회전 중인 바퀴에 제동을 걸면 큰 제동력이 발생하는데 이것을 자기서보작용이라고 하며 이와 반대로 회전방향과 반대로 슈를 밀어붙이면 제동력은 약해진다. 전자를 리딩슈, 후자를 트레일링 슈라고 한다.

20. 실린더 헤드를 떼어낼 때 볼트를 바르게 푸는 방법은?

① 중앙에서 바깥을 향하여 대각선으로 푼다.
② 풀기 쉬운 곳부터 푼다.
③ 바깥에서 안쪽으로 향하여 대각선으로 푼다.
④ 실린더 보어를 먼저 제거하고 실린더헤드를 떼어낸다.

16. ④ 17. ① 18. ② 19. ② 20. ③   정답

풀이 실린더 헤드 볼트의 순서는 대각선방향으로 바깥에서 안쪽으로 향하여 푼다.

21. 브레이크 내의 잔압을 두는 이유가 아닌 것은?

① 제동의 늦음을 방지하기 위해
② 베이퍼 록(Vapor Lock)현상을 방지하기 위해
③ 휠 실린더 내의 오일 누설을 방지하기 위해
④ 브레이크 오일의 오염을 방지하기 위해

풀이 브레이크 오일의 오염을 방지하는 목적과 회로내의 잔압을 두는 이유와는 전혀 무관하다.

22. 다음 회로에서 2개의 저항을 통과하여 흐르는 전류는 A, B, C 각 점에서 어떻게 나타나는가?

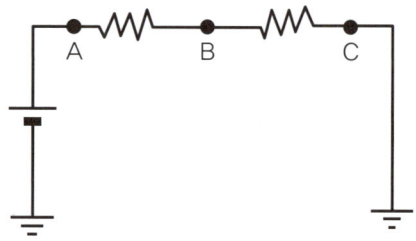

① A, B, C점의 전류는 모두 같다.
② B에서 가장 전류가 크고 A, C는 같다.
③ A에서 가장 전류가 작고 B, C는 갈수록 전류가 커진다.
④ A에서 가장 전류가 크고 B, C는 갈수록 전류가 작아진다.

풀이 옴의 법칙을 적용해보면 A B C 점의 전류는 모두 같다.

23. 다음은 DOHC(Double Over Head Camshaft) 기관에 관한 사항이다. 옳지 않은 것은?

① 흡기측과 배기측, 각각 1개씩의 캠축이 설치된다.
② 동급의 SOHC 기관에 비해 흡·배기 효율이 우수하다.
③ 12밸브 또는 16밸브 등 흡·배기 밸브의 설치개수를 증가시킬 수 있다.
④ SOHC 기관에 비하여 구조가 복잡하고 소음이 크나 최고속도에 대한 제한이 없다.

풀이 DOHC 엔진은 SOHC에 비해 부품 수가 많고, 구조가 복잡하다는 단점과 엔진출력이 높고, 고속에서 성능이 발휘된다는 장점이 있으며 최고속도에 대한 제한도 있다.

24. 전자제어 가솔린(MPI)기관에서 기본 연료분사량 결정과 관련된 주요 센서는?

① 공기유량센서, 냉각수온센서
② 공기유량센서, 크랭크각센서
③ 크랭크각센서, 흡기온도센서
④ 크랭크각센서, 냉각수온센서

풀이 연료분사량을 결정하는 센서는 공기유량센서와 크랭크각센서이다.

25. 다음은 냉방장치에 이용되는 냉방 사이클이다. 그 순서가 올바른 것은?

① 압축 → 팽창 → 증발 → 응축
② 압축 → 응축 → 팽창 → 증발
③ 압축 → 응축 → 증발 → 팽창
④ 압축 → 팽창 → 응축 → 증발

정답 21. ④ 22. ① 23. ④ 24. ② 25. ②

풀이 냉방사이클 순서는 압축기-응축기-건조기-팽창밸브-증발기로 되어있다.

풀이 20kgf로 당겼을 때 규정값이 6~8클릭이 정상값이다.

26. 조향기어 장치 중 스크류와 너트 사이에 많은 볼이 내장되어 있는 형태로 볼이 회전하면서 이를 너트에 전달하는 구조로 마모가 적게 되는 장점이 있으며, 대형 차량에 사용하기 적합하다. 이는 다음 중 어느 것인가?

① 랙과 피니언 형
② 볼베어링 형
③ 볼너트 형
④ 볼과 피니언 형

풀이 볼너트형은 핸들의 조작이 가볍고 큰 하중에 견디며 마모가 적은 것이 특징이며 현재 가장 많이 사용되고 있는 형식이며 나사와 너트 사이에 여러 개의 볼을 넣어서 웜의 회전을 볼의 구름접촉으로 너트에 전달시키는 구조로 되어 있다.

27. 다음은 케이블을 이용한 주차제동장치에 관한 사항이다. 옳지 않은 것은?

① 주차 브레이크는 후륜측에 설치되어 있으며, 주차 브레이크 체결시 좌우 모두 작동하여야 한다.
② 주차 브레이크 레버의 행정수는 일반적으로 15Kgf힘으로 당겼을 때 6~8클릭이 정상값이다.
③ 주차 브레이크 레버의 클릭수가 불량일 경우 케이블 어저스터의 조정 너트를 이용하여 조정한다.
④ 드럼식 후륜의 경우 주제동용 브레이크 슈-라이닝을 이용하여 주차 제동을 유지한다.

28. 다음은 유압식 제동장치의 공기빼기 작업에 관한 사항이다. 옳게 설명된 것은?

① 유압과 관련된 장치의 교환이나 수리 작업 후 진행하며 정비사 1인의 단독작업으로 수행한다.
② 마스터 실린더 리저버의 용량이 충분하므로 오일 보충은 작업초기와 마무리 단계에서만 수행한다.
③ 공기빼기 작업은 드럼식, 디스크 방식 등에 관계없이 동일하게 수행하여야 한다.
④ DOT-3 등급 오일의 비등점이 DOT-4 보다 높기 때문에 베이퍼 록 현상에 더욱 안정적이다.

풀이 공기빼기 작업은 드럼식과 디스크방식이 동일하다.

29. 다음은 엔진본체 측정 작업과 관련된 사항이다. 옳지 않은 것은?

① 실린더 헤드 변형도 측정의 경우 직각자와 간극게이지를 이용하여 총 8군데를 측정한다.
② 크랭크축 축방향 유격 측정값이 불량인 경우 쓰러스트 베어링 교환 작업을 수행하여 조정한다.
③ 메인저널 또는 핀저널의 윤활간극 측정에는 플라스틱 게이지를 사용하는 것이 정확한 계측이 된다.
④ 피스톤 압축링 엔드갭의 경우 TDC 윗부분이나 BDC 아랫부분 등 실린더가 마모되지 않은 부분을 이용한다.

26. ③ 27. ② 28. ③ 29. ①   정답

> 풀이 실린더헤드 변형도 측정은 총 7군데 측정해야 한다.

> 풀이 병렬저항을 구하면 0.9Ω, 옴의 법칙에 의하여 구하면 12/0.9 = 13A

30. 정전압 다이오드라고도 하며, 일정 설정된 전압하에서는 역방향으로도 전류가 흐르는 특징을 갖고 있는 다이오드를 제너다이오드라고 한다. 이 때 설정된 전압을 무엇이라 하는가?

① 정류전압　② 제너전압
③ 강하전압　④ 설정전압

> 풀이 제너 다이오드에서 역방향으로도 흐르는 전류가 정방향 특성과 같이 급격히 흐르도록 하는 전압을 제너전압이라고 하며 항복전압이라고도 한다.

31. 오토라이트 시스템은 주위의 밝기에 따라 자동으로 미등 및 전조등을 ON시켜 주는 장치이다. 이 때 빛의 밝기를 감지하는 조도센서의 소자는 무엇인가?

① 광전도소자(cds)
② 반도체피에조
③ 포토다이오드
④ 옵티컬 다이오드

> 풀이 광전도 효과를 이용하여 빛을 쬐면 전기 전도도가 증가하도록 만들어진 소자를 광전도소자라고 한다.

32. 공급전원 12V 전기회로에서 2Ω, 3Ω, 4Ω의 저항체가 병렬로 연결되어 있는 경우, 이 회로에 흐르는 전류값으로 적당한 것은?

① 15A　② 14A
③ 13A　④ 12A

33. 전기자동차의 고전압 배터리에 사용되는 겔 형식의 전해물질을 무엇이라 하는가?

① 수소-알칼리
② 황산-물
③ 수산화칼륨
④ 리튬이온 폴리머

> 풀이 에너지 밀도의 높이로 유기 전해액을 사용하는 전해물질은 리튬이온 폴리머를 사용한다.

34. 탠덤마스터 실린더는 유압회로를 2회로 구성하여 제동의 안정성을 확보한다. 마스터 실린더에서 제동시 유압을 발생시키는 역할을 수행하는 것은?

① 1차 컵
② 2차 컵
③ 마스터실린더 고무링
④ 체크 밸브

> 풀이 피스톤 컵은 1차 컵과 2차 컵이 있으며 1차 컵의 기능은 유압발생이고, 2차 컵의 기능은 마스터 실린더내의 오일이 밖으로 누출되는 것을 방지한다.

35. 다음은 4행정 4실린더 기관에 관련된 사항이다. 기관의 해체정비(오버홀)을 결정하는 항목과 관계가 없는 것은?

정답　30. ②　31. ①　32. ③　33. ④　34. ①

① 압축압력의 저하
② 연료소비량의 증대
③ 윤활유소비량의 증대
④ 냉각수소비량의 증대

풀이 기관의 출력이 저하될 때 오버홀을 하며 냉각수 소비량의 증대는 누수의 영향이 크다.

36. 고온고압의 액상 냉매를 저온저압의 습증기 냉매 상태로 만들며 냉방 부하에 따른 증발기의 출구 온도를 감지봉(감온통)이 감지하여 증발기로 유입되는 냉매량을 조절하는 기능을 수행하는 부품은?

① 압축기
② 팽창밸브
③ 응축기
④ 건조기

풀이 고압 및 저압 냉매 사이의 경계이며 에바포레이터 코어로 유입되는 냉매의 흐름을 조절하는 역할을 팽창밸브가 한다.

37. 기관의 회전력이 15kgf-m, 회전수가 1500rpm의 축마력은?

① 약 11마력
② 약 21마력
③ 약 31마력
④ 약 41마력

풀이 PS = TR/71615 × 1500/716 = 31.4마력

38. 하이브리드 자동차의 고전압배터리는 리튬이온 폴리머 배터리를 사용한다. 각 셀의 정격전압으로 적절한 것은?

① 1.75V   ② 2.75V
③ 3.75V   ④ 4.75V

풀이 리튬이온 폴리머 배터리는 1셀당 3.7~3.8V의 전압을 나타낸다.

39. 자동변속기 장착 차량의 시동안전성 확보(P와 N 레인지)와 후진등 점등 및 운전자 선택에 따른 차량의 주행조건 변화 등을 위해 장착한 부품의 명칭은?

① 인히비터 스위치
② 토크 컨버터
③ 컨트롤 밸브
④ 유성기어장치

풀이 자동변속기 장착 차량은 P나 N레인지에서만 시동이 걸리는 데 이는 운전자의 안전을 위한 통제장치이다.

40. 유압식 제동장치는 체크밸브를 이용하여 유압회로에 약 0.6~0.8kg/㎠ 정도의 잔압을 유지한다. 다음 중 잔압유지와 관련이 없는 것은?

① 차기 제동시 신속한 제동력 발생
② 휠 실린더 오일 누출 방지
③ 브레이크 오일의 소모량 감소
④ 베이퍼 록(Vapour Lock) 방지

풀이 잔압을 두는 이유와 오일소모량 감소는 전혀 관계없다.

41. 전자제어 가솔린 자동차 운전석 계기판의 속도계 고장 시 다음 중 어느 장치의 고장을 의심하는 것이 옳은가?

① 차속센서(VSS)
② 크랭크각센서(CKPS)
③ TDC센서(CMPS)
④ 공기유량센서(AFS)

풀이 차속센서는 차의 속도를 파악하여 정지상태인지 주행 중인지를 구분하며 수동 기어 차량의 주행단수를 알 수 있으며 차의 속도를 TCU에 전달한다.

42. 가솔린 기관의 유해 배출가스를 저감시키는 삼원촉매장치의 촉매가 아닌 것은?

① 백금(Pt)   ② 팔라듐(Pd)
③ 로듐(Rh)   ④ 알루미늄(Al)

풀이 가솔린 자동차에서 배출되는 유해물질인 탄화수소, 일산화탄소, 질소산화물 등을 세라믹 담체에 백금, 팔라듐, 로듐과 같은 귀금속이 코팅된 촉매를 이용하여 산화, 환원 반응을 일으켜 3가지 성분을 동시에 저감시키는 역할을 삼원촉매장치가 한다.

43. 수소연료의 저장방법을 설명한 것 중 틀린 것은?

① 동일 연료탱크의 크기로 가솔린 기관 자동차 이상의 장거리 주행도 가능하다.
② 수소의 고밀도 저장방법에는 고압용기, 액체수소 저장탱크, 수소흡장합금 저장탱크 등 3가지가 있다.
③ 수소는 상온에서 기체이므로 에너지밀도가 낮아 고밀도화시키는 것이 중요하다.
④ 대체연료 중 에너지 효율 면에서 가장 우수한 연료이다.

풀이 경제성이나 종합적인 에너지 효율을 비교할 때 수소는 대체연료 중 가장 불리한 여건이다.

44. 저위발열량 10,500kcal/kg, 비중 0.78인 디젤 연료를 24시간 동안 240L를 소비했다면 연료 마력은 약 몇 PS인가?

① 86   ② 125
③ 130 ④ 180

풀이 연료마력 = C · W / 10.5 t
= 60 ×10500 ×187.2/632.3×1440
= 130PS

C : 발열량, W : 연료 소비량 × 비중, t : 시간

45. 다음 중 열팽창이 적고 주조성이 우수하며, 고속 주행에 적합한 자동차의 피스톤 합금으로 가장 적합한 것은?

① Y 합금
② 특수주철 합금
③ Lo-ex 합금
④ 켈밋 합금

풀이 열팽창계수가 적고, 내마멸성이 우수한 피스톤 합금은 Lo-ex 합금이다.

정답 41. ① 42. ④ 43. ④ 44. ③ 45. ③

46. 다음 중 자동변속기에 사용되는 토크 컨버터의 구성 부품과 거리가 가장 먼 것은?

① 펌프 임펠러   ② 터빈 런너
③ 스테이터   ④ 가이드 링

풀이 유체클러치 및 토크컨버터에 설치되어 펌프 임펠러에서 유출된 오일이 터빈런너를 통하여 동력을 전달할 때 유체의 와류를 방지하여 동력 전달효율이 떨어지는 것을 방지하는 역할을 하는 부품은 가이드링이다.

47. 피스톤 링의 3대 작용과 관련 없는 사항은?

① 기밀작용
② 실린더마모작용
③ 열전도작용
④ 오일제어작용

풀이 피스톤 링 3대 작용은 기밀작용, 열전도작용, 오일제어작용이 있다.

48. 다음은 실린더 헤드 교환 작업에 관한 사항이다. 옳지 않은 것은?

① 실린더 헤드 볼트는 밖에서 안쪽으로 대각선 방향으로 푼다.
② 실린더 헤드 볼트는 규정상 반드시 새 제품으로 교환하여야 한다.
③ 실린더 헤드 볼트는 토크렌치를 이용하여 2~3회 정도 나누어서 조인다.
④ 실린더 헤드 볼트는 조립시에는 규정 토크값으로 조이므로 조립순서는 작업자의 편리성을 우선으로 한다.

풀이 실린더 헤드볼트 조립시에는 규정 토크값으로 조여야 하며 기밀유지를 위하여 가운데 안쪽에서부터 바깥쪽으로 대각선방향으로 조인다.

49. 유압식 제동장치에서 유압회로를 2회로 구성하여 제동 안전성을 확보하는 것이 일반적이다. 페달 작용력에 의해 유압을 발생시키는 장치로 올바른 것은?

① 휠 실린더
② 탠덤 마스터 실린더
③ 캘리퍼
④ 진공식 배력장치

풀이 **탠덤 마스터 실린더** : 유압 실린더 내부의 두 개의 피스톤에서 발생된 유압을 앞 차축과 뒤 차축의 제동기에 각각 보내어 앞뒤 차축이 독립적인 제동 작용을 하게 해 주는 장치. 어느 한 피스톤이 유압을 발생하지 않아도 다른 쪽 차축은 제동력이 작용한다.

50. 하이브리드 자동차에 설치된 부품 중 고전압과 관련된 것이 아닌 것은?

① HEV 모터
② HSG
③ EWP(전기 워터 펌프)
④ A/C 컴프레셔

풀이 고전압과 무관하며 전기워터펌프는 하이브리드 자동차, 전기자동차 및 연료전지자동차에 적용되어 전장부품, 배터리, 연료전지스택등의 냉각장치에 사용되어 저소음과 반영구적 내구성을 적용한다.

46. ④   47. ②   48. ④   49. ②   50. ③

51. 4행정 6기통 기관의 경우 크랭크 축의 위상각으로 올바른 것은?

① 60° ② 90°
③ 120° ④ 150°

> 풀이 크랭크축의 길이를 짧게 하고 순간적으로 실린더의 행정을 이루기 위해 크랭크축이 2회전할 때 전 실린더는 같은 간격으로 폭발해야 한다. 이를 위하여 크랭크축에는 같은 선상에 2개의 실린더를 배열하고 크랭크 각도가 주어지는데, 이 각도를 위상각이라고 한다.

52. 조향장치의 기본원리와 관련된 사항으로 "선회의 중심은 뒷차축 연장선 상에 있다."로 정의되는 방식은?

① 파스칼의 원리
② 베르누이 방정식
③ 플레밍의 법칙
④ 애커먼-장토 원리

> 풀이 조향핸들을 돌렸을 때 타이로드의 작용으로 양쪽 바퀴의 너클 스핀들 중심선의 연장선과 뒤차축 중심선 연장선이 한점에서 만나게 되어 모든 바퀴는 어떠한 선회를 하더라도 중심이 일치되는 연장선이 존재한다는 원리를 애커먼-장토의 원리라 한다.

53. 전자제어 자동변속기 차량의 TCM에 입력되는 요소가 아닌 것은?

① 유온센서
② 변속제어 솔레노이드 밸브
③ 스로틀위치센서
④ 수온센서

> 풀이 TCM에 입력되는 요소가 아닌 것은 변속제어 솔레노이드 밸브이다. 변속제어를 위한 유압제어 밸브이다.

54. 4행정 6실린더 기관에서 점화순서가 1-5-3-6-2-4 일 경우 5번 실린더가 압축 중의 행정일 경우 동력행정을 하고 있는 실린더를 옳게 짝지은 것은?

① 6번과 2번 실린더
② 2번과 4번 실린더
③ 4번과 1번 실린더
④ 1번과 2번 실린더

> 풀이 점화순서는 시계반대방향, 행정순서는 시계방향으로 하면 폭발(동력)행정시 1번실린더와 4번실린더가 동력행정 순서에 놓여 있다.

55. 가솔린 기관의 실린더 헤드 평면도 점검 결과 불량값이 측정되었다. 만일, 실린더 헤드와 실린더 블록 접합면을 연마 수정할 경우 압축비의 변화는 어떻게 되는가?

① 변화 없다.
② 증가한다.
③ 감소한다.
④ 연마정도에 따라 증가, 감소한다.

> 풀이 접합면을 연마 수정할 경우 가공으로 인하여 연소실공간이 커진다. 이 때 연소실의 면적이 넓어지므로 압축비도 상승한다.

정답 51. ③ 52. ④ 53. ② 54. ③ 55. ②

56. 전자제어 가솔린기관에 설치되어 있는 냉각수온센서(WTS)의 소자와 동일한 소자를 사용하는 장치는 다음 중 어느 것인가?

① 흡기다기관 압력센서(MAP)
② 노킹센서
③ 흡기온도센서(ATS)
④ 스로틀위치센서(TPS)

풀이 온도가 올라가면 반대로 저항이 낮아진다. NTC서미스터의 원리이다.

57. 다음은 유압식 제동장치의 브레이크 오일에 관한 사항이다. 옳지 않은 것은?

① 비점이 높아 베이퍼록을 일으키지 않을 것
② 윤활 성능이 있을 것
③ 알맞은 점도를 가지고 온도에 대한 점도변화가 작을 것
④ 빙점이 낮고, 인화점이 낮을 것

풀이 빙점이 낮고, 인화점이 높아야 한다.

58. 다음은 전자제어 디젤기관(CRDI)의 배기가스 재순환장치(EGR)와 관련된 사항이다. 다음 중 EGR 중지 명령 조건과 관련 없는 것은?

① AFS 및 EGR 밸브 고장시
② 냉각수온 37℃ 이하 또는 100℃ 이상시
③ 혼합기가 희박해지는 가속 직후
④ 배터리 전압이 8.99V 이하시

풀이 혼합기가 희박해지는 가속 직후 질소산화물이 가장 많이 배출되므로 EGR밸브가 작동해야 한다.

59. 다음은 하이브리드 자동차의 정비작업 실시하기 전 고전압을 차단하는 역할을 수행하는 부품은?

① 이모빌라이저
② 안전플러그
③ 광전도소자
④ BCM

풀이 안전플러그는 고전압배터리의 전기를 차단하는 안전장치로 안전플러그를 탈거하면 고전압배터리의 연결회로가 단선되어 차량에 공급되는 고전압 전원이 차단되는 장치이다.

60. 와이퍼 제어시스템은 다기능스위치로부터 'AUTO'신호가 입력되면 와이퍼 모터 구동 제어를 앞창 유리의 상단 내면부에 설치된 (A)에서 강우량을 감지하여 운전자가 스위치를 조작하지 않고도 와이퍼 작동 시간 및 LOW 속도/ HIGH 속도로 자동으로 와이퍼를 제어하는 시스템이다. A에 적합한 말은?

① 레인센서
② 피에조센서
③ INT
④ 일사량센서

풀이 운전자가 별도로 조작하지 않더라도 빗물의 세기와 양 따위를 스스로 감지해 와이퍼의 속도나 작동 시간 등을 자동적으로 제어하는 장치를 레인센서라 한다.

56. ③ 57. ④ 58. ③ 59. ② 60. ①

자동차정비기능사 예상문제

01. 전자제어 엔진에서 흡입되는 공기량 측정 방법으로 가장 거리가 먼 것은?

① 피스톤 직경
② 흡기 다기관 부압
③ 핫 와이어 전류량
④ 칼만와류 발생 주파수

> 풀이 │ 공기량을 직접계측하는 방법과 간접계측하는 방법을 구분하는 문제이다. 피스톤 직경의 크기는 흡입되는 공기량을 측정하는데 전혀 관계없다.

02. 배출가스 중 질소산화물을 저감시키기 위해 사용하는 장치가 아닌 것은?

① 매연 필터(DPF)
② 삼원 촉매 장치(TWC)
③ 선택적 환원 촉매(SCR)
④ 배기가스 재순환 장치(EGR)

> 풀이 │ 디젤차량의 배기가스 중 미세매연입자인 PM을 포집(물질 속 미량 성분을 분리하여 모음)한 뒤 재연소시켜 제거하는 배기가스 후처리 장치이다.

03. 산소센서 내측의 고체 전해질로 사용되는 것은?

① 은
② 구리
③ 코발트
④ 지르코니아

> 풀이 │ 지르코니아 고체전해질을 이용하여 산소 농염 전지를 구성하면, 양 극의 산소 분압 차에 의한 기전력이 발생한다.

04. 윤활유의 유압 계통에서 유압이 저하되는 원인으로 틀린 것은?

① 윤활유 누설
② 윤활유 부족
③ 윤활유 공급펌프 손상
④ 윤활유 점도가 너무 높을 때

> 풀이 │ 윤활유의 점도가 너무 높을 때에는 유압이 상승하는 원인이 된다.

05. 디젤엔진 후처리장치의 재생을 위한 연료 분사는?

① 주 분사
② 점화 분사
③ 사후 분사
④ 직접 분사

> 풀이 │ 폭발행정이 지난 배기행정 때 이루어지는데 이같이 배기과정에 연료를 분사하는 것은 배출가스를 감소시키는데 목적이 있다.

06. 조향장치에서 조향휠의 유격이 커지고 소음이 발생할 수 있는 원인과 가장 거리가 먼 것은?

① 요크플러그의 풀림
② 등속조인트의 불량
③ 스티어링 기어박스 장착 볼트의 풀림
④ 타이로드 엔드 조임 부분의 마모 및 풀림

> 풀이 │ 등속조인트의 불량과 조향휠의 유격이 커지고 소음이 발생하는 원인과는 전혀 거리가 멀다.

정답   01. ①   02. ①   03. ④   04. ④   05. ③   06. ②

07. 선회 시 안쪽 차륜과 바깥쪽 차륜의 조향각 차이를 무엇이라 하는가?

① 애커먼 각
② 토우 인 각
③ 최소회전반경
④ 타이어 슬립각

> 풀이 **애커먼 쟌토의 원리**: 조향너클의 연장선이 뒤차축 중심에 만나게 되며 선회시 안쪽바퀴의 조향각이 더 크게 된다.

08. ABS와 TCS(Traction Control System)에 대한 설명으로 틀린 것은?

① TCS는 구동륜이 슬립하는 현상을 방지한다.
② ABS는 주행 중 제동 시 타이어의 록(Lock)을 방지한다.
③ ABS는 제동 시 조향 안정성 확보를 위한 시스템이다.
④ TCS는 급제동 시 제동력 제어를 통해 차량 스핀 현상을 방지한다.

> 풀이 급제동 시 제동력 제어를 통해 차량 스핀 현상을 방지하는 장치는 ABS이다.

09. 브레이크 작동 시 조향 휠이 한쪽으로 쏠리는 원인이 아닌 것은?

① 브레이크 간극 조정 불량
② 휠 허브 베어링의 헐거움
③ 한쪽 브레이크 디스크의 변형
④ 마스터 실린더의 체크밸브 작동이 불량

> 풀이 마스터실린더의 체크밸브의 작동이 불량하면 잔압이 유지되지 않으며 브레이크의 제동이 늦으며 베이퍼록 현상이 발생할 수 있다. 조향 휠이 한쪽으로 쏠리는 원인과는 전혀 관계없다.

10. 자동차가 주행 시 발생하는 저항 중 타이어 접지부의 변형에 의한 저항은?

① 구름저항
② 공기저항
③ 등판저항
④ 가속저항

> 풀이 차량이 노면 위를 주행하게 되면 차량의 타이어는 항상 노면으로부터 저항을 받게 되는데, 차량의 무게에 의해 타이어의 변형, 노면의 굴곡으로 인한 타이어의 변형 및 충격, 타이어와 연결된 각부 베어링의 마찰 등에 의해서 타이어가 굴러감에 있어 항시 저항을 받는 것을 구름저항이라 한다.

11. 자동차의 회로 부품 중에서 일반적으로 "ACC 회로"에 포함된 것은?

① 카 오디오
② 히터
③ 와이퍼 모터
④ 전조등

> 풀이 자동차 ACC모드는 차량전원공급을 준비하는 단계이며 전기는 공급하지만 아주 기본적인 장치인 라디오나 네비게이션을 조작할 수 있는 단계이다.

12. 리모콘으로 록(Lock) 버튼을 눌렀을 때 문은 잠기지만 경계상태로 진입하지 못하는 현상이 발생하는 원인과 가장 거리가 먼 것은?

① 후드 스위치 불량
② 트렁크 스위치 불량
③ 파워윈도우 스위치 불량
④ 운전석 도어 스위치 불량

풀이 파워윈도우 스위치 불량과 경계상태에 진입하지 못하는 현상과는 전혀 무관하다.

13. 하이브리드 자동차는 감속 시 전기에너지를 고전압 배터리로 회수(충전)한다. 이러한 발전기 역할을 하는 부품은?

① AC 발전기
② 스타팅 모터
③ 하이브리드 모터
④ 모터 컨트롤 유닛

풀이 회생제동시스템으로 고전압 배터리로 전기에너지를 충전하는 역할은 하이브리드 모터이다.

14. 반도체의 장점으로 틀린 것은?

① 수명이 길다.
② 매우 소형이고 가볍다.
③ 일정시간 예열이 필요하다.
④ 내부 전력 손실이 매우 적다.

풀이 반도체는 온도에 가장 민감하고 예민하다.

15. 자동차용 냉방장치에서 냉매사이클의 순서로 옳은 것은?

① 증발기 → 압축기 → 응축기 → 팽창밸브
② 증발기 → 응축기 → 팽창밸브 → 압축기
③ 응축기 → 압축기 → 팽창밸브 → 증발기
④ 응축기 → 증발기 → 압축기 → 팽창밸브

풀이 증발기-압축기-응축기-건조밸브-팽창밸브의 순서로 냉매사이클이 진행된다.

16. 전자제어 가솔린엔진에서 고속운전 중 스로틀 밸브를 급격히 닫을 때 연료 분사량을 제어하는 방법은?

① 변함 없음   ② 분사량 증가
③ 분사량 감소   ④ 분사 일시 중단

풀이 스로틀 밸브를 급격히 닫을 때 연료분사량을 일시 중단해야 한다.

17. 디젤엔진의 배출가스 특성에 대한 설명으로 틀린 것은?

① NOx 저감 대책으로 연소 온도를 높인다.
② 가솔린 기관에 비해 CO, HC배출량이 적다.
③ 입자상물질(PM)을 저감하기 위해 필터(DPF)를 사용한다.
④ NOx 배출을 줄이기 위해 배기가스 재순환 장치를 사용한다.

풀이 NOx 저감 대책으로 연소 온도를 낮추어야 한다.

정답   12. ③   13. ③   14. ③   15. ①   16. ④   17. ①

18. 엔진 크랭크축의 휨을 측정할 때 필요한 기기가 아닌 것은?

① 블록 게이지 ② 정반
③ 다이얼 게이지 ④ V블럭

풀이 크랭크축의 휨을 측정하는 것은 기기는 아니며 블록 게이지는 길이의 기준으로서 사용되는 기계이다.

19. 피스톤의 재질로서 가장 거리가 먼 것은?

① Y-합금 ② 특수 주철
③ 켈밋 합금 ④ 로엑스(Lo-Ex)합금

풀이 켈밋 합금은 베어링으로 사용되는 구리와 납의 합금이다.

20. 전자제어 가솔린 분사장치(MPI)에서 폐회로 공연비 제어를 목적으로 사용하는 센서는?

① 노크센서 ② 산소센서
③ 차압센서 ④ EGR 위치센서

풀이 산소센서는 배기가스 중의 산소의 농도와 대기 중의 산소농도를 측정하여 이론공연비를 중심으로 출력전압이 급격히 변화하는 것을 이용하는 것으로 산소센서의 출력 전압은 혼합기가 희박할 때 약 0.1V를 발생하고, 혼합기가 농후할 때 약 0.9V의 전압을 발생시킨다.

21. 자동변속기에 사용되고 있는 오일(ATF)의 기능이 아닌 것은?

① 충격을 흡수한다.
② 동력을 발생시킨다.
③ 작동 유압을 전달한다.
④ 윤활 및 냉각작용을 한다.

풀이 자동변속기오일은 동력을 전달하는 역할을 한다.

22. 자동차 정속주행(크루즈 컨트롤)장치에 적용되어 있는 스위치와 가장 거리가 먼 것은?

① 세트(set) 스위치
② 리드(read) 스위치
③ 해제(cancel) 스위치
④ 리줌(resume) 스위치

풀이 정속주행장치는 전원을 공급하는 메인스위치, 정속주행차속을 컴퓨터에 입력시키는 세트스위치, 해제된 차속을 다시 복원시켜주는 리줌스위치, 정속주행 세트 속도를 해제하는 역할을 하는 해제스위치로 구성되어 있다.

23. 자동차의 축간거리가 2.5m, 킹핀의 연장선과 캠퍼의 연장선이 지면 위에서 만나는 거리가 30cm인 자동차를 좌측으로 회전하였을 때 바깥쪽 바퀴의 조향각도가 30°라면 최소회전반경은 약 몇 m인가?

① 4.3
② 5.3
③ 6.2
④ 7.2

풀이 최소회전반경 구하는 공식
2.5/0.5 = 5m + 0.3m = 5.3m

18. ① 19. ③ 20. ② 21. ② 22. ② 23. ②

24. 사이드 슬립 점검시 왼쪽 바퀴가 안쪽으로 8mm, 오른쪽 바퀴가 바깥쪽으로 4mm 슬립 되는 것으로 측정되었다면 전체 미끄럼값 및 방향은?

① 안쪽으로 2mm 미끄러진다.
② 안쪽으로 4mm 미끄러진다.
③ 바깥쪽으로 2mm 미끄러진다.
④ 바깥쪽으로 4mm 미끄러진다.

풀이 안쪽으로 8mm, 바깥쪽으로 4mm 이므로 8-4 = 4이고 사이드 슬립량은 좌·우 동일하게 수정 하여야 하므로 안쪽으로 4mm 미끄러진다.

25. 디스크 브레이크의 특징에 대한 설명으로 틀린 것은?

① 마찰면적이 적어 패드의 압착력이 커야 한다.
② 반복적으로 사용하여도 제동력의 변화가 적다.
③ 디스크가 대기 중에 노출되어 냉각 성능이 좋다.
④ 자기 작동 작용으로 인해 페달 조작력이 작아도 제동 효과가 좋다.

풀이 디스크는 마찰면이 평면이므로 자기작동작용을 하지 못한다.

26. ABS 시스템의 구성품이 아닌 것은?

① 차고 센서
② 휠 스피드 센서
③ 하이드롤릭 유닛
④ ABS 컨트롤 유닛

풀이 전자제어현가장치에서 차고 센서는 차체의 높이를 감지하는 센서이다.

27. 점화플러그의 열가(heat range)를 좌우하는 요인으로 거리가 먼 것은?

① 엔진 냉각수의 온도
② 연소실의 형상과 체적
③ 절연체 및 전극의 열전도율
④ 화염이 접촉되는 부분의 표면적

풀이 점화플러그의 열가는 열부하 저항성에 대한 지표로서 대부분 숫자로 표시된다. 일반적으로 절연체 선단의 길이가 열가를 결정하며 중요한 요소로는 전극간극, 연소실 내에서의 설치위치, 열가 등이 있다.

28. 방향지시등의 점멸 속도가 빠르다. 그 원인에 대한 설명으로 틀린 것은?

① 플래셔 유닛이 불량이다.
② 비상등 스위치가 단선되었다.
③ 전방 우측 방향지시등이 단선되었다.
④ 후방 우측 방향지시등이 단선되었다.

풀이 비상등 스위치가 단선이 되면 방향지시등이 작동이 되지 않는다.

29. 다음에 설명하고 있는 법칙은?

> 회로에 유입되는 전류의 총합과 회로를 빠져나가는 전류의 총합이 같다.

정답 24. ② 25. ④ 26. ① 27. ① 28. ②

① 옴의 법칙
② 줄의 법칙
③ 키르히호프의 제1법칙
④ 키르히호프의 제2법칙

> **풀이** **키르히호프의 제2법칙** : 전기 · 전자 전기 회로에서, 임의의 닫힌회로를 취한 전압의 방향을 한 방향으로 할 때, 닫힌회로에 접한 각 소자의 전압의 총합은 영(0)이 된다는 법칙

30. 흡입밸브의 닫힘 시기에 관한 설명 중 틀린 것은?

① 저속 운전영역에서 흡입밸브를 늦게 닫으면 혼합가스가 역류한다.
② 저속 운전영역에서 흡입밸브를 빨리 닫으면 혼합기가 희박해진다.
③ 고속 운전영역에서 흡입밸브를 빨리 닫으면 회전력과 최고 출력이 낮아진다.
④ 고속 운전영역에서 흡입밸브를 늦게 닫으면 흡입공기의 관성을 충분히 활용할 수 있다.

> **풀이** 저속 운전영역에서 압축행정 시작과 함께 흡기밸브를 빨리 닫으면 압축하는 공기 · 연료의 혼합기 양이 많아서 엔진이 큰 힘을 낼 수 있다.

31. 가솔린엔진의 전자제어 연료분사장치에서 공회전속도 제어장치의 구동 조건이 다른 것은?

① 에어컨 컴프레서가 구동될 때
② 파워스티어링 펌프가 구동할 때
③ 자동변속기 레버가 D레인지에 위치할 때
④ 스로틀포지션 센서의 닫힘 신호가 입력될 때

> **풀이** 냉각수온, 전기장치에 걸리는 부하(열선, 전조등), 에어컨 작동여부, 자동변속기의 D레인지 절환, 파워스티어링에 최대부하가 걸렸을 때(주차 등을 위해 스티어링휠을 최대로 돌리는 경우) 이런 조건이 변화되면 ECU는 ISA를 구동시켜 공회전 속도를 엔진의 작동상태에 적합하게 제어한다.

32. 엔진에서 베어링 스프레드를 두는 이유로 틀린 것은?

① 베어링 조립 시 베어링이 캡에서 이탈됨을 방지한다.
② 작은 힘으로 눌러 끼워 베어링이 제자리에 밀착하게 한다.
③ 베어링 캡 조립 시 베어링과 하우징 사이에 간극을 유지한다.
④ 베어링 조립에서 크러시가 압축됨에 따라 안쪽으로 찌그러지는 것을 방지한다.

> **풀이** **베어링 스프레드** : 베어링을 끼우지 않았을 때 베어링 바깥쪽 지름과 베어링 하우징의 차이

33. 흡기다기관의 진공도 시험으로 알아낼 수 있는 사항이 아닌 것은?

① 연료회로의 불량
② 압축 압력 누설 유무
③ 실린더 헤드 개스킷의 불량
④ 밸브 면과 시트와의 밀착 불량

> **풀이** **흡기 다기관 내의 진공도 시험** : 지침이 움직이는 상태로 점화시기 틀림, 밸브 작동불량, 배기 장치의 막힘, 실린더 압축 압력의 누출 등 엔진의 작동상태에 이상이 있는지 판단할 수 있다.

29. ③ 30. ② 31. ④ 32. ③ 33. ① 정답

34. 디젤엔진에서 노킹에 가장 큰 영향을 미치는 구간은?

① 착화지연구간 ② 급격연소구간
③ 제어연소구간 ④ 후기연소구간

> 풀이 | 연소실에 연료가 분사되어 연소를 일으킬 때까지 걸리는 시간으로 연소준비기간에 노킹에 가장 큰 영향을 미친다.

35. 전자제어 가솔린엔진의 점화장치에서 크랭킹시 점화코일에 고전압이 유기되지 않을 경우 가장 먼저 점검해야 할 부품은?

① 노크 센서
② 캠축 포지션 센서
③ 크랭크 포지션 센서
④ 매니폴드 압력 센서

> 풀이 | 크랭킹 시 점화코일에 고전압이 유기되지 않을 경우 크랭크 포지션 센서를 제일 먼저 점검을 해야 한다. 그 이유는 크랭크축의 회전을 읽어서 연료분사와 점화시기를 ECU에 전달하는 역할이기 때문이다.

36. 블로 다운(blow down) 현상의 설명으로 옳은 것은?

① 배기행정 초기에 배기가스가 급격하게 배출되는 현상이다.
② 압축행정 시 피스톤과 실린더 사이에서 가스가 누출되는 현상이다.
③ 폭발행정 시 밸브와 밸브시트 사이에서 연소가스가 누출되는 현상이다.
④ 배기에서 흡입행정 시 상사점 부근에서 흡·배기 밸브가 동시에 열려있는 현상이다.

> 풀이 | 연소실내에 압력이 높기 때문에 밸브가 열리자 마자(피스톤이 완전히 내려가기전) 배기가스의 압력에 의해 나가는 현상을 블로다운이라 한다.

37. 전자제어 가솔린엔진의 점화시기 제어에 영향을 주는 센서가 아닌 것은?

① 수온 센서
② 차압 센서
③ 노킹 센서
④ 스로틀 포지션 센서

> 풀이 | 차압센서는 가솔린 기관에는 없고 디젤기관의 DPF 전 후에서 배관을 연결하여 압력을 채취하여 압력차를 이용해서 DPF 막힘여부를 판단하여 재생여부를 판단하기 위한 센서이다.

38. GDI엔진에서 연소실 내부의 온도를 낮추어 질소산화물(NOx) 생성을 감소시키는데 관계가 있는 것은?

① DPF   ② 리드밸브
③ EGR밸브   ④ 2차 공기 공급밸브

> 풀이 | 배기가스 재순환 장치(Exhaust Gas Recirculation)의 약자로, 엔진에서 연소된 배기가스 일부를 다시 엔진으로 재순환시켜 연소실 온도를 낮추고, 이로 인해 질소산화물 억제를 유도하는 저감 장치이다. 즉, 배기가스가 재순환하면 연소실 온도가 낮아지고 이 과정에서 질소산화물(NOx) 배출도 줄어드는 원리다.

정답 34. ①   35. ③   36. ①   37. ②   38. ③

39. 싱글 피니언 유성기어 장치를 사용하는 오버드라이브 장치에 선기어가 고정된 상태에서 링기어를 회전시키면 유성기어 캐리어는?

① 회전수는 링기어 보다 느리게 된다.
② 링기어와 함께 일체로 회전하게 된다.
③ 반대 방향으로 링기어 보다 빠르게 회전하게 된다.
④ 캐리어는 선기어와 링기어 사이에 고정된다.

> **풀이** 오버드라이브 장치에서 선기어가 고정된 상태에서 링기어를 회전시키면 (작은기어잇수) 유성기어캐리어는(큰기어잇수) 느리게 회전한다.

40. 전자제어 제동장치에서 제동안전장치가 아닌 것은?

① BAS(Brake Assist System)
② ABS(Anti lock Brake System)
③ TCS(Traction Control System)
④ EBD(Electronic Brake force Distribution)

> **풀이** TCS는 트랙션 컨트롤 시스템(Traction Control System)으로, ABS와는 반대로 출발이나 가속 시 구동 바퀴에 안정성을 제공하는 장비로 주로 빗길이나, 눈길에서의 주행안정성을 도와주는 시스템이다.

41. ABS 장치의 고장진단 시 경고등의 점등에 관한 설명 중 틀린 것은?

① 점화스위치 ON 시 점등되어야 한다.
② ABS 컴퓨터 고장발생 시에는 소등된다.
③ ABS 컴퓨터 커넥터 분리 시 점등되어야 한다.
④ 정상 시 ABS 경고등은 엔진 시동 후 일정시간 점등되었다가 소등된다.

> **풀이** ABS 컴퓨터에 고장이 발생하였을 때에는 점등되어야 한다.

42. 유압 브레이크 회로 내의 잔압을 두는 목적과 관계가 없는 것은?

① 베이퍼록 방지
② 페이드현상 방지
③ 브레이크 작동 지연 방지
④ 휠실린더 오일 누유 방지

> **풀이** 페이드 현상은 빠른 속도로 달릴 때 풋브레이크를 지나치게 사용하면 브레이크가 흡수하는 마찰에너지는 매우 크다. 이 에너지가 모두 열이 되어 브레이크라이닝과 드럼 또는 디스크의 온도가 상승한다. 이렇게 되면 마찰계수가 극히 작아져서 자동차가 미끄러지고 브레이크가 작동되지 않게 되는 현상을 말한다.

43. 주행 중 조향핸들이 한쪽으로 쏠리는 원인으로 틀린 것은?

① 조향기어 백래시 불량
② 앞바퀴 휠얼라이먼트 불량
③ 타이어 공기압력 불균일
④ 앞 차축 한쪽의 현가스프링 파손

> **풀이** 조향 및 현가장치가 마모되어 유격이 생긴 경우, 주행중 앞바퀴의 충격이 가해진 경우, 타이어 이상(손상/공기압 등)일 경우

정답 39. ① 40. ③ 41. ② 42. ② 43. ①

44. 자동변속기 차량의 토크컨버터에서 출발 시 토크증대가 되도록 스테이터를 고정시켜주는 것은?

① 오일 펌프
② 가이드 링
③ 펌프 임펠러
④ 원웨이 클러치

> 풀이 터빈과 임펠러가 같은 방향으로 돌아도 되지만 반대방향으로는 돌면 안된다. 이를 제어해주면서 스테이터를 고정시켜 주는 장치가 원웨이클러치이다.

45. 자동변속기에서 유압라인 압력을 측정하였더니 모든 위치에서 규정값보다 낮게 측정되었을때의 원인으로 적절하지 않은 것은?

① 오일량 부족
② 오일 필터 오염
③ 압력조절밸브 결함
④ 원웨이 클러치 결함

> 풀이 유압라인 압력을 측정하여 규정값보다 낮게 측정되는 이유와 원웨이 클러치는 전혀 상관이 없다.

46. 자동차 제동장치에서 디스크 브레이크의 종류가 아닌 것은?

① 캘리퍼 부동형   ② 캘리퍼 고정형
③ 디스크 부동형   ④ 디스크 고정형

> 풀이 고정 캘리퍼 형식, 부동캘리퍼 형식, 부동-캘리퍼형 디스크브레이크(가이드 티스 식) 부동-캘리퍼형 디스크브레이크(가이드 핀 식)

47. 가솔린엔진에서 점화시기 제어 시 필요하지 않은 센서 신호는?

① 엔진 회전수
② 산소센서의 전압
③ 엔진 냉각수 온도
④ 연소실에 흡입되는 공기온도

> 풀이 산소센서는 혼합비를 이론 공연비근처에서 정밀 제어하기 위해 배기가스 중의 산소 농도를 감지하여 출력전압을 ECU로 전송하는 역할을 한다.

48. VDC(Vehicle Dynamic Control)시스템에 사용되는 센서가 아닌 것은?

① 노크 센서   ② 조향각 센서
③ 휠 속도 센서   ④ 요레이트 센서

> 풀이 운전자가 별도로 제동을 가하지 않더라도, 차량 스스로 미끄럼을 감지해 각각의 바퀴 브레이크 압력과 엔진 출력을 제어하는 장치로써 차체자세제어 장치라고 한다. 노크센서는 노크를 감지하는 센서이다.

49. 배터리의 충전 상태를 표현한 것은?

① SOC(State Of Charge)
② SOH(State Of Health)
③ PRA(Power Relay Assembly)
④ BMS(Battery Management System)

> 풀이 충전상태를 State Of Charge라고 표현한다. State Of Health(건강상태), Power Relay Assembly(고전압 릴레이), Battery Management System(고전압 배터리 컨트롤 시스템)

정답 44. ④ 45. ④ 46. ④ 47. ② 48. ① 49. ①

50. 경음기가 완전 작동하지 않는다. 고장원인으로 적절하지 않은 것은?

① 혼 진동판 균열
② 배터리 터미널의 탈거
③ 혼 스위치 커넥터 탈거
④ 메인 퓨즈 또는 혼 퓨즈 불량

풀이 혼 진동판 균열시 혼이 작동은 한다.

51. 축전지를 과방전 상태로 오래두면 못쓰게 되는 이유로 가장 타당한 것은?

① 극판이 영구 황산납이 되기 때문이다.
② 극판이 산화납이 되기 때문이다.
③ 극판에 수소가 형성된다.
④ 황산이 증류수가 되기 때문이다.

풀이 과방전하면 다시 충전을 시켜주어도 회복이 불가능하게끔 극판이 영구 황산납이 되기 때문이다.

52. 점화 플러그에 대한 설명으로 틀린 것은?

① 점화플러그의 자기청정 온도는 500~600℃이다.
② 냉형 점화플러그는 저속 저부하용 엔진에 사용된다.
③ 혼합가스의 혼합비는 점화플러그 방전전압에 영향을 준다.
④ 일반적인 점화플러그의 전극은 니켈-망간 합금을 사용한다.

풀이 냉형 점화플러그는 엔진의 특성이나 혼합기의 농도(濃度), 점화 시기 등의 운전 조건에 따라 다르지만 고속 주행이나 등판 주행이 많고 고속 회전으로 사용하는 일이 많은 엔진에서는 연소실의 온도가 높은 상태가 계속되므로 플러그는 열이 빠져나오기 쉬운 냉형(冷形)을 사용한다.

53. 에어컨의 고장 현상과 원인의 연결이 적절하지 않은 것은?

① 풍량 부족 – 벨트 헐거움
② 시원하지 않음 – 냉매 부족
③ 콘덴서 팬이 회전하지 않음 – 모터 불량
④ 냉매압축기 작동하지 않음 – 압축기클러치 불량

풀이 풍량 부족의 원인은 전동 팬 작동불량이나 에어컨 블로우모터 불량, 에어컨 필터나 통풍구에 이물질이 쌓여도 바람이 충분히 나오지 않을 수 있다.

54. 전자제어 엔진에서 수온센서 단선으로 컴퓨터(ECU)에 정상적인 냉각수온값이 입력되지 않으면 어떻게 연료분사 되는가?

① 연료 분사를 중단
② 흡기 온도를 기준으로 분사
③ 엔진 오일온도를 기준으로 분사
④ ECU에 의한 페일 세이프 값을 근거로 분사

풀이 체계의 일부에 고장이나 잘못된 조작이 있어도 안전장치가 반드시 작동하여 사고를 방지하도록 되어 있는 장치를 페일 세이프라고 한다.

50. ① 51. ① 52. ② 53. ① 54. ④ 정답

55. 피스톤 슬랩현상을 방지하는 방법으로 틀린 것은?

① 피스톤 간극을 작게 한다.
② 오프셋 피스톤을 사용한다.
③ 피스톤 링의 중량을 감소시킨다.
④ 피스톤 링의 장력을 낮추어 저항을 줄인다.

> 풀이 | 피스톤 슬랩현상은 실린더와 피스톤간극이 클 때 피스톤이 실린더 벽을 때리는 현상이며 피스톤 링의 장력을 낮추면 기밀을 유지하거나 압축가스가 새지 않아야 하며 슬랩현상 방지와는 전혀 무관하다.

56. 배기가스 후처리 장치(DPF)의 필터에 포집된 PM을 연소시키기 위한 연료분사 방법으로 옳은 것은?

① 주 분사   ② 점화 분사
③ 사후 분사   ④ 파일럿 분사

> 풀이 | 사후분사는 연소가 끝난 후, 배기 행정에서 인젝터를 작동시켜 소량의 연료를 강제로 촉매 변환기에 공급하여 미세 매연 입자를 원활하게 연소시키기 위한 과정이다.

57. 가솔린엔진에서 인젝터의 연료 분사량 제어와 직접적으로 관계있는 것은?

① 인젝터의 니들 밸브 지름
② 인젝터의 니들 밸브 유효 행정
③ 인젝터의 솔레노이드 코일 통전 시간
④ 인젝터의 솔레노이드 코일 차단 전류 크기

> 풀이 | 인젝터의 연료 분사량은 인젝터의 솔레노이드 코일 통전 시간과 관계한다.

58. 단행정 엔진의 특징에 대한 설명으로 틀린 것은?

① 직렬형 엔진인 경우 엔진의 길이가 짧아진다.
② 직렬형 엔진인 경우 엔진의 높이를 낮게 할 수 있다.
③ 피스톤의 평균속도를 올리지 않고 회전속도를 높일 수 있다.
④ 흡·배기 밸브의 지름을 크게 할 수 있어 흡입효율을 높일 수 있다.

> 풀이 | 오버스퀘어 엔진이라고 하며 행정이 짧고 내경이 크기 때문에 엔진의 높이가 낮아진다.

59. 캐니스터에서 포집한 연료 증발가스를 흡기다기관으로 보내주는 장치는?

① PCV   ② EGR밸브
③ PCSV   ④ 서모밸브

> 풀이 | PCSV는 엔진 고온으로 인해 증발된 연료들을 캐니스터에 모아 두었다가 엔진으로 보내서 연소시키는 장치이며 PCSV가 열리려면 엔진 진공이 형성되어야 하고 ECU로부터 전기 신호가 공급되면 개방된다.

60. GDI 엔진에 대한 설명으로 틀린 것은?

① 흡입 과정에서 공기의 온도를 높인다.
② 엔진 운전 조건에 따라 레일압력이 변동된다.
③ 고부하 운전영역에서 흡입공기 밀도가 높아진다.
④ 분사시간은 흡입공기량의 정보에 의해 보정된다.

> 풀이 | 공기를 미리 충전한 상태에서 실린더 안에 가솔린을 직접 분사하는 엔진이며 흡입과정에서 공기 온도를 높이는 것은 틀린 내용이다.

정답 55. ④ 56. ③ 57. ③ 58. ① 59. ③ 60. ①

제3회 자동차정비기능사 예상문제

01. 다음 중 디젤 기관의 노킹 방지책으로 맞는 것은?

① 실린더벽의 온도를 낮춘다.
② 착화지연 기간을 길게 한다.
③ 압축비를 낮춘다.
④ 흡기온도를 낮춘다.

> **풀이** 디젤노크의 방지책
> • 착화성이 좋은 (세탄가가 높은) 경유를 사용한다.
> • 압축비, 압축압력 및 압축온도를 높인다.
> • 기관의 온도와 회전속도를 낮춘다.
> • 분사 개시 때 분사량을 감소시켜 착화 지연을 짧게 한다.
> • 분사시기를 알맞게 조정한다.
> • 흡입 공기에 와류가 일어나도록 한다.

02. 장행정 기관에 대한 설명으로 틀린 것은?

① 폭발력과 배기량이 크다.
② 회전력이 크고, 피스톤 측압이 작다.
③ 엔진회전속도가 느리고 회전력이 크다.
④ 흡입밸브의 직경을 크게 해야 한다.

> **풀이** 장행정 기관의 특징 : 측압을 감소시킬 수 있으며, 흡입공기량이 많고 폭발력이 큰 장점이 있으나 회전속도가 비교적 낮으며, 기관의 높이가 높아지는 단점이 있다.

03. 다음 중 LPI 기관의 연료압력조절 유닛의 구성으로 옳게 짝지어진 것은?

㉠ 압력센서	㉡ 유압센서
㉢ 온도센서	㉣ 차속센서

① ㉠, ㉡   ② ㉠, ㉢
③ ㉡, ㉢   ④ ㉢, ㉣

> **풀이** 연료압력 조절기는 봄베에서 송출된 높은 압력의 LPG를 다이어프램과 스프링의 균형을 이용하여 LPG 공급라인 내의 압력을 항상 5bar로 유지시키는 기능을 한다.
> • **연료압력 조절기** : LPG 공급압력을 조절하며, 펌프 압력보다 항상 5bar 이상이 되도록 한다.
> • **가스온도 센서** : 온도에 따른 LPG 공급량보정 신호로 사용되며, LPG 성분 비율을 보정할 수 있는 신호로도 사용된다.

04. 다음 중 가솔린 배출가스의 특성으로 옳게 짝지어진 것은?

| ㉠ 가속시: CO 증가, HC 증가, NOx 증가 |
| ㉡ 감속시: CO 증가, HC 증가, NOx 감소 |
| ㉢ 가속시: CO 감소, HC 증가, NOx 증가 |
| ㉣ 감속시: CO 증가, HC 감소, NOx 증가 |

① ㉠, ㉡   ② ㉠, ㉣
③ ㉡, ㉢   ④ ㉢, ㉣

> **풀이** **가속시(농후한 혼합비로 운전 시)** : CO 증가, HC 증가, NOx 증가
> **감속시(농후한 상태에서 연소온도가 낮아질 때)** : CO 증가, HC 증가, NOx 감소

정답 01. ④ 02. ④ 03. ② 04. ①

05. 자동차의 냉각장치에서 라디에이터의 구비 조건이 아닌 것은?

① 공기의 흐름저항이 작을 것
② 단위면적당 방열량이 작을 것
③ 가볍고 작으며 강도가 클 것
④ 냉각수의 흐름저항이 작을 것

> 풀이 라디에이터의 구비조건 : 단위면적당 방열량이 클 것, 가볍고 작으며 강도가 클 것, 냉각수 및 공기 흐름저항이 적어야 한다.

06. 다음 중 엔진오일이 회색일 때의 원인으로 알맞은 것은?

① 엔진오일의 오염
② 냉각수 유입
③ 연소생성물의 유입
④ 가솔린의 유입

> 풀이 엔진오일 검정색 : 심한오염
> 우유색 : 냉각수가 혼합한 경우
> 회색 : 연소생성물의 유입된 경우

07. 다음 중 2행정 기관의 단점으로 맞는 것은?

① 평균유효압력이 높다.
② 피스톤과 링의 소손이 빠르다.
③ 유효행정이 짧고, 흡배기가 동시에 열려서 흡입효율이 저하된다.
④ 폭발횟수가 4행정기관이 2배이며, 열부하가 커서 냉각효율이 저하된다.

> 풀이 2행정기관의 단점 : 배기 행정이 불안정하며, 유효행정이 짧고, 동일 배기량일 경우 4행정 기관에 비해 연료소비율이 크다.
> 저속일 경우, 기관의 회전상태 유지가 어렵고, 평균유효압력을 높이기 어렵다. 피스톤과 피스톤링의 소모가 크다. 대기 오염물질 배출량이 많으며 4행정보다 실린더의 피로가 많으며 열부하가 커서 냉각효율이 저하된다.

08. 다음 중 LPG 기관의 장점이 아닌 것은?

① 옥탄가가 높아 노킹 현상이 일어나지 않으며, 연소실에 카본 부착이 없다.
② 배기가스 중의 CO의 배출량이 가솔린보다 적다.
③ 체적효율이 떨어져 최고 출력이 가솔린에 비해 떨어진다.
④ 실린더의 마모가 적고, 오일 교환 기간이 연장된다.

> 풀이 LPG의 단점
> • 연료탱크를 고압 용기로 사용하므로 자동차 무게가 증가한다.
> • 증발 잠열로 인해 겨울철 시동이 곤란하게 된다.
> • LPG의 취급과 공급이 어렵다.
> • 베이퍼라이저 내에 타르나 고무 같은 물질을 자주 배출시켜야 한다.
> • 기체 상태로 실린더 내에 들어가므로 체적효율이 저하하여 출력이 가솔린에 비해 저하된다.

09. 다음 중 질소산화물(NOx)이 상승하는 원인은?

① 공연비가 농후한 경우
② 냉각수 온도가 낮은 경우
③ 점화시기가 빠른 경우
④ 압축비가 낮은 경우

정답 05. ② 06. ③ 07. ④ 08. ③ 09. ③

풀이 **질소산화물의 상승 원인**: 연소온도가 2,000℃ 이상인 연소에서는 급증하며 이론혼합비 부근에서 최대값을 나타내며, 이론 혼합비보다 농후해지거나 희박해지면 발생률이 낮아지며, 점화시기가 빠른 경우 상승한다.

10. 다음 ( )에 알맞는 표현은?

> 배기가스 재순환장치는 ( )의 발생량을 감소시킨다.

① 이산화탄소　② 탄화수소
③ 일산화탄소　④ 질소산화물

풀이 **EGR 밸브**: 배기가스 재순환 장치(Exhaust Gas Recirculation)의 약자로, 엔진에서 연소된 배기가스 일부를 다시 엔진으로 재순환시켜 연소실 온도를 낮추고, 이로 인해 질소산화물 억제를 유도하는 저감 장치이다. 즉, 배기가스가 재순환하면 연소실 온도가 낮아지고 이 과정에서 질소산화물(NOx) 배출도 줄어드는 원리이다.

11. 자동차 기관용 윤활유의 조건으로 옳은 것은?

① 카본 발생이 적고 청정력이 높을 것
② 인화점 및 발화점이 낮을 것
③ 점도 지수가 낮을 것
④ 비중 및 응고점이 높을 것

풀이 **윤활유의 구비조건**
- 점도지수가 적당할 것
- 점도지수가 커 온도와 점도와의 관계가 적당할 것
- 인화점 및 자연 발화점이 높고, 응고점이 낮을 것
- 강인한 오일 막을 형성할 것
- 기포 발생 및 카본 생성에 대한 저항력이 클 것
- 비중이 적당할 것
- 열과 산에 대하여 안정성이 있을 것

12. 유압이 높아지는 원인으로 옳은 것은?

① 오일펌프의 마멸이 증대
② 오일의 점도가 높거나 회로가 막힘
③ 오일 통로에 공기가 유입
④ 오일 팬 내의 오일 부족

풀이 **윤활장치의 유압이 높아지는 원인**
- 유압 조절밸브(릴리프밸브)의 스프링 장력이 클 경우
- 윤활 계통의 일부가 막힌 경우
- 저온으로 인한 오일의 점도가 높은 경우
- 크랭크축의 오일간극이 작은 경우

13. 라디에이터 신품 주수량이 10리터라면 사용 후 8리터가 되었을 때 라디에이터 코어의 막힘률은?

① 30%　② 25%
③ 20%　④ 15%

풀이 코어의 막힘률
= 신품용량 − 구품용량/신품용량 × (100)
= 10 − 8/10 × (100) = 20%

14. 부동액의 구비조건이 아닌 것은?

① 물보다 비등점이 높고, 응고점이 높아야 함
② 내부식성이 크고 팽창계수가 낮아야 함
③ 휘발성이 없고 침전물이 없어야 함
④ 물과 잘 섞여야 함

풀이 **부동액의 구비조건**
- 물보다 비등점이 높아야 하며, 빙점(응고점)은 낮을 것
- 물과 혼합이 잘 될 것

정답　10. ④　11. ①　12. ②　13. ③　14. ①

- 휘발성이 없고, 순환이 잘 될 것
- 내부식성이 크고, 팽창계수가 적을 것
- 침전물이 없을 것

15. 자동차 유해가스 저감 부품이 아닌 것은?

① 차콜 캐니스터
② 인젝터
③ EGR장치
④ 삼원 촉매장치

> **풀이** 인젝터 : 연료 분사 노즐로서, 연료분사는 연료를 뿜어 줄 뿐 아니라, 연료가 공기와 잘 섞이도록 안개 모양의 구조로 설계되어 있다.

16. 가솔린 기관의 노크 방지법이 아닌 것은?

① 화염전파 거리를 길게 한다.
② 연료 착화 지연
③ 미연소 가스의 온도와 압력을 저하
④ 압축행정 중 와류발생

> **풀이** 가솔린기관의 노크방지 방법
> - 높은 옥탄가의 가솔린(내폭성이 큰 가솔린)을 사용한다.
> - 점화시기를 늦추어 준다.
> - 혼합비를 농후하게 한다.
> - 압축비, 혼합가스 및 냉각수 온도를 낮춘다.
> - 화염전파속도를 빠르게 한다.
> - 혼합가스에 와류를 증대시킨다.
> - 연소실에 카본이 퇴적된 경우에는 카본을 제거한다.

17. 다음 보기 중 VVT(Variable Valve Timing)의 제어방법으로 바르게 설명한 것끼리 묶은 것은?

> ㉠ 공회전시 밸브오버랩이 커야 흡입효율이 향상되며 배기가스 충돌이 없다.
> ㉡ 중부하 운전영역에서 밸브오버랩을 크게 하여 연소실 내의 배기가스 재순환양을 높여 질소산화물의 발생을 억제하고, 탄화수소의 배출도 감소시킬 수 있다.
> ㉢ 경부하, 중저속영역에서는 밸브오버랩이 커야 연소안정성을 향상시킬수 있다.
> ㉣ 고부하, 중저속영역에서는 밸브오버랩이 커야 체적효율성이 향상된다.

① ㉠,㉡   ② ㉡,㉢
③ ㉠,㉢   ④ ㉡,㉣

> **풀이** 엔진의 회전속도가 높은 곳과 낮은 곳에서는 최적의 밸브타이밍이 다르기 때문에 흡기밸브는 회전속도가 낮은 곳에서는 느리게, 고속회전에서는 빠르게 열리도록 하는 장치가 가변 밸브 타이밍 시스템이다.

18. 다음 중 경유 연료의 구비조건이 아닌 것은?

① 착화점이 낮을 것
② 점도가 적당하고 점도 지수가 높을 것
③ 발열량이 높을 것
④ 이산화황 함유량이 높을 것

> **풀이** 경유 속에 들어있는 황이 연소하여 만들어지며, 아황산가스라고도 한다. 빗물에 녹으면 아황산이 되므로 산성비에 일조한다. 경유의 이산화황 탈황처리 기준을 강화하여 저유황 또는 초저유황 경유를 유통하도록 제도화되어 있다.

정답 15. ② 16. ① 17. ④ 18. ④

19. 다음 중 점화순서 결정 시 고려되어야할 사항으로 맞는 것은?

① 폭발은 다른 간격으로 일어나야 한다.
② 크랭크축 비틀림과 진동 발생량은 향상되어야 한다.
③ 인접한 실린더에 연이어서 폭발이 발생하지 않도록 한다.
④ 혼합가스가 각 실린더에 동일하게 분배되어야 한다.

> **풀이** 점화순서 결정 시 고려되어야 할 사항
> • 폭발행정이 같은 간격으로 발생하도록 한다.
> • 크랭크축에 비틀림 진동이 발생하지 않도록 한다.
> • 인접한 실린더에 연이어서 폭발이 발생하지 않도록 한다.
> • 혼합가스가 각 실린더에 동일하게 분배하게 한다.

20. 다음 중 삼원촉매장치의 기능에 대한 설명으로 바르지 않는 것은?

① CO, HC는 CO_2로 산화시킨다.
② 공연비에 가까워 질수록 촉매의 성능이 향상된다.
③ NOx는 이산화질소(NO_2)로 환원된다.
④ 벌집모양의 세라믹 촉매는 백금과 로듐으로 구성되어 있다.

> **풀이** 삼원촉매장치 연소 후에 발생되는 배기가스의 유해물질을 산화 또는 환원반응을 통해 유해물질을 무해물질로 변환하는 장치를 말한다. 일산화탄소(CO)와 탄화수소(HC)는 산화반응을 해 이산화탄소(CO_2)와 수증기(H_2O)로 변환된다. 그리고 질소산화물(NOx)은 환원반응을 해 질소(N_2)와 산소(O_2)가 된다.

21. 자동차 제원에 대한 설명으로 틀린 것은?

① 앞 오버행은 앞차축 중심으로부터 범퍼 등 부품물을 결합한 수평거리를 말한다.
② 축거는 휠 베이스를 뜻하며, 앞차축과 뒤차축의 중심과의 수평거리를 말한다.
③ 공차중량은 빈차 상태의 무게로 사람과 짐이 실려 있지 않으며, 규정량의 연료, 냉각수, 윤활유, 예비타이어 등 주행과 관련된 물품을 갖춘 중량을 말한다.
④ 최소회전반경은 최대조향각 상태에서 저속으로 회전 시 바깥 바퀴의 접지면의 외각이 그리는 거리를 말한다.

> **풀이** 최소회전반경은 가장 바깥바퀴의 노면과 접촉면의 중심이 그리는 원의 반지름을 말한다.

22. 4행정 기관과 2행정 기관의 특징을 올바르게 설명한 것은?

① 2행정 기관은 윤활유 혼입이 쉬워 윤활유 소모량이 증가
② 4행정 기관은 크랭크축 1회전시 1회 폭발
③ 2행정 기관은 밸브기구가 있어 구조가 복잡하고 마력당 중량이 높음
④ 4행정 기관은 배기행정 중 연료가 같이 배출됨에 따라 연료소모량이 높다.

> **풀이** 4행정 기관은 크랭크축 2회전시 1회 폭발하며, 2행정기구는 밸브기구가 필요없다. 2행정 기관은 윤활유 혼입이 쉬워 윤활유 소모량이 증가한다.

19. ④ 20. ③ 21. ④ 22. ① 정답

23. 디젤기관의 연소과정은 착화지연기간, 화염전파기간, 직접연소기간, 후기연소기간으로 나뉘는데 노킹과 관련이 있는 구간은?

① 직접연소기간, 후기연소기간
② 착화지연기간, 화염전파기간
③ 화염전파기간, 직접연소기간
④ 후기연소기간, 착화지연기간

> **풀이** **착화지연기간**: 이 기간은 경유가 연소실 내에 분사된 후 착화될 때 까지의 기간이며, 이 착화기간이 길어지면 디젤기관에서 노크가 발생한다.
> **화염전파기간**: 이 기간은 경유가 착화되어 폭발적으로 연소를 일으키는 기간이며 정적 연소과정이다. 실린더 내에서의 공기의 와류, 연료의 성질, 혼합상태 등에 의하여 지배된다.

24. LPI 연료장치의 설명으로 옳지 않는 것은?

① 여름철에는 부탄을 30% 정도 함량한다.
② 안전을 위해 탱크용량의 85%가 넘지 않게 충전한다.
③ LPG가 과도하게 흐르면 밸브가 닫혀 유출을 방지하는 과류방지밸브가 설치되어 있다.
④ 기화잠열에 의한 수분의 빙결 현상을 방지하는 아이싱 팁이 설치되어 있다.

> **풀이** LPG는 겨울철에는 기관의 시동성능을 향상시키기 위해 프로판 30%와 부탄 70%의 혼합가스를 사용하며 여름철에는 출력을 향상시키기 위하여 부탄 100%인 가스를 사용한다.

25. 어느 4행정 사이클 기관의 밸브 개폐시기가 다음과 같다. 밸브오버랩은 얼마인가?

> 흡기 밸브 열림: 상사점 전 10°
> 흡기 밸브 닫힘: 하사점 후 55°
> 배기 밸브 열림: 하사점 전 45°
> 배기 밸브 닫힘: 상사점 후 20°

① 30° ② 55°
③ 65° ④ 100°

> **풀이** **밸브오버랩**: 흡·배기 작용을 완전하게 하기 위해서는 상사점을 기준으로 흡기 밸브는 조금 빠르게 열리고 배기밸브는 조금 늦게까지 열린 채로 있어야 한다. 흡기밸브 열림 상사점 전 10° + 배기 밸브 닫힘 상사점 후 20° = 30°

26. 다음 축전지에서 시동전동기에 전류가 흐를 때 시동전동기의 큰 전류를 단속하고 구동 피니언이 링기어에 물리는 역할을 하는 부품은?

① 전기자
② 전자스위치
③ 정류자
④ 브러시와 브러시 홀더

> **풀이** **전자스위치**: 솔레노이드 스위치라고도 하며 플런저, 플런저를 끌어당기는 풀인 코일, 당겨진 플런저를 계속 유지시켜주는 홀딩 코일, 리턴 스프링 등으로 구성주요역할은 점화 스위치의 신호에 따라 피니언 기어를 플라이 휠의 링기어에 연결해주고 동시에 모터를 작동시키는 역할을 한다.

정답 23. ② 24. ① 25. ① 26. ②

27. 단위 시간당 공급 에너지 또는 다른 에너지로 전환되는 전기에너지를 뜻하는 용어는?

① 전류
② 전압
③ 전력
④ 전력량

> **풀이** 전력 : 전기가 단위시간 동안에 한 일의 양이며 전등, 전동기 등에 전압을 가하여 전류를 흐르게 하면 기계적 에너지를 발생시켜 여러 가지 일을 할 수 있도록 하는 것을 말한다.

28. 전기자동차 배터리에 대한 설명으로 틀린 것은?

① 리튬이온전지는 분리막 사이로 리튬금속 산화물로 이뤄진 양극이 있다.
② 리튬이온전지는 보통 흑연 등이 주로 쓰이는 탄소계 화합물로 이뤄진 음극이 있다.
③ 리튬인산철은 리튬이온 배터리의 한 종류로, 리튬폴리머 전지보다 에너지 밀도가 낮다.
④ 전해액은 양극과 음극 사이에서 리튬이온이 이동할 수 있도록 하는 역할을 하며, 이온들만 전극으로 이동시킨 후 이때 냉각작용을 수행하여 온도를 낮추는 역할을 한다.

> **풀이** 전해액 : 배터리 내부의 양극과 음극 사이에서 리튬 이온이 원활하게 이동하도록 돕는 매개체이며 리튬 이온이 이동 수단으로 활용한다. 전해액은 리튬 이온의 원활한 이동을 위해 이온 전도도가 높은 물질이어야 하며, 안전을 위해 전기화학적 안정성, 발화점이 높아야 하며 또한 전자의 경우 출입을 막아 외부 도선으로만 이동하도록 만들어야 한다.

29. 다음 중 설페이션(유화) 현상의 원인이 아닌 것은?

① 장시간 방전 상태로 방치
② 잦은 급속충전
③ 전해액 부족으로 극판이 공기 중에 노출된 경우
④ 전해액 속에 황산이 과도하게 함유되었을 경우

> **풀이** 설페이션 현상의 발생원인
> • 방전상태로 장시간 방치
> • 방전전류가 대단히 큰 경우
> • 불충분한 충전을 반복하는 경우

30. 수소연료전지자동차에서 산소와 수소의 화학적 반응을 이끌어내 전기에너지로 변환시키는 역할을 하는 수소이온화 부품은?

① 분리막
② 단자판
③ 막전극접합체
④ 연료극

> **풀이** 막전극 접합체 : 수소연료전지에서 산소와 수소의 화학적 반응을 이끌어내 전기에너지로 변환시키는 역할을 하는 필름형태의 접합체. 전극막접합체라고도 하며 연료전지에 공급된 수소와 산소는 각각 음극과 양극에서 전자를 내어놓으며 이온이 되고 내어진 전자는 외부로 빠져나가 전류가 되는 반응이 일어나는 곳을 말한다.

27. ③ 28. ④ 29. ② 30. ③   정답

31. 다음 중 축전지 격리판의 구비조건으로 틀린 것은?

① 전도성일 것
② 다공성일 것
③ 전해액의 확산이 잘 될 것
④ 전해액에 부식되지 않을 것

> 풀이 **축전지 격리판의 구비조건** : 비전도성일 것, 구멍이 많아서 전해액의 확산이 잘 될 것, 기계적 강도가 있고, 전해액에 부식되지 않을 것, 극판에 좋지 못한 물질을 내 뿜지 않을 것

32. 다음 중 DLI(Distributor Less Ignition) 전자배전 점화방식의 특징으로 옳지 않은 것은?

① 배전기에 의한 누전이 없다.
② 배전기와 로터에 의한 고전압 에너지 손실이 없다.
③ 배전기식은 로터와 전극 사이로부터 진각 폭의 제한을 받으나 DLI는 점화 진각폭의 제한을 받지 않는다.
④ 높은 전압의 출력을 감소시키면 방전 유효 에너지가 감소 된다.

> 풀이 **DLI(Distributor Less Ignition) 전자배전 점화방식의 특징** : 배전기로 고전압을 배전하지 않기 때문에 누전이 발생하지 않는다. 배전기 내의 에어갭이 없어 로터와 고압 단자 사이의 전압 에너지 손실이 적다. 배전기 캡 내부로부터 발생하는 전파 잡음이 없다. 진각 폭에 제한을 받지 않는다.

33. 다음 중 반도체 소자의 설명이 바른 것은?

① 발광다이오드는 감광소자이다.
② 사이니스터는 2개의 트랜지스터를 하나로 합쳐서 전류를 증폭한다.
③ 부특성 서미스터는 온도가 높아지면 저항이 떨어진다.
④ 트랜지스터는 PNPN 또는 NPNP 결합으로 스위칭형이며 (+)에노드, (-)캐소드로 제어단자와 게이트로 구성된다.

> 풀이 **감광소자** : 빛 에너지를 송신 수단이나 수신 수단으로 사용할 때에 빛에너지를 전기에너지로 변환하는 소자(포토 다이오드)
> **서미스터** : 회로의 전류가 일정 이상으로 오르는 것을 방지하거나, 회로의 온도를 감지하는 센서로 부특성 서미스터는 온도가 높아지면 저항이 떨어진다.

34. 다음 중 납산 축전지의 구성에 대한 설명으로 틀린 것은?

① 양극판은 과산화납(PbO_2)로 구성되어 있다.
② 음극판은 해면상납(pb)로 구성되어 있다.
③ 격리판은 플라스틱으로 구성되어 있다.
④ 전해액은 순수한 황산으로 구성되어 있다.

> 풀이 전해액은 황산과 증류수가 혼합된 묽은 황산으로 구성되어 있다.

35. 납산축전지의 구조에 대한 설명으로 틀린 것은?

① 극판의 수가 많아지면 용량이 커진다.
② 격리판은 양극과 음극 사이에 위치해야 하며 전해액이 통하지 않아야 한다.
③ 단자의 기둥은 음극보다 양극이 커야 한다.
④ 전해액으로는 묽은 황산을 사용한다.

> 풀이 격리판은 구멍이 많아서 전해액의 확산이 잘 되어야 한다.

36. 다음 중 하이브리드 자동차 고전압 부품 작업 시 유의사항으로 틀린 것은?

① SOC 15% 이하로 방전시킨다.
② 고전압 안전플러그 탈착 후 작업한다.
③ 절연복, 장갑, 보안경 등 장비를 착용 후 작업에 임한다.
④ 분해한 부품은 절연매트 위에 배치한다.

> 풀이 하이브리드 자동차 배터리는 SOC(State of Charge – 충전상태)가 20%일 때 80% 정도 충전하는 것이 최적의 상태이다.

37. 다음 중 전기자동차의 구성부품이 아닌 것은?

① 차동기어   ② 다단변속기
③ 인버터 및 컨버터   ④ 회생제동장치

> 풀이 전기 자동차에는 가솔린 자동차처럼 기존의 다단변속기가 없으며 거의 모든 자동차가 단일 속도를 갖는다. 감속기의 역할은 모터의 회전수를 줄여서 토크를 높여주는 것이며 전기 모터가 빠른 속도로 돌아가는데 힘이 없을 때, 회전속도를 줄이고 힘을 세게 해야 한다.

38. 다음 중 공기브레이크의 특징으로 틀린 설명은?

① 차량의 중량에 제한을 받는다.
② 베이퍼 록이 발생하지 않는다.
③ 페달을 밟는 양에 따라 제동력을 제어한다.
④ 공기 압축기 구동에 따른 엔진출력이 감소된다.

> 풀이 **공기브레이크의 장점**
> • 차량 중량에 제한을 받지 않는다.
> • 공기가 다소 누출되어도 제동 성능이 현저하게 저하되지 않는다.
> • 베이퍼 록 발생 염려가 없다.
> • 페달 밟는 양에 따라 제동력이 조절된다.

39. 차량의 정면에서 볼 때 앞바퀴와 수직선에 대해 0.5~2° 각을 형성하며 핸들의 조작을 가볍게 하고 차량의 무게에 의해 앞차축 휨을 방지하는 역할을 하는 휠 얼라인먼트는?

① 캠버
② 캐스터
③ 토우인
④ 킹핀 경사각

> 풀이 자동차를 정면에서 보았을 때, 수직선에 대하여 차륜의 중심선이 경사되어 있는 상태를 캠버라 한다. 각도로 표시하며, 정(+)의 캠버, 제로(zero) 캠버 및 부(−)의 캠버로 나눈다.

35. ② 36. ① 37. ② 38. ① 39. ① 정답

40. 다음 중 독립차축 현가방식의 특징이 아닌 것은?

① 바퀴가 시미를 잘 일으키지 않고 로드 홀딩이 좋다.
② 스프링 아래 질량이 커서 승차감이 떨어진다.
③ 스프링 정수가 작은 스프링을 사용할 수 있다.
④ 볼이음이 많아 마멸에 의한 휠 얼라인먼트가 틀어진다.

풀이 독립현가방식의 특징은 스프링 밑 질량이 작아 승차감각이 좋다.

41. ESP는 운전자가 별도로 제동을 가하지 않더라도 차량 스스로 미끄럼을 감지해 각각의 바퀴 브레이크 압력과 엔진출력을 제어하는 장치로, 이때 VDC 제어의 방법으로 옳게 설명한 것은?

① 스프링 아래질량 롤링을 방지하고, 선회안정성을 향상시킨다.
② 스프링 위 질량 요레이트를 방지하여, 주행안정성을 향상시킨다.
③ 스프링 위 질량 피칭을 방지하고, 승차감을 향상시킨다.
④ 스프링 아래 질량 바운싱을 방지하여, 주행안정성을 향상시킨다.

풀이 차체자세제어장치 : ESP(Electronic Stability Programme), ESC(Electronic Stability Control) VDC(Vehicle Dynamic Control) 주행중 운전자가 별도로 제동을 가하지 않더라도 차량 스스로 미끄럼을 감지해 각각의 바퀴 브레이크 압력과 엔진 출력을 제어하는 장치를 말하며 차량을 미끄러짐으로부터 안전하게 보호하는 차량 안전시스템을 말한다.

42. 다음 중 차동장치에서 우측바퀴가 1/2 감속될 때, 후륜 차동장치에서 좌측바퀴의 회전수의 비율로 맞는 것은?

① 좌측바퀴의 회전수가 직진때 보다 1/2 커져야 한다.
② 좌측바퀴의 회전수가 직진때 보다 1/2 작아져야 한다.
③ 좌측바퀴의 회전수가 직진때 보다 3/2 커져야 한다.
④ 좌측바퀴의 회전수가 직진때 보다 3/2 작아져야 한다.

풀이 차동장치의 작용은 좌우 구동바퀴의 회전 저항차이에 의해 발생하고, 바퀴를 통과하는 노면의 길이에 따라 회전하므로 우측바퀴가 1/2 감속되면 좌측 바퀴는 직진할 때 보다 3/2 커져야 한다.

43. 다음 중 삼원촉매장치의 기능에 대한 설명으로 바르지 않는 것은?

① CO, HC는 CO_2로 산화시킨다.
② 공연비에 가까워 질수록 촉매의 성능이 향상된다.
③ NOx는 이산화질소(NO_2)로 환원된다.
④ 벌집모양의 세라믹 촉매는 백금과 로듐으로 구성되어 있다.

풀이 삼원촉매장치 연소 후에 발생되는 배기가스의 유해물질을 산화 또는 환원반응을 통해 유해물질을

무해물질로 변환하는 장치를 말한다. 일산화탄소(CO)와 탄화수소(HC)는 산화반응을 해 이산화탄소(CO_2)와 수증기(H_2O)로 변환된다. 그리고 질소산화물(NOx)은 환원반응을 해 질소(N_2)와 산소(O_2)가 된다.

44. 유압브레이크 마스터실린더에 작용하는 힘이 100N, 배력장치가 3개, 마스터실린더의 면적이 휠실린더의 면적보다 2배 클 때 이때 발생하는 힘은 얼마인가?

① 150N ② 200N
③ 300N ④ 600N

풀이 100N × 3 = 300N
휠실린더의 면적이 2배 큼 ∴ 300N × 2 = 600N

45. 카트에 짐을 싣고 직진할 때 필요한 요소로 맞는 것은?

① 캠버 ② 캐스터
③ 토인 ④ 킹핀경사각

풀이 자동차의 앞바퀴를 옆에서 보았을 때 조향 너클과 앞차축을 고정하는 조향축이 수직선과 어떤 각도를 두고 설치되는데 이를 캐스터라고 한다.
• 주행 중 조향바퀴에 방향성을 부여한다.
• 조향하였을 때 직진방향으로 복원력을 준다.

46. 4WS 차량이 좁은 주차장에 주차할 때 보다 안정적으로 회전이 가능한 조향 바퀴의 방향으로 바르게 설명한 것은?

① 앞 바퀴 안쪽, 뒷바퀴 안쪽
② 앞 바퀴 안쪽, 뒷바퀴 바깥쪽
③ 앞 바퀴 바깥쪽, 뒷바퀴 바깥쪽
④ 앞 바퀴 고정, 뒷바퀴 고정

풀이 **4WS의 타이어 조향의 종류** : 동위상과 역위상
• **동위상** : 동위상은 자동차의 조종안정성을 개선할 목적으로 개발된 것으로 스티어링 휠을 돌렸을 때 앞 타이어와 뒤 타이어를 같은 방향으로 동시에 조향하는 방식
• **역위상** : 저속으로 코너링 할 때 뒤 타이어를 앞 타이어의 반대방향으로 조향하여 회전반경이 작은 선회가 되도록 좁은 주차장에 주차할 때 안정적으로 효과적으로 적용가능한 방식

47. 전자제어식 동력조향장치(EPS)의 관련된 설명으로 맞는 것은?

① 저속주행에서는 조향력을 최대화하여, 조향안정성을 향상시킨다.
② 일반도로에서는 조향력을 최소화하여, 조향안정성을 향상시킨다.
③ 저속주행에서는 조향력을 무겁게, 고속주행에서는 가볍게 되도록 한다.
④ 고속주행에서는 조향력을 최대화하여, 조향안정성을 향상시킨다.

풀이 **전자제어식 동력조향장치** : 조향핸들은 공회전이나 저속 주행시에는 가볍고 경쾌한 조향력으로 고속에서는 안정성을 얻을 수 있는 적당히 무거운 조향력으로 변화하여야 한다.

48. 조향 휠이 2바퀴 돌고 피트먼암이 80° 회전할 때 조향 기어비는?

① 4 : 1 ② 8 : 1
③ 9 : 1 ④ 12 : 1

풀이 **조향기어비**
= 조향핸들이 움직인 각/피트먼암이 움직인각
720/80 = 9 : 1

44. ④ 45. ② 46. ② 47. ② 48. ③ 정답

49. 열에 의해 액체가 증발되어 어떤 부분이 폐쇄되어 기능이 상실되는 현상은?

① 베이퍼록 ② 페일 세이프
③ 서징   ④ 노킹

> 풀이 **베이퍼록 현상** : 브레이크액에 기포가 발생하여 브레이크가 제대로 작동하지 않는 현상

50. 제동력 증대를 목적으로 유압계통에 보조장치를 설치해 적은 힘으로 큰 제동력을 발생시키는 형식은?

① 기계식 제동
② 배력식 제동
③ 공기식 제동
④ 유압식 제동

> 풀이 브레이크 배력장치는 파스칼의 원리를 응용한 것으로 브레이크 페달을 밟으면 유압이 발생하는 마스터 실린더와 그 유압을 받아 브레이크 슈(Shoe)를 드럼에 밀어 붙여 제동력을 발생하게 하는 휠 실린더, 브레이크 파이프 및 호스 등으로 구성되어 있으며 브레이크 배력 장치는 브레이크 제동력을 증가시키기 위한 장치로 제동력 증대를 목적으로 유압계통에 보조장치를 설치해 적은 힘으로 큰 제동력을 발생시키는 형식

51. 다음 중 베이퍼 록의 원인이 아닌 것은?

① 긴 내리막에서 과도한 브레이크 사용
② 드럼과 라이닝의 끌림에 의한 과열
③ 브레이크라이닝과 드럼의 틈새가 과다한 경우
④ 브레이크 슈 리턴 스프링의 장력 저하

> 풀이 **베이퍼 록 현상** : 브레이크 페달을 밟을 때 제동이 잘 되지 않으며 더운 여름철에 많이 발생한다. 브레이크 라이닝과 드럼의 간극이 작을 때 원인이 된다.

52. 다음 중 하이포이드 기어의 장점을 바르게 설명한 것은?

① 기어 이의 폭 방향으로 미끄럼 접촉을 하므로 큰 압력을 받지 않는다.
② 추진축의 높이를 낮출 수 있어 자동차의 중심을 낮출 수 있다.
③ 기어의 물림률이 낮아 회전이 부드럽다.
④ 무게중심이 높아져 안정성이 우수하다.

> 풀이 구동 피니언의 오프셋에 의해 추진축 높이를 낮출 수 있어 자동차의 중심이 낮아져 안정성이 증대된다. 동일 감속비 동일 치수의 링 기어인 경우에 스파이럴 베벨기어에 의해 구동 피니언을 크게 할 수 있어 강도가 증대된다. 기어 물림률이 커 회전이 정숙하다.

53. 다음 중 ECS의 제어가 아닌 것은?

① 안티 롤링 제어
② 트랙션 제어
③ 안티 스쿼트 제어
④ 속도 감응 제어

> 풀이 **ECS의 제어** : 앤티 롤링 제어, 앤티 스쿼트 제어, 앤티 다이브 제어, 앤티 피칭제어, 앤티 바운싱 제어, 차속감응제어, 앤티 쉐이크 제어 등이 있다.

정답 49. ① 50. ② 51. ③ 52. ② 53. ②

54. 다음 중 스프링 위 아래 진동에 대해 잘못 설명한 것은?

① 피칭 : 차체가 Y축을 중심으로 하여 회전 운동을 하는 고유 진동
② 요잉 : 차체가 Z축을 중심으로 하여 회전 운동을 하는 고유 진동
③ 휠 홉 : 차축이 Z축을 중심으로 상하 평행 운동을 하는 진동
④ 휠 트램프 : 차축의 Y축을 중심으로 하여 회전운동을 하는 진동

> 풀이 스프링 아래 진동에서 휠 트램프는 차축이 X축을 중심으로 하여 회전운동을 하는 고유진동을 말한다.

55. 변속기가 필요한 이유로 옳지 않은 것은?

① 후진을 시키기 위해
② 회전속도를 증대하기 위해
③ 회전력을 증대하기 위해
④ 엔진을 무부하 상태로 유지하기 위해

> 풀이 **변속기의 필요성** : 기관과 차축 사이에서 회전력을 증대시킨다. 기관을 시동할 때 기관을 무부하 상태로 한다. (변속레버 중립위치에서)자동차를 후진시키기 위하여 필요하다.

56. 다음 중 자동차 프레임의 설명으로 옳지 않는 것은?

① 엔진 및 섀시의 모든 부품을 장착할 수 있는 자동차의 뼈대
② H형 프레임은 일명 사다리형 프레임이라고도 하며, 만들기 쉽고 휨에 강하기 때문에 버스나 트럭에 사용한다.
③ 트러스형 프레임은 스포츠카, 경주용차 등의 차량에 무게를 가볍게 하기 위하여 고안된 프레임으로 일체구조형이라고도 한다.
④ 플랫폼형 프레임은 주로 승용차에서 사용하며 한 개의 굵은 강관으로 구성 ㅁ형이나 Ⅰ자형의 단면으로 되어 있다.

> 풀이 **백보운형** : 하나의 두터운 강관을 뼈대로 하고 차체를 설치하기 위한 가로 멤버에 브레킷을 고정한 것으로 뼈대를 구성하는 세로 멤버의 단면은 보통 원형으로 주로 승용차에 적용
> **플랫폼형** : 프레임과 보디 바닥면을 일체로 한 것이며, 상자형 단면을 만든 것으로 휨 및 굽음에 대한 강성이 크다.

57. 다음 중 앞바퀴 정렬에 대한 설명으로 옳은 것은?

① 캠버는 앞바퀴를 옆에서 보았을 때 킹핀의 수선에 대해 이룬 각으로 직진성, 복원성을 부여한다.
② 바퀴가 차체의 바깥쪽으로 기울어진 상태를 정의 캠버라고 한다.
③ 앞바퀴를 위에서 보았을 때 앞바퀴의 앞쪽이 뒤쪽보다 안으로 오므러진 상태를 토우 아웃(Toe-out)이라고 한다.
④ 자동차를 앞바퀴를 위에서 보았을 때 양쪽 타이어 앞뒤 중심선의 거리가 앞쪽이 뒤쪽보다 적은 것을 토인(Toe-in)이라고 한다.

> 풀이 자동차 앞바퀴를 위에서 내려다 보면 바퀴 중심선 사이의 거리가 앞쪽이 뒤쪽보다 약간 작게 되어 있는데 이것을 토인이라 한다.
> **토인의 필요성**
> • 앞바퀴를 평행하게 회전시킨다.

54. ④ 55. ② 56. ④ 57. ④   정답

- 앞바퀴의 사이드 슬립과 타이어 마멸을 방지한다.
- 조향 링키지 마멸에 따라 토 아웃이 되는 것을 방지한다.

58. 자동차가 선회할 때 롤링을 감소하고 차체의 평형을 유지하기 위해 사용되는 장치는?

① 판스프링
② 스테빌라이져
③ 공기스프링
④ 쇽업쇼버

풀이 **스테빌라이저** : 토션바 스프링의 일종이며, 양끝이 좌우의 컨트롤 암에 연결되며, 중앙부분은 차체에 설치되어 커브 길을 선회할 때 차체가 롤링(rolling : 좌우 진동)하는 것을 방지하며, 차체의 기울기를 감소시켜 평형을 유지하는 기구이다.

59. 다음 중 현가장치의 위 질량운동이 아닌 것은?

① 피칭
② 요잉
③ 바운싱
④ 와인드 업

풀이 **스프링 아래 질량진동(와인드 업, wind up)** : 차축이 Y축을 중심으로 회전운동을 하는 고유진동을 말한다.

60. 다음 중 LSD의 특징으로 맞는 것은?

① 모든 바퀴의 제동력을 독립적으로 제어한다.
② 슬립을 이용한 선회를 한다.
③ 미끄러운 노면 출발 시에 활용하며, 바퀴의 공회전을 방지한다.
④ 선회 가속시 구동력과 제동력을 제어하여 조향성능을 향상시킨다.

풀이 LSD(limited slip differential) 차동제한장치라고도 하며 미끄러운 길 또는 진흙 길 등에서 주행할 때 한쪽 바퀴가 헛돌며 빠져나오지 못할 경우, 쉽게 빠져나올 수 있도록 도와주는 장치를 말한다.

정답 58. ② 59. ④ 60. ③

2020년 제1회 자동차정비기능사 출제문제

01. 흡기계통의 핫 와이어(hot wire) 공기량 계측 방식은?

① 간접 계량방식
② 공기질량 검출방식
③ 공기체적 검출방식
④ 흡입부압 감지방식

풀이 핫 와이어(hot wire) 방식의 공기량 계측방식은 공기질량 검출방식이다.

02. 전자제어기관에서 인젝터의 연료분사량에 영향을 주지 않는 것은?

① 산소(O_2) 센서
② 공기유량센서(AFS)
③ 냉각수온 센서(WTS)
④ 핀 서모(pin thermo) 센서

풀이 핀 서모 센서는 에어컨 증발기 코어의 평균온도를 검출되는 부위에 설치되어 있으며, 증발기 코어 핀의 온도를 검출하여 FATC 컴퓨터로 입력시킨다.

03. 디젤엔진에서 연료공급펌프 중 프라이밍 펌프의 기능은?

① 기관이 작동하고 있을 때 펌프에 연료를 공급한다.
② 기관이 정지되고 있을 때 수동으로 연료를 공급한다.
③ 기관이 고속운전을 하고 있을 때 분사펌프의 기능을 돕는다.
④ 기관이 가동하고 있을 때 분사펌프에 있는 연료를 빼내는데 사용한다.

풀이 프라이밍 펌프의 역할은 기관이 정지되고 있을 때 수동으로 연료를 공급하며, 연료계통의 공기빼기 작업을 할 때도 사용한다.

04. 기관 정비작업 시 피스톤 링의 이음간극을 측정할 때 측정도구로 가장 알맞은 것은?

① 마이크로미터
② 다이얼게이지
③ 시크니스게이지
④ 버니어캘리퍼스

풀이 피스톤 링 이음간극을 측정할 때에는 피스톤 헤드로 피스톤 링을 실린더 내에 수평으로 밀어 넣고 시크니스(필러, 틈새) 게이지로 측정한다. 이때 실린더 벽의 최소 마모 부분에서 측정하여야 한다.

05. 자기진단 출력이 10진법 2개 코드방식에서 코드번호가 55일 때 해당하는 신호는?

정답 01. ② 02. ④ 03. ② 04. ③ 05. ④

> **풀이** 0과 1만 읽어주므로 큰 패턴은 10, 그리고 작은 패턴은 1이다. 코드번호가 550이므로 큰 패턴은 5개, 작은 패턴 5개로 구성되어 있다.

06. LPG 기관에서 연료공급 경로로 맞는 것은?

① 봄베 → 솔레노이드 밸브 → 베이퍼라이저 → 믹서
② 봄베 → 베이퍼라이저 → 솔레노이드 밸브 → 믹서
③ 봄베 → 베이퍼라이저 → 믹서 → 솔레노이드 밸브
④ 봄베 → 믹서 → 솔레노이드 밸브 → 베이퍼라이저

> **풀이** 연료공급 경로는 봄베와 솔레노이드 밸브, 베이퍼라이저, 믹서의 순서이다.

07. LPG 연료에 대한 설명으로 틀린 것은?

① 기체 상태는 공기보다 무겁다.
② 저장은 가스 상태로만 한다.
③ 연료 충진은 탱크 용량의 약 85% 정도로 한다.
④ 주변온도 변화에 따라 봄베의 압력변화가 나타난다.

> **풀이** LPG의 저장은 액체 상태이다.

08. 피스톤 행정이 84mm, 기관의 회전수가 3,000 rpm인 4행정 사이클 기관의 피스톤 평균속도는 얼마인가?

① 4.2m/s ② 8.4m/s
③ 9.4m/s ④ 10.4m/s

> **풀이** 2 × 3000 × 84/60 × 1000 = 8.4m/s

09. 기관의 밸브장치에서 기계식 밸브 리프터에 비해 유압식 밸브 리프터의 장점으로 맞는 것은?

① 구조가 간단하다.
② 오일펌프와 상관없다.
③ 밸브간극 조정이 필요 없다.
④ 워밍업 전에만 밸브간극 조정이 필요하다.

> **풀이** 유압식 밸브 리프터는 오일의 비압축성과 윤활장치를 순환하는 유압을 이용하여 기관의 작동온도에 관계없이 항상 밸브간극을 0으로 유지시키는 장치이다.

10. 내연기관의 윤활장치 유압이 낮아지는 원인으로 틀린 것은?

① 기관 내 오일부족
② 오일 스트레이너 막힘
③ 유압조절밸브의 스프링장력 과대
④ 캠축 베어링의 마멸로 오일간극 커짐

> **풀이** 유압이 낮아지는 원인으로 유압조절 밸브 스프링이 약화되었다.

정답 06. ① 07. ② 08. ② 09. ③ 10. ③

11. 엔진의 흡기장치 구성요소에 해당하지 않는 것은?

① 촉매장치
② 서지탱크
③ 공기청정기
④ 레조네이터(resonator)

> 풀이 흡입계통은 공기청정기, 공기유량센서, 레조네이터, 흡기호스, 서지탱크, 흡기다기관 등으로 이루어져 있으며 촉매장치는 배기계통이다.

12. 내연기관에서 언더 스퀘어 엔진은 어느 것인가?

① 행정/실린더 내경 = 1
② 행정/실린더 내경 < 1
③ 행정/실린더 내경 > 1
④ 행정/실린더 내경 ≦ 1

> 풀이 언더 스퀘어 엔진(장행정 엔진)은 실린더 행정 내경비율(행정/내경)의 값이 1.0 이상인 엔진이다.

13. 디젤기관의 연소실 중 피스톤 헤드부의 요철에 의해 생성되는 연소실은?

① 예연소실식
② 공기실식
③ 와류실식
④ 직접분사실식

> 풀이 직접분사실식은 연소실이 실린더 헤드와 피스톤 헤드에 설치된 공간에 의하여 형성되며, 여기에 직접 연료를 분사하는 방식이다.

14. 기관에 이상이 있을 때 또는 기관의 성능이 현저하게 저하되었을 때 분해수리의 여부를 결정하기 위한 가장 적합한 시험은?

① 캠각 시험
② CO 가스측정
③ 압축압력 시험
④ 코일의 용량시험

> 풀이 압축압력 시험은 기관에 이상이 있을 때 또는 기관의 성능이 현저하게 저하되었을 때 분해수리 여부를 결정하기 위한 시험이다.

15. 여지 반사식 매연측정기의 시료 채취관을 배기관에 삽입 시 가장 알맞은 깊이는?

① 20cm
② 40cm
③ 50cm
④ 60cm

> 풀이 여지 반사식 매연측정기의 시료 채취관은 배기관에 20cm 정도 삽입한다.

16. EGR(Exhaust Gas Recirculation) 밸브에 대한 설명 중 틀린 것은?

① 배기가스 재순환 장치이다.
② 연소실 온도를 낮추기 위한 장치이다.
③ 증발가스를 포집하였다가 연소시키는 장치이다.
④ 질소산화물(NOx) 배출을 감소하기 위한 장치이다.

> 풀이 증발가스를 포집하는 장치는 차콜캐니스터가 그 역할을 한다.

17. 수냉식 냉각장치의 장·단점에 대한 설명으로 틀린 것은?

① 공랭식보다 소음이 크다.
② 공랭식보다 보수 및 취급이 복잡하다.
③ 실린더 주위를 균일하게 냉각시켜 공랭식보다 냉각효과가 좋다.
④ 실린더 주위를 저온으로 유지시키므로 공랭식보다 체적효율이 좋다.

풀이 수냉식 냉각장치는 공랭식보다 실린더 주위를 균일하게 냉각시키기 때문에 냉각효과가 좋고, 실린더 주위를 저온으로 유지시키므로 체적효율이 좋으나 보수 및 취급이 복잡하다.

18. 다음 중 디젤기관에 사용되는 과급기의 역할은?

① 윤활성의 증대
② 출력의 증대
③ 냉각효율의 증대
④ 배기의 증대

풀이 과급기의 사용목적은 체적효율의 향상, 엔진의 출력 증대, 평균유효압력 향상, 회전력의 향상이다.

19. 연료분사장치에서 산소센서의 설치위치는?

① 라디에이터
② 실린더 헤드
③ 흡입 매니폴드
④ 배기 매니폴드 또는 배기관

풀이 배출되는 배기가스중의 산소의 농도를 검출하기 때문에 배기 매니폴드 또는 배기관에 설치된다.

20. 가솔린 엔진에서 점화장치 점검방법으로 틀린 것은?

① 흡기온도센서의 출력 값을 확인한다.
② 점화코일의 1차, 2차 코일저항을 확인한다.
③ 오실로스코프를 이용하여 점화파형을 확인한다.
④ 고압케이블을 탈거하고 크랭킹 시 불꽃 방전시험으로 확인한다.

풀이 흡기온도센서의 출력값 점검은 점화장치와는 전혀 무관하다.

21. 엔진이 2000rpm으로 회전하고 있을 때 그 출력이 65PS라고 하면 이 엔진의 회전력은 몇 m-kgf인가?

① 23.27
② 24.45
③ 25.46
④ 26.38

풀이 716 × 65/2000 = 23.27

22. 엔진의 내경 9cm, 행정 10cm인 1기통 배기량은?

① 약 666cc
② 약 656cc
③ 약 646cc
④ 약 636cc

풀이 0.785 × 9 × 9 × 10 = 636cc

정답 17. ① 18. ② 19. ④ 20. ① 21. ① 22. ④

23. 기관의 동력을 측정할 수 있는 장비는?

① 멀티미터
② 볼트미터
③ 타코미터
④ 다이나모미터

> 풀이: 기관의 동력을 측정할 수 있는 장비는 다이나모미터이다.

24. 축거가 1.2m인 자동차를 왼쪽으로 완전히 꺾었을 때 오른쪽 바퀴의 조향각이 30°이고 왼쪽 바퀴의 조향각도가 45°일 때 자동차의 최소회전반경은?(단, r 값은 무시)

① 1.7m ② 2.4m
③ 3.0m ④ 3.6m

> 풀이: 1.2/0.5 = 2.4m

25. 자동변속기의 변속을 위한 가장 기본적인 정보에 속하지 않는 것은?

① 차량 속도
② 변속기 오일 양
③ 변속 레버 위치
④ 엔진 부하(스로틀 개도)

> 풀이: 변속을 위한 가장 기본적인 정보는 변속레버 위치, 기관부하(스로틀 개도), 차량속도 등이 있으며 변속기 오일 양은 변속을 위한 가장 기본적인 정보에 속하지 않는다.

26. 자동차의 앞바퀴정렬에서 토(toe) 조정은 무엇으로 하는가?

① 와셔의 두께
② 시임의 두께
③ 타이로드의 길이
④ 드래그 링크의 길이

> 풀이: 토의 조정은 타이로드 길이로 행한다.

27. 제동장치에서 디스크 브레이크의 형식으로 적합한 것은?

① 앵커핀 형
② 2 리딩 형
③ 유니서보 형
④ 플로팅 캘리퍼 형

> 풀이: 디스크 브레이크의 종류에는 고정 캘리퍼형과 플로팅(부동) 캘리퍼형이 있다.

28. 전자제어 현가장치(ECS) 입력신호가 아닌 것은?

① 휠 스피드센서
② 차고센서
③ 조향휠 각속도센서
④ 차속센서

> 풀이: ECS의 입력요소에는 차고센서, 조향핸들 각속도 센서, G(중력 가속도)센서, 인히비터 스위치, 차속센서, 스로틀 위치센서, 고압 및 저압스위치, 뒤 압력센서, 모드선택 스위치, 전조등 릴레이, 도어 스위치, 제동등 스위치, 공전스위치가 있다.

정답 23. ④ 24. ② 25. ② 26. ③ 27. ④ 28. ①

29. 유압식 브레이크는 무슨 원리를 이용한 것인가?

① 뉴톤의 법칙
② 파스칼의 원리
③ 베르누이의 정리
④ 아르키메데스의 원리

풀이 유압 브레이크는 파스칼의 원리를 이용한 장치이며, 파스칼의 원리란 밀폐된 용기 내에 액체를 가득 채우고 압력을 가하면 모든 방향으로 같은 압력이 작용한다는 원리이다.

30. 자동차 주행 시 차량 후미가 좌·우로 흔들리는 현상은?

① 바운싱
② 피칭
③ 롤링
④ 요잉

풀이 요잉은 자동차가 주행할 때 차량의 후미가 좌우로 흔들리는 현상이다.

31. 수동변속기의 필요성으로 틀린 것은?

① 회전방향을 역으로 하기 위해
② 무부하 상태로 공전운전 할 수 있게 하기 위해
③ 발진시 각부에 응력의 완화와 마멸을 최대화 하기 위해
④ 차량발진 시 중량에 의한 관성으로 인해 큰 구동력이 필요하기 때문에

풀이 발진 시 각부에 응력의 완화와 마멸을 최대화 하는 것은 수동변속기 필요성과 상관없다.

32. 다음 중 수동변속기 기어의 2중 결합을 방지하기 위해 설치한 기구는?

① 앵커 블록
② 시프트 포크
③ 인터록 기구
④ 싱크로나이저 링

풀이 변속기 기어의 이중물림을 방지하는 장치는 인터록 장치이다.

33. 자동차의 무게 중심위치와 조향특성과의 관계에서 조향각에 의한 선회 반지름보다 실제 주행하는 선회 반지름이 작아지는 현상은?

① 오버 스티어링
② 언더 스티어링
③ 파워 스티어링
④ 뉴트럴 스티어링

풀이 오버 스티어링이란 자동차가 주행 중 선회할 때 조향각도를 일정하게 하여도 선회 반지름이 작아지는 현상이다.

34. 진공식 브레이크 배력장치의 설명으로 틀린 것은?

① 압축공기를 이용한다.
② 흡기다기관의 부압을 이용한다.
③ 기관의 진공과 대기압을 이용한다.
④ 배력장치가 고장 나면 일반적인 유압 제동장치로 작동된다.

풀이 하이드로 에어팩 브레이크가 압축공기를 사용한다.

정답 29. ② 30. ④ 31. ③ 32. ③ 33. ① 34. ①

35. 십자형 자재이음에 대한 설명 중 틀린 것은?

① 십자 축과 두 개의 요크로 구성되어 있다.
② 주로 후륜구동식 자동차의 추진축에 사용된다.
③ 롤러베어링을 사이에 두고 축과 요크가 설치되어 있다.
④ 자재이음과 슬립이음 역할을 동시에 하는 형식이다.

> 풀이) 십자형 자재이음은 후륜 구동방식 자동차의 추진축에서 사용하며, 중심부분의 십자축과 2개의 요크로 되어 있으며, 십자축과 요크는 니들롤러 베어링을 사이에 두고 연결되어 있다.

36. 전자제어 제동장치(ABS)의 적용 목적이 아닌 것은?

① 차량의 스핀 방지
② 차량의 방향성 확보
③ 휠 잠김(lock) 유지
④ 차량의 조종성 확보

> 풀이) 전자제어 제동장치의 적용목적은 휠(바퀴)의 잠김(lock) 방지이다.

37. 유압식 동력 조향장치의 구성요소가 아닌 것은?

① 유압펌프 ② 유압제어밸브
③ 동력 실린더 ④ 유압식 리타더

> 풀이) 유압식 동력 조향장치는 유압펌프, 동력실린더, 제어밸브로 구성되어 있다.

38. 자동변속기 유압시험 시 주의할 사항이 아닌 것은?

① 오일온도가 규정온도에 도달되었을 때 실시한다.
② 유압시험은 냉간, 중간, 열간 등 온도를 3단계로 나누어 실시한다.
③ 측정하는 항목에 따라 유압이 클 수 있으므로 유압계의 선택에 주의한다.
④ 규정오일을 사용하고, 오일량을 정확히 유지하고 있는지 여부를 점검한다.

> 풀이) 측정하는 항목에 따라 유압이 클 수 있으므로 유압계의 선택에 주의하여야 하며 열간시 측정한다.

39. 클러치 마찰 면에 작용하는 압력이 300N, 클러치판의 지름이 80cm, 마찰계수가 0.3일 때 기관의 전달회전력은 약 몇 N·m인가?

① 36 ② 56
③ 62 ④ 72

> 풀이) 300 × 0.4m × 0.3 = 36

40. 레이디얼 타이어 호칭이 "175 / 70 SR 14"일 때 "70"이 의미하는 것은?

① 편평비 ② 타이어 폭
③ 최대속도 ④ 타이어 내경

> 풀이) 175/70 SR 14에서 175는 타이어 폭, 70은 편평비, R은 레이디얼 타이어, 14는 림의 지름(인치)을 나타낸다.

정답: 35. ④ 36. ③ 37. ④ 38. ② 39. ① 40. ①

41. 계기판의 엔진 회전계가 작동하지 않는 결함의 원인에 해당되는 것은?

① VSS(Vehicle Speed Sensor) 결함
② CPS(Crank shaft Position Sensor) 결함
③ MAP(Manifold Absolute Pressure) 결함
④ CTS(Coolant Temperature Sensor) 결함

풀이 엔진 회전계가 작동하지 않는 결함의 원인은 크랭크 각 센서의 결함이다.

42. 기동전동기의 작동원리는 무엇인가?

① 렌츠 법칙
② 앙페르 법칙
③ 플레밍 왼손법칙
④ 플레밍 오른손법칙

풀이 플레밍의 왼손법칙이란 '왼손의 엄지손가락, 인지 및 가운데 손가락을 서로 직각이 되게 펴고, 인지를 자력선의 방향에, 가운데 손가락을 전류의 방향에 일치시키면 도체에는 엄지손가락 방향으로 전자력이 작용한다.'는 법칙으로 전동기, 전압계, 전류계의 원리로 사용한다.

43. 백워닝(후방경보) 시스템의 기능과 가장 거리가 먼 것은?

① 차량 후방의 장애물을 감지하여 운전자에게 알려주는 장치이다.
② 차량 후방의 장애물은 초음파 센서를 이용하여 감지한다.
③ 차량 후방의 장애물을 감지 시 브레이크가 작동하여 차속을 감속시킨다.
④ 차량 후방의 장애물 형상에 따라 감지되지 않을 수도 있다.

풀이 백워닝 시스템의 기능은 차량 후방의 장애물을 감지하여 운전자에게 알려주는 장치이다.

44. 저항이 4Ω인 전구를 12V의 축전지에 의하여 점등했을 때 접속이 올바른 상태에서 전류(A)는 얼마인가?

① 4.8A
② 2.4A
③ 3.0A
④ 6.0A

풀이 전류는 전압에 비례하고 저항에 반비례한다.
12/4 = 3.0A

45. 발전기의 3상 교류에 대한 설명으로 틀린 것은?

① 3조의 코일에서 생기는 교류 파형이다.
② Y결선을 스타결선, △결선을 델타결선이라 한다.
③ 각 코일에 발생하는 전압을 선간전압이라 하며, 스테이터 발생전류는 직류전류가 발생된다.
④ △결선은 코일의 각 끝과 시작점을 서로 묶어서 각각의 접속점을 외부단자로 한 결선방식이다.

풀이 교류발전기의 스테이터에서 발생하는 전류는 교류전류이며, 실리콘 다이오드에 의해 직류로 정류되어 출력된다.

정답 41. ② 42. ③ 43. ③ 44. ③ 45. ③

46. 2개 이상의 배터리를 연결하는 방식에 따라 용량과 전압 관계의 설명으로 맞는 것은?

① 직렬연결 시 1개 배터리 전압과 같으며 용량은 배터리 수만큼 증가한다.
② 병렬연결 시 용량은 배터리 수만큼 증가하지만 전압은 1개 배터리 전압과 같다.
③ 병렬연결이란 전압과 용량이 동일한 배터리 2개 이상을 (+)단자와 연결대상 배터리 (−)단자에, (−)단자는 (+)단자로 연결하는 방식이다.
④ 직렬연결이란 전압과 용량이 동일한 배터리 2개 이상을 (+)단자와 연결대상 배터리의 (+)단자에 서로 연결하는 방식이다.

풀이 병렬연결이란 전압과 용량이 동일한 배터리 2개 이상을 (+)단자와 연결대상 배터리 (+)단자에, (−)단자는 (−)단자로 연결하는 방식이다. 병렬연결 하면 배터리 전압은 1개일 경우와 같으며 용량은 배터리 수만큼 증가한다.

47. 다음 그림의 기호는 어떤 부품을 나타내는 기호인가?

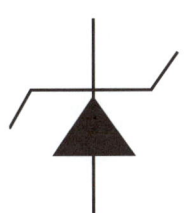

① 실리콘 다이오드
② 발광 다이오드
③ 트랜지스터
④ 제너 다이오드

풀이 제너 다이오드는 양쪽방향으로 전류가 흐르며 일반 다이오드는 역방향으로 전압을 걸어도 거의 전류가 흐르지 않기 때문에 정류(rectifier) 및 검파 등을 위해 사용된다.

48. 다음 중 가속도(G) 센서가 사용되는 전자제어 장치는?

① 에어백(SRS) 장치
② 배기장치
③ 정속주행장치
④ 분사장치

풀이 SRS 에어백 시스템의 구성 부품 중 하나로, 충격을 감지하는 일종의 G센서이다.

49. 전자제어 가솔린 엔진에서 점화시기에 가장 영향을 주는 것은?

① 퍼지 솔레노이드 밸브
② 노킹센서
③ EGR 솔레노이드 밸브
④ PCV(positive crankcase ventilation)

풀이 노킹센서의 신호가 ECU로 입력되면 ECU는 점화시기를 늦추어 준다.

50. 자동차용 납산 축전지에 관한 설명으로 맞는 것은?

① 일반적으로 축전지의 음극단자는 양극단자보다 크다.
② 정전류 충전이란 일정한 충전전압으로 충전하는 것을 말한다.
③ 일반적으로 충전시킬 때는 [+]단자는 수소가, [−]단자는 산소가 발생한다.
④ 전해액의 황산비율이 증가하면 비중은 높아진다.

정답 46. ② 47. ④ 48. ① 49. ② 50. ④

풀이 묽은황산은 황산보다 비중이 낮다. 황산은 비중이 1.84이며 묽은황산은 1.260정도이다.

51. 평균 근로자 500명인 직장에서 1년간 8명의 재해가 발생하였다면 연천인율은?

① 12 ② 14
③ 16 ④ 18

풀이 8/500 × 1,000 = 16

52. 단조작업의 일반적 안전사항으로 틀린 것은?

① 해머작업을 할 때에는 주위 사람을 보면서 한다.
② 재료를 자를 때에는 정면에 서지 않아야 한다.
③ 물품에 열이 있기 때문에 화상에 주의한다.
④ 형(die) 공구류는 사용 전에 예열한다.

풀이 해머작업을 할 때에는 타격 가공하는 곳에 반드시 시선을 두도록 한다.

53. 수공구의 사용방법 중 잘못된 것은?

① 공구를 청결한 상태에서 보관할 것
② 공구를 취급할 때에 올바른 방법으로 사용할 것
③ 공구는 지정된 장소에 보관할 것
④ 공구는 사용 전후 오일을 발라 둘 것

풀이 수공구는 미끄러질 위험이 있으므로 오일을 바르면 안된다.

54. 소화 작업의 기본요소가 아닌 것은?

① 가연물질을 제거한다.
② 산소를 차단한다.
③ 점화원을 냉각시킨다.
④ 연료를 기화시킨다.

풀이 연료를 기화시키면 소화가 안된다.

55. 선반작업 시 안전수칙으로 틀린 것은?

① 선반 위에 공구를 올려놓은 채 작업하지 않는다.
② 돌리개는 적당한 크기의 것을 사용한다.
③ 공작물을 고정한 후 렌치류는 제거해야 한다.
④ 날 끝의 칩 제거는 손으로 한다.

풀이 날 끝의 칩 제거는 손으로 하면 안 되고 쇠브러시를 사용한다.

56. 정비공장에서 엔진을 이동시키는 방법 가운데 가장 적합한 방법은?

① 체인블록이나 호이스트를 사용한다.
② 지렛대를 이용한다.
③ 로프를 묶고 잡아당긴다.
④ 사람이 들고 이동한다.

풀이 엔진을 이동시키고자 할 때에는 체인블록이나 호이스트를 사용한다.

정답 51. ③ 52. ① 53. ④ 54. ④ 55. ④ 56. ①

57. 호이스트 사용 시 안전사항 중 틀린 것은?

① 규격 이상의 하중을 걸지 않는다.
② 무게 중심 바로 위에서 달아 올린다.
③ 사람이 짐에 타고 운반하지 않는다.
④ 운반 중에는 물건이 흔들리지 않도록 짐에 타고 운반한다.

풀이 운반 중의 짐에 타서 운반하는 것은 불안요소이다.

58. 엔진작업에서 실린더 헤드볼트를 올바르게 풀어내는 방법은?

① 반드시 토크렌치를 사용한다.
② 풀기 쉬운 것부터 푼다.
③ 바깥쪽에서 안쪽을 향하여 대각선 방향으로 푼다.
④ 시계방향으로 차례대로 푼다.

풀이 헤드볼트를 풀 때에는 바깥에서 안쪽으로 향하여 대각선으로 푼다.

59. 전기장치의 배선 연결부 점검 작업으로 적합한 것을 모두 고른 것은?

a. 연결부의 풀림이나 부식을 점검한다.
b. 배선 피복의 절연, 균열 상태를 점검한다.
c. 배선이 고열부위로 지나가는지 점검한다.
d. 배선이 날카로운 부위로 지나가는지 점검한다.

① a-b
② a-b-d
③ a-b-c
④ a-b-c-d

풀이 배선 연결부 작업은 보기 사항 모두 적합하다.

60. 차량 밑에서 정비할 경우 안전조치 사항으로 틀린 것은?

① 차량은 반드시 평지에 받침목을 사용하여 세운다.
② 차를 들어 올리고 작업할 때에는 반드시 잭으로 들어 올린 다음 스탠드로 지지해야 한다.
③ 차량 밑에서 작업할 때에는 반드시 앞치마를 이용한다.
④ 차량 밑에서 작업할 때에는 반드시 보안경을 착용한다.

풀이 차량 밑에서 작업할 때에는 반드시 앞치마를 이용하면 불편하고 작업에 방해가 된다.

2020년 제2회 자동차정비기능사 출제문제

01. 전자제어 연료분사 차량에서 크랭크 각 센서의 역할이 아닌 것은?

① 냉각수 온도 검출
② 연료의 분사시기 결정
③ 점화시가 결정
④ 피스톤의 위치 결정

> **풀이** 냉각수 온도 검출은 냉각수온센서가 하는 일이다. 크랭크 각 센서(크랭크 포지션 센서)는 기관의 회전속도와 크랭크축의 위치를 검출 및 피스톤 위치를 결정하며, 연료 분사순서와 분사시기 결정 및 기본 점화시기에 영향을 준다.

02. 이소옥탄 60%, 정헵탄 40%의 표준연료를 사용했을 때 옥탄가는 얼마인가?

① 40%   ② 50%
③ 60%   ④ 70%

> **풀이** 옥탄가 = 이소옥탄/(이소옥탄 + 노멀헵탄) × 100
> 60/(60 + 40) = 60%

03. 디젤엔진의 정지방법에서 인테이크 셔터(intake shutter)의 역할에 대한 설명으로 옳은 것은?

① 연료를 차단
② 흡입공기를 차단
③ 배기가스를 차단
④ 압축압력 차단

> **풀이** 인테이크 셔터란 디젤엔진을 멈추는 장치의 하나로, 흡기 다기관 입구에 설치된 셔터를 닫아 공기를 차단하여 엔진을 멈추는 역할을 한다.

04. 다음 중 전자제어 엔진에서 연료분사 피드백(feed back) 제어에 가장 필요한 센서는?

① 스로틀 포지션센서
② 대기압센서
③ 차속센서
④ 산소(O_2) 센서

> **풀이** 산소센서는 대기 중의 산소농도와 배기가스 중의 산소농도 차이에 의해 전압 값이 발생되는 원리를 이용한 센서이며, 공연비가 농후하면 출력전압이 높아지고, 희박하면 낮아지는 신호를 ECU로 입력시키는 시스템이다.

05. 연료탱크 내장형 연료펌프(어셈블리)의 구성부품에 해당되지 않는 것은?

① 첵밸브   ② 릴리프 밸브
③ DC모터   ④ 포토다이오드

> **풀이** 연료펌프는 DC모터를 사용하며, 연료라인 내의 압력이 규정압력 이상으로 상승하는 것을 방지하는 릴리프 밸브, 연료펌프에서 연료의 압송이 정지될 때 닫혀 연료라인 내에 잔압을 유지시켜 고온일 때 베이퍼록 현상을 방지하고 재시동성을 향상시키는 첵밸브로 구성된다.
> 포토 다이오드는 다이오드의 종류이다.

정답 01.① 02.③ 03.② 04.④ 05.④

06. 가솔린 자동차의 배기관에서 배출되는 배기가스와 공연비와의 관계를 잘못 설명한 것은?

① CO는 혼합기가 희박할수록 적게 배출된다.
② HC는 혼합기가 농후할수록 많이 배출된다.
③ NOx는 이론공연비 부근에서 최소로 배출된다.
④ CO_2는 혼합기가 농후할수록 적게 배출된다.

풀이 NOx는 이론공연비 부근에서 최대로 배출된다.

07. 전자제어 차량의 흡입공기량 계측방법으로 매스 플로(mass flow)방식과 스피드 덴시티(speed density)방식이 있는데 매스 플로 방식이 아닌 것은?

① 맵 센서식(MAP sensor type)
② 핫 필름식(hot film type)
③ 베인식(vane type)
④ 칼만 와류식(kalman voltax type)

풀이 흡입공기량 계측방식에 의한 분류
스피드 덴시티 방식(speed density type) – 속도밀도 방식 : 흡기다기관 내의 절대압력(대기압력+진공압력), 스로틀 밸브의 열림 정도, 기관의 회전속도로부터 흡입공기량을 간접 계측하는 것이며, D-Jetronic이 여기에 속한다. 피에조(piezo) 반도체 소자를 이용한 MAP 센서를 사용한다.

08. 연료의 저위발열량 10,500kcal/kgf, 제동마력 93PS, 제동열효율 31%인 기관의 시간 당 연료소비량(kgf/h)은?

① 약 18.07   ② 약 17.07
③ 약 16.07   ④ 약 5.53

풀이 632.3 × 93/10500 × 0.31 = 18.07

09. 윤중에 대한 정의이다. 옳은 것은?

① 자동차가 수평으로 있을 때, 1개의 바퀴가 수직으로 지면을 누르는 중량
② 자동차가 수평으로 있을 때, 차량중량이 1개의 바퀴에 수평으로 걸리는 중량
③ 자동차가 수평으로 있을 때, 차량총중량이 2개의 바퀴에 수직으로 걸리는 중량
④ 자동차가 수평으로 있을 때, 공차중량이 4개의 바퀴에 수직으로 걸리는 중량

풀이 윤중이란 자동차가 수평으로 있을 때, 1개의 바퀴가 수직으로 지면을 누르는 중량이다.

10. 가솔린 기관에서 고속회전 시 토크가 낮아지는 원인으로 가장 적합한 것은?

① 체적효율이 낮아지기 때문이다.
② 화연전파 속도가 상승하기 때문이다.
③ 공연비가 이론공연비에 근접하기 때문이다.
④ 점화시기가 빨라지기 때문이다.

풀이 가솔린 기관이 고속 회전에서 토크가 낮아지는 원인은 체적효율이 낮아지기 때문이다.

11. 엔진 실린더 내부에서 실제로 발생한 마력으로 혼합기가 연소 시 발생하는 폭발압력을 측정한 마력은?

① 지시마력　　② 경제마력
③ 정미마력　　④ 정격마력

> 풀이 **지시마력(도시마력)** : 엔진 실린더 내부에서 실제로 발생한 마력으로 혼합기가 연소할 때 발생하는 폭발압력을 측정한 마력이다.

12. 디젤기관의 노킹을 방지하는 대책으로 알맞은 것은?

① 실린더 벽의 온도를 낮춘다.
② 착화지연 기간을 길게 유도한다.
③ 압축비를 낮게 한다.
④ 흡기온도를 높인다.

> 풀이 **디젤기관 노킹의 방지대책**
> ① 흡기온도와 압축비를 높인다.
> ② 압축온도와 압력을 높인다.
> ③ 착화성이 좋은 연료를 사용하여 착화지연기간이 단축되도록 한다.
> ④ 착화지연기간 중 연료분사량을 조절한다.
> ⑤ 분사초기의 연료분사량을 작게 한다.
> ⑥ 연소실 내의 와류를 증가시키는 구조로 만든다.

13. 디젤기관에 쓰이는 연소실이다. 복실식 연소실이 아닌 것은?

① 예연소실식
② 직접분사식
③ 공기실식
④ 와류실식

> 풀이 디젤기관 연소실은 단실식인 직접분사실식과 복실식인 예연소실식, 와류실식, 공기실식 등이 있다.

14. 실린더 지름이 100mm의 정방형 엔진이다. 행정체적은 약 얼마인가?

① $600cm^3$　　② $785cm^3$
③ $1,200cm^3$　　④ $1,490cm^3$

> 풀이 $0.785 \times 100 \times 10 = 785cm^3$

15. 4행정 사이클 기관에서 크랭크축이 4회전 할 때 캠축은 몇 회전하는가?

① 1회전　　② 2회전
③ 3회전　　④ 4회전

> 풀이 4행정 사이클 기관에서 크랭크축이 4회전 할 때 캠축은 2회전한다.

16. 기관에 윤활유를 공급하는 목적과 관계없는 것은?

① 연소촉진 작용
② 동력손실 감소
③ 마멸방지
④ 냉각작용

> 풀이 **윤활유의 작용** : 밀봉작용, 냉각작용, 부식방지(방청)작용, 응력분산작용, 마찰 감소 및 마멸방지 작용, 세척작용 등이다.

정답　11. ①　12. ④　13. ②　14. ②　15. ②　16. ①

17. 실린더 블록이나 헤드의 평면도 측정에 알맞은 게이지는?

① 마이크로미터 ② 다이얼 게이지
③ 버니어 캘리퍼스 ④ 직각자와 필러게이지

> 풀이 실린더 헤드나 블록의 평면도 측정은 직각자와 필러게이지를 사용한다.

18. 자동차 엔진의 냉각장치에 대한 설명 중 적절하지 않은 것은?

① 강제 순환식이 많이 사용된다.
② 냉각장치 내부에 물때가 많으면 과열의 원인이 된다.
③ 서모스탯에 의해 냉각수 흐름이 제어된다.
④ 엔진 과열시에는 즉시 라디에이터 캡을 열고 냉각수를 보급하여야 한다.

> 풀이 냉각수가 부족하여 엔진이 과열되었을 때에는 엔진의 가동을 중지시킨 후 냉각수를 보충한다.

19. LPI 엔진에서 연료의 부탄과 프로판의 조성비를 결정하는 입력요소로 맞는 것은?

① 크랭크 각 센서, 캠각 센서
② 연료온도 센서, 연료압력 센서
③ 공기유량 센서, 흡기온도 센서
④ 산소센서, 냉각수온 센서

> 풀이 연료온도 센서는 연료압력 센서와 함께 LPG 조성 비율 판정신호로도 이용되며 LPG분사량 및 연료펌프 구동시간 제어에도 사용된다.

20. 연소란 연료의 산화반응을 말하는데 연소에 영향을 주는 요소 중 가장 거리가 먼 것은?

① 배기유동과 난류
② 공연비
③ 연소온도와 압력
④ 연소실 형상

> 풀이 연소에 영향을 주는 요소에는 공연비, 연소온도와 압력, 연소실 형상, 압축비 등이 있으며 배기유동과 난류는 해당사항이 없다.

21. 피스톤에 옵셋(off set)을 두는 이유로 가장 올바른 것은?

① 피스톤의 틈새를 크게 하기 위하여
② 피스톤의 마멸을 방지하기 위하여
③ 피스톤의 측압을 적게 하기 위하여
④ 피스톤 스커트부에 열전달을 방지하기 위하여

> 풀이 피스톤에 옵셋(off set)을 두는 이유는 피스톤의 측압을 감소시키기 위함이다.

22. 공기청정기가 막혔을 때의 배기가스 색으로 가장 알맞은 것은?

① 무색
② 백색
③ 흑색
④ 청색

> 풀이 공기청정기가 막히면 실린더 내로 공급되는 공기가 부족하므로 배기가스 색깔은 흑색이며, 엔진의 출력은 저하한다.

정답 17. ④ 18. ④ 19. ② 20. ① 21. ③ 22. ③

23. 피스톤 링의 3대 작용으로 틀린 것은?
① 와류작용 ② 기밀작용
③ 오일제어 작용 ④ 열전도작용

> 풀이 피스톤 링의 3가지 작용은 기밀유지 작용, 오일 제어 작용, 열전도 작용이다.

24. 전자제어식 제동장치(ABS)에서 제동 시 타이어 슬립률이란?

① $\dfrac{\text{차륜속도} - \text{차체속도}}{\text{차체속도}} \times 100(\%)$

② $\dfrac{\text{차체속도} - \text{차륜속도}}{\text{차체속도}} \times 100(\%)$

③ $\dfrac{\text{차체속도} - \text{차륜속도}}{\text{차륜속도}} \times 100(\%)$

④ $\dfrac{\text{차륜속도} - \text{차체속도}}{\text{차륜속도}} \times 100(\%)$

> 풀이 타이어 슬립률 = (차체속도 − 차륜속도)/차체속도 × 100(%)

25. 승용자동차에서 주제동 브레이크에 해당되는 것은?
① 디스크 브레이크 ② 배기 브레이크
③ 엔진 브레이크 ④ 와전류 리타더

> 풀이 주로 사용하는 브레이크는 디스크 브레이크와 드럼형 브레이크가 있다.

26. 추진축의 슬립이음은 어떤 변화를 가능하게 하는가?
① 축의 길이 ② 드라이브 각
③ 회전토크 ④ 회전속도

> 풀이 슬립이음은 추진축 길이방향의 변화를 가능하게 한다.

27. 자동변속기 차량에서 시동이 가능한 변속레버 위치는?
① P, N ② P, D
③ 전구간 ④ N, D

> 풀이 주차브레이크와 중립스위치에서만 시동이 가능하다.

28. 자동변속기 오일의 구비조건으로 부적합한 것은?
① 기포발생이 없고 방청성이 있을 것
② 점도지수의 유동성이 좋을 것
③ 내열 및 내산화성이 좋을 것
④ 클러치 접속 시 충격이 크고 미끄럼이 없는 적절한 마찰계수를 가질 것

> 풀이 클러치 접속 시 충격이 크면 안되고 미끄럼이 없는 적절한 마찰계수를 가지고 있어야 한다.

29. 자동차의 축간거리가 2.2m, 외측 바퀴의 조향 각이 30°이다. 이 자동차의 최소회전 반지름은 얼마인가?(단, 바퀴의 접지면 중심과 킹핀과의 거리는 30cm이다.)

정답 23. ① 24. ② 25. ① 26. ① 27. ① 28. ④

① 3.5m ② 4.7m
③ 7m   ④ 9.4m

풀이 2.2/0.5 + 0.3 = 4.7m

30. 엔진의 출력을 일정하게 하였을 때 가속성능을 향상시키기 위한 것이 아닌 것은?

① 여유구동력을 크게 한다.
② 자동차의 총중량을 크게 한다.
③ 종 감속비를 크게 한다.
④ 주행저항을 적게 한다.

풀이 자동차의 총중량을 작게 하여야 한다.

31. 타이어의 구조 중 노면과 직접 접촉하는 부분은?

① 트레드   ② 카커스
③ 비드   ④ 숄더

풀이 트레드는 직접 노면과 접촉되어 마모에 견디고 적은 슬립으로 견인력을 증대시키는 부분이다.

32. 브레이크 파이프에 잔압 유지와 직접적인 관련이 있는 것은?

① 브레이크 페달
② 마스터 실린더 2차 컵
③ 마스터 실린더 체크밸브
④ 푸시로드

풀이 유압 브레이크에서 잔압을 유지시키는 부품은 마스터 실린더의 체크밸브와 리턴 스프링이다.

33. 전자제어 현가장치에 사용되고 있는 차고센서의 구성부품으로 옳은 것은?

① 에어 챔버와 서브 탱크
② 발광 다이오드와 유화카드뮴
③ 서모 스위치
④ 발광 다이오드와 광 트랜지스터

풀이 차고센서는 회전하는 슬릿 디스크를 끼우고 발광 다이오드와 포토트랜지스터에서 검출하는 포터 인터럽트 방식을 사용하여 차체와 로워 컨트롤 암 또는 차축의 상대위치를 검출한다.

34. 클러치 부품 중 플라이휠에 조립되어 플라이휠과 같이 회전하는 부품은?

① 클러치판   ② 변속기 입력축
③ 클러치 커버 ④ 릴리스 포크

풀이 클러치 커버는 플라이휠에 조립되어 함께 회전한다.

35. 유압식 클러치에서 동력차단이 불량한 원인 중 가장 거리가 먼 것은?

① 페달의 자유간극이 없음
② 유압 계통에 공기가 유입
③ 클러치 릴리스 실린더 불량
④ 클러치 마스터 실린더 불량

풀이 페달의 자유간극이 없으면 클러치가 미끄러진다.

정답 29. ② 30. ② 31. ① 32. ③ 33. ④ 34. ③ 35. ①

36. 자동차가 고속으로 선회할 때 차체가 기울어지는 것을 방지하기 위한 장치는?

① 타이로드 ② 토인
③ 프로포셔닝밸브 ④ 스태빌라이저

풀이 스태빌라이저는 독립현가방식의 차량이 선회할 때 발생하는 롤링(rolling, 좌우 진동)현상을 감소시키고, 차량의 평형을 유지시키며, 차체의 기울어짐을 방지하기 위하여 설치된다.

37. 전자제어 조향장치에서 차속센서의 역할은?

① 공전속도 조절 ② 조향력 조절
③ 공연비 조절 ④ 점화시기 조절

풀이 차속센서는 주행속도에 따른 조향력을 조절한다.

38. 주행 중 조향핸들이 한쪽으로 쏠리는 원인과 가장 거리가 먼 것은?

① 바퀴 허브너트를 너무 꽉 조였다.
② 좌·우의 캠버가 같지 않다.
③ 컨트롤 암(위 또는 아래)이 휘었다.
④ 좌·우 타이어의 공기압이 다르다.

풀이 바퀴 허브 너트를 꽉 조인 것과 한쪽으로 쏠리는 원인은 전혀 관계없다.

39. 배력장치가 장착된 자동차에서 브레이크 페달의 조작이 무겁게 되는 원인이 아닌 것은?

① 푸시로드의 부트가 파손되었다.
② 진공용 체크밸브의 작동이 불량하다.
③ 릴레이 밸브 피스톤의 작동이 불량하다.
④ 하이드로릭 피스톤 컵이 손상되었다.

풀이 브레이크 페달의 조작이 무거운 원인과 푸시로드의 부트 파손은 별개의 장치이다.

40. 조향휠을 1회전하였을 때 피트먼 암이 60° 움직였다. 조향 기어비는 얼마인가?

① 12 : 1 ② 6 : 1
③ 6.5 : 1 ④ 13 : 1

풀이 360/60 = 6 : 1

41. 자동차에서 축전지를 떼어낼 때 작업방법으로 가장 옳은 것은?

① 접지 터미널을 먼저 푼다.
② 양극 터미널을 함께 푼다.
③ 벤트 플러그(vent plug)를 열고 작업한다.
④ 극성에 상관없이 작업성이 편리한 터미널부터 분리한다.

풀이 축전지를 떼어낼 때에는 접지 터미널(케이블)을 먼저 풀고, 설치할 때에는 반대로 나중에 설치한다.

42. 자기유도 작용과 상호유도 작용 원리를 이용한 것은?

① 발전기 ② 점화코일
③ 기동 모터 ④ 축전지

풀이 점화코일은 자기유도 작용과 상호유도 작용 원리를 이용한다.

정답 36. ④ 37. ② 38. ① 39. ① 40. ② 41. ① 42. ②

43. 자동차용 배터리의 충전·방전에 관한 화학 반응으로 틀린 것은?

① 배터리 방전 시 (+)극판의 과산화납은 점점 황산납으로 변한다.
② 배터리 충전 시 (+)극판의 황산납은 점점 과산화납으로 변한다.
③ 배터리 충전 시 물은 묽은 황산으로 변한다.
④ 배터리 충전 시 (−)극판에는 산소가, (+)극판에는 수소를 발생시킨다.

풀이 배터리 충전 시 (−)극판에는 수소가, (+)극판에는 산소를 발생시킨다.

44. 일반적으로 발전기를 구동하는 축은?

① 캠축　　② 크랭크축
③ 앞차축　④ 컨트롤 로드

풀이 발전기는 V벨트를 통하여 엔진의 크랭크축에 의해 구동된다.

45. 자동차 에어컨에서 고압의 액체 냉매를 저압의 기체 냉매로 바꾸는 구성부품은?

① 압축기(compressor)
② 리퀴드 탱크(liquid tank)
③ 팽창밸브(expansion valve)
④ 이배퍼레이터(evaporator)

풀이 팽창밸브(expansion valve) : 고온·고압의 액체냉매를 급격히 팽창시켜 저온·저압의 기체냉매로 변화시켜 주는 부품이다.

46. 자동차 전기장치에서 "유도기전력은 코일 내의 자속의 변화를 방해하는 방향으로 생긴다."는 현상을 설명한 것은?

① 앙페르의 법칙
② 키르히호프의 제1법칙
③ 뉴턴의 제1법칙
④ 렌츠의 법칙

풀이 **렌츠의 법칙** : 도체에 영향하는 자력선을 변화시켰을 때 유도기전력은 코일 내의 자속의 변화를 방해하는 방향으로 생긴다.

47. 논리회로에서 AND 게이트의 출력이 HIGH(1)로 되는 조건은?

① 양쪽의 입력이 HIGH일 때
② 한쪽의 입력이 LOW일 때
③ 한쪽의 입력이 LOW일 때
④ 양쪽의 입력이 LOW일 때

풀이 논리회로에서 AND 게이트의 출력이 HIGH로 되는 것은 양쪽의 입력이 HIGH일 때이다. 즉 입력이 모두 1이어야 출력도 1이 된다.

48. R-134a 냉매의 특징을 설명한 것으로 틀린 것은?

① 액화 및 증발되지 않아 오존층이 보호된다.
② 무색, 무취, 무미하다.
③ 화학적으로 안정되고 내열성이 좋다.
④ 온난화 계수가 구냉매 보다 낮다.

풀이 신냉매의 특징은 액화 및 증발이 되며 오존층이 보호된다.

정답　43. ④　44. ②　45. ③　46. ④　47. ①　48. ①

49. 링 기어 이의 수가 120, 피니언 이의 수가 12이고, 1,500cc급 엔진의 회전저항이 6m·kgf일 때, 기동전동기의 필요한 최소 회전력은?

① 0.6m·kgf ② 2m·kgf
③ 20m·kgf ④ 6m·kgf

풀이 12 × 6/120 = 0.6m·kgf

50. 주행계기판의 온도계가 작동하지 않을 경우 점검을 해야 할 곳은?

① 공기유량센서 ② 냉각수온센서
③ 에어컨압력센서 ④ 크랭크포지션센서

풀이 계기판의 온도계가 작동하지 않으면 냉각수온 센서를 점검한다.

51. 관리감독자의 점검대상 및 업무내용으로 가장 거리가 먼 것은?

① 보호구의 착용 및 관리실태 적절 여부
② 산업재해 발생 시 보고 및 응급조치
③ 안전수칙 준수여부
④ 안전관리자 선임여부

풀이 관리감독자의 업무에 안전관리자 선임여부는 포함되지 않는다. 사업주가 선임한다.

52. 렌치를 사용한 작업에 대한 설명으로 틀린 것은?

① 스패너의 자루가 짧다고 느낄 때는 긴 파이프를 연결하여 사용할 것
② 스패너를 사용할 때는 앞으로 당길 것
③ 스패너는 조금씩 돌리며 사용할 것
④ 파이프 렌치의 주용도는 둥근 물체 조립용이다.

풀이 스패너의 사용 시 긴 파이프를 연결하여 사용금지

53. 다이얼 게이지 취급 시 안전사항으로 틀린 것은?

① 작동이 불량하면 스핀들에 주유 혹은 그리스를 도포해서 사용한다.
② 분해 청소나 조정은 하지 않는다.
③ 다이얼 인디케이터에 충격을 가해서는 안 된다.
④ 측정 시는 측정물에 스핀들을 직각으로 설치하고 무리한 접촉은 피한다.

풀이 스핀들에 주유나 그리스를 도포해서 사용하면 측정이 정확히 이루어지지 않는다.

54. 드릴작업 때 칩의 제거 방법으로 가장 좋은 것은?

① 회전시키면서 솔로 제거
② 회전시키면서 막대로 제거
③ 회전을 중지시킨 후 손으로 제거
④ 회전을 중지시킨 후 솔로 제거

풀이 드릴 작업시 회전을 중지시킨 후 솔로 제거하는 것이 가장 안전한 방법이다.

55. 제3종 유기용제 취급 장소의 색 표시는?

① 빨강 ② 노랑
③ 파랑 ④ 녹색

정답 49. ① 50. ② 51. ④ 52. ① 53. ① 54. ④

풀이 **유기용제의 색 표시** : 제3종 유기용제 취급 장소의 색 표시는 파랑이다.

③ 과도하게 속도를 내지 말고 점검한다.
④ 회전하는 휠에 손을 대지 않는다.

풀이 휠 밸런스 테스터 기 정면에서 카버를 장착 후 점검한다.

56. 하이브리드 자동차의 고전압 배터리 취급 시 안전한 방법이 아닌 것은?

① 고전압 배터리 점검, 정비 시 절연장갑을 착용한다.
② 고전압 배터리 점검, 정비 시 점화스위치는 OFF 한다.
③ 고전압 배터리 점검, 정비 시 12V 배터리 접지선을 분리한다.
④ 고전압 배터리 점검, 정비 시 반드시 세이프티 플러그를 연결한다.

풀이 하이브리드 자동차의 고전압 배터리를 취급할 때에는 반드시 세이프티 플러그를 분리한다.

57. 전해액을 만들 때 황산에 물을 혼합하면 안 되는 이유는?

① 유독가스가 발생하기 때문에
② 혼합이 잘 안 되기 때문에
③ 폭발의 위험이 있기 때문에
④ 비중 조정이 쉽기 때문에

풀이 전해액을 만들 때 폭발의 위험이 있기 때문에 황산에 물을 혼합해서는 안 된다.

58. 휠 밸런스 점검 시 안전수칙으로 틀린 사항은?

① 점검 후 테스터 스위치를 끄고 자연히 정지하도록 한다.
② 타이어 회전방향에서 점검한다.

59. LPG 자동차 관리에 대한 주의사항 중 틀린 것은?

① LPG가 누출되는 부위를 손으로 막으면 안 된다.
② 가스 충전시에는 합격 용기인가를 확인하고, 과충전되지 않도록 해야 한다.
③ 엔진실이나 트렁크 실 내부 등을 점검할 때 라이터나 성냥 등을 켜고 확인한다.
④ LPG는 온도상승에 의한 압력상승이 있기 때문에 용기는 직사광선 등을 피하는 곳에 설치하고 과열되지 않아야 한다.

풀이 엔진실이나 트렁크 실 내부 등을 점검할 때에는 라이터나 성냥 등을 사용하면 폭발의 위험이 있으므로 사용해서는 안된다.

60. 안전표시의 종류를 나열한 것으로 옳은 것은?

① 금지표시, 경고표시, 지시표시, 안내표시
② 금지표시, 권장표시, 경고표시, 지시표시
③ 지시표시, 권장표시, 사용표시, 주의표시
④ 금지표시, 주의표시, 사용표시, 경고표시

풀이 안전·보건표지의 종류로는 금지표지, 경고표지, 지시표지, 안내표지가 있다.

55. ③ 56. ④ 57. ③ 58. ② 59. ③ 60. ①

2020년 제3회 자동차정비기능사 출제문제

01. 단위 환산으로 맞는 것은?

① 1mile = 2km
② 1lb = 1.55kg
③ 1kgf · m = 1.42ft · lbf
④ 9.81N · m = 9.81J

풀이 ① 1mile = 1.6km, ② 1lb = 0.45kg, ③ 1kgf · m = 7.2ft · lbf

02. 각 실린더의 분사량을 측정하였더니 최대 분사량이 66cc, 최소 분사량이 58cc, 평균 분사량이 60cc이였다면 분사량의 "+불균형률"은 얼마인가?

① 5%
② 10%
③ 15%
④ 20%

풀이 +불균형률 = (최대분사량 - 평균분사량)/평균분사량 = (66 - 60)/60 = 0.06 × 100 = 10%

03. 가솔린 차량의 배출가스 중 NOx의 배출을 감소시키기 위한 방법으로 적당한 것은?

① 캐니스터 설치
② EGR 장치 채택
③ DPF시스템 채택
④ 간접연료 분사방식 채택

풀이 EGR 장치(배기가스 재순환장치)는 질소산화물(NOx)의 발생을 감소시키기 위한 장치이다.

04. 전자제어 연료장치에서 기관이 정지 후 연료압력이 급격히 저하되는 원인 중 가장 알맞은 것은?

① 연료필터가 막혔을 때
② 연료펌프의 체크밸브가 불량할 때
③ 연료의 리턴 파이프가 막혔을 때
④ 연료펌프의 릴리프 밸브가 불량할 때

풀이 연료장치에서 체크밸브가 불량하면 기관이 정지한 후 연료압력이 급격히 저하된다.

05. 피에조(PEIZO) 저항을 이용한 센서는?

① 차속센서
② 매니폴드압력 센서
③ 수온센서
④ 크랭크 각 센서

풀이 압력에 의하여 탄성체에서 발생한 변위나 변형을 압전소자에 가하여 응력에 의해서 발생한 전압을 검출하는 센서이다. 피에조 저항을 이용한 센서에는 매니폴드압력 센서, 대기압 센서 등이 있다.

06. 가솔린 기관과 비교할 때 디젤기관의 장점이 아닌 것은?

① 부분부하 영역에서 연료소비율이 낮다.
② 넓은 회전속도 범위에 걸쳐 회전토크가 크다.
③ 질소산화물과 일산화탄소가 조금 배출된다.
④ 열효율이 높다.

정답 01. ④ 02. ② 03. ② 04. ② 05. ② 06. ③

풀이 디젤기관의 장점은 일산화탄소와 탄화수소 배출물이 작다.

07. 활성탄 캐니스터(charcoal canister)는 무엇을 제어하기 위해 설치하는가?

① CO 증발가스
② HC 증발가스
③ NOx 증발가스
④ CO 증발가스

풀이 캐니스터는 연료계통에서 증발하는 연료 증발가스(HC)를 포집하였다가 기관이 정상온도가 되면 PCSV(purge control solenoid valve)를 통해 흡입계통으로 보내어 연소되도록 한다.

08. 기계식 연료분사장치에 비해 전자식 연료분사장치의 특징 중 거리가 먼 것은?

① 관성질량이 커서 응답성이 향상된다.
② 연료소비율이 감소한다.
③ 배기가스 유해 물질배출이 감소된다.
④ 구조가 복잡하고, 값이 비싸다.

풀이 공기흐름에 따른 관성질량이 작아 응답성능이 향상된다.

09. 4행정 6실린더 기관의 제3번 실린더 흡기 및 배기밸브가 모두 열려 있을 경우 크랭크축을 회전방향으로 120°회전시켰다면 압축 상사점에 가장 가까운 상태에 있는 실린더는?(단, 점화순서는 1-5-3-6-2-4)

① 1번 실린더   ② 2번 실린더
③ 4번 실린더   ④ 6번 실린더

풀이 제3번 실린더 흡기 및 배기밸브가 모두 열려 있을 경우 크랭크축을 회전방향으로 120°회전시켰으므로 제1번 실린더가 흡기 및 배기밸브가 모두 열려 있는 상태(밸브 오버랩상태, 즉 흡입시작)가 되므로 압축 상사점에 가장 가까운 상태에 있는 실린더는 1번 실린더이다.

10. 차량총중량이 3.5톤 이상인 화물자동차 등의 후부안전판 설치기준에 대한 설명으로 틀린 것은?

① 너비는 자동차너비의 100% 미만일 것
② 가장 아랫부분과 지상과의 간격은 550mm 이내일 것
③ 차량 수직방향의 단면 최소높이는 100mm 이하일 것
④ 모서리부의 곡률반경은 2.5mm 이상일 것

풀이 차량 수직방향의 단면 최소높이는 100mm 이상일 것

11. 연소실 체적이 40cc 이고 압축비가 9 : 1인 기관의 행정체적은?

① 280cc
② 300cc
③ 320cc
④ 360cc

풀이 40 × (9−1) = 320cc

07. ② 08. ① 09. ① 10. ③ 11. ③

12. LPG 자동차의 장점 중 맞지 않는 것은?

① 연료비가 경제적이다.
② 가솔린 차량에 비해 출력이 높다.
③ 연소실 내의 카본생성이 낮다.
④ 점화플러그 수명이 길다.

풀이 LPG 자동차의 특징은 배기량이 같은 경우 가솔린 기관에 비해 출력이 낮다.

13. 지르코니아 산소센서에 대한 설명으로 맞는 것은?

① 공연비를 피드백 제어하기 위해 사용한다.
② 공연비가 농후하면 출력전압은 0.45V 이하이다.
③ 공연비가 희박하면 출력전압은 0.45V 이상이다.
④ 300℃ 이하에서도 작동한다.

풀이 산소센서는 공연비를 피드백 제어하기 위해 사용하며, 출력전압이 0.45V 이하이면 공연비가 희박한 상태이고, 1V에 가깝게 나타나면 농후한 상태이다.

14. 윤활유 특성에서 요구되는 사항으로 틀린 것은?

① 점도지수가 적당할 것
② 산화 안정성이 좋을 것
③ 발화점이 낮을 것
④ 기포발생이 적을 것

풀이 윤활유는 인화점과 발화점이 높아야 한다.

15. 디젤기관에서 연료분사의 3대 요인과 관계가 없는 것은?

① 무화　　② 분포
③ 디젤지수　④ 관통력

풀이 연료분사에 필요한 조건은 무화(안개화), 분무(분포), 관통력이다.

16. 실린더 형식에 따른 기관의 분류에 속하지 않는 것은?

① 수평형 엔진
② 직렬형 엔진
③ V형 엔진
④ T형 엔진

풀이 실린더의 설치형태에 따른 분류에는 직렬형, 수평형, V형, 방사형(성형) 등이 있다.

17. 크랭크축이 회전 중 받는 힘의 종류가 아닌 것은?

① 휨(bending)
② 비틀림(torsion)
③ 관통(penetration)
④ 전단(shearing)

풀이 크랭크축이 회전 중 받는 힘은 휨, 비틀림, 전단이다.

정답　12. ②　13. ①　14. ③　15. ③　16. ④　17. ③

18. CO, HC, NOx 가스를 CO$_2$, H$_2$O, N$_2$ 등으로 화학적 반응을 일으키는 장치는?

① 캐니스터
② 삼원촉매장치
③ EGR장치
④ PCV(Positive Crank case Ventilation)

풀이 삼원촉매장치는 배기가스 중의 CO, HC, NOx를 N$_2$, H$_2$O, CO$_2$ 등으로 산화 또는 환원시킨다.

19. 10m/s의 속도는 몇 km/h 인가?

① 3.6km/h ② 36km/h
③ 1/3.6km/h ④ 1/36km/h

풀이 10 × 3600/1000 = 36km/h

20. 자동차용 기관의 연료가 갖추어야 할 특성이 아닌 것은?

① 단위중량 또는 단위체적당의 발열량이 클 것
② 상온에서 기화가 용이할 것
③ 점도가 클 것
④ 저장 및 취급이 용이할 것

풀이 가솔린의 구비조건
① 발열량이 크고, 불붙는 온도(인화점)가 적당할 것
② 인체에 무해하고, 취급이 용이할 것
③ 발열량이 크고, 연소 후 탄소 등 유해 화합물을 남기지 말 것
④ 온도에 관계없이 유동성이 좋을 것
⑤ 연소속도가 빠르고 자기 발화온도는 높을 것
⑥ 인화 및 폭발의 위험이 적고 가격이 저렴할 것

21. 가솔린 기관의 노킹(knocking)을 방지하기 위한 방법이 아닌 것은?

① 화염전파속도를 빠르게 한다.
② 냉각수 온도를 낮춘다.
③ 옥탄가가 높은 연료를 사용한다.
④ 혼합가스의 와류를 방지한다.

풀이 혼합가스에 와류가 발생하도록 해야 한다.

22. 내연기관 밸브장치에서 밸브스프링의 점검과 관계가 없는 것은?

① 스프링 장력
② 자유높이
③ 직각도
④ 코일의 수

풀이 밸브스프링은 스프링 장력, 자유높이, 직각도를 점검한다.

23. 전동식 냉각 팬의 장점 중 거리가 가장 먼 것은?

① 서행 또는 정차 시 냉각성능 향상
② 정상온도 도달 시간단축
③ 기관 최고출력 향상
④ 작동온도가 항상 균일하게 유지

풀이 기관 최고출력을 향상시키는 방법과 전동식 냉각 팬과는 무관하다.

정답 18. ② 19. ② 20. ③ 21. ④ 22. ④ 23. ③

24. 스프링 위 무게 진동과 관련된 사항 중 거리가 먼 것은?

① 바운싱(bouncing)
② 피칭(pitching)
③ 휠 트램프(wheel tramp)
④ 롤링(rolling)

풀이 휠 트램프는 스프링 아래 무게 진동과 관련되어 있다.

25. 앞바퀴 정렬의 종류가 아닌 것은?

① 토인   ② 캠버
③ 섹터 암   ④ 캐스터

풀이 앞바퀴 정렬(얼라인먼트)의 요소에는 킹핀경사각, 캐스터, 토인, 캠버 등이 있다.

26. 차량총중량 5,000kgf의 자동차가 20%의 구배길을 올라 갈 때 구배저항(Rg)은?

① 2,500kgf   ② 2,000kgf
③ 1,710kgf   ④ 1,000kgf

풀이 5,000 × 20/100 = 1,000

27. 제동 배력장치에서 진공식은 무엇을 이용하는가?

① 대기 압력만을 이용
② 배기가스 압력만을 이용
③ 대기압과 흡기다기관의 부압의 차이를 이용
④ 배기가스와 대기압과의 차이를 이용

풀이 진공배력 방식(하이드로 백)은 대기압과 흡기다기관의 압력 차이를 이용하여 배력 작용을 한다.

28. 자동차가 주행하면서 선회할 때 조향각도를 일정하게 유지하여도 선회 반지름이 커지는 현상은?

① 오버 스티어링   ② 언더 스티어링
③ 리버스 스티어링   ④ 토크 스티어링

풀이 언더 스티어링이란 자동차가 주행 중 선회할 때 조향각도를 일정하게 하여도 선회 반지름이 커지는 현상이다.

29. 전자제어 현가장치의 장점에 대한 설명으로 가장 적합한 것은?

① 굴곡이 심한 노면을 주행할 때에 흔들림이 작은 평행한 승차감 실현
② 차속 및 조향 상태에 따라 적절한 조향특성을 얻을 수 있음
③ 운전자가 희망하는 쾌적공간을 제공해 주는 최신 시스템
④ 운전자의 의지에 따라 조향능력을 유지해 주는 시스템

풀이 **전자제어 현가장치의 장점**
- 고속으로 주행할 때 안전성이 있다.
- 충격을 감소시켜 승차감이 좋다.
- 고속으로 주행할 때 차체의 높이를 낮추어 공기저항을 작게 한다.
- 조종 안정성을 향상시킨다.
- 스프링 상수 및 댐핑력(감쇠력)을 제어한다.
- 굴곡이 심한 노면을 주행할 때에 흔들림이 작은 평행한 승차감을 실현한다.

정답 24. ③ 25. ③ 26. ④ 27. ③ 28. ② 29. ①

30. 동력전달장치에서 추진축의 스플라인부가 마멸되었을 때 생기는 현상은?

① 완충작용이 불량하게 된다.
② 주행 중에 소음이 발생한다.
③ 동력전달 성능이 향상된다.
④ 종 감속장치의 결합이 불량하게 된다.

> 풀이 추진축의 스플라인부가 마모되면 주행 중 소음을 내고 진동한다.

31. 타이어의 구조에 해당되지 않는 것은?

① 트레드   ② 브레이커
③ 카커스   ④ 압력판

> 풀이 타이어는 트레드, 브레이커, 카커스, 비드 등으로 구성되어 있으며 압력판은 클러치에 관여한다.

32. 동력조향장치(power steering system)의 장점으로 틀린 것은?

① 조향조작력을 작게 할 수 있다.
② 앞바퀴의 시미현상을 방지할 수 있다.
③ 조향조작이 경쾌하고 신속하다.
④ 고속에서 조향력이 가볍다.

> 풀이 고속에서는 조향력이 무거워야 한다.

33. 유압식 제동장치에서 적용되는 유압의 원리는?

① 뉴톤의 원리   ② 파스칼의 원리
③ 벤투리관의 원리   ④ 베르누이의 원리

> 풀이 파스칼의 원리란 밀폐된 용기 내에 액체를 가득 채우고 압력을 가하면 모든 방향으로 같은 압력이 작용한다는 원리이다.

34. 자동변속기 오일의 주요기능이 아닌 것은?

① 동력전달 작용   ② 냉각작용
③ 충격전달 작용   ④ 윤활작용

> 풀이 자동변속기 오일이 충격을 전달하면 안된다.

35. 다음 중 현가장치에 사용되는 판스프링에서 스팬의 길이변화를 가능하게 하는 것은?

① 섀클   ② 스팬
③ 행거   ④ U볼트

> 풀이 섀클(shackle) : 스팬의 길이를 변화시키며, 차체에 스프링을 설치하는 부분이다.

36. 수동변속기의 클러치의 역할 중 가장 거리가 먼 것은?

① 엔진과의 연결을 차단하는 일을 한다.
② 변속기로 전달되는 엔진의 토크를 필요에 따라 단속한다.
③ 관성운전 시 엔진과 변속기를 연결하여 연비향상을 도모한다.
④ 출발 시 엔진의 동력을 서서히 연결하는 일을 한다.

> 풀이 클러치는 관성운전을 할 때 엔진과 변속기의 연결을 차단한다.

정답 30. ② 31. ④ 32. ④ 33. ② 34. ③ 35. ① 36. ③

37. 엔진의 회전수가 4,500rpm일 경우 2단의 변속비가 1.5일 경우 변속기 출력축의 회전수(rpm)는 얼마인가?

① 1,500 ② 2,000
③ 2,500 ④ 3,000

풀이 4,500/1.5 = 3,000(rpm)

38. 주행 중 브레이크 작동 시 조향핸들이 한쪽으로 쏠리는 원인으로 가장 거리가 먼 것은?

① 휠 얼라인먼트의 조정이 불량하다.
② 좌우 타이어의 공기압이 다르다.
③ 브레이크 라이닝의 좌·우 간극이 불량하다.
④ 마스터 실린더의 첵밸브의 작동이 불량하다.

풀이 마스터 실린더의 첵밸브의 작동이 불량과 핸들의 쏠림 원인과는 무관하다.

39. 주행 중 제동 시 좌우 편제동의 원인으로 가장 거리가 먼 것은?

① 드럼의 편 마모
② 휠 실린더의 오일누설
③ 라이닝 접촉 불량, 기름부착
④ 마스터 실린더의 리턴구멍 막힘

풀이 마스터 실린더 리턴구멍이 막히면 제동이 풀리지 않는다.

40. 자동변속기에서 스톨테스트의 요령 중 틀린 것은?

① 사이드 브레이크를 잠근 후 풋 브레이크를 밟고 전진기어를 넣고 실시한다.
② 사이드 브레이크를 잠근 후 풋 브레이크를 밟고 후진기어를 넣고 실시한다.
③ 바퀴에 추가로 버팀목을 받치고 실시한다.
④ 풋 브레이크는 놓고 사이드 브레이크만 당기고 실시한다.

풀이 사이드 브레이크를 잠근 후 풋 브레이크를 밟고 변속레버를 D 또는 R위치에서 한다.

41. 모터나 릴레이 작동 시 라디오에 유기되는 일반적인 고주파 잡음을 억제하는 부품으로 맞는 것은?

① 트랜지스터 ② 볼륨
③ 콘덴서   ④ 동소기

풀이 모터나 릴레를 작동할 때 라디오에 유기되는 고주파 잡음을 억제하기 위해 사용하는 부품은 콘덴서이다.

42. 자동차 에어컨 시스템에 사용되는 컴프레서 중 가변용량 컴프레서의 장점이 아닌 것은?

① 냉방성능 향상
② 소음진동 향상
③ 연비향상
④ 냉매 충전 효율 향상

정답 37. ④ 38. ④ 39. ④ 40. ④ 41. ③ 42. ④

풀이 가변용량 컴프레샤는 소요 동력의 절감으로 연비를 향상시키고, 컴프레서를 ON/OFF할 때 차량 실내의 토출온도 변화를 최소화 하고, 소음진동을 향상시키고, 냉방성능을 향상시키며, 충격을 낮추어 쾌적성을 향상시킬 수 있다.

43. 엔진정지 상태에서 기동스위치를 "ON" 시켰을 때 축전지에서 발전기로 전류가 흘렀다면 그 원인은?

① [+] 다이오드가 단락되었다.
② [+] 다이오드가 절연되었다.
③ [-] 다이오드가 단락되었다.
④ [-] 다이오드가 절연되었다.

풀이 [+] 다이오드가 단락되면 엔진정지 상태에서 기동스위치를 "ON"시켰을 때 축전지에서 발전기로 전류가 흐른다.

44. 전자제어 점화장치에서 점화시기를 제어하는 순서는?

① 각종 센서 → ECU → 파워 트랜지스터 → 점화코일
② 각종 센서 → ECU → 점화코일 → 파워 트랜지스터
③ 파워 트랜지스터 → 점화코일 → ECU → 각종 센서
④ 파워 트랜지스터 → ECU → 각종 센서 → 점화코일

풀이 각종 센서에서 ECU로 신호가 전달되면서 파워 트랜지스터 점화코일로 전달된다.

45. 비중이 1.280(20℃)의 묽은 황산 1ℓ 속에 35%(중량)의 황산이 포함되어 있다면 물은 몇 g 포함되어 있는가?

① 932 ② 832
③ 719 ④ 819

풀이 묽은 황산 1ℓ 속에 35%(중량)의 황산이 포함되어 있으면 물이 65% 들어있으므로 1,280g × 0.65 = 832g

46. 기동전동기 무부하 시험을 할 때 필요 없는 것은?

① 전류계 ② 저항시험기
③ 전압계 ④ 회전계

풀이 기동전동기 무부하 시험을 할 때에는 전류계, 전압계, 회전계, 가변저항 등이 필요하다.

47. 윈드 실드 와이퍼 장치의 관리요령에 대한 설명으로 틀린 것은?

① 와이퍼 블레이드는 수시 점검 및 교환해 주어야 한다.
② 와셔액이 부족한 경우 와셔액 경고등이 점등된다.
③ 전면유리는 왁스로 깨끗이 닦아 주어야 한다.
④ 전면유리는 기름수건 등으로 닦지 말아야 한다.

풀이 왁스로 닦으면 전면 유리가 뿌옇게 변해 시야가 흐려지거나 깨끗해지지 않는다.

정답 43. ① 44. ① 45. ② 46. ② 47. ③

48. 부특성(NTC) 가변저항을 이용한 센서는?

① 산소센서   ② 수온센서
③ 조향 각 센서   ④ TDC 센서

> 풀이 부특성 가변저항을 사용하는 센서에는 수온센서, 흡기온도센서, 유온센서, 연료온도센서 등이 있다.

49. 자동차용 배터리에 과충전을 반복하면 배터리에 미치는 영향은?

① 극판이 황산화 된다.
② 용량이 크게 된다.
③ 양극판 격자가 산화된다.
④ 단자가 산화된다.

> 풀이 배터리에 과충전을 반복한 경우의 영향
> • 전해액이 갈색을 띤다.
> • 양극판 격자가 산화된다.
> • 양극단자 쪽의 셀 커버가 볼록하게 부풀어 오른다.

50. "회로 내의 어떤 한 점에 유입한 전류의 총합과 유출한 전류의 총합은 같다."는 법칙은?

① 렌츠의 법칙
② 앙페르의 법칙
③ 뉴턴의 제1법칙
④ 키르히호프의 제1법칙

> 풀이 **키르히호프의 제1법칙**
> "회로 내의 어떤 한 점에 유입한 전류의 총합과 유출한 전류의 총합은 같다."는 법칙이다.

51. 사고예방 대책의 5단계 중 그 대상이 아닌 것은?

① 사실의 발견
② 평가분석
③ 시정책의 선정
④ 엄격한 규율의 책정

> 풀이 **사고예방 대책의 5단계** : 안전관리 조직 → 사실의 발견 → 평가분석 → 시정책의 선정 → 시정책의 적용

52. 리머가공에 관한 설명으로 옳은 것은?

① 액슬축 외경가공 작업 시 사용된다.
② 드릴 구멍보다 먼저 작업한다.
③ 드릴 구멍보다 더 정밀도가 높은 구멍을 가공하는데 필요하다.
④ 드릴 구멍보다 더 작게 하는데 사용한다.

> 풀이 리머가공은 드릴작업보다 더 정밀도가 높은 구멍을 가공하는데 사용한다.

53. 다음 중 연료파이프 피팅을 풀 때 가장 알맞은 렌치는?

① 탭 렌치
② 복스 렌치
③ 소켓렌치
④ 오픈엔드렌치

> 풀이 연료파이프 피팅을 풀 때는 오픈엔드렌치(스패너)를 사용한다.

정답 48. ② 49. ③ 50. ④ 51. ④ 52. ③ 53. ④

54. 화재의 분류기준에서 휘발유로 인해 발생한 화재는?

① A급 화재 ② B급 화재
③ C급 화재 ④ D급 화재

풀이 B급 화재 : 휘발유, 벤젠 등의 유류화재

55. 드릴링 머신의 사용에 있어서 안전 상 옳지 못한 것은?

① 드릴회전 중 칩을 손으로 털거나 불어내지 말 것
② 가공물에 구멍을 뚫을 때 가공물을 바이스에 물리고 작업할 것
③ 솔로 절삭유를 바를 경우에는 위에서 바를 것
④ 드릴을 회전시킨 후에 머신 테이블을 조정할 것

풀이 드릴을 정지시킨 후에 머신 테이블을 조정해야 한다.

56. FF차량의 구동축을 정비할 때 유의사항으로 틀린 것은?

① 구동축의 고무부트 부위의 그리스 누유 상태를 확인한다.
② 구동축 탈거 후 변속기 케이스의 구동축 장착 구멍을 막는다.
③ 구동축을 탈거할 때마다 오일씰을 교환한다.
④ 탈거공구를 최대한 깊이 끼워서 사용한다.

풀이 탈거공구를 깊이 끼워서 사용하면 안된다.

57. 작업장의 안전점검을 실시할 때 유의사항이 아닌 것은?

① 과거 재해요인이 없어졌는지 확인한다.
② 안점점검 후 강평하고 사소한 사항은 묵인한다.
③ 점검내용을 서로가 이해하고 협조한다.
④ 점검자의 능력에 적응하는 점검내용을 활용한다.

풀이 안전점검 후 사소한 사항은 세심하게 주의를 주는게 올바른 안전점검이다.

58. 공작기계 작업시의 주의사항으로 틀린 것은?

① 몸에 묻은 먼지나 철분 등 기타의 물질은 손으로 떨어낸다.
② 정해진 용구를 사용하여 파쇄철이 긴 것은 자르고 짧은 것은 막대로 제거한다.
③ 무거운 공작물을 옮길 때에는 운반기계를 이용한다.
④ 기름걸레는 정해진 용기에 넣어 화재를 방지하여야 한다.

풀이 몸에 묻은 먼지나 철분 등 기타의 물질은 손으로 떨어내지 않고 에어로 제거한다.

59. 휠 밸런스 시험기 사용 시 적합하지 않은 것은?

① 휠의 탈·부착 시에는 무리한 힘을 가하지 않는다.
② 균형추를 정확히 부착한다.
③ 계기판은 회전이 시작되면 즉시 판독한다.
④ 시험기 사용방법과 유의사항을 숙지 후 사용한다.

정답 54.② 55.④ 56.④ 57.② 58.① 59.③

[풀이] 휠 밸런스 시험기 계기판은 회전이 멈추면 판독한다.

60. 자동차의 배터리 충전 시 안전한 작업이 아닌 것은?

① 자동차에서 배터리 분리 시 (+)단자 먼저 분리한다.
② 배터리 온도가 45℃ 이상 오르지 않게 한다.
③ 충전은 환기가 잘 되는 넓은 곳에서 한다.
④ 과충전 및 과방전을 피한다.

[풀이] 자동차에서 배터리 분리 시 (-)단자를 먼저 분리한다.

정답   60. ①

2020년 제4회 자동차정비기능사 출제문제

01. 기관의 최고출력이 1.3PS이고, 총배기량이 50cc, 회전수가 5000rpm일 때 리터 마력(PS/L)은?

① 56　　② 46
③ 36　　④ 26

풀이　$1.3 \times 1000/50 = 26$

02. 저속, 전부하에서의 기관의 노킹(knocking) 방지성을 표시하는데 가장 적당한 옥탄가 표기법은?

① 리서치 옥탄가
② 모터 옥탄가
③ 로드 옥탄가
④ 프런트 옥탄가

풀이
- **리서치 옥탄가**: 전부하 저속 즉 저속에서 급가속할 때 기관의 앤티노크성을 표시하는 데 알맞다.
- **모터 옥탄가**: 고속 전부하, 고속 부분부하, 그리고 저속 부분부하 상태인 기관의 앤티노크성을 표시하는데 적당하다.
- **로드 옥탄가**: 표준연료를 사용하여 기관을 운전하는 방법으로 가솔린의 앤티노크성을 직접 결정할 수 있다.
- **프런트 옥탄가**: 연료의 구성성분 중 100℃까지 증류되는 부분의 리서치 옥탄가(RON)로서, 가속노크에 관한 연료의 특성을 이해하는 데 중요한 자료이다.

03. 크랭크축에서 크랭크 핀 저널의 간극이 커졌을 때 일어나는 현상으로 거리가 먼 것은?

① 운전 중 심한 소음이 발생할 수 있다.
② 흑색 연기를 뿜는다.
③ 윤활유 소비량이 많다.
④ 유압이 낮아질 수 있다.

풀이　윤활유가 연소되면 백색의 연기가 배출된다.

04. 가솔린 기관에서 노킹(knocking) 발생 시 억제하는 방법은?

① 혼합비를 희박하게 한다.
② 점화시기를 지각시킨다.
③ 옥탄가가 낮은 연료를 사용한다.
④ 화염전파속도를 느리게 한다.

풀이　점화시기를 늦추면 된다.

05. 캠축의 구동방식이 아닌 것은?

① 기어형
② 체인형
③ 포핏형
④ 벨트형

풀이　캠축의 구동방식에는 벨트전동방식, 체인전동방식, 기어전동방식 등이 있다.

정답　01. ④　02. ①　03. ②　04. ②　05. ③

06. 산소센서(O₂ sensor)가 피드백(feed back) 제어를 할 경우로 가장 적합한 것은?

① 연료를 차단할 때
② 급가속 상태일 때
③ 감속 상태일 때
④ 대기와 배기가스 중의 산소농도 차이가 있을 때

풀이 산소센서가 피드백 제어를 하는 경우는 대기와 배기가스 중의 산소농도의 차이가 있을 때이다.

07. 크랭크축 메인저널 베어링 마모를 점검하는 방법은?

① 필러게이지(feeler gauge) 방법
② 시임(seam) 방법
③ 직각자 방법
④ 플라스틱 게이지(plastic gauge) 방법

풀이 메인저널 베어링을 점검하는 방법은 플라스틱 게이지가 가장 적합하다.

08. 기관이 과열되는 원인이 아닌 것은?

① 라디에이터 코어가 막혔다.
② 수온조절기가 열려있다.
③ 냉각수의 양이 적다.
④ 물 펌프의 작동이 불량하다.

풀이 기관의 과열되는 원인은 수온조절기가 막혀 있는 상태이다.

09. 측압이 가해지지 않은 쪽의 스커트 부분을 따낸 것으로 무게를 늘리지 않고 접촉면적은 크게 하고 피스톤 슬랩(slap)은 적게 하여 고속기관에 널리 사용하는 피스톤의 종류는?

① 슬리퍼 피스톤(slipper piston)
② 솔리드 피스톤(solid piston)
③ 스플릿 피스톤(split piston)
④ 옵셋 피스톤(offset piston)

풀이 슬리퍼 피스톤(slipper piston)은 측압을 받지 않는 스커트 부분을 잘라낸 것으로 실린더 마모를 적게 하며, 피스톤 중량을 가볍게 하고, 피스톤 슬랩을 감소시킬 수 있는 특징이 있다.

10. 인젝터의 분사량을 제어하는 방법으로 맞는 것은?

① 솔레노이드 코일에 흐르는 전류의 통전시간으로 조절한다.
② 솔레노이드 코일에 흐르는 전압의 시간으로 조절한다.
③ 연료압력의 변화를 주면서 조절한다.
④ 분사구의 면적으로 조절한다.

풀이 인젝터의 연료분사량은 솔레노이드 코일에 흐르는 전류의 통전시간으로 제어한다.

11. 배기가스 재순환 장치(EGR)의 설명으로 틀린 것은?

① 가속성능을 향상시키기 위해 급가속시에는 차단된다.
② 연소온도가 낮아지게 된다.

정답   06. ④   07. ④   08. ②   09. ①   10. ①

③ 질소산화물(NOx)이 증가한다.
④ 탄화수소와 일산화탄소량은 저감되지 않는다.

풀이 연소가스를 재순환시켜 연소실 내의 연소온도를 낮춰 질소산화물(NOx)을 저감시키기 위한 장치이다.

12. LPG 기관에서 액상 또는 기상 솔레노이드 밸브의 작동을 결정하기 위한 엔진 ECU의 입력요소는?

① 흡기관 부압
② 냉각수 온도
③ 엔진 회전수
④ 배터리 전압

풀이 액상 또는 기상 솔레노이드 밸브는 LPG 기관에서 냉각수 온도신호에 따라 기체 또는 액체의 연료를 차단하거나 공급한다.

13. 배출가스 저감장치 중 삼원촉매(Catalytic Convertor)장치를 사용하여 저감시킬 수 있는 유해가스의 종류는?

① CO, HC, 흑연
② CO, NOx, 흑연
③ NOx, HC, SO
④ CO, HC, NOx

풀이 삼원촉매장치는 유해배기가스 중의 CO, HC, NOx 등으로 산화 또는 환원시킨다.

14. 연료 분사펌프의 토출량과 플런저의 행정은 어떠한 관계가 있는가?

① 토출량은 플런저의 유효행정에 정비례한다.
② 토출량은 예비행정에 비례하여 증가한다.
③ 토출량은 플런저의 유효행정에 반비례한다.
④ 토출량은 플런저의 유효행정과 전혀 관계가 없다.

풀이 연료의 분사량 결정은 플런저의 유효행정에 정비례한다.

15. 연소실 체적이 48cc 이고 압축비가 9 : 1인 기관의 배기량은 얼마인가?

① 432cc
② 384cc
③ 336cc
④ 288cc

풀이 $48 \times (9 - 1) = 384cc$

16. 자동차 기관에서 윤활회로 내의 압력이 과도하게 올라가는 것을 방지하는 역할을 하는 것은?

① 오일펌프
② 릴리프 밸브
③ 체크밸브
④ 오일쿨러

풀이 릴리프 밸브는 윤활회로 내의 유압이 과도하게 상승하는 것을 방지하고 일정하게 유지한다.

11. ③ 12. ② 13. ④ 14. ① 15. ② 16. ②

17. 가솔린 기관의 연료펌프에서 체크밸브의 역할이 아닌 것은?

① 연료라인 내의 잔압을 유지한다.
② 기관 고온 시 연료의 베이퍼록을 방지한다.
③ 연료의 맥동을 흡수한다.
④ 연료의 역류를 방지한다.

> 풀이 연료펌프의 체크밸브(check valve)는 연료펌프에서 연료의 압송이 정지될 때 닫혀 연료라인 내에 잔압을 유지시키고, 고온일 때 베이퍼록 현상을 방지하고 재시동성을 향상시키며, 연료의 역류를 방지한다.

18. 정지하고 있는 질량 2kg의 물체에 1N의 힘이 작용하면 물체의 가속도는?

① $0.5m/s^2$ ② $1m/s^2$
③ $2m/s^2$ ④ $5m/s^2$

> 풀이 힘(F) = 질량(m) × 가속도(a) = N.
> 따라서 가속도(a) = N/m = 0.5m/sec²

19. 가솔린 기관의 이론 공연비로 맞는 것은?(단, 희박연소 기관은 제외)

① 8 : 1
② 13.4 : 1
③ 14.7 : 1
④ 15.6 : 1

> 풀이 가솔린 기관에 적용되는 가장 이상적인 공연비는 14.7 : 1

20. 스로틀밸브가 열려있는 상태에서 가속할 때 일시적인 가속지연 현상이 나타나는 것을 무엇이라고 하는가?

① 스텀블(stumble)
② 스톨링(stalling)
③ 헤지테이션(hesitation)
④ 서징(surging)

> 풀이 헤지테이션(hesitation) : 가속 중 순간적인 멈춤으로서, 출발할 때 가속 이외의 어떤 속도에서 스로틀의 응답성이 부족한 상태

21. 표준 대기압의 표기로 옳은 것은?

① 735mmHg
② 0.85kgf/cm²
③ 101.3kPa
④ 10bar

> 풀이 1기압(atm) = 101325(Pa) = 1013.25(hPa) = 101.325(kPa) = 0.101325(MPa) = 1.01325(bar) = 1.033227kgf/cm² = 14.696(psi) = 760mmHg

22. 적색 또는 청색 경광등을 설치하여야 하는 자동차가 아닌 것은?

① 교통단속에 사용되는 경찰용 자동차
② 범죄수사를 위하여 사용되는 수사기관용 자동차
③ 소방자동차
④ 구급자동차

정답 17. ③ 18. ① 19. ③ 20. ③ 21. ③ 22. ④

풀이 구급자동차에서 많이 사용하는 경광등의 색깔은 녹색을 사용한다.

23. 가솔린 연료분사기관에서 인젝터 (−)단자에서 측정한 인젝터 분사파형은 파워트랜지스터가 off 되는 순간 솔레노이드 코일에 급격하게 전류가 차단되기 때문에 큰 역기전력이 발생하게 되는데 이것을 무엇이라 하는가?

① 평균전압 ② 전압강하
③ 서지전압 ④ 최소전압

풀이 서지전압이란 인젝터 (−)단자에서 측정한 인젝터 분사파형은 파워트랜지스터가 off 되는 순간 솔레노이드 코일에 급격하게 전류가 차단되기 때문에 큰 역기전력이 발생하는 전압이다.

24. 유압식 전자제어 파워스티어링 ECU의 입력 요소가 아닌 것은?

① 차속센서
② 스로틀 포지션 센서
③ 크랭크축 포지션 센서
④ 조향 각 센서

풀이 ECU 입력요소에는 차속센서, 스로틀 위치 센서, 조향 각 센서 등이 있다.

25. 휠얼라인먼트 요소 중 하나인 토인의 필요성과 거리가 가장 먼 것은?

① 조향바퀴에 복원성을 준다.
② 주행 중 토 아웃이 되는 것을 방지한다.
③ 타이어 슬립과 마멸을 방지한다.
④ 캠버와 더불어 앞바퀴를 평행하게 회전시킨다.

풀이 조향바퀴에 복원성을 주는 요소는 캐스터와 킹핀경사각이다.

26. 조향핸들이 1회전하였을 때 피트먼 암이 40° 움직였다. 조향기어의 비는?

① 9 : 1 ② 0.9 : 1
③ 45 : 1 ④ 4.5 : 1

풀이 360/4 = 9
조향기어비 = 조향핸들이 회전한 각도/피트먼 암이 움직인 각도

27. 마스터 실린더 푸시로드에 작용하는 힘이 150kgf 이고, 피스톤의 면적이 3cm²일 때 단위면적 당 유압은?

① 10kgf/cm² ② 50kgf/cm²
③ 150kgf/cm² ④ 450kgf/cm²

풀이 150/3 = 50kgf/cm²

28. 현가장치가 갖추어야 할 기능이 아닌 것은?

① 승차감의 향상을 위해 상하 움직임에 적당한 유연성이 있어야 한다.
② 원심력이 발생되어야 한다.
③ 주행 안정성이 있어야 한다.
④ 구동력 및 제동력 발생 시 적당한 강성이 있어야 한다.

정답 23. ③ 24. ③ 25. ① 26. ① 27. ② 28. ②

풀이 자동차가 선회할 때 원심력이 발생되면 안된다.

29. 시동 off 상태에서 브레이크 페달을 여러 차례 작동 후 브레이크 페달을 밟은 상태에서 시동을 걸었는데 브레이크 페달이 내려가지 않는다면 예상되는 고장부위는?

① 주차 브레이크 케이블
② 앞바퀴 캘리퍼
③ 진공 배력장치
④ 프로포셔닝 밸브

풀이 진공 배력장치에 이상이 있으면 기관시동이 꺼진 상태에서 브레이크 페달을 여러 차례 작동 후 브레이크 페달을 밟은 상태에서 시동을 ON했을 때 브레이크 페달이 내려가지 않는다.

30. 자동차에서 제동시의 슬립비를 표시한 것으로 맞는 것은?

① $\dfrac{\text{자동차 속도} - \text{바퀴속도}}{\text{자동차 속도}} \times 100$

② $\dfrac{\text{자동차 속도} - \text{바퀴속도}}{\text{바퀴속도}} \times 100$

③ $\dfrac{\text{바퀴속도} - \text{자동차 속도}}{\text{자동차 속도}} \times 100$

④ $\dfrac{\text{바퀴속도} - \text{자동차 속도}}{\text{바퀴속도}} \times 100$

풀이 (자동차 속도 - 바퀴의 속도)/자동차의 속도 × 100

31. 선회할 때 조향각도를 일정하게 유지하여도 선회 반경이 작아지는 현상은?

① 오버 스티어링
② 언더 스티어링
③ 다운 스티어링
④ 어퍼 스티어링

풀이 오버 스티어링 현상이란 자동차가 주행 중 선회할 때 조향각도를 일정하게 하여도 선회 반지름이 작아지는 현상이다.

32. 여러 장을 겹쳐 충격흡수 작용을 하도록 한 스프링은?

① 토션바 스프링
② 고무 스프링
③ 코일 스프링
④ 판스프링

풀이 판스프링은 스프링강을 여러 장 겹쳐서 노면에서의 충격흡수 작용을 하도록 한 것이다.

33. 클러치의 릴리스 베어링으로 사용되지 않는 것은?

① 앵귤러 접촉형
② 평면 베어링형
③ 볼 베어링형
④ 카본형

풀이 릴리스 베어링의 종류에는 앵귤러 접촉형, 볼 베어링형, 카본형 등이 있다.

정답 29. ③ 30. ① 31. ① 32. ④ 33. ②

34. 공기식 제동장치의 구성요소로 틀린 것은?

① 언로더 밸브 ② 릴레이 밸브
③ 브레이크 챔버 ④ EGR 밸브

> 풀이 EGR 밸브는 배기가스 중의 질소산화물의 발생을 저감시켜주는 장치이다.

35. 자동차가 커브를 돌 때 원심력이 발생하는데 이 원심력을 이겨내는 힘은?

① 코너링 포스 ② 컴플라이언 포스
③ 구동 토크 ④ 회전 토크

> 풀이 코너링 포스(cornering force)란 타이어가 어떤 슬립 각도로 선회할 때 접지면에 생기는 힘 중에서 타이어 진행방향에 대해 직각으로 작용하는 힘을 말하며 커브를 돌 때 원심력을 이겨내는 힘이다.

36. 구동피니언의 잇수가 15, 링 기어의 잇수가 58일 때 종감속비는 약 얼마인가?

① 2.58 ② 3.87
③ 4.02 ④ 2.94

> 풀이 58/15 = 3.87

37. 자동변속기에서 일정한 차속으로 주행 중 스로틀밸브 개도를 갑자기 증가시키면 시프트다운(감속 변속)되어 큰 구동력을 얻을 수 있는 것은?

① 스톨 ② 킥다운
③ 킥 업 ④ 리프트 풋업

> 풀이 킥 다운이란 가속페달을 완전히 밟았을 때 현재의 변속단수보다 한 단계 낮은 단수로 강제로 시프트 다운시키는 것을 말한다.

38. 자동변속기에서 유체클러치를 바르게 설명한 것은?

① 유체의 운동에너지를 이용하여 토크를 자동적으로 변환하는 장치
② 기관의 동력을 유체 운동에너지로 바꾸어 이 에너지를 다시 동력으로 바꾸어서 전달하는 장치
③ 자동차 주행조건에 알맞은 변속비를 얻도록 제어하는 장치
④ 토크컨버터 슬립에 의한 손실을 최소화하기 위한 장치

> 풀이 유체클러치는 기관의 회전력을 액체의 운동에너지로 바꾸고 이 에너지를 다시 동력으로 바꾸어 변속기로 전달하는 장치이다.

39. 동력인출 장치에 대한 다음 설명 중의 ( )에 맞는 것은?

> 동력인출 장치는 농업기계에서 ( )의 구동용으로도 사용되며, 변속기 측면에 설치되어 ( )의 동력을 인출한다.

① 작업 장치, 주축상
② 작업 장치, 부축상
③ 주행 장치, 주축상
④ 주행 장치, 부축상

---

34. ④ 35. ① 36. ② 37. ② 38. ② 39. ②

풀이 농업기계에서 작업 장치의 구동용으로도 사용되며, 변속기 측면에 설치되어 부축상의 동력을 인출한다.

40. 수동변속기에서 클러치(clutch)의 구비조건으로 틀린 것은?

① 동력을 차단할 경우에는 차단이 신속하고 확실할 것
② 미끄러지는 일이 없이 동력을 확실하게 전달할 것
③ 회전부분의 평형이 좋을 것
④ 회전관성이 클 것

풀이 회전관성이 작아야 한다.

41. 기동전동기 정류자 점검 및 정비 시 유의사항으로 틀린 것은?

① 정류자는 깨끗해야 한다.
② 정류자 표면은 매끈해야 한다.
③ 정류자는 줄로 가공해야 한다.
④ 정류자는 진원이어야 한다.

풀이 정류자는 줄로 가공해서는 안된다.

42. 이모빌라이저 시스템에 대한 설명으로 틀린 것은?

① 차량의 도난을 방지할 목적으로 적용되는 시스템이다.
② 도난상황에서 시동이 걸리지 않도록 제어한다.
③ 도난상황에서 시동키가 회전되지 않도록 제어한다.
④ 엔진의 시동은 반드시 차량에 등록된 키로만 시동이 가능하다.

풀이 엔진시동은 반드시 차량에 등록된 키로만 시동이 가능하며 도난상황에서 시동이 걸리지 않도록 제어한다.

43. AC 발전기에서 전류가 발생하는 곳은?

① 전기자
② 스테이터
③ 로터
④ 브러시

풀이 AC 발전기에서 전류가 발생하는 곳은 스테이터이다.

44. 자동차용 배터리의 급속충전 시 주의사항으로 틀린 것은?

① 배터리를 자동차에 연결한 채 충전할 경우, 접지(-)터미널을 떼어 놓을 것
② 충전전류는 용량 값의 약 2배 정도의 전류로 할 것
③ 될 수 있는 대로 짧은 시간에 실시할 것
④ 충전 중 전해액의 온도가 약 45℃ 이상되지 않도록 할 것

풀이 축전지 접지케이블을 분리한 상태에서 축전지 용량의 1/2 전류로 충전하기 때문에 충전시간은 짧게 하여야 한다.

정답 40. ④ 41. ③ 42. ③ 43. ② 44. ②

45. 주파수를 설명한 것 중 틀린 것은?

① 1초에 60회 파형이 반복되는 것을 60Hz라고 한다.
② 교류의 파형이 반복되는 비율을 주파수라고 한다.
③ 1/주기는 주파수와 같다.
④ 주파수는 직류의 파형이 반복되는 비율이다.

풀이 주파수는 교류파형이 반복되는 비율이며, 1초에 60회 파형이 반복되는 것을 60Hz라고 표현한다.

46. 배터리 취급 시 틀린 것은?

① 전해액량은 극판 위 10~13mm 정도 되도록 보충한다.
② 연속 대전류로 방전되는 것은 금지해야 한다.
③ 전해액을 만들어 사용 시는 고무 또는 납 그릇을 사용하되, 황산에 증류수를 조금씩 첨가하면서 혼합한다.
④ 배터리 단자부 및 케이스 면은 소다수로 세척한다.

풀이 전해액을 만들 때에는 절연체 그릇을 사용하여야 하며, 증류수에 황산을 조금씩 첨가하면서 혼합해야 한다.

47. 4기통 디젤기관에 저항이 0.8Ω인 예열플러그를 각 기통에 병렬로 연결하였다. 이 기관에 설치된 예열플러그의 합성저항은 몇 Ω인가?(단, 기관의 전원은 24V임)

① 0.1
② 0.2
③ 0.3
④ 0.4

풀이 1/0.8 + 1/0.8 + 1/0.8 + 1/0.8 = 4/0.8
0.8/4 = 0.2Ω

48. 트랜지스터식 점화장치는 어떤 작동으로 점화코일의 1차 전압을 단속하는가?

① 증폭 작용
② 자기유도작용
③ 스위칭 작용
④ 상호유도작용

풀이 트랜지스터식 점화장치는 스위칭 작용으로 점화코일의 1차 전압을 단속한다.

49. 와이퍼 장치에서 간헐적으로 작동되지 않는 요인으로 거리가 먼 것은?

① 와이퍼 릴레이가 고장이다.
② 와이퍼 블레이드가 마모되었다.
③ 와이퍼 스위치가 불량이다.
④ 모터 관련 배선의 접지가 불량이다.

풀이 간헐위치에서 와이퍼가 작동되지 않는 원인은 간헐 와이퍼 릴레이의 고장, 와이퍼 모터의 고장, 와이퍼 스위치의 불량, 모터 관련 배선의 불량 또는 접지불량 등이다.

정답 45. ④ 46. ③ 47. ② 48. ③ 49. ②

50. 괄호 안에 알맞은 소자는?

> SRS(supplemental restraint system) 점검 시 반드시 배터리의 (−)터미널을 탈거 후 5분 정도 대기한 후 점검한다. 이는 ECU 내부에 있는 데이터를 유지하기 위한 내부 (   )에 충전되어 있는 전하량을 방전시키기 위함이다.

① 서미스터
② G센서
③ 사이리스터
④ 콘덴서

풀이 SRS를 점검할 때 반드시 배터리의 (−)터미널을 탈거 후 5분 정도 대기한 후 점검하여야 하는데 이는 ECU 내부에 있는 데이터를 유지하기 위한 내부 콘덴서에 충전되어 있는 전하량을 방전시키기 위함이다.

51. 적외선 전구에 의한 화재 및 폭발할 위험성이 있는 경우와 거리가 먼 것은?

① 용제가 묻은 헝겊이나 마스킹 용지가 접촉한 경우
② 적외선 전구와 도장 면이 필요 이상으로 가까운 경우
③ 상당한 고온으로 열량이 커진 경우
④ 상온의 온도가 유지되는 장소에서 사용하는 경우

풀이 상온의 온도가 유지되는 장소는 화재 및 폭발할 위험성은 없다.

52. 절삭기계 테이블의 T홈 위에 있는 칩 제거 시 가장 적합한 것은?

① 걸레
② 맨손
③ 솔
④ 장갑 낀 손

풀이 T홈 칩 제거 시 가장 적합한 공구는 솔이 적합하다.

53. 재해발생 원인으로 가장 높은 비율을 차지하는 것은?

① 작업자의 불안전한 행동
② 불안전한 작업환경
③ 작업자의 성격적 결함
④ 사회적 환경

풀이 재해발생 원인 중 가장 높은 비율은 작업자의 불안전한 행동에서 비롯된다.

54. 탁상 그라인더에서 공작물은 숫돌바퀴의 어느 곳을 이용하여 연삭하는 것이 안전한가?

① 숫돌바퀴 측면
② 숫돌바퀴의 원주면
③ 어느 면이나 연삭작업은 상관없다.
④ 경우에 따라서 측면과 원주면을 사용한다.

풀이 공작물은 숫돌바퀴의 원주면을 이용하여 연삭하여야 한다.

정답 50. ④ 51. ④ 52. ③ 53. ① 54. ②

55. 정 작업 시 주의할 사항으로 틀린 것은?

① 금속 깎기를 할 때는 보안경을 착용한다.
② 정의 날을 몸 안쪽으로 하고 해머로 타격한다.
③ 정의 섕크나 해머에 오일이 묻지 않도록 한다.
④ 보관 시에는 날이 부딪쳐서 무디어지지 않도록 한다.

> 풀이 정의 날을 몸 바깥쪽으로 하고 해머로 타격한다.

56. 자동차를 들어 올릴 때 주의사항으로 틀린 것은?

① 잭과 접촉하는 부위에 이물질이 있는지 확인한다.
② 센터멤버의 손상을 방지하기 위하여 잭이 접촉하는 곳에 헝겊을 넣는다.
③ 차량 하부에는 개러지 잭으로 지지하지 않도록 한다.
④ 래터럴 로드나 현가장치는 잭으로 지지한다.

> 풀이 래터럴 로드는 가로 방향이란 뜻으로, 좌우방향의 움직임을 규제하기 위하여 차축과 프레임 사이를 가로지른 막대인데 잭으로 지지하면 안되는 부품이다.

57. 자동차 VIN(vehicle identification number)의 정보에 포함되지 않는 것은?

① 안전벨트 구분   ② 제동장치 구분
③ 엔진의 종류   ④ 자동차 종별

> 풀이 자동차 VIN은 국제규격(ISO)에 따라 VIN는 총 17자리의 영문과 숫자의 조합으로 구성되어 있으며 숫자만 쓰는 게 아니고 알파벳도 같이 사용하지만 숫자 '1'과 '0'과의 혼동을 피하기 위해서 알파벳 'I', 'O', 'Q'은 아예 처음부터 사용하지 않는다. 총 17자리 중에서 4~9자리는 각 제조사가 내부적으로 규정한 룰을 적용하기 때문에 통일된 규격이 없으며 1~2, 10~17까지는 모든 제조사가 공통된 코드를 쓰기 때문에 소비자들도 쉽게 차량정보를 알 수 있다.

58. 자동차 엔진오일 점검 및 교환방법으로 적합한 것은?

① 환경오염방지를 위해 오일은 최대한 교환 시기를 늦춘다.
② 가급적 고점도의 오일로 교환한다.
③ 오일을 완전히 배출하기 위하여 시동 걸기 전에 교환한다.
④ 오일교환 후 기관을 시동하여 충분히 엔진 윤활부에 윤활한 후 시동을 끄고 오일량을 점검한다.

> 풀이 오일교환 후 기관을 시동하여 충분히 엔진 윤활부에 윤활한 후 시동을 끈 후 오일량을 점검하는 것이 올바른 점검방법이다.

59. 납산 배터리의 전해액이 흘렀을 때 중화용액으로 가장 알맞은 것은?

① 중탄산소다   ② 황산
③ 증류수   ④ 수돗물

> 풀이 중화용액으로 중탄산소다가 가장 적합하다.

55. ② 56. ④ 57. ③ 58. ④ 59. ①

60. 전자제어 시스템 정비 시 자기진단기 사용에 대하여 ( )에 적합한 것은?

> 고장코드의 (a)는 배터리 전원에 의해 백업되어 점화스위치를 OFF 시키더라도 (b)에 기억된다. 그러나 (c)를 분리시키면 고장진단 결과는 지워진다.

① a : 정보, b : 정션박스, c : 고장진단 결과
② a : 고장진단 결과, b : 배터리 (−)단자, c : 고장부위
③ a : 정보, b : ECU, c : 배터리 (−)단자
④ a : 고장진단 결과, b : 고장부위, c : 배터리 (−)단자

풀이 고장코드의 정보는 배터리 전원에 의해 백업되어 점화스위치를 OFF 시키더라도 ECU에 기억된다. 그러나 배터리 (−)단자를 분리시키면 고장진단 결과는 지워진다.

정답 60. ③

2019년 제1회 자동차정비기능사 출제문제

01. CRDI 디젤 엔진에서 기계식 저압 펌프의 연료 공급 경로가 맞는 것은?

① 연료 탱크-저압 펌프-연료 필터-고압펌프-커먼레일-인젝터
② 연료 탱크-연료 필터-저압 펌프-고압펌프-커먼레일-인젝터
③ 연료 탱크-저압 펌프-연료 필터-커먼레일-고압 펌프-인젝터
④ 연료 탱크-연료 필터-저압 펌프-커먼레일-고압 펌프-인젝터

> 풀이 커먼레일 방식은 저압연료라인, 고압연료라인, 컴퓨터 등으로 구성되며, 연료공급과정은 저압연료펌프-연료여과기-고압연료펌프-커먼레일-인젝터

02. 실린더 헤드를 떼어낼 때 볼트를 바르게 푸는 방법은?

① 풀기 쉬운 것부터 푼다.
② 중앙에서 바깥을 향하여 대각선으로 푼다.
③ 바깥에서 안쪽으로 향하여 대각선으로 푼다.
④ 실린더 보어를 먼저 제거하고 실린더헤드를 떼어낸다.

> 풀이 실린더 헤드를 조립할 때에는 중앙에서 바깥쪽으로 대각선방향으로 조인다.

03. 기관의 회전력이 71.6kgf-m에서 200 PS의 축출력을 냈다면 이 기관의 회전속도는?

① 1000rpm
② 1500rpm
③ 2000rpm
④ 2500rpm

> 풀이 제동마력 = 회전력 × 기관회전속도 / 716
> 200 = 71.6 × X / 716 = 2000rpm

04. EGR(배기가스 재순환장치)과 관계 있는 배기가스는?

① CO
② HC
③ NO_x
④ H_2O

> 풀이 배기가스 내의 NO_x를 저감하는 방법으로, 불활성인 배기가스의 일부를 흡입계통으로 재순환시키고, 엔진에 흡입되는 혼합가스에 혼합되어서 연소 시의 최고온도를 내려 NO_x의 생성을 적게 하는 장치가 EGR이다.

05. 디젤기관의 연료 여과장치 설치 개소로 적절치 않은 것은?

① 연료 공급 펌프 입구
② 연료 탱크와 연료 공급 펌프 사이
③ 연료 분사 펌프 입구
④ 흡입 다기관 입구

정답 01. ② 02. ③ 03. ③ 04. ③ 05. ④

> **풀이** 디젤기관의 연료 여과장치 설치 개소는 연료 공급 펌프 입구, 연료 탱크와 연료 공급 펌프 사이, 연료 분사 펌프 입구, 분사 노즐 입구 등이다.

06. 엔진 조립 시 피스톤 링 절개구 방향은?

① 피스톤 사이드 스러스트 방향을 피하는 것이 좋다.
② 피스톤 사이드 스러스트 방향으로 두는 것이 좋다.
③ 크랭크축 방향으로 두는 것이 좋다.
④ 절개구 방향은 관계없다.

> **풀이** 피스톤 링을 조립할 때에는 절개구 방향은 스러스트 방향을 피하여 120~180방향으로 설치한다.

07. LPG 기관 피드백 믹서 장치에서 ECU의 출력 신호에 해당하는 것은?

① 산소 센서
② 파워 스티어링 스위치
③ 맵 센서
④ 메인 듀티 솔레노이드

> **풀이** 듀티 솔레노이드는 솔레노이드로 흐르는 전류를 빠른 속도로 ON-OFF 하는데 온시간과 오프시간의 비율을 조정하여서 솔레노이드에 흐르는 전류의 평균값을 조정하고 따라서 솔레노이드 밸브의 자력이 조정되고 전자석의 원리를 이용하는 액튜에이터를 말한다.

08. 크랭크 케이스 내의 배출가스 제어장치는 어떤 유해가스를 저감시키는가?

① HC
② CO
③ NOx
④ CO_2

> **풀이** 블로 바이 가스(blow-by-gas) 실린더와 피스톤 간극에서 크랭크케이스로 나오는 가스이며 HC가 주성분이다.

09. 실린더 블록이나 헤드의 평면도 측정에 알맞은 게이지는?

① 마이크로미터
② 다이얼게이지
③ 버니어캘리퍼스
④ 직각자와 필러 게이지

> **풀이** 곧은 자를 헤드의 평면에 대면 틈새가 생기는데 그 틈을 필러-게이지를 사용하여 크기를 재는 방법이다.

10. 각종 센서의 내부 구조 및 원리에 대한 설명으로 거리가 먼 것은?

① 냉각수 온도 센서 : NTC를 이용한 서미스터 전압 값의 변화
② 맵 센서 : 진공으로 저항(피에조)값을 변화
③ 지르코니아 산소 센서 : 온도에 의한 전류값의 변화
④ 스로틀(밸브) 위치 센서 : 가변 저항을 이용한 전압 값 변화

정답 06. ① 07. ④ 08. ① 09. ④ 10. ③

풀이 산소센서는 대기 중의 산소 농도와 배기가스 중의 산소 농도 차이에 의해 전압이 발생되는 원리를 이용한다.

풀이 냉각수 온도센서가 고장이면 냉간 시동성이 불량하다.

11. 윤활유의 역할이 아닌 것은?

① 밀봉 작용
② 냉각 작용
③ 팽창 작용
④ 방청 작용

풀이 **윤활유의 역할** : 밀봉 작용, 냉각 작용, 부식 방지(방청) 작용, 응력 분산 작용, 마찰 감소 및 마멸방지 작용, 세척 작용 등이다.

12. 디젤 연료의 발화 촉진제로 적당치 않은 것은?

① 아황산에틸
② 아질산아밀
③ 질산에틸
④ 질산아밀

풀이 디젤기관의 연료의 발화 촉진제는 초산에틸, 아초산아밀, 아초산에틸, 질산에틸, 질산 아밀, 아질산아밀 등이 있다.

13. 냉각수 온도 센서 고장 시 엔진에 미치는 영향으로 틀린 것은?

① 공회전 상태가 불안정하게 된다.
② 워밍업 시기에 검은 연기가 배출될 수 있다.
③ 배기가스 중에 CO 및 HC가 증가된다.
④ 냉간 시동성이 양호하다.

14. 연료 탱크의 주입구 및 가스 배출구는 노출된 전기 단자로부터 (ㄱ)mm, 배기관의 끝으로부터 (ㄴ)mm 떨어져 있어야 한다. ( )안에 알맞은 것은?

① ㄱ : 300, ㄴ : 200
② ㄱ : 200, ㄴ : 300
③ ㄱ : 250, ㄴ : 200
④ ㄱ : 200, ㄴ : 250

풀이 연료 탱크의 주입구 및 가스 배출구는 노출된 전기 단자로부터 200mm, 배기관의 끝으로부터 300mm 떨어져 있어야 한다.

15. 연료의 저위발열량이 10,250kcal/kgf일 경우 제동 연료 소비율은?(단, 제동 열효율은 26.2%)

① 약 220gf/PSh   ② 약 235gf/PSh
③ 약 250gf/PSh   ④ 약 275gf/PSh

풀이 $632.3 / 10{,}250 \times 0.262 = 0.235$ kgf/psh $= 235$ gf/psh

16. 디젤기관에서 실린더 내의 연소 압력이 최대가 되는 기간은?

① 직접연소 기간   ② 화염전파 시간
③ 착화늦음 기간   ④ 후기연소 기간

11. ③ 12. ① 13. ④ 14. ② 15. ② 16. ①   정답

풀이 직접연소 기간은 분사된 연료가 화염전파 시간에서 발생한 화염으로 분사와 거의 동시에 연소하는 기간이며, 이 기간의 연소 압력이 가장 높다.

17. 전자제어 점화장치에서 전자제어 모듈(ECM)에 입력되는 정보로 거리가 먼 것은?

① 엔진 회전수 신호
② 흡기 매니폴드 압력 센서
③ 엔진 오일 압력 센서
④ 수온 센서

풀이 엔진오일 압력센서는 운전석 계기판에 경고등으로 표시된다.

18. 내연기관의 일반적인 내용으로 다음 중 맞는 것은?

① 2행정 사이클 엔진의 인젝션 펌프 회전속도는 크랭크축 회전속도의 2배이다.
② 엔진 오일은 일반적으로 계절마다 교환한다.
③ 크롬 도금한 라이너에는 크롬 도금된 피스톤 링을 사용하지 않는다.
④ 가압식 라디에이터 부압 밸브가 밀착불량이면 라디에이터가 손상하는 원인이 된다.

풀이 라이너와 피스톤링은 동일한 금속으로 도금하면 마모가 심하게 발생한다.

19. 밸브 스프링의 점검 항목 및 점검 기준으로 틀린 것은?

① 장력 : 스프링 장력의 감소는 표준 값의 10% 이내일 것
② 자유고 : 자유고의 낮아짐 변화량은 3% 이내일 것
③ 직각도 : 직각도는 자유높이 100mm당 3mm 이내일 것
④ 접촉면의 상태는 2/3 이상 수평일 것

풀이 밸브 스프링의 점검사항
① **스프링 장력** : 스프링 장력의 감소는 표준 값의 15% 이내일 것
② **자유고** : 자유고의 낮아짐 변화량은 3% 이내일 것
③ **직각도** : 직각도는 자유높이 100mm당 3mm 이내일 것
④ 접촉면의 상태는 2/3 이상 수평일 것

20. 소음기(muffler)의 소음 방법으로 틀린 것은?

① 흡음재를 사용하는 방법
② 튜브의 단면적을 어느 길이만큼 작게 하는 방법
③ 음파를 간섭시키는 방법과 공명에 의한 방법
④ 압력의 감소와 배기가스를 냉각시키는 방법

풀이 튜브의 단면적을 크게 하여야 한다.

21. 라디에이터(Radiator)의 코어 튜브가 파열되었다면 그 원인은?

① 물 펌프에서 냉각수 누수일 때
② 팬벨트가 헐거울 때
③ 수온 조절기가 제 기능을 발휘하지 못할 때
④ 오버플로 파이프가 막혔을 때

풀이 오버플로 파이프가 막히면 라디에이터의 코어 튜브가 파손된다.

정답 17. ③ 18. ③ 19. ① 20. ② 21. ④

22. 실린더 1개당 총 마찰력이 6kgf, 피스톤의 평균속도가 15m/sec일 때 마찰로 인한 기관의 손실 마력은?

① 0.4PS
② 1.2PS
③ 2.5PS
④ 9.0PS

풀이 6 × 15/75 = 1.2PS

23. 전자제어 가솔린 기관 인젝터에서 연료가 분사되지 않는 이유 중 틀린 것은?

① 크랭크 각 센서 불량
② ECU 불량
③ 인젝터 불량
④ 파워 TR 불량

풀이 파워 TR이 불량하더라도 인젝터에 연료는 분사된다.

24. ABS(Anti-Lock Brake System)의 주요 구성품이 아닌 것은?

① 휠 속도 센서
② ECU
③ 하이드롤릭 유닛
④ 차고 센서

풀이 차고 센서는 전자제어 현가장치의 부품이다.

25. 20km/h로 주행하던 차가 급 가속하여 10초 후에 56km/h가 되었을 때 가속도는?

① 1m/sec
② 2m/sec
③ 5m/sec
④ 8m/sec

풀이 (56−20) × 1000/3600 × 10 = 1m/sec

26. 변속 보조 장치 중 도로조건이 불량한 곳에서 운행되는 차량이 더 많은 견인력을 공급해 주기 위해 앞 차축에도 구동력을 전달해 주는 장치는?

① 동력 변속 증강장치(POVS)
② 트랜스퍼 케이스(transfer case)
③ 주차 도움 장치
④ 동력인출 장치(Power take off system)

풀이 2축 이상의 차축을 구동시키거나 또는 총륜구동(all wheel drive) 방식에서는 변속기로부터 전달받은 회전토크를 해당 차축에 분배하는 장치를 필요로 한다. 이 장치를 트랜스퍼 케이스라 한다.

27. 동력 조향장치의 스티어링 휠 조작이 무겁다. 의심되는 고장부위 중 가장 거리가 먼 것은?

① 랙 피스톤 손상으로 인한 내부 유압작동 불량
② 스티어링 기어 박스의 과다한 백래시
③ 오일 탱크 오일 부족
④ 오일 펌프 결함

풀이 조향 기어 박스(스티어링 기어 박스)의 백래시가 너무 크면 조향 핸들의 유격이 커진다.

정답 22. ② 23. ④ 24. ④ 25. ① 26. ② 27. ②

28. 주행 중인 차량에서 트램핑 현상이 발생하는 원인으로 적당하지 않은 것은?

① 앞 브레이크 디스크 불량
② 타이어의 불량
③ 휠 허브의 불량
④ 파워 펌프의 불량

풀이 휠 트램프 현상은 타이어의 정적 불평형으로 인하여 발생한다(타이어 편마모로 인한 차체 진동현상). 트램프 현상은 파워펌프와는 전혀 상관없다.

29. 브레이크 페달의 유격이 과다한 이유로 틀린 것은?

① 드럼 브레이크 형식에서 브레이크슈의 조정 불량
② 브레이크 페달의 조정 불량
③ 타이어 공기압의 불균형
④ 마스터 실린더의 파손 피스톤과 브레이크 부스터 푸시로드의 간극 불량

풀이 브레이크 페달의 유격이 과대한 이유
① 브레이크슈의 조정이 불량하다.
② 브레이크 페달의 조정이 불량하다.
③ 마스터 실린더의 피스톤 컵이 파손되었다.
④ 유압회로에 공기가 유입되었다.
⑤ 휠 실린더의 피스톤이 파손되었다.
⑥ 마스터 실린더의 파손 피스톤과 브레이크 부스터 푸시로드의 간극이 불량하다.

30. 자동변속기에서 스로틀 개도의 일정한 차속으로 주행 중 스로틀 개도를 갑자기 증가시키면(약 85% 이상) 감속되어 큰 구동력을 얻을 수 있는 변속형태는?

① 킥다운
② 다운 시프트
③ 리프트 풋 업
④ 업 시프트

풀이 자동 변속기 차량에서 급가속을 하고자 할 때 오버드라이브를 풀기 위해 가속 페달을 힘껏 밟고 기어를 한 단 밑으로 내리는 형태이다.

31. 공기식 제동장치의 구성요소로 틀린 것은?

① 언로더 밸브
② 릴레이 밸브
③ 브레이크 챔버
④ EGR 밸브

풀이 배기가스배출장치에서 EGR 밸브는 질소산화물 발생을 억제시켜 주는 장치이다.

32. 클러치의 구비조건이 아닌 것은?

① 동력을 끊을 때 차단이 신속할 것
② 회전부분의 밸런스가 좋을 것
③ 회전관성이 클 것
④ 방열이 잘 되고 과열되지 않을 것

풀이 회전관성이 작아야 한다.

33. 디스크 브레이크에서 패드 접촉면에 오일이 묻었을 때 나타나는 영향은?

① 패드가 과냉되어 제동력이 증가된다.
② 브레이크가 잘 듣지 않는다.
③ 브레이크 작동이 원활하게 되어 제동이 잘된다.
④ 디스크 표면의 마찰이 증대된다.

정답 28. ④ 29. ③ 30. ① 31. ④ 32. ③ 33. ②

> 풀이 회전하는 디스크에 오일이 묻으면 브레이크가 미끄러진다.

> 풀이 TPS는 악셀레이터와 연결되어 있으며 스로틀밸브의 열림 정도와(개도량) 열림 속도를 감지한다. 현가장치와는 별개이다.

34. 주행 중 조향 휠의 떨림 현상 발생 원인으로 틀린 것은?

① 휠 얼라인먼트 불량
② 허브 너트의 풀림
③ 타이로드 엔드의 손상
④ 브레이크 패드 또는 라이닝 간격 과다

> 풀이 브레이크 패드 또는 라이닝 간격이 과다할 때에는 브레이크가 잘 듣지 않는다.

35. 주행거리 1.6km를 주행하는데 40초가 걸렸다. 이 자동차의 주행속도를 초속과 시속으로 표시하면?

① 40m/s, 144km/h
② 40m/s, 11.1km/h
③ 25m/s, 14.4km/h
④ 64m/s, 230.4km/h

> 풀이 초속: 1.6 × 1,000/40 = 40m/s
> 시속: 1.6 × 3,600/40 = 144km/h

36. 전자제어 현가장치의 출력부가 아닌 것은?

① TPS
② 지시등, 경고등
③ 액추에이터
④ 고장 코드

37. 전동식 동력 조향장치(EPS)의 구성에서 비접촉 광학식 센서를 주로 사용하여 운전자의 조향 휠 조작력을 검출하는 센서는?

① 스로틀 포지션 센서
② 전동기 회전각도 센서
③ 차속 센서
④ 토크 센서

> 풀이 토크 센서는 비접촉 광학식 센서를 주로 사용하며, 조향 핸들을 돌려 조향 칼럼을 통해 래크와 피니언 그리고 바퀴를 돌릴 때 발생하는 토크를 측정하여 컴퓨터로 입력시킨다.

38. 현가장치가 갖추어야 할 기능이 아닌 것은?

① 승차감의 향상을 위해 상하 움직임에 적당한 유연성이 있어야 한다.
② 원심력이 발생되어야 한다.
③ 주행 안정성이 있어야 한다.
④ 구동력 및 제동력 발생 시 적당한 강성이 있어야 한다.

> 풀이 현가장치는 원심력이 발생되어서는 안 된다.

정답 34. ④ 35. ① 36. ① 37. ④ 38. ②

39. 자동변속기 유압 시험을 하는 방법으로 거리가 먼 것은?

① 오일 온도가 약 70~80℃가 되도록 워밍업 시킨다.
② 잭으로 들고 앞바퀴 쪽을 들어 올려 차량 고정용 스탠드를 설치한다.
③ 엔진 타코미터를 설치하여 엔진 회전수를 선택한다.
④ 선택 레버를 'D' 위치에 놓고 가속페달을 완전히 밟은 상태에서 엔진의 최대 회전수를 측정한다.

풀이 ④항은 자동변속기 스톨 시험 방법이다.

40. 후륜 구동 차량에서 바퀴를 빼지 않고 탈거할 수 있는 방식은?

① 반부동식
② 3/4 부동식
③ 전부동식
④ 배부동식

풀이 전부동식에서 액슬축(뒤차축)을 떼어낼 때에는 바퀴(허브)를 떼어내지 않고 작업한다.

41. 자동차 문이 닫히자마자 실내가 어두워지는 것을 방지해 주는 램프는?

① 도어 램프
② 테일 램프
③ 패널 램프
④ 감광식 룸램프

풀이 감광식 룸램프는 도어를 열고 닫을 때 실내등이 즉시 소등되지 않고 서서히 소등되도록 하여 시동 및 출발 준비를 할 수 있도록 편의를 제공한다.

42. 자동차 에어컨 장치의 순환 과정으로 맞는 것은?

① 압축기 → 응축기 → 건조기 → 팽창 밸브 → 증발기
② 압축기 → 응축기 → 팽창 밸브 → 건조기 → 증발기
③ 압축기 → 팽창 밸브 → 건조기 → 응축기 → 증발기
④ 압축기 → 건조기 → 팽창 밸브 → 응축기 → 증발기

풀이 에어컨 장치의 순환과정 순서는 압축기-응축기-건조기-팽창밸브-증발기 순서이다.

43. 기동 전동기를 기관에서 떼어내고 분해하여 결함 부분을 점검하는 그림이다. 옳은 것은?

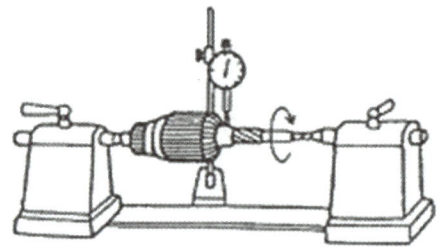

① 전기자 축의 휨 상태점검
② 전기자 축의 마멸 점검
③ 전기자 코일의 단락 점검
④ 전기자 코일의 단선 점검

풀이 회전하는 전기자 축의 휨 상태를 점검하는 방법이다.

정답 39. ④ 40. ③ 41. ④ 42. ① 43. ①

44. 전조등 회로의 구성부품이 아닌 것은?

① 라이트 스위치   ② 전조등 릴레이
③ 스테이터   ④ 디머 스위치

풀이 교류발전기의 유도 기전력이 유기되는 코일이다.

45. 힘을 받으면 기전력이 발생하는 반도체의 성질은?

① 펠티어 효과   ② 피에조 효과
③ 지백 효과   ④ 홀 효과

풀이
① 펠티어(peltier) 효과 : 직류 전원을 공급하면 한쪽 면에서는 냉각이 되고 다른 면은 가열되는 열전 반도체 소자이다.
② 피에조(piezo) 효과 : 힘을 받으면 기전력이 발생하는 반도체의 효과를 말한다.
③ 지백(zee back) 효과 : 열을 받으면 전기 저항 값이 변화하는 효과를 말한다.
④ 홀(hall) 효과 : 자기를 받으면 통전성능이 변화하는 효과를 말한다.

46. 전자배전 점화장치(DLI)의 내용으로 틀린 것은?

① 코일 분배 방식과 다이오드 분배 방식이 있다.
② 독립 점화 방식과 동시 점화 방식이 있다.
③ 배전기 내부 전극의 에어 갭 조정이 불량하면 에너지 손실이 생긴다.
④ 기통 판별 센서가 필요하다.

풀이 전자배전 점화장치는 배전기가 필요없는 장치이다.

47. 저항이 병렬로 연결된 회로의 설명으로 맞는 것은?

① 총 저항은 각 저항의 합과 같다.
② 각 회로에 동일한 저항이 가해지므로 전압은 다르다.
③ 각 회로에 동일한 전압이 가해지므로 입력 전압은 일정하다.
④ 전압은 1개일 때와 같으며, 전류도 같다.

풀이 **병렬접속의 특징**
• 어느 저항에서나 똑같은 전압이 가해진다.
• 합성 저항은 각 저항의 어느 것보다도 작다.

48. 교류 발전기에서 축전지의 역류를 방지하는 컷 아웃 릴레이가 없는 이유는?

① 트랜지스터가 있기 때문이다.
② 점화 스위치가 있기 때문이다.
③ 실리콘 다이오드가 있기 때문이다.
④ 전압 릴레이가 있기 때문이다.

풀이 교류 발전기에는 컷 아웃 릴레이가 없는 이유는 실리콘 다이오드가 그 역할을 하기 때문이다.

49. 축전지를 구성하는 요소가 아닌 것은?

① 양극판   ② 음극판
③ 정류자   ④ 전해액

풀이 정류자는 전류의 방향을 주기적으로 바꾸어 전기자에 공급하는 장치이며 축전지 구성품과는 무관하다.

정답 44. ③ 45. ② 46. ③ 47. ③ 48. ③ 49. ③

50. 저항에 12V를 가했더니 전류계에 3A로 나타났다. 이 저항의 값은?

① 2Ω ② 4Ω
③ 6Ω ④ 8Ω

풀이 12/3 = 4Ω

51. 안전장치 선정 시 고려사항 중 맞지 않는 것은?

① 안전장치 사용에 따라 방호가 완전할 것
② 안전장치의 기능 면에서 신뢰도가 클 것
③ 정기점검 시 이외는 사람의 손으로 조정할 필요가 없을 것
④ 안전장치를 제거하거나 또는 기능의 정지를 쉽게 할 수 있을 것

풀이 안전장치를 제거하거나 또는 기능의 정지를 쉽게 할 수 있으면 안된다.

52. 기관을 점검 시 운전 상태로 점검할 것이 아닌 것은?

① 클러치의 상태
② 매연 상태
③ 기어의 소음 상태
④ 급유 상태

풀이 급유상태는 운전 상태로 점검해서는 안된다.

53. 자동차 적재함 밖으로 물건이 나온 상태로 운반할 경우 위험표시 색깔은 무엇으로 하는가?

① 청색 ② 흰색
③ 적색 ④ 흑색

풀이 적재함 밖으로 물건이 나온 상태로 위험색깔 표시는 적색으로 한다.

54. 드릴 작업의 안전사항 중 틀린 것은?

① 장갑을 끼고 작업하였다.
② 머리가 긴 경우, 단정하게 하여 작업모를 착용하였다.
③ 작업 중 쇳가루를 입으로 불어서는 안 된다.
④ 공작물을 단단히 고정시켜 따라 돌지 않게 한다.

풀이 장갑(면장갑)과 같은 것은 사용금지한다.

55. 오픈렌치 사용 시 바르지 못한 것은?

① 오픈렌치와 너트의 크기가 맞지 않으면 쐐기를 넣어 사용한다.
② 오픈렌치를 해머 대신에 써서는 안 된다.
③ 오픈렌치에 파이프를 끼우든가 해머로 두들겨서 사용하지 않는다.
④ 오픈렌치를 올바르게 끼우고 작업자 앞으로 잡아당겨 사용한다.

풀이 오픈렌치와 너트의 크기가 맞지 않으면 맞는 공구를 사용해야 한다.

정답 50. ② 51. ④ 52. ④ 53. ③ 54. ① 55. ①

56. 전기장치의 배선 커넥터 분리 및 연결 시 잘못된 작업은?

① 배선을 분리할 때는 잠금장치를 누른 상태에서 커넥터를 분리한다.
② 배선 커넥터 접속은 커넥터 부위를 잡고 커넥터를 끼운다.
③ 배선 커넥터는 딸깍 소리가 날 때까지 확실히 접속시킨다.
④ 배선을 분리할 때는 배선을 이용하여 흔들면서 잡아당긴다.

풀이 배선을 분리할 때는 배선을 흔들면서 잡아당기는 작업을 하면 안된다.

57. 다음 작업 중 보안경을 반드시 착용해야 하는 작업은?

① 인젝터 파형 점검 작업
② 전조등 점검 작업
③ 클러치 탈착 작업
④ 스로틀 포지션 센서 점검 작업

풀이 차체 밑에서 작업을 해야 하므로 반드시 보안경을 착용해야 한다.

58. 부품을 분해 정비 시 반드시 새것으로 교환하여야 할 부품이 아닌 것은?

① 오일 씰   ② 볼트 및 너트
③ 개스킷   ④ 오링(O-ring)

풀이 볼트 및 너트는 재사용이 가능하다.

59. 화학 세척제를 사용하여 방열기(라디에이터)를 세척하는 방법으로 틀린 것은?

① 방열기의 냉각수를 완전히 뺀다.
② 세척제 용기를 냉각장치 내에 가득히 넣는다.
③ 기관을 기동하고, 냉각수 온도를 80℃ 이상으로 한다.
④ 기관을 정지하고 바로 방열기 캡을 연다.

풀이 기관을 정지하고 바로 방열기 캡을 열면 엔진 과열된 상태에서 뜨거운 냉각수에 의해 화상이 생긴다.

60. 자동차 배터리 충전 시 주의사항으로 틀린 것은?

① 배터리 단자에서 케이블을 분리시킨 후 충전한다.
② 충전할 때는 환기가 잘 되는 장소에서 실시한다.
③ 충전 시 배터리 주위에 화기를 가까이 해서는 안 된다.
④ 배터리 벤트 플러그가 잘 닫혀 있는지 확인 후 충전한다.

풀이 충전할 때에는 벤트 플러그를 전부 열어놓고 충전해야 한다.

56. ④   57. ③   58. ②   59. ④   60. ④   정답

2019년 제2회 자동차정비기능사 출제문제

01. 디젤 연소실의 구비조건 중 틀린 것은?

① 연소시간이 짧을 것
② 열효율이 높을 것
③ 평균유효 압력이 낮을 것
④ 노크가 적을 것

> 풀이 평균유효압력이 높아야 한다.

02. 배기장치에 관한 설명으로 옳은 것은?

① 배기 소음기는 온도를 낮추고 압력을 높여 배기소음을 감쇠한다.
② 배기 다기관에서 배출되는 가스는 저온 저압으로 급격한 팽창으로 폭발음이 발생한다.
③ 단, 실린더에서도 배기 다기관을 설치하여 배기가스를 모아 방출해야 한다.
④ 소음효과를 높이기 위해 소음기 저항을 크게 하면 배압이 커 기관 출력이 줄어든다.

> 풀이 소음기 저항을 크게 하면 기관출력이 약해진다.

03. 실린더가 정상적인 마모를 할 때 마모량이 가장 큰 부분은?

① 실린더 윗부분
② 실린더 중간부분
③ 실린더 밑 부분
④ 실린더 헤드

> 풀이 실린더의 마멸이 가장 큰 부분은 폭발온도의 영향을 받는 실린더 윗부분이고, 마멸이 가장 작은 곳은 폭발온도의 영향을 적게 받은 실린더 밑 부분이다.

04. 전자제어 가솔린 연료 분사 방식의 특징이 아닌 것은?

① 기관의 응답 및 주행성 향상
② 기관 출력의 향상
③ CO, HC 등의 배출가스 감소
④ 간단한 구조

> 풀이 전자제어 가솔린 기관은 구조가 복잡하고 가격이 비싸다.

05. 보기의 조건에서 밸브 오버랩 각도는 몇 도인가?

〈보 기〉
흡기밸브 : 열림 : BTDC 18°, 닫힘 : ABDC 46°
배기밸브 : 열림 : BBDC 54°, 닫힘 : ATDC 10°

① 8° ② 28°
③ 44° ④ 64°

> 풀이 밸브 오버랩 = 흡입 밸브 열림 각도 + 배기 밸브 닫힘 각도 ∴ 18° + 10° = 28°

정답 01. ③ 02. ④ 03. ① 04. ④ 05. ②

06. 가솔린 기관의 유해가스 저감장치 중 질소산화물(NOx) 발생을 감소시키는 장치는?

① EGR 시스템(배기가스 재순환장치)
② 퍼지컨트롤 시스템
③ 블로바이 가스 환원 장치
④ 감속시 연료 차단 장치

> 풀이 EGR 장치는 배기가스의 일부를 배기계통에서 흡기계통으로 재순환시켜 질소산화물의 생성을 억제시킨다.

07. 자동차 연료로 사용하는 휘발유는 주로 어떤 원소들로 구성되어 있는가?

① 탄소와 황
② 산소와 수소
③ 탄소와 수소
④ 탄소와 4-에틸 납

> 풀이 가솔린은 탄소와 수소의 화합물이다.

08. 디젤기관에서 전자제어식 고압 펌프의 특징이 아닌 것은? (단, 기존 디젤엔진의 분사 펌프 대비)

① 동력 성능의 향상
② 쾌적성의 향상
③ 부가장치가 필요
④ 가속 시 스모그 저감

> 풀이 • 고압 분사되어 분무상태가 된 연료는 연소효율이 뛰어나 연비가 높고, 배기가스의 질소산화물(NOx: nitrogen oxide)이 크게 줄고, 공회전 때의 소음과 진동도 낮출 수 있다. 또 연료 분사 패턴을 저속, 고속 등 속도에 따라 제어할 수 있어 저속 회전 대역에서도 연료 분사압력을 높일 수 있다.
> • 전자제어식 고압 펌프에서 부가장치가 필요하지는 않다.

09. 배출가스 중에서 유해가스에 해당하지 않는 것은?

① 질소
② 일산화탄소
③ 탄화수소
④ 질소산화물

> 풀이 질소는 공기의 약 5분의 4를 차지하는 무색·무미·무취의 기체 질소 분자를 이루는 무해가스이다.

10. 기관의 회전수를 계산하는데 사용하는 센서는?

① 스로틀 포지션 센서
② 맵 센서
③ 크랭크 포지션 센서
④ 노크 센서

> 풀이 크랭크 포지션 센서는 기관의 회전속도와 크랭크축의 위치를 검출하며, 연료 분사 순서와 분사 시기 및 기본 점화시기에 영향을 준다.

11. 냉각장치에서 냉각수의 비등점을 올리기 위한 방식으로 맞는 것은?

① 압력 캡식
② 진공 캡식
③ 밀봉 캡식
④ 순환 캡식

> 풀이 방열기의 압력식 캡은 냉각 범위를 넓게, 냉각 효과를 크게 하기 위하여 사용하며, 압력 밸브는 방열기 내의 압력이 규정 값(게이지 압력으로 0.2~0.9kgf/cm²) 이상 되면 열려 과잉 압력의 수증기를 배출하고, 부압 밸브는 방열기 내에 냉각수가 냉각될 때 부압이 발생하면 열려 부압을 제거하는 작용을 한다.

정답 06. ① 07. ③ 08. ③ 09. ① 10. ③ 11. ①

12. 스로틀 포지션 센서(TPS)의 설명 중 틀린 것은?

① 공기 유량 센서(AFS)가 고장 시 TPS 신호에 의해 분사량을 결정한다.
② 자동변속기에서는 변속시기를 결정해 주는 역할도 한다.
③ 검출하는 전압의 범위는 약 0(V)~12(V)까지이다.
④ 가변저항기이고 스로틀 밸브의 개도량을 검출한다.

> 풀이 스로틀 포지션 센서의 출력 전압은 0~5V이다.

13. 차량용 엔진의 엔진 성능에 영향을 미치는 여러 인자에 대한 설명으로 옳은 것은?

① 흡입 효율, 체적 효율, 충전 효율이 있다.
② 압축비는 기관 성능에 영향을 미치지 못한다.
③ 점화시기는 기관의 특성에 영향을 미치지 못한다.
④ 냉각수 온도, 마찰은 제외한다.

> 풀이
> • 흡입효율 : 흡입한 신선한 공기의 체적을 행정 용적으로 나눈값
> • 체적효율 : 흡기행정 중 실린더에 흡입된 공기 질량과 행정체적에 상당하는 대기질량과의 값
> • 충전효율 : 1사이클 중에 흡입된 새로운 기체의 건조공기의 중량을 표준상태(20℃, 760mmHg, 관계 습도 60%)로 나타낸 것에 대한 행정용적을 말함

14. 연료 1kg을 연소시키는데 드는 이론적 공기량과 실제로 드는 공기량과의 비를 무엇이라고 하는가?

① 중량비 ② 공기율
③ 중량도 ④ 공기 과잉율

> 풀이 공기과잉률은 엔진에 공급되는 공기와 연료의 질량비를 공연비라 한다.

15. 피스톤 핀의 고정 방법에 해당하지 않는 것은?

① 전부동식
② 반부동식
③ 4분의 3부동식
④ 고정식

> 풀이 피스톤 핀의 고정방법: 전부동식, 반부동식, 고정식

16. 크랭크축 메인저널 베어링 마모를 점검하는 방법은?

① 필러게이지 방법
② 시임(seam) 방법
③ 직각자 방법
④ 플라스틱 게이지 방법

> 풀이 메인저널 오일간극 측정은 플라스틱 게이지 방법이 가장 적합하다.

17. 자동차 전조등 주광축의 진폭 측정시 10m 위치에서 우측 우향 진폭 기준은 몇 cm 이내이어야 하는가?

① 10 ② 20
③ 30 ④ 39

정답 12. ③ 13. ① 14. ④ 15. ③ 16. ④ 17. ③

> 풀이 전조등 주광축의 진폭 측정시 10m 위치에서 우측 우향 진폭 기준은 30cm 이내이어야 한다.

> 풀이 액셀 케이블 유격이 과다한 것은 공회전과는 전혀 상관없다.

18. 윤활장치에서 유압이 높아지는 이유로 맞는 것은?

① 릴리프 밸브 스프링의 장력이 클 때
② 엔진 오일과 가솔린의 희석
③ 베어링의 마멸
④ 오일 펌프의 마멸

> 풀이 릴리프 밸브 스프링의 장력이 클 때 유압이 높아진다.

19. 디젤엔진에서 플런저의 유효행정을 크게 하였을 때 일어나는 것은?

① 송출 압력이 커진다.
② 송출 압력이 적어진다.
③ 연료 송출량이 많아진다.
④ 연료 송출량이 적어진다.

> 풀이 플런저의 유효행정을 크게 하면 연료 송출량이 많아진다.

20. 전자제어 가솔린 기관에서 워밍업 후 공회전 부조가 발생했다. 그 원인이 아닌 것은?

① 스로틀 밸브의 걸림 현상
② ISC(아이들 스피드 컨트롤)장치 고장
③ 수온 센서 배선 단선
④ 액셀 케이블 유격이 과다

21. 어떤 기관의 열효율을 측정하는데 열정산에서 냉각에 의한 손실이 29%, 배기와 복사에 의한 손실이 31%이고, 기계효율이 80% 라면 정미 열효율은?

① 40% ② 36%
③ 34% ④ 32%

> 풀이 ① 지시 열효율 = 100 − (냉각 손실 + 배기 및 복사에 의한 손실)
> ∴ 100 − (29 + 31) = 40%
> ② 정미 열효율 = 지시 열효율 × 기계효율
> (0.4 × 0.8) × 100 = 32%

22. LPG 기관에서 믹서의 스로틀 밸브 개도량을 감지하여 ECU에 신호를 보내는 것은?

① 아이들 업 솔레노이드
② 대시 포트
③ 공전속도 조절 밸브
④ 스로틀 위치 센서

> 풀이 스로틀밸브의 개도(열림정도)를 감지하는 센서는 스로틀위치 센서이다.

23. 고속 디젤기관의 열역학적 사이클은 어느 것에 해당하는가?

① 오토 사이클 ② 디젤 사이클
③ 정적 사이클 ④ 복합 사이클

18. ① 19. ③ 20. ④ 21. ④ 22. ④ 23. ④

> 풀이 복합 사이클(사바테 사이클) : 고속 디젤 기관의 표준 사이클

24. 싱크로나이저 슬리브 및 허브 검사에 대한 설명이다. 가장 거리가 먼 것은?

① 싱크로나이저와 슬리브를 끼우고 부드럽게 돌아가는지 점검한다.
② 슬리브의 안쪽 앞부분과 뒤쪽 끝이 손상되지 않았는지 점검한다.
③ 허브 앞쪽 끝부분이 마모되지 않았는지를 점검한다.
④ 싱크로나이저 허브와 슬리브는 이상 있는 부위만 교환한다.

> 풀이 싱크로나이저 키 또는 싱크로나이저 링등의 구성품도 같이 교환해야 한다.

25. 단순 유성기어 장치에서 선 기어, 캐리어, 링 기어의 3요소 중 2요소를 입력요소로 하면 동력전달은?

① 증속   ② 감속
③ 직결   ④ 역전

> 풀이 단순 유성기어 장치에서 선 기어, 캐리어, 링 기어의 3요소 중 2요소를 입력 요소로 (고정)하면 동력전달은 직결된다.

26. 전자제어 현가장치(Electronic Control Suspension)의 구성부품이 아닌 것은?

① 가속도 센서
② 차고 센서
③ 맵 센서
④ 전자제어 현가장치 지시등

> 풀이 공기와 연료의 혼합 가스는 흡기 매니폴드라는 관을 통해 실린더 내부에 공급된다. 흡기 매니폴드 내의 압력은 매니폴드 절대 압력(MAP)이라고 하며, 이를 측정하는 센서가 맵 센서이다.

27. 마스터 실린더에서 피스톤 1차 컵의 하는 일은?

① 오일 누출방지   ② 유압 발생
③ 잔압 형성   ④ 베이퍼록 방지

> 풀이 마스터 실린더에서 피스톤 1차 컵의 기능은 유압 발생, 2차 컵은 오일 누출 방지이다.

28. 전자제어 제동장치(ABS)에서 휠 스피드 센서의 역할은?

① 휠의 회전속도 감지
② 휠의 감속 상태 감지
③ 휠의 속도 비교 평가
④ 휠의 제동 압력 감지

> 풀이 휠 스피드 센서는 휠의 회전속도를 자력선 변화로 감지하여 이를 전기적 신호(교류 펄스)로 바꾸어 ABS 컨트롤 유닛(ECU)으로 보낸다.

정답   24. ④   25. ③   26. ③   27. ②   28. ①

29. 공기 브레이크에서 공기압을 기계적 운동으로 바꾸어 주는 장치는?

① 릴레이 밸브 ② 브레이크슈
③ 브레이크 밸브 ④ 브레이크 챔버

풀이 공기 브레이크에서 공기의 압력을 기계적 운동으로 바꾸어 주는 장치는 브레이크 챔버이다.

30. 차동장치에서 차동 피니언과 사이드 기어의 백 래시 조정은?

① 축받이 차축의 왼쪽 조정 심을 가감하여 조정한다.
② 축받이 차축의 오른쪽 조정 심을 가감하여 조정한다.
③ 차동장치의 링 기어 조정 장치를 조정한다.
④ 스러스트 와셔의 두께를 가감하여 조정한다.

풀이 차동 피니언과 사이드 기어의 백 래시 조정은 스러스트 와셔의 두께를 가감하여 조정한다.

31. 조향장치에서 조향 기어비를 나타낸 것으로 맞는 것은?

① 조향 기어비=조향 휠 회전 각도/피트먼 암 선회 각도
② 조향 기어비=조향 휠 회전 각도+피트먼 암 선회 각도
③ 조향 기어비=피트먼 암 선회 각도−조향 휠 회전 각도
④ 조향 기어비=피트먼 암 선회 각도×조향 휠 회전 각도

풀이 조향 기어비란 조향 휠(핸들)의 움직인 각도를 피트먼 암의 움직인 각도로 나눈 값이다.

32. 고속 주행할 때 바퀴가 상하로 진동하는 현상을 무엇이라 하는가?

① 요잉 ② 트램핑
③ 롤링 ④ 킥다운

풀이 트램핑은 고속으로 주행할 때 바퀴가 상하로 진동하는 현상이다.

33. 변속기의 전진 기어 중 가장 큰 토크를 발생하는 변속 단은?

① 오버드라이브 ② 1단
③ 2단 ④ 직결 단

풀이 가장 작은 기어가 가장 큰 토크를 발생시킨다.

34. 동력 조향장치가 고장 시 핸들을 수동으로 조작할 수 있도록 하는 것은?

① 오일 펌프 ② 파워 실린더
③ 안전 체크 밸브 ④ 시프트 레버

풀이 동력 조향장치가 고장일 때 핸들을 수동으로 조작할 수 있도록 하는 것은 안전 체크 밸브가 그 역할을 한다.

35. 유압 제어장치와 관계없는 것은?

① 오일 펌프 ② 유압 조정 밸브 바디
③ 어큐뮬레이터 ④ 유성장치

풀이 유성장치는 유압 제어장치와 전혀 별개의 부속품이다.

정답 29. ④ 30. ④ 31. ① 32. ② 33. ② 34. ③ 35. ④

36. 정(+)의 캠버란 다음 중 어떤 것을 말하는가?

① 앞바퀴의 아래쪽이 위쪽보다 좁은 것을 말한다.
② 앞바퀴의 앞쪽이 뒤쪽보다 좁은 것을 말한다.
③ 앞바퀴의 킹핀이 뒤쪽으로 기울어진 각을 말한다.
④ 앞바퀴의 위쪽이 아래쪽보다 좁은 것을 말한다.

풀이 앞바퀴의 위쪽이 아래쪽보다 넓게 되어 있는 것을 정의 캠버라 한다.

37. 자동차의 축간거리가 2.3m, 바퀴 접지면의 중심과 킹핀과의 거리가 20cm인 자동차를 좌회전할 때 우측 바퀴의 조향각은 30°, 좌측 바퀴의 조향각은 32°이었을 때 최소 회전반경은?

① 3.3m   ② 4.8m
③ 5.6m   ④ 6.5m

풀이 2.3/0.5 + 0.2 = 4.8m

38. 자동변속기에서 작동유의 흐름으로 옳은 것은?

① 오일 펌프 → 토크 컨버터 → 밸브 바디
② 토크 컨버터 → 오일 펌프 → 밸브 바디
③ 오일 펌프 → 밸브 바디 → 토크 컨버터
④ 토크 컨버터 → 밸브 바디 → 오일 펌프

풀이 자동변속기의 작동유의 흐름은 오일 펌프-밸브 바디-토크컨버터의 순서이다.

39. 구동 피니언의 잇수 6, 링 기어의 잇수 30, 추진축의 회전수 1000rpm일 때 왼쪽 바퀴가 150rpm으로 회전한다면 오른쪽 바퀴의 회전수는?

① 250rpm   ② 300rpm
③ 350rpm   ④ 400rpm

풀이 종감속비 = 30/6 = 5
바퀴회전수 = (1000/5) × 2 − 150rpm = 250rpm

40. 타이어의 뼈대가 되는 부분으로, 튜브의 공기압에 견디면서 일정한 체적을 유지하고 하중이나 충격에 변형되면서 완충작용을 하며 내열성 고무로 밀착시킨 구조로 되어 있는 것은?

① 비드(Bead)   ② 브레이커(Breaker)
③ 트레드(Tread)   ④ 카커스(Carcass)

풀이 카커스는 고무로 피복된 코드를 여러 겹 겹친 층이며, 타이어의 뼈대가 되는 부분으로서 공기 압력을 견디어 일정한 체적을 유지하고 또 하중이나 충격에 따라 변형하여 완충작용을 한다.

41. 배선에 있어서 기호와 색의 연결이 틀린 것은?

① Gr : 보라   ② G : 녹색
③ B : 흑색   ④ Y : 노랑

풀이 Gr : 회색
Pp(purple) : 보라색

정답 36. ① 37. ② 38. ③ 39. ① 40. ④ 41. ①

42. 다음 중 교류 발전기의 구성 요소와 거리가 먼 것은?

① 자계를 발생시키는 로터
② 전압을 유도하는 스테이터
③ 정류기
④ 컷 아웃 릴레이

> 풀이 컷 아웃 릴레이는 직류 발전기에서 축전지의 전류가 발전기로 역류하는 것을 방지하는 부품이다.

43. 옴의 법칙으로 맞는 것은?(단, I = 전류, E = 전압, R = 저항)

① I = RE
② E = IR
③ I = R/E
④ E = 2R/I

> 풀이 전류는 전압에 비례하고 저항에 반비례한다.

44. 축전지의 충전상태를 측정하는 계기는?

① 온도계
② 기압계
③ 저항계
④ 비중계

> 풀이 전해액의 비중을 비중계로 측정하였을 때 20℃에서 1.280이면 완전히 충전된 상태이다.

45. 어떤 기준 전압 이상이 되면 역방향으로 큰 전류가 흐르게 된 반도체는?

① PNP형 트랜지스터
② NPN형 트랜지스터
③ 포토 다이오드
④ 제너 다이오드

> 풀이 제너 다이오드는 어떤 전압 아래에서는 역방향으로도 전류가 흐르도록 설계된 것이다.

46. 점화코일의 2차 쪽에서 발생되는 불꽃전압의 크기에 영향을 미치는 요소가 아닌 것은?

① 점화 플러그의 전극 형상
② 전극의 간극
③ 오일 압력
④ 혼합기 압력

> 풀이 오일압력과 점화코일의 2차 쪽에서 발생되는 불꽃전압의 크기는 전혀 별개이다.

47. 기동 전동기를 주요 부분으로 구분한 것이 아닌 것은?

① 회전력을 발생하는 부분
② 무부하 전력을 측정하는 부분
③ 회전력을 기관에 전달하는 부분
④ 피니언을 링 기어에 물리게 하는 부분

> 풀이 기동 전동기의 주요부분에서 무부하 전력을 측정하는 부분은 해당사항이 아니다.

정답 42. ④ 43. ② 44. ④ 45. ④ 46. ③ 47. ②

48. AQS(Air Quality System)의 기능에 대한 설명 중 틀린 것은?

① 차실 내에 유해가스의 유입을 차단한다.
② 차실 내로 청정 공기만 유입시킨다.
③ 승차 공간 내의 공기 청정도와 환기 상태를 최적으로 유지시킨다.
④ 차실 내의 온도와 습도를 조절한다.

풀이 차실 내의 온도와 습도를 조절하는 역할은 에어컨의 기능이다.

49. 자동차 에어컨 냉매가스 순환 과정으로 맞는 것은?

① 압축기 → 건조기 → 응축기 → 팽창 밸브 → 증발기
② 압축기 → 팽창 밸브 → 건조기 → 응축기 → 증발기
③ 압축기 → 응축기 → 건조기 → 팽창 밸브 → 증발기
④ 압축기 → 건조기 → 팽창 밸브 → 응축기 → 증발기

풀이 압축기 – 응축기 – 건조기 – 팽창밸브 – 증발기

50. 회로에서 12V 배터리에 저항 3개를 직렬로 연결하였을 때 전류계 "A"에 흐르는 전류는?

① 1A   ② 2A
③ 3A   ④ 4A

풀이 직렬저항 = 2Ω + 4Ω + 6Ω = 12Ω
전류는 전압/저항이므로 12/12 = 1A

51. 화재의 분류 중 B급 화재물질로 옳은 것은?

① 종이   ② 휘발유
③ 목재   ④ 석탄

풀이 B급 화재 : 휘발유, 벤젠 등의 유류 화재

52. 기관 분해조립 시 스패너 사용 자세 중 옳지 않은 것은?

① 몸의 중심을 유지하게 한 손은 작업물을 지지한다.
② 스패너 자루에 파이프를 끼우고 발로 민다.
③ 너트에 스패너를 깊이 물리고 조금씩 앞으로 당기는 식으로 풀고, 조인다.
④ 몸은 항상 균형을 잡아 넘어지는 것을 방지한다.

풀이 스패너에 파이프를 끼우고 사용하는 작업은 절대 안된다.

53. 이동식 및 휴대용 전동기기의 안전한 작업방법으로 틀린 것은?

① 전동기의 코드 선은 접지선이 설치된 것을 사용한다.
② 회로 시험기로 절연상태를 점검한다.
③ 감전 방지용 누전 차단기를 접속하고 동작 상태를 점검한다.
④ 감전사고 위험이 높은 곳에서는 1중 절연 구조의 전기기기를 사용한다.

정답 48. ④ 49. ③ 50. ① 51. ② 52. ② 53. ④

풀이 감전사고의 위험이 높거나 누전차단기의 접속이 곤란한 곳에서의 작업은 절연층이 2중으로 된 2 중절연 구조의 전기기기를 사용한다.

56. 에어백 장치를 점검, 정비할 때 안전하지 못한 행동은?

① 조향 휠을 탈거할 때 에어백 모듈 인플레이터 단자는 반드시 분리한다.
② 조향 휠을 장착할 때 클럭 스프링의 중립 위치를 확인한다.
③ 에어백 장치는 축전지 전원을 차단하고 일정시간 지난 후 정비한다.
④ 인플레이터의 저항은 절대 측정하지 않는다.

풀이 조향 휠을 탈거할 때 에어백 모듈 인플레이터 단자는 반드시 분리하면 안된다.

54. 산업 재해는 생산 활동을 행하는 중에 에너지와 충돌하여 생명의 기능이나 (　)을 상실하는 현상을 말한다. (　)에 알맞은 말은?

① 작업상 업무
② 작업 조건
③ 노동 능력
④ 노동 환경

풀이 산업재해란 노동 과정에서 업무상 일어난 사고 또는 직업병으로 말미암아 근로자가 받는 신체적·정신적 장애를 말하며 (　)은 노동능력이다.

57. 감전 위험이 있는 곳에 전기를 차단하여 수선 점검을 할 때의 조치와 관계없는 것은?

① 스위치 박스에 통전장치를 한다.
② 위험에 대한 방지장치를 한다.
③ 스위치에 안전장치를 한다.
④ 필요한 곳에 통전 금지 기간에 관한 사항을 게시한다.

풀이 스위치 박스에 통전장치를 설치하면 안된다.

55. 연삭 작업 시 안전사항 중 틀린 것은?

① 나무 해머를 연삭 숫돌을 가볍게 두들겨 맑은 음이 나면 정상이다.
② 연삭 숫돌의 표면이 심하게 변형된 것은 반드시 수정한다.
③ 받침대는 숫돌차의 중심선보다 낮게 한다.
④ 연삭 숫돌과 받침대와의 간격은 3mm 이내로 유지한다.

풀이 받침대는 숫돌차의 중심선보다 높게 한다.

58. 타이어의 공기압에 대한 설명으로 틀린 것은?

① 공기압이 낮으면 일반 포장도로에서 미끄러지기 쉽다.
② 좌·우 공기압에 편차가 발생하면 브레이크 작동 시 위험을 초래한다.
③ 공기압이 낮으면 트레드 양단의 마모가 많다.
④ 좌·우 공기압에 편차가 발생하면 차동 사이드 기어의 마모가 촉진된다.

54. ③　55. ③　56. ①　57. ①　58. ①　　정답

> **풀이** 공기압이 낮으면 일반 포장도로에서 보다 젖은 노면에서 제동이 어렵다.

59. 자동차에 사용하는 부동액의 사용에서 주의할 점으로 틀린 것은?

① 부동액은 원액으로 사용하지 않는다.
② 품질 불량한 부동액은 사용하지 않는다.
③ 부동액을 도료부분에 떨어지지 않도록 주의해야 한다.
④ 부동액은 입으로 맛을 보아 품질을 구별할 수 있다.

> **풀이** 부동액은 입으로 맛을 보아 품질을 구별해서는 안된다.

60. 감전 사고를 방지하는 방법이 아닌 것은?

① 차광용 안경을 착용한다.
② 반드시 절연 장갑을 착용한다.
③ 물기가 있는 손으로 작업하지 않는다.
④ 고압이 흐르는 부품에는 표시를 한다.

> **풀이** 차광용 안경은 빛을 차단하는 안경이므로 감전 사고를 방지하는 방법과 거리가 멀다.

정답 59. ④ 60. ①

2019년 제3회 자동차정비기능사 출제문제

01. 윤활유의 주요 기능으로 틀린 것은?

① 윤활 작용, 냉각 작용
② 기밀 유지 작용, 부식 방지 작용
③ 소음 감소 작용, 세척 작용
④ 마찰 작용, 방수 작용

> **풀이** 윤활유의 역할 : 밀봉 작용, 냉각 작용, 부식 방지(방청) 작용, 응력 분산 작용, 마찰 감소 및 마멸방지 작용, 세척 작용 등이 있다.

02. 고속 디젤기관의 기본 사이클에 해당되는 것은?

① 정적 사이클(constant volume cycle)
② 정압 사이클(constant pressure cycle)
③ 복합 사이클(sabathe cycle)
④ 디젤 사이클(diesel cycle)

> **풀이** 고속 디젤기관의 기본 사이클은 정적과 정압을 복합한 복합(사바테)사이클이다.

03. 전자제어 엔진에서 냉간 시 점화시기 제어 및 연료 분사량 제어를 하는 센서는?

① 흡기온 센서   ② 대기압 센서
③ 수온 센서   ④ 공기량 센서

> **풀이** 냉각수온 센서는 전자제어 기관에서 냉간 상태의 점화시기 제어 및 연료 분사량을 제어한다.

04. 최적의 공연비를 바르게 나타낸 것은?

① 희박한 공연비
② 농후한 공연비
③ 이론적으로 완전연소 가능한 공연비
④ 공전 시 연소 가능 범위의 연비

> **풀이** 최적의 공연비란 이론적으로 완전연소 가능한 공연비를 말한다.

05. 디젤기관에서 냉각장치로 흡수되는 열은 연료 전체 발열량의 약 몇 % 정도인가?

① 30~35   ② 45~55
③ 55~65   ④ 70~80

> **풀이** 냉각장치에서 흡수되는 열은 연료 전체발열량의 약 30~35%이다.

06. 기관이 1500rpm에서 20kgf·m의 회전력을 낼 때 기관의 출력은 41.87PS 이다. 기관의 출력을 일정하게 하고 회전수를 2500rpm으로 하였을 때 약 얼마의 회전력을 내는가?

① 45kgf·m   ② 35kgf·m
③ 25kgf·m   ④ 12kgf·m

> **풀이** 716 × 41.87/2500 = 11.99kgf·m

정답 01. ④ 02. ③ 03. ③ 04. ③ 05. ① 06. ④

07. 자동차 기관에서 과급을 하는 주된 목적은?

① 기관의 출력을 증대시킨다.
② 기관의 회전수를 빠르게 한다.
③ 기관의 윤활유 소비를 줄인다.
④ 기관의 회전수를 일정하게 한다.

풀이 과급은 기관의 출력을 증대시키는 목적이 있다.

08. 어떤 기관의 크랭크축 회전수가 2,400rpm, 회전반경이 40mm 일 때 피스톤 평균속도는?

① 1.6m/s   ② 3.3m/s
③ 6.4m/s   ④ 9.6m/s

풀이 2 × 2,400 × 2 × 40/(60 × 1,000) = 6.4m/s

09. 피스톤의 평균속도를 올리지 않고 회전수를 높일 수 있으며 단위 체적 당 출력을 크게 할 수 있는 기관은?

① 장행정 기관   ② 정방형 기관
③ 단행정 기관   ④ 고속형 기관

풀이 단행정 기관(over square engine)은 피스톤의 평균속도를 올리지 않고 회전수를 높일 수 있으며 단위 체적 당 출력을 크게 할 수 있다.

10. 가솔린의 안티 노크성을 표시하는 것은?

① 세탄가   ② 헵탄가
③ 옥탄가   ④ 프로판가

풀이 옥탄가는 가솔린이 연소할 때 이상 폭발을 일으키지 않는 정도를 나타내는 수치를 말한다.

11. 배기량이 785cc, 연소실 체적이 157cc인 자동차 기관의 압축비는?

① 3 : 1   ② 4 : 1
③ 5 : 1   ④ 6 : 1

풀이 157 + 785/157 = 6

12. 디젤기관의 예열장치에서 연소실 내의 압축 공기를 직접 예열하는 형식은?

① 흡기 가열식   ② 흡기 히터식
③ 예열 플러그식   ④ 히터 레인지식

풀이 예열 플러그 방식은 연소실 내의 압축 공기를 직접 예열하는 방식이다.

13. 4행정 사이클 6실린더 기관의 지름이 100mm, 행정이 100mm 이고, 기관 회전수 2,500rpm, 지시평균 유효압력이 8kgf/cm²이라면 지시마력은 몇 PS 인가?

① 80   ② 93
③ 105   ④ 150

풀이 8 × 0.785 × 100 × 10 × 2,500 × 6/75 × 60 × 2 × 100 = 105

정답   07. ①   08. ③   09. ③   10. ③   11. ④   12. ③   13. ③

14. 전자제어 가솔린 기관의 진공식 연료 압력 조절기에 대한 설명으로 옳은 것은?

① 공전 시 진공호스를 빼면 연료 압력은 낮아지고 다시 꼽으면 높아진다.
② 급가속 순간 흡기 다기관의 진공은 대기압에 가까워 연료 압력은 낮아진다.
③ 흡기관의 절대압력과 연료 분배관의 압력차를 항상 일정하게 유지시킨다.
④ 대기압이 변화하면 흡기관의 절대압력과 연료 분배관의 압력차도 같이 변화한다.

풀이 진공식 연료 압력 조절기의 역할은 흡기관의 절대압력과 연료 분배관의 압력을 항상 일정하게 유지시키는 역할을 한다.

15. 컴퓨터 제어계통 중 입력계통과 가장 거리가 먼 것은?

① 대기압 센서
② 공전속도 제어
③ 산소 센서
④ 차속 센서

풀이 컴퓨터 제어계통에는 출력 신호가 연료 분사 밸브(인젝터)작동 신호, ISC(공전속도 조절기구) 작동 신호, PCSV 작동 신호, 에어컨 릴레이 작동 신호 등이 있다.

16. 가솔린 기관의 배출가스 중 인체에 유해성분이 가장 적은 것은?

① 일산화탄소   ② 탄화수소
③ 이산화탄소   ④ 질소산화물

풀이 인체에 해가 가장 적은 가스는 이산화탄소(CO_2)이다.

17. 커넥팅 로드의 비틀림이 엔진에 미치는 영향에 대한 설명이다. 옳지 않은 것은?

① 압축압력의 저하
② 회전에 무리를 초래
③ 저널 베어링의 마멸
④ 기어의 백래시 촉진

풀이 기어의 백래시 촉진이 커넥팅 로드의 비틀림이 엔진에 미치는 영향에 해당되지 않는다.

18. 밸브 스프링 자유높이의 감소는 표준치수에 대하여 몇 % 이내이어야 하는가?

① 3%   ② 8%
③ 10% ④ 12%

풀이 밸브 스프링의 자유높이는 3%이다.

19. LPG(Liquefied Petroleum Gas) 기관 중 피드백 믹서방식의 특징이 아닌 것은?

① 연료 분사 펌프가 있다.
② 대기 오염이 적다.
③ 경제성이 좋다.
④ 엔진 오일 수명이 길다.

풀이 연료분사펌프는 전자제어엔진에 장착되어 있다.

정답 14. ③ 15. ② 16. ③ 17. ④ 18. ① 19. ①

20. ISC(idle speed control) 서보기구에서 컴퓨터 신호에 따른 기능으로 가장 타당한 것은?

① 공전 연료량을 증가
② 공전속도를 제어
③ 가속속도를 제어
④ 가속공기량을 제어

> 풀이 ISC-Servo는 각종 센서들의 신호를 근거로 하여 기관 상태를 적당한 공전속도로 유지시키는 기구이다.

21. 흡기 관로에 설치되어 칼만 와류현상을 이용하여 흡입 공기량을 측정하는 것은?

① 흡기 온도 센서
② 대기압 센서
③ 스로틀 포지션 센서
④ 공기 유량 센서

> 풀이 공기유량센서는 에어 클리너 부근에 설치되어 에어 클리너로 흡입되는 공기량을 계측하여 모듈레이터에서 숫자를 디지털 신호로 변환시켜 ECU로 보내고, ECU는 기본 분사 시간을 결정하도록 하는 센서이다.

22. 압력식 라디에이터 캡을 사용하므로 얻어지는 장점과 거리가 먼 것은?

① 비등점을 올려 냉각효율을 높일 수 있다.
② 라디에이터를 소형과 할 수 있다.
③ 라디에이터 무게를 크게 할 수 있다.
④ 냉각장치의 압력을 0.3~0.7kgf/cm² 정도 올릴 수 있다.

> 풀이 압력식 라디에이터 캡을 사용하는 목적은 냉각효과를 높이기 위한 방법이며 라디에이터 무게와 냉각효과는 무관하다.

23. 디젤기관의 연소실 형식 중 연소실 표면적이 작아 냉각손실이 작은 특징이 있고, 시동성이 양호한 형식은?

① 직접분사실식
② 예연소실식
③ 와류실식
④ 공기실식

> 풀이 직접분사실식은 연소실 표면적이 작아 냉각손실이 작은 특징이 있으며, 보조 가열장치가 없는 경우, 시동성이 가장 좋다.

24. 그림과 같은 마스터 실린더의 푸시로드에는 몇 kgf의 힘이 작용하는가?

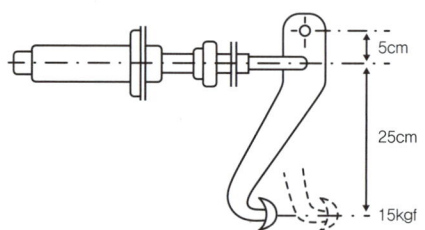

① 75kgf   ② 90kgf
③ 120kgf   ④ 140kgf

> 풀이 지렛대 비 = (25 + 5) : 5 = 6 : 1
> 푸시로드에 작용하는 힘 = 지렛대 비 × 페달 밟는 힘
> 6 × 15kgf = 90kgf

25. 자동변속기 차량에서 토크 컨버터 내에 있는 스테이터의 기능은?

① 터빈의 회전력을 증대시킨다.
② 바퀴의 회전력을 감소시킨다.
③ 펌프의 회전력을 증대시킨다.
④ 터빈의 회전력을 감소시킨다.

풀이 토크 컨버터의 스테이터는 오일의 흐름방향을 변환시키며, 터빈의 회전력을 증대시킨다.

26. 타이어의 뼈대가 되는 부분으로서 공기압력을 견디어 일정한 체적을 유지하고 또 하중이나 충격에 따라 변형하여 완충작용을 하는 것은?

① 브레이커   ② 카커스
③ 트레드   ④ 비드부

풀이 카커스 부분은 고무로 피복 된 코드를 여러 겹 겹친 층이며, 타이어의 뼈대가 되는 부분으로서 공기 압력을 견디어 일정한 체적을 유지하고 완충작용을 한다.

27. 전자제어 제동장치(ABS)의 구성요소로 틀린 것은?

① 휠 스피드 센서(wheel speed sensor)
② 컨트롤 유닛(control unit)
③ 하이드로릭 유닛(hydraulic unit)
④ 크랭크 앵글 센서(crank angle sensor)

풀이 크랭크 앵글 센서는 엔진의 회전수를 감지하는 센서이며 ABS의 구성부품은 휠 스피드 센서, 컨트롤 유닛, 하이드로릭 유닛(유압 모듈레이터), 프로포셔닝 밸브 등이다.

28. 킹핀 경사각과 함께 앞바퀴에 복원성을 주어 직진위치로 쉽게 돌아오게 하는 앞바퀴 정렬과 관련이 가장 큰 것은?

① 캠버   ② 캐스터
③ 토   ④ 셋백

풀이 캐스터는 킹핀 경사각과 함께 앞바퀴에 복원성을 주어 직진위치로 쉽게 돌아오게 한다.

29. 변속기의 변속비가 1.5, 링 기어의 잇수 36, 구동피니언의 잇수 6인 자동차를 오른쪽 바퀴만을 들어서 회전하도록 하였을 때 오른쪽 바퀴의 회전수는? (단, 추진축의 회전수는 2100rpm)

① 350rpm   ② 450rpm
③ 600rpm   ④ 700rpm

풀이 2100/6 × 2 = 700rpm

30. 자동변속기에서 밸브 보디에 있는 매뉴얼 밸브의 역할은?

① 변속레버 위치에 따라 유로를 변경한다.
② 오일 압력을 부하에 알맞은 압력으로 조정한다.
③ 차속과 엔진 부하에 따라 변속단수를 결정한다.
④ 변속단수의 위치를 컴퓨터로 전달한다.

풀이 매뉴얼 밸브는 변속 레버의 움직임에 따라 P, R, N, D 등의 각 레인지로 변환하여 유로를 변경시킨다.

정답 25. ① 26. ② 27. ④ 28. ② 29. ④ 30. ①

31. 다음 중 브레이크 드럼이 갖추어야 할 조건과 관계가 없는 것은?

① 무거워야 한다.
② 방열이 잘 되어야 한다.
③ 강성과 내마모성이 있어야 한다.
④ 동적·정적 평형이 되어야 한다.

풀이 브레이크 드럼은 무게가 가벼워야 한다.

32. 조향장치가 갖추어야 할 조건 중 적당하지 않은 사항은?

① 적당한 회전 감각이 있을 것
② 고속주행에서도 조향핸들이 안정될 것
③ 조향 휠의 회전과 구동 휠의 선회차가 클 것
④ 선회 시 저항이 적고 선회 후 복원성이 좋을 것

풀이 조향 휠의 회전과 구동 휠의 선회차가 작아야 한다.

33. 요철이 있는 노면을 주행할 경우 스티어링 휠에 전달되는 충격을 무엇이라 하는가?

① 시미 현상
② 웨이브 현상
③ 스카이 훅 현상
④ 킥백 현상

풀이 요철이 있는 도로를 주행하는 경우에 스티어링 휠의 주방향에 생기는 충격을 킥백이라 한다.

34. 유압식 동력 조향장치와 비교하여 전동식 동력 조향장치 특징으로 틀린 것은?

① 유압 제어 방식 전자 제어 동력 조향장치보다 부품 수가 적다.
② 유압 제어를 하지 않으므로 오일이 필요없다.
③ 유압 제어 방식에 비해 연비를 향상시킬 수 없다.
④ 유압 제어를 하지 않으므로 오일 펌프가 필요 없다.

풀이 유압 제어 방식에 비해 연비가 좋다.

35. 추진축의 자재이음은 어떤 변화를 가능하게 하는가?

① 축의 길이
② 회전속도
③ 회전축의 각도
④ 회전 토크

풀이 자재이음은 회전축의 각도변화를 준다.

36. 수동변속기에서 싱크로메시(synchro mesh) 기구의 기능이 작용하는 시기는?

① 변속 기어가 물려있을 때
② 클러치 페달을 놓을 때
③ 변속 기어가 물릴 때
④ 클러치 페달을 밟을 때

풀이 싱크로메시 기구는 변속 기어가 물릴 때 작용한다.

정답 31. ① 32. ③ 33. ④ 34. ③ 35. ③ 36. ③

37. 브레이크액의 특성으로서 장점이 아닌 것은?

① 높은 비등점 ② 낮은 응고점
③ 강한 흡습성 ④ 큰 점도지수

> 풀이 브레이크액은 습기를 흡입하면 브레이크 작동이 불량해진다.

38. 다음에서 스프링의 진동 중 스프링 위 질량의 진동과 관계없는 것은?

① 바운싱(bouncing)
② 피칭(pitching)
③ 휠 트램프(wheel tramp)
④ 롤링(rolling)

> 풀이 스프링 아래의 질량 진동 중 차축이 X축을 중심으로 하여 회전운동을 하는 진동이다.

39. 클러치가 미끄러지는 원인 중 틀린 것은?

① 마찰면의 경화, 오일 부착
② 페달 자유간극 과대
③ 클러치 압력 스프링 쇠약, 절손
④ 압력판 및 플라이휠 손상

> 풀이 페달 자유간극이 작을 때 미끄러진다.

40. 공기 현가장치의 특성에 속하지 않는 것은?

① 하중 증감에 관계없이 차체 높이를 항상 일정하게 유지하며, 앞뒤, 좌우의 기울기를 방지할 수 있다.
② 스프링 정수가 자동적으로 조정되므로 하중의 증감에 관계없이 고유 진동수를 거의 일정하게 유지할 수 있다.
③ 고유 진동수를 높일 수 있으므로 스프링 효과를 유연하게 할 수 있다.
④ 공기 스프링 자체에 감쇠성이 있으므로 작은 진동을 흡수하는 효과가 있다.

> 풀이 고유 진동수를 낮출 수 있으므로 스프링효과를 유연하게 할 수 있다.

41. 축전지 전해액의 비중을 측정하였더니 1.180이었다. 이 축전지의 방전률은? (단, 비중 값이 완전 충전 시 1.280이고, 완전 방전 시의 비중 값은 1.080이다.)

① 20%
② 30%
③ 50%
④ 70%

> 풀이 1.280 − 1.180/1.280 − 1.080 × (100) = 50%

42. 반도체의 장점으로 틀린 것은?

① 극히 소형이고 경량이다.
② 내부 전력 손실이 매우 적다.
③ 고온에서도 안정적으로 동작한다.
④ 예열을 요구하지 않고 곧바로 작동을 한다.

> 풀이 반도체는 온도가 상승하면 특성이 매우 불량해진다.

정답 37. ③ 38. ③ 39. ② 40. ③ 41. ③ 42. ③

43. 자동차의 IMS(Integrated Memory System)에 대한 설명으로 옳은 것은?

① 도난을 예방하기 위한 시스템이다.
② 편의장치로서 장거리 운행 시 자동 운행 시스템이다.
③ 배터리 교환주기를 알려주는 시스템이다.
④ 스위치 조작으로 설정해둔 시트 위치로 재생시킨다.

풀이 IMS는 운전자에게 맞는 최적의 운전 위치를 기억해 두었다가, 운전자가 탑승하면 기억된 대로 운전 자세를 자동으로 조정해주는 시스템이다.

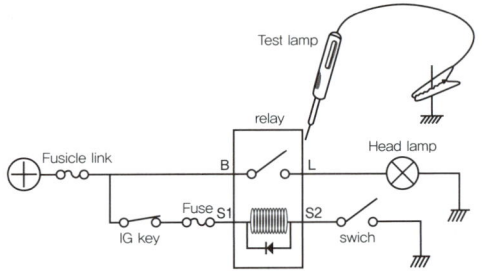

① B 단자는 점등된다.
② L 단자는 점등되지 않는다.
③ S1 단자는 점등된다.
④ S2 단자는 점등되지 않는다.

풀이 S2 단자는 단선되는 부분이 없어 점등되어야 한다.

44. P형 반도체와 N형 반도체를 마주대고 결합한 것은?

① 캐리어
② 홀
③ 다이오드
④ 스위칭

풀이 P형과 N형 반도체를 마주대고 결합한 것을 다이오드라 한다.

46. 기동 전동기에서 회전하는 부분이 아닌 것은?

① 오버러닝 클러치
② 정류자
③ 계자 코일
④ 전기자 철심

풀이 고정되어 있는 부분 : 계자 코일과 계자 철심, 브러시와 그 홀더 등

45. 그림과 같이 테스트 램프를 사용하여 릴레이 회로의 각 단자(B, L, S1, S2)를 점검하였을 때 테스트 램프의 작동이 틀린 것은? (단, 테스트 램프 전구는 LED 전구이며, 테스트 램프의 접지는 차체 접지)

47. 편의장치 중 중앙집중식 제어장치(ETACS 또는 ISU)의 입·출력 요소의 역할에 대한 설명으로 틀린 것은?

① 모든 도어 스위치 : 각 도어의 잠김 여부 감지
② INT 스위치 : 와셔 작동 여부 감지
③ 핸들 록 스위치 : 키 삽입 여부 감지
④ 열선 스위치 : 열선 작동 여부 감지

정답 43. ④ 44. ③ 45. ④ 46. ③ 47. ②

풀이 INT 스위치 : 계기판 쪽으로 돌리면 와이퍼의 속도 UP, 운전자 쪽으로 돌리면 속도가 DOWN, 와셔의 작동 여부를 감지하는 장치가 아님

48. 축전지 극판의 작용물질이 동일한 조건에서 비중이 감소되면 용량은?

① 증가한다.
② 변화 없다.
③ 비례하여 증가한다.
④ 감소한다.

풀이 비중이 감소하면 용량은 감소한다.

49. 자동차용 AC 발전기에서 자속을 만드는 부분은?

① 로터(rotor) ② 스테이터(stator)
③ 브러시(brush) ④ 다이오드(diode)

풀이 로터(회전자)는 브러시로부터 여자 전류를 공급받아 자속을 만든다.

50. 점화코일에서 고전압을 얻도록 유도하는 공식으로 옳은 것은?

〈 보 기 〉

E_1 : 1차 코일에 유도된 전압
E_2 : 2차 코일에 유도된 전압
N_1 : 1차 코일의 유효 권수
N_2 : 2차 코일의 유효 권수

① $E_2 = \dfrac{N_2}{N_1} E_1$

② $E_2 = \dfrac{N_1}{N_2} E_1$

③ $E_2 = N_1 \times N_2 \times E_1$

④ $E_2 = N_2 + (N_1 \times E_1)$

풀이 2차코일에 유도된 전압은 2차 코일의 유효권수를 1차 코일의 유효권수로 나눈값에 1차 코일에 유도된 전압을 곱해서 구한다.

51. 구급처치 중에서 환자의 상태를 확인하는 사항과 관련이 없는 것은?

① 의식   ② 상처
③ 출혈   ④ 안정

풀이 안정은 환자의 상태를 확인하는 사항과 관련이 없다.

52. 다이얼 게이지를 사용 시 유의사항으로 틀린 것은?

① 스핀들에 주유하거나 그리스를 발라서 보관한다.
② 분해 청소나 조정은 함부로 하지 않는다.
③ 게이지에 어떤 충격도 가해서는 안 된다.
④ 게이지를 설치할 때에는 지지대의 암을 될 수 있는 대로 짧게 하고 확실하게 고정해야 한다.

풀이 실린더 헤드를 조립할 때에는 중앙에서 바깥쪽으로 대각선방향으로 조인다.

48. ④ 49. ① 50. ① 51. ④ 52. ①   정답

53. 드릴로 큰 구멍을 뚫으려고 할 때 먼저 할 일은?

① 금속을 무르게 한다.
② 작은 구멍을 뚫는다.
③ 스핀들의 속도를 빠르게 한다.
④ 드릴 커팅 앵글을 증가시킨다.

풀이 큰 구멍을 뚫을 때 먼저 작은 구멍을 뚫고 작업한다.

54. 일반 공구 사용에서 안전한 사용법이 아닌 것은?

① 조정 조에 잡아당기는 힘이 가해져야 한다.
② 렌치에 파이프 등의 연장대를 끼워서 사용해서는 안 된다.
③ 언제나 깨끗한 상태로 보관한다.
④ 녹이 생긴 볼트나 너트에는 오일을 넣어 스며들게 한 다음 돌린다.

풀이 조정 조 부분에 렌치의 힘이 가해지도록 해야 한다.

55. 산업안전·보건표지의 종류와 형태에서 아래 그림이 나타내는 표시는?

① 접촉 금지   ② 출입 금지
③ 탑승 금지   ④ 보행 금지

풀이 보행 금지 표시이다.

56. 기동 전동기의 분해 조립을 할 때 주의할 사항이 아닌 것은?

① 관통볼트 조립 시 브러시 선과의 접촉에 주의할 것
② 레버의 방향과 스프링, 홀더의 순서를 혼동하지 말 것
③ 브러시 배선과 하우징과의 배선을 확실히 연결할 것
④ 마그네틱 스위치의 B단자와 M(또는 F)단자의 구분에 주의할 것

풀이 브러시 배선과 하우징과의 배선은 따로 연결할 필요가 없다.

57. 귀마개를 착용하여야 하는 작업과 가장 거리가 먼 것은?

① 공기 압축기가 가동되는 기계실 내에서 작업
② 디젤 엔진 정비 작업
③ 단조 작업
④ 제관 작업

풀이 디젤 엔진 정비 작업과 귀마개를 착용해서 작업하는 것과는 무관하다.

58. 제동력 시험기 사용 시 주의사항으로 틀린 것은?

① 타이어 트레드 표면에 습기를 제거한다.
② 롤러 표면은 항상 그리스로 충분히 윤활시킨다.
③ 브레이크 페달을 확실히 밟은 상태에서 측정한다.

정답 53. ② 54. ① 55. ④ 56. ③ 57. ② 58. ②

④ 시험 중 타이어와 가이드 롤러와 접촉이 없도록 한다.

풀이 롤러 표면은 그리스로 충분히 윤활시키면 슬립이 발생한다.

③ 엔진의 이상음을 관찰하는 일
④ 오일 팬의 오일량을 측정하는 일

풀이 오일 팬 내의 오일량은 기관의 작동을 정지시킨 상태에서 점검한다.

59. 전자제어 시스템을 정비할 때 점검 방법 중 올바른 것을 모두 고른 것은?

〈 보 기 〉

a. 배터리 전압이 낮으면 고장진단이 발견되지 않을 수도 있으므로 점검하기 전에 배터리 전압 상태를 점검한다.
b. 배터리 또는 ECU 커넥터를 분리하면 고장 항목이 지워질 수 있으므로 고장진단 결과를 완전히 읽기 전에는 분리시키지 않는다.
c. 점검 및 정비를 완료한 후에는 배터리 (−)단자를 15초 이상 분리시킨 후 다시 연결하고 고장코드가 지워졌는지 확인한다.

① b-c
② a-b
③ a-c
④ a-b-c

풀이 배터리전압은 12.6V 이상 확인해야하며 배터리 단자를 분리해서도 안되며 작업 후 기억소거를 진단기에서 하거나 배터리 단자를 탈거 후 15초 이상 분리시켜야 한다.

60. 기관을 운전 상태에서 점검하는 부분이 아닌 것은?

① 배기가스의 색을 관찰하는 일
② 오일 압력 경고등을 관찰하는 일

정답 59. ④ 60. ④

2019년 제4회 자동차정비기능사 출제문제

01. 인젝터 회로의 정상적인 파형이 그림과 같을 때 본선의 접촉 불량 시 나올 수 있는 파형 중 맞는 것은?

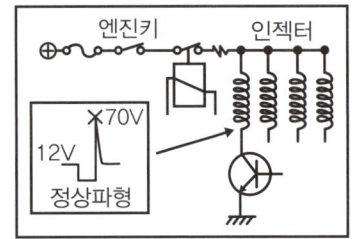

① 12V 90V
② 12V 70V
③ 12V 50V
④ 12V 50V

풀이 정상파형으로 형성되는데 전압만 낮게 설정된다.

02. 디젤 노크와 관련이 없는 것은?

① 연료 분사량
② 연료 분사시기
③ 흡기 온도
④ 엔진 오일량

풀이 디젤 노크는 흡기 온도, 기관의 온도, 압축비, 연료 분사량, 연료 분사시기, 착화지연 기간 등과 관련이 있으며 엔진 오일량과는 무관하다.

03. 디젤기관에서 연료 분사 펌프의 거버너는 어떤 작용을 하는가?

① 분사 압력을 조정한다.
② 분사시기를 조정한다.
③ 착화시기를 조정한다.
④ 분사량을 조정한다.

풀이 조속기(거버너)는 분사 펌프에 장착되어 기관의 부하 변동에 따라 연료 분사량의 증감을 자동적으로 조정하여 제어래크에 전달하며, 최고 회전 속도를 제어하여 과속을 방지한다.

04. 다음 중 EGR(exhaust gas recirculation) 밸브의 구성 및 기능 설명으로 틀린 것은?

① 배기가스 재순환 장치
② EGR 파이프, EGR 밸브 및 서모 밸브로 구성
③ 질소화합물(NOx) 발생을 감소시키는 장치
④ 연료 증발가스(HC) 발생을 억제시키는 장치

풀이 배기가스 재순환 장치(EGR system)는 배기가스를 재순환시켜 연소실 내의 연소 온도를 낮춰 질소산화물(NOx)을 저감시키기 위한 장치이다.

05. 피스톤 평균속도를 높이지 않고 엔진 회전속도를 높이려면?

① 행정을 작게 한다.
② 행정을 크게 한다.

정답 01. ④ 02. ④ 03. ④ 04. ④

③ 실린더 지름을 크게 한다.
④ 실린더 지름을 작게 한다.

> 풀이 피스톤의 평균속도를 높이지 않고 엔진 회전속도를 높이려면 피스톤 행정이 실린더 지름보다 작은 단행정 기관으로 하여야 한다.

> 풀이 최대 측정값은 78mm + 0.35 = 78.35mm이다. 따라서 수정 값은 최대측정값 + 0.2mm(수정 절삭량)이므로 78.35 + 0.2 = 78.55mm이다. 그러나 피스톤 오버사이즈값이 0.25mm 단위로 선택되므로 오버사이즈에 맞는 값인 78.75mm로 보링치수를 정한다.

06. 탄소 1kg을 완전 연소시키기 위한 순수 산소의 양은?

① 약 1.67kg ② 약 2.67kg
③ 약 2.89kg ④ 약 5.56kg

> 풀이 탄소 1kg을 완전 연소시키기 위한 순수 산소의 양은 약 2.67kg이다.

09. 전자제어 차량의 인젝터가 갖추어야 될 기본 요건이 아닌 것은?

① 정확한 분사량
② 내부식성
③ 기밀유지
④ 저항 값은 무한대(∞)일 것

> 풀이 최근에 사용하는 인젝터의 저항 값은 12~17Ω/20℃이다.

07. 어떤 물체가 초속도 10m/s로 마루면을 미끄러진다면 몇 m를 진행하고 멈추는가? (단, 물체와 마루면 사이의 마찰계수는 0.5이다.)

① 0.51m ② 5.1m
③ 10.2m ④ 20.4m

> 풀이 $100 / 2 \times 0.5 \times 9.8 = 10.2m$

10. 흡기관 내 압력의 변화를 측정하여 흡입공기량을 간접으로 검출하는 방식은?

① K-jetronic ② D-jetronic
③ L-jetronic ④ LH-jetronic

> 풀이 D-jetronic은 흡기 다기관 내 압력의 변화를 측정하여 흡입 공기량을 간접 검출하는 방식

08. 규정 값이 내경 78mm인 실린더를 실린더 보어 게이지로 측정한 결과 0.35mm가 마모되었다. 실린더 내경을 얼마로 수정해야 하는가?

① 실린더 내경을 78.35mm로 수정한다.
② 실린더 내경을 78.50mm로 수정한다.
③ 실린더 내경을 78.75mm로 수정한다.
④ 실린더 내경을 78.90mm로 수정한다.

11. 자동차가 24km/h의 속도에서 가속하여 60km/h의 속도를 내는데 5초 걸렸다. 평균 가속도는?

① $10m/s^2$ ② $5m/s^2$
③ $2m/s^2$ ④ $1.5m/s^2$

05. ① 06. ② 07. ③ 08. ③ 09. ③ 10. ② 11. ③   정답

풀이 (60 − 24) × 1000/3600 × 5 = 2m/s²

풀이 차량 총중량은 40톤을 초과하여서는 안 된다.

12. PCV(positive crankcase ventilation)에 대한 설명으로 옳은 것은?

① 블로바이(blow by)가스를 대기 중으로 방출하는 시스템이다.
② 고부하 때에는 블로바이 가스가 공기청정기에서 헤드 커버 내로 공기가 도입된다.
③ 흡기 다기관이 부압일 때는 크랭크 케이스에서 헤드 커버를 통해 공기 청정기로 유입된다.
④ 헤드 커버 안의 블로바이 가스는 부하와 관계없이 서지 탱크로 흡입되어 연소된다.

풀이 실린더 헤드 커버 안의 블로바이 가스는 PCV (Positive Crank case Ventilation)밸브의 열림 정도에 따라서 유량이 조절되어 흡기 다기관으로 들어간다.

13. 제동마력(BHP)을 지시마력(IHP)으로 나눈 값은?

① 기계 효율　② 열효율
③ 체적 효율　④ 전달 효율

풀이 기계효율 = 제동마력/지시마력 × 100

14. 화물자동차 및 특수자동차의 차량 총중량은 몇 톤을 초과해서는 안 되는가?

① 20톤　② 30톤
③ 40톤　④ 50톤

15. 실린더 벽이 마멸되었을 때 나타나는 현상 중 틀린 것은?

① 엔진 오일의 희석 및 마모
② 피스톤 슬랩 현상 발생
③ 압축압력 저하 및 블로바이 과다 발생
④ 연료 소모 저하 및 엔진 출력 저하

풀이 연료 소모가 증가하고 엔진 기관의 출력이 저하한다.

16. 과급기가 설치된 엔진에 장착된 센서로서 급속 및 증속에서 ECU로 신호를 보내주는 센서는?

① 부스터 센서　② 노크 센서
③ 산소 센서　④ 수온 센서

풀이 부스터 센서는 과급기가 설치된 기관에 설치되며, 급속 및 증속에서 ECU로 신호를 보내준다.

17. 분사펌프에서 딜리버리 밸브의 작용 중 틀린 것은?

① 노즐에서의 후적 방지
② 연료의 역류 방지
③ 연료 라인의 잔압 유지
④ 분사시기 조정

정답　12. ④　13. ①　14. ③　15. ④　16. ①　17. ④

풀이 딜리버리 밸브는 플런저의 유효행정이 완료되어 배럴 내의 연료 압력이 급격히 낮아지면 스프링 장력에 의해 신속히 닫혀 연료의 역류(분사 노즐에서 펌프로의 흐름)를 방지하고, 분사 파이프 내의 연료압력을 낮춰 분사 노즐의 후적(after drop)을 방지하며 분사파이프 내에 잔압을 유지시킨다. 분사시기조정은 타이머의 역할이다.

18. 윤활유의 성질에서 요구되는 사항이 아닌 것은?

① 비중이 적당할 것
② 인화점 및 발화점이 낮을 것
③ 점성과 온도와의 관계가 양호할 것
④ 카본 생성이 적으며, 강인한 유막을 형성할 것

풀이 인화점 및 발화점이 높아야 한다.

19. 기동 전동기가 정상 회전하지만 엔진이 시동되지 않는 원인과 관련이 있는 사항은?

① 밸브 타이밍이 맞지 않을 때
② 조향 핸들 유격이 맞지 않을 때
③ 현가장치에 문제가 있을 때
④ 산소 센서의 작동이 불량일 때

풀이 기동전동기가 정상 회전하지만 엔진이 시동되지 않는 원인은 보기중 밸브 타이밍이 맞지 않을 때이다.

20. 캠축과 크랭크축의 타이밍 전동방식이 아닌 것은?

① 유압 전동방식   ② 기어 전동방식
③ 벨트 전동방식   ④ 체인 전동방식

풀이 캠축과 크랭크축의 타이밍 전동방식에는 벨트 전동방식, 체인 전동방식, 기어 전동방식 등이 있다.

21. 실린더와 피스톤 사이의 틈새로 가스가 누출되어 크랭크 실로 유입된 가스를 연소실로 유도하여 재연소시키는 배출가스 정화장치는?

① 촉매 변환기
② 배기가스 재순환 장치
③ 연료 증발가스 배출 억제장치
④ 블로바이 가스 환원장치

풀이 블로바이 가스 환원장치는 실린더와 피스톤 사이의 틈새로 가스가 누출되어 크랭크 실로 유입된 가스를 연소실로 유도하여 다시 연소시키는 배출가스 정화장치이다.

22. 다음 중 기관 과열의 원인이 아닌 것은?

① 수온 조절기 불량
② 냉각수 양 과다
③ 라디에이터 캡 불량
④ 냉각팬 모터 고장

풀이 기관의 과열과 냉각수 양 과다와는 전혀 무관하다.

23. LPG의 특징 중 틀린 것은?

① 액체 상태의 비중은 0.5이다.
② 기체 상태의 비중은 1.5~2.0이다.
③ 무색·무취이다.
④ 공기보다 가볍다.

18. ② 19. ① 20. ① 21. ④ 22. ② 23. ④

풀이 ▶ LPG는 공기보다 무겁다.

풀이 ▶ 토크 센서는 비접촉 광학식 센서를 주로 사용하며, 조향 핸들을 돌려 조향 칼럼을 통해 랙크와 피니언 그리고 바퀴를 돌릴 때 발생하는 토크를 측정하여 컴퓨터로 입력시킨다.

24. 클러치 디스크의 런 아웃이 클 때 나타날 수 있는 현상으로 가장 적합한 것은?

① 클러치의 단속이 불량해진다.
② 클러치 페달의 유격에 변화가 생긴다.
③ 주행 중 소리가 난다.
④ 클러치 스프링이 파손된다.

풀이 ▶ 런 아웃이 클 때 클러치의 단속이 불량해진다.

27. 자동차의 전자제어 제동장치(ABS) 특징으로 올바른 것은?

① 바퀴가 로크되는 것을 방지하여 조향 안정성 유지
② 스핀 현상을 발생시켜 안정성 유지
③ 제동시 한쪽 쏠림 현상을 발생시켜 안정성 유지
④ 제동거리를 증가시켜 안정성 유지

풀이 ▶ 전자제어 제동장치의 특징은 바퀴가 로크되는 것을 방지하며 조향 안정성을 유지하는 역할을 한다.

25. 토크 컨버터의 토크 변환율은?

① 0.1~1배　② 2~3배
③ 4~5배　④ 6~7배

풀이 ▶ 토크 컨버터의 토크 변환율은 2~3배이다.

28. 동력 조향장치 정비 시 안전 및 유의사항으로 틀린 것은?

① 자동차 하부에서 작업할 때는 시야 확보를 위해 보안경을 벗는다.
② 공간이 좁으므로 다치지 않게 주의한다.
③ 제작사의 정비지침서를 참고하여 점검 정비한다.
④ 각종 볼트 너트는 규정 토크로 조인다.

26. 전동식 전자제어 동력 조향장치에서 토크 센서의 역할은?

① 차속에 따라 최적의 조향력을 실현하기 위한 기준신호로 사용된다.
② 조향 휠을 돌릴 때 조향력을 연산할 수 있도록 기본 신호를 컨트롤 유닛에 보낸다.
③ 모터 작동 시 발생되는 부하를 보상하기 위한 보상신호로 사용된다.
④ 모터 내의 로터 위치를 검출하여 모터 출력의 위상을 결정하기 위해 사용된다.

풀이 ▶ 자동차 하부에서 작업할 때에는 불순물이 눈에 침투할 수 있으므로 보안경을 벗어서는 안된다.

정답　24. ①　25. ②　26. ②　27. ①　28. ①

29. 자동변속기에서 유성기어 캐리어를 한 방향으로만 회전하게 하는 것은?

① 원웨이 클러치
② 프런트 클러치
③ 리어 클러치
④ 엔드 클러치

풀이) 유성기어 캐리어를 한쪽 방향으로만 회전하도록 하는 것은 원웨이 클러치 또는 일방향 클러치라고 표현한다.

30. 추진축의 스플라인 부의 마모가 심할 때의 현상으로 가장 적절한 것은?

① 차동기의 드라이브 피니언과 링 기어의 치합이 불량하게 된다.
② 차동기의 드라이브 피니언 베어링의 조임이 헐겁게 된다.
③ 동력을 전달할 때 충격 흡수가 잘 된다.
④ 주행 중 소음을 내고 추진축이 진동한다.

풀이) 추진축의 스플라인 부가 마모되면 주행 중 소음을 내고 진동이 발생한다.

31. 전자제어 동력 조향장치의 특성으로 틀린 것은?

① 공전과 저속에서 핸들 조작력이 작다.
② 중속 이상에서 차량 속도에 감응하여 핸들 조작력을 변화시킨다.
③ 차량 속도가 고속이 될수록 큰 조작력을 필요로 한다.
④ 동력 조향장치이므로 조향 기어는 필요 없다.

풀이) 동력 조향장치도 일반 조향장치와 마찬가지로 조향 기어는 장착되어 있다.

32. 자동차 앞차륜 독립 현가장치에 속하지 않는 것은?

① 트레일링 암 형식(trailing arm type)
② 위시본형식(wishbone type)
③ 맥퍼슨형식(macpherson type)
④ SLA 형식(short long arm type)

풀이) 앞차륜 독립현가장치에는 위시본형(평행 사변형 형식, SLA 형식), 더블 위시본형, 맥퍼슨형(스트럿형) 등이 있다.

33. 마스터 실린더 푸시로드에 작용하는 힘이 120kgf이고, 피스톤 단면적이 3cm²일 때 발생 유압은?

① 30kgf/cm²   ② 40kgf/cm²
③ 50kgf/cm²   ④ 60kgf/cm²

풀이) 120/3 = 40kgf/cm²

34. 변속기의 변속비(기어비)를 구하는 식은?

① 엔진의 회전수를 추진축의 회전수로 나눈다.
② 부축의 회전수를 엔진의 회전수로 나눈다.
③ 입력축의 회전수를 변속단 카운터축의 회전수로 곱한다.
④ 카운터 기어 잇수를 변속단 카운터 기어 잇수로 곱한다.

풀이 변속비란 엔진의 회전수를 변속기 주축(또는 추진축)의 회전수로 나눈 값이다.

35. 드럼식 브레이크에서 브레이크슈의 작동형식에 의한 분류에 해당하지 않는 것은?

① 리딩 트레일링 슈 형식
② 3리딩 슈 형식
③ 서보 형식
④ 듀오 서보식

풀이 브레이크슈의 작동형식에 의한 분류에는 2앵커 브레이크 형식, 앵커 링크 형식, 단동 2리딩 슈 형식, 복동 2리딩 슈 형식, 넌서보 형식, 서보 형식(유니 서보 형식, 듀오 서보형식), 리딩 트레일링 슈 형식 등이 있다. 3리딩 슈 형식은 존재하지 않는다.

36. 전차륜 정렬에 관계되는 요소가 아닌 것은?

① 타이어의 이상마모를 방지한다.
② 정지 상태에서 조향력을 가볍게 한다.
③ 조향 핸들의 복원성을 준다.
④ 조향 방향의 안정성을 준다.

풀이 주행 상태에서 조향력을 가볍게 해준다.

37. 브레이크 장치에서 슈 리턴 스프링의 작용에 해당되지 않는 것은?

① 오일이 휠 실린더에서 마스터 실린더로 되돌아가게 한다.
② 슈와 드럼의 간극을 유지해 준다.
③ 페달력을 보강해 준다.
④ 슈의 위치를 확보한다.

풀이 브레이크슈 리턴스프링은 페달을 놓으면 오일이 휠 실린더에서 마스터 실린더로 되돌아가게 하며, 슈의 위치를 확보하여 슈와 드럼의 간극을 유지해 준다. 페달력보강과는 무관하다.

38. 기관 rpm이 3,570rpm이고 변속비가 3.5, 종감속비가 3일 때, 오른쪽 바퀴가 420rpm 이면 왼쪽 바퀴 회전수는?

① 340rpm
② 1,480rpm
③ 2.7rpm
④ 260rpm

풀이 $3{,}570/(3.5 \times 3) \times 2 - 420 = 260$ rpm

39. 공기 브레이크 장치에서 앞바퀴로 압축공기가 공급되는 순서는?

① 공기 탱크-퀵 릴리스 밸브-브레이크 밸브-브레이크 챔버
② 공기 탱크-브레이크 챔버-브레이크 밸브-브레이크슈
③ 공기 탱크-브레이크 밸브-퀵 릴리스 밸브-브레이크 챔버
④ 브레이크 밸브-공기 탱크-퀵 릴리스 밸브-브레이크 챔버

풀이 공기브레이크에서 앞바퀴로 압축 공기가 공급되는 순서는 공기 탱크-브레이크 밸브-퀵 릴리스 밸브-브레이크 챔버-브레이크슈이다.

정답 35. ② 36. ② 37. ③ 38. ④ 39. ③

40. 앞차축 현가장치에서 맥퍼슨 형식의 특징이 아닌 것은?

① 위시본 형식에 비하여 구조가 간단하다.
② 로드 홀딩이 좋다.
③ 엔진룸의 유효공간을 넓게 할 수 있다.
④ 스프링 아래 중량을 크게 할 수 있다.

풀이 스프링 아래 중량을 크게 할 수 없다.

41. 모터(기동 전동기)의 형식을 맞게 나열한 것은?

① 직렬형, 병렬형, 복합형
② 직렬형, 복렬형, 병렬형
③ 직권형, 복권형, 복합형
④ 직권형, 분권형, 복권형

풀이 전동기의 형식에는 전기자 코일과 계자 코일이 직렬로 연결되는 직권 전동기, 전기자 코일과 계자 코일이 병렬로 연결된 분권 전동기, 전기자 코일과 계자 코일이 직렬과 병렬로 연결된 복권 전동기가 있다.

42. 축전지를 급속 충전할 때 주의사항이 아닌 것은?

① 통풍이 잘 되는 곳에서 충전한다.
② 축전지의 +, - 케이블을 자동차에 연결한 상태로 충전한다.
③ 전해액의 온도가 45℃가 넘지 않도록 한다.
④ 충전 중인 축전지에 충격을 가하지 않도록 한다.

풀이 급속충전은 자동차에 축전지가 장착된 상태에서 급속으로 충전하는 방식을 말한다.

43. 다음 중 옴의 법칙을 바르게 표시한 것은?
(단, E : 전압, I : 전류, R : 저항)

① $R = IE$ ② $R = I/E$
③ $R = I/E^2$ ④ $R = E/I$

풀이 저항은 전압에 비례하고 전류에 반비례한다.

44. 점화 플러그에 불꽃이 튀지 않는 이유 중 틀린 것은?

① 파워 TR 불량   ② 점화 코일 불량
③ TPS 불량   ④ ECU 불량

풀이 점화플러그의 불꽃 발생과 TPS의 불량과는 전혀 연관이 없다.

45. 20℃에서 양호한 상태인 100Ah의 축전지는 200A의 전기를 얼마동안 발생시킬 수 있는가?

① 1시간   ② 2시간
③ 20분   ④ 30분

풀이 100Ah/200A = 0.5H = 30분

46. 계기판의 충전 경고등은 어느 때 점등되는가?

① 배터리 전압이 10.5V 이하일 때
② 알터네이터에서 충전이 안 될 때
③ 알터네이터에서 충전되는 전압이 높을 때
④ 배터리 전압이 14.7V 이상일 때

정답
40. ④   41. ④   42. ②   43. ④   44. ③   45. ④   46. ②

풀이 충전 경고등은 알터네이터에서 충전이 안 될 때 점등된다.

47. 논리회로에서 OR + NOT에 대한 출력의 진리값으로 틀린 것은? (단, 입력 : A, B, 출력 : C)

① 입력 A가 0이고, 입력 B가 1이면 출력 C는 0이 된다.
② 입력 A가 0이고, 입력 B가 0이면 출력 C는 0이 된다.
③ 입력 A가 1이고, 입력 B가 1이면 출력 C는 0이 된다.
④ 입력 A가 1이고, 입력 B가 0이면 출력 C는 0이 된다.

풀이 ① NOT : 입력이 1이면 출력은 0이고, 입력이 0이면 출력은 1이다.
② OR : 하나 또는 두 개의 입력이 1이면 출력은 언제나 1이다.

48. 와이퍼 모터 제어와 관련된 입력요소를 나열한 것으로 틀린 것은?

① 와이퍼 INT 스위치
② 와셔 스위치
③ 와이퍼 HI 스위치
④ 전조등 HI 스위치

풀이 전조등 HI 스위치와 와이퍼 모터 제어는 전혀 관련이 없다.

49. 파워 윈도우 타이머 제어에 관한 설명으로 틀린 것은?

① IG 'ON'에서 파워 윈도우 릴레이를 ON 한다.
② IG 'OFF'에서 파워 윈도우 릴레이를 일정시간 동안 ON 한다.
③ 키를 뺐을 때 윈도우가 열려 있다면 다시 키를 꽂지 않아도 일정시간 이내 윈도우를 닫을 수 있는 기능이다.
④ 파워 윈도우 타이머 제어 중 전조등을 작동시키면 출력을 즉시 OFF한다.

풀이 파워 윈도우 타이머 기능은 점화 스위치를 OFF로 한 후 일정시간 동안 파워 윈도우를 UP/DOWN시 킬 수 있는 기능이다.

50. 자동차의 종합 경보장치에 포함되지 않는 제어 기능은?

① 도어록 제어 기능
② 감광식 룸램프 제어 기능
③ 엔진 고장지시 제어 기능
④ 도어 열림 경고 제어 기능

풀이 자동차의 종합경보 제어장치(ETACS 또는 ISU)의 기능 항목은 안전띠 경보 제어, 열선 타이머 제어, 점화스위치 미회수 경보 제어, 파워윈도 타이머 제어, 감광 룸램프 제어, 중앙 집중 방식 도어 잠김/풀림 제어, 트렁크 열림 제어, 방향지시등 및 비상등 제어, 도난 경보 제어, 도어 열림 경고, 디포거 타이머, 점화 키 홀 조명 등이다. 엔진 고장지시 제어기능은 체크등 개념이다.

정답 47. ② 48. ④ 49. ④ 50. ③

51. 드릴링 머신 작업할 때 주의사항으로 틀린 것은?

① 드릴 날이 무디어 이상한 소리가 날 때는 회전을 멈추고 드릴을 교환하거나 연마한다.
② 공작물을 제거할 때는 회전을 완전히 멈추고 한다.
③ 가공 중에 드릴이 관통했는지를 손으로 확인한 후 기계를 멈춘다.
④ 드릴 주축에 튼튼하게 장치하여 사용한다.

풀이 드릴 작업시 가공 중에 공작물의 관통여부를 손으로 확인해서는 안된다.

52. 스패너 작업시 유의할 점이다. 틀린 것은?

① 스패너의 입이 너트의 치수에 맞는 것을 사용해야 한다.
② 스패너의 자루에 파이프를 이어서 사용해서는 안 된다.
③ 스패너와 너트 사이에는 쐐기를 넣고 사용하는 것이 편리하다.
④ 너트에 스패너를 깊이 물리고 조금씩 앞으로 당기는 식으로 풀고 조인다.

풀이 스패너와 너트 사이에는 쐐기를 넣고 사용하면 위험하다.

53. 큰 구멍을 가공할 때 가장 먼저 하여야 할 작업은?

① 스핀들의 속도를 증가시킨다.
② 금속을 연하게 한다.
③ 강한 힘으로 작업한다.
④ 작은 치수의 구멍을 먼저 작업한다.

풀이 큰 구멍을 가공할 때에는 작은 치수의 구멍을 먼저 작업한다.

54. 연소의 3요소에 해당되지 않는 것은?

① 물　　② 공기(산소)
③ 점화원　　④ 가연물

풀이 연소의 3요소는 공기(산소), 점화원(불씨), 가연물이다.

55. 작업장 환경을 개선하면 나타나는 현상으로 틀린 것은?

① 좋은 품질의 생산품을 얻을 수 있다.
② 피로를 경감시킬 수 있다.
③ 작업능률을 향상시킬 수 있다.
④ 기계소모가 많고 동력손실이 크다.

풀이 보기 ④는 작업장 환경이 개선되지 않았을 때 나타나는 현상이다.

56. 축전지의 점검 시 육안점검 사항이 아닌 것은?

① 케이스 외부 전해액 누출상태
② 전해액의 비중 측정
③ 케이스의 균열 점검
④ 단자의 부식 상태

정답　51. ③　52. ③　53. ④　54. ①　55. ④　56. ②

풀이 ▶ 연소의 3요소는 공기(산소), 점화원(불씨), 가연물 이다.

57. 사이드슬립 시험기 사용 시 주의할 사항 중 틀린 것은?

① 시험기의 운동부분은 항상 청결하여야 한다.
② 시험기의 답판 및 타이어에 부착된 수분, 기름, 흙 등을 제거한다.
③ 시험기에 대하여 직각방향으로 진입시킨다.
④ 답판 위에서 차속이 빠르면 브레이크를 사용하여 차속을 맞춘다.

풀이 ▶ 사이드슬립 시험기는 타이어가 1m의 답판을 통과할 때 옆 방향으로 미끄러지는 양을 mm로 표시하므로 서서히 서행해야 한다.

58. 자동차 소모품에 대한 설명이 잘못된 것은?

① 부동액은 차체 도색부분을 손상시킬 수 있다.
② 전해액은 차체를 부식시킨다.
③ 냉각수는 경수를 사용하는 것이 좋다.
④ 자동변속기 오일은 제작회사의 추천오일을 사용한다.

풀이 ▶ 냉각수는 냉각라인에 부식물 때 등의 문제를 일으키지 않기 위해서 증류수나 수돗물 등 연수를 사용해야 하며 미네랄이 풍부한 경수를 사용할 경우 엔진 내 녹이 발생할 수 있다.

59. 변속기를 탈착할 때 가장 안전하지 않은 작업 방법은?

① 자동차 밑에서 작업 시 보안경을 착용한다.
② 잭으로 올릴 때 물체를 흔들어 중심을 확인한다.
③ 잭으로 올린 후 스탠드로 고정한다.
④ 사용 목적에 적합한 공구를 사용한다.

풀이 ▶ 잭으로 올릴 때 물체를 흔들어 중심을 확인하면 위험하다.

60. 자동차 타이어 공기압에 대한 설명으로 적합한 것은?

① 비오는 날 빗길 주행 시 공기압을 15% 정도 낮춘다.
② 좌우 바퀴의 공기압이 차이가 날 경우 제동력 편차가 발생할 수 있다.
③ 모래길 등 자동차 바퀴가 빠질 우려가 있을 때는 공기압을 15% 정도 높인다.
④ 공기압이 높으면 트레드 양단이 마모된다.

풀이 ▶ 좌우 타이어의 공기압이 차이가 날 경우 제동력 편차가 발생할 수 있다.

정답 57. ④ 58. ③ 59. ② 60. ②